2013 年度国家出版基金项目“现代原子核物理”

Advanced Electronics

高等电子学

高维祥　编著

HEUP 哈爾濱工程大學出版社

内容简介

本书是中核集团“十二五”核专业研究生教育的规划教材之一。它是根据核工业研究生部2012年制定的“高等电子学教学大纲”要求编写的。

本书主要内容有:信号与系统、系统分析、半导体器件、基本放大电路、多级放大电路、负反馈放大电路、集成运放及应用、串联型及开关型稳压电源、数字集成电路及应用、ADC及DAC接口电路等。每章最后附有习题和参考答案。

本书是电路分析、模拟电子学、数字电子学及接口电路的综合。在理论阐述的基础上着重概念说明,强调实用性,书中引用大量的结论公式和较翔实的资料供选用,并且尽量多地反映近年来电子学的新成果和新器件。学习本书可以使学生全面掌握电子学的相关知识,为实际应用和新的探索打下良好基础。

本书是供核工业研究生使用的教材,亦可供其他院校相关专业的学生作为电子学课程教材选用,同时,也可供从事电子技术工作的专业人员参考。

图书在版编目(CIP)数据

高等电子学/高维祥编著.—哈尔滨:哈尔滨工程大学出版社,2013.12
ISBN 978-7-5661-0712-1

Ⅰ.①高… Ⅱ.①高… Ⅲ.①电子学-高等学校-教材 Ⅳ.①TN01

中国版本图书馆CIP数据核字(2013)第299762号

出版发行 哈尔滨工程大学出版社
社　　址 哈尔滨市南岗区东大直街124号
邮政编码 150001
发行电话 0451-82519328
传　　真 0451-82519699
经　　销 新华书店
印　　刷 哈尔滨市石桥印务有限公司
开　　本 787mm×1 092mm　1/16
印　　张 29.25
字　　数 733千字
版　　次 2013年12月第1版
印　　次 2013年12月第1次印刷
定　　价 150.00元
http://www.hrbeupress.com
E-mail:heupress@hrbeu.edu.cn

序　　言

原子核物理学（简称核物理学、核物理或核子物理）是20世纪新建立的一个物理学学科，是研究原子核的结构及其反应变化的运动规律的物理学分支。它主要有三大领域：研究各类次原子粒子与它们之间的关系、分类与分析原子核的结构，并带动相应的核子技术进展。原子核物理的研究内容包括核的基本性质、放射性、核辐射测量、核力、核衰变、核结构、核反应、中子物理、核裂变和聚变、亚核子物理和天体物理等。它研究原子核的结构和变化规律，射线束的产生、探测和分析技术，以及同核能、核技术应用有关的物理问题。

原子核物理内容丰富多彩，是物理学非常活跃的研究领域，一百多年来共有七十多位科学家因原子核物理领域的优异成绩而获得诺贝尔奖。并且原子核物理是一个国际上竞争十分激烈的科技领域，各国都投入大量人力、物力从事这方面的研究工作。它是一门既有深刻理论意义，又有重大实践意义的学科。

在原子核物理学产生、壮大和巩固的全过程中，通过核技术的应用，核物理与其他学科及生产、医疗、军事等领域建立了广泛的联系，取得了有力的支持。核物理基础研究又为核技术的应用不断开辟新的途径。人工制备的各种同位素的应用已遍及理工农医各部门。新的核技术，如核磁共振、穆斯堡尔谱学、晶体的沟道效应和阻塞效应，以及扰动角关联技术等都迅速得到应用。核技术的广泛应用已成为科学技术现代化的标志之一。

核物理的发展，不断地为核能装置的设计提供日益精确的数据，从而提高了核能利用的效率和经济指标，并为更大规模的核能利用准备了条件。截至2013年3月，全世界有30多个国家运行着435座核电机组，总净装机容量为374.1 GW，核能的发展必将为改善我国环境现状作出重要贡献。

“现代原子核物理”出版项目的内容包括激光核物理、工程核物理、核辐射监测与防护等理论与技术研究的诸多方面。该项目汇集和整理了我国现代原子核物理领域最新的一流水平的研究成果，是我国该领域的科学研究、技术开发的一个系统全面的出版项目。

值得称道的是，“现代原子核物理”项目汇集了国内核物理领域的多位知名学者、专家毕生从事核物理研究所积累的学术成果、经验和智慧，将有助于我国核物理领域的高水平人才培养，并进一步推动核物理有关课题研究水平的提高，促进我国核物理科学研究向更高层次发展。该项目的出版将有助于推动我国该领域整体实力的进一步提高，缩短我国与国外的差距，使我国现代原子核物理研究达到国际先进水平。

该系列丛书较之已出版过的同类书籍和教材，在内容组成、适用范围、写作特点上均有明显改进，内容突出创新和当今最新研究成果，学术水平高，实用性强，体系结构完整。“现代原子核物理”将是我国该领域的一个优秀出版工程项目，她的出版对我国现代原子核物理研究的发展有重要的价值。

该系列丛书的出版，必将对我国原子核物理领域的知识积累和传承、研究成果推广应用、我国现代原子核物理领域高层次人才培养、我国该领域整体研究能力提高与研究向更深与更高水平发展、缩短与国外差距、达到国际先进水平有重要的指导意义和促进作用。

我衷心地祝贺“原子核物理”项目成功立项出版。

潘自强

中国工程院院士

中核集团科技委主任

二〇一三年十月

前　　言

本书是在2004年版《高等电子学》试用教材的基础上，总结八年的教学实践，按核工业研究生部2012年“高等电子学教学大纲”的要求编写的。

本书的编写原则是在简要全面介绍电子学的相关知识基础上，对一些要点知识做较深入的分析讨论。在分析讨论中，侧重电子电路的原理和应用，同时对电子学的新发展做必要的介绍。

1. 为体现电子学知识的完整性，本书选材上涵盖了电子学领域的主要方面，如信号与系统分析、电子材料与器件、模拟电子学、数字电子学、电源技术、模拟电路与数字电路的接口技术，以及信号的产生与甄别技术等。除了介绍经典电子学知识外，更多的是叙述现代电子学知识，使读者既能打好分析电子电路的基础，又能掌握电子学的现代知识。

2. 为电子学领域的一些重点和难点问题作深入细致的分析讨论。对一些重要概念和分析方法等作了定性或定量的叙述。为加深对所学知识的掌握，在分析中尽量多地利用数学工具，以导出更加接近实际的结论。

3. 本书强调电子技术的实用性，重点介绍一些有应用价值的电路并给出详细的使用说明。书中还引入了很多有实用价值的计算公式和数据表，可供读者参考选用。为了使读者更好地掌握所学知识，书中有针对性地配有一些例题。

4. 为加深对电子技术新发展的了解，本书适当地介绍一些成熟且具有发展前景的新技术、新工艺和推出一些已经得到应用的新产品。如新型集成电路、特精尖器件和电流模电路等。这些具有前瞻性的内容对读者开阔视野、扩展思路无疑是有帮助的。

5. 根据核工业各领域对电子学的实际需求，本书重点叙述和讨论高精度、低功耗和高速宽带等方面的电子学知识。

6. 为使读者更好地巩固所学知识，本书各章后面都附有不同层次的习题和部分习题答案。

7. 本书各相关章节后面都有典型电路综合分析或设计，这些内容可帮助读者提高电子电路的综合分析能力和判读能力，使读者有较高水平的电子电路设计能力。

本书由核工业研究生部高维祥教授编写。资深核电专家朱自诚教授审阅了全书并提出了许多宝贵意见和修改建议，在此表示衷心的感谢。本书在编写过程中，承蒙研究生部教务处章超、付冉、王皖燕老师的大力支持和帮助；资料室梁超梅老师，核物理教研室主任朱升云教授和应用数学教研室主任华大平教授等也都给予了很大帮助；资料室华燊承担了全书的录入编辑工作，在此一并表示深深的感谢。

由于本人的水平所限，再加时间较仓促，参考资料不足，因此书中一定会有不少缺点和错误，敬请相关师生和各界读者给予批评指正。

编　者

2012年11月于北京原子城

本书常用文字符号说明

一、信号与系统

1. 信号	
T	周期
ω	角频率
$s=\sigma+\mathrm{j}\omega$	复频率
φ	相角
$f(t)$	连续信号
$f(n)$	离散信号
σ	收敛因子
2. 线性系统	
LTI	线性时不变系统
$y_{\mathrm{h}}(t)$	常系数线性微分方程齐次解
$y_{\mathrm{p}}(t)$	常系数线性微分方程特解
$y_{\mathrm{zi}}(t)$	系统零输入响应
$y_{\mathrm{zs}}(t)$	系统零状态响应
$h(t)$	冲击响应
$H(s)$	传递函数
$F(\mathrm{j}\omega)$	傅氏变换式
$L(s)$	拉氏变换式

二、电路

1. 电压	
V(直流),u(交流)	电压
$V_{\mathrm{i}}, u_{\mathrm{i}}$	输入电压
$\dot{V}, V(\mathrm{j}\omega)$	频域电压
$V(s)$	复频域电压
$V_{\mathrm{M}}(u_{\mathrm{m}})$	电压幅值
u_{id}	差模输入电压
u_{ic}	共模输入电压
$V_{\mathrm{o}}, u_{\mathrm{o}}$	输出电压
$V_{\mathrm{opp}}, u_{\mathrm{opp}}$	输出电压峰值
$e_{\mathrm{n}}, V_{\mathrm{n}}$	噪声电压
e_{npp}	噪声电压峰峰值

F_n	噪声系数
V_{REF},V_R	基准电压
V_{CC},$-V_{EE}$	双极型管电路电源电压
V_{DD},$-V_{SS}$	场效应管电路电源电压
V_+,V_-	运算放大器浮动电源电压
V_s	信号源电压
V_A	厄尔立电压
V_T	温度电压当量

2. 电流

I(直流),i(交流)	电流
I_i,i_i	输入电流
$\dot{I}$,$I(j\omega)$	频域电流
$I(s)$	复频域电流
I_o,i_o	输出电流
$I_M(i_m)$	电流幅值
I_Q	静态电流
I_L,i_L	负载电流
I_{set}	设置电流
I_F,i_F	反馈电流
I_{CS}	晶体管集电极反向饱和电流
I_s	信号源电流
I_B,i_b	晶体管基极电流
I_C,i_c	晶体管集电极电流
I_n	噪声电流

3. 电阻

R,r	电阻
R_i,r_i	输入电阻
R_o,r_o	输出电阻
Z	阻抗
$r_{bb'}$	晶体管基区体电阻
$r_{b'e}$	射结等效电阻
r_e	射结动态电阻
R_L	负载电阻
R_s	信号源电阻、场效应管源极电阻
G_s	信号源电导
R_d,r_d	差模电阻
R_c,r_c	共模电阻
R_{if},r_{if}	负反馈放大电路输入电阻
R_{of},r_{of}	负反馈放大电路输出电阻
R_F,R_f	反馈电阻

R_{set}	设置电阻
R_{es}	差动电路射极等效电阻

4. 电容、电感

C	电容
C_L	负载电容
C_i	输入电容
C_o	输出电容
C_μ	晶体管集电结电容
C_π	晶体管射结电容
C_{gs}	场效应管栅—源电容
C_{gd}	场效应管栅—漏电容
C_j	PN 结电容
C_{ob}	共基极接法的输出电容
L	电感

5. 增益

A	增益
A_u	电压增益
A_i	电流增益
A_r	跨阻增益
A_g	跨导增益
A_o	中频增益
A_d	差模增益
A_c	共模增益
$A(s)$	复频域增益
$\dot{A}$,$A(j\omega)$,$A(jf)$	频域增益
$A(\omega)$,$A(f)$	频域增益的模
$\varphi(f)$,$\varphi(\omega)$	频域增益附加相移
A_f	闭环负反馈增益
A_{of}	闭环中频增益
$A_f(j\omega)$,$A_f(jf)$	闭环频域增益
T	环路增益
$T(j\omega)$	频域环路增益
$T(\omega)$	频域环路增益模
$G\cdot BW$	增益带宽积
g_m	低频跨导

6. 频率

f	频率
ω	角频率
f_H,(ω_H)	上限截止频率
f_L,(ω_L)	下限截止频率

f_{β},(ω_{β})	晶体管共射接法截止频率
f_{α},(ω_{α})	晶体管共基接法截止频率
f_{o},(ω_{o})	特征频率
f_{π}	负反馈临界振荡频率
f_{s}	采样频率
f_{cp}	时钟频率
BW	通频带

7. 其他

P_{om}	最大输出功率

三、材料、器件

1. 半导体材料

N_{i}	本征半导体浓度
N_{ne}	N 型半导体电子浓度
N_{ph}	P 型半导体室穴浓度
N_{d}	掺入施主杂质浓度
N_{a}	掺入受主杂质浓度
V_{B}	PN 结内电场位差

2. 二极管

i_{D}	二极管电流
V_{th}	二极管阈电压
r_{d}	二极管交流电阻
R_{D}	二极管直流电阻
t_{re}	反向恢复时间
D	二极管
D_{Z}	稳压管
V_{Z}	稳压管稳定电压
I_{Z}	稳压管稳定电流
α_{Z}	稳压管温度系数
LED	发光二极管
SBD	肖特基二极管

3. 晶体管

T	晶体管、场效应管
f_{T}	特征频率
BV_{CBO}	射极开路,C、B 极间反向击穿电压
BV_{EBO}	集电极开路,E、B 极间反向击穿电压
BV_{CEO}	基极开路,C、E 极间反向击穿电压
I_{CBO}	射极开路,集极反向饱和电流
I_{CM}	集电极最大输出电流

P_{CM}	集电极最大耗散功率
V_{CES}	集电极、射极间饱和电压
$\beta,\beta(j\omega)$	晶体管共射电流放大系数
$\alpha,\alpha(j\omega)$	晶体管共基电流放大系数
r_{ce}	晶体管输出电阻
t_{on}	晶体管开通时间
t_{off}	晶体管关闭时间
t_r	上升时间
t_f	下降时间
t_d	延迟时间
t_s	存储时间

4. 场效应管

JFET	结型场效应管
DMOSFET	耗尽型 MOS 场效应管
EMOSFET	增强型 MOS 场效应管
I_D,i_D	漏极电流
I_{DO}	$V_{gs}=2V_{TH}$时漏极电流
I_{DQ}	静态漏极电流
I_{DSS}	漏极饱和电流
V_P	夹断电压
V_{TH}	阈电压
BV_{DS}	漏源极间击穿电压
BV_{GS}	栅源极间击穿电压
R_{on}	沟道导通电阻
r_{ds}	交流输出电阻
R_Q	直流等效电阻
k_n	电导参数
W/L	沟道的宽长比

5. 运算放大器

A	运算放大器
A_V	电压型运算放大器
A_I	电流型运算放大器
V_{IO}	输入失调电压
$\Delta V_{IO}/\Delta T$	输入失调电压温漂
I_{IO}	输入失调电流
$\Delta I_{IO}/\Delta T$	输入失调电流温漂
I_{IB}	输入偏置电流
BW	开环带宽
S_R	转换速率
C_{op}	电压比较器

t_R	响应时间
BW_G	单位增益带宽

6. 数字集成电路

G	门
FF	触发器
ALU	算术逻辑单元
V_L	逻辑低电平
V_H	逻辑高电平
V_{OFF}	关门电平
V_{ON}	开门电平
V_{TH}	门槛电压
I_L	低电平时电流
I_H	高电平时电流
CR	清零
St	复位
$\overline{LD}$	加载
CP	时钟信号
S/H	采样保持
t_w	脉冲宽度

四、其他

K_f	反馈系数
THD	非线性失真
DNL	微分非线性误差
INL	积分非线性误差
δ	顶降
Δu	过冲量

目　录

第1章 信号与系统
(Signal and System)

信号与系统是应用极为广泛的两个概念。在不同领域它们的物理属性和表现形式都有所不同,但它们的基本含义是相同的。本书所讨论的是电信号(简称信号)和电子系统(简称系统)。

1.1 信 号

1.1.1 基本概念

1. 信号的定义

信号(Signal)是用来传递某些信息的物理量。如由核辐射探测器输出的电信号中携带着某些核素和核反应的信息;医学工作者用电信号描述人体器官的功能;电视台发出的电信号是图像和声音信号等。

2. 信号的分类

根据信号自变量的连续性,可将信号分为连续信号(Continuous signal)和离散信号(Discrete signal)。自变量在其定义域内是连续的信号称为连续信号,这类信号的自变量可以取任何值;而自变量只能取一组离散的规定值的信号则称为离散信号,这类信号在规定值外取值是没有意义的。

3. 信号表示法

信号可以用表达式来表示,如用$f(t)$表示连续信号,用$f(n)$表示离散信号;也可以用波形(Waveform)来表示信号,通常在波形上可以包含某些关键值,如幅度(Amplitude),零点,周期(Period),宽度(Width)和上升、下降时间等。图1.1.1给出了两个连续信号的波形。由图可见连续信号$f_1(t)$和$f_2(t)$的自变量t在定义域内是连续取值的,函数值可以是连续的,也可以是离散的。两个连续信号的表达式为

$$f_1(t) = e^{\sigma t}\sin\omega t, t \geqslant 0, \sigma < 0 \tag{1.1.1}$$

$$f_2(t) = \begin{cases} 1, & t > 2 \\ 0, & t < 2 \end{cases} \tag{1.1.2}$$

图1.1.2给出了两个离散信号的波形图。它们的自变量n取值都是特定的,是不连续的。$f_1(n)$的函数值为连续的包络值,它又称为抽样信号,是一个连续信号经抽样后得到的,其包络就是原连续信号,这一点在数字化领域中是很有意义的。而$f_2(n)$的函数值仅为0或1,这种信号通常称为数字信号。

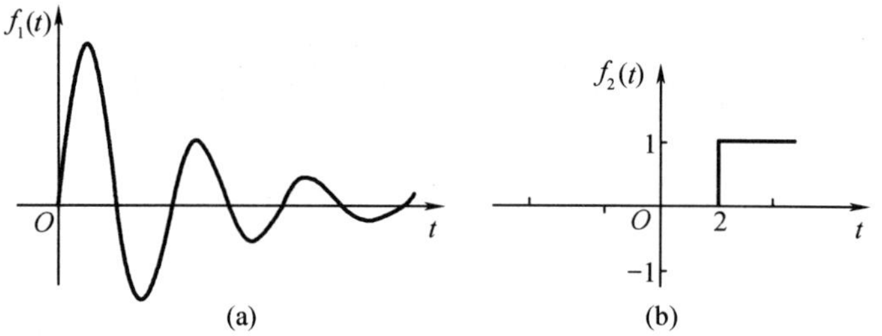

图 1.1.1 连续信号

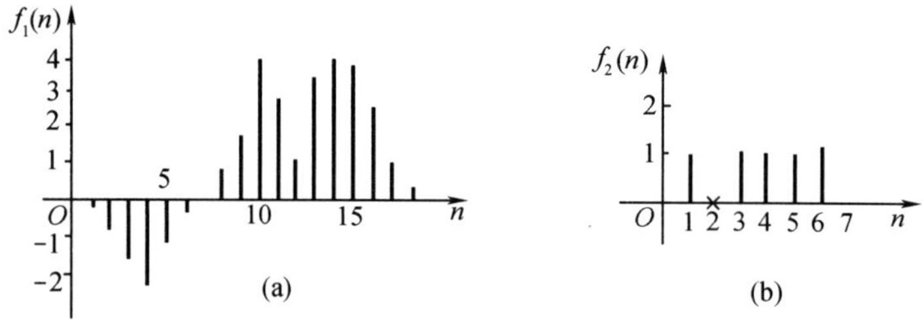

图 1.1.2 离散信号

1.1.2 几种常用的信号

1. 周期信号(Periodic signal)

这是一种具有周期重复性的信号。它表现为任一时刻的函数值经过一定的时间间隔后又准确地重复出现。在电路分析中,经常应用周期信号。它的周期性和等幅性为电子电路分析和设计带来了很大的方便。

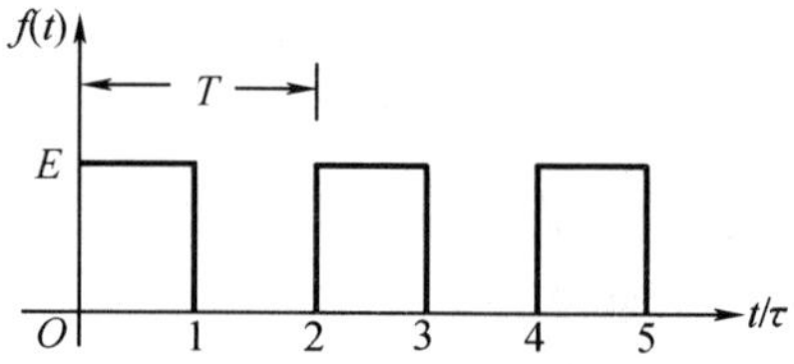

图 1.1.3 矩形周期信号

图 1.1.3 给出了一种周期信号波形图。信号幅值为 E,使信号的函数值重复出现的最小时间间隔称为周期,用 T 表示。其数学表达式为

$$f(t)=\begin{cases}E, & (nT+\tau)\geqslant t\geqslant nT\\ 0, & (nT+\tau)<t<(n+1)T\end{cases} \tag{1.1.3}$$

2. 正弦波信号

图 1.1.4 给出了正弦波信号波形图。由图可见,它是周期信号的一种,在电路分析中,它也是一个十分重要的信号。其表达式为

$$f(t) = E\sin(\omega_0 t - \varphi) \tag{1.1.4}$$

其中:$\omega_0 = 2\pi f_0$称为角频率(弧度/秒),$f_0 = \dfrac{1}{T}$,称为频率。ω_0反映正弦波信号周期变化速率,ω_0越大,信号周期重复得就越快;相角 φ 反映信号的起始位置,它反映了正弦信号在时间轴上移动的距离。正弦波信号是奇函数。在图中,还可读出它的最大值 E、瞬时值、有效值和峰峰值等参数。在电子系统中,余弦波信号也包含在正弦波信号的范围内,一般统称为正弦波信号,实际上,$\varphi = 90°$时的正弦波信号就是一个余弦波信号。余弦波信号是偶函数。

3. 指数信号(Exponential signal)

(1)实指数信号(Real exponential signal)

实指数信号也是经常使用的信号之一,其数学表达式为

$$f(t) = Ee^{\alpha t},\ 0 < t < \infty \qquad (1.1.5)$$

式中 α 为实数。当 $\alpha > 0$ 或 $\alpha < 0$ 时,其函数值将随时间按指数规律增加或衰减,如图 1.1.5(a),(b)所示;当 $\alpha = 0$ 时,$f(t) = E$,是一个直流信号,如图 1.1.5(c)所示。

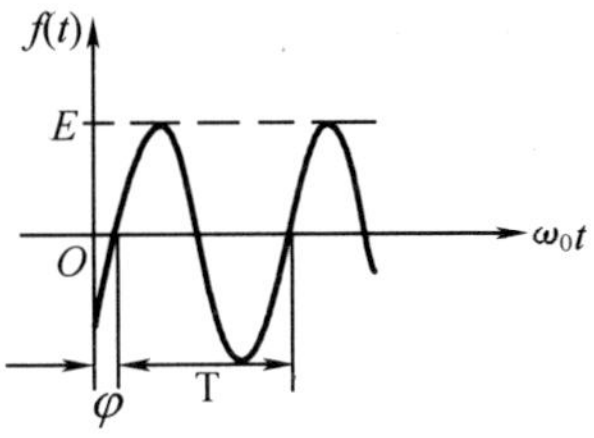

图 1.1.4　正弦波信号

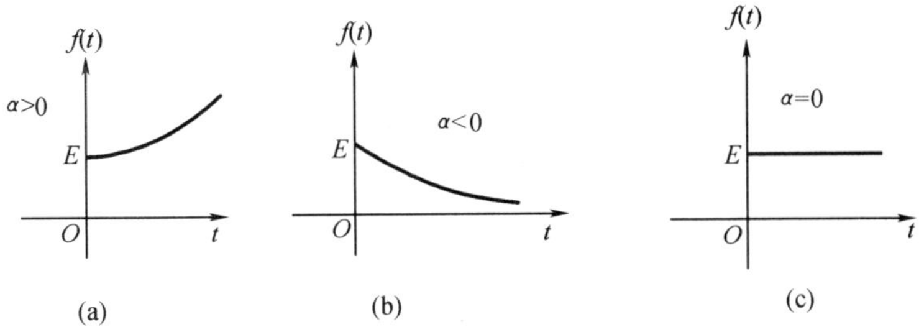

图 1.1.5　实指数信号

经常应用的实指数信号是如图 1.1.6 所表示的单边实指数衰减信号,其表达式为

$$f(t) = \begin{cases} 0, & t < 0 \\ Ee^{\alpha t}, & t > 0, \alpha < 0 \end{cases} \qquad (1.1.6)$$

这种信号有两个特点,即信号的单边性和信号的跳变性。这两个特点都反映实际的物理现象,是有意义的。$t = 0$ 的时刻称为间断点,根据数学上的定义,在 $t = 0$ 时刻的函数值为 $0.5E$,这种结果也是有实际意义的。

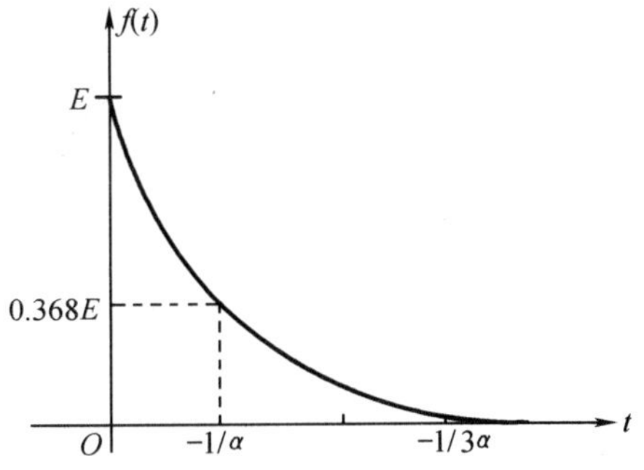

图 1.1.6　单边实指数衰减信号

(2)复指数信号(Complex exponential signal)

相对于实指数信号而言,还有一种复指数信号,其表达式为

$$f(t) = Ae^{st} = Ae^{(\sigma + j\omega_0)t} \qquad (1.1.7)$$

式中,σ,ω_0 为实数,s 为复数,其表达式为

$$s = \sigma + j\omega_0 \qquad (1.1.8)$$

这也是一个十分有用的信号,特别在以后讨论各种变换时会经常用到,其 σ,ω_0 取值不同会产生不同的波形和表达式,当 $\omega_0 = 0$,$\sigma \neq 0$ 时,$f(t)$ 就是一个实指数信号。当 $\omega_0 \neq 0$,$\sigma \neq 0$ 时,复指数信号可以变成实指数 $e^{\sigma t}$ 与正弦指数(虚指数)信号 $e^{j\omega_0 t}$ 相乘之积,它具有这两种信号的基本属性。σ 反映了信号峰值的变化规律,而 ω_0 则反映了信号的变化频率。所以当 $\sigma > 0$ 时,它是一个正弦指数增加信号,而 $\sigma < 0$ 时,则是一个正弦指数衰减信号。当 $\omega_0 \neq 0$,$\sigma = 0$ 时,复指数信号变成为正弦指数信号 $e^{j\omega_0 t}$,可以用 $e^{jn\omega_0 t}$ 表示一组正弦指数信号的集合。

4. 单位阶跃信号和单位冲击信号

(1)单位阶跃信号(Unit step signal)

图1.1.7(a)为单位阶跃信号 $u(t)$。其表达式为

$$u(t) = \begin{cases} 1, & t > 0 \\ 0, & t < 0 \end{cases} \tag{1.1.9}$$

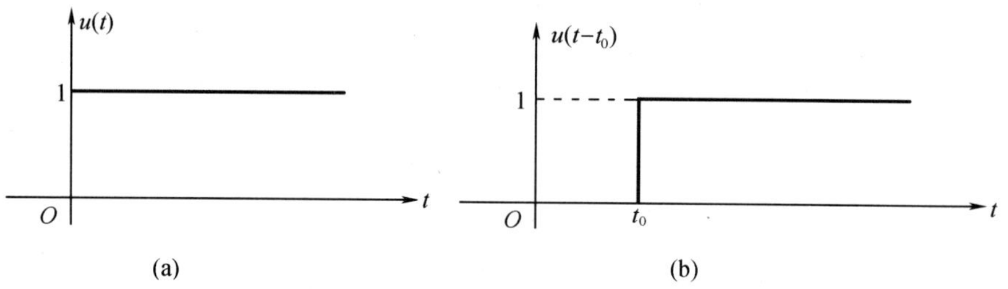

图1.1.7 单位阶跃信号

根据数学上定义,在 $t=0$ 的跳变点其函数值可定义为

$$u(0) = \frac{u(0^-) + u(0^+)}{2} = \frac{1}{2}$$

式中 $u(0^-)$ 和 $u(0^+)$ 分别表示 $u(t)$ 信号在 $t=0$ 点的左右极限值。$u(t)$ 信号的跳变点也可以延迟一个时间 t_0,如图1.1.7(b)所示,这时的表达式为

$$u(t-t_0) = \begin{cases} 1, & t > t_0 \\ 0, & t < t_0 \end{cases} \tag{1.1.10}$$

由于 $u(t)$ 信号具有单边性,所以它可以用来表示各种单边信号,如一个双边信号 $f(t)$ 的单边取样信号可以表示为 $f(t)\cdot u(t)$,而单边指数信号可表示为 $e^{-\alpha t}\cdot u(t)$。这又称为单位阶跃信号的取样性。

$u(t)$ 信号也可以组合成其他一些常用的基本信号,例如可以组合成图1.1.8那样的门信号 $g(t)$,其表达式为

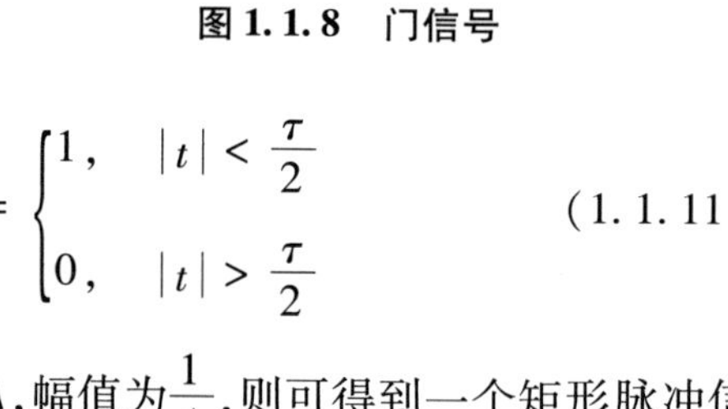

图1.1.8 门信号

$$g(t) = u\left(t+\frac{\tau}{2}\right) - u\left(t-\frac{\tau}{2}\right) = \begin{cases} 1, & |t| < \dfrac{\tau}{2} \\ 0, & |t| > \dfrac{\tau}{2} \end{cases} \tag{1.1.11}$$

如果将图1.1.8所示的门信号延迟 $\frac{\tau}{2}$,并令 $\tau=\Delta$,幅值为 $\frac{1}{\Delta}$,则可得到一个矩形脉冲信号 $R_\Delta(t)$(Rectangular pulse signal),如图1.1.9所示,其表达式可写成

$$R_\Delta(t) = u(t) - u(t-\Delta) \tag{1.1.12}$$

(2)单位冲击信号(Unit impulse signal)

当我们将一个单位阶跃信号 $u(t)$ 加到一个不含初始储能的电容器两端时,在 $t=0^- \sim 0^+$ 的极短时间里,电容两端的电压为0 V,但是,流过电容器两端的电流 $i_C(t_0)$ 却为无穷大,$i_C(t_0)$ 就可以用冲击信号来描述,用 $A\delta(t)$ 来表示。它的本质是表示信号的持续时

间极短，而幅值却很大。当 A 取值为 1 时，称为单位冲击信号，其表达式为

$$\delta(t)=\begin{cases}1, & t=0\\0, & t\neq 0\end{cases}\tag{1.1.13}$$

当然，单位冲击信号也可以延迟至任意 t_0时刻，这时用 $\delta(t-t_0)$表示，其表达式为

$$\delta(t-t_0)=\begin{cases}1, & t=t_0\\0, & t\neq t_0\end{cases}\tag{1.1.14}$$

以上两种单位冲击信号表示在图 1.1.10 中，信号的强度为 1。

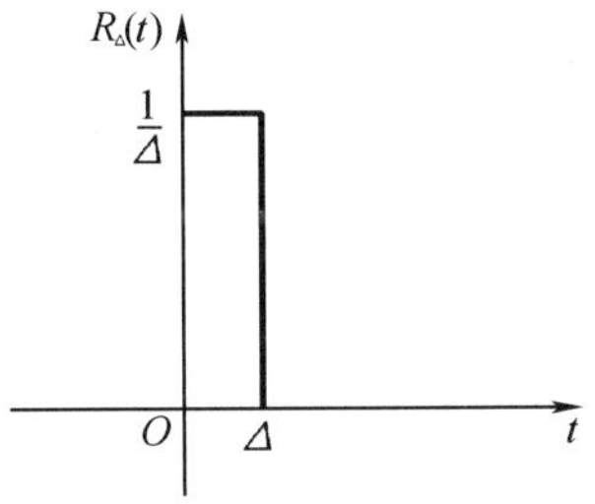

图 1.1.9　矩形脉冲信号

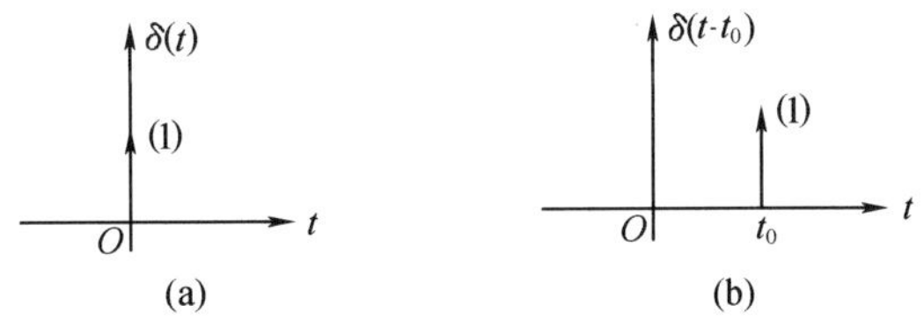

图 1.1.10　冲击信号

单位冲击信号可以有多种定义方法，其表达式也不尽相同，式(1.1.13)表示的单位冲击信号是用图 1.1.9 所示的 $R_\Delta(t)$信号，当 $\Delta\to 0$ 时的极限值来定义，即

$$\delta(t)=\lim_{\Delta\to 0}R_\Delta(t)=\lim_{\Delta\to 0}\frac{1}{\Delta}[R_\Delta(t)-R_\Delta(t-\Delta)]\tag{1.1.15}$$

其他诸如三角形脉冲、双指数脉冲等也都可以取极限来定义 $\delta(t)$。这说明 $\delta(t)$的定义是不很严格的。狄拉克(Dirac)从广义函数的概念考虑也对 $\delta(t)$作了定义，其表达式为

$$\begin{cases}\int_{-\infty}^{\infty}\delta(t)\mathrm{d}t=1, & t=0\\\delta(t)=0, & t\neq 0\end{cases}\tag{1.1.16}$$

这个结果与式(1.1.13)是一致的，它们都将单位冲击信号看作是仅存在于 $t=0$ 时刻，而且强度都等于 1。

也可以将式(1.1.16)的 t 延迟至任意时刻 t_0，这时表达式可写成

$$\begin{cases}\int_{-\infty}^{\infty}\delta(t-t_0)\mathrm{d}t=1, & t=t_0\\\delta(t-t_0)=0, & t\neq t_0\end{cases}\tag{1.1.17}$$

单位冲击信号也具有取样性。如果一个函数 $f(t)$在 $t=0$ 处连续，当它与 $\delta(t)$相乘后，其结果是产生一个强度为 $f(0)$的新冲击函数，即

$$f(t)\cdot\delta(t)=f(0)\delta(t)\tag{1.1.18}$$

此式说明，经 $\delta(t)$取样后的信号是一个在 $t=0$ 处其强度为 $f(0)$的冲击信号，这个新的冲击信号的强度不再是 1，而是为 $f(0)$。同样，$\delta(t)$可以延迟任一个时间 t_0取样，图 1.1.11 给出了单位冲击信号的取样特性。这时的表达式为

$$f(t)\delta(t-t_0)=f(t_0)\delta(t-t_0)\tag{1.1.19}$$

现在对式(1.1.19)两边积分，则利用狄拉克定义式(1.1.17)，我们还可以得到一个新的表达式为

$$\int_{-\infty}^{\infty}f(t)\delta(t-t_0)\mathrm{d}t=f(t_0)\tag{1.1.20}$$

上式说明,任一个在 $t=t_0$ 处连续的信号 $f(t)$ 与单位冲击信号 $\delta(t-t_0)$ 相乘后在 $-\infty \sim \infty$ 区间的积分,其结果都等于 $f(t)$ 在 t_0 处的函数值 $f(t_0)$,这是一个很重要的结论。

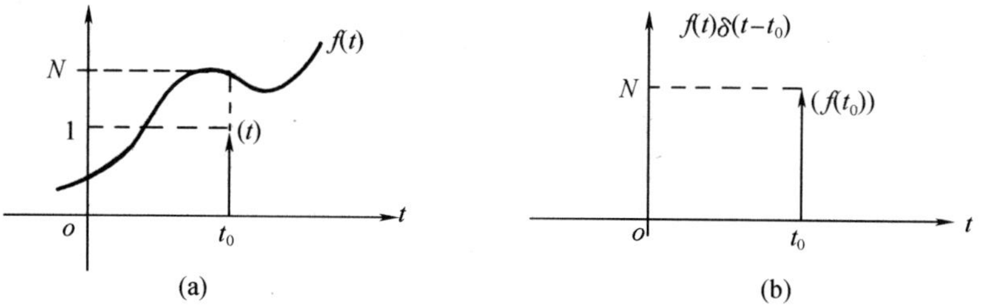

图 1.1.11 冲击信号的取样特性

当 $t_0=0$ 时,式(1.1.20)变为

$$\int_{-\infty}^{\infty} f(t)\delta(t)\,\mathrm{d}t = f(0) \tag{1.1.21}$$

此公式的物理意义与式(1.1.20)一样,只不过 $f(t)$ 的取值时间变成了 $t=0$。

(3)单位阶跃信号与单位冲击信号的关系

$$\delta(t) = \frac{\mathrm{d}u(t)}{\mathrm{d}t} \tag{1.1.22}$$

$$u(t) = \int \delta(t)\,\mathrm{d}t \tag{1.1.23}$$

上两式说明,单位阶跃信号与单位冲击信号是互为微积分的关系。

5. 模拟信号和数字信号

(1)模拟信号(Analog signal)

在电子技术中,常将时间和量值都连续的信号用于模拟电路,故又称这种信号为模拟信号。常用的模拟信号有正弦波信号、正弦衰减信号等。

(2)数字信号(Digital signal)

在电子技术中,凡是在数字电路中正常运行的信号都称为数字信号,但人们一般指的是幅值相等的周期矩形脉冲信号。在数字电路中常用这种脉冲序列(Impulse train)信号作时序或计数用,故常称这种矩形脉冲序列为时钟脉冲(Clock Pulse,简写为 CP)或计数脉冲(Count pulse)。数字信号一般都有不变的周期和相等的幅值,但在数字电路中不强调幅值的具体量值,只强调要将它的高、低状态区分开。

单个脉冲的持续时间称脉冲宽度(Pulse width,简写 t_w),它与脉冲周期 T 之比称为脉冲的占空比(Duty ratio,符号为 D)。当 $D=0.5$ 时的脉冲称为方波(Square wave)脉冲。

一个实际的脉冲信号的前、后沿并不是阶跃的,而是如图 1.1.12 所示。图中 E 为标称幅度,在 $0.1E \sim 0.9E$ 间变化的前后沿时间分别称为上升时间(Rise time,简写 t_r)和下降时间(Fall time ,简写 t_f)。

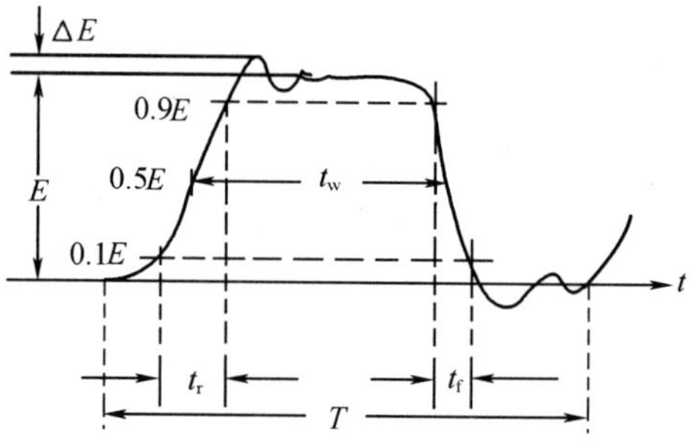

图 1.1.12 脉冲信号波形

1.2　系　　统

由某些相互作用和相互关联的元器件或单元电路组成的电路结构称为系统(System)。其基本功能是对输入信号进行处理并产生相应的输出信号。例如,一个电阻和一个电容可以构成一个简单的微分或积分系统,其功能是对输入信号进行微分或积分处理。又例如,一个晶体管和一些电阻、电容,再加电源,可以构成一个放大系统,它可以对输入信号进行放大。

可以用不同的方式来描述系统输入输出之间的关系,例如可用列表法、框图法和数学方程法等方式。框图法最为直观、简单、形象。图 1.2.1 是一个系统框图,该系统对输入信号 $x_i(t)$ 的响应是 $Y_j(t)$。用数学方程表示法则最为严密,这个方法是我们今后讨论的重点。在列数学方程时要遵循两条基本原则:第一是要体现出系统中各元器件之间的连接关系;第二是要体现出元器件的电气特性。

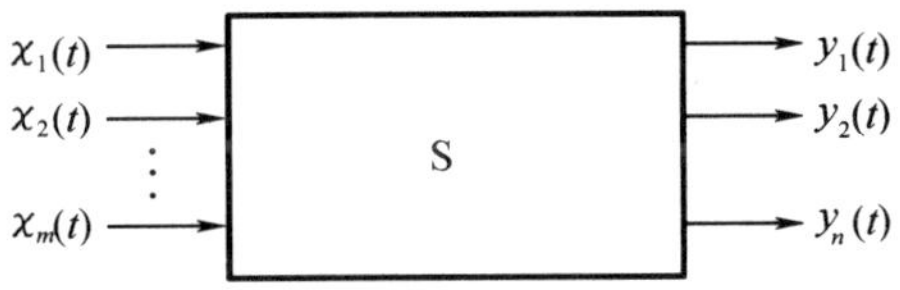

图 1.2.1　系统框图

1.2.1　系统的基本特性

系统的基本特性主要有线性、时间性、稳定性和因果性等。这些基本特性不仅有着重要的物理意义,而且可以用简洁的数学表达式来表示。它们是划分系统基本类型的依据。

1. 线性(Linearity)

如果输入和输出之间满足叠加性和齐次性,则该系统是线性的。

叠加性是指当几个信号同时加到一个系统中,该系统的响应等于系统对各输入信号单独响应之和。例如,系统对 $x_1(t)$ 和 $x_2(t)$ 的输出响应分别为 $y_1(t)$ 和 $y_2(t)$,则有

$$[x_1(t)+x_2(t)] \to [y_1(t)+y_2(t)] \tag{1.2.1}$$

齐次性又称比例性,它是指系统的输入信号 $x(t)$ 乘以某系数 k 时,系统的响应也相应地乘以系数 k,即

$$kx(t) \to ky(t) \tag{1.2.2}$$

综合式(1.2.1)和式(1.2.2),可以说一个线性系统应满足

$$[k_1x_1(t)+k_2x_2(t)] \to [k_1y_1(t)+k_2y_2(t)] \tag{1.2.3}$$

式(1.2.3)是判断系统是否是线性的依据。

2. 时间性(Time)

以时间特性来分类,系统可以分为时不变(时定常)系统和时变系统,本书主要讨论时不变系统。

时不变系统(Time-invariant system)指的是,如果系统的输入信号在时间上有一个平移 t_0,那么输出响应也应产生同样的一个平移 t_0,如图 1.2.2 所示,这个系统就称为时不变系统。其表达式为

$$x(t-t_0) \to y(t-t_0) \tag{1.2.4}$$

3. 因果性(Causality)

如果一个系统在任一时刻的输出只与本系统的当前时刻和过去时刻的输入有关,而与未来时刻的输入无关,那么这就是系统的因果性。具有因果性的系统是时不变系统。

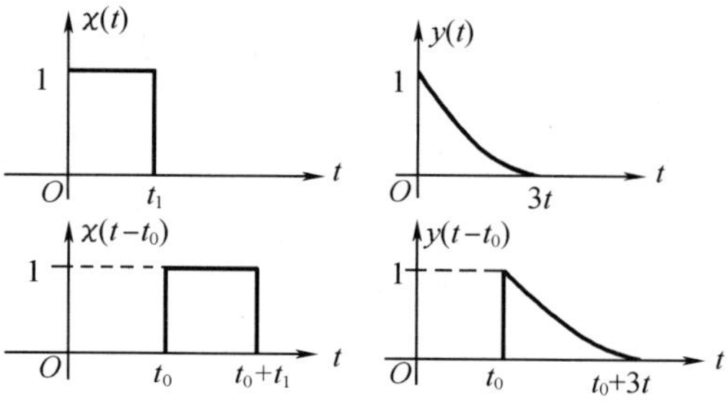

图 1.2.2 时不变系统的示意图

4. 稳定性(Stability)

系统的稳定性是一个非常重要的特性。由于研究的问题不同,或者对同一问题的研究方法不同,对稳定性的定义也不同。在线性时不变系统中,是用输入和输出之间的关系来定义稳定性的。它可叙述为:若系统的输入和输出都是有界的,则这个系统是稳定的,通常称为 BIBO(Bounded Input Bounded Output)稳定。所谓有界,即输入和输出的最大值是一个有限值。如果一个系统的输入有界,但输出无界,那么这个系统是一个不稳定系统。

对系统稳定性的判断方法除上面介绍的以外,对于一个线性时不变系统还可以用 $\delta(t)$ 响应、极零点图、Bode 图或 Nyquist 图等方法来判定系统的稳定性。

1.2.2 常用系统

系统的线性、时不变性、因果性和稳定性是一些重要而基本的概念。它们彼此是独立的,也就是说,一个系统可以具有线性特性,但不一定具有时不变性或因果性。在众多类型的系统中,线性时不变系统是最基本最常用的,也是我们今后讨论的重点。

线性时不变系统(Linear Time-Invariant System,简称 LTI 系统),之所以是最重要系统,一方面是因为大多数物理系统都属此类,另一方面,由于此种系统的分析方法是建立在信号分解的基础上,所以其分析方法比较简单,分析理论也比较完善。在时域中,对于一个 LTI 系统,可以用微分方程来描述,在频域或复频域,可分别借助于傅氏变换或拉氏变换分析系统的响应。这就是说,它们可以借助数学理论和方法来解决问题。我们今后讨论的重点就是 LTI 系统。

第 2 章　信号与系统分析
(Signal & System Analysis)

2.1　信号与系统分析概述

信号作为系统的表现形式,它必然是由系统产生、传递和接收。而系统则必须对信号做加工、变换或处理。所以说信号和系统是密不可分的,它们之间必须相互协调和配平。

为了使系统有效地加工和处理信号,我们必须对进入系统的信号进行深入研究,这就是信号分析。例如对信号进行判断、变换和分解等。在这个过程中,往往要借助于数学理论知识和应用一些公式对信号表达式做变换等。

系统分析的主要任务是在已知系统和输入信号的条件下,求解系统相应的输出响应。这也要借助数学理论知识。

首先,要建立一个数学模型来描述系统的输入输出关系。在实际应用中,建立准确的数学模型是有难度的,通常的做法是在模型中舍弃某些次要条件,做某些可允许的近似。

其次,采用适当的数学方法对模型进行处理,以期得到想要的结果。这个结果可以是一个系统输出响应的表达式。

最后,要对所得到的结果作某些物理解释,从而清楚系统对信号处理的物理意义。

必须指出,在本书中所涉及的分析方法是信号与系统的综合分析方法。由于课时有限,我们只简要讨论时域(Time domain)分析法、频域(Frequency domain)分析法和复频域(Complex frequency domain)分析法。

随着现代科学技术的发展,新的信号与系统的分析方法也不断出现。其中计算机辅助分析(Computer aided analysis)方法是近年来应用比较多的一种方法。它是利用软件工具MATLAB 对信号与系统进行分析,利用计算机进行数值运算。由于运算的速度快、精度高,所以,这种方法获得了较好的推广。与之相关的报道很多,限于篇幅,此种分析方法本书不作介绍。

2.2　时域分析法

2.2.1　引言

所谓时域分析是指信号与系统分析的整个过程都是在连续时间域内进行的。在 LTI 系统中,其函数自变量均为连续的时间变量 t。此种分析方法比较直观,它是以后讨论另外两种变换域分析方法的基础。

在 LTI 系统中，时域分析方法的数学模型是常系数线性微分方程，其分析过程就是对微分方程的求解。如果输入信号是一些常用的典型信号。其求解过程是先求解齐次微分方程解，然后再求特解。而求解齐次微分方程有很强的规律可循，一些典型信号的特解可以通过查表求得，从而使整个求解十分简单。引入零输入响应和零状态响应后，系统的分析就更加明晰，特别对一些较复杂的系统的求解，它显示了优越性。20 世纪 50 年代对冲击函数的深入研究，使时域分析法求解零状态响应有了很大改进。在时域分析中，往往要用到系统的初始条件。在确定初始条件时，可以使用 δ 函数配平法或推断法等。本节对上述内容都会作以简单介绍。

2.2.2 常系数线性微分方程求解法

1. 常系数线性微分方程求解

对于一个 LTI 系统，如果输入信号是 $x(t)$，输出信号为 $y(t)$，那么描述输入和输出之间关系的数学表达式应为

$$\sum_{i=0}^{m} a_i \frac{\mathrm{d}^{(m-i)} y(t)}{\mathrm{d}t^{(m-i)}} = \sum_{j=0}^{n} b_j \frac{\mathrm{d}^{(n-j)} x(t)}{\mathrm{d}t^{(n-j)}} \tag{2.2.1}$$

在高等数学中我们已经知道，对于式(2.2.1)的常系数线性微分方程，其完全解 $y(t)$ 是由特解 $y_{\mathrm{p}}(t)$(Particular solution)和齐次解 $y_{\mathrm{h}}(t)$(Homogeneous solution)两部分组成，即

$$y(t) = y_{\mathrm{h}}(t) + y_{\mathrm{p}}(t) \tag{2.2.2}$$

其中，$y_{\mathrm{p}}(t)$ 是由系统的输入信号 $x(t)$ 决定；$y_{\mathrm{h}}(t)$ 是由特征方程的根决定。

(1)齐次解

对于式(2.2.1)所示方程的齐次方程为

$$\sum_{i=0}^{m} a_i \frac{\mathrm{d}^{(m-i)}}{\mathrm{d}t^{(m-i)}} y(t) = 0 \tag{2.2.3}$$

其特征方程为

$$\sum_{i=0}^{m} a_i \alpha^{(m-i)} = 0 \tag{2.2.4}$$

求解式(2.2.4)，可得特征根 α_{m}，它可能有以下三种情况：

a. 特征根为多个不相同的单实根，齐次解形式为

$$\sum_{i=0}^{m} A_i \mathrm{e}^{\alpha_i t} \tag{2.2.5}$$

b. 特征根为 K 重实根时，则齐次解形式为

$$\sum_{i=0}^{K} A_i t^{K-i} \mathrm{e}^{\alpha_{\mathrm{m}} t} \tag{2.2.6}$$

c. 特征根为一对共轭复根 $\alpha \pm \mathrm{j}\beta$ 时，其齐次解形式为

$$\mathrm{e}^{\alpha t}[A_1\cos(\beta t) + A_2\sin(\beta t)] \tag{2.2.7}$$

(2)特解

特解与输入信号有关，不同类型的输入信号就有不同的特解形式，表 2.2.1 给出了几种

常见输入信号的特解形式。

表 2.2.1　常见输入信号的特解

输入信号 $x(t)$	特解 $y_p(t)$
常数	B(待定)
t^p	$\sum_{i=0}^{P} B_i \cdot t^i$
$\sin(\omega t)$ [$\cos(\omega t)$]	$B_1\cos(\omega t)+B_2\sin(\omega t)$
$e^{\alpha t}$	$B\cdot e^{\alpha t}$,α 不是方程的特征根
	$(B_0+B_1 t)e^{\alpha t}$,α 是方程的特征根
	$\sum_{i=0}^{K} B_i \cdot t^i e^{\alpha t}$,$\alpha$ 是方程的 K 重特征根

(3)系数

在完全解中含有未定系数,一般这些系数由已知的初始条件来确定。

2. [**例题 2.2.1**]

在图 2.2.1 所示的 RL 电路中,已知,$u_i(t)=u(t)$,在 $u(t)$接入前的一瞬间 $i_L(0^-)=0$,试求 $i_L(t)$。

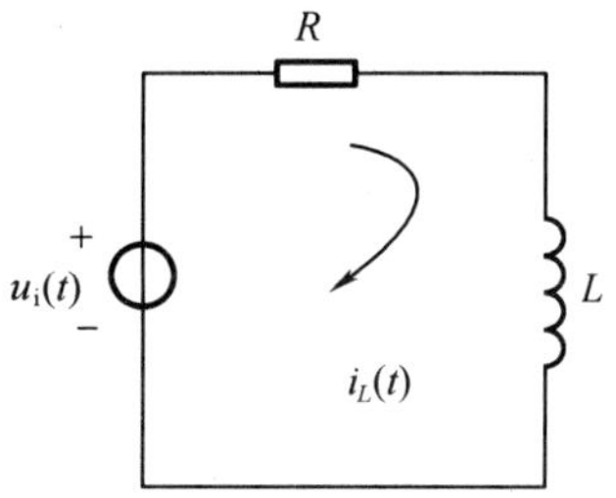

图 2.2.1　*RL* 电路

解:用 KVL 定律列出系统的微分方程为

$$L\frac{di_L(t)}{dt}+Ri_L(t)=u_i(t) \qquad (2.2.8)$$

(1)求齐次解

由式(2.2.8)可得系统的齐次方程:

$$L\frac{di_L(t)}{dt}+Ri_L(t)=0$$

其特征方程为

$$L\alpha+R=0,\quad t>0 \qquad (2.2.9)$$

解式(2.2.9)得特征根为 $\alpha=-\frac{R}{L}$,这是一个单实根。依式(2.2.5),其齐次解为

$$y_h(t)=Ae^{-\frac{R}{L}t} \qquad (2.2.10)$$

(2)求特解

输入信号 $u(t)$为常数,查表 2.2.1 可知其特解为 B,即 $i_L=B$。将 B 和 $u(t)$代入式(2.2.8)中,得

$$L\frac{dB}{dt}+RB=1$$

解方程,得特解 $y_p(t)=B=\frac{1}{R}$。

(3)求完全解

其完全解为

$$i_L(t)=y_h(t)+y_p(t)=Ae^{-\frac{R}{L}t}+\frac{1}{R} \qquad (2.2.11)$$

(4)求系数 A

由电路理论可知,在 RL 电路中,在加 $u_i(t)$ 瞬间,回路电流不变,$i_L(0^+)=i_L(0^-)=0$。这样当 $u(t)$ 加入系统瞬间,即 $t=0^+$ 时,$i_L(0^+)=0$,这样解得式(2.2.11)中 $A=-\frac{1}{R}$,代入式(2.2.11)中,得 $i_L(t)$ 为

$$i_L(t)=-\frac{1}{R}e^{-\frac{R}{L}t}+\frac{1}{R}=\frac{1}{R}(1-e^{-\frac{R}{L}t})=\frac{1}{R}(1-e^{-\frac{t}{\tau}}) \tag{2.2.12}$$

式中 $\tau=\frac{L}{R}$,称为时间常数。可用式(2.2.12)说明图2.2.1的系统响应的物理过程,当 $t=0$ 时刻加上 $u(t)$ 时,系统电流为0,随着时间的增加,其 $i_L(t)$ 以指数规律增加,最后极值为 $\frac{1}{R}$。

3. 几点说明

(1)在这里,所说的微分方程的解是数学上的名词,在信号和系统分析中,则应叫系统的响应(Response)。它们之间除叫法不同外,其他方面还有一些区别。在解微分方程时,我们把它作为一个数学问题,其时间 t 的定义域为从 $-\infty$ 到 ∞,所以在求解其初值时(也称边界条件)可以在此时间域内取值。但在电信号输入引起系统的响应,一般是在 $t>0$ 时间域内,故在求解系统响应的初始条件时也应在 $t>0$ 的时间域取值。

(2)我们在求完全解的待定系数时,需要用初值。在电子系统中,我们对电路状态作了如下规定:将输入信号加入系统前的一瞬间的状态叫起始状态,记作 $y^k(0^-)$;将输入信号加入系统后一瞬间的状态叫初始状态,记作 $y^k(0^+)$;系统响应起点($t=0$)的跳变值叫跳变态,记作 $y_\Delta^k(0)$。它们之间的关系为

$$y_\Delta^k(0)=y^k(0^+)-y^k(0^-) \tag{2.2.13}$$

在确定系统完全响应的系数时需要的初值为初始状态 $y^k(0^+)$。这个值有时由题中直接给出,有时由物理状态判断得到,有时需用式(2.2.13)中其他两个量间接算出。对于一些既没给出 $y^k(0^+)$,又不能间接计算的电路系统,人们往往用 δ 函数配平法求 $y^k(0^+)$。

(3)微分方程的齐次解是不考虑输入信号时的解。但在求完全解的系数时,用的初值却是 $y^k(0^+)$,它与输入信号有关,可以说这时求得的系数 A,已经不再是齐次解的系数了,它应是完全解的一部分,它与输入信号 $x(t)$ 和初始条件 $y^k(0^+)$ 有直接关系。

2.2.3 $\delta(t)$ 函数配平法

我们可以用一个例子来说明 $\delta(t)$ 函数配平法求 $y^k(0^+)$ 值的过程。

[例题2.2.2]

已知微分方程如式(2.2.14),且 $y(0^-)=1$,求 $y(0^+)$。

$$\frac{dy(t)}{dt}+2y(t)=3\frac{d^2u(t)}{dt^2} \tag{2.2.14}$$

解:先将等式右边项变化为 $3\frac{d^2u(t)}{dt^2}=3\delta'(t)$,这说明方程中含 $\delta(t)$ 项。$\delta(t)$ 的配平过程如下:

(1)先从方程最高阶项配平。方程右边最高阶项为 $\delta'(t)$,故方程左边也应有 $3\delta'(t)$,

而这 $3\delta'(t)$ 应含在 $\frac{dy(t)}{dt}$ 项中。

(2) 方程左边最高阶项配平后，对低阶项是有影响的。由于 $\frac{dy(t)}{dt}$ 中有 $3\delta'(t)$ 项，这样在 $y(t)$ 项中也应有 $3\delta(t)$，那么 $2y(t)$ 项就应含有 $6\delta(t)$。

(3) 方程左边多了一个 $6\delta(t)$ 项，而方程右边没有 $\delta(t)$ 项，故为了使方程两边 $\delta(t)$ 项平衡相等，就要返回到 $\frac{dy(t)}{dt}$ 项中进行补偿，就是说，需在 $\frac{dy(t)}{dt}$ 项中减一个 $6\delta(t)$ 项，方程两边才相等。

(4) 求 $y(0^+)$。$\delta(t)$ 函数配平完后，若 $y^k(t)$ 中有 $A\delta(t)$，则说明 $y^{k-1}(t)$ 在 $t=0$ 时有 A 值跳变。在本例中 $A=-6$，所以 $y_\Delta(0)=-6$，那么，依式(2.2.13)得 $y(0^+)=y(0^-)+y_\Delta(0)=1-6=-5$。

为了清楚起见，我们将上述的 $\delta(t)$ 配平法求解的步骤概括如下：

$$\frac{dy(t)}{dt}+2y(t)=3\delta'(t)$$

$$3\delta'(t)\rightarrow 3\delta(t)$$

$$\downarrow \times 2$$

$$-6\delta(t)\leftarrow 6\delta(t)$$

$$\longrightarrow -6\Delta \quad y_\Delta=-6$$

在上面的求解步骤中，符号“Δ”表示 $y(t)$ 在 $t=0$ 点有一个单位的跳变量。

2.2.4　零输入响应和零状态响应

1. 零输入响应(Zero input response)和零状态响应(Zero state response)

为了更好地理解零输入响应和零状态响应概念，我们先做一个例题。

[例题 2.2.3]

在例题 2.2.1 中，若 $i_L(0^-)=F$，求 $i_L(t)$。

解：在例题 2.2.1 中，已求得通解如式(2.2.11)所示。

当 $t=0^-$ 时，$i_L(0^-)=F$，依式(2.2.11)可得 $A=F-\frac{1}{R}$。将 A 值代入式(2.2.11)可得

$$i_L(t)=\left(F-\frac{1}{R}\right)e^{-\frac{R}{L}t}+\frac{1}{R}=Fe^{-\frac{R}{L}t}+\frac{1}{R}\left(1-e^{-\frac{R}{L}t}\right) \tag{2.2.15}$$

由式 (2.2.15) 可知，电路的完全响应由两部分组成，第一部分为 $Fe^{-\frac{R}{L}t}$，它与电路的输入信号无关，只与电路的起始条件 $i_L(0^-)=F$ 有关，称这部分响应为零输入响应，用 $y_{zi}(t)$ 表示。第二部分为 $\frac{1}{R}(1-e^{-\frac{R}{L}t})$，它与 $i_L(0^-)$ 无关，而只与输入信号有关，称这部分为零状态响应，用 $y_{zs}(t)$ 表示。

提出零输入响应和零状态响应，可以使系统的响应分析更加清晰。

2. 零输入响应和零状态响应的求解方法

(1) 零输入响应求解方法

由于零输入响应是在无输入信号或者不考虑输入信号时由系统的起始条件 $y(0^-)$ 产

生的,那么它的解的形式就应与微分方程齐次解的形式一样,它应该是微分方程齐次解的一部分。如果一个 N 阶微分方程的 N 个特征根 α_j 皆为单根,那么零输入响应 $y_{zi}(t)$ 可表示为

$$y_{zi}(t) = \sum_{j=1}^{N} A_i e^{\alpha_j t} \tag{2.2.16}$$

式(2.2.16)中的系数 A_i 完全是由系统的起始状态 $y(0^-)$ 决定的。对于式(2.2.15)所表示的一阶系统的解,如果 $y(0^-) = i_L(0^-) = F$,则该系统的 $y_{zi}(t) = Fe^{-\frac{R}{L}t}$。可见零输入响应的求解比较简单,只要得到微分方程的齐次解,再利用系统的起始条件 $y(0^-)$ 就可以得到零输入响应的解。

(2)零状态响应求解方法

由前面分析可知系统的完全响应是由零输入响应和零状态响应组成的,那么当求得系统的完全响应和零输入响应后,则可得到系统的零状态响应。零状态响应解的形式我们可以这样确定:完全响应是由零输入响应和零状态响应组成的,而零输入响应仅是系统齐次方程解的一部分,那么零状态响应解的形式就应该是齐次解的另一部分和特解之和。在 N 个特征根都为单根时,零状态响应的形式应该为

$$y_{zs}(t) = \sum_{j=1}^{N} A_s e^{\alpha_j t} + B(t) \tag{2.2.17}$$

实际上式(2.2.17)的系数 A_s 就等于式(2.2.10)中系数 A 减去式(2.2.16)中的系数 A_i。

由前面几节的学习并结合上式,我们可知:系统的完全响应的待定系数,由系统的初始条件 $y^k(0^+)$ 确定;系统的零输入响应的待定系数由系统的起始条件 $y^k(0^-)$ 确定;系统的零状态响应的待定系数,则由系统跳变量 $y_\Delta^k(0)$ 来确定。即

$$\begin{array}{c} y(t) = y_{zi}(t) + y_{zs}(t) \\ \uparrow \qquad \uparrow \qquad \uparrow \\ y^k(0^+) = y^k(0^-) + y_\Delta^k(0) \end{array} \tag{2.2.18}$$

[例题 2.2.4]

在图 2.2.2 所示的电路中,$R = \frac{1}{2}\ \Omega$,$C = \frac{2}{3}$ F,$u_i(t) = u(t)$,电容上起始电压 $u_C(0^-) = \frac{3}{2}$,试求电容上电压的零状态响应 $u_{Czs}(t)$。

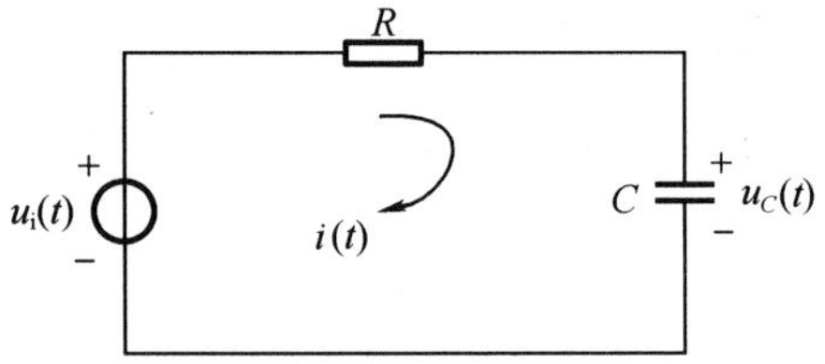

图 2.2.2 *RC* 电路

解:由图 2.2.2 可列出微分方程为

$$RC\frac{du_C(t)}{dt} + u_C(t) = u_i(t)$$

将 R, C 值和 $u_i(t)$ 代入上式得

$$\frac{du_C(t)}{dt} + 3u_C(t) = 3u(t) \tag{2.2.19}$$

由式(2.2.19)可得齐次解为 Ae^{-3t}。输入信号为单位阶跃信号 $u(t)$,查表 2.2.1 得特解为 B,将 B 代入式(2.2.19)得 $B=1$,那么电路的完全响应为

$$u_C(t) = Ae^{-3t} + 1 \tag{2.2.20}$$

在 $t=0$ 时刻,电容上电压没有跳变,即 $u_{C\Delta}(0)=0$,根根题给条件 $u_C(0^-)=\frac{3}{2}$,可得 $u_C(0^+)=\frac{3}{2}$,将 $u_C(0^+)$代入到式(2.2.20)中,得 $A=\frac{1}{2}$,所以系统完全响应为

$$u_C(t)=\frac{1}{2}e^{-3t}+1 \tag{2.2.21}$$

由式(2.2.16)可得系统的零输入响应为

$$u_{Czi}=A_i e^{-3t}$$

由题给 $u_C(0^-)=\frac{3}{2}$求得 $A_i=\frac{3}{2}$,于是零输入响应为

$$u_{Czi}=\frac{3}{2}e^{-3t} \tag{2.2.22}$$

系统的零状态响应为

$$\begin{aligned} u_{Czs}(t) &= u_C(t)-u_{Czi}(t) \\ &= \frac{1}{2}e^{-3t}+1-\frac{3}{2}e^{-3t} \\ &= 1-e^{-3t} \end{aligned} \tag{2.2.23}$$

从式(2.2.21)、(2.2.22)和(2.2.23)可画出响应曲线如图 2.2.3 所示。可见这是一个充放电过程,随时间增加,电容电压 $u_{Czs}(t)$不断上升,最后到达稳态值 1。$u_{Czs}(t)$又称为 RC 电路的阶跃响应。

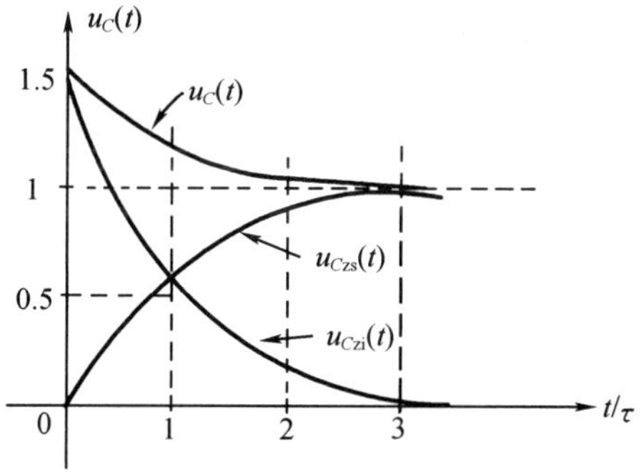

图 2.2.3　*RC* 电路响应曲线

当然,此例中也可以用 $\delta(t)$配平法求跳变量,最后解得的结果与式(2.2.23)是一致的。

2.2.5　单位冲击响应

单位冲击响应是 LTI 系统在单位冲击信号作用下的响应,简称冲击响应,用 $h(t)$来表示。因为这种响应与输入信号有关,所以它是系统的零状态响应。冲击响应在系统分析中有很重要的作用。这是因为任何一个连续信号都可以分解为 $A\delta(t)$信号的移位加权积分,即

$$f(t)=\int_{-\infty}^{\infty}f(\tau)\delta(t-\tau)\mathrm{d}\tau \tag{2.2.24}$$

那么利用冲击响应就可以方便地求出系统对任何输入信号的零状态响应。另一方面冲击响应也描述了系统本身的一些特性,如系统的因果性、互联性和稳定性等。

例如,对于 LTI 系统的稳定性,我们也可以用系统的冲击响应来表示。如果 LTI 系统的冲击响应绝对可积,则此系统就是稳定的,具体表达式为

$$\int_{-\infty}^{\infty}|h(t)|\mathrm{d}t<\infty \tag{2.2.25}$$

此式即为 LTI 系统的稳定性的又一判据。

1. 单位冲击响应的基本表达式

由于单位冲击响应是零状态响应,其表达式形式应与式(2.2.17)相一致,即

$$h(t) = \sum_{j=1}^{N} A_s e^{\alpha_j t} + B(t) \tag{2.2.26}$$

由于冲击信号在 $t>0$ 时为 0，所以用冲击信号作输入信号时，其特解 $B(t)=0$，所以冲击响应的表达式应为

$$h(t) = \sum_{j=1}^{N} A_s e^{\alpha_j t} \tag{2.2.27}$$

其中待定系数 A_s 要用系统的跳变量 $h_{\Delta}^{k}(0)$ 来确定。

对于起始状态不为零的系统，我们仍需要先求系统的完全响应和零输入响应后，再求单位冲击响应。这里特别提示，如果系统的微分方程等号右边 $\delta(t)$ 项的最高阶次等于或高于等号左边最高阶次，则冲击响应中还会含有单位冲击函数项。

2.［**例题 2.2.5**］

试求图 2.2.2 电路的单位冲击响应 $h(t)$。

解：图 2.2.2 电路的电容器上电压的微分方程如式(2.2.19)所示，现将其改为单位冲击响应方程为

$$h'(t) + 3h(t) = 3\delta(t) \tag{2.2.28}$$

该方程的解为

$$h(t) = Ae^{-3t} \tag{2.2.29}$$

利用 $\delta(t)$ 配平法可得 $h_{\Delta}(0)=3$，由式(2.2.29)可得 $A=3$，则单位冲击响应为

$$h(t) = 3e^{-3t} \tag{2.2.30}$$

可以看出单位冲击响应与例题 2.2.4 所得零状态响应 $u_{Czs}(t)$ 是不一样的，这说明单位冲击响应虽然也是零状态响应，但由于激励信号不同，其响应结果是不同的。这是由于单位冲击响应的输入信号是 $\delta(t)$ 信号，而例题 2.2.4 中输入信号是阶跃信号，其零状态响应是阶跃响应。

2.3 频域分析法

频域分析方法是以正弦波函数或虚指数函数为基本信号。因为任何非正弦周期信号都可以分解为一组不同频率的正弦波或虚指数信号单元的加权和，进而可利用 LTI 系统线性和时不变性将这组不同频率信号的响应进行加权求和，从而得到原信号的响应。与时域分析法不同之处在于频域分析是将时间变量 t 变换为频率变量 ω。这种方法是以傅里叶级数和傅里叶变换（以下简称傅氏级数和傅氏变换）为主要数学工具，将时域扩展到了频域范围内分析。它揭示了信号内在的频率特性以及信号的时间特性与频率特性之间的关系。因此，频域分析在信号与系统分析中占有重要地位，它为信号与系统分析提供了一个重要的分析手段。

2.3.1 傅氏级数

1. 一般表达式

由高等数学可知，一个周期为 T 的信号 $f(t)$，若满足狄里赫利（Dirichlet）条件，则此信号在 $\left[-\frac{T_0}{2},\frac{T_0}{2}\right]$ 区间可展开为

$$f(t) = a_0 + \sum_{n=1}^{\infty}[a_n\cos(n\omega_0 t) + b_n\sin(n\omega_0 t)] \tag{2.3.1}$$

式(2.3.1)即为$f(t)$信号的三角函数形式的傅氏级数(Fourier series)的展开式,其中

$$a_0 = \frac{1}{T_0}\int_{-\frac{T}{2}}^{\frac{T}{2}} f(t)\,\mathrm{d}t \tag{2.3.2}$$

$$a_n = \frac{2}{T_0}\int_{-\frac{T}{2}}^{\frac{T}{2}} f(t)\cos(n\omega_0 t)\,\mathrm{d}t \tag{2.3.3}$$

$$b_n = \frac{2}{T_0}\int_{-\frac{T}{2}}^{\frac{T}{2}} f(t)\sin(n\omega_0 t)\,\mathrm{d}t \tag{2.3.4}$$

式中$\omega_0 = \dfrac{2\pi}{T_0} = 2\pi f_0$,称为基波角频率;$a_0$,$a_n$,$b_n$是三角函数型傅氏级数的系数。

2. 傅氏级数的其他表达形式

(1)傅氏级数工程上实用形式

三角函数型傅氏级数也可以写成工程上更加适用的形式

$$f(t) = C_0 + \sum_{n=1}^{\infty} C_n\cos(n\omega_0 t + \varphi_n) \tag{2.3.5}$$

式中的系数与式(2.3.1)中系数关系为

$$\left.\begin{aligned} C_0 &= a_0 \\ C_n &= \sqrt{a_n^2 + b_n^2} \\ \varphi_n &= \arctan\left(-\frac{b_n}{a_n}\right) \end{aligned}\right\} n = 1,2,3,\cdots \tag{2.3.6}$$

或者

$$\left.\begin{aligned} a_n &= C_n \cdot \cos\varphi_n \\ b_n &= -C_n\sin\varphi_n \end{aligned}\right\} n = 1,2,3,\cdots \tag{2.3.7}$$

从式(2.3.5)中可见,一个周期信号$f(t)$可以分解为一个直流分量和许多谐波分量之和。其中C_0是常数项,它是周期信号的直流分量,而式中右边第二项为各次谐波分量之和。当$n=1$时,$C_1\cdot\cos(\omega_0 t+\varphi_1)$为基波分量,$C_1$为基波振幅,$\varphi_1$为基波初始相角,$\omega_0 = \dfrac{2\pi}{T_0}$为基波角频率;当$n=2$时为二次谐波分量;依此类推,一直到$n$次谐波分量。

(2)傅氏级数的复指数形式

利用欧拉公式(Eular)可以将式(2.3.1)变换成复指数形式

$$f(t) = \sum_{n=-\infty}^{\infty} D_n \mathrm{e}^{\mathrm{j}n\omega_0 t} \tag{2.3.8}$$

其中

$$D_n = \frac{1}{T_0}\int_{-\frac{T}{2}}^{\frac{T}{2}} f(t)\mathrm{e}^{-\mathrm{j}n\omega_0 t}\,\mathrm{d}t \quad n = 0, \pm 1, \pm 2, \cdots \tag{2.3.9}$$

式(2.3.8)和式(2.3.9)这一对公式是傅氏级数的复指数形式。对于用式(2.3.8)表示的$f(t)$可在$\pm\infty$范围内分解为各次谐波分量之和。式(2.3.9)中的D_n是一个关于变量$n\omega_0$的复系数,可表示为

$$D_n = |D_n|\mathrm{e}^{\mathrm{j}\varphi_n} \tag{2.3.10}$$

式中,$|D_n|$,φ_n分别表示为D_n的模(即振幅频谱)、相角(即相位频谱)。傅氏级数引入了负

频率,方便了数学处理过程。

2.3.2 周期信号的频谱分析

在式(2.3.8)中 $e^{jn\omega_0 t}$代表一组 n 次谐波分量的加权和,而各谐波频率都为 ω_0 的整数倍。而 D_n就为如式(2.3.10)所示的复系数,它集中反映了周期信号 $f(t)$ 的傅氏级数不同谐波分量的幅度和相位,这些幅度和相位是受 D_n调制的,它可以是递增或递减。不同的周期信号,其傅氏级数的形式是相同的,所不同的只是 D_n。可见 D_n反映了各不同周期信号的特性。为了形象地描述这些特性,可以将复系数 D_n 中的振幅值和相位值沿频率 $n\omega_0$的分布画出来,这种图形我们称为周期信号的频谱(Frequency spectra)。这样的频谱可以清晰反映出周期信号的频域特性。它能更深刻、更全面地反映出周期信号的内在本质。

[例题 2.3.1]

周期矩形信号 $f(t)$ 如图 2.3.1 所示,已知脉宽为 τ,幅度为 A,周期为 T_0,且 $T_0 > \tau$,试求其傅氏级数并画出频谱图。

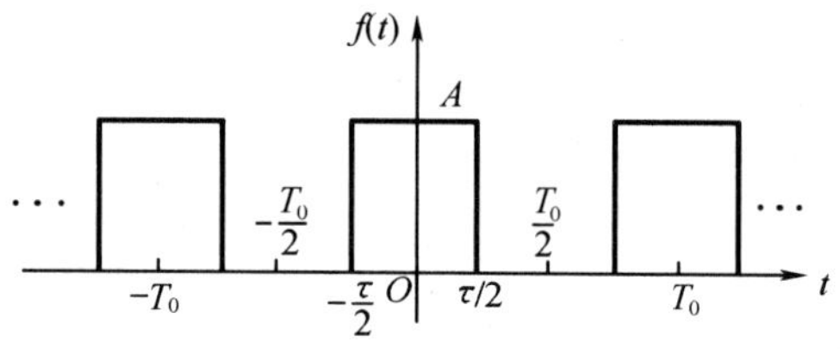

图 2.3.1 周期矩形信号

解: 由图可知,$f(t)$ 在一个周期 $\left(-\frac{T_0}{2},\frac{T_0}{2}\right)$内的表达式为

$$f(t) = \begin{cases} A, & -\frac{\tau}{2} \leqslant t < \frac{\tau}{2} \\ 0, & \frac{\tau}{2} < |t| < \frac{T_0}{2} \end{cases}$$

依式(2.3.9),可写出 $f(t)$ 的复系数 D_n表达式为

$$\begin{aligned} D_n &= \frac{1}{T_0}\int_{-\frac{T_0}{2}}^{\frac{T_0}{2}} f(t)\,\mathrm{e}^{-\mathrm{j}n\omega_0 t}\mathrm{d}t = \frac{1}{T_0}\int_{-\frac{\tau}{2}}^{\frac{\tau}{2}} A\mathrm{e}^{-\mathrm{j}n\omega_0 t}\mathrm{d}t \\ &= \frac{A}{T_0}\cdot\frac{-1}{\mathrm{j}n\omega_0}\cdot \mathrm{e}^{\mathrm{j}n\omega_0 t}\Big|_{-\frac{\tau}{2}}^{\frac{\tau}{2}} = \frac{A\tau}{T_0}\cdot \mathrm{Sa}\left(\frac{n\omega_0\tau}{2}\right) \\ &= |D_n|\cdot \mathrm{Sa}\left(n\omega_0\frac{\tau}{2}\right) \end{aligned} \tag{2.3.11}$$

式(2.3.11)中的 $\mathrm{Sa}\left(\frac{n\omega_0\tau}{2}\right)$称为抽样函数,它的表达式为

$$\mathrm{Sa}\left(\frac{n\omega_0\tau}{2}\right) = \frac{\sin\left(n\omega_0\frac{\tau}{2}\right)}{n\omega_0\frac{\tau}{2}} \tag{2.3.12}$$

而 $|D_n|$是直流分量,它表示为

$$|D_n| = \frac{A\tau}{T_0} \tag{2.3.13}$$

我们可以将 D_n的值与 $n\omega_0$之间的关系作频谱图。由式(2.3.12)可推导出谱线包络过零点为 $T_0 = n\tau$,它在横坐标上的过零点为

$$n\omega_0 = \frac{2\pi}{\tau} \tag{2.3.14}$$

设 $T_0=2\tau$，则 $|D_n|=\frac{A}{2}$，其频谱图如图 2.3.2 所示。这就是周期矩形信号 $f(t)$ 的频谱，它直观地给出了 $f(t)$ 信号各谐波分量的幅值有正负之分，而且是线状，我们称这种谱为线状谱。这些谱线都分布在 ω_0 的整数倍频率上，其包络线则为抽样函数 $\mathrm{Sa}(x)$。由图可见第一个过零点的横坐标值总是都在 $\pm\frac{2\pi}{\tau}$ 点上，因为 $T_0=2\tau$，所以第一个零点为 $2\omega_0$，最大幅度为 $\frac{A}{2}$。

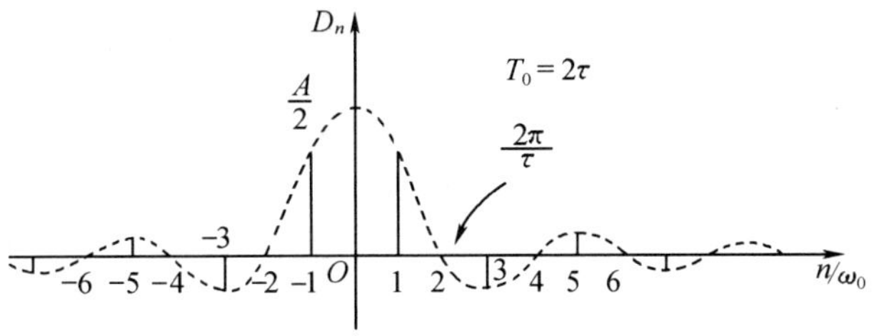

图 2.3.2　周期矩形信号的频谱

我们也可以将图 2.3.2 中的各次谐波的幅度值和相位值以频率 $n\omega_0$ 为变量分别作图，如图 2.3.3 所示，其中图 2.3.3(a)称为 $f(t)$ 信号的幅度谱，当 D_n 取模 $|D_n|$ 时，这些值皆为正数；图 2.3.3(b)谱称为 $f(t)$ 信号的相位谱。由于相位是奇函数，所以其谱是以原点对称的，其中的一个相位取负值。

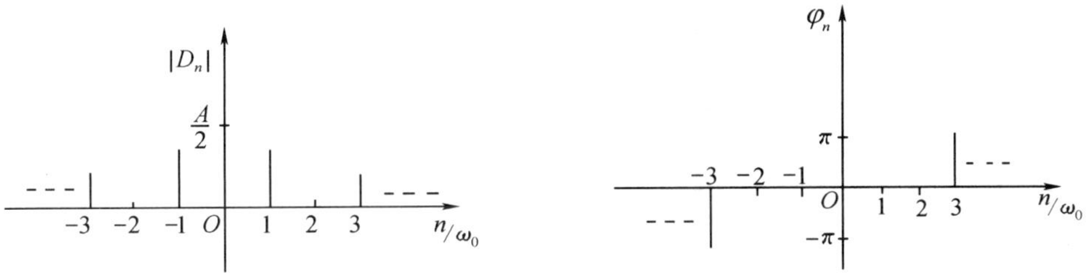

(a)　　(b)

图 2.3.3　图 2.3.2 的幅度谱和相位谱

2.3.3　傅氏变换

1. 定义

在上节我们曾讨论过周期信号的表达式如式(2.3.8)和式(2.3.9)所示，这两个公式的变量取值范围是 $0\to T_0$ 一个周期。当 $T_0\to\infty$ 可以将积分域扩展，这样，一个周期信号即变成了非周期信号，式(2.3.9)可写成

$$D_n=\frac{1}{T_0}\int_{-\infty}^{\infty}f(t)\mathrm{e}^{-\mathrm{j}n\omega_0 t}\mathrm{d}t \tag{2.3.15}$$

令 $F(\mathrm{j}\omega)=D_n\cdot T_0$，则式(2.3.15)式可改写成

$$F(\mathrm{j}\omega)=\int_{-\infty}^{\infty}f(t)\mathrm{e}^{-\mathrm{j}n\omega_0 t}\mathrm{d}t \tag{2.3.16}$$

将式(2.3.16)代回到式(2.3.15)，得

$$D_n=\frac{1}{T_0}F(\mathrm{j}\omega) \tag{2.3.17}$$

将式(2.3.17)代入式(2.3.8)中,得

$$f(t) = \sum_{-\infty}^{\infty} \frac{1}{T_0} e^{jn\omega_0 t} \cdot F(j\omega) \tag{2.3.18}$$

将$\frac{1}{T_0} = \frac{\omega_0}{2\pi}$代入式(2.3.18)中,得

$$f(t) = \frac{1}{2\pi} \sum_{n=-\infty}^{\infty} F(j\omega) \cdot e^{jn\omega_0 t} \omega_0 \tag{2.3.19}$$

我们在讨论频谱时曾学过,频谱的谱线是在$n\omega_0$轴上特定点的取值,即频谱中的谱线是离散的,当$T_0 \to \infty$时,ω_0变得非常小,使$\omega_0 \to d\omega$,$n\omega_0$将由离散量变成连续量ω,这样式(2.3.19)和式(2.3.16)可分别写成

$$f(t) = \frac{1}{2\pi} \int_{-\infty}^{\infty} F(j\omega) e^{j\omega t} d\omega \tag{2.3.20}$$

$$F(j\omega) = \int_{-\infty}^{\infty} f(t) e^{-j\omega t} dt \tag{2.3.16'}$$

式(2.3.16′)和式(2.3.20)构成一对变换式,称这对变换式为傅氏变换(Fourier transform)对。其中称式(2.3.16′)为$f(t)$信号的傅氏变换式,而称(2.3.20)式为傅氏反变换式。这一变换对通常表示为

$$\begin{aligned} F(j\omega) &= F[f(t)] \\ f(t) &= F^{-1}[F(j\omega)] \end{aligned} \tag{2.3.21}$$

2. 几种常用信号的傅氏变换

(1)单指数(实指数)信号

单指数信号表达式为$f(t) = e^{-\alpha t}$ $(\alpha > 0)$,其傅氏变换式为

$$F(j\omega) = \int_0^{\infty} e^{-\alpha t} \cdot e^{-j\omega t} dt = \frac{1}{\alpha + j\omega} \tag{2.3.22}$$

如果单指数信号的表达式为$f(t) = Ae^{-\alpha t}$ $(\alpha > 0)$,则傅氏变换的表达式为

$$F(j\omega) = \frac{A}{\alpha + j\omega} \tag{2.3.23}$$

(2)单位冲击信号$\delta(t)$

$$F(j\omega) = \int_{-\infty}^{\infty} \delta(t) e^{-j\omega t} dt = 1 \tag{2.3.24}$$

在推导式(2.3.24)中,可利用$\delta(t)$信号的取样性和$\delta(t)$的广义积分定义。从式(2.3.24)可以看出在时域中一个变化十分激烈的冲击信号经傅氏变换后,其频谱中的各个谐波分量的振幅相等而相位都为0。这种谱又叫“均匀谱”或“白色谱”。

根据式(2.3.20),我们可以写出式(2.3.24)的反变换式

$$\delta(t) = \frac{1}{2\pi} \int_{-\infty}^{\infty} e^{j\omega t} d\omega \tag{2.3.25}$$

依据冲击信号性质,我们可得到一个很有用的公式

$$2\pi\delta(t) = \int_{-\infty}^{\infty} e^{\pm j\omega t} d\omega \tag{2.3.26}$$

(3)直流信号

设$f(t) = 1$,则傅氏变换为

$$F(j\omega) = \int_{-\infty}^{\infty} e^{-j\omega t} dt = 2\pi\delta(\omega) \tag{2.3.27}$$

(4) sgn(t) 信号

$$\mathrm{sgn}(t) = \begin{cases} 1, & t > 0 \\ -1, & t < 0 \end{cases} \tag{2.3.28}$$

sgn(t) 信号显然不满足绝对可积条件,不能直接作傅氏变换,我们可以将它看成两个指数信号取极限

$$\mathrm{sgn}(t) = \lim_{\alpha \to 0} [e^{-\alpha t} u(t) + e^{\alpha t} u(-t)]$$

$$\begin{aligned} F(j\omega) &= \int_{-\infty}^{\infty} \lim_{\alpha \to 0} [e^{-\alpha t} u(t) + e^{\alpha t} u(-t)] \cdot e^{-j\omega t} dt \\ &= \lim_{\alpha \to 0} \int_{0}^{\infty} e^{-(\alpha + j\omega)t} dt - \int_{-\infty}^{0} e^{(\alpha - j\omega)t} dt \\ &= \lim_{\alpha \to 0} \left(\frac{1}{\alpha + j\omega} - \frac{1}{\alpha - j\omega} \right) = \frac{2}{j\omega} \end{aligned} \tag{2.3.29}$$

(5) 单位阶跃信号 $u(t)$

由于 $u(t) = \frac{1}{2} + \frac{1}{2}\mathrm{sgn}(t)$,所以可应用直流和 sgn($t$) 信号的傅氏变换,得到单位阶跃信号的 $F(j\omega)$。

$$F(j\omega) = \pi\delta(\omega) + \frac{1}{j\omega} \tag{2.3.30}$$

一些常用信号的傅氏变换对列于表 2.3.1 中,可供参用。

表 2.3.1　常用信号的 Fourier 变换

序号	$f(t)$	$F(j\omega)$
1	$Ae^{-\alpha t}u(t), (\alpha > 0)$	$\frac{A}{\alpha + j\omega}$
2	$t^n e^{-\alpha t}u(t), (\alpha > 0)$	$\frac{n!}{(\alpha + j\omega)^{n+1}}$
3	$e^{j\omega_0 t}$	$2\pi\delta(\omega - \omega_0)$
4	$e^{-\alpha\|t\|}u(t), (\alpha > 0)$	$\frac{2\alpha}{\alpha^2 + \omega^2}$
5	1	$2\pi\delta(\omega)$
6	$u(t)$	$\pi\delta(\omega) + \frac{1}{j\omega}$
7	$\delta(t)$	1
8	$\mathrm{sgn}(t)$	$\frac{2}{j\omega}$
9	$Ae^{-\alpha t^2}, \alpha > 0$	$\sqrt{\frac{\pi}{\alpha}} \cdot Ae^{-\frac{\omega^2}{4\alpha}}$
10	$\begin{cases} A, & \|t\| < \frac{\tau}{2} \\ 0, & \text{其他 } t \end{cases}$	$2A\frac{\sin\frac{\omega\tau}{2}}{\omega}$ or $A\tau\mathrm{Sa}\left(\frac{\omega\tau}{2}\right)$
11	$\cos(\omega_0 t)$	$\pi[\delta(\omega + \omega_0) + \delta(\omega - \omega_0)]$

表 2.3.1(续)

序号	$f(t)$	$F(\mathrm{j}\omega)$
12	$\sin(\omega_0 t)$	$\mathrm{j}\pi[\delta(\omega+\omega_0)-\delta(\omega-\omega_0)]$
13	$\cos(\omega_0 t)u(t)$	$\frac{\pi}{2}[\delta(\omega+\omega_0)+\delta(\omega-\omega_0)]+\frac{\mathrm{j}\omega}{\omega_0^2-\omega^2}$
14	$\sin(\omega_0 t)u(t)$	$\frac{\mathrm{j}\pi}{2}[\delta(\omega+\omega_0)-\delta(\omega-\omega_0)]+\frac{\omega}{\omega_0^2-\omega^2}$
15	$t^n u(t)$	$2\pi\mathrm{j}^n(\omega)$
16	$tu(t)$	$\mathrm{j}\pi\delta'(\omega)-\frac{1}{\omega^2}$

2.3.4 傅氏变换的性质

利用傅氏变换的基本性质不仅可以简化傅氏变换式和用于傅氏反变换式的求解，而且还可以帮助我们理解信号在时域和频域之间的关系。当在某一域中分析问题出现困难时，可以利用这些性质转换到另一域中去分析。

傅氏变换的基本性质包括线性特性、时移特性、卷积特性和微积分特性等，它们在理论分析和工程中多有应用。现将这些特性列于表 2.3.2 中，以供选用。

表 2.3.2 傅氏变换的基本性质

特性名称	$f(t)$	$F(\mathrm{j}\omega)$
线性	$a_1f_1(t)+a_2f_2(t)$	$a_1F_1(\mathrm{j}\omega)+a_2F_2(\mathrm{j}\omega)$
共轭对称性	$F(\pm\mathrm{j}t)$	$2\pi f(\mp\omega)$
比例性	$f(at)$	$\frac{1}{\lvert a\rvert}F\left(\mathrm{j}\frac{\omega}{a}\right)$
时移性	$f(t-t_0)$	$F(\mathrm{j}\omega)\mathrm{e}^{-\mathrm{j}\omega t_0}$
频移性	$f(t)\cdot\mathrm{e}^{\mathrm{j}\omega_0 t}$	$F[\mathrm{j}(\omega-\omega_0)]$
时域卷积	$f_1(t)*f_2(t)$	$F_1(\mathrm{j}\omega)\cdot F_2(\mathrm{j}\omega)$
频域卷积	$f_1(t)\cdot f_2(t)$	$\frac{1}{2\pi}[F_1(\mathrm{j}\omega)*F_2(\mathrm{j}\omega)]$
时域微分	$\frac{\mathrm{d}}{\mathrm{d}t}f(t)$	$\mathrm{j}\omega F(\mathrm{j}\omega)$
	$\frac{\mathrm{d}^n}{\mathrm{d}t^n}f(t)$	$(\mathrm{j}\omega)^n\cdot F(\mathrm{j}\omega)$
时域积分	$\int_{-\infty}^{t}f(\tau)\mathrm{d}\tau$	$\frac{1}{\mathrm{j}\omega}F(\mathrm{j}\omega)+\pi F(0)\delta(\omega)$
	$\int_{-\infty}^{0}f(\tau)\mathrm{d}\tau$	$\frac{1}{\mathrm{j}\omega}F(\mathrm{j}\omega)$

表 2.3.2(续)

特性名称	$f(t)$	$F(j\omega)$
频域微分	$(-jt)^n f(t)$	$\frac{d^n}{d\omega^n}F(j\omega)$
频域积分	$\pi f(0)\delta(t)+\frac{f(t)}{(-jt)}$	$\int_{-\infty}^{\infty}F(j\omega)d\omega$
巴塞瓦定理	$\int_{-\infty}^{\infty}[f(t)]^2dt$	$\frac{1}{2\pi}\int_{-\infty}^{\infty}\|F(j\omega)\|^2d\omega$

2.3.5　系统的频域分析

LTI 系统的频域分析法就是系统在不同的输入信号作用下，以傅氏变换为基础，讨论在频域范围内求解零状态响应的方法。这种频域分析法又称为傅里叶变换分析法。

1. 系统函数(System function)

系统的频域响应可以用系统函数来表征。

一个 LTI 系统可用一个 n 阶常系数微分方程来描述，即

$$a_ny^n(t)+a_{n-1}y^{n-1}(t)+\cdots+a_1y'(t)+a_0y(t)=b_mx^m(t)+b_{m-1}x^{m-1}(t)+\cdots+b_1x'(t)+b_0x(t)$$

利用傅氏变换性质的时域微分，对上式作傅氏变换，令 $x(t)\leftrightarrow X(j\omega)$，$y(t)\leftrightarrow Y(j\omega)$，可得

$$[a_n(j\omega)^n+a_{n-1}(j\omega)^{n-1}+\cdots+a_1(j\omega)+a_0]Y(j\omega)=[b_m(j\omega)^m+b_{m-1}(j\omega)^{m-1}+\cdots b_1(j\omega)+b_0]X(j\omega)$$

则
$$H(j\omega)=\frac{Y(j\omega)}{X(j\omega)}=\frac{b_m(j\omega)^m+b_{m-1}(j\omega)^{m-1}+\cdots+b_1(j\omega)+b_0}{a_n(j\omega)^n+a_{n-1}(j\omega)^{n-1}+\cdots+a_1(j\omega)+a_0}\tag{2.3.31}$$

$H(j\omega)$称为系统频域分析的系统函数，也称为频率响应。

2. 频域分析的步骤

(1)由给定电路和条件列出系统的微分方程；

(2)利用傅氏变换求系统函数 $H(j\omega)$；

(3)求输入信号的傅氏变换式 $X(j\omega)$；

(4)系统零状态响应的傅氏变换式 $Y(j\omega)=H(j\omega)\cdot X(j\omega)$；

(5)对 $Y(j\omega)$作傅氏反变换，求得时域的零状态响应 $y_{zs}(t)$。

3. [**例题 2.3.2**]

电路如图 2.3.4 所示，已知 $R=\frac{1}{2}\ \Omega$，$C=\frac{2}{3}$ F，$u_i(t)=u(t)$，试用傅氏变换分析法求系统的输出电压 $u_{Czs}(t)$。

解：根据题图可列出系统方程为

$$RC\frac{du_C(t)}{dt}+u_C(t)=u_i(t)$$

对系统方程两边同时取傅氏变换，得

$$j\omega CRV_C(j\omega)+V_C(j\omega)=V_i(j\omega)$$

$$H(\mathrm{j}\omega)=\frac{V_C(\mathrm{j}\omega)}{V_\mathrm{i}(\mathrm{j}\omega)}=\frac{1}{1+\mathrm{j}\omega CR}$$

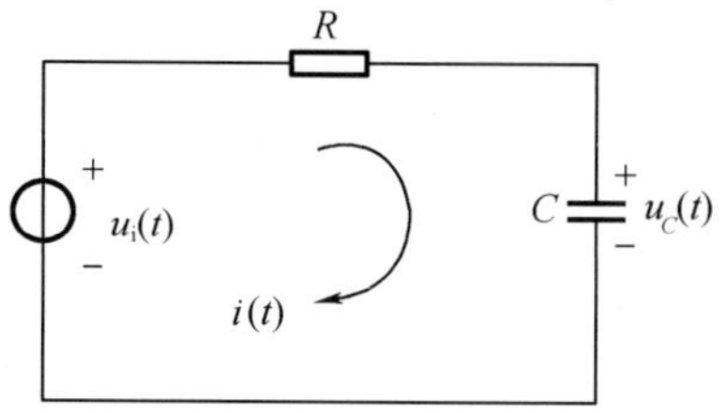

图 2.3.4 *RC* 电路

输入信号为 $u(t)$，其傅氏变换代为

$$V_\mathrm{i}(\mathrm{j}\omega)=\pi\delta(\omega)+\frac{1}{\mathrm{j}\omega}$$

$$V_C(\mathrm{j}\omega)=H(\mathrm{j}\omega)\cdot V_\mathrm{i}(\mathrm{j}\omega)=\frac{1}{1+\mathrm{j}\omega CR}\cdot\left[\pi\delta(\omega)+\frac{1}{\mathrm{j}\omega}\right]$$

$$=\left[\pi\delta(\omega)+\frac{1}{\mathrm{j}\omega}\right]-\frac{1}{\frac{1}{CR}+\mathrm{j}\omega}$$

用傅氏反变换求 $u_{C\mathrm{zs}}(t)$，得

$$u_{C\mathrm{zs}}(t)=u(t)-\mathrm{e}^{-\frac{1}{RC}t}u(t)=u(t)(1-\mathrm{e}^{-\frac{1}{RC}t})=1-\mathrm{e}^{-3t}$$

此结果与例题 2.2.4 的解[即式(2.2.23)]相同，求解过程也较简单。

2.4 复频域分析法

上节讨论的频域分析方法有局限性。首先，一个信号要作傅氏变换，它必须满足狄里赫利条件。然而在一些实际问题中常会遇到有些信号不满足这个条件，如 $u(t)$、$\mathrm{sgn}(t)$ 等。这就是说，这些信号不能直接按定义导出它们的傅氏变换式。而单边实指数信号 $\mathrm{e}^{\alpha t}u(t)$，当 $\alpha>0$ 时，根本就不存在傅氏变换。其次，频域分析方法只能求系统的零状态响应，无法求零输入响应。以上种种情况都说明频域分析法在应用中会受到一定的限制。为了解决这些问题，人们找到了一个更好的分析方法，那就是复频域分析法。在复频域分析法中，使用的数学工具是拉普拉斯变换(Laplace transform)，简称拉氏变换。

复频域分析是将信号与系统的分析从时间域映射到复频域。它使系统的分析扩展到零输入响应范畴。可见这种分析方法更具普遍性。

2.4.1 拉氏变换

1. 定义

对于 $f(t)=\mathrm{e}^{\alpha t}$ 信号，在 $\alpha>0$ 时之所以不能作傅氏变换，是因为当 $t\to\pm\infty$ 时，$f(t)$ 不收敛。如果我们用一个 $\mathrm{e}^{-\sigma t}$ 去乘 $f(t)$，只要 σ 取值合适，就可能使 $f(t)$ 收敛，就可以作傅氏变换，但这种变换已不同于傅氏变换，这里赋予新的概念并以新的符号代替，变换式为

$$L(s)=\int_{-\infty}^{\infty}f(t)\mathrm{e}^{-\sigma t}\cdot\mathrm{e}^{-\mathrm{j}\omega t}\mathrm{d}t=\int_{-\infty}^{\infty}f(t)\mathrm{e}^{-(\sigma+\mathrm{j}\omega)t}\mathrm{d}t=\int_{-\infty}^{\infty}f(t)\mathrm{e}^{-st}\mathrm{d}t$$

即

$$L(s)=\int_{-\infty}^{\infty}f(t)\mathrm{e}^{-st}\mathrm{d}t \tag{2.4.1}$$

这个新的变换式就是信号 $f(t)$ 的拉氏变换式。同样，用傅氏变换的逆变换，也可推导出拉氏变换的逆变换为

$$f(t)=\frac{1}{2\pi\mathrm{j}}\int_{\sigma-\mathrm{j}\infty}^{\sigma+\mathrm{j}\infty}L(s)\mathrm{e}^{st}\mathrm{d}s \tag{2.4.2}$$

式(2.4.1)和式(2.4.2)构成一个新的变换对，叫拉氏变换对。其中 $s=\sigma+\mathrm{j}\omega$，是复频率变

量,$e^{-\sigma t}$称为收敛因子(Convergence constant)。

2. 两种变换的相关说明

对于拉氏变换 $L(s)$是$f(t)$乘以 $e^{-(\sigma+j\omega)t}$后的积分;而傅氏变换 $F(j\omega)$是$f(t)$乘以 $e^{-j\omega t}$后的积分。当 $\sigma=0$ 时,两种变换是一样的。所以说傅氏变换是拉氏变换的特例。由式(2.3.20)可见,傅氏变换是将$f(t)$分解成无限多个频率为 $n\omega_0$,复振幅为$\frac{F(j\omega)}{2\pi}d\omega$ 的虚指数分量 $e^{jn\omega_0 t}$之和;而拉氏变换是将$f(t)$分解成无限多个复频率为 $s=\sigma+j\omega$,复振幅为$\frac{L(s)}{2\pi j}ds$ 的复指数分量 e^{st}之加权积分。从物理概念上讲,傅氏变换中的变量 ω 是一个实变量($n\omega_0$)。它表示的物理参数是频率,给出了在单位频率间隔上的频谱值。所以傅氏变换有明确的物理意义。拉氏变换中的变量 $s=\sigma+j\omega$ 是一个复变量,表示是一个复频率,它不仅表示信号的重复频率,还表示信号幅值包络的变化。另外,两种变换方法在应用领域也是各有侧重。

2.4.2　常用信号的拉氏变换式

1. 单边实指数信号 $e^{-\alpha t}u(t)$的 $L(s)$为

$$L(s)=\int_{-\infty}^{\infty}e^{-\alpha t}\cdot e^{-st}\cdot dt=\int_{0}^{\infty}e^{-(\alpha+s)t}dt=\frac{1}{\alpha+s}\tag{2.4.3}$$

2. 单位冲击信号 $\delta(t)$的 $L(s)$为

$$L(s)=\int_{0}^{\infty}\delta(t)e^{-st}dt=1\tag{2.4.4}$$

3. 单位阶跃信号 $u(t)$的 $L(s)$为

$$L(s)=\int_{0}^{\infty}u(t)e^{-st}dt=\int_{0}^{\infty}e^{-st}dt=\frac{1}{s}\tag{2.4.5}$$

一些常用信号的拉氏变换式列于表 2.4.1 中。

表 2.4.1　常用信号的拉氏变换

编号	$f(t)$	$L(s)$
1	$e^{\pm\alpha t}u(t)$	$\frac{1}{s\mp\alpha}$
2	$u(t)$	$\frac{1}{s}$
3	$\delta(t)$	1
4	$\delta^{(n)}(t)$	$s^n(n=1,2,\cdots)$
5	$\mathrm{sgn}(t)$	$\frac{2}{s}$
6	$\cos(\omega_0 t)u(t)$	$\frac{s}{s^2+\omega_0^2}$
7	$\sin(\omega_0 t)u(t)$	$\frac{\omega_0}{s^2+\omega_0^2}$

表 2.4.1(续)

编号	$f(t)$	$L(s)$
8	$e^{-\alpha t}\cos(\omega_0 t)\cdot u(t)$	$\frac{s+\sigma_0}{(s+\alpha)^2+\omega_0^2}$
9	$e^{-\alpha t}\sin(\omega_0 t)\cdot u(t)$	$\frac{\omega_0}{(s+\alpha)^2+\omega_0^2}$
10	$tu(t)$	$\frac{1}{s^2}$
11	$t^n u(t)$	$\frac{n!}{s^{(n+1)}}$
12	$te^{\pm\alpha t}$	$\frac{1}{(s\mp\alpha)^2}$
13	$t^n e^{\pm\alpha t}$	$\frac{n!}{(s\mp\alpha)^{n+1}}$
14	$t\cos(\omega_0 t)u(t)$	$\frac{s^2-\omega_0^2}{(s^2+\omega_0^2)^2}$
15	$t\sin(\omega_0 t)\cdot u(t)$	$\frac{2\omega_0 s}{(s^2+\omega_0^2)^2}$

2.4.3 拉氏变换基本性质

1. 线性

若$f_1(t)\leftrightarrow L_1(s)$,$f_2(t)\leftrightarrow L_2(s)$,则

$$a_1f_1(t)+a_2f_2(t)\leftrightarrow a_1L_1(s)+a_2L_2(s) \tag{2.4.6}$$

式中,a_1,a_2为任意常数。

2. 时移性

若$f(t)\leftrightarrow L(s)$,则

$$f(t-t_0)u(t-t_0)\leftrightarrow e^{-st_0}\cdot L(s),\ t_0\geqslant 0 \tag{2.4.7}$$

3. 复频域位移

若$f(t)\leftrightarrow L(s)$,则

$$f(t)e^{\pm s_0 t}\leftrightarrow L(s\mp s_0),\ s_0\text{ 为复数} \tag{2.4.8}$$

4. 时域微分

若$f(t)\leftrightarrow L(s)$,则

$$\frac{df(t)}{dt}\leftrightarrow sL(s)-f(0^-) \tag{2.4.9}$$

一些常用的拉氏变换基本性质列于表 2.4.2 中。

表 2.4.2　拉氏变换的基本性质

性质	$f(t)$	$L(s)$
线性	$a_1f_1(t)+a_2f_2(t)$	$a_1L_1(s)+a_2L_2(s)$
比例性	$f(at),a>0$	$\frac{1}{a}L\left(\frac{s}{a}\right)$
时移性	$f(t-t_0)u(t-t_0)$	$e^{-st_0}L(s)$
时域卷积	$f_1(t)*f_2(t)$	$L_1(s)\cdot L_2(s)$
复频域卷积	$f_1(t)\cdot f_2(t)$	$\frac{1}{2\pi j}L_1(s)*L_2(s)$
复频域位移	$e^{-\alpha t}\cdot f(t)$	$L(s+\alpha)$
时域微分	$\frac{d}{dt}f(t)$	$sL(s)-f(0^-)$
	$\frac{d^2}{dt^2}f(t)$	$s^2L(s)-sf(0^-)-f(0^-)$
时域积分	$\int_{-\infty}^{t}f(\tau)d\tau$	$\frac{L(s)}{s}+\frac{1}{s}f^{(-1)}(0)$
	$\int_{0}^{t}f(\tau)d\tau$	$\frac{L(s)}{s}$
复频域微分	$\pm tf(t)$	$\mp\frac{d}{ds}L(s)$
复频域积分	$f(t)/t$	$\int_{s}^{+\infty}L(s)ds$
初值定理	$f(0^+)$	$\lim\limits_{s\to\infty}sL(s)$
终值定理	$f(\infty)$	$\lim\limits_{s\to 0}sL(s)$

2.4.4　拉氏反变换

拉氏反变换即是从拉氏变换式 $L(s)$ 求时域函数 $f(t)$ 的变换过程。对于比较简单的拉氏反变换式,我们只要利用典型信号的变换式或应用拉氏变换性质,查表 2.4.1 和表 2.4.2 即可解决。对于一些比较复杂的拉氏变换式,在作拉氏反变换时通常使用两种方法:即部分分式展开法和围线积分法。前者是将一个较复杂的拉氏变换式分解成若干个简单的拉氏变换式之和,然后再查表即可求得时域函数 $f(t)$。此方法一般应用于 $L(s)$ 为有理式的情况。围线积分法则根据拉氏变换的定义直接进行拉氏反变换。这种方法虽然应用比较广,但由于涉及 s 平面的围线积分,所以比较繁琐。在实际应用中经常碰到的 $L(s)$ 大都是有理式,所以我们这里只讨论部分分式展开法作拉氏反变换。

常见的拉氏变换式是 s 的多项式之比(有理式),应用海维塞德(Heaviside)展开原理展开,得

$$L(s)=\frac{B(s)}{A(s)}=\frac{b_m s^m+b_{m-1}s^{m-1}+\cdots+b_1 s+b_0}{a_n s^n+a_{n-1}s^{n-1}+\cdots+a_1 s+a_0}=\frac{\sum\limits_{k=0}^{m} b_k\cdot s^k}{\sum\limits_{l=0}^{n} a_l\cdot s^l} \tag{2.4.10}$$

式中 a_L,b_k是实数,m,n 是正整数,因此 $B(s)$和 $A(s)$都是有理多项式。

部分分式展开法就是将分母 $A(s)$分解成数个多项式之积,再求各多项式的根。根据根的不同,可以有三种不同的类型,即不相同的单实根、共轭复根和多重实根。下面将分别进行讨论。

1. 不相同的单实根

在此种情况下,分母 $A(s)$是 s 的 n 次多项式,对 $A(s)$作因式分解可得

$$A(s)=(s-s_1)(s-s_2)\cdots(s-s_{n-1})(s-s_n) \tag{2.4.11}$$

这里 $s_1,s_2,\cdots,s_{n-1},s_n$是 $A(s)=0$ 时的 n 个不相同的实根。当 s 等于任一个实根时,$L(s)=\infty$。由于这些根互不相同,故 $L(s)$可表示为

$$L(s)=\frac{B(s)}{A(s)}=\frac{B(s)}{(s-s_1)(s-s_2)\cdots(s-s_n)}=\frac{k_1}{s-s_1}+\frac{k_2}{s-s_2}+\cdots+\frac{k_n}{s-s_n}$$
$$=\sum_{i=1}^{n}\frac{k_i}{s-s_i} \tag{2.4.12}$$

式中,$k_1,k_2,\cdots,k_n$ 是待定系数,它们可用下式求解

$$k_i=(s-s_i)\cdot L(s)\Big|_{s=s_i}=(s-s_i)\frac{B(s)}{A(s)}\Big|_{s=s_i},\quad i=1,2,\cdots,n \tag{2.4.13}$$

求解 s_i和 k_i后即可得到 $L(s)$的新表达式,再查表作拉氏反变换后求得时域表达式为

$$f(t)=k_1 e^{s_1 t}+k_2 e^{s_2 t}+\cdots+k_n e^{s_n t}=\sum_{i=1}^{n}k_i e^{s_i t} \tag{2.4.14}$$

[例题 2.4.1]

求 $L(s)=\dfrac{s^2+2s-2}{s^3+3s^2-s-3}$的拉氏反变换式。

解:将题给方程分解为

$$L(s)=\frac{s^2+2s-2}{(s+1)(s+3)(s-1)}=\frac{k_1}{s+1}+\frac{k_2}{s+3}+\frac{k_3}{s-1} \tag{2.4.15}$$

$$k_1=(s+1)\frac{s^2+2s-2}{(s+1)(s+3)(s-1)}\Big|_{s=-1}=\frac{s^2+2s-2}{(s+3)(s-1)}\Big|_{s=-1}=\frac{3}{4}$$

同样方法可求得,$k_2=\dfrac{1}{8}$,$k_3=\dfrac{1}{8}$,代入式(2.4.15)得

$$L(s)=\frac{3}{4}\cdot\frac{1}{s+1}+\frac{1}{8}\cdot\frac{1}{s+3}+\frac{1}{8}\cdot\frac{1}{s-1}$$

查表 2.4.1 后得

$$f(t)=\frac{3}{4}e^{-t}+\frac{1}{8}e^{-3t}+\frac{1}{8}e^{t}$$

在本例中,分母的最高阶次高于分子的最高阶次。如果分子的最高阶次高于分母的最高阶次时,则要用长除法将分子的最高阶次降到分母的最高阶次以下后再作拉氏反变换。

[**例题 2.4.2**]

求 $L(s)=\dfrac{s^4+3s^3-s-2}{s^3+3s^2-s-3}$的拉氏反变换式。

解:先用长除法处理题给方程后,得

$$L(s)=s+\frac{s^2+2s-2}{s^3+3s^2-s-3} \tag{2.4.16}$$

式(2.4.16)中除 s 项外另一项就是(例 2.4.1)的题给方程,只要求得 s 的拉氏反变换再与(例 2.4.1)的解相加,即可得到此题的解为

$$f(t)=\delta'(t)+\frac{3}{4}e^{-t}+\frac{1}{8}e^{-3t}+\frac{1}{8}e^{t}$$

2. 共轭复根

在这种情况下 $L(s)$的分母多项式可为 $A(s)(as^2+bs+c)$的形式,$L(s)$一定可分解为

$$L(s)=\frac{B(s)}{A(s)}=\frac{B_1s+B_0}{as^2+bs+c}+L(s_1) \tag{2.4.17}$$

其中:$L(s_1)$是一个有不同实根的拉氏变换式,系数 a,b,c 一定满足 $b^2<4ac$ 的关系,而且共轭复根一定是成对出现的。

[**例题 2.4.3**]

求 $L(s)=\dfrac{4s}{s^2+2s+5}$的拉氏反变换式。

解:由 $L(s)$的分母多项式求得两个根分别为:$s_1=-1+j2$, $s_2=-1-j2$,则 $L(s)$可写成

$$L(s)=\frac{4s}{s^2+2s+5}=\frac{k_1}{s+1-j2}+\frac{k_2}{s+1+j2}$$

按式(2.4.13)求得系数

$$k_1=(s+1-j2)\frac{4s}{(s+1-j2)(s+1+j2)}\bigg|_{s=-1+j2}=2+j$$

$$k_2=2-j$$

这样

$$L(s)=\frac{2+j}{s+1-j2}+\frac{2-j}{s+1+j2}=\left[\frac{2+j}{s+(1-j2)}+\frac{2-j}{s+(1+j2)}\right]$$

查表可得

$$f(t)=[(2+j)e^{(-1+j2)t}+(2-j)e^{(-1-j2)t}]=4e^{-t}\left(\cos 2t-\frac{1}{2}\sin 2t\right)$$

由于共轭复根的特殊性,也可以用配平方法结合查表求解。

3. 多重实根

这种情况较为复杂。这里只讨论 $L(s)$中 $A(s)=(s-s_1)^p$的情况,这时 $L(s)$可展开为 p 个分式之和

$$L(s)=\frac{B(s)}{A(s)}=\frac{k_p}{(s-s_1)^p}+\frac{k_{p-1}}{(s-s_1)^{p-1}}+\cdots+\frac{k_2}{(s-s_1)^2}+\frac{k_1}{(s-s_1)} \tag{2.4.18}$$

再求解式(2.4.18)中的 k_{p-i}后查表即可得到时域表达式。

[**例题 2.4.4**]

试求 $L(s)=\dfrac{s+3}{(s+1)^3}$的拉氏反变换式。

解:仿式(2.4.18)可将题给公式 $L(s)$ 展开为

$$L(s) = \frac{s+3}{(s+1)^3} = \frac{k_3}{(s+1)^3} + \frac{k_2}{(s+1)^2} + \frac{k_1}{s+1} \tag{2.4.19}$$

依式(2.4.13)可先求得

$$k_3 = (s+1)^3 \cdot L(s)\big|_{s=-1} = s+3\big|_{s=-1} = 2$$

在求 k_2,k_1 时,不可以重复使用求 k_3 的办法。为了求 k_1,k_2,可令 $s=0$ 和 1,再将 $k_3=2$ 一并代入式(2.4.19)中,两次求解后得二元一次方程组为

$$\begin{cases} k_1 + k_2 = 1, & (s=0) \\ 2k_1 + k_2 = 1, & (s=1) \end{cases}$$

解此联立方程,得 $k_1=0,k_2=1$,于是 $L(s)$ 为

$$L(s) = \frac{2}{(s+1)^3} + \frac{1}{(s+1)^2}$$

查表 2.4.1 可得

$$f(t) = t^2 e^{-t} + t e^{-t} = t(t+1)e^{-t}$$

求解多重实根的 $L(s)$ 展开式系数 k_i 也可以用微分求导的方法求解,这里就不作介绍了。

从上面的分析计算我们可以看到:不同的单实根对应时域中的是指数信号的表达式;共轭复根对应的是正弦信号或正弦衰减信号表达式;而多重实根对应的是斜变信号或指数信号与斜变信号相乘的信号表达式。

2.4.5 LTI 系统的复频域分析

1. 求解微分方程的复频域分析法

任何一个 LTI 系统都可以用常系数微分方程来表示。利用拉氏变换可将微分方程变换为 s 域的代数方程。在此代数方程中包含了系统起始状态,所以解此代数方程并作拉氏反变换,即可求得时域的零输入响应 $y_{zi}(t)$、零状态响应 $y_{zs}(t)$ 和全响应 $y(t)$。

[**例题 2.4.5**]

系统微分方程为 $y''(t)+4y'(t)+3y(t)=4x'(t)+6x(t)$,输入信号 $x(t)$ 为 $u(t)$,起始态为 $y'(0^-)=2,y(0^-)=2$,求系统的 $y_{zi}(t)$,$y_{zs}(t)$ 和 $y(t)$。

解:由题给方程,查表 2.4.2,得 s 域代数方程为

$$[s^2Y(s) - sy(0^-) - y'(0^-)] + 4[sY(s) - y(0^-)] + 3Y(s) = 4sX(s) + 6X(s)$$

整理上式,得 $Y(s)$ 表达工为

$$Y(s) = \frac{4s+6}{s^2+4s+3} \cdot X(s) + \frac{(s+4)y(0^-) + y'(0^-)}{s^2+4s+3}$$

查表 2.4.1 得 $u(t)$ 的拉氏反变换式 $X(s) = \frac{1}{s}$,同时代入题给条件,得

$$Y(s) = \frac{4s+6}{s^2+4s+3} \cdot \frac{1}{s} = \frac{2s+10}{s^2+4s+3} = Y_{zs}(s) + Y_{zi}(s)$$

$Y_{zs}(s)$ 的表达式为

$$Y_{zs}(s)=\frac{4s+6}{s(s^2+4s+3)}=\frac{k_1}{s}+\frac{k_2}{s+1}+\frac{k_3}{s+3}=\frac{2}{s}-\frac{1}{s+1}-\frac{1}{s+3}$$

查表2.4.1得

$$y_{zs}(t)=2u(t)-e^{-t}-e^{-3t}$$

$Y_{zi}(s)$的表达式为

$$Y_{zi}(s)=\frac{2s+10}{s^2+4s+3}=\frac{2s+10}{(s+1)(s+3)}=\frac{k_1}{s+1}+\frac{k_2}{s+3}=\frac{4}{s+1}-\frac{2}{s+3}$$

查表2.4.1得

$$y_{zi}(t)=4e^{-t}-2e^{-3t}$$

$y(t)$的表达式为

$$y(t)=y_{zs}(t)+y_{zi}(t)=2u(t)+3e^{-t}-3e^{-3t}$$

2. 复频域电路模型法

在用复频域电路模型法分析具体电路时,可不必先列出微分方程,而是根据复频域元件模型,画出复频域电路图,依此图根据基尔霍夫定律写出复频域响应的代数方程,求解复频域响应后再作拉氏反变换,从而可求得电路时域响应的表达式。

(1)电子元件的复频域模型

①电阻

电阻元件在时域和复频域的模型如图2.4.1(a),(b)所示。

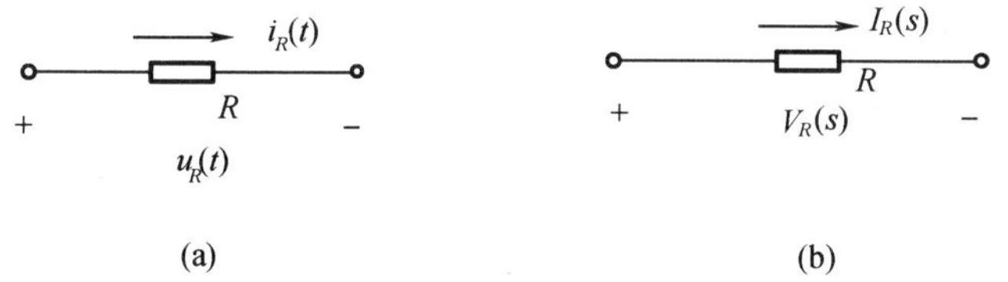

图2.4.1 电阻元件的模型

(a)时域;(b)复频域

时域中电阻上电压电流关系为 $u_R(t)=Ri_R(t)$,在复频域其电压电流关系为

$$V_R(s)=RI_R(s) \tag{2.4.20}$$

②电容

电容元件模型如图2.4.2(a),(b),(c)所示。在时域中电容上的电压电流关系为

$$u_C(t)=\frac{1}{C}\int_{0^-}^{t}i_C(\tau)\mathrm{d}\tau$$

将上式两边取拉氏变换,得

$$V_C(s)=\frac{1}{sC}I_C(s)+\frac{1}{s}u_C(0^-) \tag{2.4.21}$$

或

$$I_C(s)=sCV_C(s)-C\cdot u_C(0^-) \tag{2.4.22}$$

式(2.4.21)表示复频域中电容的电压电流关系,其电容的 $V_C(s)$ 等于容抗$\frac{1}{sC}$上的压降

与起始电压$\frac{u_C(0^-)}{s}$之和，这称为电压源型模型。而式(2.4.22)则表示为复频域中电容的电流源型模型，它由复频容抗$\frac{1}{sC}$上流过的电流与电流源 $Cu_C(0^-)$并联构成。

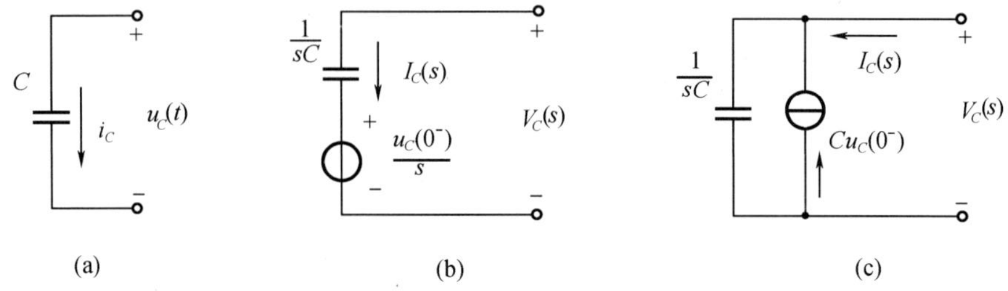

图 2.4.2 电容器的模型

(a)时域；(b)复频域(电压源型)；(c)复频域(电流源型)

③电感

电感元件模型如图 2.4.3(a)，(b)，(c)所示。在时域中电感上的电压电流之关系为

$$u_L(t) = L\frac{\mathrm{d}i_L(t)}{\mathrm{d}t}$$

将上式两边取拉氏变换得

$$V_L(s) = sL \cdot I_L(s) - L \cdot i_L(0^-) \tag{2.4.23}$$

或

$$I_L(s) = \frac{1}{sL}V_L(s) + \frac{1}{s}i_L(0^-) \tag{2.4.24}$$

式(2.4.23)和式(2.4.24)分别表示电感在复频域中的电压源模型和电流源模型。

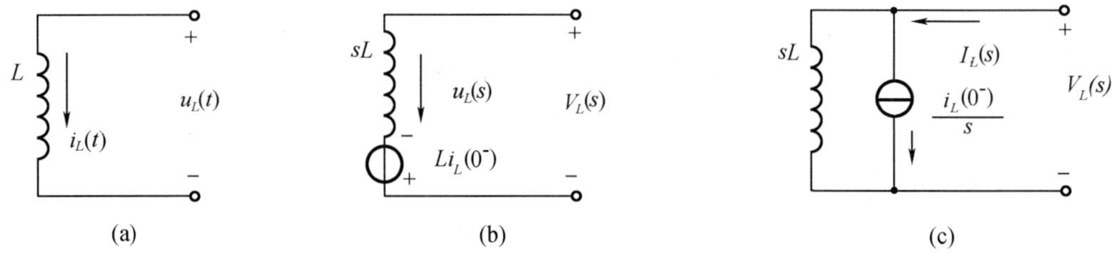

图 2.4.3 电感器的模型

(a)时域；(b)复频域(电压源型)；(c)复频域(电流源型)

(2)复频域电路模型法的系统分析

现以一个例子说明如何利用复频域电路模型作系统分析。

[例题 2.4.6]

在图 2.4.4(a)所示的电路中，$R=\frac{1}{2}\ \Omega$，$C=\frac{2}{3}$ F，$u_i(t)=u(t)$，电容上起始电压 $u_C(0^-)=\frac{3}{2}$ V，用电路模型法求电容上电压的零状态响应、零输入响应和全响应。

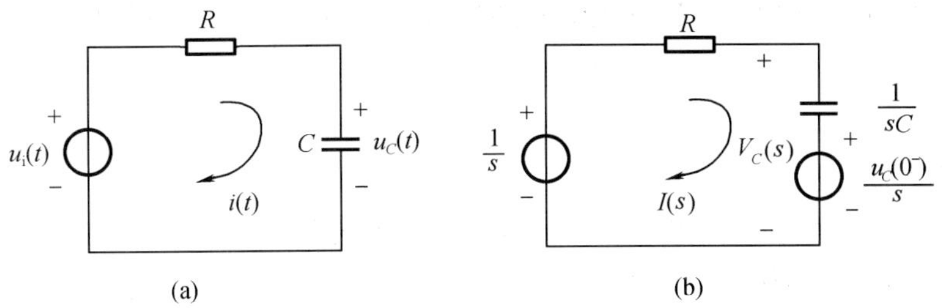

图 2.4.4　[例题 2.4.6]用图

解：依图 2.4.4(a)电路，画电压源型复频域电路模型如图 2.4.4(b)所示。依图列方程为

$$\left(R+\frac{1}{sC}\right)\cdot I(s)=\frac{1}{s}-\frac{u_C(0^-)}{s},\text{则 } I(s)=\frac{sC[1-u_C(0^-)]}{s(sCR+1)}$$

$$V_C(s)=\frac{I(s)}{sC}+\frac{u_C(0^-)}{s}=\frac{1}{s}-\frac{RC}{sCR+1}+\frac{RC\cdot u_C(0^-)}{sCR+1}\text{，代入已知量，得}$$

$$V_C(s)=\frac{1}{s}-\frac{1}{s+3}+\frac{\frac{3}{2}}{s+3}=V_{Czs}(s)+V_{Czi}(s)$$

$$V_{Czs}(s)=\frac{1}{s}-\frac{1}{s+3}$$

$$V_{Czi}(s)=\frac{\frac{3}{2}}{s+3}$$

查表 2.4.1，得

$$u_{Czs}(t)=u(t)-e^{-3t}=1-e^{-3t}$$

$$u_{Czi}(t)=\frac{3}{2}e^{-3t}$$

$$u_C(t)=u_{Czs}(t)+u_{Czi}(t)=1-e^{-3t}+\frac{3}{2}e^{-3t}=1+\frac{1}{2}e^{-3t}$$

此结果与例题 2.2.4 的结果完全一样，但这里的解法就更简单了。

2.4.6　系统函数

拉氏变换的重要应用之一是利用系统函数(System function)来分析系统的基本特性和系统的零状态响应。在利用系统函数作系统分析时主要是应用了零点和极点的重要概念。

1. 系统函数的定义

在 LTI 系统中，系统零状态响应的拉氏变换式 $Y_{zs}(s)$ 与系统输入信号 $x(t)$ 的拉氏变换式 $X(s)$ 之比称为系统函数，用 $H(s)$ 来表示，其表达式为

$$H(s)=\frac{Y_{zs}(s)}{X(s)}=\frac{b_m s^m+b_{m-1}s^{m-1}+\cdots+b_1 s+b_0}{a_n s^n+a_{n-1}s^{n-1}+\cdots+a_1 s+a_0} \tag{2.4.25}$$

如果我们已知描述时域系统的微分方程，就可以很容易直接求出系统复频域的系统函数。反之，当已知系统函数 $H(s)$ 和输入信号的拉氏变换式时，则也可得出系统的零状态响应为

$$Y_{zs}(s) = H(s) \cdot X(s) \tag{2.4.26}$$

2. 系统函数求法

系统函数可以用系统微分方程的拉氏变换式或用系统的冲击响应的拉氏变换式之后求得。对具体电路的系统函数还可以用零状态下的复频域电路模型求得。

[**例题 2.4.7**]

已知，LTI 系统的微分方程为 $y''(t)+5y'(t)+4y(t)=x'(t)+7x(t)$，试求系统函数。

解：对于题给方程两边取拉氏变换得

$$(s^2+5s+4)\cdot Y(s)=(s+7)\cdot X(s)$$

系统函数 $H(s)$ 为

$$H(s)=\frac{Y(s)}{X(s)}=\frac{s+7}{s^2+5s+4}=\frac{s+7}{(s+1)(s+4)}=\frac{2}{s+1}-\frac{1}{s+4}$$

3. 系统函数的极点和零点

(1)定义

在式(2.4.25)中，由于系数 $a_1,\cdots,a_n,b_1,\cdots,b_m$ 皆为实数，所以它可以进行因式分解，将分母分子分别分解为多项式的积，即

$$H(s) = H_0\frac{(s-z_1)(s-z_2)\cdots(s-z_m)}{(s-p_1)(s-p_2)\cdots(s-p_n)} = H_0\frac{\prod\limits_{i=1}^{m}(s-z_i)}{\prod\limits_{k=1}^{n}(s-p_k)} \tag{2.4.27}$$

当令分子多项式之积为 0 时，求得的 $z_1,z_2,\cdots,z_m$ 称为系统函数的零点(zero)。当令分母多项式之积为 0 时，求得的 $p_1,p_2,\cdots,p_n$ 是系统函数的极点(pole)。$(s-z_i)$ 和 $(s-p_k)$ 项分别叫零点因子和极点因子。

一个系统的极、零点确定后，系统函数就确定了。可以把系统函数的极零点在 s 平面上作图，这种图称为系统函数的极零点分布图，通常用“ × ”表示极点，用“○ ”表示零点。

(2)[**例题 2.4.8**]

某系统的系统函数为 $H(s)=\dfrac{s^3-4s^2+5s}{s^4+4s^3+8s^2+16s+16}$，求系统的极、零点，并画出极零点图。

解：$H(s)=\dfrac{s^3-4s^2+5s}{s^4+4s^3+8s^2+16s+16}=\dfrac{s[(s-2)^2+1]}{(s+2)^2(s^2+4)}=\dfrac{s[(s-2)^2-\mathrm{j}^2]}{(s+2)^2(s^2+4)}$

$$=\frac{s[s-(2+\mathrm{j})][s-(2-\mathrm{j})]}{(s+2)^2(s+\mathrm{j}2)(s-\mathrm{j}2)}$$

从 $H(s)$ 展开式中可见该系统函数有三个零点，分别为 $z_1=0,z_2=2-\mathrm{j},z_3=2+\mathrm{j}$；有 4 个极点，分别为 $p_1=p_2=-2$，这是二重极点，$p_3=-\mathrm{j}2,p_4=\mathrm{j}2$。其极零点图如图 2.4.5 所示。

(3)意义

对系统函数的极、零点研究是很重要的，它可以简单、直观地给出系统响应的一些规

律，从而揭示系统的很多特性，比如：它决定着系统函数的基本表达式，由系统函数的零、极点分布还可以确定系统的频率响应特性及系统的稳定性等。

（4）系统函数极、零点的数目

一个起始态为零的 LTI 系统中，其极点的数目一般可以这样确定：对于给定的微分方程，由 $H(s)$ 分母多项式的数目确定，而零点数则由分子多项式的数目决定；如果是具体电路，则一般极点或零点数分别等于电路中构成低通或高通网络的独立储能元件的数目。独立储能元件就是对一个储能元件施加任意一个电压而此电压只影响该储能元件而不影响其他任何储能元件上电压。例如两个并联电容，不能算两个储能元件。一个稳定系统的零点的数目一定不多于极点的数目。

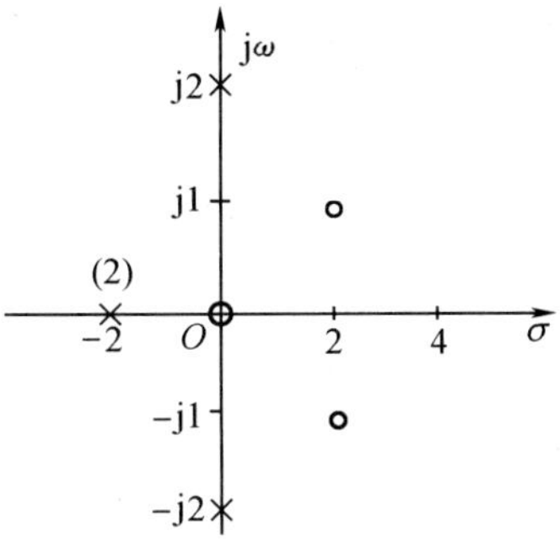

图 2.4.5　系统函数的极零点图

2.4.7　用系统函数的极零点理论分析系统特性

系统函数的极、零点可以用来描述系统的一些基本特性。在本节中主要讨论系统的稳定性和频率特性与极、零点的关系。

1. 系统的稳定性

稳定性对于一个系统来讲十分重要。以前我们讨论过可以用 BIBO 条件和冲击响应来判断系统的稳定性。现在我们再讨论用系统函数的极、零点来判断系统的稳定性。对于一个 LTI 系统，如系统函数的极点全部落在极零点图的虚轴左侧，同时系统函数的零点数目不多于极点数目，则此系统稳定；反之，则系统不稳定。

［**例题 2.4.9**］

判断下述系统是否稳定：

（1）$H_1(s)=\dfrac{s+3}{(s+4)(s+2)}$；　　（2）$H_2(s)=\dfrac{1}{s^2-2s+2}$

解：（1）$H_1(s)=\dfrac{s+3}{(s+4)(s+2)}$

由题给公式可知，它有一个零点，$z_1=-3$；有两个极点 $p_1=-4, p_2=-2$，可以确定两个极点均在极零点图的虚轴的左侧，故满足稳定条件，该系统稳定。

$$(2)\,H_2(s)=\frac{1}{s^2-2s+2}=\frac{1}{(s-1)^2+1}=\frac{1}{(s-1)^2-j^2}=\frac{1}{(s-1+j)(s-1-j)}$$

由此可知，系统有两个极点，$p_1=1-j1, p_2=1+j1$。这两个极点都有正实部，其位置都在极零点图的虚轴的右面，不满足稳定条件，所以该系统不稳定。

2. 系统函数极、零点与频率特性的关系

利用系统函数的极零点图，可以确定系统的频率响应特性。

我们知道，傅氏变换是拉氏变换的特例，若信号的拉氏变换的收敛域包括 jω 轴，则沿 jω 轴计算的拉氏变换就是信号的傅氏变换。拉氏变换的系统函数就等于傅氏变换的系统函数，$H(s)\big|_{s=j\omega}=H(j\omega)$。一个稳定系统其系统函数的极点都分布在 s 平面的左半平面上，那么，极点在虚轴上即 $s=j\omega$，就可以认为极点是在 s 平面左半平面中，令 s 只沿虚轴变

化，即求得系统的频率特性。

在式(2.4.27)中，令 $s = j\omega$，则有

$$H(j\omega) = H_0 \frac{(j\omega - z_1)(j\omega - z_2)\cdots(j\omega - z_m)}{(j\omega - p_1)(j\omega - p_2)\cdots(j\omega - p_n)} = H_0 \frac{\prod_{i=1}^{m}(j\omega - z_i)}{\prod_{k=1}^{n}(j\omega - p_k)} \tag{2.4.28}$$

从式(2.4.28)可见 $H(j\omega)$ 取决于系统的极、零点分布。分母上的任一项 $(j\omega - p_k)$ 相当于由极点 P_k 引向虚轴上的点 $j\omega$ 的一段矢量(Vector)，称为极点矢量；同理 $(j\omega - z_i)$ 称为零点矢量。这些矢量也是复函数，可写成

$$(j\omega - z_i) = B_i e^{j\alpha i} \tag{2.4.29}$$

$$(j\omega - p_k) = A_k e^{j\psi_k} \tag{2.4.30}$$

其中 B_i，A_k 分别为零点矢量、极点矢量的模；α，ψ 分别为零点矢量、极点矢量与实轴间的逆时针夹角即幅角(Argument of vector)，这样式(2.4.28)可用零、极点矢量的模和幅角表示

$$H(j\omega) = H_0 \frac{B_1 B_2 \cdots B_m}{A_1 A_2 \cdots A_n} \cdot e^{j[(\alpha_1+\alpha_2+\cdots+\alpha_m)-(\psi_1+\psi_2+\cdots+\psi_n)]} = H(\omega)e^{j\theta(\omega)} \tag{2.4.31}$$

其幅频特性和相频特性分别为

$$H(\omega) = \frac{H_0 \prod_{i=1}^{m} B_i}{\prod_{k=1}^{n} A_k} \tag{2.4.32}$$

$$\theta(\omega) = \sum_{i=1}^{m} \alpha_i - \sum_{k=1}^{n} \psi_k \tag{2.4.33}$$

式(2.4.32)和(2.4.33)给出了极、零点矢量与频率 ω 的关系。当 ω 在 $0 \to \infty$ 间变化时，$H(\omega)$、$\theta(\omega)$ 也随之变化，这就是系统的频率特性。可用 ω 取不同取值与 $H(\omega)$、$\theta(\omega)$ 的对应值作幅频特性和相频特性曲线。

习　　题

2.1　电路如题图 2.1 所示，若 $R = 1\ \Omega$，$C = 0.5$ F，输入信号 $u_i(t) = e^{-2t}u(t)$，$(\alpha > 1)$，求 $i(t)$。

2.2　已知某 LTI 系统的方程为 $y''(t) + 5y'(t) + 8y(t) = x(t)$，初始条件 $y(0^+) = 1$，$y'(0^+) = 2$，$x(t) = e^{-t}u(t)$，求系统的完全响应 $y(t)$。

2.3　已知微分方程为 $y''(t) + 2y'(t) + y(t) = x'(t)$，起始状态为 $y(0^-) = 1$，$y'(0^-) = 1$，$y'_\Delta(0) = 1$，$y_\Delta(0) = 0$，$x(t) = u(t)$，求系统的完全响应、零输入响应和零状态响应。

2.4　已知某 LTI 系统的方程为 $y'(t) + 3y(t) = 3x(t)$，求系统的冲击响应。

2.5　已知某 LTI 系统单位冲击响应为 $h(t) = Ae^{-\alpha t}u(t)$，系统的输入信号为单位阶跃信号 $u(t)$，求系统的输出 $y(t)$。

2.6　题图 2.2 所示周期矩形波信号 $f(t)$ 的脉宽为 τ，脉幅为 A，周期为 T_0，且 $T_0 = 2\tau$。试求 $f(t)$ 的傅氏级数。

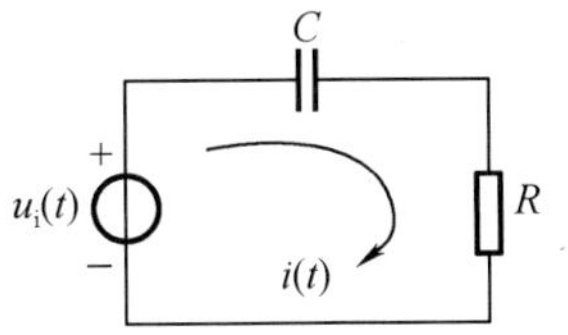

题图 2.1

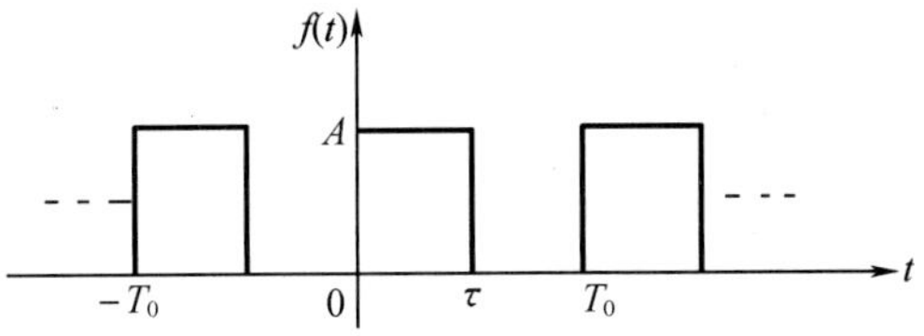

题图 2.2

2.7　求虚指数 $e^{j\omega_0 t}$ 的傅氏变换式。

2.8　已知 LTI 系统的微分方程为 $y''(t)+5y'(t)+6y(t)=x'(t)+5x(t)$，求系统函数 $H(j\omega)$。

2.9　电路如题图 2.3 所示，输入信号为 $u_i(t)$，输出信号为 $y(t)=i_o(t)$，求系统函数 $H(j\omega)$。

2.10　已知题图 2.4 中的 RL 电路，若输入为 $\delta(t)$，输出电流 $i_o(t)$，电路的初始状态为零，试求单位冲击响应 $h(t)$。

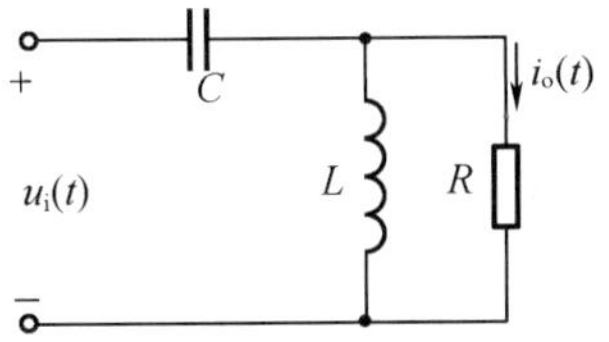

题图 2.3

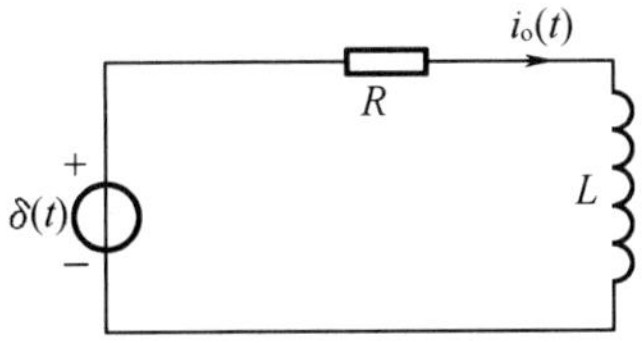

题图 2.4

2.11　系统微分方程为 $y''(t)+5y'+6y(t)=x'(t)$，如 $x(t)$ 为单边指数信号 $y(0^+)=3$，$y'(0^+)=2$，试求系统的全响应 $y(t)$。

2.12　设 $f_1(t)=e^{-\alpha t}u(t)$，波形如题图 2.5 所示。试求 $f'(t)$ 拉氏变换。

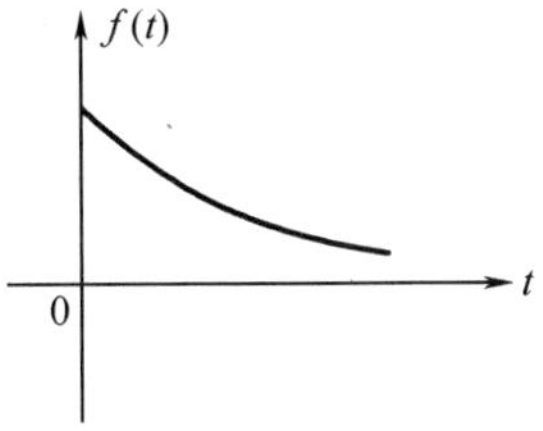

题图 2.5

2.13　试求 $L(s)=\dfrac{-s^2+2}{(s+2)(s+1)^3}$ 的拉氏反变换。

2.14　试求 $L(s)=\dfrac{s+2}{s^3+3s^2+6s+4}$ 的原函数。

2.15　电路如题图 2.6 所示，$C=\dfrac{1}{3}$ F，$R=1\ \Omega$，起始态 $u_C(0^-)=\dfrac{3}{2}$ V，输入信号 $u_s(t)=u(t)$，试用复频域电流源模型法求响应电压 $u_C(t)$。

2.16　求题图 2.7 所示电路的系统函数。

2.17　试判断 $H_1(s)=\dfrac{s^2+3s+2}{s^3+4s^2-6s+1}$，$H_2(s)=\dfrac{2s^2+1}{s^3+5s^2+9s+6}$ 系统是否稳定。

2.18　请分析题图 2.8 所示电路的频率特性，写出系统函数表达式，定性地画出幅频和相频特性曲线。

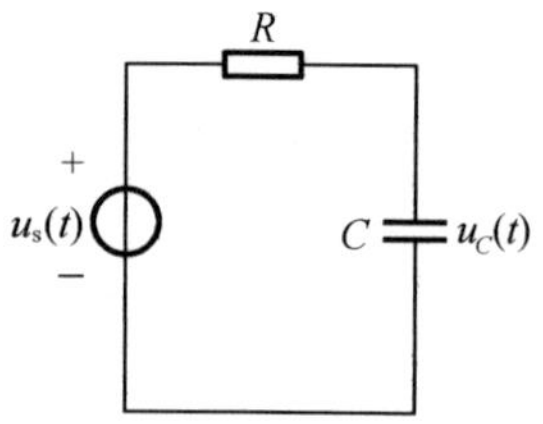

题图 2.6

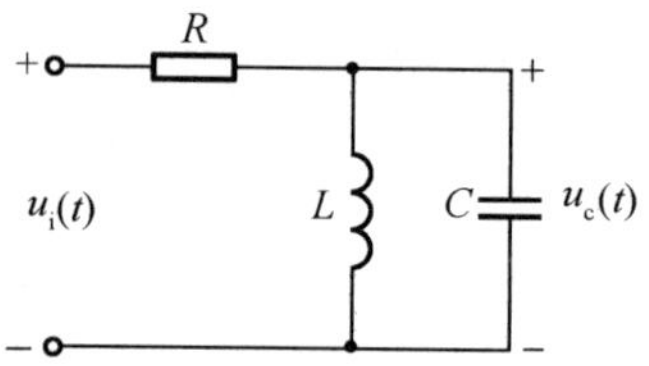

题图 2.7

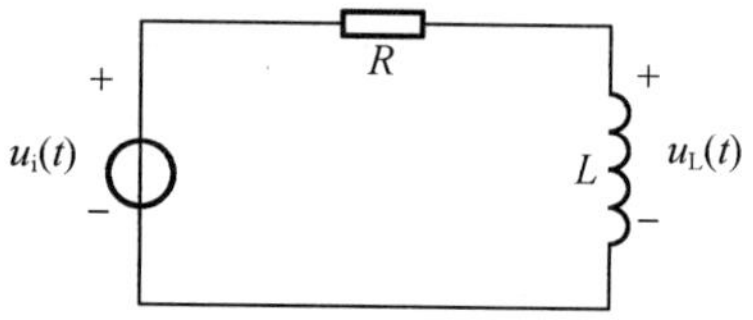

题图 2.8

习题参考答案

2.1 $i(t)=\frac{2}{2-\alpha}e^{-t}-\frac{\alpha}{2-\alpha}e^{-\alpha t}, t>0$。

2.2 $y(t)=4e^{2t}-\frac{7}{2}e^{-3t}+\frac{1}{2}e^{-t},\ t\geqslant 0$。

2.3 $y(t)=(3t+1)e^{-t}$; $y_{zi}(t)=(2t+1)e^{-t}$; $y_{zs}(t)=te^{-t}$。

2.4 $h(t)=3e^{-3t}u(t)$。

2.5 $y(t)=\frac{A}{a}(1-e^{-\alpha t})u(t)$。

2.6 $D_n=\frac{A\tau}{T_0}\mathrm{Sa}\left(\frac{n\omega_0 z}{2}\right)e^{-jn\omega_0\tau/2}$。

2.7 $F(j\omega)=2\pi\delta(\omega-\omega_0)$。

2.8 $H(j\omega)=\frac{j\omega+5}{(j\omega)^2+5j\omega+6}$。

2.9 $H(j\omega)=\frac{(j\omega)^2LC}{R+j\omega L+(j\omega)^2RLC}$。

2.10 $h(t)=\frac{R}{L}\cdot e^{-\frac{R}{L}t}u(t)$。

2.11 $y(t)=-\frac{1}{2}e^{-t}+13e^{-2t}-\frac{19}{2}e^{-3t},\ t>0$。

2.12 $L_1(s)=\frac{s}{s+\alpha}+1$。

2.13 $f(t)=t^2e^{-t}+te^{-t}-2e^{-t}+2e^{-2t},\ t\geqslant 0$。

2.14 $f(t)=\frac{1}{3}e^{-t}-\frac{1}{3}e^{-t}\cdot\cos(\sqrt{3}t)+\frac{1}{\sqrt{3}}e^{-t}\cdot\sin(\sqrt{3}t)$。

2.15 $u_C(t)=1-e^{-3t}+\frac{3}{2}e^{-3t},\ t\geqslant 0$。

2.16 $H(s)=\frac{s}{s^2CR+s+\frac{R}{L}}$。

2.17 (1)系统不稳定;(2)系统稳定。

2.18　$H(s)=\frac{s}{s+\alpha},\alpha=\frac{R}{L}$。

幅频特性和相频特性曲线如解图 2.1(a),(b)所示。

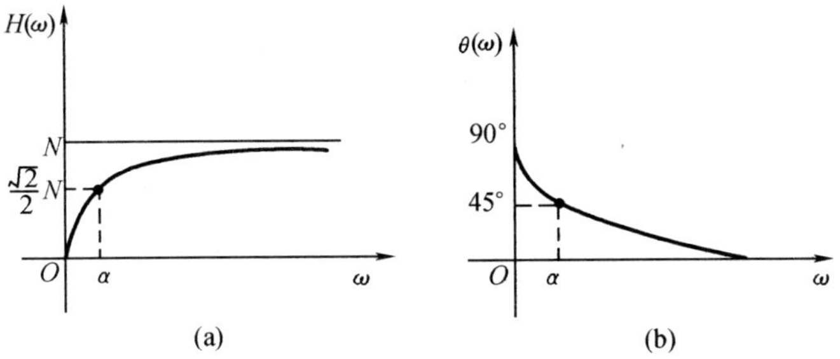

解图 2.1

第3章　半导体材料与器件
(Semiconducting Material and Divice)

半导体器件是构成各种电子电路的主要器件,它包括半导体二极管(简称二极管)、双极型晶体管(简称晶体管)、场效应管、半导体光电器件以及各种集成电路等。

本章先讨论半导体材料的基本物理特性,进而再讨论 PN 结的形成和特点,最后讨论二极管、晶体管和场效应管的结构及输入、输出特性,为以后学习各种电子电路打好基础。

3.1　半导体材料

为了更好地了解各种半导体器件的工作原理和在电子电路中的作用,必须先了解半导体材料(Semiconductive material)。最常用的半导体材料有硅(Silicon)和锗(Germanium)。砷化镓(Gallium arsenide)等化合物也属于半导体材料。近年来,又相继出现了碳化硅(SiC)和氮化镓(GaN)等新型半导体材料。本书着重讨论硅和锗材料。

3.1.1　本征半导体

本征半导体(Intrinsic semiconductor)是一种完全纯净、晶格结构完整的半导体。

对于硅和锗而言,它们都是四价元素。每个原子最外层轨道上都有四个价电子,相邻原子间是共价键结构。这些本征半导体在不受外界因素(如光照、温度等)影响时是不具备导电性的。一旦外界因素对它们造成影响时,共价键中价电子跃迁会产生自由电子(Free electron,简写 e)和空穴(hole,简写 h),这种现象称为本征激发。在本征激发情况下,自由电子和空穴是成对出现的,如图 3.1.1 所示,图中用"·"表示自由电子,"∘"表示空穴。在电场作用下这些自由电子和空穴都会运动形成电流,故它们又称为载流子。在单位体积内产生的自由电子和空穴浓度分别用 N_e 和 N_h 表示,称为本征载流子浓度(Intrinsic carrier concentration),统用 n_i 表示。

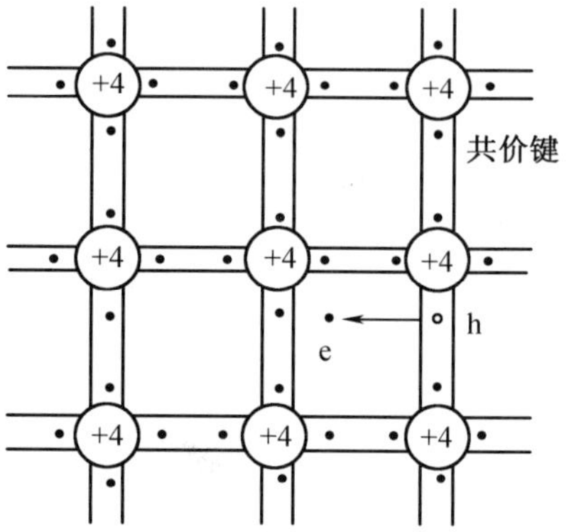

图 3.1.1　本征激发示意图

$$N_e = N_h = n_i \tag{3.1.1}$$

实验表明,本征载流子浓度可用下式计算

$$n_i = B_0 T^{\frac{3}{2}} e^{-\frac{E_{go}}{2kT}} \tag{3.1.2}$$

式中,B_0 为与半导体材料相关的常数,对于硅材料为 $3.87 \times 10^{16} \cdot cm^{-3} \cdot K^{-\frac{3}{2}}$,锗材料为

$1.76\times10^{16}\cdot cm^{-3}\cdot K^{-\frac{3}{2}}$；$T$ 为热力学温度(K)；k 为玻耳兹曼常数，其值为 1.38×10^{-23} J/K = 8.6×10^{-5} eV/K；E_{go} 为 $T=0$ K 时的禁带宽度，对于硅为 1.21 eV，对于锗为 0.79 eV。由式(3.1.2)可计算出在室温时($T=300$ K)硅和锗的本征载流子浓度分别为 1.5×10^{10} cm^{-3} 和 $2.4\times10^{13}cm^{-3}$。可见锗材料的导电能力比硅材料要强些。

由上面数据可知，硅或锗的本征半导体载流子浓度比其原子密度要低得多，例如，硅的原子密度为 5×10^{22} cm^{-3}，是本征载流子浓度的 2.2×10^{12} 倍。所以，本征半导体的导电能力很弱，但其导电性对温度却很敏感。

3.1.2　杂质半导体

为提高半导体的导电能力，在本征半导体中人为地掺入少量的三价或五价的杂质元素就可以生成杂质半导体(Impurity semiconductor)。杂质半导体的导电能力会大大提高。由于掺入的杂质浓度控制在 $10^{14}\sim10^{16}$，所以不会改变原有半导体的晶格结构。

1. N 型半导体

在本征半导体中掺入磷(Phosphorus)等五价元素后，就形成 N 型半导体。

当五价磷元素掺入后，磷原子取代部分硅原子。磷原子最外层轨道有五个价电子，这样，它与相邻的硅原子的外层电子形成共价键外，还有一个价电子(Valence electrons)不受共价键约束，它只要获得很少的能量，即可挣脱杂质原子的束缚，成为自由电子，而杂质原子由于丢失一个电子而成为正离子，这个正离子虽然不能流动，但自由电子是可以流动的。由于自由电子的浓度远远大于空穴浓度，故自由电子被称为多数载流子(Majority carriers)，简称多子，用 N_{ne} 表示，空穴称为少子(Minority carriers)，用 N_{nh} 表示。掺入的杂质称为施主杂质(Donor Impurity，简称 DI)，由于掺杂浓度 N_d 远高于本征载流子浓度，所以掺杂半导体的导电能力远大于本征半导体。由于多子带负电，杂质离子带正电，所以整块 N 型半导体还是呈电中性的。图 3.1.2 为 N 型半导体结构示意图。

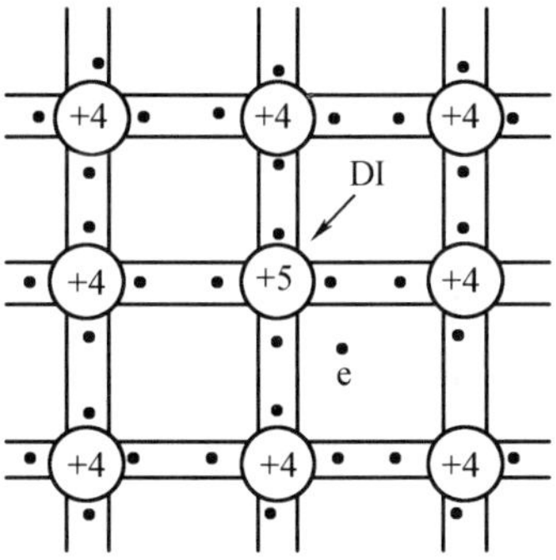

图 3.1.2　N 型半导体结构示意图

2. P 型半导体

在本征半导体中掺入硼(Boron)等三价的元素后，就形成了 P 型半导体。

当掺入三价元素后，它占据硅原子某些晶格位置。由于它最外层轨道只有三个价电子，与相邻的硅原子外层价电子形成共价键时，还缺少一个价电子，出现了一个空穴。相邻的硅原子中的价电子，只要得到很少的能量，就可以挣脱原来原子的束缚，填入这个空穴，而挣脱的电子位置就形成新的空穴，这就像空穴在运动一样。图 3.1.3 给出了 P 型半导体

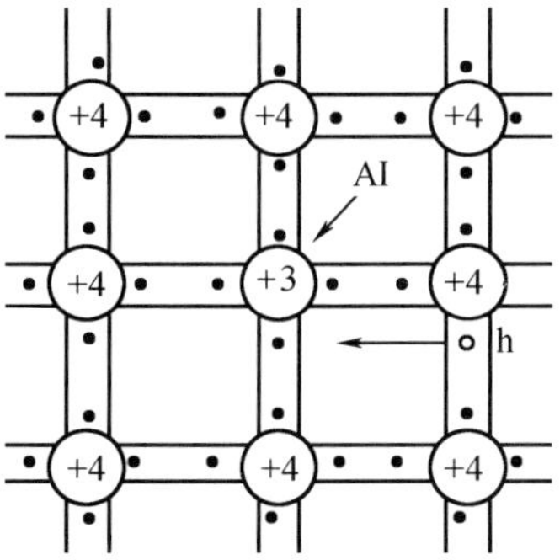

图 3.1.3　P 型半导体结构示意图

的结构示意图。掺入的杂质称为受主杂质(Acceptor Impurity,简称 AI),掺杂浓度用 N_a 表示。

在 P 型半导体中空穴的浓度很高,称之为多子,用 N_{ph} 表示;而自由电子的浓度很低,称为少子,用 N_{pe} 表示。

3.1.3 载流子

1. 平衡载流子浓度

可以认为杂质半导体的多子数目近似等于掺入杂质的浓度,即:

N 型半导体的多子浓度为

$$N_{ne} = N_d \tag{3.1.3}$$

P 型半导体的多子浓度为

$$N_{ph} = N_a \tag{3.1.4}$$

对于任何类型的杂质半导体,在热平衡条件下,多子浓度与少子浓度乘积都等于本征载流子浓度的平方,以 N 型半导体为例,其三种载流子浓度关系为

$$N_{ne} \cdot N_{nh} = N_d \cdot N_{nh} = n_i^2 \tag{3.1.5}$$

这样,N 型半导体的少子(空穴)浓度为

$$N_{nh} = \frac{n_i^2}{N_d} \tag{3.1.6}$$

同理,P 型半导体的少子(电子)浓度为

$$N_{pe} = \frac{n_i^2}{N_a} \tag{3.1.7}$$

2. 载流子运动

杂质半导体中的载流子,无论是多子还是少子,都存在两种运动方式,即漂移运动和扩散运动。

(1)载流子的漂移运动及漂移电流

在外电场的作用下,载流子除了做无序的热运动外,主要是做定向运动,这种运动称为漂移运动。载流子漂移运动产生的电流称为漂移电流(Drift current)。在外电场作用下,自由电子是逆着外电场方向运动,而空穴则是顺着外电场方向运动,其产生的电流都与外电场方向相同。这样,在半导体内部产生的漂移电流是自由电子和空穴产生的电流和。

载流子漂移速度的大小与外电场强度 E 有关,当外电场比较强时,载流子漂移的速度加快。单位场强引起的平均漂移速度称为迁移率(Mobility),用 μ 表示。载流子的迁移率与掺杂浓度有关,掺杂浓度越高,杂质离子对载流子的漂移影响越大,则迁移率就下降。载流子迁移率的高低会直接影响半导体器件的工作速度和导电能力。可以推导出漂移电流密度 J_{dr} 的表达式为

$$J_{dr} = q(N_h\mu_p + N_e\mu_n)E \tag{3.1.8}$$

式中 q 为电子电荷,其值为 1.6×10^{-19} C;μ_p、μ_n 分别为空穴和电子迁移率。若半导体的截面尺寸为 S,则漂移电流 I_{dr} 为

$$I_{dr} = J_{dr}S = Sq(N_n\mu_p + N_e\mu_n)E \tag{3.1.9}$$

(2)载流子的扩散运动及扩散电流

由于某些原因会造成半导体内载流子分布不均匀,产生非平衡载流子的浓度梯度 $\frac{dN(x)}{dx}$,载流子就会从浓度高的地方向浓度低的地方做定向运动,这种运动就称为载流子的扩散运动。非平衡载流子的扩散运动,会产生扩散电流(Diffusion current),扩散电流的大小与半导体的截面积 S 和扩散系数 D 有关。可以推导出扩散电流 I_{di} 的表达式为

$$I_{di} = SqD\frac{dN(x)}{dx} \tag{3.1.10}$$

迁移率和扩散系数都反映半导体内载流子的运动能力。在同一材料中它们之间存在如下关系

$$\frac{D_p}{\mu_p} = \frac{D_n}{\mu_n} = \frac{KT}{q} \tag{3.1.11}$$

表 3.1.1 给出了硅和锗半导体材料的有关参数。

表 3.1.1　半导体硅和锗材料的主要参数(T=300 K)

参数		单位	硅	锗
原子密度		1/cm^3	5.0×10^{22}	4.4×10^{22}
禁带宽度	E_{go}(T=0 K)	eV	1.21	0.79
	E_g	eV	1.12	0.67
本征浓度,n_i		1/cm^3	1.5×10^{10}	2.4×10^{13}
本征电阻率,ρ		Ω·cm	2.3×10^5	46
电子迁移率,μ_n		cm^2/(V·s)	1 350 ± 100	3 900
空穴迁移率 μ_p		cm^2/(V·s)	480 ± 15	1 900
电子扩散系数,D_n		cm^2/s	35	100
空穴扩散系数,D_p		cm^2/s	12	49

3.2　PN 结

若在 N 型半导体材料中的某一部分,用杂质补偿的办法掺入三价元素,使这部分反型成为 P 型区,则在 N 型区和 P 型区的交界面就形成了 PN 结(PN junction)。因为在同等情况下,自由电子的迁移率要高于空穴的迁移率。所以在一般情况下,P 型区的掺杂浓度要高于 N 型区的掺杂浓度,形成不对称的 PN 结。若 P 型半导体与 N 型半导体为同种基质材料形成的 PN 结称为同质结(Homo junction),而不同基质材料形成的 PN 结称为异质结(Hetero junction)。

3.2.1　平衡状态下的 PN 结

PN 结形成后,由于 P 区的空穴(多子)浓度远高于 N 区的空穴(少子)浓度,所以 P 区

的空穴就会穿过交界面向 N 区扩散,并与 N 区的自由电子(多子)相遇而复合。同理,N 区的自由电子也会通过交界面向 P 区扩散,与 P 区的空穴(多子)复合,如图 3.2.1 所示。这样,在交界面两边一个很窄的区域内,P 区的一侧的空穴和 N 区一侧的自由电子会成对地消失,在 P 区一侧剩下了不能移动的负离子,在 N 区一侧剩下了不能移动的正离子。这就在交界面附近形成了离子数目相等而符号相反的空间电荷区(Space-charge region),这个空间电荷区称为 PN 结,又称为耗尽层(Depletion region)。同时在空间电荷区内形成了由 N 区指向 P 区的内电场 E,如图 3.2.2 所示。

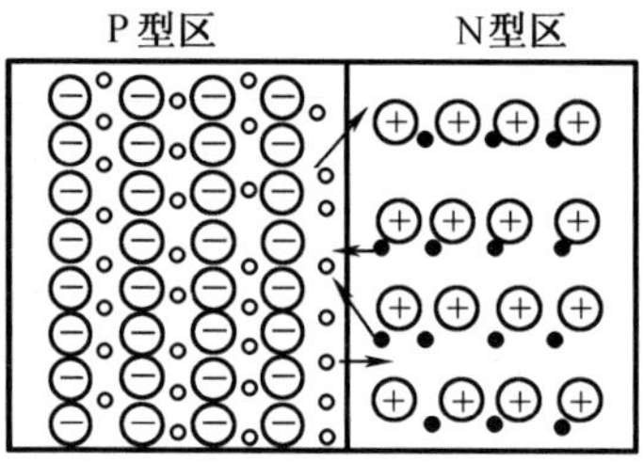

图 3.2.1　多数载流子扩散示意图

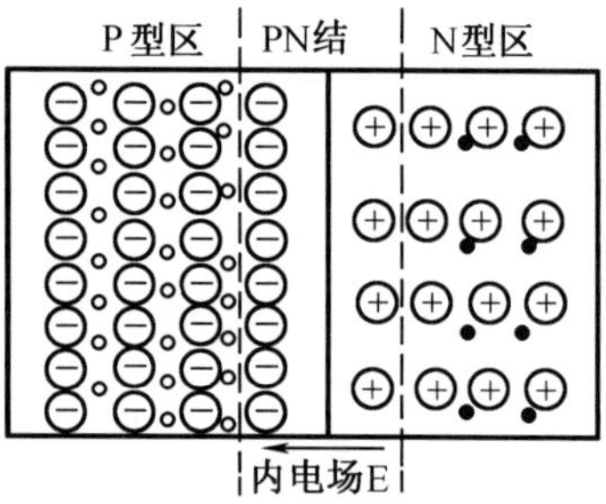

图 3.2.2　PN 结形成示意图

这个内建电场 E 一方面促使耗尽层两侧区域的少子向对侧区域漂移,另一方面又阻止多子向对侧区域扩散。当这种扩散和漂移运动达到了动态平衡时,其耗尽层宽度 W_0 和内建电场 E 的大小都维持一个定值,这个数值的大小取决于半导体材料的种类、掺杂浓度和温度。形成的内建电场产生势垒电位 V_B(Barrier potential),图 3.2.3 为 V_B的示意图。V_B可表示为

$$V_B = \frac{kT}{q} \cdot \ln \frac{N_a \cdot N_d}{n_i^2} = V_T \ln \frac{N_a \cdot N_d}{n_i^2} \qquad (3.2.1)$$

式中 $V_T = \frac{k \cdot T}{q}$称为温度的电压当量(Voltage equivalent of temperature),由于 k,q 都是定数,故 V_T只与 T 有关,当 $T = 27$ ℃(300 K)时,$V_T \doteq 26$ mV。

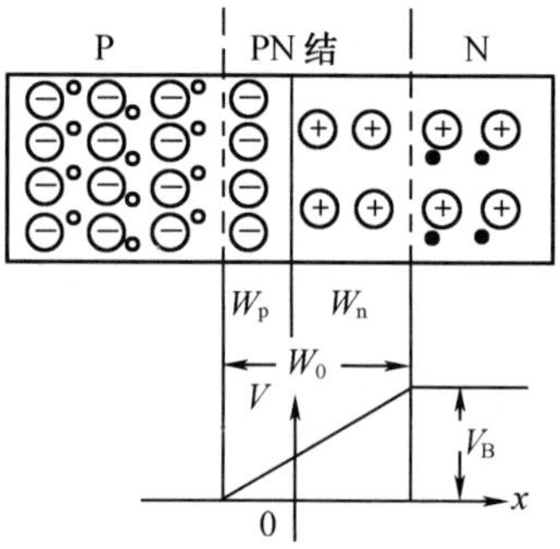

图 3.2.3　PN 结的势垒电位

其温度系数为

$$\frac{\Delta V_T}{V_T} / ℃ = 0.32\%$$

3.2.2　PN 结的伏安特性

当 PN 结外加电压时,所产生的电流与外加电压间关系称为 PN 结的伏安特性(Volt-Ampere characteristics)。

1. 正向特性

这是在 PN 结上加正向电压 V_F时的特性,在外加 V_F电压作用下,PN 结将发生的变化如

图 3.2.4 所示。

(1)由于 V_F 与 V_B 方向相反,耗尽层内的合成电位差为 $V_B - V_F$。

(2)空间电荷区的宽度变窄,由 W_0 变为 W_F。

(3)外加电压形成的电场与内建电场的方向相反,耗尽层内的合成电场变小。

(4)形成了由 P 区流向 N 区的正向电流 I_F。能证明 I_F 将随 V_F 的增加而呈指数增加。在实际应用中对 V_F 要有一个限制。

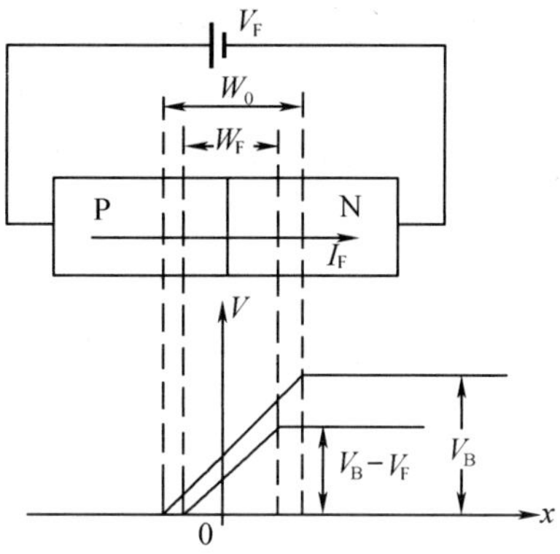

图 3.2.4　PN 结加正向偏压

2. 反向特性

当 PN 结外加反向电压 V_R 时,V_R 与 V_B 方向相同,PN 结发生的变化与外加正向电压 V_F 时正好相反。其变化如图 3.2.5 所示。

在外加反向电压 V_R 的作用下,扩散和漂移的平衡状态被打破,漂移运动加强,少数载流子的漂移运动形成了反向电流 I_R。由于少子的数目极少,故形成的反向电流也很小,对于硅材料一般为 $10^{-16} \sim 10^{-10}$ A,对于锗材料一般为 $10^{-10} \sim 10^{-7}$ A。当反向电压 $V_R \gg V_T$ 时,反向电流就趋于饱和,V_R 再增加,I_R 基本不变,这时的电流称为反向饱和电流(Reverse saturation current),用 I_S 表示。

这里要说明的是杂质半导体中的少子是本征激发产生的,其少子浓度与温度和材料类型有关。所以反向饱和电流也与材料类型与温度有关,温度升高,反向饱和电流会急剧增加。

3. PN 结的伏安特性曲线

当 PN 结外加电压 V(V_F 或 V_R)时,产生的电流 I 与 V 的关系可用电流方程表示为

$$I = I_S(e^{\frac{V}{V_T}} - 1) \doteq I_S e^{\frac{V}{V_T}} \tag{3.2.2}$$

根据上式也可以画出电压 - 电流关系曲线,称为 PN 结的伏安特性曲线,硅材料 PN 结的伏安特曲线如图 3.2.6 所示。

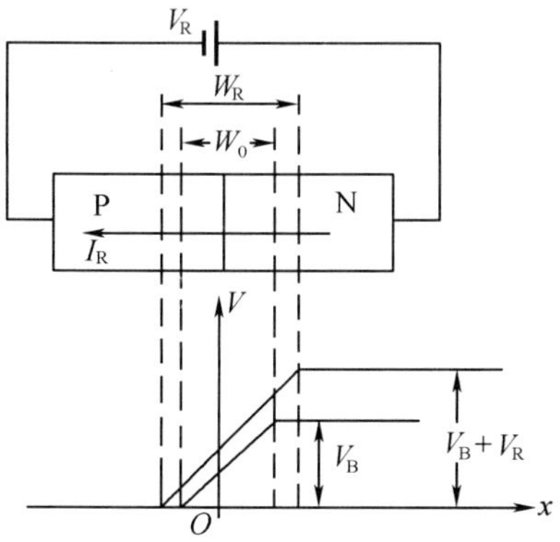

图 3.2.5　PN 结加反向偏压

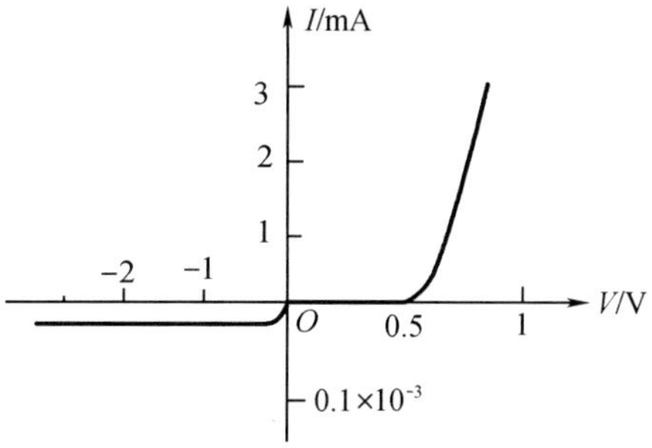

图 3.2.6　硅材料 PN 结的伏安特性

3.2.3 PN 结的温度特性

由式(3.2.2)可知,PN 结电流 I 与 I_S,V_T有关,由式(3.2.1)可知,PN 结 V_B 也与 V_T 有关。在前面的讨论中我们已知,I_S,V_T都与温度有关。在正向电压作用时,在保持正向电流 I_F不变的情况下,温度升高 1 ℃,PN 结的 V_B 就要减少约 2 mV;而在反向电压作用时,温度每升高 10 ℃,PN 结的 I_S就要增加一倍。

3.2.4 PN 结电容

当 PN 结外加电压发生变化时,耗尽层宽度和耗尽层内的电荷量也发生变化,这种现象是一种电容效应。按电容形成的原理,PN 结电容可分为势垒电容和扩散电容两种。

1. 势垒电容 C_b(Barrier capacitance)

在前面讨论中我们知道,PN 结的空间电荷区有不能移动的正、负离子,它们都具有电荷量。当外加反向电压 V_R时,空间电荷区变宽,外加电压 V_R发生变化时,空间电荷区的宽度也要随着发生变化,其电荷量也发生变化。这种电荷量的变化形成的电容效应称为势垒电容 C_b。

$$C_b \doteq C_{bo}\left(1+\frac{V_R}{V_B}\right)^{-\frac{1}{2}} \tag{3.2.3}$$

式中,C_{bo}为无外加电压时的势垒电容。通常 C_b为 0.1 pF ~ 几百 pF。

2. 扩散电容 C_d(Diffusion capacitance)

PN 结在正向电压 V_F作用下,多子有一部分穿过 PN 结扩散到对方区域时,除了有一部分与对方区域内的多子复合外,还有一部分累积在对方区域成为少子(参见图 3.3.6),这种少子电荷的累积产生的电容效应称为扩散电容 C_d,可以证明,不对称 PN 结的扩散电容为

$$C_d=\frac{dQ}{dV_F}=\frac{q}{kT}\cdot\frac{L_d^2}{D}\cdot I_j=\frac{\tau}{V_T}\cdot I_j \tag{3.2.4}$$

式中,τ 为非平衡少子的寿命;I_j为流过 PN 结的电流;L_d为扩散长度。

3. PN 结结电容 C_j

C_b和 C_d在 PN 结中是并联的,故 PN 结结电容 C_j为

$$C_j=C_b+C_d \tag{3.2.5}$$

在加正向电压时 $C_d \gg C_b$,故 $C_j=C_d$;当加反向电压时 $C_d=0$,这时 $C_j=C_b$。我们应用比较多的是前一种情况,主要考虑的是扩散电容 C_d。

3.3 二　极　管

将一个 PN 结加上电极引线后用外壳封装,就构成了半导体二极管(Diode,简写 D)。图 3.3.1 是其电路符号。

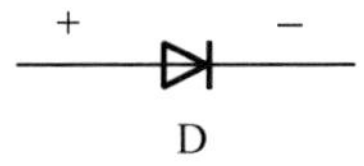

图 3.3.1　二极管电路符号

3.3.1　二极管特性

1. 二极管伏安特性

由于二极管是由一个 PN 结构成的,在不考虑一些次要因素的情况下,它与 PN 结的伏安特性相同,当二极管加u_D电压时,其电流方程可表示为

$$i_D = I_S(e^{\frac{u_D}{V_T}} - 1) \doteq I_S e^{\frac{u_D}{V_T}} \tag{3.3.1}$$

实际上,考虑到空间电荷区的复合作用、多子效应、空间电荷区两侧中性区的体电阻和外引线电阻等因素,一个实际二极管电流方程可修改为

$$i_D = I_S(e^{\frac{u_D - i_D \cdot r_S}{m \cdot V_T}} - 1) \tag{3.3.2}$$

式中,r_S为外引线电阻;m 为发射系数,一般 m 值为 $1 < m < 2$。图 3.3.2 给出了实际二极管和 PN 结的两条伏安特性曲线,其中 I_{DM}为二极管最大整流电流。在正向电压下,当 i_D达到 $0.1I_{DM}$时才认为二极管为导通状态,这时的 u_D称为阈电压 V_{th}。硅二极管与锗二极管的伏安特性基本趋势一样,但其 V_{th}不同,一般约定硅管的 $V_{th}=0.7$ V,锗管的 $V_{th}=0.3$ V,硅管反向饱和电流比锗管的要小得多,两条特性曲线如图 3.3.3 所示。

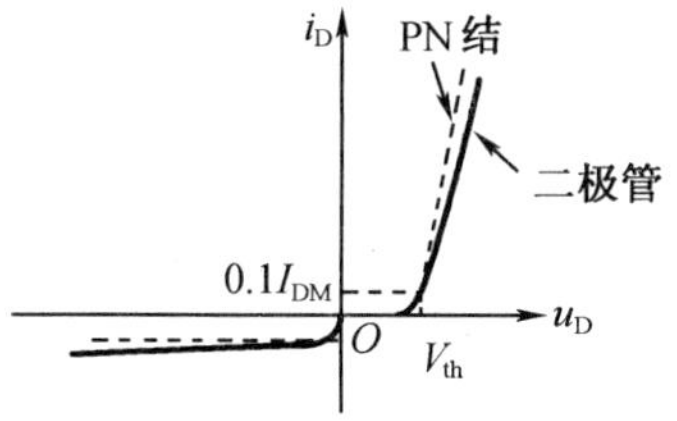

图 3.3.2　二极管伏安特性曲线

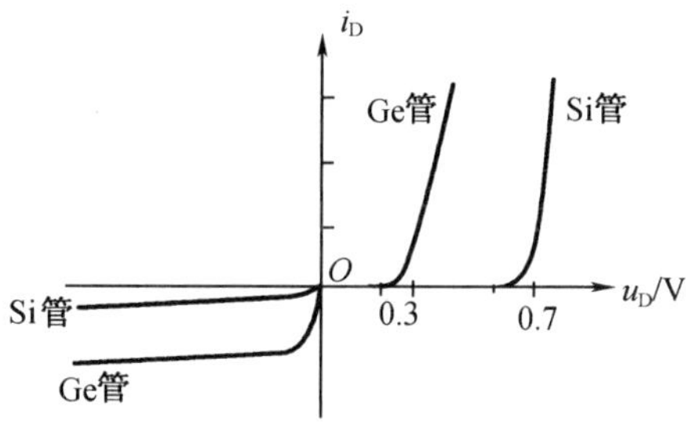

图 3.3.3　硅、锗二极管特性的比较

2. 二极管的温度特性

二极管的温度特性与 PN 结的温度特性是一样的,如图 3.3.4 所示。当温度增加时,正向特性曲线左移,反向特性曲线下移。由于锗管的反向饱和电流 I_S较大,所以当温度升高时,锗二极管的反向电流可能很大,有时甚至无法使用,在实际应用中应予注意。

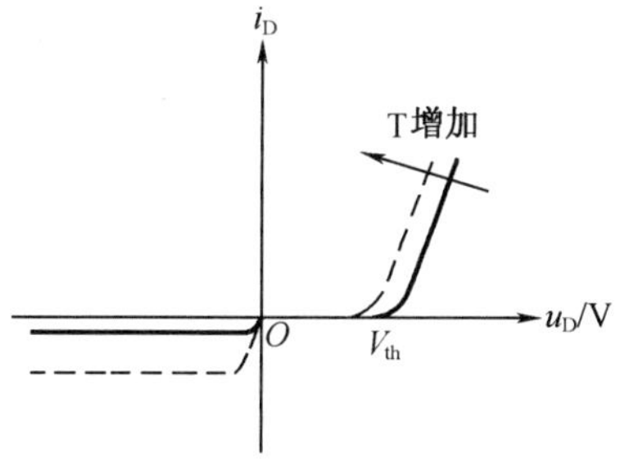

图 3.3.4　二极管的温度特性

3. 二极管的开关特性

二极管所加正向电压超过其阈电压时,二极管呈“开通”态,而加反向电压时,其反向电流很小,二极管可以看成被“关断”。因此在工程上可以把二极管作为电子开关应用。

二极管在开关应用中,除了它的正向压降和反向饱和电流对开关特性会产生一些影响外,其开关的暂态过程也要特别注意。所谓暂态过程(Transient process),即是二极管从导通到截止的过渡过程。在图 3.3.5(a)的电路中,二极管应在 u_i的控制下导通或截止。当

$t < t_0$时，$u_i = V_1 > V_{th}$，所加正向偏压使二极管导通，当忽略二极管压降时电路会形成 $i_1 = \frac{V_1}{R_L}$。当 $t \geqslant t_0$时，$u_i = -V_2$，二极管反偏，按道理二极管应马上截止，$i = I_S$。但实际并非如此，此时二极管不但没截止，反而还形成了一个很大的反向电流 i_2，其值为$\frac{-V_2}{R_L}$，经过 t_{re}时间后，电流才恢复到 I_S，这时二极管才截止。

产生这个现象的原因在于二极管在导通时，P 区(或 N 区)的多子向(对方)区域扩散，当多子扩散到对方区域后就变成了少子，这些少子与该区域中的多子复合需要一定的时间和路程，这样，在二极管两个区内靠近 PN 结的部分形成了少子的密度梯度分布，如图 3.3.6 所示。当 $t \geqslant t_0$时，PN 结加反向偏压，两个区的少子就要在这个反向偏压作用下向对方区域漂移，形成漂移电流。由于在 PN 结附近的电荷密度很大，所以形成的这个反向漂移电流 i_2 也很大，经过 t_{re}时间后，少子的漂移结束，二极管才进入截止状态。t_{re}称为反向恢复时间(Reverse recovery time)。当外加电压的转换速率很高时，就要选用 t_{re}小的二极管，否则二极管在开关过程将失去单向导电特性，而使电路不能正常工作。

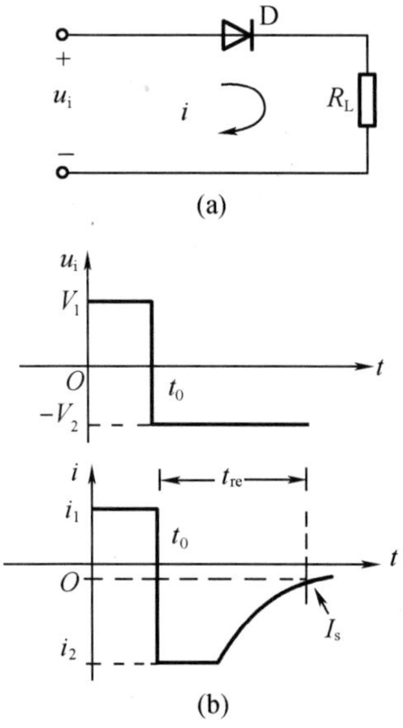

图 3.3.5　二极管开关的暂态过程

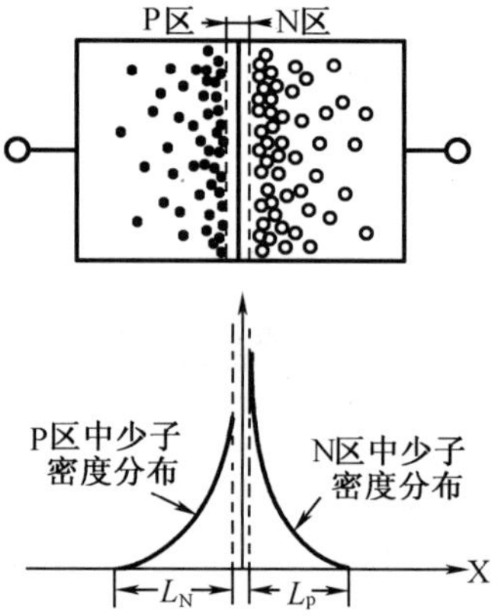

图 3.3.6　二极管中存储电荷的分布

3.3.2　二极管电路的分析方法

由于二极管是非线性器件，所以含有二极管的电路是非线性电路。分析时可以应用电路定理列电流方程，然后再求解，但这种求解方法用手工计算时比较烦琐。在工程上常用图解法和等效电路法进行分析。

1. 图解法

这种方法主要是应用二极管的伏安特性曲线来分析电路。我们举一个例子来说明。

［例题 3.3.1］

在图 3.3.7(a)所示的电路中，输入电压为一正弦信号 $u_s = V_{sm} \cdot \sin\omega t$，直流偏压为 V_B，限流电阻为 R，求输出电流 i_D。

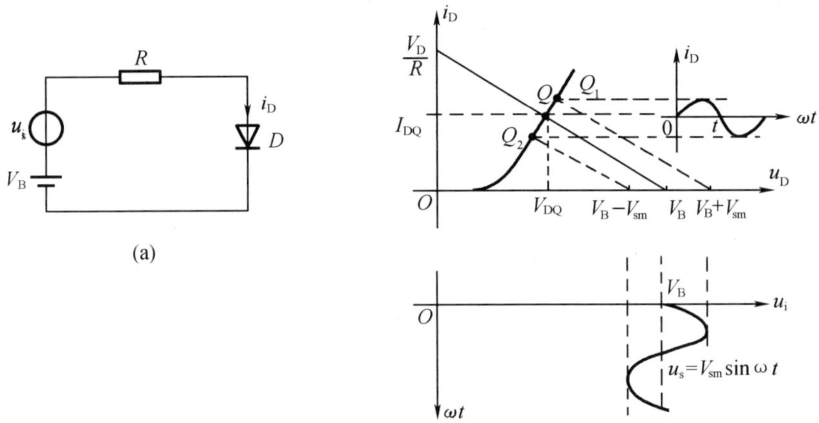

(a) (b)

图 3.3.7 例题 3.3.1 的电路

解：应用图解法，要先画出如图 3.3.7(b)中二极管伏安特性曲线。在曲线上作出 $u_s = 0$ 时的静态工作点 Q 和 u_s 在 $\pm V_{sm}$ 时的工作点 Q_1，Q_2，依此作出流过二极管的电流 i_D 的波形图。在分析此题时，必须满足 $V_B \gg V_{sm}$。其次工作点要位于伏安特性曲线的较直的部分，否则 i_D 会产生很大的失真。

2. 等效电路法

应用等效电路法，就是要用一个合适的二极管等效电路代替二极管。这种分析方法主要用于研究小信号二极管电路。

(1) 二极管等效电阻

当一个二极管加正向直流电压 V_{DQ} 时，其工作点为 Q 点，产生一个直流电流 I_{DQ}，如图 3.3.8 所示，二极管相当于一个电阻 R_D，

$$R_D = \frac{V_{DQ}}{I_{DQ}} \tag{3.3.3}$$

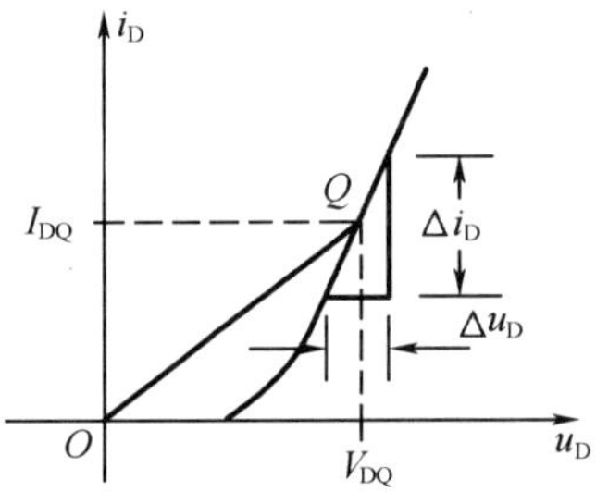

图 3.3.8 二极管的交流小信号伏安特性

R_D 称为二极管在 Q 点的直流电阻，实际上 R_D 等于 OQ 线段的斜率的倒数，它的值与 Q 点位置有关。

当我们在 V_{DQ} 上加一个很小的交变电压 Δu_D 时，它产生的交变电流 Δi_D 也很小，在 Q 点小范围内可以认为二极管特性曲线是直线，于是可得

$$r_d = \left.\frac{\Delta u_D}{\Delta i_D}\right|_Q = \left.\frac{du_D}{di_D}\right|_Q \tag{3.3.4}$$

r_d 称为二极管的动态电阻(Dynamic resistance)，r_d 的值也可看成是伏安特性曲线上 Q 点处切线的斜率的倒数。在室温下，动态电阻为

$$r_d = \frac{26\ (\mathrm{mV})}{I_{DQ}(\mathrm{mA})} \tag{3.3.5}$$

(2)分析方法

我们可以将电路中的二极管用等效电路来代替，在忽略二极管管压降时，这个交流小信号等效电路可以用图 3.3.9 表示。这样，可以将一个非线性电路等效成线性电路，使电路分析更方便和更简化。

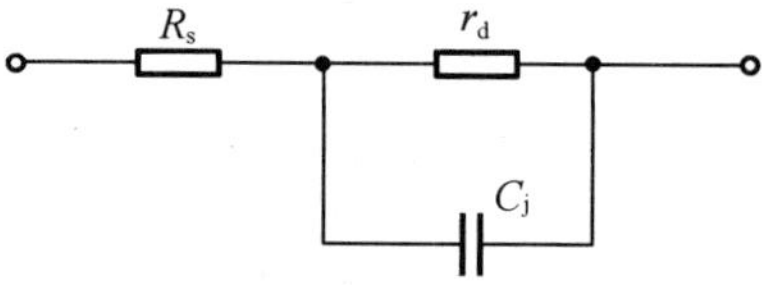

图 3.3.9 二极管交流小信号等效电路

3.3.3 其他类型二极管

半导体二极管种类很多，除普通二极管外，还有多种特殊用途的二极管。现介绍几种常用的特殊二极管。

1. 稳压二极管

当 PN 结所加反向偏压到一定值时，反向电流突然快速增加，但 PN 结的两端电压变化却很小，这就是 PN 结的齐纳击穿现象。利用这一特性，在二极管生产过程中再使用特殊工艺处理，就制成了稳压二极管，常称为齐纳二极管（Zener diode，简写 D_Z）。图 3.3.10 为它的特性曲线和电路符号。

由于稳压二极管工作在反向击穿状态下，其 I_Z 电流在很大范围内变化时，电压 V_Z 变化很小，故其交流电阻很小，一般只有几欧。在使用稳压二极管时，一定要加限流电阻，将工作电流限定在一定范围内，否则可能会引起稳压管因电流过大而过热烧毁。

稳压二极管的主要参数有稳定电压 V_Z 和 V_Z 精度、稳定电流 I_Z、功率 P 和稳压值的温度系数等。

2. 发光二极管（Light Emitting Diode，简写 LED）

发光二极管又称 LED 管，这是一种利用电致发光原理将电能转换为光能的器件。图 3.3.11(a)为其电路符号。

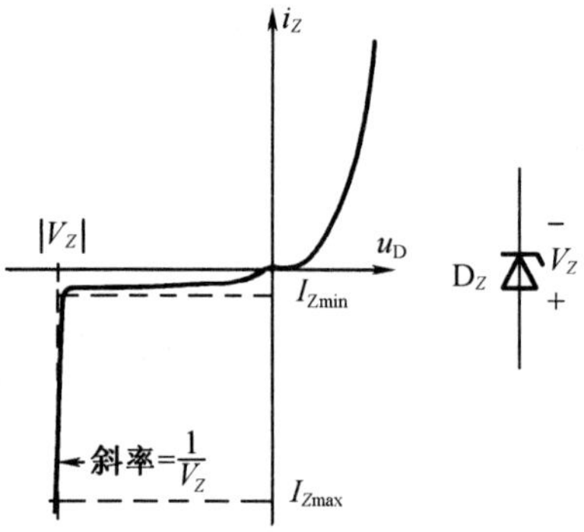

图 3.3.10 稳压二极管的特性曲线和电路符号

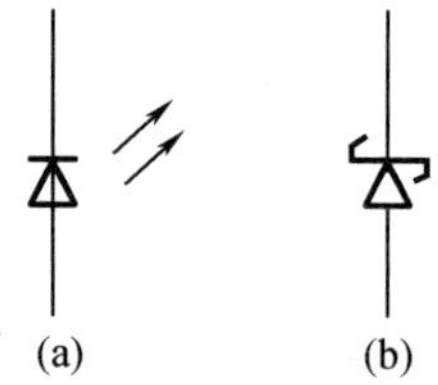

图 3.3.11 LED 和 SBD 二极管电路符号

发光二极管是用砷化镓等化合物半导体材料制成的。由于这些材料的能带结构特点，当自由电子和空穴复合时会放出光子。不同材料放出的光子波长不同，这样就会发出不同颜色的光，通常有红、黄和绿三种颜色，故用这些材料可制成发光二极管。发光二极管正常发光所需要的正向电压较一般的硅二极管的要高，通常为 2 V 左右，工作电流则为几毫安。单个发光二极管可用来制作各种指示灯。多个发光二极管按一定方式组合可制成数字、文字或符号等显示器件，如一个七段数码显示器件可显示数字 0 ~ 9。数码显示器件有共阴和共阳之分，共阳显示器件的公共阳极接高电平，共阴显示器件的公共阴极一般接地。

近年来，白光 LED 灯的研究开发工作取得很大的进展，特别是大功率白光 LED 灯的出现，把发光技术提到了一个新高度。如一个 6 W 的 LED 灯，其光通量可达 130 lm(lumen)，工作 5×10^4 小时后，光亮度也只下降了 30%。有机 LED 灯(Organic LED)的出现，为白光 LED 灯的推广提供了有利的条件。因为这种 LED 灯成本低，制造工艺简单。它用一个薄而透明的铟锡氧化物(ITO)做导电阳极，用金属薄膜片做阴极，中间夹一片有机发光膜即可。这种“三明治”式结构的 LED 灯很容易制造，其光通量可达 36 lm，寿命长达 2×10^4 小时。现已应用到手机、数码相机和 MP3 上，效果很好。

3. 肖特基二极管(Schottky Barrier Diode，SBD)

肖特基二极管实际上是一个“金属 - 半导体”异质结，具有单向导电特性。例如可以用金属铝与掺杂适度的 N 型半导体构成肖特基二极管。图 3. 3. 11(b)为其电路符号。

在金属中导电的是电子，而 N 型半导体中多子也是自由电子，但这两种材料中的电子的逸出功不同，金属的逸出功较高。当加正向电压时，N 型半导体中会有大量的电子穿过势垒栅注入金属中形成导电电流。

肖特基二极管与普通二极管相比有三点不同：

(1)肖特基二极管的电流是多数载流子穿过势垒栅达到金属冶金界面形成的，它没有少数载流子参与导电，在势垒处不存在少子的堆积现象，故它工作状态从导通向截止转换时，不存在反向恢复时间，所以它是一种具有良好的高频和高速开关特性的器件。

(2)它的伏安特性曲线与普通二极管的伏安特性类似，但它的阈电压只有 0. 3 V，而反向电压也较低，一般只有几十伏。

为了解决普通肖特基二极管反向电压低的问题，近年投入很大力量开发研制。现已成功开发出反向击穿电压达 200 V 而工作电流 100 A 的高反压肖特基二极管，应用在 48 V 的开关电源中可稳定可靠地工作，输出电压纹波很小。另一个新品是碳化硅(SiC)高反压高频肖特基二极管，它的反向击穿电压可高达 600 V，反向恢复时间几乎为零，处理浪涌能力也很强，广泛应用在功率因数校正(PFC)电路和升压型开关电源中。据报道现在有一种用 SiC 材料制成的反压高达 1 200 V，工作电流 20 A，总功耗 300 W 的肖特基二极管在我国已研制成功，技术水平国际领先，不久即可上市。

(3)它的反向饱和电流 I_S 比较大，一般为 10^{-8} A 左右，在相同正向偏压下肖特基二极管比普通二极管的电流要大得多。

肖特基二极管除了以分立器件形式用在高速开关电路和高频电路外，更多的是在集成电路中应用，从而可提高数字集成电路的工作速度。

3. 4　双极型晶体管

双极型晶体管是由两个 PN 结构成的，具有放大作用。它有电子和空穴两种载流子参与导电，所以称为双极型晶体管(Bipolar Junction Transistor)，缩写为 BJT，简称晶体管。

3.4.1 晶体管结构

在同一片硅片上制造出三个掺杂区，形成两个 PN 结，三个掺杂区引出三个电极，分别为集电极 C(Collector)、基极 B(Base)和发射极 E(Emitter)。根据三个掺杂区排序不同，晶体管可分为 PNP 型和 NPN 型两大类。图 3.4.1 和图 3.4.2 分别为 NPN 型和 PNP 型晶体管的结构示意图和电路符号，其中基极与发射极间结称为发射结 J_E，基极与集电极间的结称为集电结 J_C。

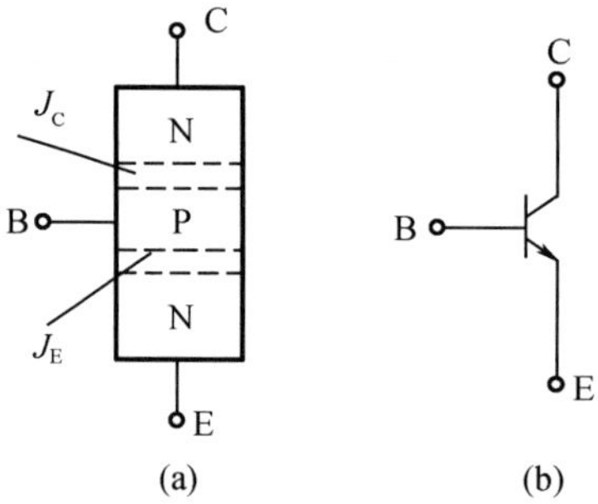

图 3.4.1 NPN 型晶体管的结构和电路符号

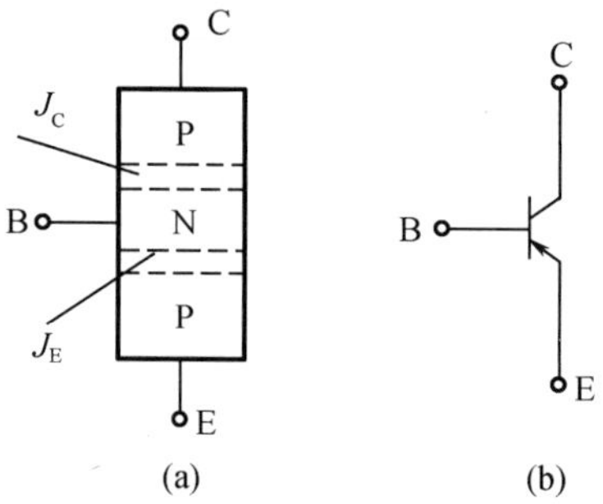

图 3.4.2 PNP 型晶体管的结构和电路符号

3.4.2 晶体管的工作状态

在晶体管的发射结和集电结加不同的偏压时，晶体管会有三种不同的工作状态。当在发射结加正偏压而集电结加反偏压时，晶体管处于放大状态，集电极电流受基极电流控制，$i_C=\beta i_B$，这是要重点研究的工作状态。

当发射结和集电结都处在正偏压时，晶体管为饱和状态。在这种状态下 i_C 不再等于 βi_B，也就是说 i_B增加时，i_C不再增加，而 V_{CE}很小。

当发射结和集电结都处于反向偏置时，晶体管为截止状态。此时，$i_B=i_C=0$，晶体管三个电极好像断开了一样。

在模拟电路中，晶体管主要处于放大状态。晶体管的饱和状态和截止状态称为开关状态，它主要应用在数字电路中。

3.4.3 晶体管的电流放大作用

晶体管的电流放大作用，可以用晶体管内部载流子的运动来说明。图 3.4.3 为一 NPN 型晶体管中载流子传输的示意图。在图中发射结加正偏压 V_{EE}，集电结加反偏压 V_{CC}。

在正偏压 V_{EE}的作用下，发射结的势垒降低，耗尽层变窄，发射区中的多子(自由电子)穿过发射结向基区扩散，形成 I_{EN}电流；同时基区中的多子(空穴)也穿过发射结向发射区扩散，形成 I_{EP}电流。发射极的总电流 $I_E=I_{EN}+I_{EP}$。由于 $I_{EN}\gg I_{EP}$，所以

$$I_E \doteq I_{EN} \tag{3.4.1}$$

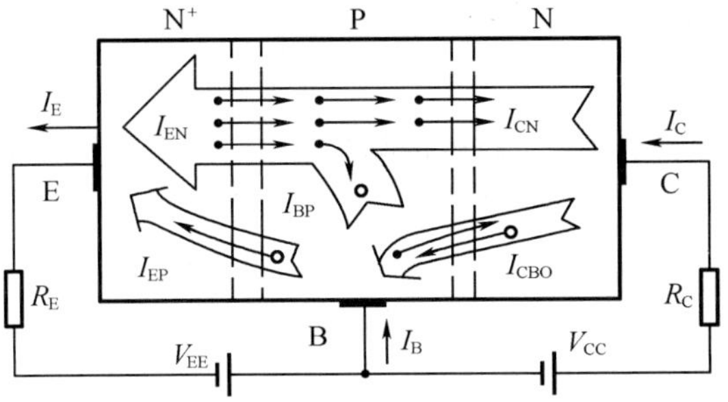

图 3.4.3　NPN 型晶体管中载流子传输示意图

由发射区扩散到基区的自由电子在基区为非平衡少子。由于基区很薄而且掺杂浓度低，所以这些非平衡少子除了少量与基区多子复合形成 I_{BP} 电流外，绝大部分继续扩散达到集电结的边界被集电结的反向电场拉到集电区，形成 I_{CN} 电流。设进入基区与进入集电区的电子数形成电流之比为 $\bar{\alpha}=\frac{I_{CN}}{I_{EN}}$，$\bar{\alpha}$ 称为晶体管共基极直流电流放大系数，其值小于且近似等于 1。结合图 3.4.3 和式(3.4.1)可得

$$I_{CN}=\bar{\alpha}I_{EN}\doteq\bar{\alpha}I_E \tag{3.4.2}$$

$$I_{BP}=(1-\bar{\alpha})I_{EN}\doteq(1-\bar{\alpha})I_E \tag{3.4.3}$$

集电结在反向偏置电压作用下，基区的少子(自由电子)和集电区的少子(空穴)分别向对方区域漂移，形成了 I_{CBO} 电流，它称为集电结反向饱和电流(Reverse saturation current)，其值很小。这样集电极电流 I_C 为

$$I_C=I_{CN}+I_{CBO}=\bar{\alpha}I_E+I_{CBO}\doteq\bar{\alpha}I_E \tag{3.4.4}$$

基区的多子(空穴)也会穿过发射结进入发射区，形成 I_{EP} 电流。这样基极电流 I_B 为

$$I_B=I_{EP}+I_{BP}-I_{CBO}\doteq I_{BP}=(1-\bar{\alpha})I_E \tag{3.4.5}$$

由式(3.4.4)和式(3.4.5)可得晶体管三个电极电流间关系为

$$I_E=I_B+I_C \tag{3.4.6}$$

依式(3.4.4)和式(3.4.5)又可得

$$I_C=\frac{\bar{\alpha}}{1-\bar{\alpha}}I_B=\bar{\beta}I_B \tag{3.4.7}$$

由式(3.4.7)可见，晶体管集电极电流 I_C 是基极电流 I_B 的 $\bar{\beta}$ 倍。$\bar{\beta}$ 称为共发射极直流电流放大系数，由于 $\bar{\alpha}\leqslant 1$，故可知 $\bar{\beta}=\frac{\bar{\alpha}}{1-\bar{\alpha}}\gg 1$。这表明集电极电流 I_C 与基极电流 I_B 成正比，且 $\bar{\beta}$ 值远大于 1。这也说明晶体管基极电流对集电极电流的控制作用和晶体管有电流放大作用。

依晶体管在放大状态下的 E－M 模型，在忽略基区宽度的调制效应后，也可以将 I_C，I_E 写成交流指数形式：

$$i_C=I_{CS}\cdot e^{\frac{u_{BE}}{V_T}} \tag{3.4.8}$$

$$i_E=I_{ES}e^{\frac{u_{BE}}{V_T}} \tag{3.4.9}$$

3.4.4 晶体管特性

晶体管是一个三端器件,在作为双口网络应用时,一个电极作为输入,一个电极作为输出,而第三个电极则作为公共端。根据公共端所用的电极不同,晶体管有共射(Common - Emitter,简写 CE)、共基(Common - Base,简写 CB)和共集(Common - Collector,简写 CC)三种接法。接法不同,晶体管特性曲线和性能也有所不同,但要使晶体管处于放大状态,则必须保证发射结正偏,集电结反偏。现以应用最广泛的图 3.4.4 所示的共射接法为例,来分析晶体管特性。

1. 输入特性

共射接法的输入特性是研究以 u_{CE} 为参变量时 i_B 与 u_{BE} 间的关系,即

$$i_B = f(u_{BE})\Big|_{u_{CE}=Const} \tag{3.4.10}$$

图 3.4.5 为硅 NPN 晶体管共射接法的输入特性曲线。曲线形状与二极管的特性曲线相似,只是坐标不同,另外又增加了一个参变量 u_{CE}。由图可见,当 u_{CE} 增加时,曲线右移,这表明当 u_{BE} 不变时,i_B 随 u_{CE} 增加而减小,这反映了 u_{CE} 电压对 i_B 的影响。

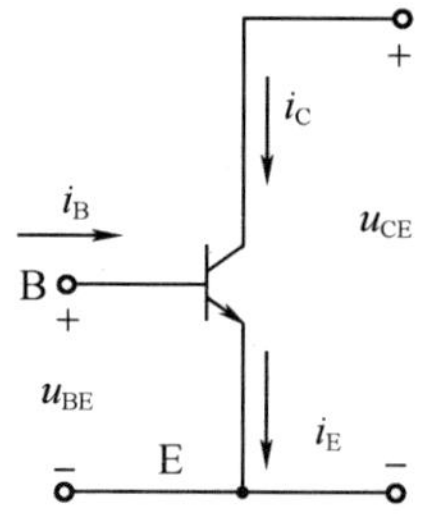

图 3.4.4 晶体管的共射接法

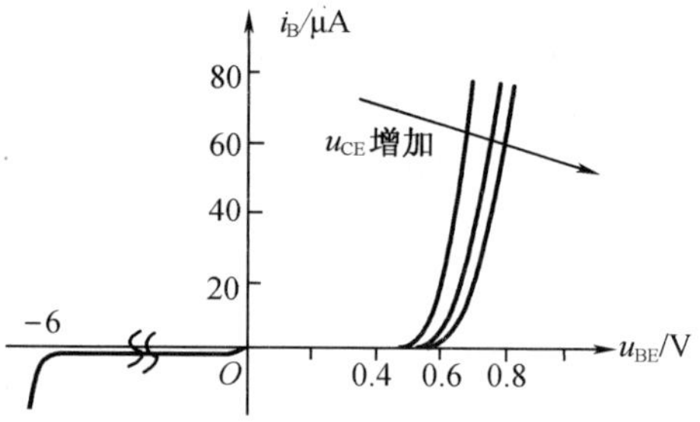

图 3.4.5 晶体管共射接法的输入特性

当发射结反偏时,基极反向饱和电流很小。当 u_{BE} 反向增加到一定值时,基极电流急剧增加,这种现象称为发射结击穿,晶体管在使用时,应避免这种情况发生。对于 NPN 小功率管,通常 J_E 击穿电压 BV_{EBO} 较低,通常约为 −6 V。

2. 输出特性

晶体管共射接法的输出特性是以 i_B 或 u_{BE} 为参变量时,集电极电流 i_C 和 u_{CE} 之间的关系。现以 i_B 作参变量为例进行讨论。以 i_B 为参变量时 i_C 与 u_{CE} 的关系可写为

$$i_C = f(u_{CE})\Big|_{i_B=Const} \tag{3.4.11}$$

图 3.4.6 为 NPN 管共射接法的输出特性曲线。整个曲线族分为四个区域即放大区(Amplification region)、饱和区(Saturation region)、截止区(Cutoff region)和击穿区(Breakdown region)。

(1)放大区

在放大区域内,发射结正偏,集电结反偏,这就是节 3.4.3 中所讨论的晶体管电流放大作用,当 i_B 等量增加时,i_C 的曲线也等量地向上平移。这说明 i_C 主要受 i_B 控制。在输出特

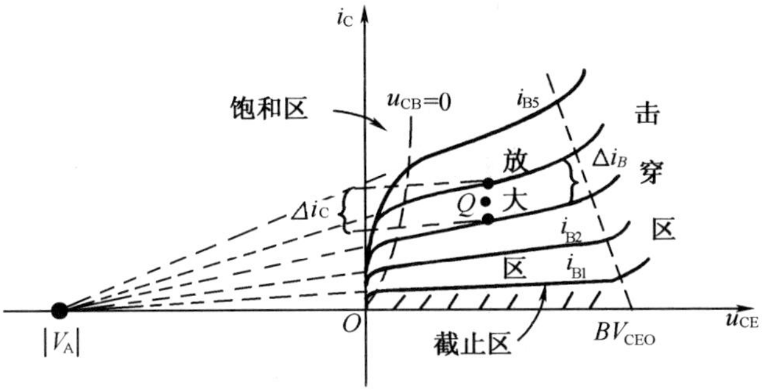

图 3.4.6　晶体管共射接法的输出特性

性曲线上，可求出某点 Q 的交、直流电流放大系数 β 和 $\bar{\beta}$

$$\beta = \left.\frac{\Delta i_C}{\Delta i_B}\right|_Q \tag{3.4.12}$$

$$\bar{\beta} = \left.\frac{I_C}{I_B}\right|_Q \tag{3.4.13}$$

在放大区当 u_{CE} 增加时，各条输出特性曲线会略有上抬，这是由于 u_{CE} 的变化引起的基区宽度变化，它对 i_C 的调制作用所致。将各输出曲线的直线部分反向延长交于横轴上一点 $-V_A$，V_A 称为厄尔利(Early)电压，V_A 的大小反映基极宽度调制(Base-width modulating)作用的影响程度。如果考虑 V_A，则式(3.4.8)应改写为

$$I_C = I_{CS} \cdot e^{\frac{u_{BE}}{V_T}} \cdot \left(1 + \frac{u_{CE}}{V_A}\right) \tag{3.4.14}$$

通常 $|V_A|$ 在 50～300 V 之间，如果 $u_{CE}=10$ V，则 V_A 对 i_C 的最大影响可达 20%，但通常这种影响都在 5% 以下，即 $|V_A|>200$ V。正因为输出曲线微微上翘，说明晶体管有输出电阻 r_{ce}。r_{ce} 等于曲线上某点的斜率的倒数。r_{ce} 也可以用 V_A 表示为

$$r_{ce} = \left.\frac{\Delta u_{CE}}{\Delta i_C}\right|_{V_{BE}=Const} \doteq \frac{|V_A| + u_{CEQ}}{I_{CQ}} \doteq \frac{|V_A|}{I_{CQ}} \tag{3.4.15}$$

(2)截止区

截止区指的是 $i_B=0$ 曲线以下与横坐标轴以上的区域，在这区域内两结反偏。在 $i_B=0$ 时，$i_C=I_{CEO}$，$I_{CEO}=\bar{\beta}I_{CBO}$，称为晶体管的穿透电流，通常由于 I_{CEO} 很小，即 $i_B=0$ 时 i_C 曲线往往与横轴重叠。

(3)饱和区

在饱和区内，两结正偏，在 $u_{CB}=0$ 时称为临界饱和，在图 3.4.6 中 $u_{CB}=0$ 虚线的左侧为饱和区。在饱和区 u_{CE} 很小，只有零点几伏，称为饱和压降，用 V_{CES} 表示。

(4)击穿区

在击穿区，即使 u_{CE} 增加很少时 i_C 也快速增加。i_B 不同时，击穿电压也不同，取 $i_B=0$ 时的击穿电压记作 BV_{CEO}，称它为基极开路时集电极与发射极间的击穿电压(Breakdown voltage)。

以 u_{BE} 为参变量的晶体管输出特性曲线如图 3.4.7 所示。由图可见，它也分四个区，其

分析方法与以 i_B 为参变量的输出特性基本一样。读者可自行分析讨论。

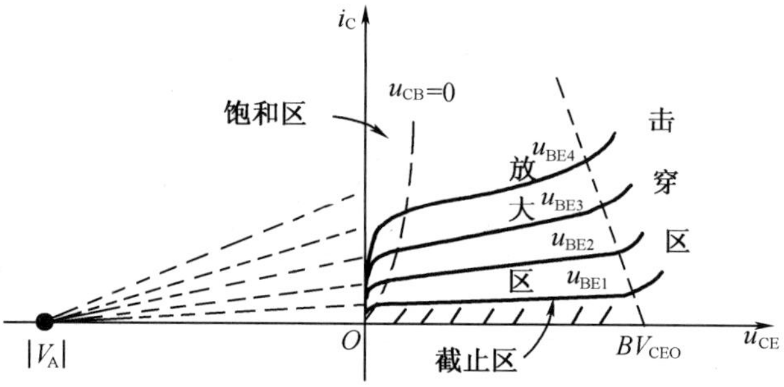

图 3.4.7　晶体管共射接法的输出特性

3. 温度特性

温度对晶体管特性的影响可分为以下几个方面。

(1) 对 I_{CBO} 的影响

I_{CBO} 是发射结开路时集电结的反向饱和电流。它是集电结反偏时少数载流子漂移造成的。当温度升高时,由于热运动加剧,少子浓度明显增加,故 I_{CBO} 也明显增加,一般温度每上升10 ℃,I_{CBO} 就增加一倍。

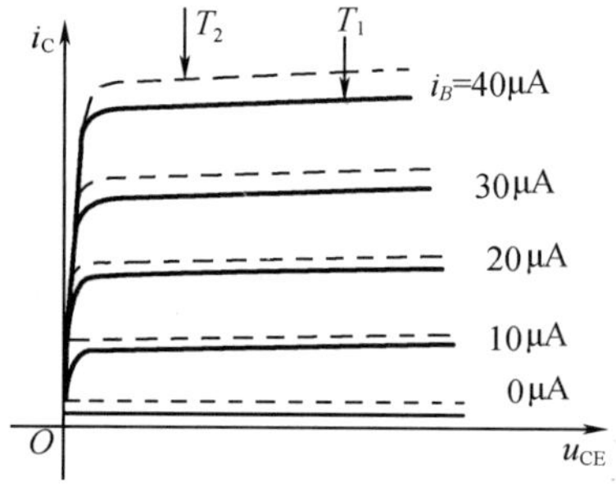

图 3.4.8　温度对输出特性的影响

(2) 对 β 的影响

当温度升高时,晶体管内部多数载流子的扩散能力增强,基区内载流子的复合作用减弱,从而造成 β 随温度上升而增加。一般温度每增加1 ℃,β 增加 0.5% ~1%。α 也随温度增加而略有增加。

(3) 对输出特性的影响

图 3.4.8 给出了温度对输出特性影响的示意图。当温度由 T_1 上升到 T_2 时,各输出特性曲线上移,而且各曲线间距拉大。这是因为当温度上升时 I_{CBO} 也增加,这就使 $i_B=0$ 的曲线上移,进而使整个曲线族也上移。其次由于温度升高时 β 也增加,这不但加剧了曲线族上移,而且随着 i_B 增加使曲线的上移量逐渐加大。

(4) 对输入特性的影响

这个影响与温度对二极管的影响类似。温度升高时,输入特性曲线左移(可参考图 3.3.4)。这说明温度升高,u_{BE} 下降。若基极电流不变,则温度每升高 1 ℃,u_{BE} 减少约 2 mV。

4. 开关特性

当晶体管工作在截止状态或饱和导通状态时,可将晶体管作为开关来应用。当晶体管工作在截止状态时,相当于 C,E 电极断开;当晶体管工作在饱和状态时,若忽略很小的饱和压降,则可认为 C,E 电极完全接通。这些特性在脉冲与数字电路中被普遍应用。

在图 3.4.9(a)的电路中,当输入电压的 $V_{iH} \gg V_{BE}$ 或 $V_{iL} \leqslant 0$ 时,晶体管就工作在开关状

态。这时输出就应紧跟输入的变化而变化，也就是说要求晶体管在 V_{iH} 和 V_{iL} 到来瞬间要立即“开得通”和“关得住”。但实际上并非如此，当 $u_i=V_{iH}$ 时，晶体管集电电流并不马上增加到 I_{CM}，而是要延迟一定时间后才上升到 I_{CM}。同样，当 $u_i=V_{iL}$ 时，i_C 电流也不马上降为零，也是延迟一定时间后，才下降到零。另外晶体管在开关过程中，由于存在存储电容 C_{st}，它连同扩散电容和电路的杂散电容一起，使基区电荷的累积与扩散都要有一个过程，形成一定的开关时间，致使输出延迟，如图 3.4.9(b) 所示。其中 t_d 称为延迟时间，t_r 称为上升时间，$t_{on}=t_d+t_r$ 称为开启时间；t_s 称为存储时间，t_f 称为下降时间，$t_{off}=t_s+t_f$ 称为关闭时间。t_{on} 和 t_{off} 的大小会影响晶体管在开关电路中的工作速度，限制了晶体管的最高工作频率。

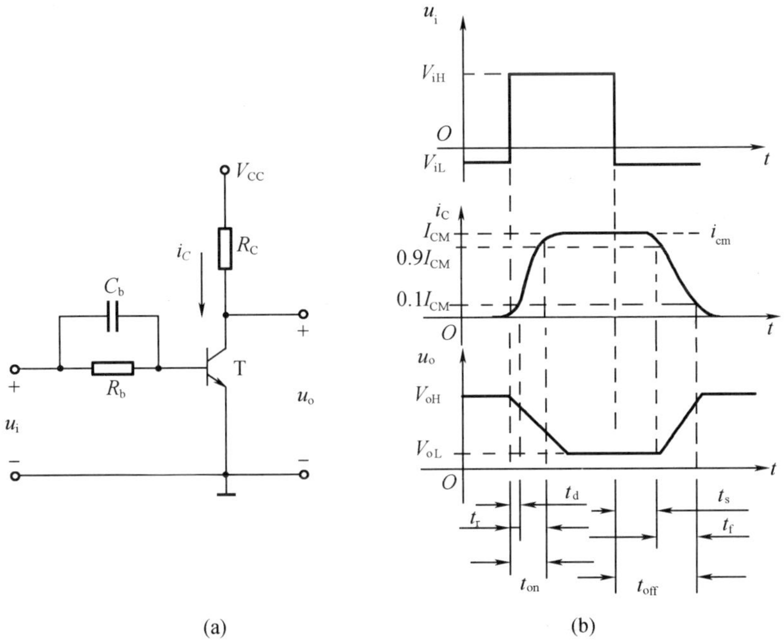

图 3.4.9　晶体管的开关特性

为了减小这些开关延迟时间，可以在 R_b 电阻上并接 C_b 小电容，利用小电容的高频特性达到状态转换加速的目的。这个电容称为加速电容。

3.4.5　晶体管的主要参数

晶体管的各种参数值，是电路设计工作中选用晶体管的依据，可查阅相关产品手册获取。现就主要参数介绍如下：

1. 直流参数

这主要指晶体管的 $\bar{\beta}$，$\bar{\alpha}$，I_{CBO} 和 I_{CEO} 等参数。其中共射接法的直流电流放大系数 $\bar{\beta}$、共基接法的直流电流放大系数 $\bar{\alpha}$ 由式(3.4.13)和式(3.4.4)确定。在图 3.4.8 中，可以看到，当 i_B 等量增加(如 $\Delta i_B=10\ \mu A$)时，i_C 特性曲线并不是等量向上平移的，这说明 $\bar{\beta}$ 并不是一个常量。实验可以证明，I_C 只是在一定范围内时，才把 $\bar{\beta}$ 值看作一个常量，而当 I_C 过小或者很大时，$\bar{\beta}$ 都会变小了。这说明 $\bar{\beta}$ 值与 I_C 电流值有关，即与静态工作点有关。在电路参数设计时，应注意这样的情况。图 3.4.10 给出了 3 种晶体管 $\bar{\beta}$ 与 I_C 间的关系曲线。

2. 交流参数

这主要是指 $\beta,\alpha,C_{ob},f_T,f_\alpha$ 和 f_β。β 值与晶体管的工作频率有关,即它是频率的函数。关于共射截止频率 f_β 和特征频率 f_T 等参数的有关情况将在第 4 章介绍。

3. 极限参数

这主要指 $I_{CM},P_{CM},BV_{CBO},BV_{EBO}$ 和 BV_{CEO} 等。这些参数定义明确,这里不作说明。

4. 开关参数

对于开关型晶体管除了上述一些参数外,还根据开关特性的要求,规定了一些参数,如 t_d,t_r,t_s 和 t_f 等。

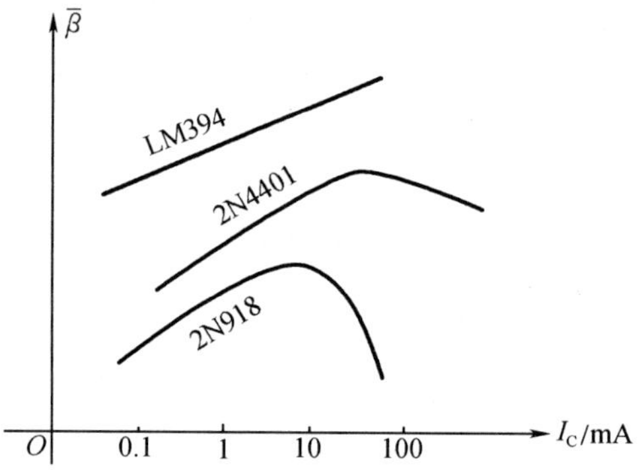

图 3.4.10 典型晶体管 I_C 与 $\bar{\beta}$ 的定性关系曲线

3.4.6 晶体管选用时的注意事项

上述晶体管的诸多参数,在选用晶体管时,要根据电路设计的不同要求对一些主要参数进行选择。

1. 直流参数

选择直流参数时主要考虑的是极间反向电流。若选用极间反向电流小的管子则受温度影响也小,电路的稳定性就好。

2. 交流参数

(1)共射电流放大系数 β

其值不宜太大或太小,太大了电路工作时稳定性差,太小了其放大作用不明显。最好选择其输出曲线间距均匀、上翘不明显的晶体管。

(2)特征频率 f_T

这个参数主要反映晶体管两个 PN 结的电容对电路工作的影响。当晶体管工作在高频段时,结电容充放电效应明显,使 β 下降,所以在高频应用时,应选用 f_T 高的管子。如果所设计的放大电路的工作频率上限为 f_H,则可依 $f_T=\beta\cdot f_H$ 选择晶体管。

(3)共基极接法输出电容 C_{ob}

这个参数本身没有太大的意义,但它的值与集电结的结电容 C_μ 大体相等。在放大电路的设计和分析时会涉及 C_μ,这时可参考 C_{ob} 的值。

3. 极限参数

这些极限参数,在设计时是要认真考虑的,虽然晶体管工作在这些极限值上不一定会造成永久性的损坏,但使用中还是要小于这些极限值。

(1)集电极最大允许功耗 P_{CM}

这个值主要受集电结结温和热阻的限制,对于硅管其结温应低于 150 ℃,否则管子可能被烧毁。在环境温度高于 30 ℃时,应考虑降低 P_{CM} 使用值。加散热片则可以提高 P_{CM} 的使用极限。

因 $P_{CM}=I_{CM}\cdot V_{CE}$,所以在考虑集电极最大允许功耗 P_{CM} 时,还应考虑 I_{CM} 和集电极发射极间反向击穿电压 BV_{CEO} 的值。

(2)在使用中如要求工作电压高,则要选 BV_{CEO} 值大的高反压管,尤其注意 B,E 极间反

向电压不能超过 BV_{EBO}。

4. 开关参数

在作开关应用时，要注意选 f_T 高、开关时间短、反向饱和电流小和 V_{CES} 小的管子，这样可以保证电路的正常工作状态和开关速度。

3.4.7　新型晶体管

近年来晶体管的研发工作在设计思想上有创新、技术上有突破，成功上市了一批具有特色的新产品。

1. 高速大功率组合管

这种组合管与通常的达林顿复合管不同，它是在一个 NPN 管的 B，C 极间加入一个 PNP 管 T_2，这与肖特基管的结构有些类似。另外，还加一个续流二极管 D，如图 3.4.11 所示。

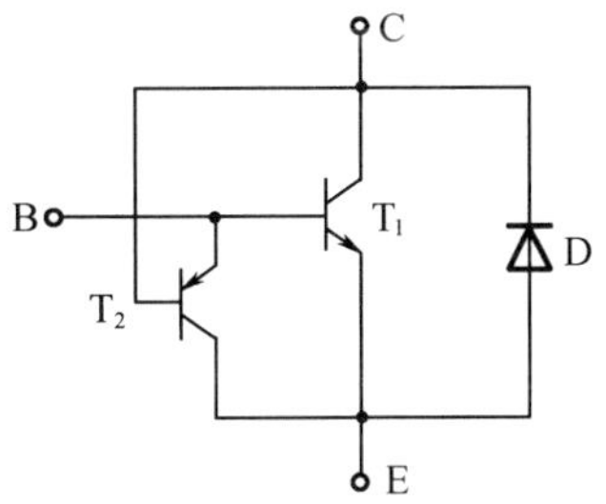

图 3.4.11　大功率组合管

由于 T_2 管的抗饱和作用，组合管才有高的开关速度。如 Motorola 公司生产的这类产品的开通时间 t_{on} 只有 4 ns，而功率却高达 75 W。这类产品广泛应用在功率开关电路中。

2. 高速高压晶体管

有不少厂商生产这类晶体管，以 Philips 公司的产品最有代表性。它采用平面钝化和离子注入组合新工艺，使晶体管的 BV_{CEO} 可高达 1 000 V 以上，同时开关速度也很快。这种晶体管应用在高频电源上，获得满意的效果。有些厂家改进生产工艺，使其产品的 BV_{CEO} 达到了 1 700 V，而输出电流仍可达到 8 A，可见其指标之先进。

3. 低饱和压降晶体管

这类晶体管品种很多，既有 NPN 型也有 PNP 型的。它们的基本参数都能达到当 I_C = 1 A 时，V_{CES} = 0.1 V，有的甚至达到 V_{CES} = 0.01 V 的水平。这类晶体管多用在低功耗电路中，它的特性可以与 MOSFET 管相媲美，而它的成本却比 MOSFET 更低。

4. 硅锗异质结（Heterojunction）晶体管

这种晶体管的基区是一层硅锗合金。由于这种晶体管的优良特性，故它刚一问世，许多厂商便争相生产。这种晶体管除了有高频高速和低噪声的特点外，其最显著特点是 β 值超大，当管子工作在 2 GHz 时，β 仍大于 100。另外，在低温下其 β 上升，而普通晶体管在低温时 β 下降。这些特性使它在某些场合获得很好的应用 。有些厂家用异质结技术生产出集成单片产品，如低噪声前放、发射接收器等。有人做出带宽达 2.5 GHz 的宽带放大器，工作在 800 MHz 时 A_u = 20 dB，而噪声系数 F_n 近于 1。

5. 高电子迁移率晶体管

从 20 世纪 90 年代开始人们应用 GaN 等现代半导体材料研制高电子迁移率晶体管（High Electron Mobility Transistor，HEMT），其主攻方向是制造微波器件。我国于 2000 年用 GaN 制造出了基波段微波器件和微波单片电路。其中，AIGaN/GaN 结构器件的电子迁移率达 2 100 $cm^2/(V \cdot s)$，居世界先进水平。

3.5 场效应晶体管

场效应晶体管(Field Effect Transistor,缩写为 FET)简称场效应管,它是一种用电场效应来控制导通电流的半导体器件。这种器件有很多优点,如它的输入阻抗很高,它靠多数载流子导电,受温度、辐射等外界条件的影响很小,器件的体积小,噪声和功耗也都很低,而且极适合制造大规模集成电路。FET 分为结型和 MOS 型两大类,后来又出现了 VMOS 管和 IGBT(绝缘栅双极型管)等大功率器件。近年来又研制出浮置栅和半浮置栅(Semi-floating grid)场效应管。

3.5.1 结型场效应管

结型场效应管(Junction FET,简称 JFET)由于导电沟道不同,又分为 P 沟道结型 FET(简称 PJFET)和 N 沟道结型 FET(简称 NJFET)。

1. 器件结构

图 3.5.1 为一 NJFET 的结构示意图。由图可见,它是在一块 N 型半导体上做两个高掺杂的 P^+ 区,把它们连在一起,引出电极称为栅极 G(Gate)。从 N 型半导体上、下端各引出一个电极,分别称为漏极 D(Drain)和源极 S(Source)。P 区和 N 区交界面形成耗尽层,两个耗尽层之间的 N 区为导电沟道。通常在 G 和 S 间加负偏压 V_{GS},在 D,S 极间加正偏压 V_{DS}。I_D 电流从 D 极流向 S 极。

如在一块 P 型半导体上,做两个高掺杂的 N^+ 区,便可构成 PJFET。PJFET 的 $V_{GS}>0$,$V_{DS}<0$。I_D 从 S 极流向 D 极。两种 JFET 的电路符号如图 3.5.2 所示。

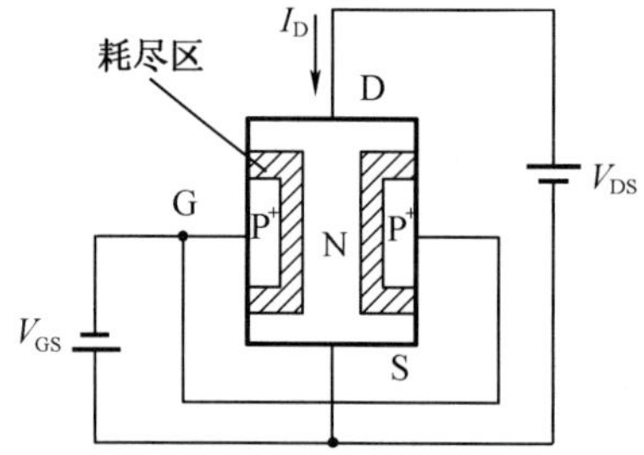

图 3.5.1 NJFET 结构示意图

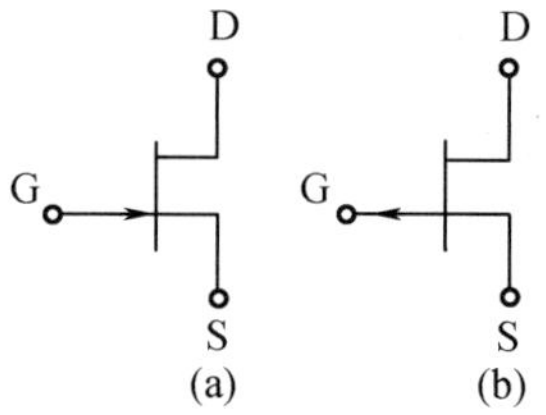

图 3.5.2 JFET 的电路符号

(a)N 沟道;(b)P 沟道

2. 工作原理

(1)D,S 极短路时 V_{GS} 对导电沟道的控制作用

现以 NJFET 为例进行讨论。先假设 $V_{DS}=0$,如图 3.5.3(a)所示。这时两个 PN 结的耗尽层最窄,N 型导电沟道最宽。当 V_{GS} 加负电压时,两个 PN 结反偏,耗尽层加厚,导电沟道变窄,沟道电阻加大。当 V_{GS} 增大到某值时,定会出现两个耗尽层相连在一起的情况,导电沟道消失,如图 3.5.3(b)所示。这时即使 $V_{DS}>0$,也不会产生 i_D 电流,导电沟道被夹断。通常将此时的 $|V_{GS}|$ 称为夹断电压(Pinch - off voltage),用 V_P 表示。

由此可见,改变 V_{GS} 可以改变导电沟道的宽度,即可以改变沟道电阻,从而可达到用 V_{GS} 控制

i_D的目的。由于栅极－漏极 PN 结反偏,栅流基本为零,对信号源的能量消耗极少。

(2) V_{DS}对导电沟道的影响

可用图 3.5.4 来讨论 NJFET 的 V_{DS}与 i_D关系。先设 $V_{GS}=0$,这时有沟道存在[见图 3.5.3(a)]。当 $V_{DS}>0$ 时,这会产生由 D 流向 S 的 i_D电流。由于有沟道导通电阻 R_{on}存在,沟道中各点的耗尽层的厚度不均匀,如图 3.5.4(a)所示,靠近漏极端的 V_{GD}低,所以此处的耗尽层厚,靠近源极端的耗尽层宽度不变,形成的导电沟道是上窄下宽。在 V_{DS}较小时,虽然在漏极端的耗尽层加厚,但导电沟道还是比较宽,V_{DS}增加,i_D线性增加。当 V_{DS}再增加时,耗尽层继续加厚,直到漏极端导电沟道被夹断,这时称为预夹断,如图 3.5.4(b)所示,此时的 V_{GD}值等于夹断电压 V_P,此时的漏极电流称为饱和漏极电流 I_{DSS}。V_{DS}再增加时,耗尽层连接部分加长,如图 3.5.4(c)所示,V_{DS}的增加量全落在夹断区,I_{DSS}基本保持不变。当 V_{DS}电压增加到使栅漏间 PN 结击穿时,i_D急剧增加,此时的 V_{DS}称为漏源击穿电压,用 BV_{DS}表示。在实际使用时,V_{DS}的值一定要小于 BV_{DS}的值。

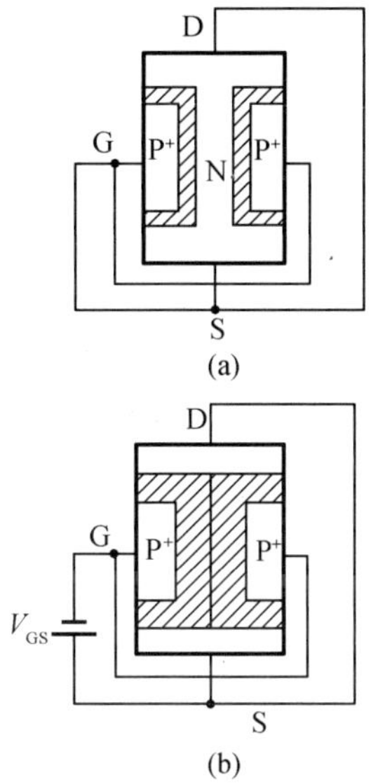

图 3.5.3　$V_{DS}=0$ 时,V_{GS}对沟道的控制作用

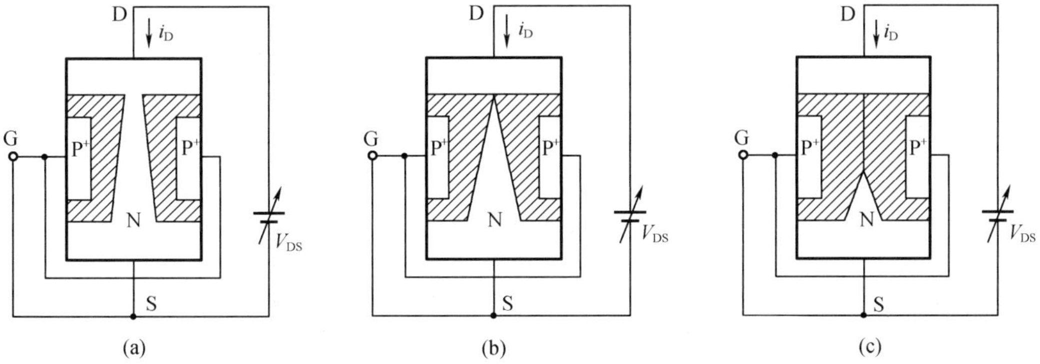

图 3.5.4　V_{DS}对 i_D的影响

3. 特性曲线

(1)输出特性曲线

可以将上述工作情况在 $u_{DS}-i_D$的坐标上画一条曲线,如图 3.5.5(b)中对应 $u_{GS}=0$ 的曲线。其中,预夹断点 P 对应的 $u_{DS}=u_{GS}-V_P=|V_P|$。P 点对应的漏极电流称为栅极短路的漏极电流,又称为饱和漏极电流 I_{DSS}。然后再取 u_{GS}为 -1 V, -2 V,…的值,可以作出相应的输出特性曲线,这样形成图 3.5.5(b)的曲线族。由图可见,输出特性曲线可分为可变电阻区(Variable resistance region)、饱和区、击穿区和截止区。饱和区和可变电阻区的分界线表达式为

$$u_{DS}=u_{GS}-V_P \tag{3.5.1}$$

饱和漏极电流为

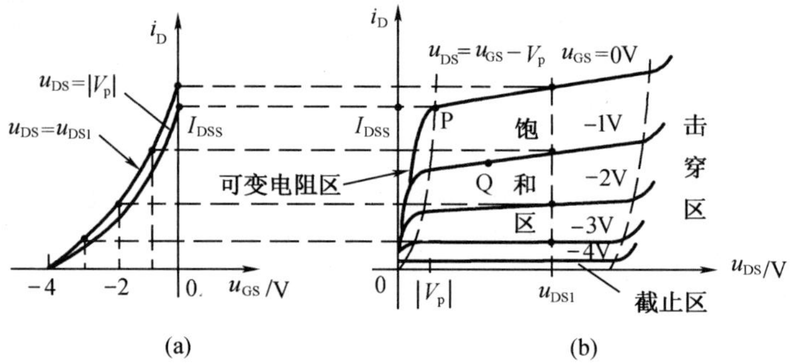

图 3.5.5　NJFET 的特性的曲线

$$I_{DSS}=\frac{\mu_n\cdot C_G}{2}\frac{W}{L}V_p^2=k_nV_p^2 \tag{3.5.2}$$

式中，k_n称为电导参数

$$k_n=\frac{\mu_nC_G}{2}\cdot\frac{W}{L}=\frac{k_n'}{2}\cdot\frac{W}{L} \tag{3.5.3}$$

式中，k_n'为本征导电参数；$\frac{W}{L}$为沟道的宽长比(Width - length radio)；C_G 为栅极电容。

在饱和区的曲线与晶体管的特性曲线相似，在饱和区输出特性曲线也稍微上翘，这是由于沟道长度调制效应(Channel length modulation effect)引起的，它亦可以用厄尔利电压 V_A 表征。在饱和区某个 u_{GS}值(例如 $V_{GS}=-1$ V)的特性曲线上取一点 Q，其对应的 i_D与 u_{DS}的微小变量 Δi_D和 Δu_{DS}之比称为 NJFET 的输出电阻 r_{DS}

$$r_{DS}=\left.\frac{\Delta u_{DS}}{\Delta i_D}\right|_{V_{GS}=const}=\frac{V_A+V_{DSQ}}{I_{DQ}} \tag{3.5.4}$$

(2)转移特性曲线

在图 3.5.5(b)的饱和区选 $u_{DS}=|V_P|$，由它决定的在各 u_{GS}值的曲线上的点所对应不同的 i_D值，另做出图 3.5.5(a)的曲线，它表示在 $u_{DS}=|V_P|$时，u_{GS}对 i_D的控制作用，它称为转移特性(Transfer characteristic)曲线。当再选 $u_{DS}=u_{DS1}$时，又可做另一条转移特性曲线。可见，不同的 u_{DS}值，对应有不同的转移特性曲线。可以证明，$u_{DS}=|V_P|$的转移特性曲线满足下面的关系：

$$i_D=I_{DSS}\left(1-\frac{u_{GS}}{V_P}\right)^2 \tag{3.5.5}$$

在转移特性曲线的某一点上，i_D 和 u_{GS} 的微小变量 Δi_D 和 Δu_{GS} 之比称为低频跨导(Transconductance)，用 g_m表示

$$g_m=\left.\frac{\Delta i_D}{\Delta u_{GS}}\right|_{u_{DS}=const} \tag{3.5.6}$$

实际上，g_m就是转移特性上某点的切线的斜率，g_m的单位是西门子(Siemens)，用 S 表示。

将式(3.5.5)代入式(3.5.6)，得

$$g_m = -\frac{2I_{DSS}\left(1 - \frac{u_{GS}}{V_P}\right)}{V_P} = -2I_{DSS}\frac{V_P - u_{GS}}{V_P^2} \tag{3.5.7}$$

4. 输入电阻

NJEET 工作时,G-S 极间的 PN 结反偏(Reverse-biased),故其栅极输入电阻很高,其值可用下式求得

$$r_{in} = \left|\frac{u_{GS}}{I_{GSS}}\right| \tag{3.5.8}$$

其中 I_{GSS}为栅极反向电流,其值很小,所以 r_{in}很大,可达吉欧。

5. PJFET

PJFET 的工作原理及特性与 NJFET 类似,只不过 u_{GS},u_{DS}与 NJFET 相反,夹断电压为正值,i_D电流则从源极流向漏极。其特性曲线见表 3.5.1。

PJFET 的主要特点是其输出电阻 r_{DS}更高。

3.5.2 MOS 场效应管

MOS 场效应管(Metal-oxide-semiconductor FET,简写 MOSFET)也有 N 沟道和 P 沟道两种类型,每种类型又有增强型(Enhancement)和耗尽型(Depletion)之分。下面我们以 N 沟道增强型 MOSFET(简写为 NEMOSFET)为例进行讨论。

1. 器件结构

图 3.5.6 为 NEMOSFET 的结构示意图和电路符号。它是在低掺杂的 P 型衬底(Substrate)上,扩散两个 N^+ 区,分别作为源极 S 和漏极 D,衬底作为背电极 B,在源极和漏极之间的 SiO_2 绝缘层上用蒸发工艺形成一个金属铝电极,作为栅极 G。栅极与源极和漏极之间是绝缘的,故称为绝缘栅(Isolated gate type)场效应管。

2. 工作原理

(1)工作偏压

对于 NEMOSFET 的偏压如图 3.5.7 所示,在电路中 B 要接最低电位,在共源电路中 B 极与源极 S 相连,G 极和 S 极间加正偏压 V_{GS},D 极和 S 极间加正偏压 V_{DS},且 $V_{DS} > V_{GS}$。这样可以保证源极、漏极与衬底之间的 PN 结处于截止状态。电流 I_D 是从漏极流向源极。

(2)导电沟道形成

先令 $V_{DS}=0$,$V_{GS}>0$,如图 3.5.8 所示。这样,V_{GS}加在 G 极和 B 极间,在 G 极—SiO_2—衬底间形成一个平板电容器,形成了一个由 G 极指向衬底的均匀纵向电场 E,G 极带正电荷,它吸引衬底中的少子(自由电子)在靠近 SiO_2的衬底表面积聚。当 V_{GS}足够大,积聚的自由电子足够多时,在衬底与 SiO_2层的接触面的一薄层就由 P 型变成 N 型,这就是所谓的反型层,这个反型层(Inversion layer)就构成了 D 极和 S 极间的 N 型导电沟道,如图 3.5.8 所示。当导电沟道形成后,如 $V_{DS}>0$,则会形成 i_D电流,管子呈开启状态。形成导电沟道的 V_{GS}值称为阈电压(Threshold voltage),用 V_{TH}表示。这是 MOSFET 的重要参数之一。实际上,当 $V_{GS} \leq V_{TH}$时,也有 I_D电流存在,称为亚阈值电流(Subthreshold current),其值虽然很小,但在超低功耗电路设计中是要考虑的。

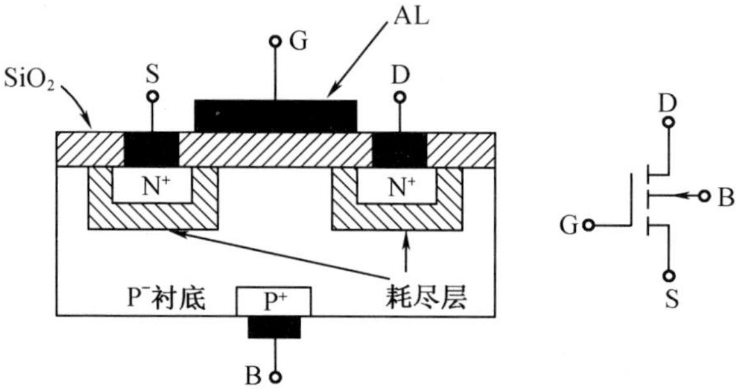

图 3.5.6 NEMOSFET 的结构示意图和电路符号

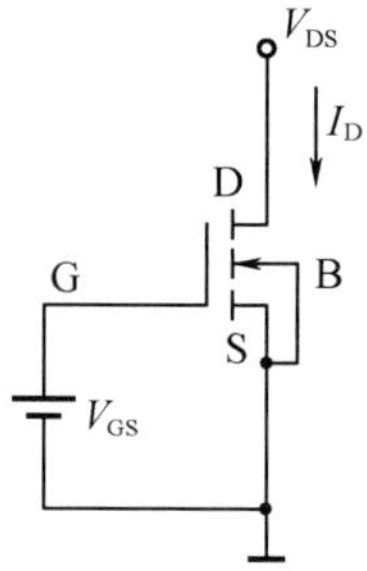

图 3.5.7 NEMOSFET 的偏压

(3) V_{DS}对导电沟道的控制作用

在图 3.5.8 中，由于 $V_{DS}=0$，故 $i_D=0$，其导电沟道是等宽的。当 $V_{DS}>0$ 时，由于产生了从 D 极流向 S 极的 i_D，这造成沟道中各点电位不同，使沟道各点的宽度不同，漏极端最窄，源极端最宽，当 V_{DS}较小时，V_{DS}增加时 i_D也线性增加。如图 3.5.9(a) 所示。这即是可变电阻区。

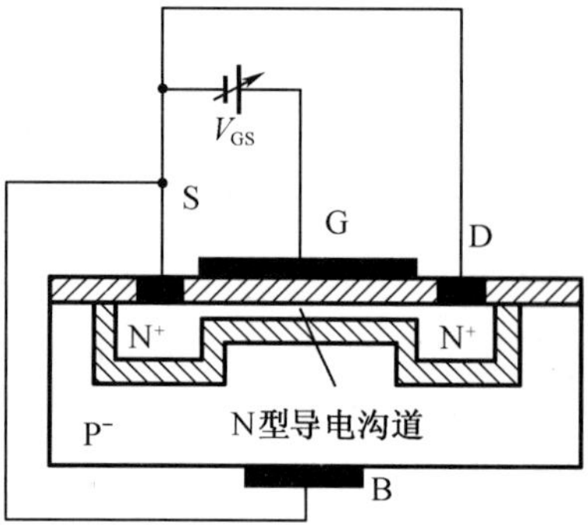

图 3.5.8 NEMOSFET 的导电沟道形成

当 V_{DS}再增加，i_D也增加，$V_{GD}(V_{GD}=V_{GS}-V_{DS})$减小，漏极端的沟道宽度进一步变窄。当达到 $V_{DS}=V_{GS}-V_{TH}$ 时，漏极端沟道消失，这时称为预夹断，如图 3.5.9(b) 所示。此时的 u_{DS}是可变电阻区与饱和区的分界电压。

当 V_{DS}再增加时，沟道夹断点向 S 极端移动，V_{DS}的增加量全部落在了夹断区，从而维持 i_D电流基本不变，如图 3.5.9(c) 所示，这时器件的工作状态已进入饱和区。

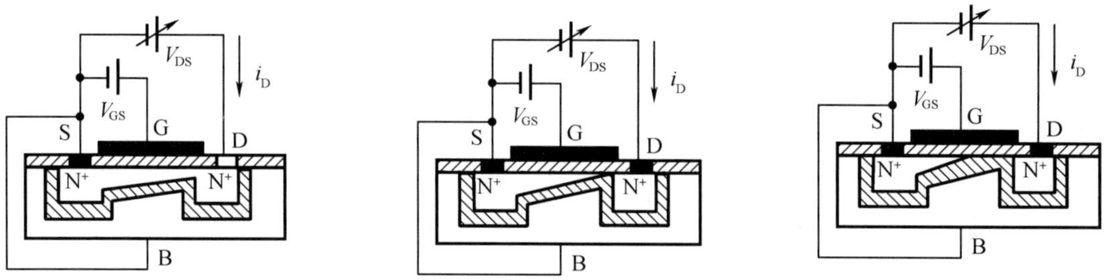

(a) (b) (c)

图 3.5.9 V_{DS}对导电沟道的影响

V_{DS}的增加是有限度的，当 V_{DS}太高时，会引起击穿现象。击穿时 i_D电流会急剧增加。这即是击穿区，这时的 V_{DS}称为漏源击穿电压，用 BV_{DS}表示。在使用中应注意避免此种情况发生。

3. 特性曲线

依上面的讨论，我们可以根据不同的 u_{GS} 值，分别做出多条 $i_D - u_{DS}$ 关系曲线，如图 3.5.10 所示。这就是输出特性曲线。在其中标明了四个区，即可变电阻区（Varister region）、饱和区、截止区和击穿区。

根据输出特性曲线，也可以做出转移特性曲线，如图 3.5.11 所示。不同的 u_{DS}，转移特性曲线也不同。

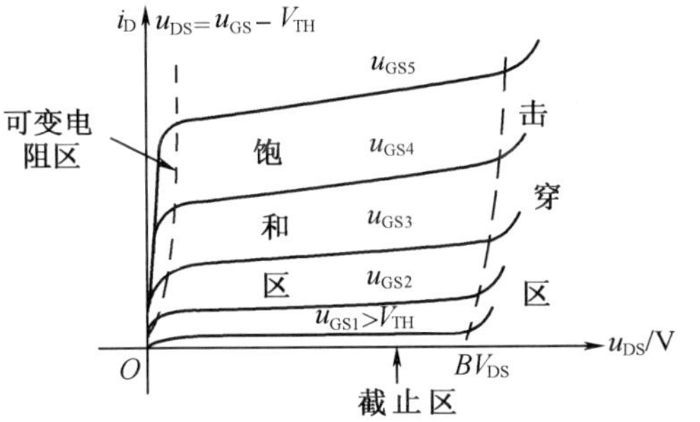

图 3.5.10　NEMOSFET 的输出特性曲线

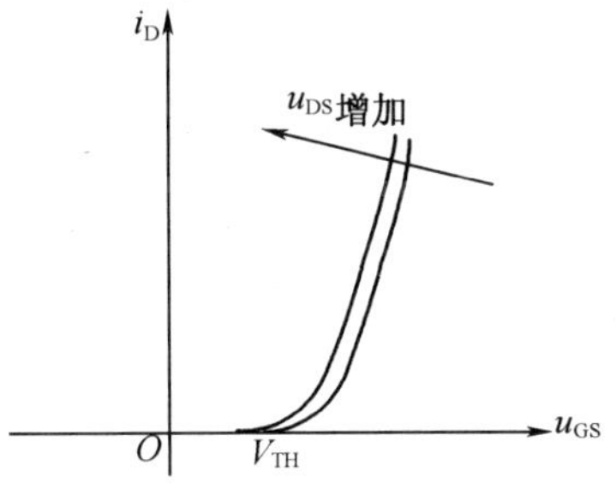

图 3.5.11　NEMOSFET 的转移特性曲线

在不同区可以得到下面的公式：

在可变电阻区的漏极电流为

$$i_D = k_n[2(u_{GS} - V_{TH})u_{DS} - u_{DS}^2] \tag{3.5.9}$$

在原点附近的可变电阻为

$$r_V = \frac{1}{2k_n(u_{GS} - V_{TH})} \tag{3.5.10}$$

在分界线上 u_{DS} 为

$$u_{DS} = u_{GS} - V_{TH} \tag{3.5.11}$$

在饱和区的漏流为

$$i_D = k_n(u_{GS} - V_{TH})^2 = I_{DO}\left(\frac{u_{GS}}{V_{TH}} - 1\right)^2 \tag{3.5.12}$$

式中，I_{DO} 为 $u_{GS} = 2V_{TH}$ 时的电流，计算公式为

$$I_{DO} = k_n V_{TH}^2 \tag{3.5.13}$$

低频跨导 g_m 为

$$g_m = \frac{\Delta i_D}{\Delta u_{GS}}\bigg|_{v_{DS=常数}} = \frac{2}{V_{TH}}\sqrt{I_{DO} \cdot i_{DQ}} = 2\sqrt{k_n i_{DQ}} \tag{3.5.14}$$

或

$$g_m = 2k_n(V_{GS} - V_{TH}) \tag{3.5.15}$$

输出电阻 r_{DS} 仍可用公式（3.5.4）计算。

4. N 沟道耗尽型 MOSFET（NDMOSFET）

图 3.5.12 为 NDMOSFET 器件的结构图和电路符号。这种器件在制造过程中，已在

SiO_2层中掺有大量正离子，故在 $V_{GS}=0$ 时，可以在 P 型衬底表面的 S 极和 D 极间存在 N 型导电沟道。当 $V_{GS}<0$ 时，沟道变窄。当 V_{GS}减小到一定值时，才会使沟道夹断，此时的栅源电压称为夹断电压，仍用 V_P表示。这一点与 JFET 类似。

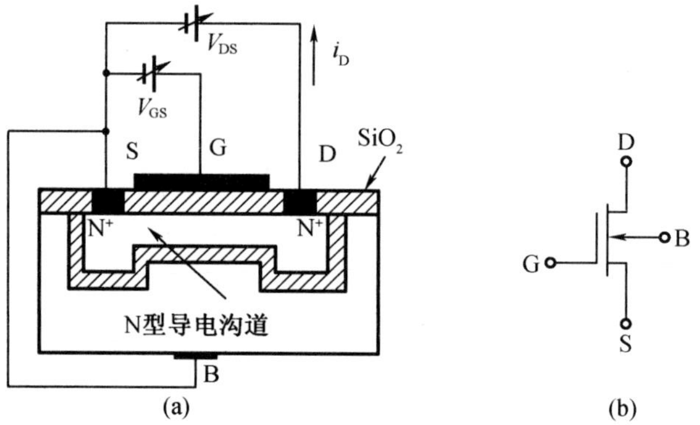

图 3.5.12 NDMOSFET 的结构示意图和电路符号

图 3.5.13(a)和(b)分别为其转移特性曲线和输出特性曲线。此图可以与图 3.5.5 比较，可看出它们的不同之处就是 u_{GS}取值可正、可负，也可为零。

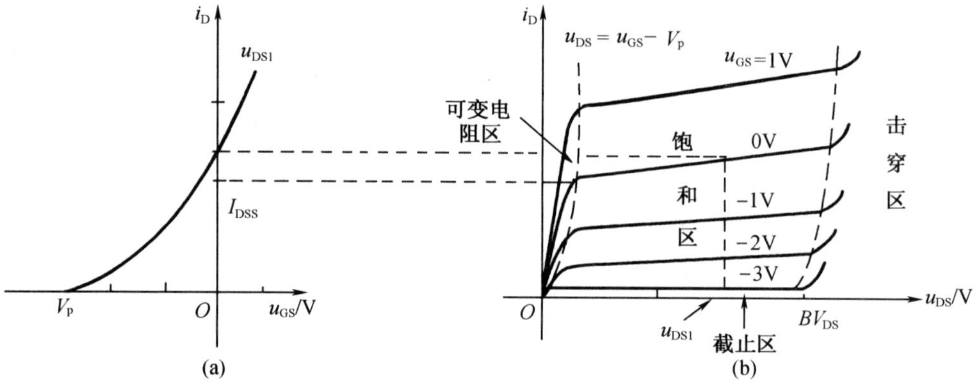

图 3.5.13 NDMOSFET 的转移特性与输出特性曲线

其在饱和区漏极电流 I_{DSS}和 i_D可用式(3.5.2)和式(3.5.5)计算。

5. P 沟道 MOSFET(PMOSFET)

PMOSFET 也分为增强型和耗尽型两种。在 N 型衬底上做两个高掺杂的 P^+区作为源极和漏极。工作时导电沟道是 P 型的。

这两种 MOS 管的工作原理的分析方法与 NMOSFET 的两种管子的分析方法基本相同，所不同的是所施加的电压 V_{DS}，V_{GS}的极性和 i_D电流方向都是相反的，也就是它们是对偶关系。为了便于记忆和使用，现将 6 种场效应管的符号、对应的特性曲线汇集在表 3.5.1 中。

表 3.5.1　场效应管符号及特性曲线表

类型			符号	转移特性曲线	输出特性曲线
JFET	N沟		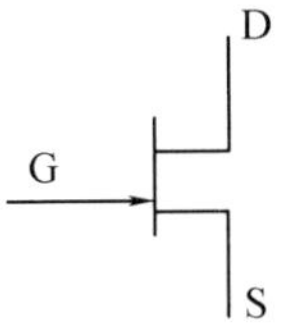	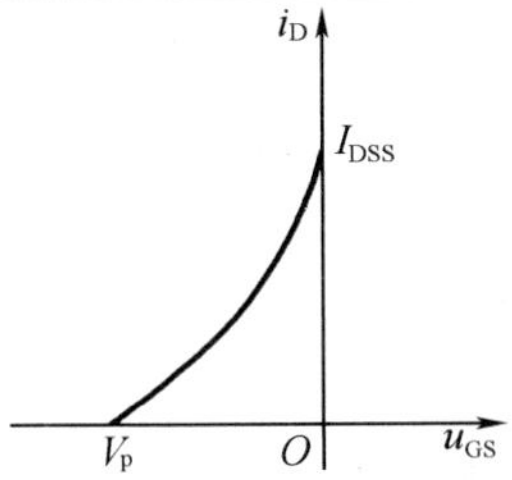	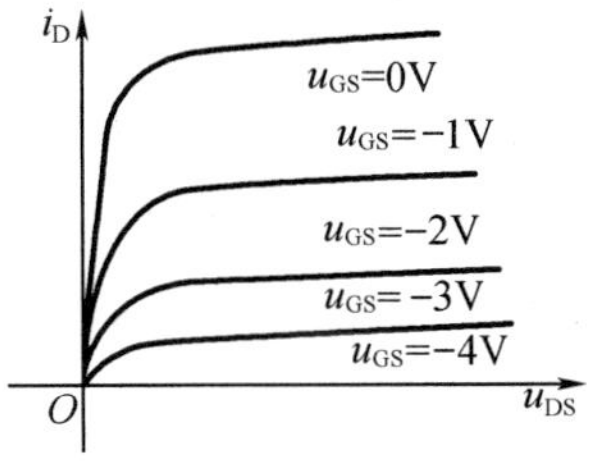
JFET	P沟		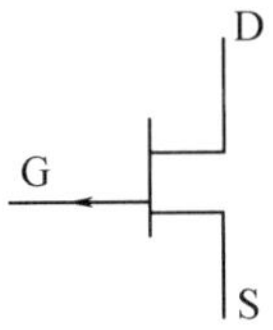	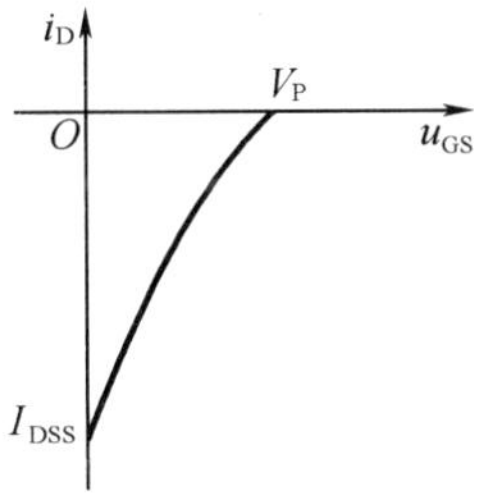	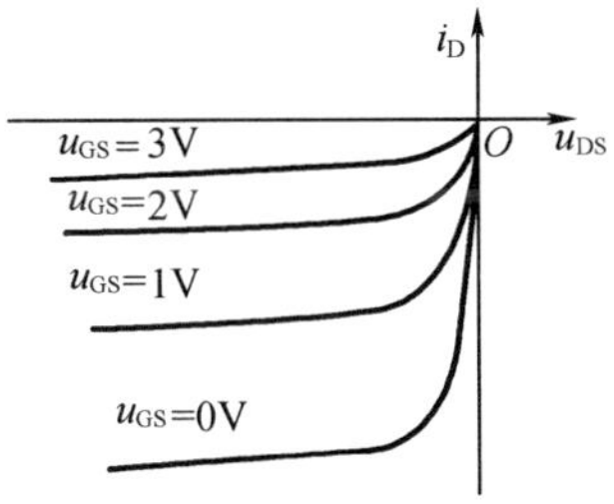
MOSFET	N沟	增强型	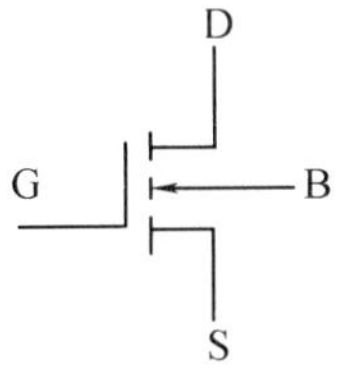	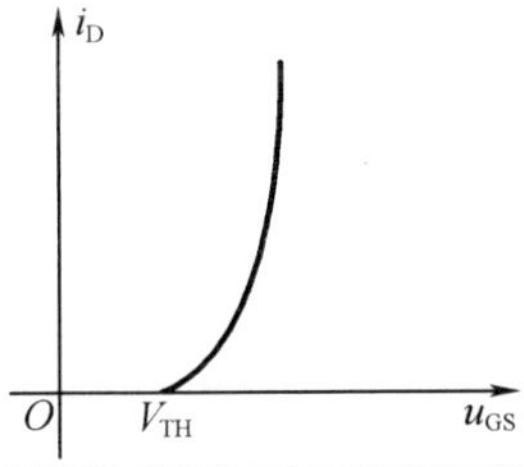	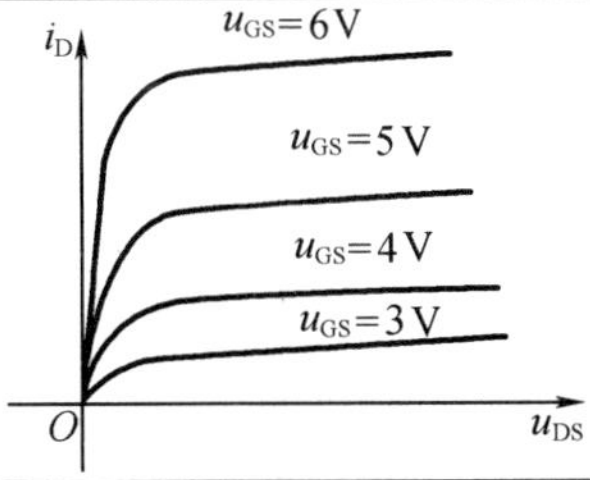
MOSFET	N沟	耗尽型	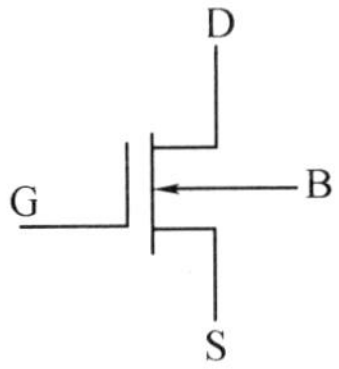	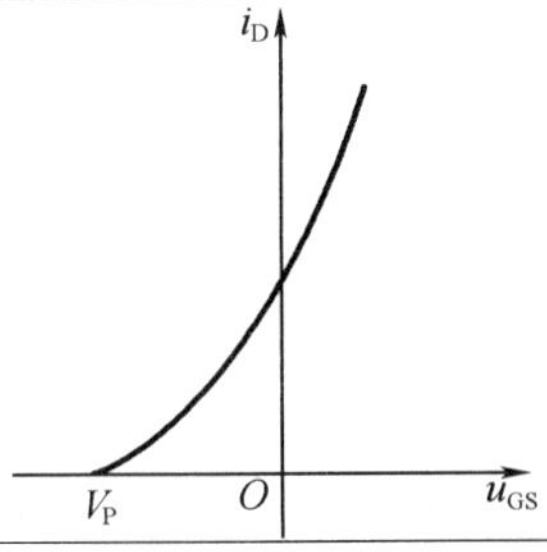	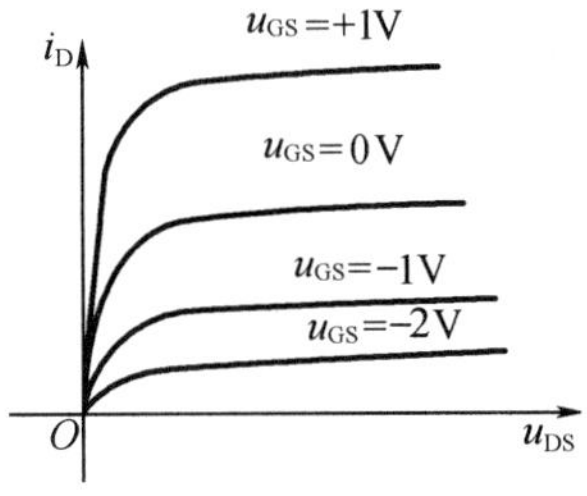
MOSFET	P沟	增强型	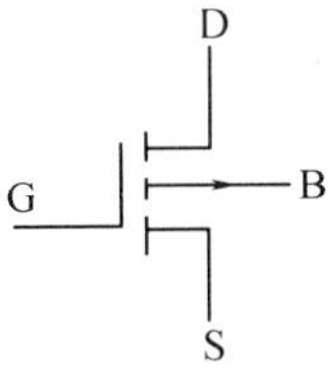	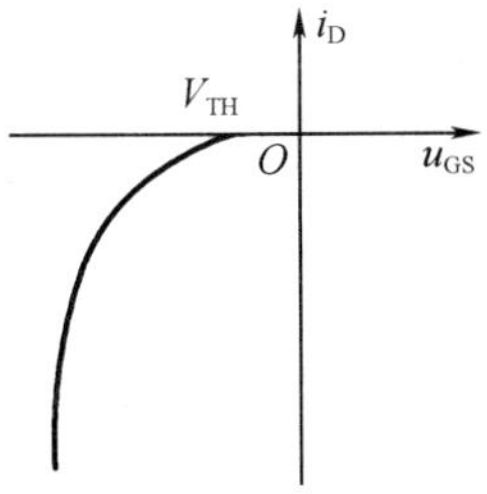	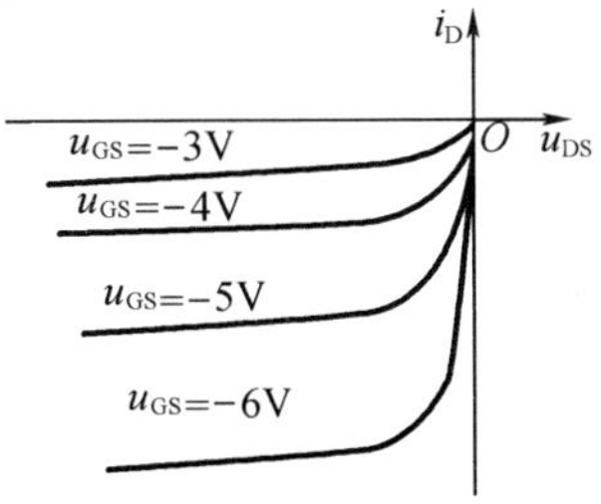
MOSFET	P沟	耗尽型	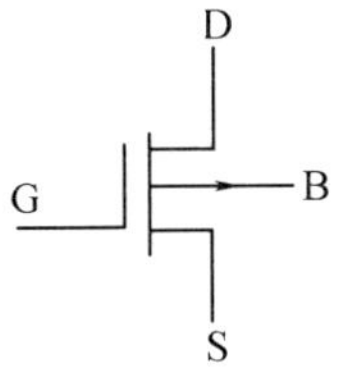	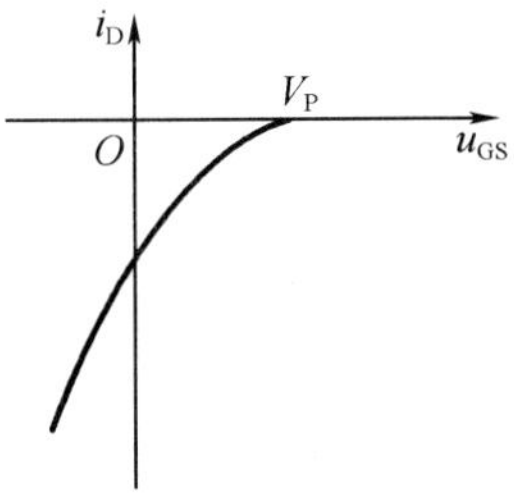	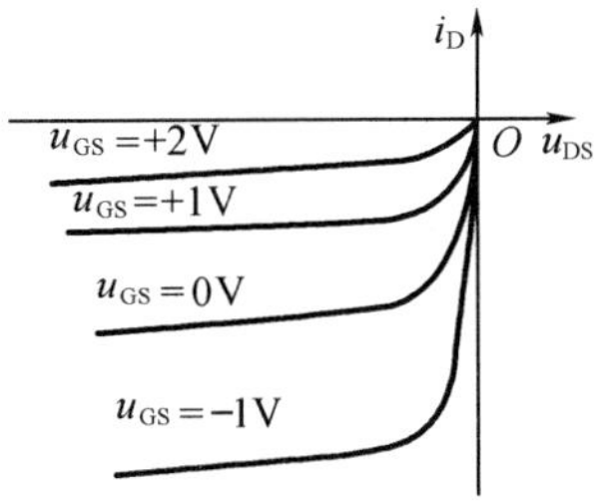

3.5.3 场效应管的主要参数

1. 阈电压 V_{TH}

阈电压又称开启电压。它是 EMOSFET 管参数。当 V_{DS}为某一值时，D，S 极间刚导通（通常规定为 $I_D = 10\ \mu A$）时的 V_{GS}值称为阈电压。

2. 夹断电压 V_P

它是 JFET 和 DMOSFET 管的参数。当 V_{DS}为某一值时，使 i_D降到很小（通常规定为 $I_D = 10\ \mu A$）时 V_{GS}值称为夹断电压。

3. 饱和漏极电流 I_{DSS}

这是 JFET 和 DMOSFET 管的参数。当 $V_{GS} = 0, V_{DS} = |V_P|$时的漏极电流值称为饱和漏极电流。

4. 低频跨导 g_m和输出电阻 r_{DS}

这两个参数请参见公式（3.5.6）和（3.5.4）。

5. 漏源极间击穿电压 BV_{DS}

它表示 u_{DS}加大时使漏极发生雪崩击穿，致使 i_D急剧上升时的 V_{DS}值。

6. 栅源极间击穿电压 BV_{GS}

它是指栅源极间发生雪崩击穿，致使栅源反向电流急剧增加时的 V_{GS}值。

7. 最大功耗 P_{DM}

它是指在管芯温升到允许值的条件下，u_{DS}与 i_D乘积的最大值。

3.6 功率 MOS 场效应管

一般的 MOSFET 由于漏极区面积都不大，所以不能输出较大电流。功率 MOSFET（Power MOSFET）由于较好地解决了漏极散热面积问题，从而可以在大功率条件下工作。目前使用较多的是 VMOS（Vertical MOS）工艺器件和 DMOS（Double diffused MOS）工艺器件。

1. 结构

图 3.6.1 给出了 VMOS 和 DMOS 器件的结构截面示意图。现以 VMOS 为例，说明其工

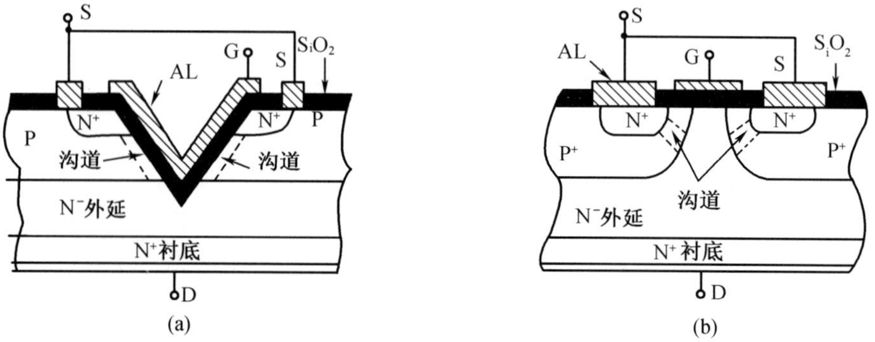

图 3.6.1 功率 MOSFET 的截面示意图

（a）VMOS；（b）DMOS

艺结构。在一块高掺杂 N^+ 型硅片(衬底)上,一面作为漏极 D 由引线引出,在另一面上,外延生长一薄层低掺杂 N^- 型层,在外延层上再形成一层 P 型层,在 P 型层上再做高掺杂的 N^+ 区。在 N^+ 区用光刻的办法,在中间刻出一个直达 N^- 型层的 V 型槽,在槽上生长的 SiO_2 上再溅射一层金属 AL 作为电极,即为 G 极。高掺杂型 N^+ 区作为 S 极。很显然,这是 NEMOSFET 结构,可以用学过的知识分析它的工作原理,与一般 NEMOSFET 不同的是它所形成的两条 N 型导电沟道方向是纵向垂直的。图 3.6.1(b)为 DMOS 功率器件的截面图。

2. 特点

功率 MOSFET 器件将两条沟道并联使用,而且漏极面积大,所以它们的输出电流大,有的漏极电流可达数十安培甚至上百安培,如 VNE003 的峰值电流可达 250 A,连续工作电流也可达 65 A,其导通电阻 R_{on} 也非常低,只有 0.04 Ω。第二个特点是漏 - 源击穿电压高,如 MTM5N100,BUZ54 和 IRFAG50 等的 BV_{DS} 都可达 1 000 V 以上,而连续工作电流也可达到 5 A。第三个特点是上限工作频率高,开关速度快。第四个特点是低频跨导的线性度好。图 3.6.2 给出了 g_m 随 i_D 变化的关系曲线,图中也给出了温度对 g_m 的影响。表 3.6.1 给出一些常用功率 MOS 管参数。

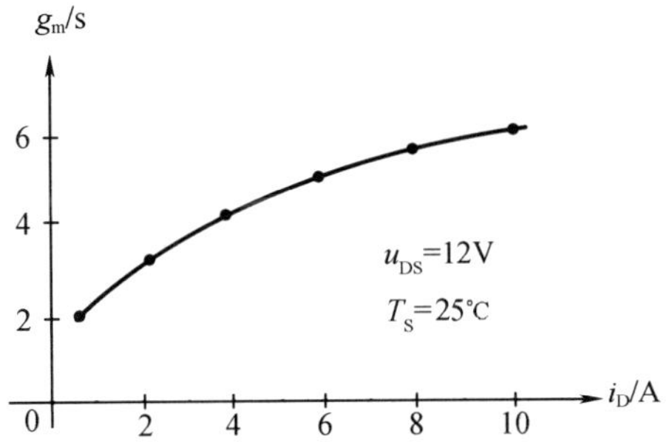

图 3.6.2　跨导与漏电流关系曲线图

表 3.6.1　功率 MOSFET 参数表

型号		V_{TH} /V	BV_{DS} /V	I_{DM} /A	I_D /A	R_{on} /Ω	V_{GS} /V	C_{iss} /pF	C_{rss} /pF	P_M /W	类似产品
N 沟	VNEOO3A	5	100	65	50	0.04	10	5 200	640		
	JRE 150	4	100	160	40	0.06	10	2 000	350	150	2N6764
	VNP006A	5	500		20	0.3	10	4 500	100		
	IRF820	4	500	25	8	3	10	75	10		BUZ74,MTP3N50
	MTP1N100	4	1 000		10	4.5	10	1 200	80	75	BUZ50B
	MTM5N100	4	1 000		5	3	10	2 600	200		BUZ54,IRFAG50
P 沟	MTP8P10	4	100		6	0.6	10	300	50		IRF9520,VP1210N5
	IRF9540	4	100		19	0.2	10	1 100	250		MTP12P10
	IRF9640	4	200		11	0.5	10	1 100	150		
	IRF9622	4.5	200		3.5	4	5	600	20		VP1220N5
	VP0350N5	4.5	500		1	9	5	550	20		
	MTP2P50	4	500		2	6	10	1 100	150		IRF9622

注:C_{iss} 为共源接法的漏源间交流短路时的输入电容;C_{rss} 为共源接法的输入交流短路时的反馈电容,通常比 C_{iss} 小很多。

3. 功率 MOS 器件的使用注意事项

功率 MOS 管属高速大功率器件,要合理使用才能充分发挥其优势。

(1)在储存、取拿、测试和安装器件时,要注意静电对器件的冲击以防损毁。

(2)注意栅源间保护

在应用时所加 u_{GS}应低于 BV_{GS}(一般 < 10 V),否则可能产生硅氧化层永久性击穿。另外,栅源间阻抗不宜高,否则 u_{DS}会通过 C_{iss}的密勒效应在栅源间引起 u_{GS}正、负过冲,这会引起硅氧化层永久击穿或使器件误动作。

可以在栅源间并联阻尼电阻,或在栅源间加接 20 V 的稳压管。特别要防止栅极开路状态。另外要适当降低驱动电路的输出电阻,这样,既可降低栅源电阻,又可提高管子的开关速度。安装时栅极引线要尽量短,它既可保护栅极又可防止器件高频振荡。

(3)漏源间的过压保护

在使用中,漏源间电压一定不要超过额定值,若使用条件满足不了参数的测试条件,则其参数值要折扣使用。特别在感性负载时,由于 i_D突变时的 di_D/dt 大,这会产生大的电动势过冲(参见节 8.8),可使器件击穿。甚至有时虽无电感负载,但当 di_D/dt 很大时,器件的引线、管壳等寄生电感也会产生同样问题。

可在电感侧接齐纳二极管钳位或加交流线性滤波器等方法解决上述问题。

(4)I_D的过流保护

在大多数功率 MOS 管的性能指标中都给出一个连续电流 I_D 的额定值。但这绝不是说实际电路中器件可以按此值连续工作。这是因为 I_D测试时同样是有条件的。特别是 R_{on}值与 T_j有关,这影响 I_D的使用值。另外,在有马达负载情况下,马达启动、停止会产生大的冲击电流,可能瞬间远远超过 I_D额定值,使用时千万要注意。

(5)器件并联使用

为获取更大的工作电流,功率 MOS 器件可并联使用。这时要考虑被并联器件的 R_{on}应相近,因为它影响静态电流的分配。另外要在同等测试条件下选用 g_m相近的器件,还要考虑阈电压 V_{TH}也相近。

(6)一般 VMOS 管的寄生电容小,开关速度快,但耐压较低,I_D也较小,所以它经常在高速开关、逻辑电路接口或 RF 功放等电路中使用。DMOS 管的耐压高,电流大,但开关性能差些(约百纳秒),所以它常被用作高速大功率开关或线性电路中的功放管。

3.7 绝缘栅双极型晶体管

3.7.1 一般说明

绝缘栅双极型晶体管(Insulated - Gate Bipolar Transistor,简写 IGBT)具有高输入阻抗、高耐压、大电流、高稳定性、高速度和低的导通电压(实际上是低的导通电阻)等特点。

图 3.7.1(a)是 IGBT 管的等效电路,可见它是以 MOS 管为基础,加上一个 PNP 三极管,这相当于用 MOS 管的输出去推动 PNP 管。PNP 管的基区较厚,所以其导通电压很低。R_B为基区调制电阻。图 3.7.1(b)为其电路符号。

3.7.2 IGBT 特性

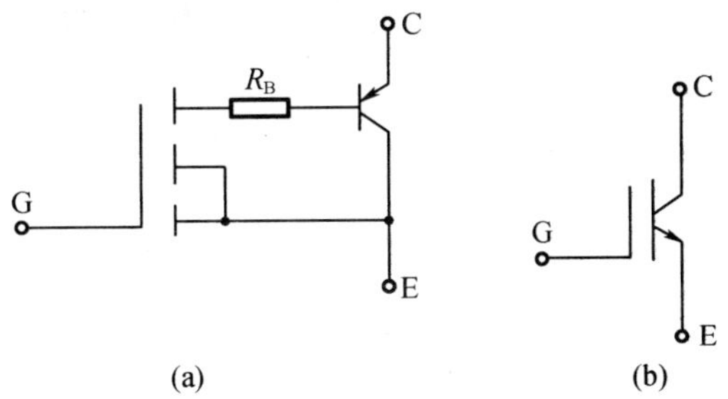

图 3.7.1　IGBT 的等效电路和电路符号

图 3.7.2 为输出特性曲线，它也分为截止区、可变电阻区、饱和区和击穿区。

(1)截止区

$u_{GE} < V_{TH}$(图中为 $V_{TH} = 4$ V)，MOS 管截止，漏极电流很小。

(2)可变电阻区(线性工作区)

当 $u_{GE} > V_{TH}$时，MOS 管导通，漏极向基极注入空穴，形成 i_C电流，但由于 u_{CE}很小，这个电流不是由 u_{CE}决定，它随漏极注入的空穴密度增加而线性增加，这种情况 i_C与 u_{GE}呈线性关系。

(3)饱和区

当 u_{GE}为某值时，i_C随 u_{CE}的增加而稍有上升的区域称为饱和区，这个区 i_C基本稳定，其 i_C称为 $I_{C(on)}$或集电极导通电流。

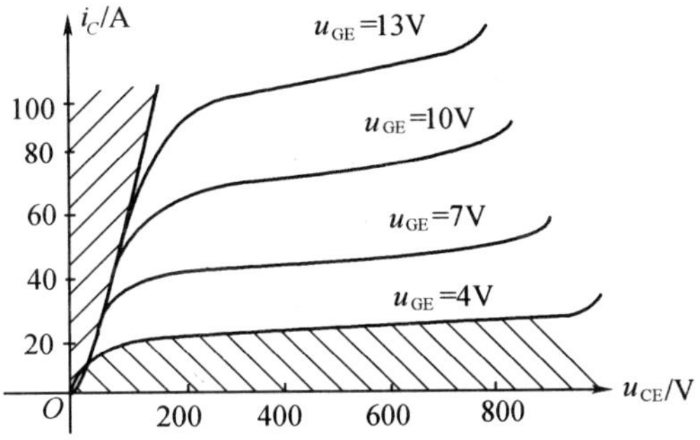

图 3.7.2　输出特性曲线

3.7.3 主要参数

(1)BV_{CES}：集－射极间最大电压(额定电压)，这时 G，E 极短接。

(2)I_{CM}：集电极最大电流(额定)，指在管壳温度 <85°时的电流。

(3)I_{CP}：集电极最大峰值电流，超过此值，管子将烧坏，通常 $I_{CP} = 2I_{CM}$。

(4)$V_{CE(on)}$：集－射极间饱和压降。此时 i_C为某规定值。

(5)V_{TH}：阈电压。V_{TH}与温度有关，温度每升高 1 ℃，V_{TH}下降 5 mV。

表 3.7.1 为典型产品的主要参数。

表 3.7.1　典型产品的主要参数(AEG 公司)

型号	V_{CES}/V	I_{CM}/A	I_{CP}/A	$V_{CE(on)}$/V	V_{TH}/V	t_{on}/μs	t_{off}/μs
FF150R1000K	1 000	150	300	3.5	4.5	0.7	1.1
FF200R500K	500	200	400	3	4.5	0.85	0.8
FF200R1000K	1 000	200	400	3	4.5	0.9	1.1
FF400R1000R	1 000	400	800	3	4.5	1.0	0.9

3.7.4 驱动电路

在实际应用中，IGBT 常通过光电耦合器件直流驱动，这种方法工作速度快。

对光电耦合器的要求是：工作速度快(传输延迟时间 <1 μs)，共模抑制比高，绝缘耐压高。如可选用 TLP550/250/58 等。

3.8 FET 管与 BJT 管比较

在学习完这章后,可以将 FET 管和 BJT 管作以简单比较,以便于根据实际需要更好地选用它们。

1. FET 管是电压控制器件,栅流几乎为零。而 BJT 管则是电流控制器件,基极需要有一定的 i_B 电流。在信号源允许取一定电流时,可选 BJT 管,否则应选 FET 管。但当选 BJT 管作放大时,可得到较高的电压增益。

2. FET 管由于没有少子参与导电,故其温度特性好。

3. JFET 管噪声系数小,通常低噪声前放电路的第一级都是选用 JFET 管。

4. MOSFET 管易受外界电荷感应而被击穿,所以在安装时要防静电。

5. JFET 管的源极和漏极可以互换使用,使用比较方便。

6. FET 管制造工艺简单,易于集成化,特别适合制造大规模集成电路。

7. PMOS 管跨导比 NMOS 管小,开关速度也慢,选用时应予注意。

3.9 MOSFET 管的发展现状

由于 MOSFET 管的优良特性逐渐被人们认识,各国都加大了研发的力度,一些新的制造技术不断被应用,生产工艺不断革新,接连涌现出一大批各具特色的新器件,它们在各领域广泛应用,收到了很好的效果。

3.9.1 小功率 MOSFET 器件的新工艺技术

1. Super MESH™工艺技术。

这种工艺技术生产的 MOSFET 管,虽然反向击穿电压 BV_{DSO} 不太高,但它的导通电阻 R_{on} 和栅极电荷量 Q_g 都很低。如 STR20NK50Z 管的反向击穿电压虽才 500 V,但 R_{on} 值却可低到 0.23 Ω,$Q_g<85$ nC,脉冲工作电流高达 68 A。这种产品的生产工艺相对简单,成本低,在市场上有很强的竞争力。

2. Strip EHD Ⅲ(Extremely High Density Ⅲ)技术

这种工艺技术的特点是芯片线宽和线距都很窄,一般小于 10 nm。其产品的 R_{on},Q_g 更小,如 STD150DHO21,在 $V_{DS}=24$ V 时,$I_D=150$ A,$R_{on}=3.5$ mΩ,$Q_g<70$ nC。

3. Power MESH 技术

使用增强型高压网络覆盖工艺技术可以使器件的击穿电压提高很多,有的产品可达 1 500 V,而且 R_{on},Q_g 都很低,热阻也小,内部封装产生的电感小,一般 <5 nH。应用于高压开关电路和功率因数校正电路中是再合适不过的了。

4. CoolMOS™工艺技术

这是当今最先进的工艺技术之一,其产品有良好的温度特性。它解决了 BV_{DS} 提高会引起 R_{on} 呈指数级增加的问题。近年厂商又推出 CoolMOS 工艺管与 PWM(脉冲宽度调制器)复合封装的系列单片,这给开关电源的设计和安装调试带来很大方便。

5. Opti MOS® 2 技术

这种技术可称为当前顶尖技术之一。其产品最大特点是抗短路和抗击穿能力强，其 R_{on} 也很低，仅为 2 mΩ。多用于手提电脑中。

6. 半浮栅技术

半浮栅(Semi-floatiog grid)技术是近年来制造场效应管的最新技术之一。它是在浮置栅技术基础上加入了隧道场效应管(Tunnel FET)技术。器件的特点是功耗很低、集成度高和开关速度极快，如我国制造的 TS19120N 的开关速度达 100 GHz。这种技术广泛应用在 DROM 和图像传感器的制造中。

3.9.2 大功率 MOSFET 管的新工艺技术

上面介绍的几种工艺技术有的也可以用于制造大功率 MOSFET 管，下面再简单介绍几种专门用于制造大功率 MOSFET 管的技术。

1. ClampFET 技术

用这种技术生产的 MOSFET 管又称为自保护功率管。其结构特点是在一般 MOSFET 管的 GS，GD 极间各生成一个稳压管，这使抗静电放电能力大增。有的器件可经受 5 000 V 静电电压放电而器件不会损坏。其产品广泛应用于静电电压高的环境中。

2. QFET 技术

利用这种技术生产的器件除了反压高、R_{on} 小、功耗低、开关速度快外，它最大的特点是 Q_g 小，一般只有 10 nC。

这种工艺是在 N 型基体上先外延生长一薄层 N^- 层，然后在 N^- 层上再生成一个圆柱型的 PN 结。

3. SmartFET 技术

这种工艺生产的功率器件可以在过电压、过电流、过热和静电放电等恶劣环境下得到全方位保护，故又称全保护智能化功率 MOSFET 器件。可见这种器件使用起来是非常安全的，尽管造价偏高，但仍大受欢迎。

3.9.3 纳米技术

随着科技的发展，新兴的纳米技术也渗透到 MOSFET 器件的制造领域中。利用量子效应理论而开展的纳米 MOSFET 器件研发也初有成果。

1. SOI 技术

这种硅绝缘技术已用于特大规模 CMOS 集成电路的生产，现已生产出存储器、逻辑分析仪等电路。到目前为止，这种技术虽然没有在更多方面应用，但可以预言这是一种很有前途的制造技术，因为依照这种技术生产的电路具有速度快、功耗低和工作电压低的特点。

近年来，在此技术基础上又研发了双栅 MOSFET 技术。它利用多增加的一个栅极有效地降低了漏端电场效应，这有效地降低了短沟道效应对载流子迁移率的影响。

2. 环栅 MOSFET 技术

为了进一步提高栅极对沟道宽度的控制能力，将栅极作成环形的，用它将导电沟道包围。这种结构也可有效降低短沟道效应，从而可改善器件的亚域效应。纵向的环形沟道还可缩小器件的导电沟道宽度,从而可提高集成度。这种技术很适合制造超大规模的 DRAM。

3. 单电子器件(SET)技术

这种技术的依据是库仑阻塞效应和 SET 隧道效应。这种技术生产的电路有高频高速和低功耗的特点,用这种技术生产的集成电路的集成度也很高。目前与高灵敏静电计、高灵敏度的红外探测器相配用的高速、高集成度的器件就是应用这种技术制造的。近年又有人用这种技术制造超高速低功耗的量子器件。

4. 22 纳米技术

这是近年来研发的新技术,它因栅极长度只有22 纳米而得名。目前只有少数公司在研发,我国采用这种技术和高 K 工艺生产出高 K/金属栅模块,其性能优良,已成功应用在超级计算机中。

习　　题

3.1　一块硅材料 N 型半导体,掺杂的施主杂质浓度为 $N_d = 4\times10^{15}\ \text{cm}^{-3}$,试求在室温下自由电子和空穴的浓度。

3.2　在一块硅材料的 PN 结中,N 区的施主杂质浓度 $N_d = 1.5\times10^{15}\ \text{cm}^{-3}$,P 区的受主杂质浓度 $N_a = 2.2\times10^{16}\ \text{cm}^{-3}$,求 T =300 K 和 370 K 时在 PN 结中产生的接触电位差。

3.3　在一个硅材料的 PN 结中,在室温时,$I_S = 1.5\times10^{-10}$ A,试求外加电压为 ±0.65 V 时的 PN 结电流。

3.4　在 PN 结中,其反向饱和漏电流 $I_S = 2\times10^{-14}$ A,接触电位差为 0.8 V,$C_{bo} = 4$ pF,扩散电容的比例系数 $k = 10^{-8}$ s/V,试求在 PN 结分别加正向 0.7 V 电压和反向 5 V 电压时的 PN 结电容。

3.5　在题图 3.1 所示的电路中,$V_D = 1.5$ V,$u_i = 0.5\sin\omega t$(V),$R_L = 500\ \Omega$,请在二极管的伏安特性曲线上求静态工作点,画出输出电流波形。

3.6　在题图 3.2 所示的二极管电路中,已知输入电压 $u_i = 10\sin100\pi t$(V),两个二极管的特性相同,正向压降皆为 0.7 V,试画出输出电压 u_o的波形图。

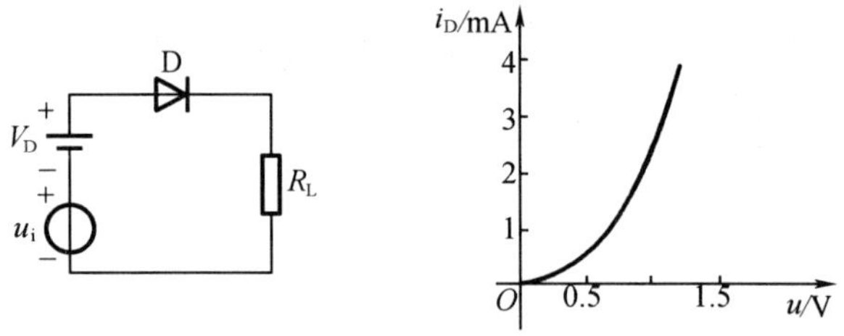

题图 3.1　二极管的电路图和二极管伏安特性

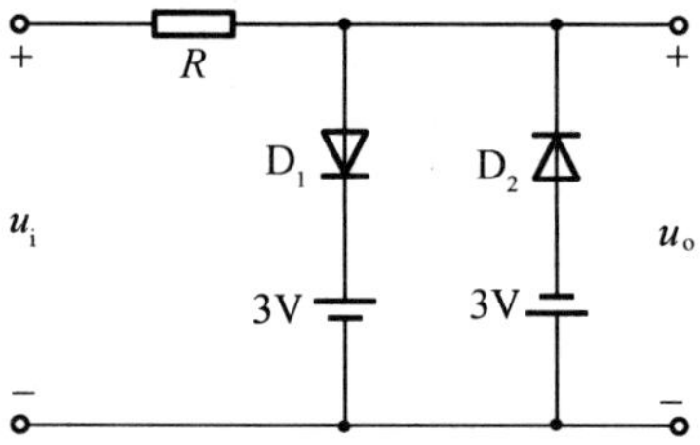

题图 3.2

3.7　在题图 3.3(a)的电路中,u_{i1}和 u_{i2}如题图 3.3(b)所示,已知忽略二极管的压降,试画出输出电压 u_o的波形图,并注明幅值。

3.8　题图 3.4 为稳压管电路,已知稳压管的 $V_Z = 6$ V,最小工作电流 $I_{Zmin} = 4$ mA,最大允许功耗 $P_m = 200$ mW,试计算 R 的取值范围。

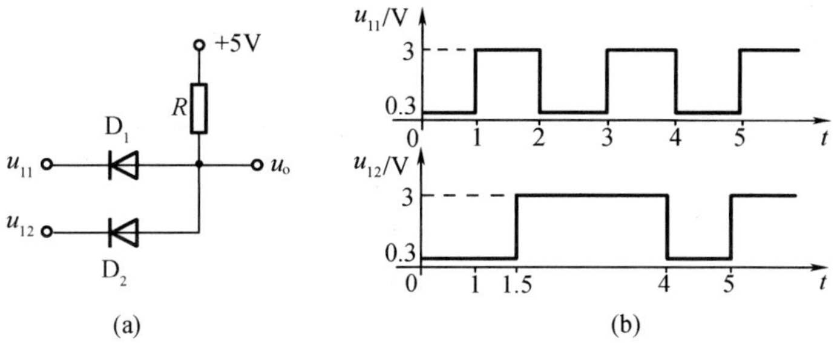

题图 3.3

3.9　在题图 3.5 所示的电路中，已知晶体管的 $\beta=50$，$V_{BE}=0.7$ V，饱和压降 $V_{CE(sat)}=0.3$ V，$R_B=8$ kΩ，$R_C=1.8$ kΩ，$V_{CC}=10$ V，试分析 u_i 分别为 0.2 V，1 V 和 3 V 时，晶体管的工作状态。

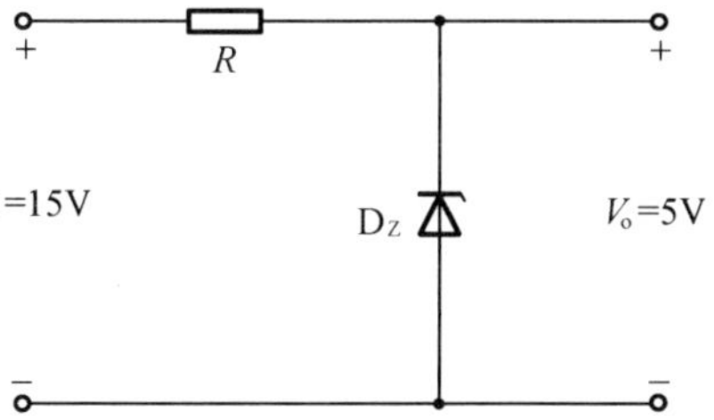

题图 3.4

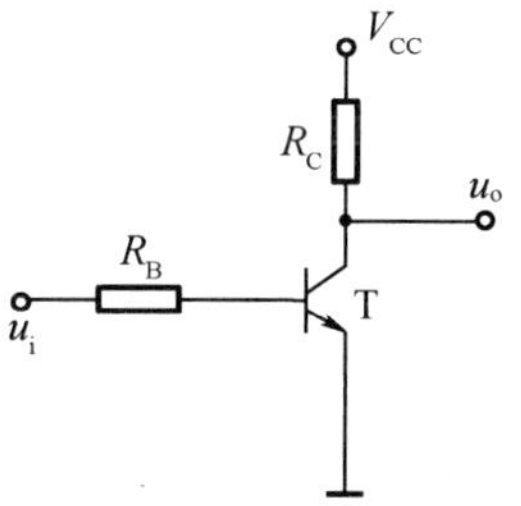

题图 3.5

3.10　题图 3.6 为一个 NPN 晶体管的输出特性曲线，其 Q 点为静态工作点，试求 Q 点处的直流和交流电流放大系数。

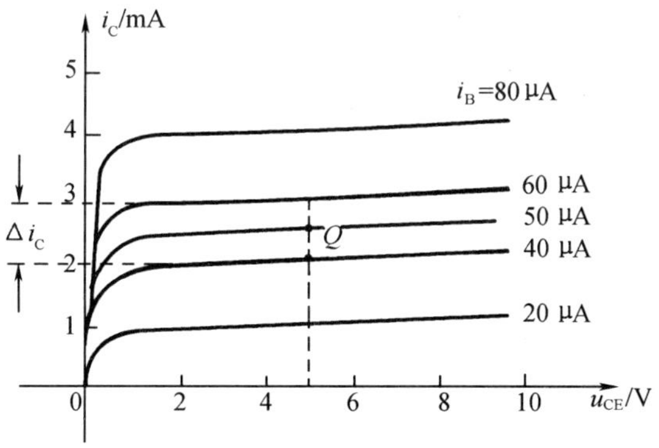

题图 3.6

3.11　在题图 3.7(a) 的电路中，场效应管的输出特性如题图 3.7(b) 所示。$V_{DD}=12$ V，$R_D=3$ kΩ。

(1) 试分析 u_i 分别为 4 V，8 V 和 12 V 时场效应管各处在哪个工作区域？

(2) 画出 $V_{DS}=10$ V 时的输出、转移特性曲线。

(3) 如 $k_n=400$ μA/V^2，求 $V_{GS}=10$ V 时的 g_m 值。

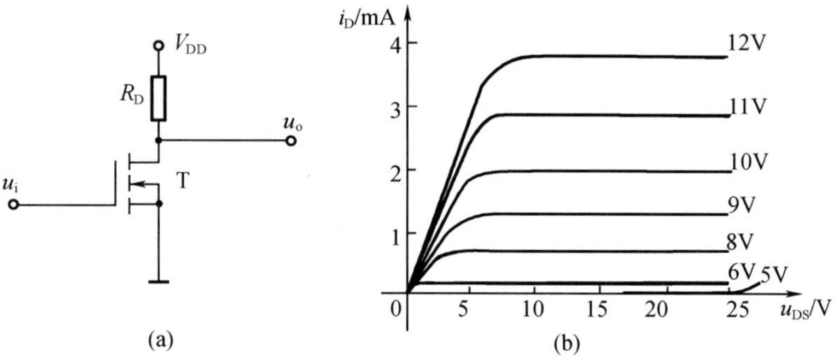

题图 3.7

习题参考答案

3.1 $N_{ne}=4\times10^{15}\ cm^{-3}$,$N_{nh}=5.1\times10^{2}\ cm^{-3}$。

3.2 $V_B=0.67\ V$。

3.3 $I_F=10.8\ A$,$I_R=-1.5\times10^{-10}\ A$。

3.4 $C_{jF}=C_b+C_d=11.31\ pF+98\ pF=109\ pF$,$C_{jR}=1.49\ pF$。

3.5 (1)$I_Q=1.4\ mA$,$V_Q=0.75\ V$。

(2)输出波形如解图 3.1 所示。

3.6 输入、输出波形图如解图 3.2 所示。

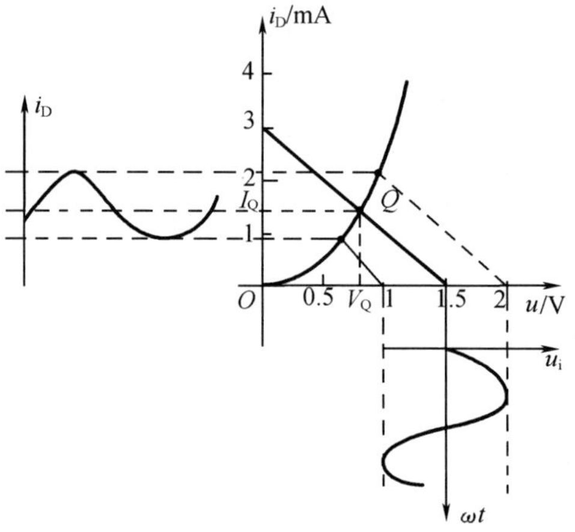

解图 3.1

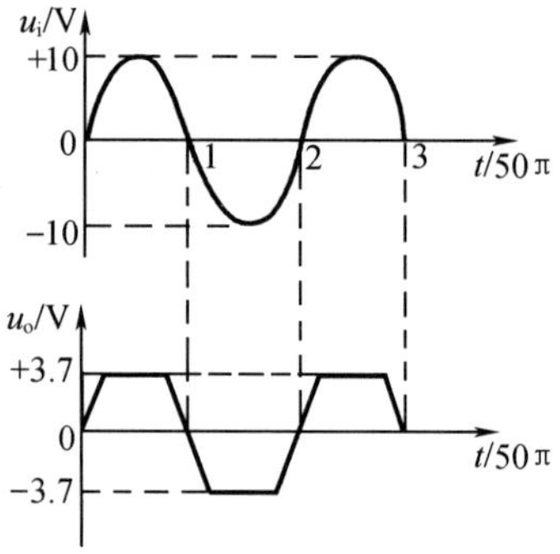

解图 3.2

3.7 波形图如解图 3.3 所示。

3.8 $R_{min}=0.25\ k\Omega$, $R_{max}=2.5\ k\Omega$。

3.9 (1)$u_i=0.2\ V$ 时,晶体管处截止状态,$i_C=0$,$u_o=0$;

(2)$u_i=1\ V$ 时,晶体管处放大状态;

(3)$u_i = 3$ V 时,晶体管处饱和状态,$u_o = 0.3$ V。

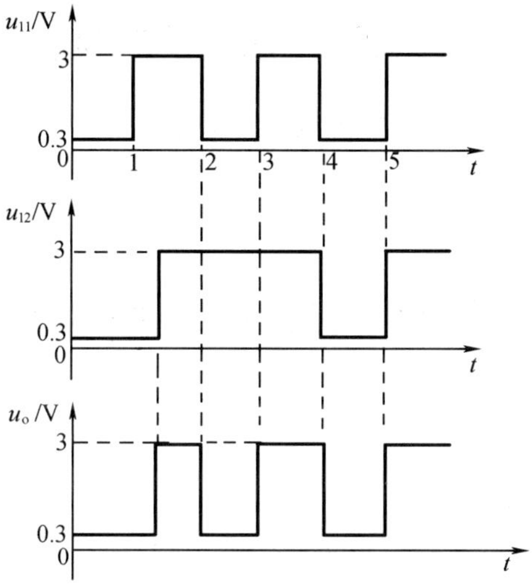

解图 3.3

3.10　$\bar{\beta} = 50, \beta = 48$。

3.11　(1)a. $u_i = 4$ V 时,FET 处截止区;

b. $u_i = 8$ V 时,FET 处饱和区;

c. $u_i = 12$ V 时,FET 处可变电阻区。

(2)输出、转移特性曲线如解图 3.4。

(3)$g_m = 4$ ms。

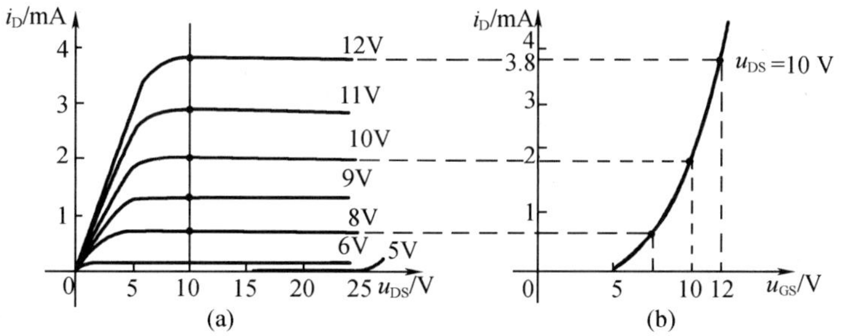

解图 3.4

第4章　放大电路

(Amplifier)

4.1　放大的概念和放大电路的基本性能

4.1.1　放大的概念

所谓放大,就是把研究对象的差异和变化量进行放大。对电子学而言,放大的对象是电信号,它可以是电流、电压或功率。完成这个放大任务的电路称为放大电路(Amplifier)。在放大电路的输入端输入一个较小的电信号,在输出端会得到一个按比例放大的可测量或可利用的电信号。因为放大电路需要有一个电源,所以放大电路也是把电源的能量按比例转化为输出量的过程。可见放大的实质,又是一种能量的控制转换过程。实现这种放大或控制转换的器件称为有源器件,如可选用晶体管、场效应管和模拟集成电路等。根据输入、输出的信号不同,放大电路可分为电压放大、电流放大、互导放大、互阻放大和功率放大等。图4.1.1给出了电压放大电路 A_v 和电流放大电路 A_I 的示意图。

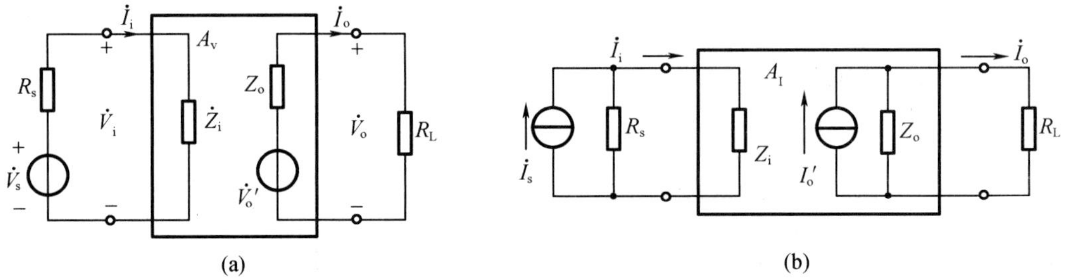

图4.1.1　两种放大电路框图

(a)电压放大电路;(b)电流放大电路

4.1.2　放大电路的基本性能指标

为了衡量放大电路的质量,人们对放大电路规定了一些技术性能指标。为了方便和准确地获知这些性能指标,常用正弦波信号作为实验和测试信号,主要是应用它的幅值和频率两个参量。放大电路的技术性能指标主要有如下几个:

1. 增益(Gain)

增益是放大电路输出量与输入量之比,又称放大倍数(Amplification time),它表示放大电路的放大能力。对于一个特定放大电路，在一定的工作条件范围内，其增益应是基本不变的，输出信号波形也不应有明显失真。不同类型的放大电路，其增益也不同，可分为电压增益、电流增益、互阻增益、互导增益和功率增益等，其表达式分别为

$$\dot{A}_u = \frac{\dot{V}_o}{\dot{V}_i} \tag{4.1.1}$$

$$\dot{A}_i = \frac{\dot{I}_o}{\dot{I}_i} \tag{4.1.2}$$

$$\dot{A}_r = \frac{\dot{V}_o}{\dot{I}_i} \tag{4.1.3}$$

$$\dot{A}_g = \frac{\dot{I}_o}{\dot{V}_i} \tag{4.1.4}$$

$$\dot{A}_p = \frac{\dot{P}_o}{\dot{P}_i} = |\dot{A}_u \cdot \dot{A}_i| \tag{4.1.5}$$

在工程上，为了使用方便，增益又可用分贝(dB)表示。对于$\dot{A}_p$ 是取对数后再乘 10，而对于其他四种类型的增益是将其取对数再乘 20。

2. 输入阻抗(Input impedance)

放大电路的输入阻抗可用图 4.1.1 中的 Z_i 表示。以图 4.1.1(a)为例，在输入端加入电压信号$\dot{V}_i$ 时，就会产生一个输入电流信号$\dot{I}_i$，这就表现出输入端有阻抗特性，其 Z_i 表达式为

$$Z_i = \frac{\dot{V}_i}{\dot{I}_i} \tag{4.1.6}$$

如不考虑输入端的电抗特性，则可表示为输入电阻 R_i(Input resistance)，即

$$R_i = \frac{u_i}{i_i} \tag{4.1.7}$$

放大电路所接的信号源不同，要求放大电路的 R_i 也不同，对于电压放大或互导放大电路接的是电压源 $\dot{V}_s$，由于$\dot{V}_i = \frac{R_i}{R_s + R_i}\dot{V}_s$，所以要求 $R_i \gg R_s$，即要求 R_i 尽量大，理想情况 $R_i = \infty$；而对于电流放大或互阻放大电路接的是电流源 $\dot{I}_s$，因 $\dot{I}_i = \frac{R_s}{R_s + R_i}\dot{I}_s$，故要求 $R_i \ll R_s$，即要求 R_i 尽量小，理想情况下 $R_i = 0$。

3. 输出阻抗(Output impedance)

由图 4.1.1(a)可见，放大电路从输出端看进去(不含负载网络)有阻抗特性，其等效阻抗 Z_o 称为放大电路的输出阻抗。若不考虑输出端的电抗特性，可用输出电阻 R_o 表示。

放大电路对负载而言，就相当于一个信号源，放大电路的输出电阻就相当于这个信号源的内阻。R_o 的大小是由负载的要求不同而定，对于图 4.1.1(a)所示电压放大电路或互阻放大电路，要求输出稳定的电压，其输出阻抗和输出电阻分别为

$$Z_o = \left(\frac{\dot{V}'_o}{\dot{V}_o} - 1\right)R_L = \frac{\Delta \dot{V}_o}{\dot{I}_o} \tag{4.1.8}$$

$$R_o=\left(\frac{u_o'}{u_o}-1\right)R_L=\frac{\Delta u_o}{i_o} \tag{4.1.9}$$

由此可见,要使输出电压稳定,即要求输出电压的变化量 Δu_o 小,即是要 R_o 尽量小,理想情况是 $R_o=0$。

对于图4.1.1(b)所示电流放大电路或互导放大电路,则要求输出为稳定的电流,其输出阻抗和输出电阻分别为

$$Z_o=\left(\frac{\dot{I}_o}{\dot{I}_o'-\dot{I}_o}\right)R_L=\frac{\dot{V}_o}{\Delta\dot{I}_o} \tag{4.1.10}$$

$$R_o=\left(\frac{i_o}{i_o'-i_o}\right)R_L=\frac{u_o}{\Delta i_o} \tag{4.1.11}$$

可见要使输出电流稳定,就要求输出电流变化量 Δi_o 小,也就是要求 R_o 尽量大。理想情况下是 $R_o=\infty$。

4. 通频带(宽带 Band Width,简写为 BW)

在放大电路中,由于有电抗性元件,同时晶体管内部又有极间电容,故放大电路的增益值是随输入信号的频率不同而变化的,输出信号也会产生附加相移。这样,增益是频率的函数。增益与频率的关系,又称为放大电路的频响特性,可表示为

$$\dot{A}(j\omega)=A(\omega)e^{j\varphi(\omega)} \tag{4.1.12}$$

一般情况下,一个放大电路在某一段频率范围内增益可认为是基本不变的,这段频率范围称为中频段,其增益称为中频增益,用 A_0 表示。频率太高或太低时增益都会下降,将增益下降到 A_0 的 0.707 倍时的频率分别称为上限截止频率 f_H 和下限截止频率 f_L。则通频带 BW 为

$$BW=f_H-f_L \tag{4.1.13}$$

一般高频宽带放大电路的 $f_H\gg f_L$,所以有时也用 f_H 表示通频带,称为 -3 dB 带宽。放大电路的通频带越宽,电路对输入信号频率变化的适应能力越强。高于 f_H 的频段称为高频段,低于 f_L 的频段称为低频段。

5. 非线性失真(Nonlinear distortion)

在放大电路中,由于晶体管等器件都具有非线性特性,所以当正弦波输入信号幅度较大时,输出信号就可能不再是完全的正弦波,它除基波 A_1 外,还有高次谐波成分 $A_2,A_3,\cdots$,这就使输出信号产生了非线性失真。通常用全谐波失真系数(Total Harmonic Distortion,简写为 THD)表示

$$THD=\left[\left(\frac{A_2}{A_1}\right)^2+\left(\frac{A_3}{A_1}\right)^2+\cdots\right]^{\frac{1}{2}}=\frac{\sqrt{\sum_{n=2}^{\infty}A_n^2}}{A_1} \tag{4.1.14}$$

由于放大电路中有电抗性元件存在,所以放大电路还会产生线性失真,包括频率和相位失真。

6. 最大输出幅度

非线性失真系数达到某一规定值时的输出幅度值称为最大输出幅度,用 V_{om} 或 I_{om} 表示。这里指的是有效值(Virtual value),又称均方根值(Root mean square value,r. m. s.)。如果是峰-峰值(Peak-to-peak value),则用 V_{opp} 表示,V_{om} 与 V_{opp} 的关系为 $V_{opp}=2\sqrt{2}V_{om}$。

4.2 放大电路的分析方法

放大电路的分析方法有图解(Graphical methods)法和等效电路(Equivalent circuit)法,近年来又出现计算机辅助分析(Computer Aided Analysis,简写CAA)法。分析的内容通常是静态分析和动态分析两个方面。

用图解法分析是借助于晶体管的输入、输出特性曲线,它可以很直观形象地得到放大电路的直流工作点、增益、波形失真和动态范围等数据。能真实地反映出晶体管的非线性特性。这种分析方法在分析大信号工作状态时是十分有用的。但它不能分析计算输入、输出电阻,也难以用来分析负反馈放大等较复杂的电路。

等效电路法是将电路中非线性器件用线性等效模型来代替,再与其他元件一起进行分析。分析时,可用代数方法求解,使电路分析简单化。这是目前较常用的一种分析方法。这种方法一般用于交流小信号工作状态分析和直流大信号工作状态分析。本书重点叙述的是小信号等效电路法。

4.2.1 晶体管的等效电路

晶体管放大电路的等效电路分析法的关键是用合适的晶体管等效电路代替电路中的晶体管。晶体管等效电路有不同的表示形式。所谓等效是指晶体管的外特性在代替前后是一样的。实际上很难做到完全等效。一般是根据分析精度对晶体管的一些次要因素作适当取舍,应用这些简化的晶体管等效电路代替晶体管。

1. 直流大信号等效电路

晶体管直流大信号等效电路是在大信号范畴内将晶体管的输入特性直线化。图4.2.1就是晶体管大信号等效电路,r_F 为射结正向导通电阻,$r_F=\dfrac{d\dot{V}_{be}}{d\dot{I}_b}$。当输入直流大信号时,$r_F$ 可忽略,等效电路如图4.2.1(b)所示。这种等效电路主要用于计算放大电路的静态工作点。

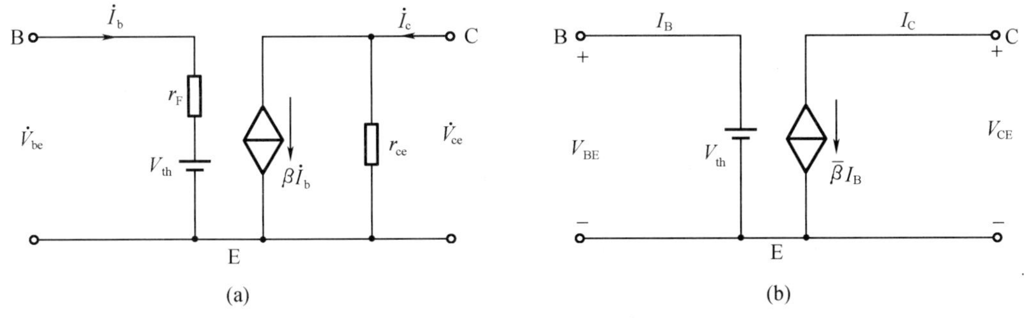

图4.2.1 晶体管大信号等效电路

2. 低频小信号等效电路

当输入小信号时,它的变化量在特性曲线上是很短一段,可以近似认为这一小段曲线是直线。在低频情况下也不考虑极间电容。这种等效电路称为低频小信号等效电路,它分为以下两类。

(1)H 参数等效电路

可以将晶体管看成是线性双口二端网络,输入端口参数为 $\dot{V}_{be}$,$\dot{I}_b$,输出端口参数为 $\dot{V}_{ce}$,$\dot{I}_c$。利用网络理论可得

$$\dot{V}_{be}=h_{ie}\dot{I}_b+h_{re}\dot{V}_{ce} \tag{4.2.1}$$

$$\dot{I}_c=h_{fe}\dot{I}_b+h_{oe}\dot{V}_{ce} \tag{4.2.2}$$

依上两式可画出 H 参数等效电路如图 4.2.2(a)所示。

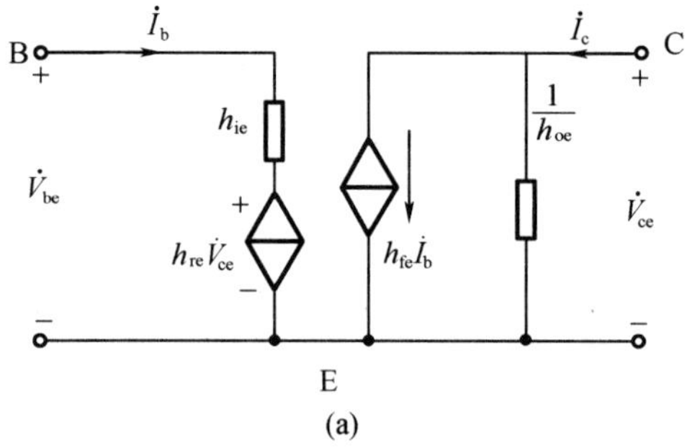

图 4.2.2　H 参数等效电路

图中,h_{ie}称为输出交流短路时的输入电阻;h_{re}称为输入交流开路时的反向电压传输比;h_{fe}为输出交流短路的正向电流传输比;h_{oe}为输入交流开路时的输出导纳。它们是一组混合(Hybrid)量纲参数。

h_{re}和 h_{oe}很小,可以忽略,而 $h_{ie}\doteq r_{be}$,$h_{fe}=\beta$,这时可得图 4.2.2(b)所示的简化的 H 参数等效电路。

(2)T 型等效电路

依晶体管的物理结构可画出 T 型等效电路。图 4.2.3(a),(b)分别为 NPN 管的共射、共基接法的 T 型等效电路。

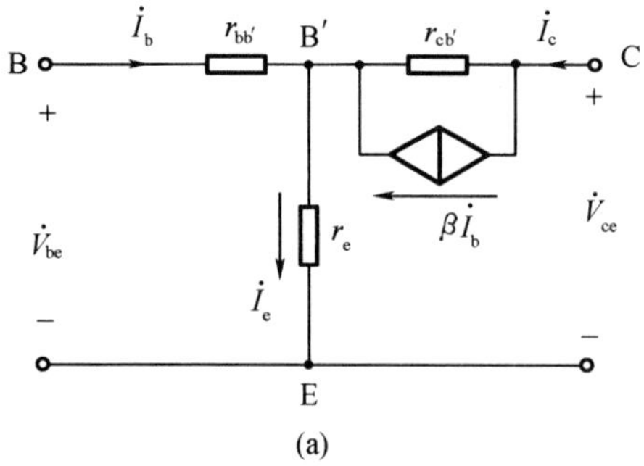

图 4.2.3　晶体管 T 型等效电路

3. 高频小信号等效电路

晶体管在高频段应用时,要考虑管子的极间电容。经常应用的有三种等效电路。

(1)Y参数等效电路

晶体管Y参数等效电路是用4个导纳(Admittance)参数表示晶体管的特性,等效电路如图4.2.4所示。图中,y_{ie},y_{fe}分别为输出交流短路时的输入导纳和正向传输导纳;y_{re},y_{oe}分别为输入交流短路时的反向传输导纳和输出导纳。它们都是与极间电容有关的复数。

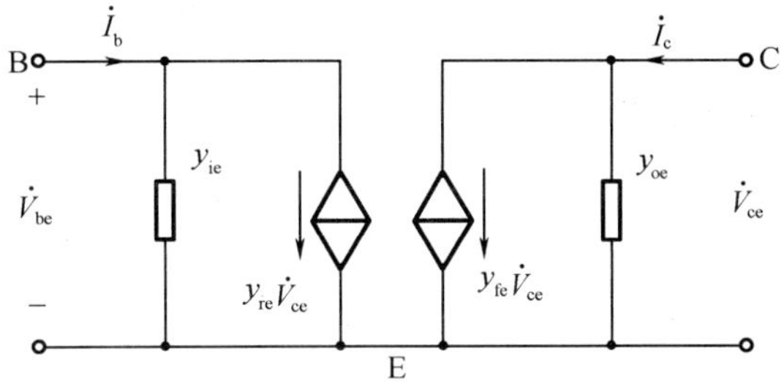

图4.2.4 Y参数等效电路

Y参数等效电路多用于高频谐振放大电路的分析。这是由于在这种放大电路中,谐振回路、负载都与晶体管并联,这样,各部分导纳可以相加,使分析很方便。

(2)T型等效电路

这种等效电路就是在图4.2.3基础上考虑极间电容的影响。比如在r_e上并联射结电容,在B′,C极间串联集电结电容等。

(3)高频杂π等效电路

这种等效电路是高频宽带放大电路的重要分析手段。它的等效电路是将T型等效电路和H参数等效电路综合考虑后得到的。它的一个重要特点是可用实验方法测各参数值,在节4.2.2中将专门讨论这种等效电路。

4.2.2 晶体管共射接法的高频杂π等效电路

1. 等效电路结构

图4.2.5为晶体管共射接法的高频杂π等效电路(Hybrid−π equivalent circuit)。其中$r_{bb'}$为基区体电阻,对于高频小功率NPN管$r_{bb'}$为10~100 Ω;$r_{b'e}$为发射结等效电阻;C_π为发射结等效电容,而C_μ为集电结电容,一般很小,仅为几个皮法,在数值上与晶体管共基极接法的输出电容C_{ob}大体相等;

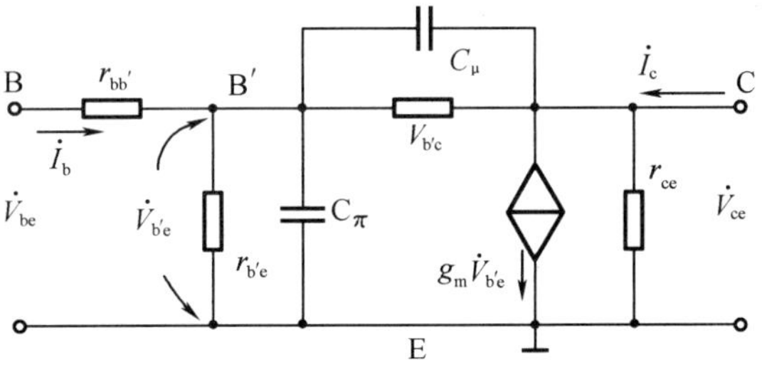

图4.2.5 晶体管高频杂π等效电路

$r_{b'c}$为晶体管集电结电阻,一般都在MΩ以上,常可忽略;r_{ce}为集电极输出电阻,通常为几百kΩ,亦可忽略;$g_m\dot{V}_{b'e}$为受控电流源,它表明晶体管集电极电流直接受控于射结电压$V_{b'e}$。

2. 参数公式

由图4.2.5可见,在高频时,由于要考虑C_μ,C_π的影响,这时$\dot{I}_b$不再完全由r_{be}决定,还与C_μ,C_π有关,这就使$\dot{I}_c$电流不再与$\dot{I}_b$成正比,而与$\dot{V}_{b'e}$成正比,所以引出低频跨导g_m参数。g_m表示$V_{b'e}$对$\dot{I}_c$的控制能力,其表达式为

$$g_m(\text{西门子}) = \frac{\partial \dot{I}_c}{\partial \dot{V}_{b'e}} = \frac{I_{EQ}}{V_T} = \frac{I_{EQ}(\text{mA})}{26\ \text{mV}} \tag{4.2.3}$$

由图 4.2.5 可见，晶体管的输入回路等效电阻 r_{be} 为

$$r_{be} = r_{bb'} + r_{b'e} \tag{4.2.4}$$

可以证明

$$r_{b'e} = (1+\beta)r_e = \frac{1+\beta}{g_m} \doteq \frac{\beta}{g_m} \tag{4.2.5}$$

式中 r_e 为发射结动态电阻，其表达式为 $r_e = \frac{V_T}{I_{EQ}}$，它通常为几欧姆。这样 $r_{b'e}$ 又可以理解为射结动态电阻 r_e 等效到输入回路的电阻。它不但与 β 值有关，而且还与静态工作点有关。

C_π 电容可以通过下式求得

$$C_\pi = \frac{g_m}{2\pi f_T} \tag{4.2.6}$$

3. 简化的杂 π 等效电路

对于图 4.2.5 所示的电路，虽然可以将 $r_{b'c}$ 和 r_{ce} 省略，但在输入和输出回路间仍有 C_μ 存在，它虽然只有几个 pF，但它将输入回路和输出回路联系起来，使电路分析变得复杂。可以利用密勒定理(Miller's theorem)将 C_μ 分别等效到输入和输出回路中。可以证明，C_μ 折算到输入回路中的等效电容为

$$C'_\mu = (1 + g_m \cdot R'_L)C_\mu = (1+A)C_\mu \tag{4.2.7}$$

这样在输入回路的总电容为

$$C'_\pi = C_\pi + C'_\mu = C_\pi + (1+A)C_\mu \tag{4.2.8}$$

C_μ 折算到输出回路中的等效电容为

$$C''_\mu = \frac{A+1}{A}C_\mu \doteq C_\mu \tag{4.2.9}$$

这样图 4.2.5 就可以简化成图 4.2.6。利用简化后的等效电路做电路分析就很方便了。

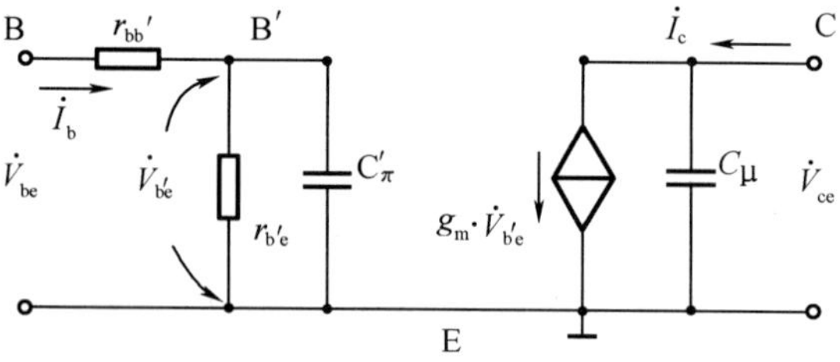

图 4.2.6 简化的高频杂 π 等效电路

4.2.3 晶体管电流放大系数的频率特性

从晶体管高频杂 π 等效电路图 4.2.5 可见，由于有 C_μ 存在，其容抗$\dfrac{1}{\omega C_\mu}$将随频率增加而降低，这时基极电流 $\dot{I}_b$ 不再全部流入输入回路，而是从 C_μ 分流一部分到输出回路。这样，如果 $\dot{I}_b$ 电流不变，那么 $\dot{V}_{b'e}$将随着频率升高而下降，这就造成 $\dot{I}_c$ 也随频率升高而下降。晶体管的 β 值不再是一个定值，而是随频率升高而下降，这说明晶体管的 β 是频率的函数，用$\beta(\mathrm{j}\omega)$表示。在图 4.2.5 中，忽略 $r_{b'c}$和 r_{ce}后，基极电流为

$$
\begin{aligned}
I_b(\mathrm{j}\omega) &= \frac{\dot{V}_{b'e}}{r_{b'e}} + \mathrm{j}\omega C_\pi \dot{V}_{b'e} + \mathrm{j}\omega C_\mu \dot{V}_{b'e} \\
&= \left(\frac{1}{r_{b'e}} + \mathrm{j}\omega C_\pi + \mathrm{j}\omega C_\mu\right)\dot{V}_{b'e}
\end{aligned}
\tag{4.2.10}
$$

集电极电流 $I_c(\mathrm{j}\omega)$为

$$
I_c(\mathrm{j}\omega) \doteq g_m \dot{V}_{b'e} \tag{4.2.11}
$$

由式(4.2.10)和式(4.2.11)得

$$
\begin{aligned}
\beta(\mathrm{j}\omega) &= \frac{I_c(\mathrm{j}\omega)}{I_b(\mathrm{j}\omega)} = \frac{g_m}{\dfrac{1}{r_{b'e}} + \mathrm{j}\omega C_\pi + \mathrm{j}\omega C_\mu} \\
&= \frac{g_m r_{b'e}}{1 + \mathrm{j}\omega r_{b'e}(C_\pi + C_\mu)} = \frac{\beta_0}{1 + \mathrm{j}\omega r_{b'e}(C_\pi + C_\mu)}
\end{aligned}
\tag{4.2.12}
$$

式中 β_0 为中频电流放大系数，可见$\beta(\mathrm{j}\omega)$是频率的函数，它相当于一个 RC 低通电路的频率特性。

令 ω_β 为$\beta(\mathrm{j}\omega)$的上限截止角频率，则

$$
\omega_\beta = \frac{1}{\tau_\beta} = \frac{1}{r_{b'e}(C_\pi + C_\mu)} \tag{4.2.13}
$$

这样，式(4.2.12)可改写为

$$
\beta(\mathrm{j}\omega) = \frac{\beta_0}{1 + \mathrm{j}\dfrac{\omega}{\omega_\beta}} \tag{4.2.14}
$$

由式(4.2.14)可做出如图 4.2.7 的$\beta(\mathrm{j}\omega)$幅频特性曲线。当 $\omega > \omega_\beta$ 时，$\beta(\mathrm{j}\omega)$随 ω 升高而下降，速率为 −20 dB/十倍频程。当$\beta(\mathrm{j}\omega)$下降到 0 dB 时，对应的 ω 为 ω_T，称为 β 的特征角频率，也称为晶体管的截止角频率

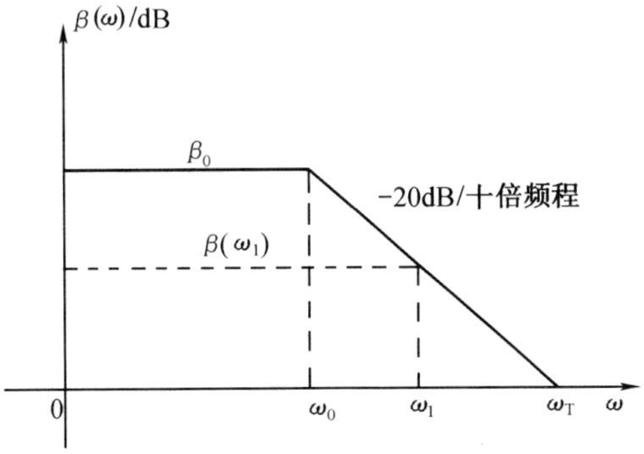

图 4.2.7 β 的幅频特性

$$
\omega_T = \beta_0 \cdot \omega_\beta = \frac{\beta_0}{r_{b'e}(C_\pi + C_\mu)} = \frac{g_m}{C_\pi + C_\mu} \doteq \frac{g_m}{C_\pi} = \frac{1}{r_e C_\pi} \tag{4.2.15}
$$

由式(4.2.15)可得

$$f_\beta = \frac{f_T}{\beta_0} = \frac{1}{2\pi C_\pi r_e \beta_0} \doteq \frac{1}{2\pi C'_\pi r_{b'e}} \tag{4.2.16}$$

f_β 称为晶体管共射接法的上限截止频率,它是 $\beta(\omega)$ 下降到 $0.707\beta_0$ 时的频率。由公式可见,其值大小主要由管子的参数决定。

由 $\alpha = \frac{\beta}{1+\beta}$ 可推导出晶体管共基极接法的上限截止频率 f_α,它与 f_β,f_T 的关系为

$$f_\alpha = (1+\beta_0) f_\beta = f_\beta + f_T \tag{4.2.17}$$

可见晶体管三个频率参数关系是 $f_\beta \ll f_T < f_\alpha$。

4.2.4 晶体管小信号等效电路的误差评估

晶体管小信号等效电路法是用一个线性模型来等效具有非线性特性的高频晶体管,用这种等效方法的好处是等效后可以用求解线性电路的方法进行分析计算,但它肯定会产生误差。现在分析计算这种等效方法产生的误差程度。

在第3章曾学过晶体管在共射接法时,若忽略 V_A 影响,则 i_c 的电流方程为 $i_c = I_{cs} e^{\frac{u_{BE}}{V_T}}$,若晶体管的输入回路加偏压 V_{BEQ} 而输入信号为 $u_i = V_m \sin\omega t$,则在输入回路有

$$u_{BE} = V_{BEQ} + u_i = V_{BEQ} + V_m \sin\omega t \tag{4.2.18}$$

这样,i_c 可表示为

$$i_c = I_{cs} e^{\frac{V_{BEQ}+u_i}{V_T}} = I_{cs} e^{\frac{V_{BEQ}}{V_T}} e^{\frac{u_i}{V_T}} = I_{CQ} e^{\frac{u_i}{V_T}} \tag{4.2.19}$$

将式(4.2.19)的指数项 $e^{\frac{u_i}{V_T}}$ 展开成泰勒展开式,则有

$$i_c = I_{CQ}\left[1 + \frac{u_i}{V_T} + \frac{1}{2!}\left(\frac{u_i}{V_T}\right)^2 + \frac{1}{3!}\left(\frac{u_i}{V_T}\right)^3 + \cdots\right] \tag{4.2.20}$$

由 u_i 产生的相应电流 i_{ci} 为

$$i_{ci} = i_c - I_{CQ} = I_{CQ}\left[\frac{u_i}{V_T} + \frac{1}{2!}\left(\frac{u_i}{V_T}\right)^2 + \frac{1}{3!}\left(\frac{u_i}{V_T}\right)^3 + \cdots\right] \tag{4.2.21}$$

由式(4.2.21)可知:当 $\frac{u_i}{V_T} \ll 1$,可若将二次以上谐波舍去,这样,i_{c1} 与 u_i 成线性关系。因 u_i 为小信号,故舍去部分中二次谐波分量占绝大部分。输出电流的基波分量为 $\frac{V_m}{V_T}$,而二次谐波分量为 $\frac{1}{2}\left(\frac{V_m}{V_T}\right)^2$。若 u_i 的 $V_m = 10$ mV,则二次谐波的幅值与基波幅值的比值仅为 0.095。这就是说:当输入小信号($V_m < 10$ mV)时,若将输出信号的二次以上谐波分量舍弃,产生的误差小于10%,电路的输出量与输入量之间就可近似认为是线性关系。

由以上分析可知:在分析放大电路时,电路中的非线性特性的晶体管可以用一个线性的等效模型代替,只要输入信号的 $V_m \ll 10$ mV,则由此产生的误差是允许的。

4.3　晶体管共射放大电路分析

利用晶体管杂 π 等效电路可以方便地分析晶体管共射放大电路。鉴于篇幅限制，本节只讨论放大电路的高频工作情况。

4.3.1　基本共射放大电路

图 4.3.1 为一基本单管共射放大电路，图 4.3.2 为其简化的杂 π 等效电路。

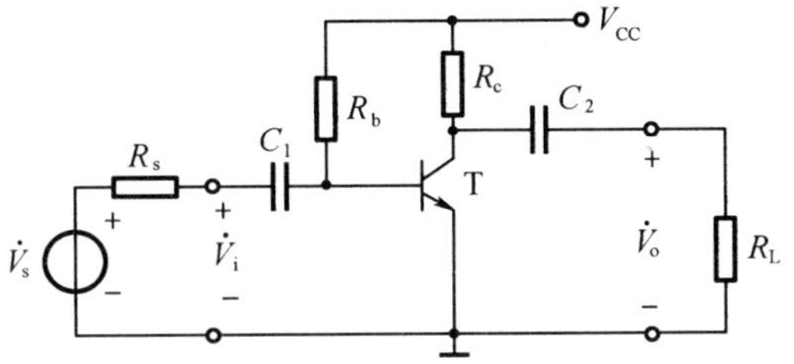

图 4.3.1　基本共射放大电路

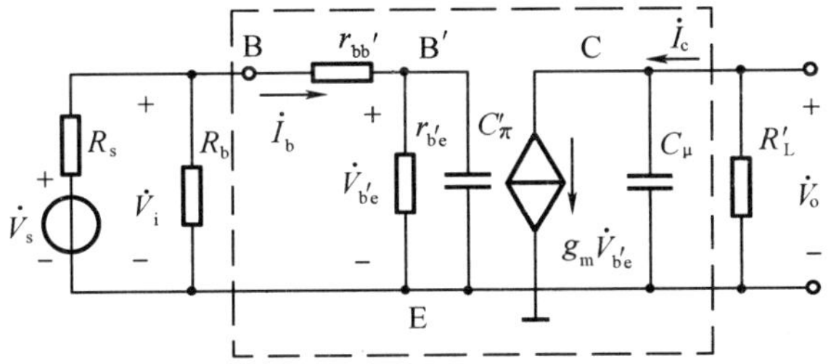

图 4.3.2　图 4.3.1 电路的杂 π 等效电路

由图可见，此电路的高频响应有两个极点，一个是由输入回路时间常数 $\tau_i = R'_iC'_\pi$ 决定的，另一个是由输出回路时间常数 $\tau_o = R'_LC_\mu$ 决定的。由于 $C'_\pi \gg C_\mu$，所以输入回路的 τ_i 决定电路的主极点，而输出回路决定的极点距主极点很远，可忽略这个极点。故我们可以认为基本共射放大电路的上限截止频率 f_H 是由输入回路时间常数决定的。

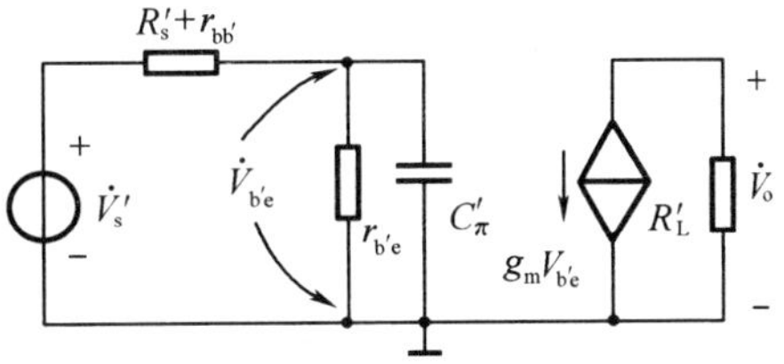

图 4.3.3　图 4.3.2 的简化等效电路

图 4.3.3 为图 4.3.2 的简化等效电路。图中 $R'_s = R_s /\!/ R_b$，$\dot{V}'_s = \dfrac{R_b}{R_b + R_s} \cdot \dot{V}_s$，$R'_L = R_L = R_L /\!/ R_c$。

1. 电压增益

由图 4.3.3 可得

$$V_{b'e}(j\omega) = \frac{\left(r_{b'e} /\!/ \dfrac{1}{j\omega C'_\pi}\right) V'_s(j\omega)}{R'_s + r_{bb'} + \left(r_{b'e} /\!/ \dfrac{1}{j\omega C'_\pi}\right)} = \frac{r_{b'e}}{R'_s + r_{bb'} + r_{b'e}} \cdot \frac{V'_s(j\omega)}{1 + j\omega C'_\pi R'_i} \tag{4.3.1}$$

式中

$$R'_i = \frac{r_{b'e}(R'_s + r_{bb'})}{R'_s + r_{bb'} + r_{b'e}} \tag{4.3.2}$$

由输出回路可得 $V_o(j\omega)$ 为

$$V_o(j\omega) = -g_m V_{b'e}(j\omega) R'_L \tag{4.3.3}$$

由式(4.3.1)和式(4.3.3)得电压增益为

$$\begin{aligned} A_u(j\omega) &= \frac{V_o(j\omega)}{V'_s(j\omega)} = -\frac{g_m r_{b'e} R'_L}{R'_s + r_{bb'} + r_{b'e}} \cdot \frac{1}{1 + j\omega C'_\pi R'_i} \\ &= \frac{A_{uo}}{1 + j\omega\tau_i} = \frac{A_{uo}}{1 + j\dfrac{\omega}{\omega_i}} = \frac{A_{uo}}{1 + j\dfrac{\omega}{\omega_H}} \end{aligned} \tag{4.3.4}$$

式中,A_{uo}为中频电压增益,ω_H为上限截止角频率,它们分别为

$$A_{uo} = -\frac{g_m r_{b'e} R'_L}{R'_s + r_{bb'} + r_{b'e}} = -\frac{\beta R'_L}{R'_s + r_{bb'} + r_{b'e}} \tag{4.3.5}$$

$$\omega_H = \omega_i = \frac{1}{C'_\pi R'_i} \tag{4.3.6}$$

2. 上限截止频率为

$$f_H = \frac{\omega_H}{2\pi} = \frac{1}{2\pi C'_\pi R'_i} = \frac{1}{2\pi C'_\pi \cdot \dfrac{(R'_s + r_{bb'}) r_{b'e}}{R'_s + r_{bb'} + r_{b'e}}} \tag{4.3.7}$$

或者

$$f_H = \frac{C_\pi (R'_s + r_{bb'} + r_{b'e})}{\beta C'_\pi (R'_s + r_{bb'})} \cdot f_T \tag{4.3.8}$$

从上面分析可知,在高频情况下,电路增益与频率有关,当 $f > f_H$ 时,电压增益随着 f 增加而下降。要提高电路的电压增益,就要选 g_m 或 β 大,$r_{bb'}$和 $r_{b'e}$小的管子,信号源内阻 R_s 也要低;提高 R'_L也可以提高电压增益。而要提高上限截止频率,对晶体管的要求是 C_π 和 $r_{b'e}$ 要小,而f_T 要高。

若电路的负载电容 C_L 较大或 R'_L很大,则由输出回路 τ_o 决定的极点频率f_o 也会比较低,当它与f_i 可比拟时,则不能忽略f_o,可用下式求出f_o:

$$f_o = \frac{\omega_o}{2\pi} = \frac{1}{2\pi (C_\mu + C_L) R'_L} \tag{4.3.9}$$

这时电路的上限截止频率f_H 和电压增益 $A_u(j\omega)$ 分别为

$$f_H = \left(\frac{1}{f_i^2} + \frac{1}{f_o^2}\right)^{-\frac{1}{2}} \tag{4.3.10}$$

$$A_u(j\omega) = A_{uo} \cdot \frac{1}{\left(1 + j\dfrac{\omega}{\omega_i}\right)\left(1 + j\dfrac{\omega}{\omega_o}\right)} \tag{4.3.11}$$

若f_H 较高,则电路的带宽 BW 可近似认为

$$BW = f_H \tag{4.3.12}$$

3. 增益带宽积

由上面分析可知,放大电路对增益和带宽的要求是矛盾的。为了全面评价放大电路的性能,定义了一个新指标——增益带宽积(Gain-Bandwidth Product,简称 G · BW),它的值越大越好。当带宽f_H只考虑f_i时,BW 由式(4.3.7)决定,这时的 $G \cdot BW$ 可用下式计算:

$$G \cdot BW = |A_{uo} f_H| = \frac{\beta R'_L}{R'_s + r_{bb'} + r_{b'e}} \cdot \frac{1}{2\pi C'_\pi \cdot R'_i} = \frac{g_m R'_L}{2\pi C'_\pi (R'_s + r_{bb'})} \tag{4.3.13}$$

4. 输入阻抗和输入电阻分别为

$$Z_i=(r_{bb'}+\frac{r_{b'e}}{1+j\omega C'_\pi r_{b'e}})//R_b \doteq r_{bb'}+\frac{r_{b'e}}{1+j\omega C'_\pi r_{b'e}} \tag{4.3.14}$$

$$R_i=R_b//(r_{bb'}+r_{b'e})=R_b//r_{be}\doteq r_{be} \tag{4.3.15}$$

5. 输出阻抗和输出电阻分别为

$$Z_o=\frac{1}{j\omega(C_\mu+C_L)}//R_c=\frac{R_c}{1+j\omega R_c(C_\mu+C_L)} \tag{4.3.16}$$

$$R_o=R_c \tag{4.3.17}$$

[例题 4.3.1]

在图 4.3.1 的电路中，晶体管 $\beta=100$，$r_{bb'}=50\ \Omega$，$f_T=500$ MHz，$C_{ob}=1.5$ pF，$R_L=4\ k\Omega$，$R_s=100\ \Omega$，$R_b=560\ k\Omega$，$R_c=4\ k\Omega$，$V_{CC}=6$ V，试求中频电压增益和上限截止频率。

解：

$$I_{BQ}=\frac{V_{CC}-V_{BE}}{R_b}=\frac{5.3}{560}\doteq 10(\mu A)$$

$$I_{EQ}=(1+\beta)I_{BQ}=1\ mA$$

$$r_{b'e}=(1+\beta)\frac{V_T}{I_{EQ}}=2.6\ k\Omega$$

$$g_m=\frac{\beta}{r_{b'e}}=38.5\ mS$$

$$A_{uo}=-\frac{g_m r_{b'e}R'_L}{R_s+r_{bb'}+r_{b'e}}=-72.8$$

$$C_\pi=\frac{g_m}{2\pi f_T}=12.3\ pF$$

$$C'_\pi=C_\pi+(1+g_mR'_L)C_\mu=C_\pi+(1+g_mR'_L)C_{ob}=139.3\ pF$$

$$R'_i=r_{b'e}//(R'_s+r_{bb'})=r_{b'e}//(R_s+r_{bb'})=142\ \Omega$$

$$f_H=\frac{1}{2\pi C'_\pi R'_i}=8.07\ MHz$$

$$R_i\doteq r_{b'e}+r_{bb'}=2.65\ k\Omega$$

$$R_o=R_c=4\ k\Omega$$

4.3.2　射极接电阻 R_e 的共射放大电路

在图 4.3.1 电路的晶体管射极接入电阻 R_e 便构成了如图 4.3.4 所示电路。其中 R_e 值应较小，是起频率补偿作用的，故这种放大电路的上限截止频率较高。

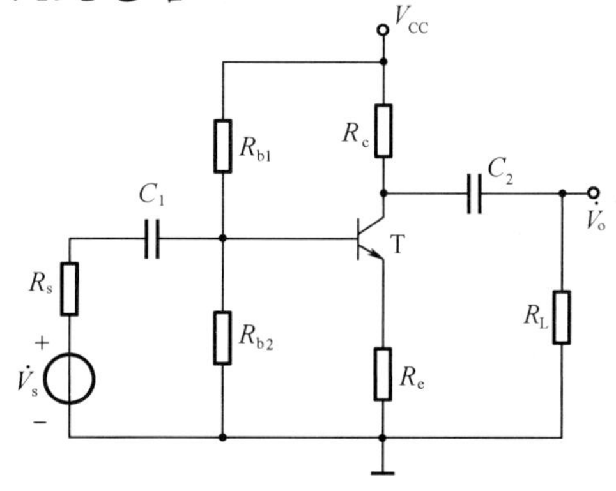

图 4.3.4　射极接 R_e 的共射放大电路

1. 等效电路

图 4.3.4 电路的高频杂 π 等效电路如图 4.3.5(a)所示。图 4.3.5(b)为简化等效电路。

在图 4.3.5(b)等效电路中忽略了

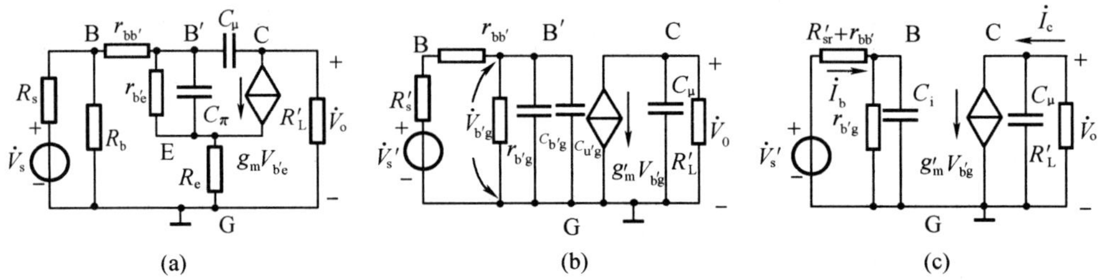

图 4.3.5 图 4.3.4 电路的高频杂 π 等效电路及其简化等效电路

$R_b = R_{b_1} /\!/ R_{b_2}$，而 $C'_{\mu g}$、$r_{b'g}$ 和 $C_{b'g}$ 分别是由 C_μ、R_e 和 C_π 等效到 B′G 的输入回路后产生的参数：

$$C'_{\mu g} = \frac{C'_\mu}{1+g_m R_e} = \frac{AC_\mu}{1+g_m R_e} = \frac{g_m R'_L C_\mu}{1+g_m R_e} \tag{4.3.18}$$

$$r_{b'g} = (1+g_m R_e) r_{b'e} \tag{4.3.19}$$

$$C_{b'g} = \frac{C_\pi}{1+g_m R_e} \tag{4.3.20}$$

在输出回路中，由于恒流源 $g_m \dot V_{b'e}$ 的内阻很大，所以 R_e 对电流源不产生影响。但由于输入回路中 $\dot V_{b'e}$ 已变为 $\dot V_{b'g}$，所以恒流源的表示方法也要改为

$$g_m \dot V_{b'e} = g'_m \dot V_{b'g} \tag{4.3.21}$$

g'_m 为内基极 B′ 对地的跨导：

$$g'_m = \frac{g_m}{1+g_m R_e} \tag{4.3.22}$$

最后简化成图 4.3.5(c)的等效电路，其中：

$$C_i = C_{b'g} + C_{\mu' g} = \frac{C_\pi}{1+g_m R_e} + \frac{AC_\mu}{1+g_m R_e} = \frac{C'_\pi}{1+g_m R_e} \tag{4.3.23}$$

2. 特性参数公式

依图 4.3.5(c)，可列出

$$\dot V_{b'g} = \frac{r_{b'g} /\!/ \dfrac{1}{j\omega C_i}}{R'_s + R_{bb'} + \left(r_{b'g} /\!/ \dfrac{1}{j\omega C_i}\right)} \dot V'_s$$

则可得

$$\dot V'_s = \frac{R'_s + r_{bb'} + \left(r_{b'g} /\!/ \dfrac{1}{j\omega C_i}\right)}{r_{b'g} /\!/ \dfrac{1}{j\omega C_i}} \dot V_{b'g} \tag{4.3.24}$$

而输出电压 $\dot V_{oR}$ 为

$$\dot V_{oR} = -g'_m \dot V_{b'g} R'_L \tag{4.3.25}$$

由式(4.3.24)、(4.3.25)得 $A_{uR}(j\omega)$ 为

$$A_{uR}(j\omega) = \frac{\dot V_{oR}}{\dot V'_s} = \frac{-g'_m \dot V_{b'g} R'_L}{\left[R'_s + r_{bb'} + \left(r_{b'g} /\!/ \dfrac{1}{j\omega C_i}\right)\right] \dot V_{b'g} \Big/ \left(r_{b'g} /\!/ \dfrac{1}{j\omega C_i}\right)}$$

将式(4.3.19)、(4.3.20)、(4.3.22)和(4.3.23)代入 $A_{uR}(j\omega)$式,得

$$A_{uR}(j\omega)=\frac{A_{uoR}}{1+j\frac{\omega}{\omega_{HR}}} \tag{4.3.26}$$

中频电压增益 A_{uoR}为

$$A_{uoR}=\frac{-\beta R_L'}{R_s'+r_{bb'}+(1+g_m R_e)r_{b'e}}=\frac{-\beta R_L'}{R_s'+r_{bb'}+r_{b'e}+\beta R_e} \tag{4.3.27}$$

上限截止频率f_{HR}为

$$f_{HR}=\frac{\omega_{HR}}{2\pi}=\frac{1}{2\pi C_\pi'\frac{(R_s'+r_{bb'})r_{b'e}}{R_s'+r_{bb'}+(1+g_m R_e)r_{b'e}}} \tag{4.3.28}$$

增益带宽积为

$$G\cdot BW=\frac{g_m R_L'}{2\pi C_\pi'(R_s'+r_{bb'})} \tag{4.3.29}$$

输入、输出电阻分别为

$$R_i=r_{be}+(1+\beta)R_e \tag{4.3.30}$$

$$R_o\doteq R_c \tag{4.3.31}$$

3. 讨论

与基本共射放大电路相比较可知:射极加 R_e 后,仍是一个单极点放大电路。但其上限截止频率提高了,中频增益下降了,可 $G\cdot BW$ 保持不变。可见,加 R_e 提高上限截止频率是以牺牲中频电压增益为代价的。

现对式(4.3.27)、(4.3.28)做变换,并令$\frac{R_e}{R_L'}=K_{fi}$,则可得

$$A_{uoR}=\frac{A_{uo}}{1+A_{uo}K_{fi}} \tag{4.3.32}$$

$$f_{HR}=f_H(1+A_{uo}K_{fi}) \tag{4.3.33}$$

实际上图4.3.4电路就是第6章要讨论的负反馈电路,K_{fi}为反馈系数。负反馈使上限截止频率为原来的$(1+A_{uo}K_{fi})$倍,使幅频电压增益减小为原来的$\frac{1}{1+A_{uo}K_{fi}}$。

4.3.3　射极接 R_e,C_e 补偿网络的共射放大电路

图4.3.6为射极接 R_e,C_e 补偿网络的共射放大电路。在电路形式上它与工作点稳定的共射放大电路一样,只不过工作点稳定的共射放大电路的 C_e 的容量值很大,它与交流耦合电容 C_1,C_2 共同决定电路的 f_L 值。但这里 C_e 电容比较小,一般为几十皮法到几百皮法。当电路工作在中低频段时 $Z_{ce}=\frac{1}{\omega C_e}$很大,$C_e$ 可视为开路,这就相当于图4.3.4的共射放大电路;当电路工作在高频段时,Z_{ce}变小,其作用不能忽略,它与 R_e 共同对电路起频率补偿作用。

图4.3.7为图4.3.6的杂 π 等效电路。图中射极 R_eC_e网络的等效阻抗为

$$Z_e=R_e/\!/\frac{1}{j\omega C_e}=\frac{R_e}{1+j\omega R_e C_e}=\frac{R_e}{1+j\omega\tau_e} \tag{4.3.34}$$

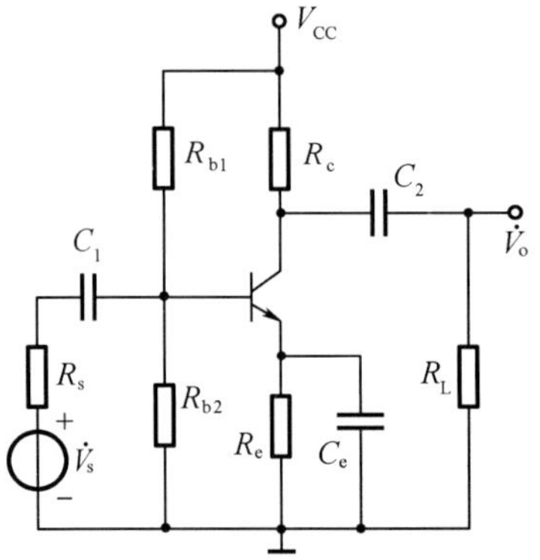

图 4.3.6 射极接 R_e,C_e 的共射电路

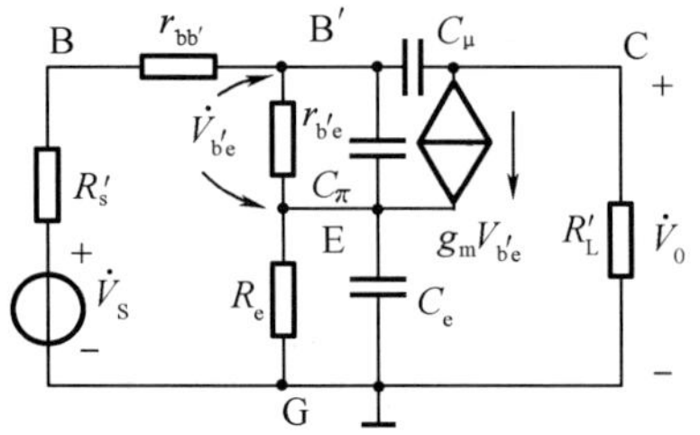

图 4.3.7 图 4.3.6 的高频杂 π 等效电路

$\tau_e = R_e C_e$ 称为射极补偿时间常数。

与图 4.3.5(a)相对照,图 4.3.7 中的 Z_e 就相当于 R_e,这样只要将公式(4.3.28)中的 R_e 用 Z_e 代替即可求出图 4.3.6 电路的上限截止频率为

$$f_{HRC} = \frac{1}{2\pi C_\pi' \dfrac{(R_s + r_{bb'})r_{b'e}}{R_s' + r_{bb'} + (1 + g_m Z_e) r_{b'e}}} = \frac{1}{2\pi C_\pi' \dfrac{(R_s + r_{bb'})r_{b'e}}{R_s' + r_{bb'} + r_{b'e} + \dfrac{g_m r_{b'e} R_e}{1 + j\omega\tau_e}}} \tag{4.3.35}$$

此式与式(4.3.28)比较可知:加入 $R_e C_e$ 网络比只加 R_e 时的上限截止频率提高了。

因中频时 C_e 不起作用,所加 $R_e C_e$ 网络的中频电压增益仍为式(4.3.27)所示,即

$$A_{uoRC} = \frac{-\beta R_L'}{R_s' + r_{bb'} + (1 + g_m R_e) r_{b'e}} \tag{4.3.36}$$

这样,增益的频响表达式为

$$A_{uRC}(j\omega) = \frac{A_{uoRC}}{1 + j\dfrac{\omega}{\omega_{HRC}}} \tag{4.3.37}$$

将式(4.3.35)和式(4.3.36)代入式(4.3.37)得

$$\begin{aligned} A_{uRC}(j\omega) &= \frac{-\beta R_L'}{R_s' + r_{bb'} + r_{b'e} + \dfrac{g_m R_e r_{b'e}}{1 + j\omega\tau_e} + j\omega C_\pi'(R_s' + r_{bb'}) r_{b'e}} \\ &= \frac{-\beta R_L'(1 + j\omega\tau_e)}{R_s' + r_{bb'} + r_{b'e} + g_m R_e r_{b'e} + j\omega[\tau_e(R_s' + r_{bb'} + r_{b'e}) + C_\pi'(R_s' + r_{bb'}) r_{b'e}] + (j\omega)^2 \tau_e C_\pi'(R_s' + r_{bb'}) r_{b'e}} \\ &= \frac{A_{uo} \cdot (1 + j\omega\tau_e)}{1 + j\omega \dfrac{(R_s' + r_{bb'} + r_{b'e})\tau_e + C_\pi'(R_s + r_{bb'}) r_{b'e}}{R_s' + r_{bb'} + (1 + g_m R_e) r_{b'e}} + (j\omega)^2 \dfrac{C_\pi' \tau_e (R_s' + r_{bb'}) r_{b'e}}{R_s' + r_{bb'} + (1 + g_m R_e) r_{b'e}}} \end{aligned} \tag{4.3.38}$$

由式(4.3.38)可知,图 4.3.6 电路是有二个极点和一个零点的电路系统,当选择不同的 τ_e时,对电路高频特性补偿效果是不同的。图 4.3.8 为 τ_e不同取值的高频特性补偿的效果图。

当 τ_e 较小时,对高频补偿的作用不明显,这种情况称为欠补偿,当 τ_e 选值比较大时,补偿又过头了,其幅频特性曲线会出现一个上突峰,这种情况称为过补偿,它对进一步提高上

限截止频率也不利。只有 τ_e 取合适的值时，补偿效果才最好，这种情况称为最佳补偿(Optimum compensation)。这时上限截止频率 f_{HRC} 可比 f_{HR} 提高 1.6 倍。最佳补偿的 R_eC_e 可依下式选择：

$$R_e=(4\sim9)\frac{R_s'+r_{bb'}+r_{b'e}}{\beta} \quad (4.3.39)$$

$$C_e=\frac{1}{2\omega_{HR}R_e} \quad (4.3.40)$$

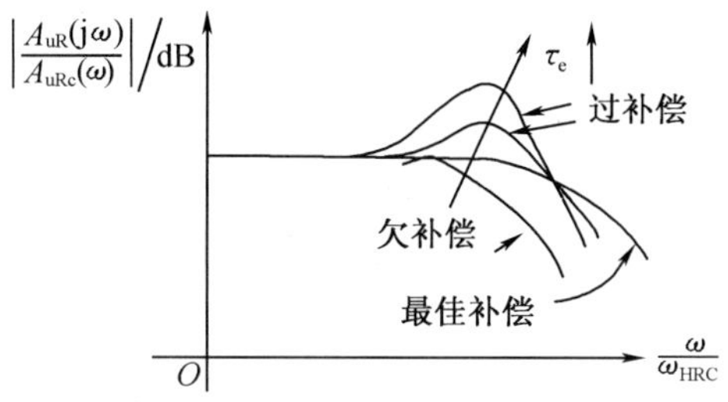

图 4.3.8 τ_e 补偿效果图

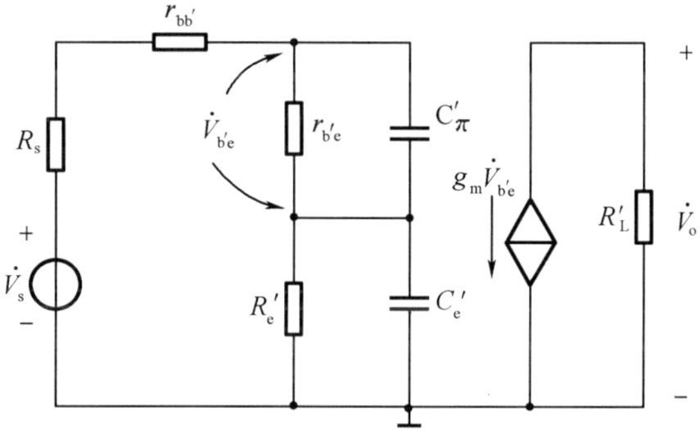

图 4.3.9 图 4.3.6 的高频杂 π 等效电路

在图 4.3.6 电路中，R_e 的取值应大于 $R_s'+r_{b'b}$，否则频率补偿的效果不明显。

有人用另一种方法分析图 4.3.6 电路。图 4.3.9 为其简化的杂 π 等效电路。其中 R_e'，C_e'分别为射极接的 R_e，C_e 折算到输入回路的电阻、电容分别为

$$R_e'=(1+\beta)R_e \quad (4.3.41)$$

$$C_e'=\frac{C_e}{1+\beta} \quad (4.3.42)$$

在输入回路中，$r_{b'e}C_\pi'$和 $R_e'C_e'$两个并联网络相串联，它们的阻抗分别为

$$Z_{b'e}=r_{b'e}/\!/\frac{1}{j\omega C_\pi'}=\frac{r_{b'e}}{1+j\omega C_\pi' r_{b'e}} \quad (4.3.43)$$

$$Z_e'=R_e'/\!/\frac{1}{j\omega C_e'}=(1+\beta)\frac{R_e}{1+j\omega C_eR_e} \quad (4.3.44)$$

当调节 $Z_{b'e}=Z_e'$时，R_eC_e 网络的补偿效果最好。用这种等效分析方法也可以推导出 f_{HRC}、A_{uoRC}和 $A_{uRC}(j\omega)$的表达式与式(4.3.35)、(4.3.36)和(4.3.38)是一样的。读者可自行分析推导。

4.4 晶体管共基极放大电路分析

4.4.1 基本共基极放大电路

图 4.4.1(a)为一基本共基极放大电路简图。依此电路可画出图 4.4.1(b)的高频小信号等效电路。

由于 $\dot I_b$ 在很宽频率范围内都很小，而且 $r_{bb'}$ 也很小，所以为了分析方便，可将 $r_{bb'}$ 忽略，简化成图 4.4.1(c)的等效电路。由图 4.4.1(c)可列出：

$$\dot I_e=g_m\dot V_{b'e}+\frac{\dot V_{b'e}}{r_{b'e}}+\dot V_{b'e}(j\omega C_\pi)=\dot V_{b'e}\left[\frac{1}{r_e}+\frac{1}{(1+\beta)r_e}+j\omega C_\pi\right]\doteq\dot V_{b'e}\left(\frac{1}{r_e}+j\omega C_\pi\right) \quad (4.4.1)$$

从发射极看进去，输入阻抗为

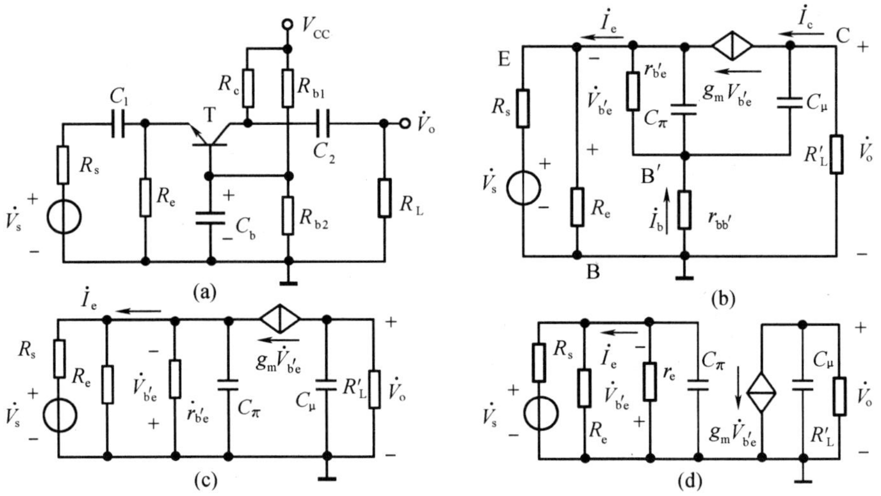

图 4.4.1 基本共基极放大电路及其高频小信号等效电路

$$Z_i = \frac{\dot{V}_{b'e}}{\dot{I}_e} = \frac{1}{\frac{1}{r_e} + j\omega C_\pi} = r_e // \frac{1}{j\omega C_\pi} \tag{4.4.2}$$

依此可画出图 4.4.1(d)的简化等效电路。

1. 求中频电压增益。

由图 4.4.1(d)可见,当不考虑 C_π 和 C_μ 时,得

$$\dot{V}_o = g_m \dot{V}_{b'e} R'_L = g_m R'_L \frac{(r_e // R_e)}{R_s + (r_e // R_e)} \dot{V}_s$$

通常 $R_e \gg r_e$,所以 A_{uos} 为

$$A_{uos} = \frac{\dot{V}_o}{\dot{V}_s} \doteq \frac{g_m R'_L r_e}{R_s + r_e} = \frac{R'_L}{R_s + r_e} = \frac{\beta R'_L}{\beta R_s + r_{b'e}} \tag{4.4.3}$$

与式(4.3.5)相比较,可知共基放大电路的增益比共射放大电路的增益要小。

若不考虑 R_s,则

$$A_{uos} = \frac{R'_L}{r_e} = g_m R'_L \tag{4.4.4}$$

2. 求上限截止频率

在图 4.4.1(d)的电路中有两个极点:输入回路的 τ_i 为

$$\tau_i = C_\pi \cdot (R_s // R_e // r_e) \doteq C_\pi (R_s // r_e) \tag{4.4.5}$$

故由 τ_i 决定的 f_i 为

$$f_i = \frac{1}{2\pi C_\pi (R_s // r_e)} \tag{4.4.6}$$

或

$$f_i = f_T / g_m (R_s // r_e) \tag{4.4.7}$$

由输出回路决定的 τ_o 为

$$\tau_o = C_\mu R'_L \tag{4.4.8}$$

故由 τ_o 决定的 f_o 为

$$f_o = \frac{1}{2\pi R_L' C_\mu} \tag{4.4.9}$$

由此可以得到高频电压增益表达式为

$$A_u(j\omega) = \frac{A_{uos}}{(1 + j\frac{f}{f_i})(1 + j\frac{f}{f_o})} \tag{4.4.10}$$

由式(4.4.6)可见，当 $R_s \gg r_e$ 时，f_i 是由 C_π 和 r_e 决定，由于 C_π 和 r_e 都比较小，所以 f_i 是很高的。又由于 C_μ 更小，只要适当选择 R_L'，则由式(4.4.9)可知，f_o 也很高。这样，由 f_i 和 f_o 共同决定的共基极放大电路的上限截止频率也一定很高。其表达式为

$$\frac{1}{f_H} = \sqrt{\frac{1}{f_i^2} + \frac{1}{f_o^2}} \tag{4.4.11}$$

3. 电路的输入、输出电阻

$$R_i \doteq r_e \tag{4.4.12}$$

$$R_o = R_c \tag{4.4.13}$$

由于共基极放大电路的 R_i 很小，它很适合电流模式输入。

[**例题 4.4.1**]

一个共基极放大电路如图 4.4.1(a)所示，晶体管 $r_{b'e} = 2.6\ \text{k}\Omega$，$\beta = 100$，$f_T = 600\ \text{MHz}$，$C_\mu = 1\ \text{pF}$，$R_s = 100\ \Omega$，$R_e = 1\ \text{k}\Omega$，$R_L' = 500\ \Omega$，试求上限截止频率和中频电压增益。

解：

$$r_e = \frac{r_{b'e}}{\beta} = 26\ \Omega,\quad g_m = \frac{1}{r_e} = 38.5\ \text{mS}$$

$$C_\pi = \frac{g_m}{2\pi f_T} = 10.2\ \text{pF},\quad R_e /\!/ r_e = 25\ \Omega$$

由式(4.4.3)得

$$A_{uos} = \frac{g_m \cdot R_L'(r_e /\!/ R_e)}{R_s + (r_e /\!/ R_e)} = \frac{38.5 \times 0.5 \times 0.025}{0.1 + 0.025} = 3.85$$

由式(4.4.5)和式(4.4.7)得

$$f_i = \frac{1}{2\pi(R_s /\!/ R_e /\!/ r_e)C_\pi} = \frac{10^{12}}{6.28 \times 20 \times 10.2} = 780.6\ \text{MHz}$$

$$f_o = \frac{1}{2\pi R_L' C_\mu} = \frac{10^{12}}{6.28 \times 500 \times 1} = 318.5\ \text{MHz}$$

$$f_H = \frac{1}{\sqrt{\frac{1}{f_i^2} + \frac{1}{f_o^2}}} = 295\ \text{MHz}$$

$$R_i = 26\ \Omega$$

$$R_o = 0.5\ \text{k}\Omega$$

4.4.2 电感高频补偿电路

从上面分析可知共基极放大电路的突出优点是有很好的高频特性，但这种电路不适宜带容性负载。设负载为 C_L，则 C_L 与 C_μ 并联，若 C_L 较大则会使电路的高频响应特性变差。如带电容负载太大了，则共基电路的优点将损失殆尽。另外，为了获得好的频响特性，R_L 也要选得比较小，所以共基电路的电压增益也比较小。为了保持好的高频响应，又让电压增益大些，人们往往使用图 4.4.2 所示电感补偿型共基极放大电路。由于电感在高频时阻抗增加，从而可使电压增益提高。又由于引入了电感补偿电路，这时电路变成了一个二阶系统。L, C_o 组成一个低 Q 值谐振电路，其 $Q=\frac{1}{R_c}\sqrt{\frac{L}{C_o}}$，可以推导出当 $Q=0.64$ 时，频率补偿效果最好，这时 L 值为

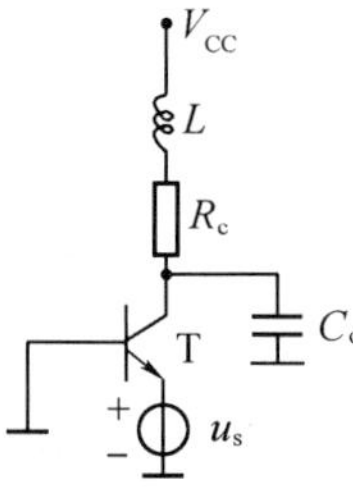

图 4.4.2 电感补偿的共基放大电路

$$L=\frac{R_c^2 C_o}{2.5} \tag{4.4.14}$$

通常 L 为几十～几百微亨。理论上讲当达到最佳补偿时，f_H 可提高 70%，而电路其他特性不受影响。

4.5 晶体管共集电极放大电路分析

图 4.5.1 为晶体管共集电极放大电路，又称射极跟随器(Emitter follower)。图 4.5.2 为其高频小信号等效电路。由图可见，电容 C_μ 接在输入回路，由于 C_μ 很小，又没有密勒电容倍增效应，所以，在高频段可满足 $\frac{1}{\omega C_\mu} \gg R_s + r_{bb'}$，故可以将 C_μ 略去。这样，依图 4.5.2 可得

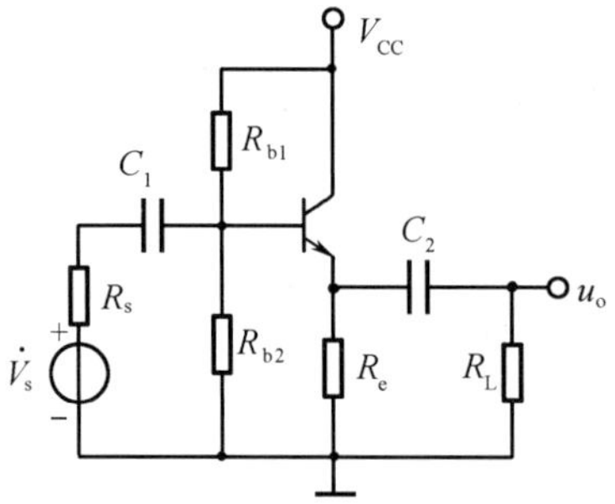

图 4.5.1 共集电极放大电路

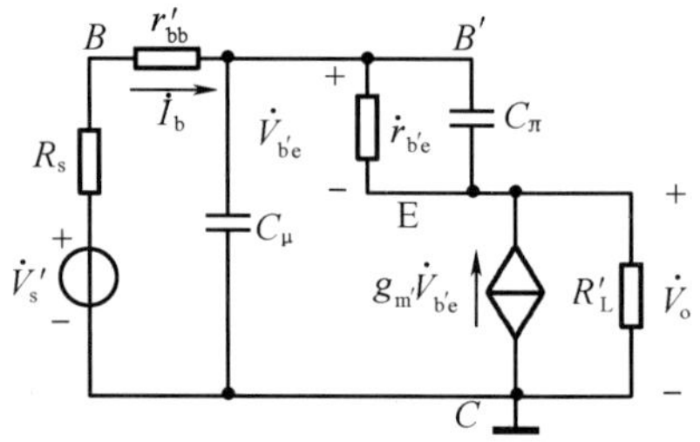

图 4.5.2 共集电极放大电路的高频小信号等效电路

$$\dot{V}_s \doteq (R_s + r_{bb'} + Z_{b'e})\dot{I}_b + \dot{V}_o \tag{4.5.1}$$

$$\dot{V}_o = (\dot{I}_b + g_m \dot{V}_{b'e})R_L' = \dot{I}_b(1+g_m Z_{b'e})R_L' \tag{4.5.2}$$

而
$$Z_{b'e}=r_{b'e}/\!/\frac{1}{j\omega C_{\pi}}=\frac{r_{b'e}}{1+j\omega r_{b'e}C_{\pi}} \tag{4.5.3}$$

由式(4.5.1)和(4.5.2)得

$$A_{u}(j\omega)=\frac{V_{o}(j\omega)}{V_{s}(j\omega)}=\frac{(1+g_{m}Z_{b'e})R'_{L}}{R_{s}+r_{bb'}+Z_{b'e}+(1+g_{m}Z_{b'e})R'_{L}} \tag{4.5.4}$$

将式(4.5.3)代入并整理得

$$A_{us}(j\omega)=\frac{(1+\beta)R'_{L}}{R_{s}+r_{be}+(\beta+1)R'_{L}}\cdot\frac{1+j\omega C_{\pi}\cdot\dfrac{r_{b'e}}{1+\beta}}{1+j\omega C_{\pi}\cdot\dfrac{r_{b'e}(R_{s}+r_{bb'}+R'_{L})}{R_{s}+r_{b'e}+r_{bb'}+(1+\beta)R'_{L}}}$$

$$=A_{uos}\frac{1+j\dfrac{\omega}{\omega_{z}}}{1+j\dfrac{\omega}{\omega_{H}}} \tag{4.5.5}$$

式中，中频电压增益A_{uos}、零点频率f_z和极点频率f_H分别为

$$A_{uos}=\frac{(1+\beta)R'_{L}}{R_{s}+r_{be}+(1+\beta)R'_{L}} \tag{4.5.6}$$

$$f_{z}=\frac{\omega_{z}}{2\pi}=\frac{1+\beta}{2\pi C_{\pi}r_{b'e}}\doteq\frac{g_{m}}{2\pi C_{\pi}}=f_{T} \tag{4.5.7}$$

$$f_{H}=\frac{\omega_{H}}{2\pi}=\frac{R_{s}+r_{b'e}+r_{bb'}+(1+\beta)R'_{L}}{2\pi C_{\pi}r_{b'e}(R_{s}+r_{bb'}+R'_{L})}=\frac{R_{s}+r_{be}+(1+\beta)R'_{L}}{(1+\beta)(R_{s}+r_{bb'}+R'_{L})}f_{T} \tag{4.5.8}$$

当$(R_{s}+r_{be})\ll(1+\beta)R'_{L}$时，由式(4.5.6)得$A_{uos}\doteq1$，而式(4.5.8)可简化为

$$f_{H}\doteq\frac{R'_{L}}{R_{s}+r_{bb'}+R'_{L}}\cdot f_{T} \tag{4.5.9}$$

当$R_{s}+r'_{bb}\ll R'_{L}$时，

$$f_{H}\doteq f_{T} \tag{4.5.10}$$

由此可见共集电极放大电路的上限截止频率与R_s有关，R_s越小，f_H越高。f_H还与所用晶体管参数有关，选用f_T高、$r_{bb'}$小的晶体管，则可使f_H提高。

由式(4.5.10)与式(4.5.7)可知$f_H=f_z$，这就是说：对于共集电极放大电路，如果参数选择合适，可以做到极－零点对消，故这种电路的高频特性很好，频带很宽。

在上述公式推导过程中，忽略了C_μ，而且是在R_s，$r_{bb'}$很小的条件下认定共集电路的高频响应特性很好。在电路设计时，就要注意满足这些条件，即选C_μ、$r_{bb'}$小而f_T高的管子。同时R_s也要小。为了达到高频特性好的目的，负载电阻R_L也要适当地小，否则上述公式就会产生一定误差。特别是当R'_L较大时，C_μ的影响不能忽略，它将成为制约f_H值提高的重要因素之一。一般情况下电路的上限工作频率低于$f_T/3$时，上述结论都是可信的。

现在来讨论信号源内阻R_s对f_H的影响。对于图4.5.1的共集电极放大电路，若已知晶体管$f_T=400$ MHz，$r_{bb'}=50\ \Omega$，$C_\mu=1$ pF，$r_e=5\ \Omega$，$\beta=100$，$R'_L=200\ \Omega$，可以计算出R_s与f_H的关系如表4.5.1所示结果。

表 4.5.1　共集电极放大电路 f_H 与 R_s 的关系

R_s/Ω	0	50	100	200	250	∞
f_H/MHz	635	499	403	287	39	2.9

由表 4.5.1 可见,对于共集电极放大电路的工作频率上限受 R_s 影响是非常大的。

共集电极放大电路的输出阻抗也是一个重要参数。在高频情况下,就要考虑 $Z_{b'e}$ 对输出阻抗的影响。由图 4.5.2 可见,由射极看进去的输出阻抗为

$$Z_o' = \frac{\dot{V}_o}{\dot{I}_e'} = \frac{\dot{I}_b(R_s + r_{bb'} + Z_{b'e})}{\dot{I}_b + g_m \cdot \dot{V}_{b'e}} = \frac{\dot{I}_b(R_s + r_{bb'} + Z_{b'e})}{\dot{I}_b(1 + g_m \cdot Z_{b'e})} = \frac{R_s + r_{bb'} + Z_{b'e}}{1 + g_m \cdot Z_{b'e}}$$

则电路的输出阻抗为

$$Z_o = R_E /\!/ Z_o' = R_E /\!/ \frac{R_s + r_{bb'} + Z_{b'e}}{1 + g_m \cdot Z_{b'e}} \tag{4.5.11}$$

如不考虑 C_π 的影响,则输出电阻为

$$R_o = R_E /\!/ \frac{R_s + r_{be}}{1 + g_m r_{b'e}} = R_E /\!/ \frac{R_s + r_{be}}{1 + \beta} \tag{4.5.12}$$

共集电极放大电路的输入阻抗为

$$Z_i = R_i /\!/ \frac{1}{j\omega[C_\mu + C_\pi/(1 + g_m R_i)]} \tag{4.5.13}$$

输入电阻为

$$R_i = r_{be} + (1 + \beta) R_L' \tag{4.5.14}$$

这里特别要说明,共集电极放大电路,含有两个独立的电容,C_π 和 C_μ,而 C_π 跨接在输入、输出之间。我们在上面的分析中,已经得到一个极点频率 f_H,它是由 C_π 和 $r_{b'e}$ 决定的。另一个极点频率是由 C_μ 决定的,由于 C_μ 很小,它被忽略了,所以没有讨论这个极点,但这并不影响所得结论的可靠性。

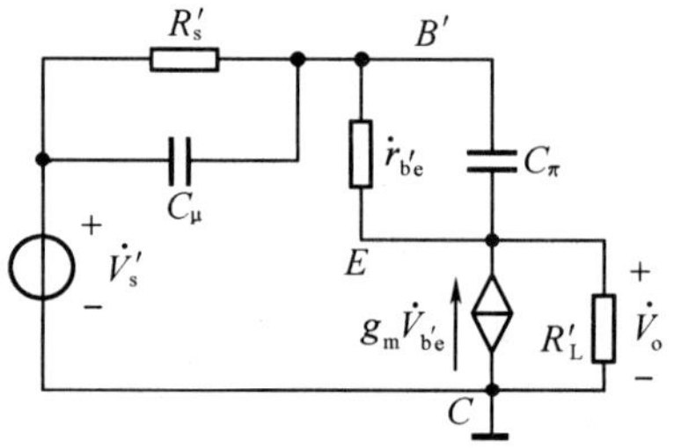

图 4.5.3　共集放大电路的高频等效电路

当考虑 C_μ 对频响的影响时,可得图 4.5.2 的等效电路改用图 4.5.3 表示。图中 $\dot{V}_s' = \frac{1}{1 + j\omega C_\pi R_s'}\dot{V}_s$,$R_s' = R_s + r_{bb'}$。由图可见,在电路中存在两个阻抗回路,其时间常数分别为

$$\tau_{is} = R_s' C_\mu \tag{4.5.15}$$

$$\tau_{b'e} = r_{b'e} C_\pi \tag{4.5.16}$$

$\tau_{b'e}$ 跨接在输入和输出回路之间。由等效电路可以推导出

$$A_{us}(jf) = \frac{u_o(jf)}{u_i(jf)} = A_{uos}\frac{1 + j\dfrac{f}{f_z}}{\left(1 + j\dfrac{f}{f_{H1}}\right)\left(1 + j\dfrac{f}{f_{H2}}\right)} \tag{4.5.17}$$

可见,共集电极电路有两个极点,一个零点。这里没有讨论公式(4.5.17)的推导过程,而只提出了分析思路,有兴趣者可自行推演。当忽略一些次要因素,可以定性地判定两个

上限截止频率f_{H1}和f_{H2}分别主要是由τ_{is}和$\tau_{b'e}$决定的。而由τ_{is}决定的极点频率是很高的，当这个极点被忽略后，式(4.5.17)就与式(4.5.5)一样。

在应用共集电极放大电路时，要注意容性负载问题，容性负载会使电路在某些频段可能产生振荡。另外，要注意R_e不能短路，否则会烧毁晶体管。其次，在大信号时，将会引起不对称的瞬时响应，这可用互补跟随电路的办法解决，有关互补跟随电路的相关内容详见节4.9。

4.6　场效应管放大电路

由于场效应管有u_{gs}控制i_d的特点，所以可以用场效应管构成放大电路。因场效应管的栅－源之间电阻可达$10^8 \sim 10^{12}\ \Omega$，所以常用这种放大电路作高输入阻抗放大器的输入级。场效应管在导通时，沟道电阻很小，截止时，沟道电阻又很大，所以当它工作在可变电阻区和截止区时，又可以作为电子开关应用。

与分析晶体管放大电路一样，分析场效应管放大电路时，也要将场效应管用一个等效电路代替。

4.6.1　场效应管小信号等效电路

现以NEMOS管为例，讨论场效应管共源接法的小信号等效电路。

1. 低频小信号等效电路

(1)B，S极相连

由场效应管知识可知，i_d与u_{gs}和u_{ds}有关，而且栅流$i_g=0$，所以在低频小信号的等效电路如图4.6.1所示，i_d电流受u_{gs}控制，并且可以用一个受控电流源$g_m u_{gs}$表示，而输出电阻r_{ds}也可以用输出电导g_{ds}表示，g_{ds}等于r_{ds}的倒数。

(2)考虑B极影响

如果考虑B极的影响，其等效电路如图4.6.2所示。其中g_{mb}为衬底－栅极跨导，虽然g_{mb}只有g_m的1/10左右，但在有些情况下还是要考虑的。g_{mb}对i_d的控制作用就是所谓的背电极调制效应(Substract modulation effect)，它使i_d减小，使V_{TH}增加。

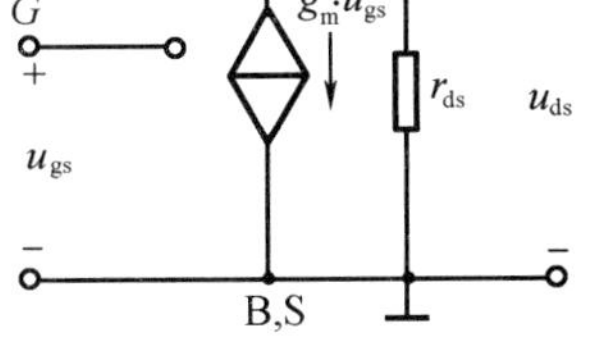

图4.6.1　$V_{bs}=0$时的低频小信号等效电路

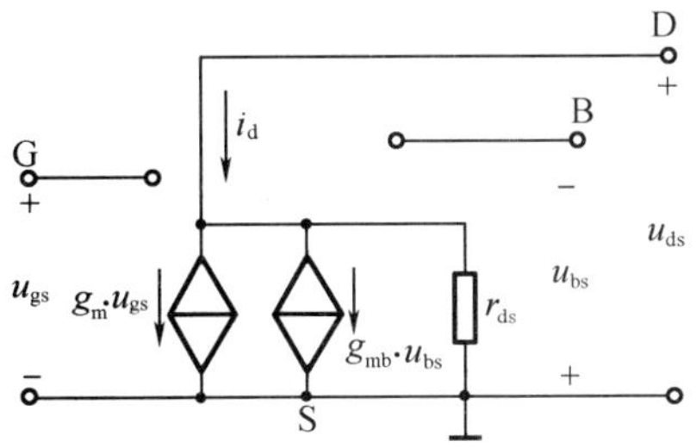

图4.6.2　考虑背电极调制效应时的低频小信号等效电路

2. 高频小信号等效电路

当 MOS 管工作在高频或脉冲条件下时，就要考虑极间电容的影响，这时的小信号等效电路如图 4.6.3 所示。这里考虑了背电极调制效应的影响。图中栅 - 源电容 C_{gs} 和栅 - 漏电容 C_{gd} 是线性电容，而背电极 - 栅极间电容 C_{gb}、背电极 - 源极电容 C_{bs} 和背电极 - 漏极电容 C_{bd} 是 PN 结电容，是非线性电容。

场效应管在使用中常常将背电极和源极相连，这样背电极的调制作用就没有了。这种情况，其微变等效电路则可用图 4.6.4 表示，这里 C_{gs} 包含有 C_{gb}，而 $C_{ds}=C_{bd}$。这种共源结构的高频小信号等效电路与我们学习过的晶体管共射接法放大器杂 π 等效电路是很相像的。

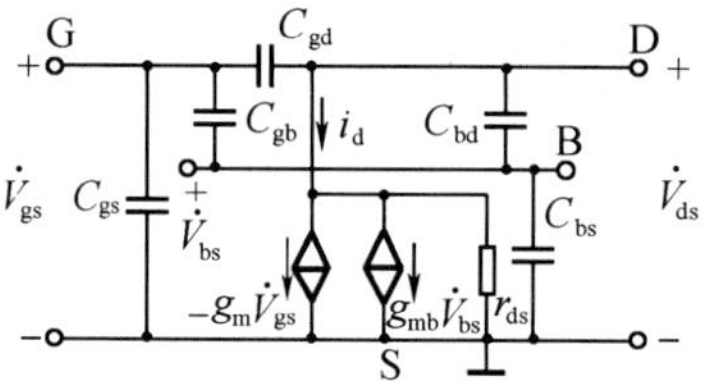

图 4.6.3 NEMOS 管的高频小信号等效电路

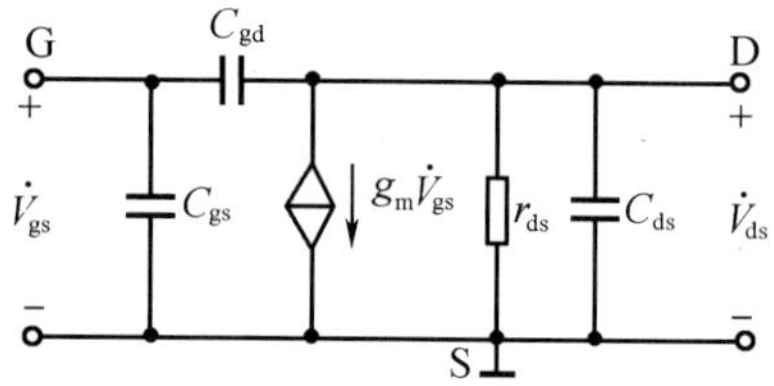

图 4.6.4 源极与衬底短接时 NEMOS 管的高频小信号等效电路

在图 4.6.4 的等效电路中，输入、输出回路之间有电容 C_{gd} 相连，仍用密勒定理，将其分别等效到输入、输出回路中，这样

$$C'_{gs}=C_{gs}+(1+g_mR'_L)C_{gd} \tag{4.6.1}$$

$$C'_{ds}\doteq C_{ds}+C_{gd} \tag{4.6.2}$$

考虑到输出回路的时间常数比输入回路的小得多，所以，在分析频率特性时，可将输出回路的 C'_{ds} 忽略，得到图 4.6.5 的简化等效电路，这样就将一个二阶一零系统简化为一阶一零系统。

3. 特征频率 f_T

和双极型晶体管一样，MOS 场效应管的 f_T 也是表征场效应管频率特性的重要参数之一。由于 f_T 是输出交流短路，电流增益等于 1 时的频率，故求解 f_T 时可将图 4.6.4 改画成图 4.6.6，依图可列下面的表达式

$$\dot{I}_g=j\omega(C_{gs}+C_{gd})\dot{V}_{gs} \tag{4.6.3}$$

$$\dot{I}_d=g_m\dot{V}_{gs}-j\omega C_{gd}\dot{V}_{gs}=(g_m-j\omega C_{gd})\dot{V}_{gs} \tag{4.6.4}$$

由式(4.6.3)和式(4.6.4)可得输出短路电流增益

$$\dot{A}_i=\frac{\dot{I}_d}{\dot{I}_g}=\frac{(g_m-j\omega C_{gd})\dot{V}_{gs}}{j\omega(C_{gs}+C_{gd})\dot{V}_{gs}}=\frac{g_m-j\omega C_{gd}}{j\omega(C_{gs}+C_{gd})} \tag{4.6.5}$$

又由于 C_{gd} 也很小，故 $g_m\gg\omega C_{gd}$，所以式(4.6.5)可简化为

$$\dot{A}_i\doteq\frac{g_m}{j\omega(C_{gs}+C_{gd})} \tag{4.6.6}$$

根据 f_T 定义，可令式(4.6.6)=1，则 f_T 为

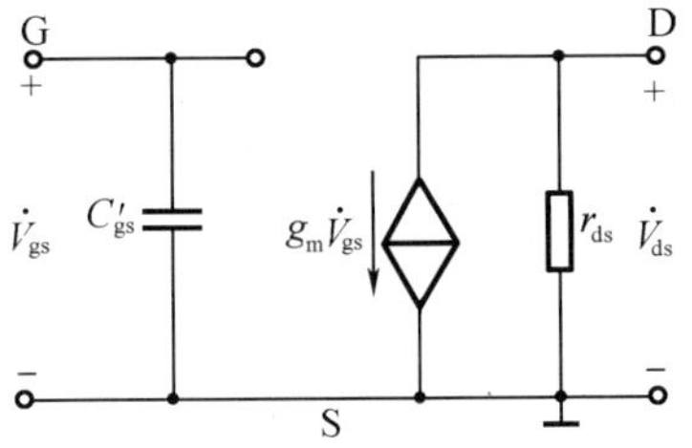

图 4.6.5　图 4.6.4 的简化等效电路

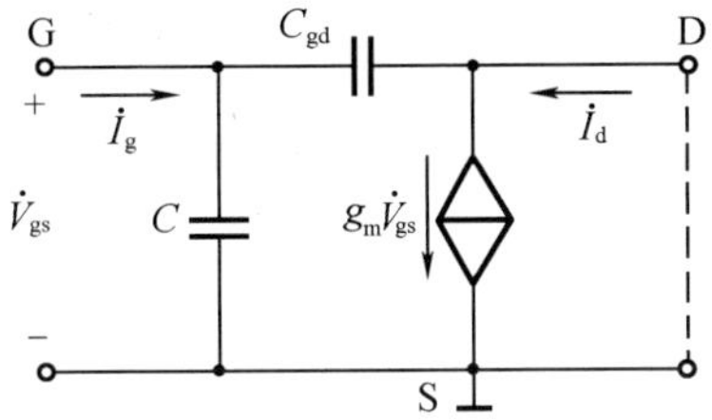

图 4.6.6　计算 f_T 的高频小信号等效电路

$$f_T = \frac{g_m}{2\pi(C_{gs}+C_{gd})} \doteq \frac{g_m}{2\pi C_{gs}} \tag{4.6.7}$$

依 g_m 和 C_{gs}的定义，f_T 又可写成

$$f_T = \frac{\mu_n}{2\pi} \cdot \frac{V_{gs}-V_{TH}}{L^2} \tag{4.6.8}$$

其中，L 为导电沟道长度。

4.6.2　场效应管基本放大电路

1. 场效应管基本放大电路的三种拓扑结构

与晶体管基本放大电路一样，场效应管基本放大电路也有三种组态，即共漏、共源和共栅极放大电路。图 4.6.7 ~ 4.6.9 给出了用 NEMOS 管构成的三种组态的典型电路和等效电路。

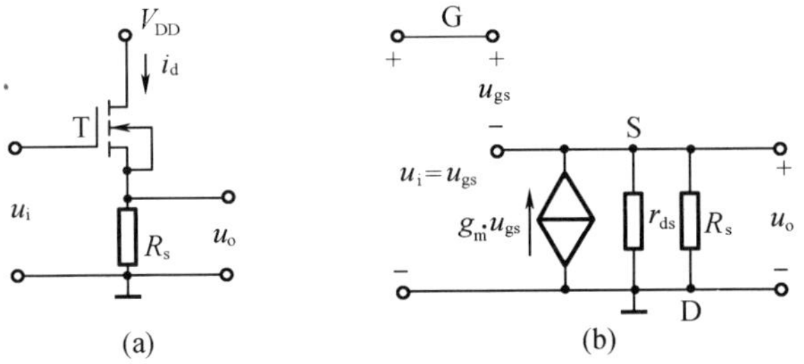

图 4.6.7　共漏极放大电路及其小信号等效电路

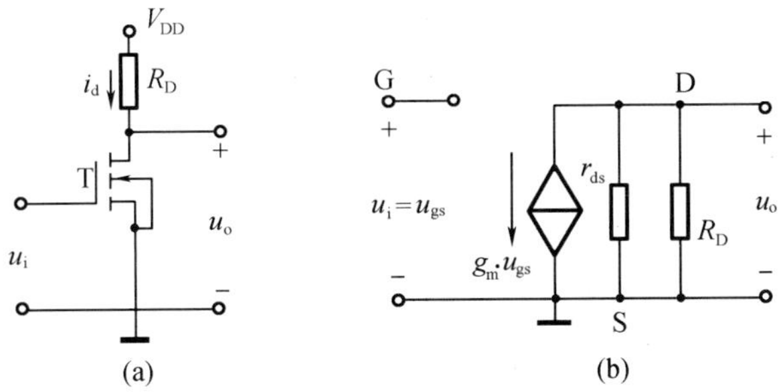

图 4.6.8　共源极放大电路及其小信号等效电路

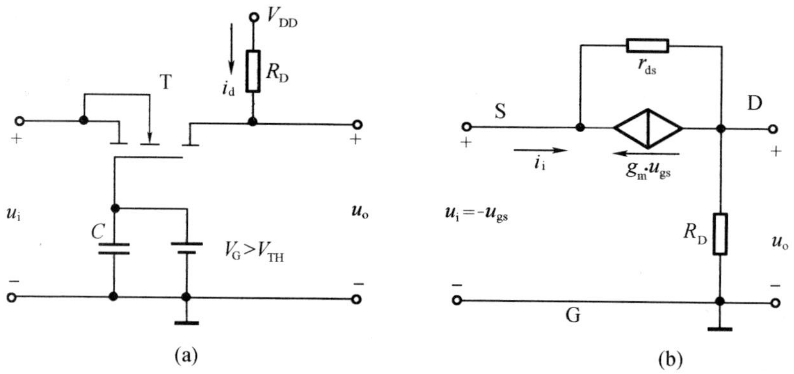

图 4.6.9 共栅极放大电路及其小信号等效电路

2. 基本特性参数

场效应管放大电路的分析方法与晶体管放大电路类似，这里不再讨论。现将三种组态的放大电路的基本特性列于表 4.6.1 中。

表 4.6.1 场效应管三种组态的放大电路的特性比较表

电路组态	增益 $\dot{A}$	输入电阻 R_i	输出电阻 R_o	电路图
共漏	$\frac{g_m R_s'}{1+g_m R_s'}$ $R_s'=R_s/\!/r_{ds}$	∞	$\frac{1}{g_m}/\!/R_s' \doteq \frac{1}{g_m}$	图 4.6.7(a)
共源	$-g_m \cdot R_D'$ $R_D'=R_D/\!/r_{ds}$	∞	R_D'	图 4.6.8(a)
共栅	$\frac{\left(g_m+\frac{1}{r_{ds}}\right)R_D}{1+\frac{R_D}{r_{ds}}} \doteq g_m R_D$ $(r_{ds} \gg R_D)$	$\frac{R_D+r_{ds}}{1+g_m r_{ds}} \doteq \frac{1}{g_m}$ $(r_{ds} \gg R_D)$	$R_D/\!/r_{ds}$	图 4.6.9(a)

4.6.3 场效应管放大电路分析

1. 场效应管共源放大电路分析

图 4.6.10(a)所示为共源放大电路，T_1 为 NEMOS 管，它起放大作用，T_2 为 NDMOS 管，它构成有源电阻做 T_1 的负载，两管工作在恒流区，用电压源 u_s 驱动。

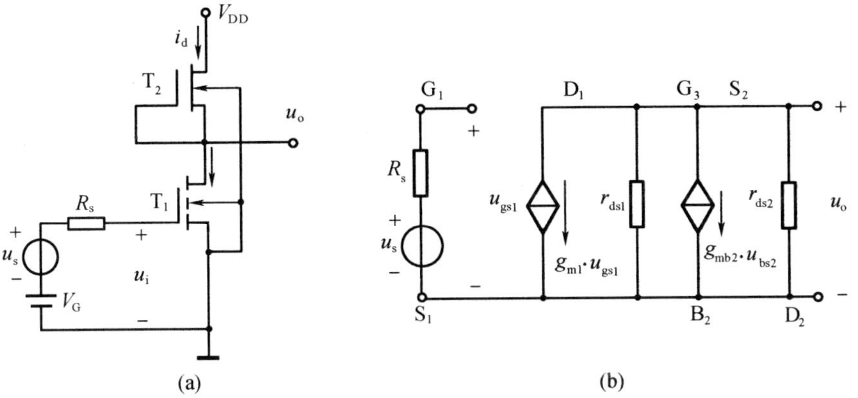

图 4.6.10　共源放大电路及其中频小信号等效电路

(1)中频特性分析

图 4.6.10(b)为中频小信号等效电路。T_1 管总负载电阻为

$$R'_{L1} = r_{ds1} /\!/ r_{ds2} /\!/ \frac{1}{g_{mb2}} = \frac{1}{g_{ds1} + g_{ds2} + g_{mb2}} \tag{4.6.9}$$

电路总电压增益为

$$A_{uo} = \frac{u_o}{u_{gs1}} = -g_{m1} R'_{L1} = \frac{-g_{m1}}{g_{ds1} + g_{ds2} + g_{mb2}} \tag{4.6.10}$$

电路的输出电阻为

$$R_o = R'_{L_1} = \frac{1}{g_{ds1} + g_{ds2} + g_{mb2}} \tag{4.6.11}$$

(2)高频特性分析

图 4.6.11 为图 4.6.10(a)高频小信号等效电路,其中 r_2 和 C_2 分别代表 T_2 管的漏 - 源间的等效电阻和总电容,它们分别为:$r_2 = r_{ds2} /\!/ \frac{1}{g_{mb2}}$, $C_2 = C_{gd2} + C_{bs2} + C_{bg2} + C_{bd2}$。

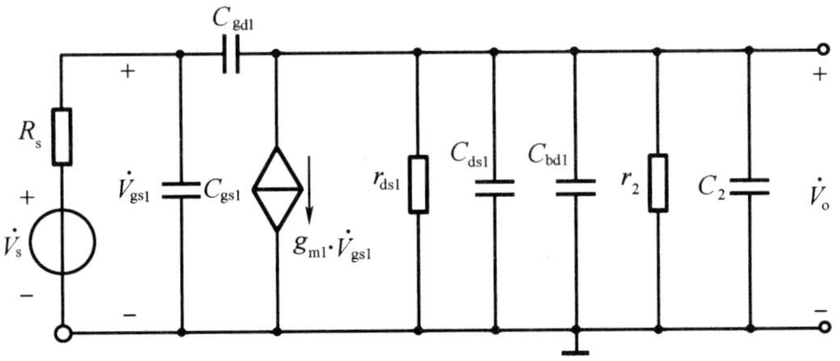

图 4.6.11　图 4.6.10(a)电路的高频小信号等效电路

仍应用密勒定理,将 C_{gd1} 等效到输入和输出回路中,得到图 4.6.12 简化高频小信号的等效电路,图中 C'_{gs1} 和 C'_{ds} 分别为

$$C'_{gs1} = C_{gd1}(1 + g_{m1} R'_L) + C_{gs1} \tag{4.6.12}$$

$$C'_{ds1}=C_{ds1}+C_{gd1} \tag{4.6.13}$$

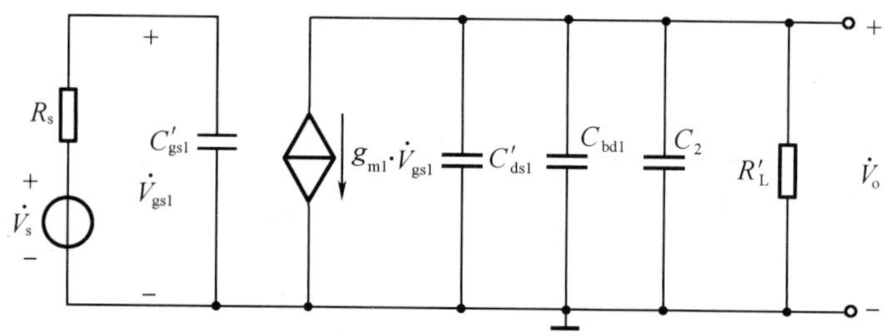

图 4.6.12 图 4.6.11 的简化等效电路

输入、输出回路的总电容分别为

$$C_i=C'_{gs1}=C_{gs1}+(1+g_{m1}R'_L)C_{gd1} \tag{4.6.14}$$

$$C_o=C_{bd1}+C'_{ds1}+C_2\doteq C_{bd1}+C_{ds1}+C_{gd1}+C_2 \tag{4.6.15}$$

可推导出电压增益为

$$A_u(jf)=\frac{-g_{m1}R'_L}{\left(1+j\frac{f}{f_{Hi}}\right)\left(1+j\frac{f}{f_{Ho}}\right)} \tag{4.6.16}$$

两个极点分别为

$$f_{Hi}=\frac{1}{2\pi R_sC_i}=\frac{1}{2\pi R_s[C_{gs1}+(1+g_{m1}R'_L)C_{gd1}]} \tag{4.6.17}$$

$$f_{Ho}=\frac{1}{2\pi R'_LC_o}=\frac{1}{2\pi R'_L(C_{bd1}+C_{ds1}+C_{gd1}+C_2)} \tag{4.6.18}$$

电路的上限截止频率为

$$f_H=\left[\left(\frac{1}{f_{Hi}}\right)^2+\left(\frac{1}{f_{Ho}}\right)^2\right]^{-\frac{1}{2}} \tag{4.6.19}$$

若电压源内阻 R_s 很小，则 $f_{Hi}\gg f_{Ho}$，$f_H=f_{Ho}$，此时放大电路是一个单极点系统。

2. CMOS 共源放大电路

在图 4.6.10(a)电路中，由于 T_2 有背电极的调制效应，这会影响放大电路的性能。为解决这个问题，可将 T_2 管改成 PEMOS 管，并接成恒流源组态作 T_1 管的有源负载，其原理图如图 4.6.13(a)所示。这种 N 沟和 P 沟 MOS 管在电路中互补对称结构(Complementary symmetry)的 MOS 放大电路称为 CMOS 放大电路。由图可见 T_1，T_2 管的 B 极都与各自的源极相连，从而消除了背电极的调制效应。图中 T_2 的 G，S 极都接固定电位，这使 V_{gs2} 为定值，T_2 的电流完全由 V_{G2} 决定，构成了恒流源电路，做 T_1 管的有源负载。依上面的分析，可画出图 4.6.13(b)的中频等效电路。

由此等效电路图可列出电压增益和输出电阻的公式为

$$A_{uo}=-g_{m1}R'_L=-\frac{g_{m1}}{g_{ds1}+g_{ds2}} \tag{4.6.20}$$

$$R_o=r_{ds1}/\!/r_{ds2}=\frac{1}{g_{ds1}+g_{ds2}} \tag{4.6.21}$$

与图 4.6.10(a)的共源放大电路相比，CMOS 共源放大电路的 A_{uo}，R_o 都更大一些，而且电路的工作电流较小，这降低了电路功耗。正是由于 CMOS 放大电路有如此优点，因而在

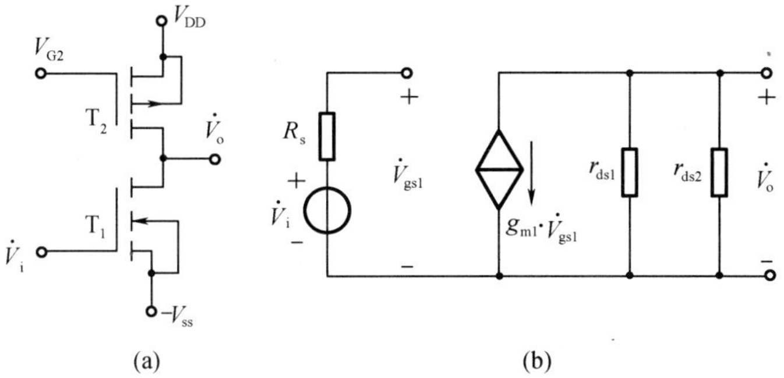

图 4.6.13　CMOS 放大电路

线性集成电路中有广泛的应用。

4.7　恒　流　源

恒流源(Constant current source)是一种很有用的电路,特别在线性集成电路中应用很广。这种电路可以提供一个近乎不随负载变化而改变的电流,也可以作为一个很大的动态电阻应用。它还有温度特性好、受电源电压的影响小等优点。

4.7.1　基本镜像恒流源

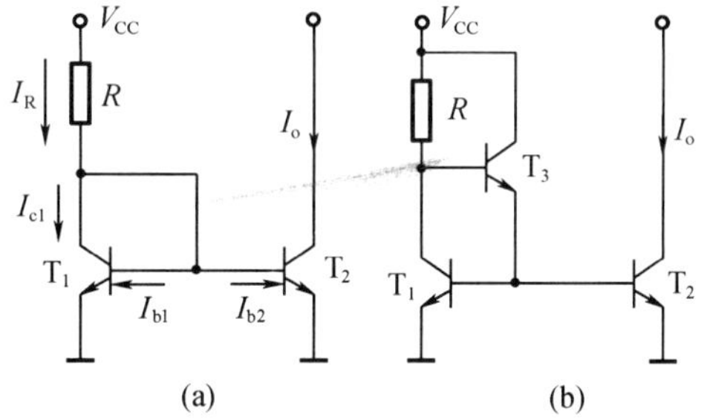

图 4.7.1　基本镜像恒流源

图 4.7.1(a)为一基本镜像(Mirror)恒流源电路。它由两个性能参数完全一致的 NPN 管组成,其中 R 和 T_1 管提供参考电流 I_R,T_2 管工作在放大区,是恒流源的输出管,输出的电流 $I_o=I_{c2}$。由此可得

因 T_1,T_2 特性完全一致,则 $I_{b1}=I_{b2}=I_b$,$\beta_1=\beta_2=\beta$,$I_{c2}=I_{c1}$。由图可见,$I_{c1}=I_R-2I_b=I_R-\dfrac{2I_{c2}}{\beta}$。

$$I_o=I_{c2}=\frac{1}{1+\dfrac{2}{\beta}}I_R=\frac{\beta}{\beta+2}I_R \tag{4.7.1}$$

当 $\beta\gg1$ 时,得 $I_{c2}\doteq I_R$,而 $I_R=(V_{CC}-V_{BE1})/R$,故

$$I_o=I_R=\frac{V_{CC}-V_{BE1}}{R} \tag{4.7.2}$$

若 V_{CC},R 一定,则 I_R恒定,I_o也恒定。

由于这种电路具有一定的温度补偿的特点,所以其温度特性也较好。

由式(4.7.1)可见,β 较小时,I_o 的误差大,为克服 β 值小对 I_o 精度的影响,常用如图 4.7.1(b)所示的改进电路,可推导出其输出电流为

$$I_o = \frac{1}{1+\frac{2}{\beta(1+\beta_3)}} I_R = \frac{\beta^2+\beta}{\beta^2+\beta+2} I_R \tag{4.7.3}$$

可见图 4.7.1(b)电路的恒流效果更好。

两种恒流源的输出电阻是一样的

$$R_o = r_{ce2} \tag{4.7.4}$$

由于 T_2 工作在放大区,其 r_{ce2} 较大,所以 R_o 也较大。

4.7.2 Widlar 恒流源(微电流源)

上节介绍的恒流源的电流 I_o 与 V_{CC} 和 R 有关,所以 I_o 不可能很小。图 4.7.2 电路就可以做到使 I_o 很小。它是在上节介绍的图 4.7.1(a)电路中,在 T_2 射极接一电阻 R_e 到地。

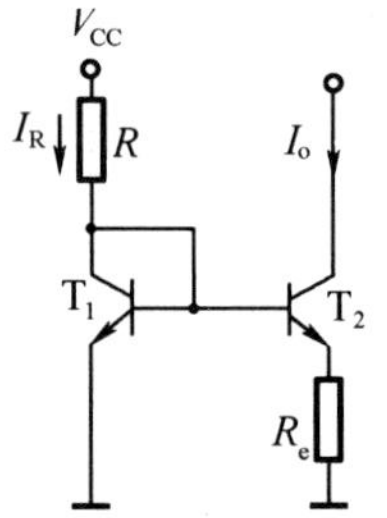

图 4.7.2 Widlar 恒流源

由图可见

$$I_o = \frac{V_{BE1} - V_{BE2}}{R_e} \tag{4.7.5}$$

由于 $V_{BE1} - V_{BE2} = V_T \cdot \ln \frac{I_{c1}}{I_{c2}} = V_T \ln \frac{I_R}{I_o}$,这样,可推导出 I_o 为

$$I_o = \frac{V_T}{R_e} \cdot \ln \frac{I_R}{I_o} \tag{4.7.6}$$

很显然,这是一个超越方程,可用试探法求解。例如,当 $I_R = 1\ \text{mA}$,$V_T = 26\ \text{mV}$,$R_e = 5\ \text{k}\Omega$ 时,可得 $I_o \doteq 20\ \mu\text{A}$。

由图可见,R_e 具有电流负反馈的作用,所以其输出电阻 R_o 较大,可以推导出 R_o 表达式为

$$R_o = [1 + g_{m2}(R_e /\!/ r_{b'e2})] r_{ce_2} \doteq \left(1 + \frac{R_e}{r_{e2}}\right) r_{ce2} \tag{4.7.7}$$

可见此电流源的 R_o 是基本镜像恒流源的 $\left(1 + \frac{R_e}{r_{e2}}\right)$ 倍,故其恒流特性更好。

4.7.3 Wilson 恒流源

图 4.7.3 为 Wilson 恒流源电路图。它是在图 4.7.1(a)电路的基础上增加了一个输出晶体管 T_3。

设定 $\beta = \beta_1 = \beta_2 = \beta_3$。由图可得出

$$I_o = \left(1 - \frac{2}{\beta^2 + 2\beta + 2}\right) I_R \doteq \frac{\beta^2 + 2\beta}{\beta^2 + 2\beta + 2} I_R \tag{4.7.8}$$

可见即使 β 较小,也能满足 $I_o \doteq I_R$,例如,当 $\beta = 10$ 时,$I_o = 0.984 I_R$,误差仅为 1.6%;若 $\beta = 50$ 时,$I_o = 0.999\ 2 I_R$,此时的误差则小于 0.1%。由此可见这种恒流源进一步克服因 β 小而引起的恒流误差问题,使恒流精度更高。

该恒流源的输出电阻 R_o 为

$$R_o = \frac{1}{2}\beta r_{ce3} \tag{4.7.9}$$

说明这种电路的输出电阻比基本镜像恒流源的输出电阻提高了$\frac{\beta}{2}$倍,通常 $R_o > 5\ \text{M}\Omega$。

由于该电路存在电流负反馈,所以这种恒流源不但恒流特性好,而且还有很好的温度特性和很高的输出电阻。

基本镜像恒流源和 Wilson 恒流源在电流模电路中称为电流镜(Current Mirror,简写 CM)。

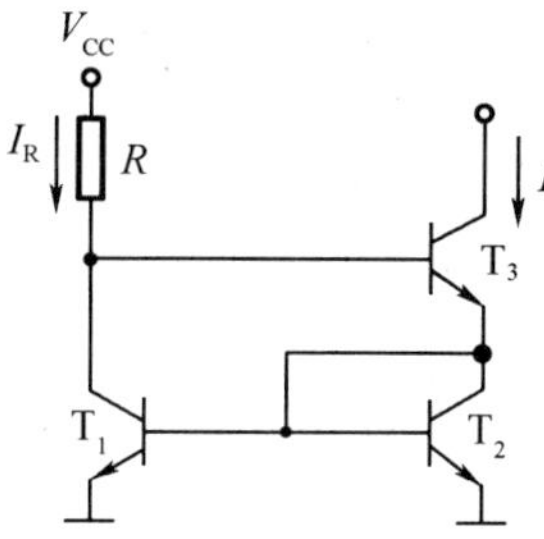

图 4.7.3　Wilson 恒流源

4.7.4　多路恒流源

前面介绍的恒流源都是一个参考电流对应一个输出电流。在集成运放电路中,经常用到一个参考电流对应多个输出电流的多路恒流源电路。

1. 多路比例恒流源

图 4.7.4 是一个三路输出电流的比例恒流源电路。

设 T_0 ~ T_3 管的 V_{BE} 都相等,则

$$I_{e0}R_o = I_{e1}R_1 = I_{e2}R_2 = I_{e3}R_3 \tag{4.7.10}$$

各路输出电流就可以表示为

$$I_{o1} = \frac{R_o}{R_1}I_R,\quad I_{o2} = \frac{R_o}{R_2}I_R,\quad I_{o3} = \frac{R_o}{R_3}I_R \tag{4.7.11}$$

调节 $R_1 \sim R_3$ 阻值即可改变各路的输出恒流值。

2. 多路组合恒流源

图 4.7.5 为多路组合恒流源,其中 T_5,T_6 和 R 决定参考电流 I_R 为

$$I_R = \frac{V_{CC} - V_{EE} - V_{BE5} - V_{BE6}}{R} \tag{4.7.12}$$

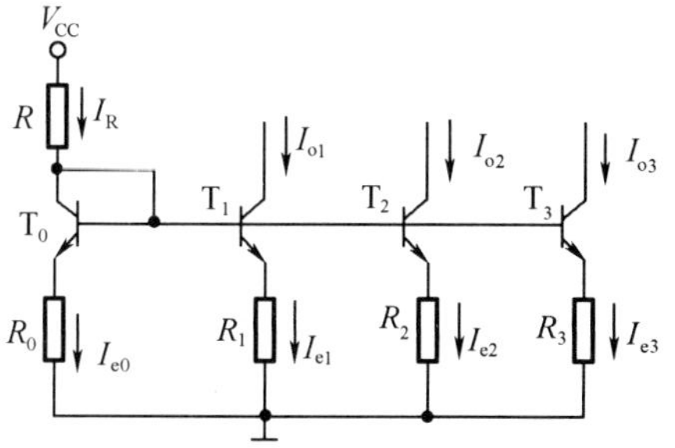

图 4.7.4　三路比例恒流源

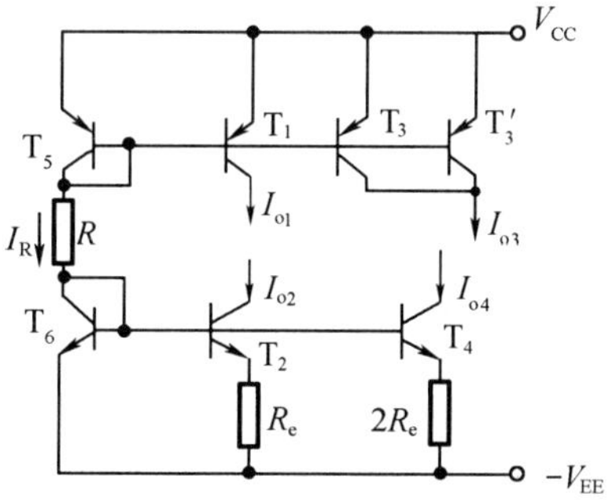

图 4.7.5　多路组合恒流源

各路输出电流分别为 $I_{o1} = I_R$;$I_{o3} = 2I_R$,I_{o2} 为微电流输出,而 $I_{o4} = \frac{1}{2}I_{o2}$。人们习惯上称 I_{o1},I_{o3} 为电流源,I_{o2},I_{o4} 为电流阱(Current sink)。

3. 多集电极恒流源

图 4.7.6 为多集电极恒流源。T_0,T 皆为横向 PNP 管。T 可看成两个晶体管,其集电结并联。I_{oA},I_{oB} 的大小与管子集电区面积有关。设两集电区面积分别为 S_A,S_B,集电区总面积为 S,则

$$\begin{cases} I_{oA} = \dfrac{S_A}{S} I_R \\ I_{oB} = \dfrac{S_B}{S} I_R \end{cases} \tag{4.7.13}$$

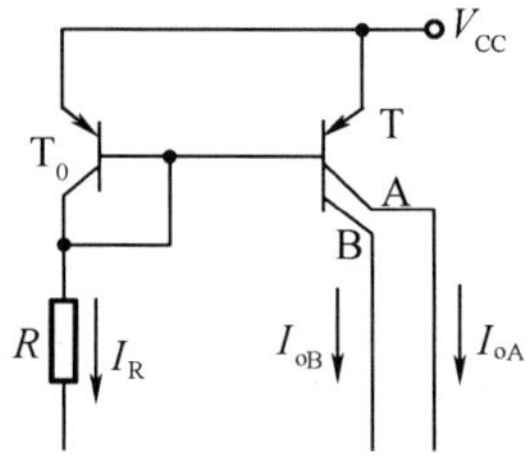

图 4.7.6 多集电极恒流源

4.7.5 场效应管恒流源

1. MOS 管基本镜像恒流源

图 4.7.7 为 MOS 管基本镜像恒流源电路,其中 T_1,T_2 为 NEMOS 管。由图可见,它与图 4.7.1 形式完全一样。它要求 T_2 管工作在饱和区。设 W_1,W_2,L_1,L_2 分别为 T_1,T_2 的沟道宽度和长度,当忽略了沟道长度的调制效应时,I_R 与 I_o 关系为

$$I_o = \frac{\dfrac{W_2}{L_2}}{\dfrac{W_1}{L_1}} I_R \tag{4.7.14}$$

当两管性能参数完全一致时,$L_1 = L_2$,$W_1 = W_2$,则 $I_o = I_R$,此时电路为镜像恒流源。由于 I_o 电流与两管沟道的宽长比 $\dfrac{W}{L}$ 有关,当两管的宽长比不等时,电路变成了比例恒流源。

图 4.7.7 的输出电阻为

$$R_o = r_{ds2} \tag{4.7.15}$$

2. MOS 管威尔逊恒流源

图 4.7.8 为用 NEMOS 构成的威尔逊恒流源。与晶体管威尔逊恒流源一样,用电流负反馈的原理提高了电路的输出阻抗和温度稳定性,当然也提高了恒流精度。由图可见 T_1,T_2 的 V_{DS} 只差一个 V_{GS3},所以当 T_1,T_2 的沟道宽长比相等时,$I_o \doteq I_R$。若 $g_{m2} = g_{m3}$,则其输出电阻 R_o 近似为

$$R_o = g_{m1} r_{ds1} r_{ds3} \tag{4.7.16}$$

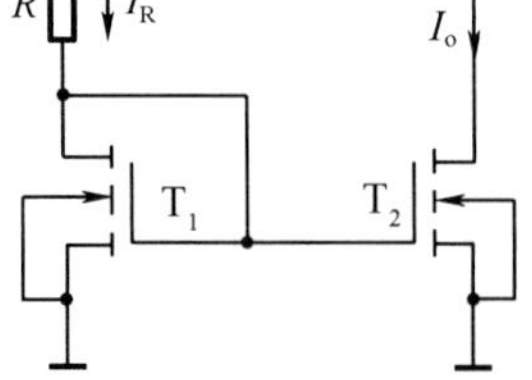

图 4.7.7 MOS 管基本镜像恒流源

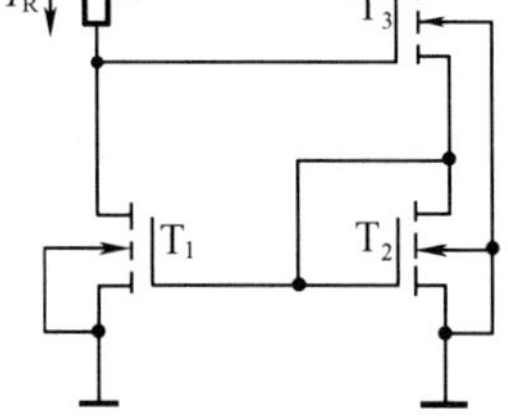

图 4.7.8 威尔逊恒流源

3. MOS 管多路恒流源

图 4.7.9 为 NEMOS 管构成的多路恒流源。参考电流 I_R 由 T_R 管决定。

$$I_R = K_{nR}(V_{gSR} - V_{THR})^2 \qquad (4.7.17)$$

$$I_{o1} = \frac{\frac{W_1}{L_1}}{\frac{W_o}{L_o}} I_R,\ I_{o2} = \frac{\frac{W_2}{L_2}}{\frac{W_o}{L_o}} I_R,\ I_{o3} = \frac{\frac{W_3}{L_3}}{\frac{W_o}{L_o}} I_R \qquad (4.7.18)$$

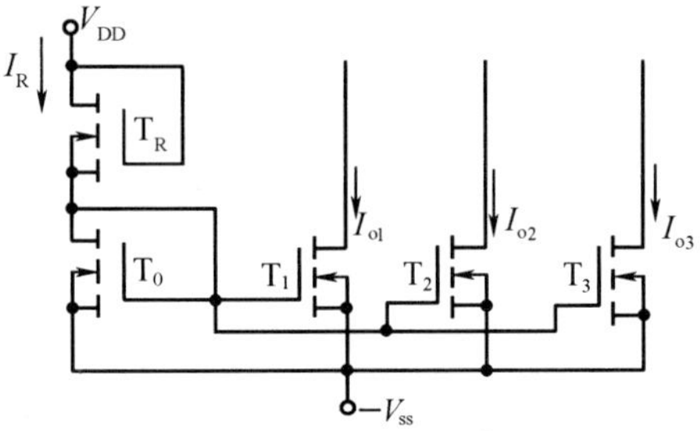

图 4.7.9　多路镜像恒流源

图中，I_{o1}，I_{o2} 和 I_{o3} 值大小与 T_1，T_2，T_3 的沟道宽长比有关。改变 T_1，T_2 和 T_3 管的沟道宽长比，可以得到不同的输出电流。

4.8　差动放大电路

在电子电路中，为了放大慢变化信号或直流信号，放大电路的各级间都采用直接耦合方式。但与交流耦合方式相比，它存在零点漂移问题。所谓零点漂移（Zero drift），就是放大电路输入为零时，输出不为某定值，而这个输出值是无规律变化的，这种现象称为放大电路的零点漂移。它直接影响放大电路的性能。为了解决这个问题，在直接耦合放大电路中常采用差动放大电路（Differential amplifier）作输入级，借以降低电路的零点漂移。特别在模拟集成电路中，它是非常重要的单元电路。

4.8.1　差动放大电路的基本组成和特性

1. 差动放大电路的基本形式

图 4.8.1 是差动放大电路的基本形式，它是将两个特性完全相同的晶体管 T_1，T_2 连接成完全对称的电路。由于电路完全对称，而且晶体管的特性也完全相同，所以，当 $u_{id}=0$ 时 $\Delta u_o=0$。若温度升高，会引起两管集电极电流变化，但由于电路是对称的，所以这种变化的趋势和变化量是相同的，故输出电压 Δu_o 总为零。这种对称型的差动放大电路能较好地解决直接耦合电路的零点漂移问题。

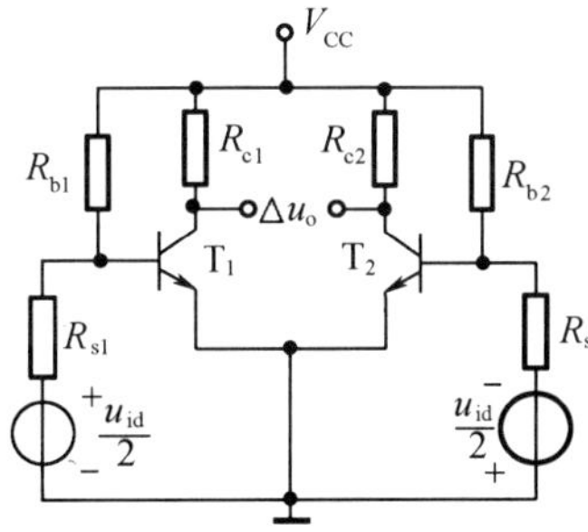

图 4.8.1　差动放大电路的基本形式

2. 差模特性（Differential-mode characteristics）

在图 4.8.1 的差动放大电路的两个输入端加入大小相等方向相反的信号 $\pm\frac{u_{id}}{2}$，这种输入方式称为差模输入。在这种情况下，两管的 i_c 电流必定是一个增加，一个减少，而且变化量的绝对值相等。输出电压的变化量 Δu_o 是单管放大电路变化量的 2 倍。对于图 4.8.1 所示电路，可很容易求出差模电压增益 A_{ud}，

$$A_{ud} = -\frac{\beta R_c}{R_s' + r_{bb'} + r_{b'e}} \qquad (4.8.1)$$

其中 $R_s' = R_s // R_b$，如果在两输出端接负载电阻 R_L，则式(4.8.1)中的 R_c 应为 $R_L' = R_c // \frac{R_L}{2}$。显然式(4.8.1)与单管放大电路的电压增益式(4.3.5)完全一样。这说明，差动放大电路虽然用了两只晶体管，但电压增益并没有提高。它是用一只管子实现电压放大，而用另一只管子实现对零点漂移的控制。

3. 共模特性(Common-mode characteristics)

当差动放大电路的两输入端加入的是大小和方向都一样的信号 u_{ic}，这种输入方式称为共模输入，如图 4.8.2 所示。在理想情况下，当 u_{ic} 的值和方向的变化完全相同时，两管的集电极电压变化量和方向也都相同，所以 $\Delta u_o = 0$。但是如果电路不完全对称，则 $\Delta u_{oc} \neq 0$。这时的电压增益称为共模电压增益 A_{uc}。一个对称性比较好的差动放大电路的 A_{uc} 是很小的。通常认为 $A_{uc} = 0$。

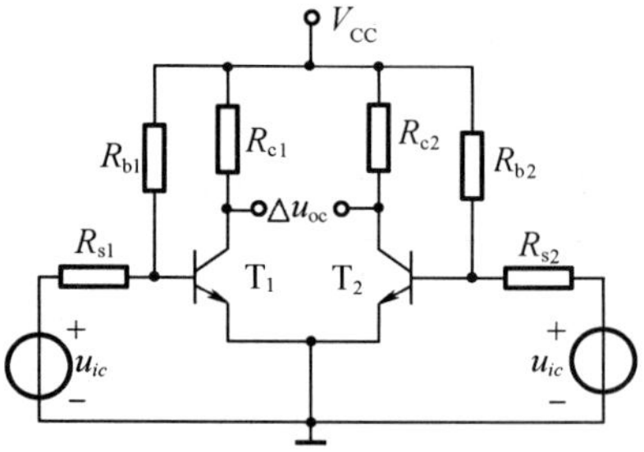

图 4.8.2　差动放大电路的共模形式

衡量一个差动放大电路的性能，不但要看 A_{ud}，还要看 A_{uc}，通常用这两个电压增益之比来表示差动电路的性能，这个比值称为共模抑制比 *CMRR*(Common – Mode Rejection Ratio)。

$$CMRR = \left| \frac{A_{ud}}{A_{uc}} \right| \tag{4.8.2}$$

在工程上常用分贝表示，即

$$CMRR(\text{分贝}) = 20 \lg CMRR \tag{4.8.3}$$

对于双端输出差动放大电路，若认为 $A_{uc} \Rightarrow 0$，则 $CMRR \Rightarrow \infty$。

4.8.2　差动放大电路的改进

为了解决基本差动放大电路存在的问题，进一步改善电路性能，需要对基本差动放大电路进行改进。

1. 长尾对(Long-tailed pair)差动放大电路

图 4.8.3 为长尾对差动放大电路的示意图。它是在两管射极共点处接电阻 R_e 到负电压 $-V_{EE}$。利用 R_e 的共模负反馈作用可有效地降低 A_{uc}，但 R_e 对 A_{ud} 没有影响，从而可明显提高 *CMRR*。

在差模方式下，两管 i_c 在 R_e 上的压降大小相等，方向相反。故在分析差模特性时 R_e 相当于被短路，其差模电压增益可用式(4.8.1)计算。

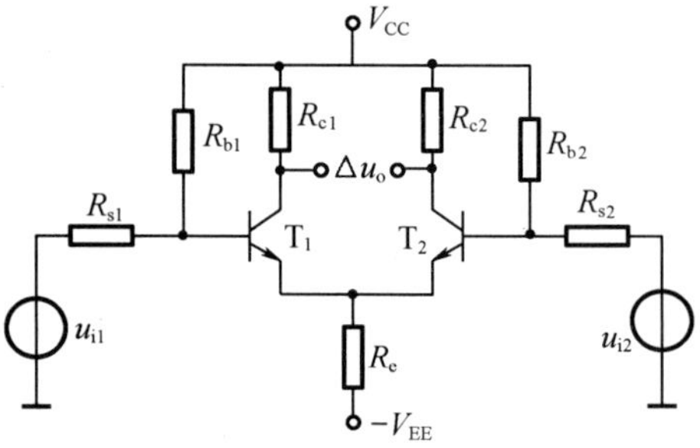

图 4.8.3　长尾对差动放大电路

在共模方式下，两管 i_c 在 R_e 上的压降相同，方向一致，所以对每一个晶体管而言，相当于在射极串入一个 $2R_e$ 的射极电阻，分别组成完全对称的两个射极接 $2R_e$ 的共射电路。这样差动放大电路可以在一个很宽的输入电压范围内实现 $\Delta u_{oc}=0$，则 $A_{uc}=0$，从而使 $CMRR=\infty$。

2. 恒流源代替 R_e

长尾对差动放大电路引入 R_e 可以大大提高 $CMRR$，但由于 R_e 不能太大，一般都小于10 kΩ，这样对电路性能的改善程度是有限的。为进一步提高电路性能，可以用恒流源代替 R_e，如图 4.8.4 所示。这种电路可以使 $CMRR$ 更高。

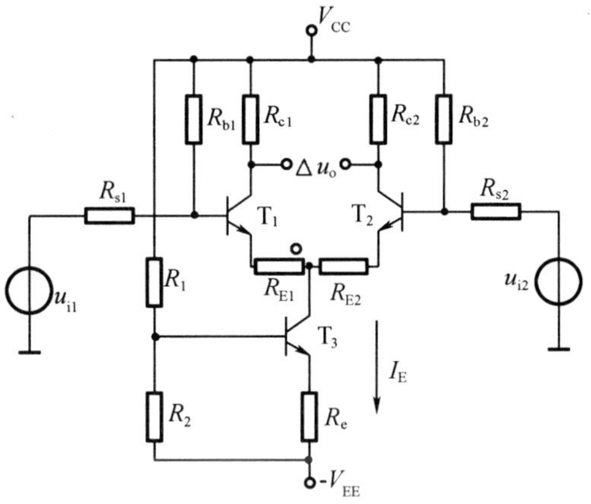

图 4.8.4　具有恒流源的差动放大电路

由图可见，只要 T_3 工作在放大区，其 I_E 就是稳定的，因 $I_E=I_{c1}+I_{c2}$，故 T_1，T_2 管的集电极电流也是稳定的。在共模方式时，T_3 相当于一个很大的动态电阻 R_{es}，有时可达几百 kΩ。这个动态电阻提供了很强的负反馈，从而可更进一步降低 A_{uc} 值，这可以在一个更宽的输入电压范围内实现 $\Delta u_{oc}=0$，使 $CMRR=\infty$。设 $R_B=R_1/\!/R_2$ 时，可以证明 R_{es} 和 A_{ud} 分别为

$$R_{es}=\frac{R_e}{R_e+r_{be3}+R_B}\beta_3 r_{ce3} \tag{4.8.4}$$

$$A_{ud}=-\frac{\beta_1 R_{c1}}{R'_{s1}+r_{be1}} \tag{4.8.5}$$

4.8.3　差动放大电路的四种接法

差动放大电路除上面介绍的双入双出形式外，还有双入单出、单入双出和单入单出的形式，它们的电路图如图 4.8.5 所示。

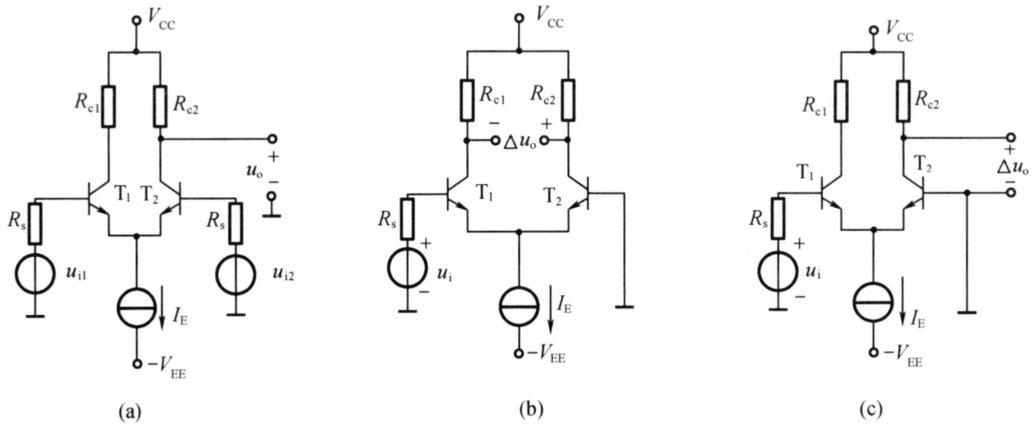

图 4.8.5　差动放大电路

(a) 双端输入单端输出；(b) 单端输入双端输出；(c) 单端输入单端输出

1. 双入单出接法

对于图 4.8.5(a)所示双入单出差动放大电路的差模电压增益为

$$A_{ud单}=\frac{\beta R_c}{2(R_s'+r_{b'e}+r_{bb'})} \tag{4.8.6}$$

而共模电压增益则为

$$A_{uc单}=\frac{\beta R_c}{R_s'+r_{be}+(1+\beta)\cdot 2R_{es}}=\frac{R_c}{2R_{es}} \tag{4.8.7}$$

这样,共模抑制比为

$$CMRR_{单}=\frac{R_s'+r_{be}+2(1+\beta)R_{es}}{2\cdot(R_s'+r_{be})}\doteq\frac{\beta R_{es}}{r_{be}} \tag{4.8.8}$$

由此可见,双端输入单端输出接法的差动放大电路的差模增益是双端输入双端输出的一半,而共模增益不为零,$CMRR$ 也不再是∞,它是与恒流源等效电阻 R_{es} 有关。

至于单入双出和单入单出差放电路的分析,读者参照上面的相关内容自行分析。

2. 输入电阻

对于共模和差模输入电阻,四种接法都一样,它们分别为

$$R_{ic}=\frac{1}{2}[R_s'+r_{be}+2(1+\beta)R_{es}] \tag{4.8.9}$$

$$R_{id}=2(R_s'+r_{be}) \tag{4.8.10}$$

3. 输出电阻

对于双端输出接法的差模和共模输出电阻是一样的,都为

$$R_{oc}=R_{od}=2R_c \tag{4.8.11}$$

对于单端输出接法的差模和共模输出电阻也是一样的,它们为

$$R_{oc}=R_{od}=R_c \tag{4.8.12}$$

4.8.4 场效应管差动放大电路

1. MOS 管差动放大电路

图 4.8.6 为场效应管差动放大电路。T_1,T_2 皆为 NEMOS 管,恒流源 I_s 为 T_1,T_2 提供偏置电流。

(1)双端输入,双端输出

静态时,$u_{i1}=u_{i2}=0$,所以 $u_{o1}=u_{o2}$,$\Delta u_o=0$。

差模输入时,$u_{id1}=|u_{id2}|$,差动电压增益为

$$A_{ud}=-g_m(R_D/\!/r_{ds})\doteq -g_mR_D \tag{4.8.13}$$

由第 3 章学习可知,$g_m=\sqrt{4k_nI_D}$,这里 $I_D=\frac{1}{2}I_s$,故 g_m 又可表示为

$$g_m=\sqrt{2k_nI_s} \tag{4.8.14}$$

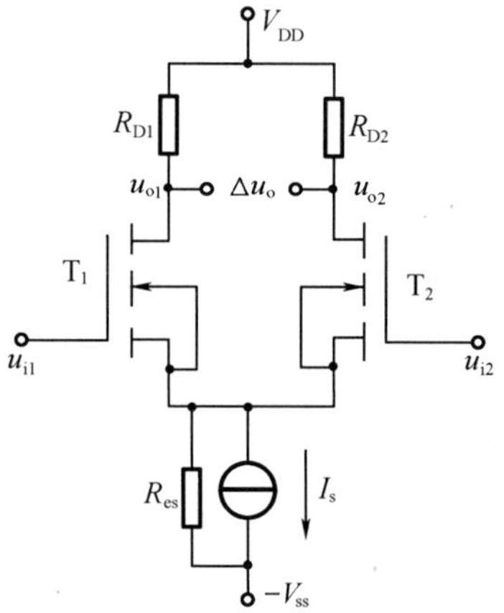

图 4.8.6 MOS 管差动放大电路

则 A_{ud} 可写为

$$A_{ud}=-\sqrt{2k_nI_s}(R_D/\!/r_{ds})\doteq-\sqrt{2k_nI_s}R_D \tag{4.8.15}$$

共模输入时,$u_{ic1}=u_{ic2}=u_{ic}$,输出为 $u_{oc1}=u_{oc2}$,$\Delta u_{oc}=0$,$A_{uc}=0$,则 $CMRR=\infty$。

(2) 双端输入，单端输出

这是将图4.8.6电路改为从 T_1 或 T_2 漏极单端输出。

当差模输入时，差模电压增益为双端输出的一半，由式(4.8.15)可得

$$A_{ud单}=\frac{1}{2}\sqrt{2k_nI_s}\cdot R_D \tag{4.8.16}$$

当共模输入时，可推导出共模电压增益为

$$A_{uc单}=\left|\frac{g_mR_D}{1+2g_mR_{es}}\right|=\left|\frac{\sqrt{2k_nI_s}\cdot R_D}{1+2\sqrt{2k_nI_s}\cdot R_{es}}\right| \tag{4.8.17}$$

因为 R_{es} 很大，故式(4.8.17)可近似为

$$A_{uc单}\doteq\frac{R_D}{2R_{es}} \tag{4.8.18}$$

由式(4.8.17)和式(4.8.16)可得 $CMRR$ 为

$$CMRR=\frac{A_{ud单}}{A_{uc单}}=\frac{1}{2}[1+2\sqrt{2k_nI_s}\cdot R_{es}]\doteq\sqrt{2k_nI_s}\cdot R_{es} \tag{4.8.19}$$

2. CMOS差动放大电路

与BJT相比FET的 g_m 较小，图4.8.6的差动放大电路的 A_{ud} 也较小。为了解决这个问题，可以尽可能地提高负载电阻 R_D 阻值，但最好还是用恒流源代替电阻 R_D。为消除背电极调制效应，NEMOS管差动放大电路应选择用PEMOS管构成恒流源。这样的电路称为CMOS差动放大电路，其原理图如图4.8.7所示。图中 T_3，T_4 就是用PEMOS管构成的恒流源，它们是 T_1，T_2 的差动电路的有源负载。整个差动放大电路是双端输入单端输出。

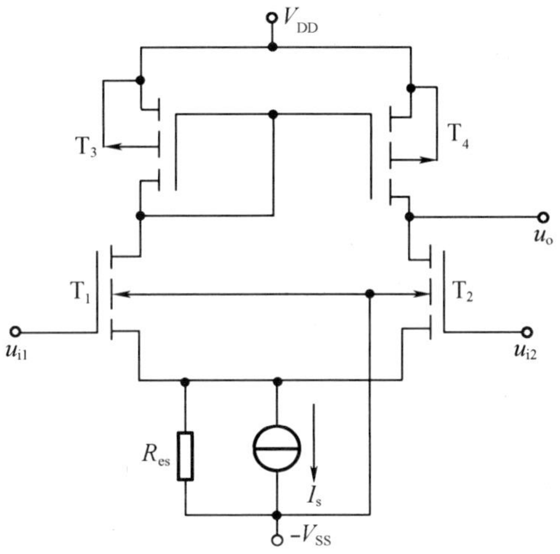

图4.8.7　CMOS差动放大电路

(1) 差模输入方式

差模输入时，依图4.8.7电路可以画出由输出端看进去的小信号等效电路，如图4.8.8(a)所示。由此等效电路图可推导出差模电压增益为 $A_{ud}=g_{m2}(r_{ds2}//r_{ds4})$。若设 $r_{ds2}=r_{ds4}=r_{ds}$，则

$$A_{ud}=\frac{1}{2}g_{m2}r_{ds2} \tag{4.8.20}$$

此式与式(4.8.13)相比较可知，因为 $r_{ds}\gg R_D$，所以图4.8.7所示电路比图4.8.6所示电路的差模电压增益高了很多。

(2) 共模输入方式

共模输入时的小信号等效电路如图4.8.8(b)所示。

依此图可得共模电压增益为

$$A_{uc}=\frac{r_{ds2}//r_{ds4}}{2g_{m1}R_{es}\cdot r_{ds1}} \tag{4.8.21}$$

这样，共模抑制比为

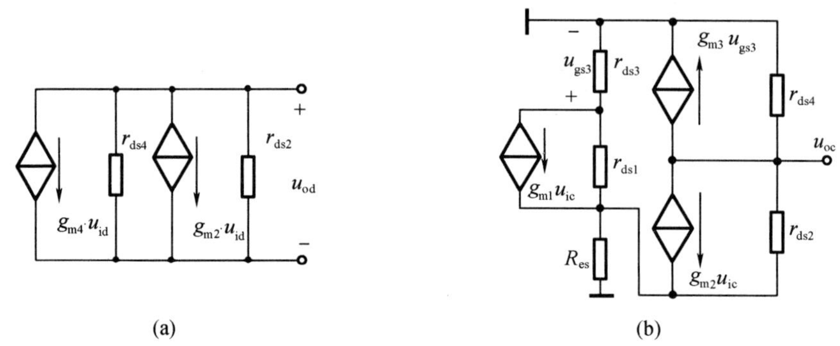

图 4.8.8 CMOS 差动放大电路的小信号等效电路

$$CMRR = 2g_{m1}g_{m1}R_{es}r_{ds1} \tag{4.8.22}$$

此式与式(4.8.19)比较可见,CMOS 差动放大电路的 *CMRR* 也比基本差动放大电路高很多。

4.8.5 差动放大电路的传输特性

差动放大电路的传输特性(Transfer characteristics)就是输出信号 u_o(或 i_o')与输入差动信号 u_{id}间的对应关系。

1. BJT 差动放大电路的传输特性

现以图 4.8.4 电路为例进行讨论。图中对管 T_1,T_2 的电流分别为

$$i_{c1} = I_{cs}e^{\frac{u_{be1}}{V_T}} \tag{4.8.23}$$

$$i_{c2} = I_{cs}e^{\frac{u_{be2}}{V_T}} \tag{4.8.24}$$

I_E 电流为

$$I_E = i_{c1} + i_{c2} = I_{cs}\left(e^{\frac{u_{be1}}{V_T}} + e^{\frac{u_{be2}}{V_T}}\right) \tag{4.8.25}$$

当差模输入时的信号 u_{id}为

$$u_{id} = u_{be1} - u_{be2} \tag{4.8.26}$$

则 i_C 与 I_E 电流比为

$$\frac{i_{c1}}{I_E} = \frac{1}{2} + \frac{1}{2}\tanh\frac{u_{id}}{2V_T} \tag{4.8.27}$$

$$\frac{i_{c2}}{I_E} = \frac{1}{2} - \frac{1}{2}\tanh\frac{u_{id}}{2V_T} \tag{4.8.28}$$

由(4.8.27)和(4.8.28)两公式可见 i_c 与 u_{id}间是双曲正切函数关系。依式(4.8.27)和(4.8.28)可做图 4.8.9 的传输特性曲线。由图中曲线可见,当 $u_{id}=0$ 时,$\frac{i_c}{I_E}=\frac{1}{2}$。这表明电流 I_E 被 T_1,T_2 均分。当 u_{id}很小时($|u_{id}|<V_T$),$\frac{i_c}{I_E}$与 u_{id}基本呈线性关系,而$|u_{id}|$越小,线性关系越精确。这就是差动放大电路的小信号线性放大状态。当 $u_{id}>V_T$ 时,$\frac{i_c}{I_E}$与 u_{id}间线

性关系变差，这即为差动放大电路的非线性放大状态。当$|u_{id}|>4V_T$（即$|u_{id}|>0.1$ V）时，差动放大电路已出现一管子饱和、另一管子截止，这就是差动放大电路的开关状态。由图4.8.9可见，差动放大电路在线性放大时，其输入差模信号幅度应<26 mV，在线性度要求比较高的场合，$|u_{id}|<10$ mV。

若想加大输入信号的线性范围，可在T_1，T_2射极各串接小电阻（如图4.8.4中的R_{E1}，R_{E2}），但这样做会使A_{ud}和*CMRR*都有所下降。

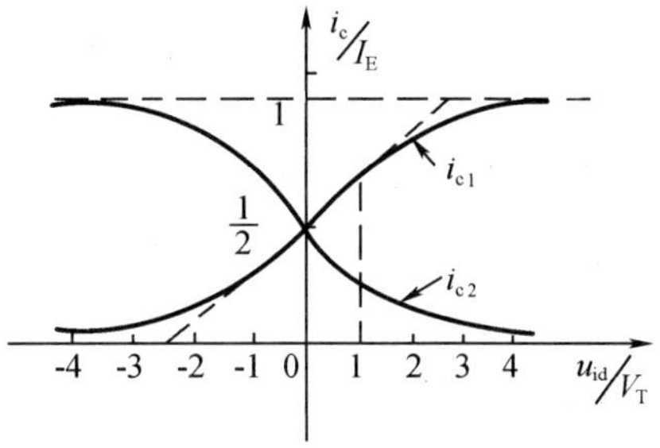

图4.8.9 BJT管差放电路的传输特性

2. MOS管差动放大电路的传输特性

现以图4.8.6电路为例讨论MOS管差动放大电路的传输特性。当MOS管工作在饱和区时，其漏极电流为

$$i_D=k_n(u_{gs}-V_{TH})^2 \tag{4.8.29}$$

这样，T_1，T_2漏极电流可表示为

$$\sqrt{i_{D1}}=\sqrt{k_n}(u_{gs1}-V_{TH}) \tag{4.8.30}$$

$$\sqrt{i_{D2}}=\sqrt{k_n}(u_{gs2}-V_{TH})$$

则

$$\sqrt{i_{D1}}-\sqrt{i_{D2}}=\sqrt{k_n}(u_{gs1}-u_{gs2})=\sqrt{k_n}\cdot u_{id} \tag{4.8.31}$$

由电路可知

$$i_{D1}+i_{D2}=I_s \tag{4.8.32}$$

当u_{id}正向增加时，i_{D1}增加，i_{D2}减少，则

$$i_{D1}=\frac{I_s}{2}+\sqrt{\frac{k_nI_s}{2}}\cdot u_{id}\cdot\sqrt{1-\frac{k_n}{2I_s}u_{id}^2}=\frac{1}{2}I_s+\frac{k_n}{2}\cdot u_{id}\cdot\sqrt{\frac{2I_s}{k_n}-u_{id}^2} \tag{4.8.33}$$

$$i_{D2}=\frac{1}{2}I_s-\frac{k_n}{2}\cdot u_{id}\sqrt{\frac{2I_s}{k_n}-u_{id}^2} \tag{4.8.34}$$

依式（4.8.33）、（4.8.34）可作图4.8.10的传输特性曲线。

由曲线图可知，当$u_{id}=0$时，$i_{D1}=i_{D2}=\frac{1}{2}I_s$。当$u_{id}$较小时，随着$u_{id}$的变化，$i_D$在$\frac{1}{2}I_s$基础上线性变化。这是MOS差动放大电路工作的线性区，其变化斜率为$\sqrt{\frac{k_nI_s}{2}}$。计算表明，u_{id}一直到$\frac{1}{3}\sqrt{\frac{2I_s}{k_n}}$时，传输特性仍基本保持线性，这时的线性最大误差在±5%左右，当$u_{id}>\sqrt{\frac{I_s}{k_n}}$时，电路才进入一管饱和、一管截止的开关状态。这说明MOS管差放电路的线性输入范围比BJT管差放电路要宽。例如MOS管的$k_n=200\ \mu A/V^2$，差放电路的$I_s=0.2$ mA时，则输入信号的线性区的$u_{id\,max}\doteq 0.5$ V。

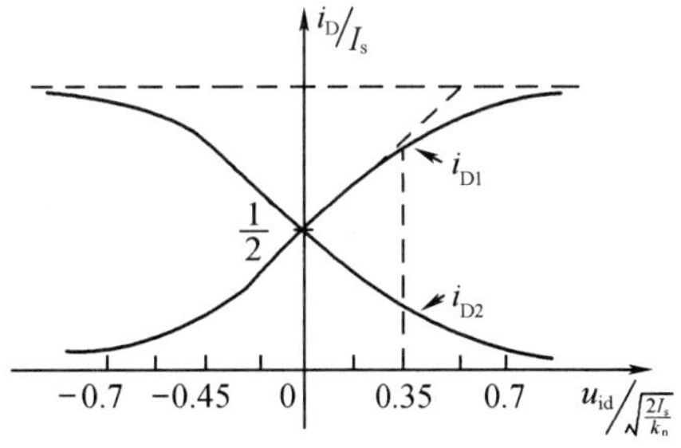

图4.8.10 MOS管差放电路的传输特性

4.8.6 差动放大电路的频响分析

1. BJT 差动放大电路

现仍以图 4.8.4 电路为例，讨论频响特性。

(1)差模输入

当输入差模信号时，T_1，T_2 射极交流接地，这样，T_1，T_2 便可分别作为共射电路处理，在这种情况下，其频响与单管共射放大电路相同，这里不再讨论。

(2)共模输入

当共模输入时，恒流源接在 T_1，T_2 管的射极。由于电路对称，可画半边的小信号等效电路，如图 4.8.11 所示。由图可见，这相当于射极接 RC 补偿网络的共射放大电路的等效电路(见图 4.3.7)，可依节 4.3.3 的相关知识去分析。

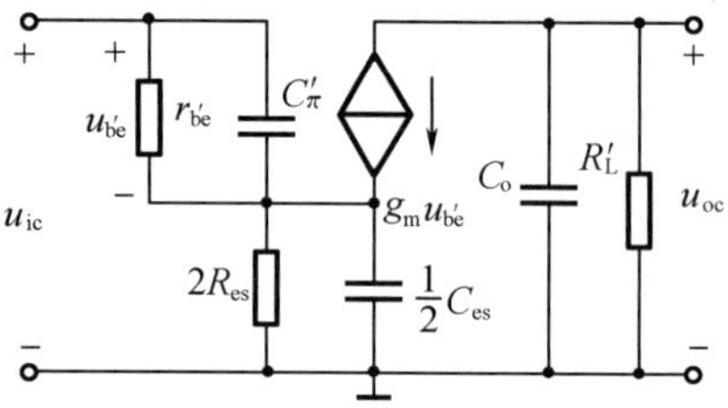

图 4.8.11 共模输入的等效电路

2. MOS 管差动放大电路

MOS 管差动放大电路的频响分析相对复杂，这里只是简单作以说明。

图 4.8.12 为图 4.8.7 所示电路差模输入时的高频等效电路。

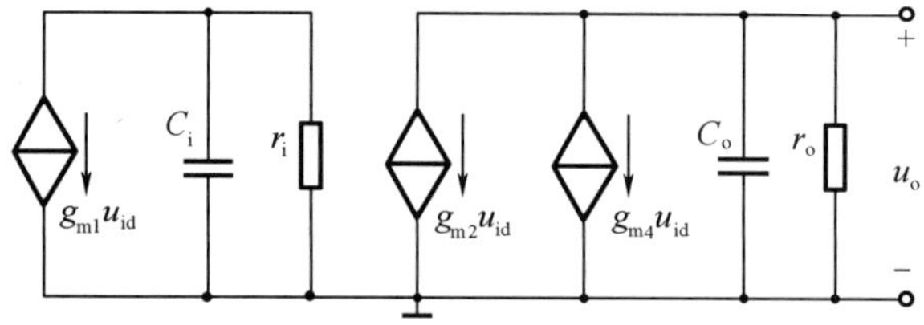

图 4.8.12 图 4.8.7 电路差模输入的高频等效电路

图中：$r_i = r_{ds1} /\!/ r_{ds3}$，$r_o = r_{ds2} /\!/ r_{ds4} /\!/ R_L$，$C_i = C_{gd1} + C_{gs1} + C_{gd3} + C_{gs3} + C_{Bd}$，$C_o = C_{gd2} + C_{gd4} + C_{Bd}$。由图可见，电路有两个极点，其时间常数分别为

$$\tau_i = r_i C_i \doteq r_{ds3} C_i \tag{4.8.35}$$

$$\tau_o = r_o C_o \doteq R_L C_o \tag{4.8.36}$$

通常 $\tau_i \gg \tau_o$，所以电路的主极点由 τ_i 决定。

4.9 互补功率放大电路

前面讨论的放大电路都是放大小信号的，多用于放大器的输入级和中间级。在放大器的输出级，放大的是大信号，而且要提供足够大的输出功率，以便驱动较重的负载。这样，对输出级电路的要求是输出电阻要小，动态范围要宽，失真要小，效率要高，输出电流要大，这种电路称为功率放大电路，简称功放电路。

前面学习过的共集电极电路又称为电压跟随器电路,它的输出电阻低,带负载能力强,可以作为功率放大级用。但这种电路只对信号半周跟随较好,而且输出功率不大,效率也低,最大效率只能达到50%。这种电路的导通角 θ 为360°,称这种电路为甲类(Class A)功放电路。互补功率放大电路可以克服甲类功放电路的缺点。

4.9.1 互补功率放大电路的工作原理

图4.9.1为互补功率放大电路原理图,它由互补对称(Complementary symmetry)的NPN和PNP管组成。用正、负电源供电。正弦信号 u_i 加到两管基极节点上,正负半周信号分别在两管射极节点轮流跟随输出。这种电路又称为OCL(Output Capacitor Less)电路。

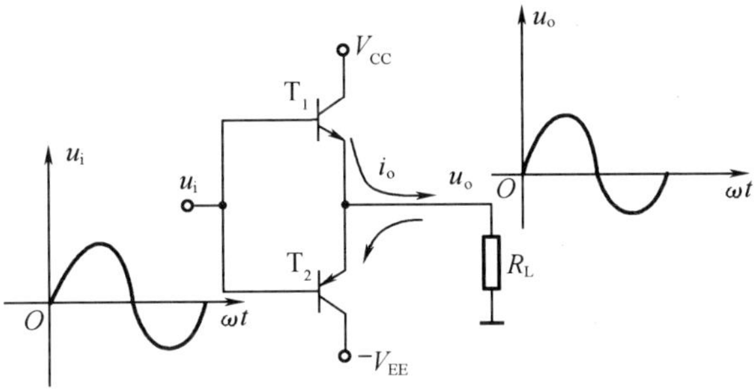

图4.9.1 互补功放电路原理图

该电路在 u_i 正弦信号的正、负半周时,T_1,T_2 轮换导通,这就较好地解决了电路功耗大和对某半周跟随不好的问题。在输入正弦波的驱动下,每管导通半个周期,导通角 $\theta=180°$,输出也是一个正弦波。这种电路称为乙类(Class B)互补功放电路。

与甲类功放电路相比,该电路输出波形的失真小,效率也提高了,最大效率可达到78.5%,最大管耗也大为下降。

还有一种互补功放电路是 T_2 管集电极接地时,在输出端与负载间串一个大电容,这种单电源供电电路称为OTL(Output Transformer Less)电路。

4.9.2 甲乙类互补功率放大电路

由于晶体管存在阈电压 V_{TH},对于图4.9.1电路而言,当 $|u_i|<V_{TH}$ 时,晶体管不完全导通,有时甚至会截止,从而使输出产生失真,这就是乙类功放电路存在的交越失真(Crossover distortion)问题,可以用图4.9.2来说明。当输入信号在零值附近时,由于晶体管不完全导通,使输出产生了失真。如果能给晶体管一个适当的静态工作点,使在静态时,晶体管处于微导通状态,当输入信号很小时,晶体管就能进入放大状态。这就可以很好地解决交越失真问题。这时晶体管的导通角 θ 在180°~360°之间。这种电路称为甲乙类(Class AB)互补功放电路。

图4.9.3为一个典型的甲乙类互补功放电路,T_3 管为共射放大电路,作为 T_1,T_2 互补输出管的激励级,对输入信号作前置放大(Preamplification),T_1,T_2 为互补结构的输出级。T_4,T_5 接成二极管形式,为 T_1,T_2 管提供静态偏压,利用 T_3 管静态电流 I_{C3Q},让 T_4,T_5 导通,这样 $V_{BE5}+V_{BE4}\doteq 1.4$ V,这个电压可使 T_1,T_2 管静态时呈浅导通状态。当输入信号很小时,T_1,T_2

也会正常放大。另外,由于 T_4,T_5 发射结交流电阻很小,使 T_1,T_2 基极的交流电位近似相等,这就使 T_1,T_2 的输入信号幅度基本相同。这样,在输出端即可得到一个不失真的输出信号。

此电路存在的问题是 I_{C3Q} 电流调整比较麻烦,而且若用于模拟集成电路中,还要合理设计 T_1 与 T_4(T_2 与 T_5)管的射结的面积比,才能使电路的工作稳定可靠。

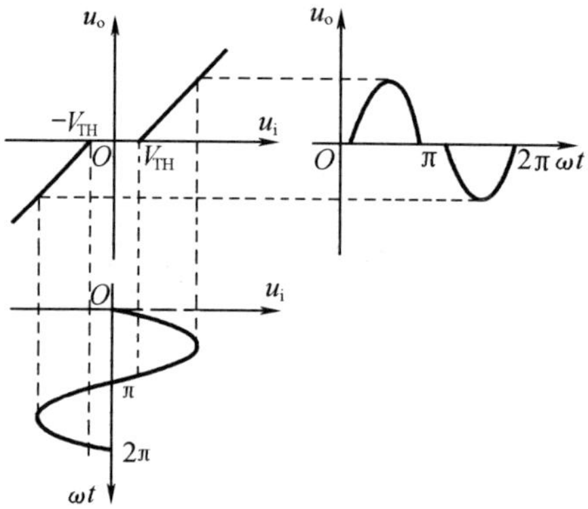

图 4.9.2 乙类互补功率放大电路的交越失真

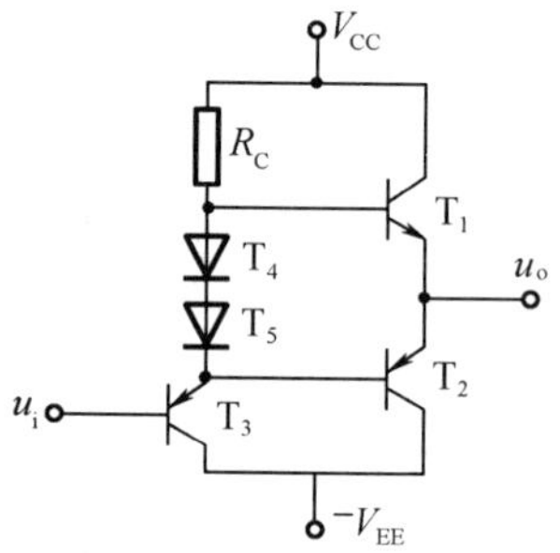

图 4.9.3 甲乙类互补功率放大电路

为了克服上述问题,常使用图 4.9.4 的甲乙类互补功放电路,在图中 T_4 与 R_1,R_2 共同组成 V_{BE} 倍增电路。此电路在静态时,调 $V_{CEQ4} = V_{BEQ1} + V_{BEQ2}$,使 T_1,T_2 管微导通。选取合适的 R_1,满足 $I_1 \gg I_{BQ4}$,则可使 T_4 工作稳定,这样,

$$V_{CEQ4} = \frac{R_1 + R_2}{R_2} \cdot V_{BEQ4} \qquad (4.9.1)$$

调节 R_2 则可以得到一个合适的 V_{CEQ4} 电压,以供给 T_1,T_2 管作偏压,使 T_1,T_2 管有合适的静态工作点,保证电路工作稳定可靠。此电路中 T_4 管通过 R_1 实现电压并联负反馈,起恒压源作用,所以 V_{CEQ4} 稳定。

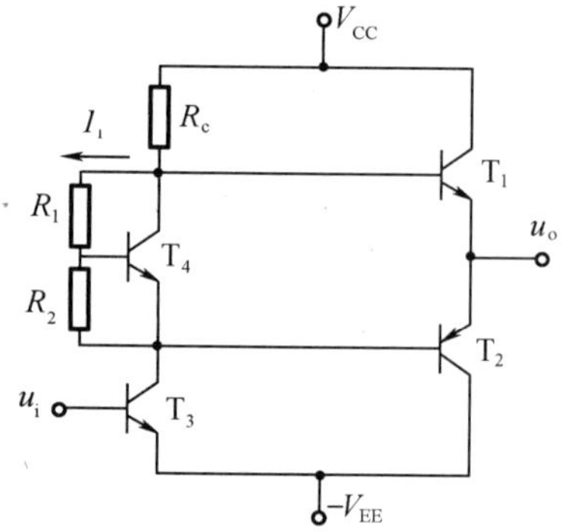

图 4.9.4 甲乙类互补功率放大电路

为了降低温度系数,R_1 常用负温度系数的电阻网络代替,这个网络常安装在输出管的散热片上。该方法可在很大范围内使静态电流与温度无关。由于存在并联负反馈,所以 T_4 管的交流输出电阻很小,这样,T_1,T_2 管的基极交流电位几乎相等,这就使进入 T_1,T_2 两管基极的输入信号幅度基本相等。

4.9.3 复合管

在上面介绍的电路中,由于输出管的 β 值有限,特别是横向 PNP 管的 β 值很小,这就限制了功放电路的输出功率。例如,图 4.9.4 的功放电路要求在 8 Ω 的负载上输出 16 V 电压。这样,就要求电路的输出电流为 2 A,其峰值电流就要达到 2.82 A,当 T_2 管的 $\beta = 20$

时，要求 T_2 输出管基极电流为 141 mA，前置激励级推动管 T_3 供出这么大的电流是困难的。为了解决这个问题，输出管往往是采用复合管的形式，以提高输出管的 β 值。

所谓复合管，就是将两个晶体管按一定规则连接，构成一个新的晶体管。复合管的连接规则为：

(1)前一只晶体管的集电极或发射极要接到后一只晶体管的基极，达到两次放大的目的；

(2)两管都工作在放大区。

图4.9.5是四种复合管连接图，其中(a)(b)为NPN型复合管，(c)(d)为PNP型复合管。现以图4.9.5(a)为例，对复合管类型和参数进行讨论。由图可见，i_{B1} 流入 T_1 管的基极，所以复合管一定是NPN型管。i_{B1} 经 T_1 放大后，其 $i_{E1} = (1+\beta)\ i_{B1}$，它是 T_2 管的基极电流，这样，$i_{E2} = (1+\beta_1)\ (1+\beta_2)i_{B1}$；$i_{C2} \doteq i_{E2} \doteq \beta_1\beta_2 i_{B1}$。可见复合管相当于一个电流放大系数很大的NPN管，其值为

$$\beta = \beta_1\beta_2 \tag{4.9.2}$$

复合管的输入电阻和输出电阻分别为

$$r_i = r_{BE} = r_{be1} + \beta_1 r_{be2} \tag{4.9.3}$$

$$r_o = r_{CE1} \frac{2r_{ce1}}{\beta_2} \tag{4.9.4}$$

图4.9.6是一个用复合管作输出管的甲乙类互补功放电路，其中 T_{2a}，T_{2b} 管组成PNP型复合管代替图4.9.4中 T_2 的单个PNP管。在上面的例子中，如仍要求PNP管输出电流为2.82 A，且 T_{2a}，T_{2b} 管的 β 仍都为20，则这时 i_{B2} 电流只要 7 mA 就可以了。由前置激励级 T_3 送出 7 mA 电流是完全可以的。通常NPN管的 β 值要大于PNP管，所以复合管一般只取代PNP管。在四种复合管中，以图4.9.5(c)型用得最多。

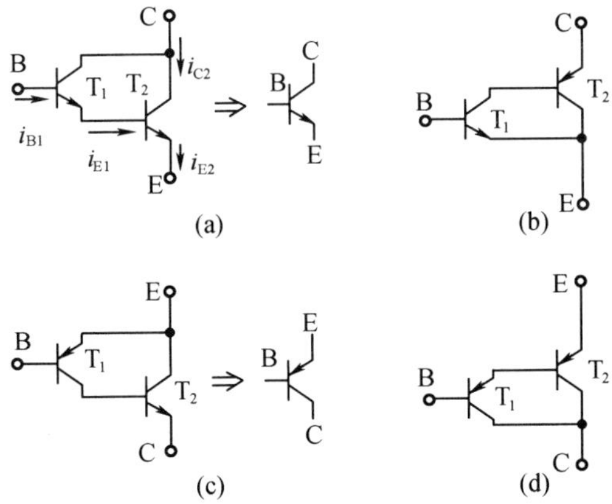

图4.9.5　四种复合管结构

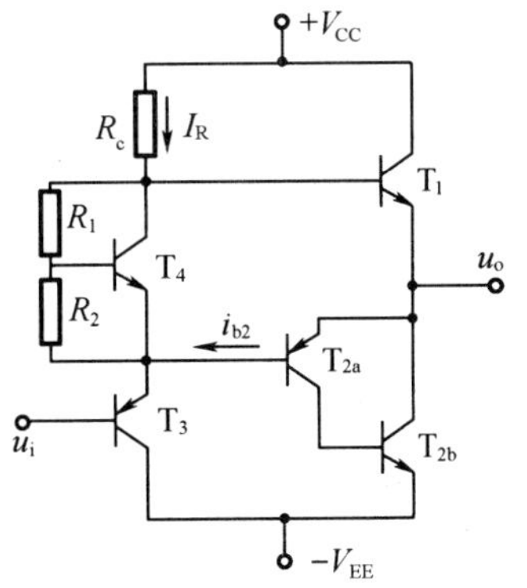

图4.9.6　达林顿管组成的准互补功率放大电路

4.9.4　功率MOS管构成的互补功放电路

事实上本节介绍的互补功放电路的输出管都可以用功率MOS管。当然，在电路设计时，要考虑MOS器件自身的特点。

图 4.9.7 是一个用 VMOS 管 T_1，T_2 构成的互补输出级简图，它是80 W 音频集成功率放大器的一部分。该电路的结构与前面介绍的图 4.9.4 甲乙类互补功放电路是一样的。但由于输出级使用了 VMOS 器件，使输出功率有了很大的提高，其电源电压也可提高到 ±50 V，最大输出功率可达 150 W。由图可见，T_3 管的有源负载是恒流源 I_R，这就大大提高了 T_3 管的电压增益。T_5，T_6 管是互补对称的激励级，用以驱动 VMOS 管 T_1，T_2。T_4 及 R_1，R_2 为 V_{BE} 倍增电路，它给输出管提供合适的偏置电压，使电路工作在甲乙类状态，防止产生交越失真。

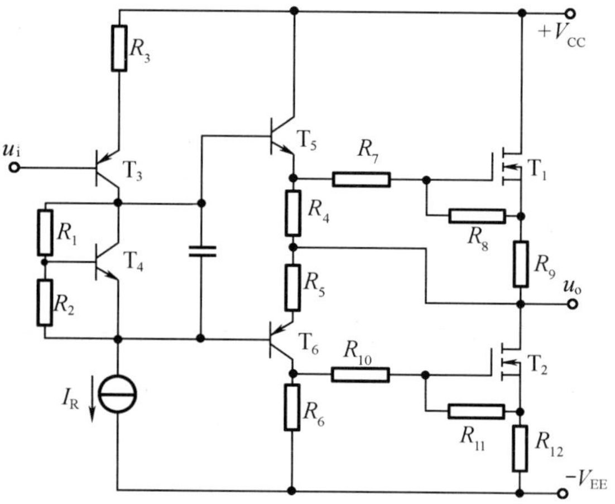

图 4.9.7　VMOS 管互补功放电路

4.10　放大电路的频率响应

4.10.1　放大电路频响的一般概念

在前面的讨论中已经知道，放大电路有耦合电容、射极旁路电容和分布电容，在放大管中又有极间电容。这会使放大电路的增益与电路输入信号的频率有关。这种关系就称为放大电路的频率响应(Frequency response)，简称频响。

当放大电路的输入信号频率在通频带内时，电路中的耦合电容和旁路电容(称为大电容)的容抗很小，可视为交流短路，而极间电容和电路分布电容(称为小电容)的容抗很大，可视为交流开路。所以，在中频段这些电容基本不影响电路工作，其增益基本不变，输出、输入间也不产生新的相位移。这称为放大电路的中频频响特性。

当放大电路的输入信号的频率高于通频带的上限值 f_H(常称为高频段)时，电路中的大电容的容抗更小，更不会影响放大电路的工作。但是，由于那些小电容的容抗变小了，不能再视为交流开路，这使输入信号在这些容抗上产生压降从而使电路的增益下降。同时，在这些小电容中存在充放电过程，这又会使放大电路的输出产生滞后附加相移 $\varphi(\omega)$。这就是放大电路的高频响应特性。

当放大电路输入信号的频率低于通频带的下限值 f_L(常称为低频段)时，电路中的小电容的容抗很大，它们不影响工作，但那些大电容的容抗也会变大到不能忽略的程度，这也会使电路增益下降，同时输出会产生超前附加相移。这种情况称为放大电路的低频响应特性。

这三段频率响应特性构成了放大电路的完整频响特性。本书主要讨论放大电路的高频响应特性,若无特别说明,本书讨论的“频响”皆是高频段的频响特性。

4.10.2 放大电路频响的表达式

由第2章学习已知,一个LTI系统的传递函数为

$$H(s)=H_o\frac{(s-z_1)(s-z_2)\cdots(s-z_m)}{(s-p_1)(s-p_2)\cdots(s-p_n)} \tag{4.10.1}$$

其中:$z_1,z_2,\cdots,z_m$ 为零点;$p_1,p_2,\cdots,p_n$ 为极点。

当输入信号为正弦波时,在稳定条件下,上式可写成

$$H(j\omega)=H_o\frac{(j\omega-z_1)(j\omega-z_2)\cdots(j\omega-z_m)}{(j\omega-p_1)(j\omega-p_2)\cdots(j\omega-p_n)} \tag{4.10.2}$$

稳定工作状态下的放大电路是LTI系统,传递函数 $H(j\omega)$ 就是电路增益 $A(j\omega)$,而 $z_1\cdots z_m,p_1\cdots p_n$ 就是放大电路的下限和上限截止角频率。对于单极点的放大电路的高频响应表达式可写成

$$A(j\omega)=\frac{A_o}{1+j\dfrac{\omega}{\omega_H}} \tag{4.10.3}$$

上式的幅频特性(幅值)和相频特性(相位)表达式分别为

$$A(\omega)=\frac{A_o}{\sqrt{1+\left(\dfrac{\omega}{\omega_H}\right)^2}} \tag{4.10.4}$$

$$\varphi(\omega)=-\arctan\frac{\omega}{\omega_H} \tag{4.10.5}$$

4.10.3 频响特性波特图表示法

用波特图(Bode plot)表示频响特性是H. W. Bode提出的。他用两条频域曲线来说明放大电路的频响特性。一条是幅频特性(Amplitude frequency characteristic)曲线,另一条是相频特性(Phase frequency characteristic)曲线。现以式(4.10.3)为例讨论波特图的有关情况。

现对式(4.10.4)取对数

$$20\lg A(\omega)=20\lg A_o-20\lg\sqrt{1+\left(\frac{\omega}{\omega_H}\right)^2} \tag{4.10.6}$$

依式(4.10.6)和(4.10.5)可分别作出幅频和相频特性曲线,如图4.10.1所示。

由幅频特性曲线可见:它是由 $20\lg A_o$ 的直线①和 $20\lg\sqrt{1+\left(\dfrac{\omega}{\omega_H}\right)^2}$ 决定的射线②组合而成的一条折线,当 $\omega>\omega_H$ 时,从 ω_H 开始,$A(\omega)$ 以 -20 dB/十倍频程的斜率下降。由相频特性曲线可见:当 ω 在 $0.1\omega_H\sim10\omega_H$ 间时,相频特性是一条以 $-45°$/十倍频程斜率下降的斜线,在 $\omega=\omega_H$ 时,$\varphi(\omega)=-45°$,$A(\omega)$ 开始下降;当 $\omega\to\infty$ 时,它的最大 $\varphi(\omega)=-90°$,$A(\omega)\to0$。ω_H 称为

上限截止角频率。实际上,按 $20\lg\sqrt{1+\left(\frac{\omega}{\omega_H}\right)^2}$ 计算幅频特性曲线并不是在 ω_H 处突然开始下降,而是在 $\omega>0.1\omega_H$ 时就已经开始下降。这种下降是一个渐近过程,如图中虚线曲线②′所示。在 ω_H 处 $A(\omega)$ 已经下降了 -3 dB,故又称 ω_H 为 -3 dB 带宽。同理,依式(4.10.5)计算 ω 在 $0.1\omega_H \sim 10\omega_H$ 间 $\varphi(\omega)$ 也是条渐近曲线,如图中虚线所示。

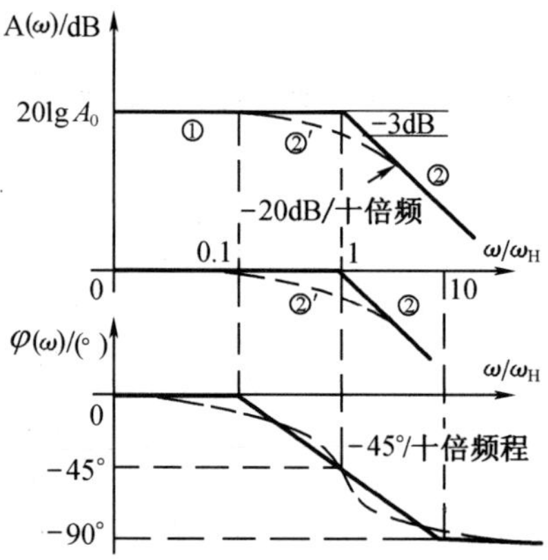

图 4.10.1　放大电路的波特图

用折线代替实际的频响特性曲线的波特图称为近似波特图。用它表示放大电路的频响特性会有一些误差。但这个误差不大,工程上是允许的。其次,用近似波特图表示放大电路的频响特性时,作图简单方便,所以这是较常用的一种方法。

4.10.4　Nyquist 图表示法

放大电路的频响表达式(4.10.3)也可以写成复数极坐标(Polar coordinate)的形式:

$$A(j\omega)=A(\omega)\angle\varphi(\omega) \quad (4.10.7)$$

其中 $A(\omega)$ 称为极矢(Polar vactor),$\angle\varphi(\omega)$ 称为极角(Polar angle),它们的表达式仍用式(4.10.4)、(4.10.5)表示。Nyquist 提出可以在复数极坐标图上用矢量 $[A(\omega),\angle\varphi(\omega)]$ 的端点轨迹表示放大电路频响特性。为了作图方便,将 $A(\omega)$ 中的 A_o 归一化。当 ω 在 $0\to\infty$ 间取不同值时,依式(4.10.4)和(4.10.5)可计算出与各 ω 对应的 $[A(\omega),\angle\varphi(\omega)]$ 的不同组值,依这些数据可作出图 4.10.2 的 Nyquist 图。由图可见,当 $\omega=0$ 时,$A(\omega)=1$,$\varphi(\omega)=0$;当 $\omega=\omega_H$ 时,$A(\omega)=\frac{1}{\sqrt{2}}$,$\varphi(\omega)=-45°$;当 $\omega=\infty$ 时,$A(\omega)=0$,$\varphi(\omega)=-90°$。因用复数极坐标的一条曲线即可表示放大电路的频响特性,所以比较简单明了。

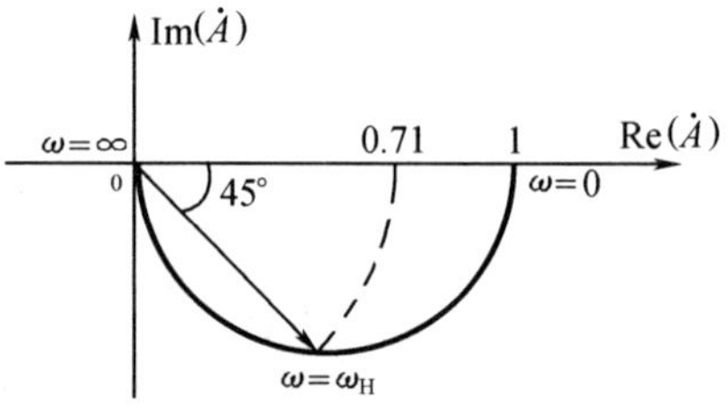

图 4.10.2　Nyquist 图

4.11　放大电路的阶跃响应

在讨论放大器的频率响应时,是用正弦波信号作为输入信号,在不改变幅值的情况下改变信号的频率,观察输出信号的幅度和相位的变化。这种研究方法称为频域分析法或稳态(Steady - state)分析法,可以应用傅氏变换或拉氏变换进行分析。实际上,也可以用阶跃信号作输入信号,观察输出信号幅度随时间的变化来研究放大电路的性能,这种方法称为时域分析法或瞬态(Transient - state)分析法。放大电路对阶跃信号的响应称为阶跃响应(Step Response)。

4.11.1 阶跃响应技术参数

一个放大电路的阶跃响应可以用输出信号的上升时间(Rise time,简写 t_r)、顶降(Downward)δ 和过冲量(Overshoot)Δu 来衡量,图 4.11.1 为放大电路的阶跃响应的输入、输出波形。

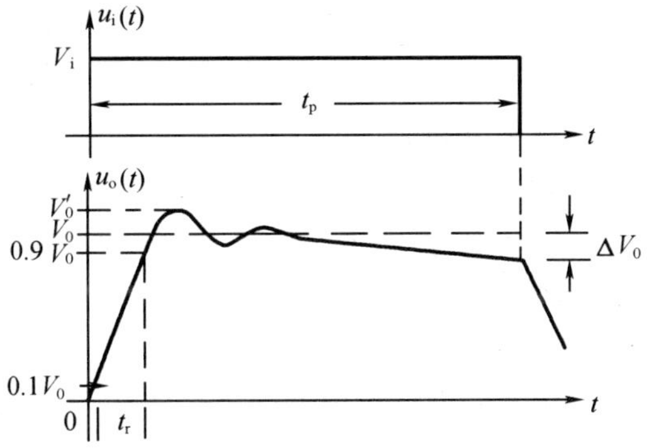

图 4.11.1 放大电路的阶跃响应

1. 上升时间 t_r

在图 4.11.1 中,输出电压 $u_o(t)$ 从稳定值 V_o 的 10% 上升到 90% 时所需时间叫作放大电路的上升时间 t_r。在核电子学中,t_r 是脉冲放大器的主要指标之一。

2. 顶降 δ

在图 4.11.1 中,在输入信号持续时间 t_p 内,输出电压 $u_o(t)$ 顶部的降落量 ΔV_o 与 V_o 之比称为顶降,即

$$\delta = \frac{\Delta V_o}{V_o} \times 100\% \tag{4.11.1}$$

3. 过冲量 Δu

在图 4.11.1 中,过冲量指的是输出信号上升沿上升值超过稳定值的超量($V_o' - V_o$)与稳定值 V_o之比

$$\Delta u = \frac{V_o' - V_o}{V_o} \times 100\% \tag{4.11.2}$$

4.11.2 单管放大电路的阶跃响应

1. 上升时间 t_r

当一个阶跃信号 $u(t)$ 输入到放大电路时,放大电路的输入电阻 R_i 和放大管的极间电容 C_π'使输出信号上升沿不能阶跃上升,根据第 2 章学习的知识可知,一个幅度为 V_i 的阶跃信号输入时,电路的输出信号可写成

$$V_o(s) = \frac{V_i}{s} - \frac{V_i}{s + \frac{1}{C_\pi' R_i}} \tag{4.11.3}$$

经反演后得

$$u_o(t) = V_i(1 - e^{-\frac{t}{R_i C_\pi'}}) \tag{4.11.4}$$

设 $u_o(t)$ 上升到 $0.1V_o$ 时所需时间为 t_1,则上式变为 $0.1 = 1 - e^{-\frac{t_1}{RC_\pi'}}$,可解得所用时间 t_1 为

$$t_1 = 0.1R_i C_\pi' \tag{4.11.5}$$

同理,当 $u_o(t)$ 上升到 0.9 V_o 时,可求得所需时间 t_2 为

$$t_2 = 2.3R_i C_\pi' \tag{4.11.6}$$

则 t_1,t_2 的时间间距即为 $u_o(t)$ 的上升时间 t_r,为

$$t_r = t_2 - t_1 = 2.2R_i C_\pi' \tag{4.11.7}$$

又由于 $\omega_{\mathrm{H}}=\frac{1}{R_{\mathrm{i}}C'_{\pi}}$,所以可推导出

$$t_{\mathrm{r}}=\frac{2.2}{\omega_{\mathrm{H}}}=\frac{0.35}{f_{\mathrm{H}}} \tag{4.11.8}$$

上式表明 t_{r} 也是由 $R_{\mathrm{i}}C'_{\pi}$ 回路决定的,$R_{\mathrm{i}}C'_{\pi}$ 越小,t_{r} 也越小,高频特性越好。上式也表明了放大电路阶跃响应与频响特性间的对应关系。可以由 f_{H} 直接求出电路的 t_{r}。

2. 顶降 δ

由图可见,顶降是输出电压在 t_{p} 持续时间内的漏电过程,它是慢变化的,与放大电路的低频特性相对应。它的表达式为

$$\delta=\omega_{\mathrm{L}}t_{\mathrm{p}}\times 100\%=2\pi f_{\mathrm{L}}t_{\mathrm{p}}\times 100\% \tag{4.11.9}$$

式中 f_{L} 为放大电路的下限截止频率,t_{p} 为阶跃信号的持续时间。

3. 过冲量 Δu

对于单管共射放大电路的 Δu,往往与 t_{r} 值的大小有关,而 t_{r} 除与晶体管参数有关外,还与电路补偿网络有关。当调节补偿参数而使 t_{r} 变小时,就会使过冲量 Δu 变大。一般应兼顾 t_{r} 和 Δu 的值使补偿达到最佳状态,通常要求 $\Delta u<5\%\sim10\%$。

习　　题

4.1　简述组成放大电路的基本原则和放大电路的基本特征。

4.2　在题图 4.1 所示的电路中,$R_{\mathrm{b1}}=56\ \mathrm{k\Omega}$,$R_{\mathrm{b2}}=10\ \mathrm{k\Omega}$,$R_{\mathrm{c}}=5.6\ \mathrm{k\Omega}$,$R_{\mathrm{e}}=1\ \mathrm{k\Omega}$,$R_{\mathrm{L}}=6.2\ \mathrm{k\Omega}$,$R_{\mathrm{s}}=200\ \Omega$,$C_1$,$C_2$,$C_{\mathrm{e}}$ 足够大,$V_{\mathrm{CC}}=12\ \mathrm{V}$,晶体管 $\beta=100$,$r_{\mathrm{bb'}}=100\ \Omega$。

(1)画出微变等效电路。

(2)求中频电压增益 $A_{u\mathrm{o}}$ 和含 R_{s} 的中频电压增益 $A_{u\mathrm{os}}$。

(3)求输出和输入电阻。

4.3　上题中去掉 C_{e},请再回答上题中的各问。

4.4　某放大器的中频电压增益为 10^5,上限截止频率为 10^6 Hz,请画出其幅频特性波特图。

4.5　题图 4.2 所示的单管共射放大电路中,已知 $R_{\mathrm{s}}=24\ \Omega$,$R_{\mathrm{b}}=530\ \mathrm{k\Omega}$,$R_{\mathrm{c}}=2\ \mathrm{k\Omega}$,$R_{\mathrm{L}}=2\ \mathrm{k\Omega}$,晶体管的 $\beta=100$,$r_{\mathrm{bb'}}=80\ \Omega$,$f_{\mathrm{T}}=500\ \mathrm{MHz}$,$C_{\mu}=1\ \mathrm{pF}$,$V_{\mathrm{CC}}=6\ \mathrm{V}$。试求:

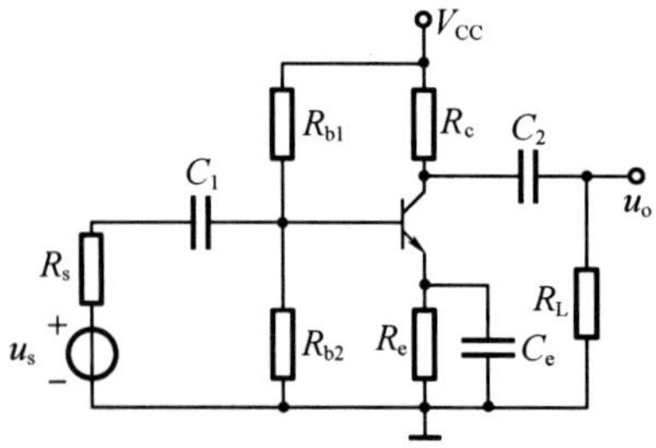

题图 4.1

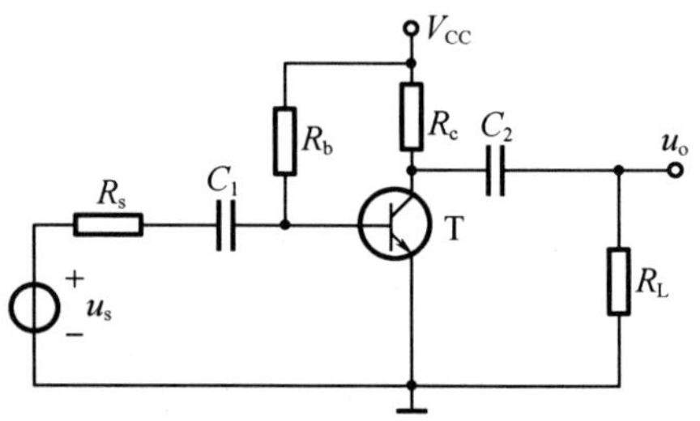

题图 4.2

(1)中频源电压增益。

(2)上限截止频率 f_{H}。

(3)调 R_{b} 对 f_{H} 是否有影响。

4.6　某共基极放大电路，源电阻 $R_s=200\ \Omega$，负载 $R_L=2\ k\Omega$，$R_e=1\ k\Omega$，晶体管的 $\beta=100$，$f_T=500$ MHz，$C_\mu=1$ pF，$V_{CQ}=1$ mA，试求：

(1)中频源电压增益 A_{uos}。

(2)上限截止频率 f_H。

4.7　共射放大电路如题图 4.3 所示，晶体管为 SiPNP，$\beta=40$，$C_\mu=3$ pF，$C_\pi=100$ pF。

(1)画出小信号高频等效电路。

(2)求中频电压增益。

(3)求上限截止频率 f_H。

(4)如 R_L 增加 10 倍，求 A_{uo} 和 f_H 的变化倍数。

4.8　题图 4.4 为一共源放大电路，其中，各电阻值如图标注，场效应管 $C_{gs}=C_{gd}=2$ pF，$g_m=6$ mS。

(1)求中频电压增益 A_{uo}。

(2)求上限截止频率 f_H。

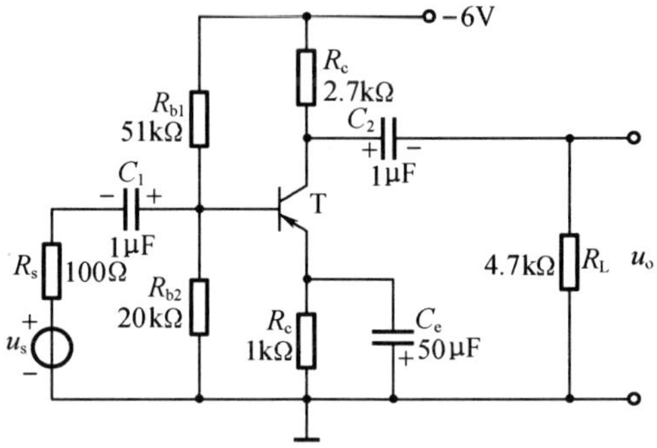

题图 4.3

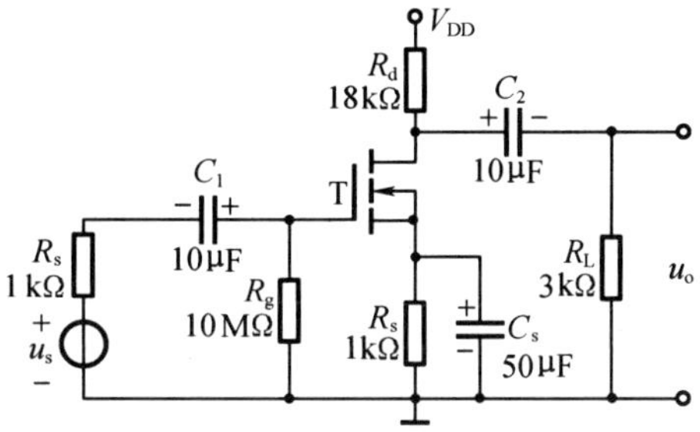

题图 4.4

4.9　题图 4.5 所示电路为共漏放大电路。

(1)求输入、输出电阻的表达式。

(2)如 R_{g3} 短路，对输入、输出电阻有何影响？

4.10　题图 4.6 为一个有源负载的共射放大电路，设三管特性相同，$\beta=100$，$r_{ce}=200\ k\Omega$，$R_b=1\ k\Omega$，$r_{be1}=2.3\ k\Omega$。

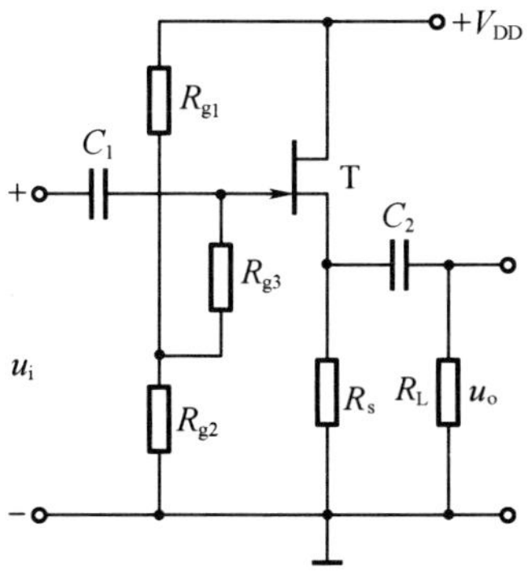

题图 4.5

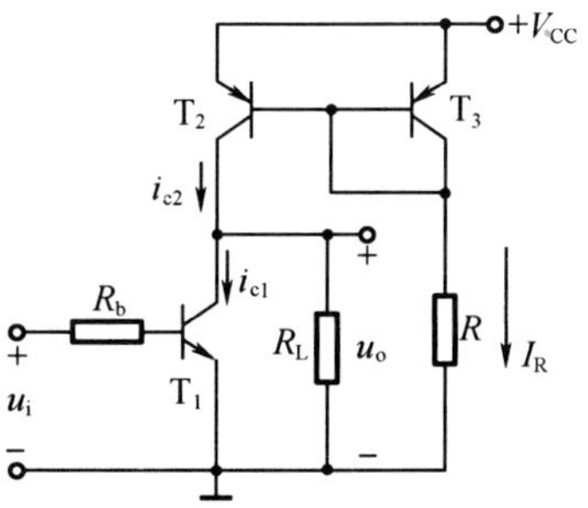

题图 4.6

(1)求输出电阻值。

(2)R_L 分别为 10 kΩ 和 100 kΩ 时,输出电压增益各为多少?

4.11　题图 4.7 电路中 T_2,T_3 为恒流源,T_1 为共源放大器,设 $r_{ds1}=r_{ds2}=500\ \text{k}\Omega$,$g_{m1}=200\ \mu\text{S}$,$g_{m2}=100\ \mu\text{S}$,$C_{gs1}=C_{gs2}=0.2\ \text{pF}$,$C_{gd1}=C_{gd2}=0.05\ \text{pF}$,$R_s=100\ \text{k}\Omega$。

(1)求中频电压增益和输出电阻。

(2)求上限截止频率。

4.12　题图 4.8 为一个长尾差动放大电路,设 $V_{CC}=|V_{EE}|=12\ \text{V}$,$R_{c1}=R_{c2}=5.1\ \text{k}\Omega$,$R_W=200\ \Omega$,滑点在中间位,$R_e=11\ \text{k}\Omega$,$R_L=47\ \text{k}\Omega$,晶体管的 $\beta=100$,$r_{bb'}=100\ \Omega$,r_{ce} 忽略。试求:

(1)静态工作电流。

(2)差模输入电阻和电压增益。

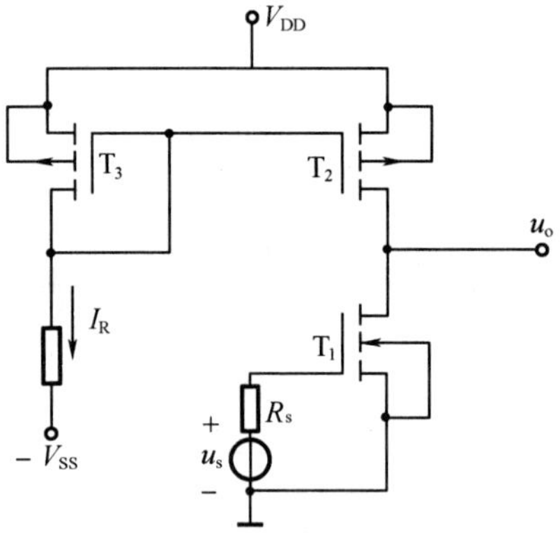

题图 4.7　CMOS 放大电路

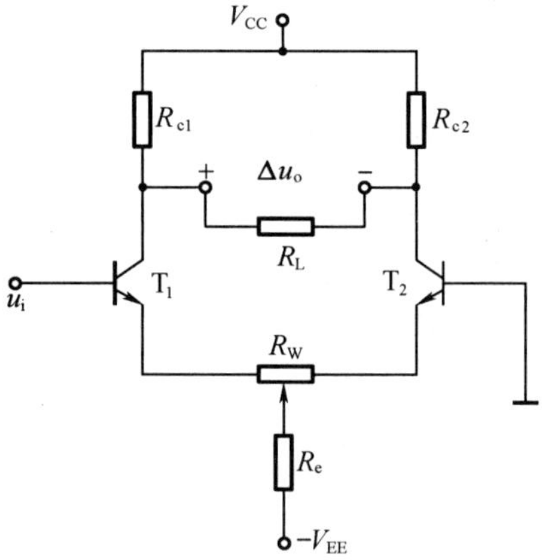

题图 4.8　差动放大电路

4.13　题图 4.9 为一个带有源负载的 CMOS 差动放大电路。

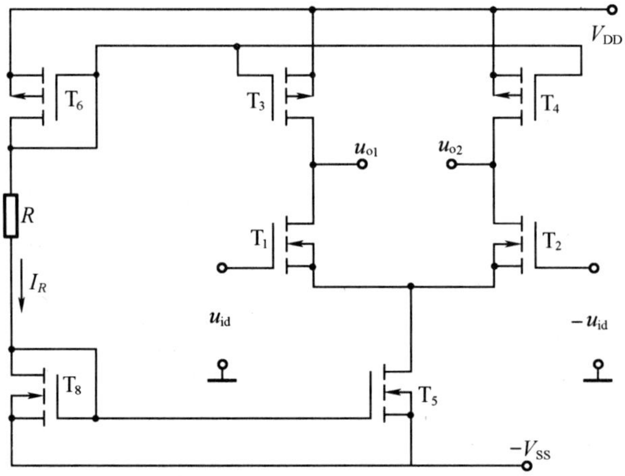

题图 4.9　带有源负载的 CMOS 差分式放大电路

(1)分析此电路特点。

(2)求双入-双出的差模电压增益。

(3)求双入-单出的差模电压增益。

4.14　题图4.10为一单电源互补功率放大电路,设 u_i 为正弦波,负载为8 Ω喇叭。$V_{CC}=24$ V,T_1,T_2 管的管压降忽略不计,R_1 为温敏电阻。

(1)求不失真时的最大输出功率。

(2)所选晶体管的最大允许电流 I_{CM}、集电极反向击穿电压 BV_{CEO} 和最大允许功率 P_{CM} 各为多少?

(3)R_1,R_2 各起什么作用?

4.15　在题图4.11的电路中,T_1,T_2 和 T_3,T_4 分别为推挽功率放大电路,负载跨接两功率放大电路之间。

(1)分析电路工作原理及电路特点。

(2)求负载 R_L 最大输出功率。

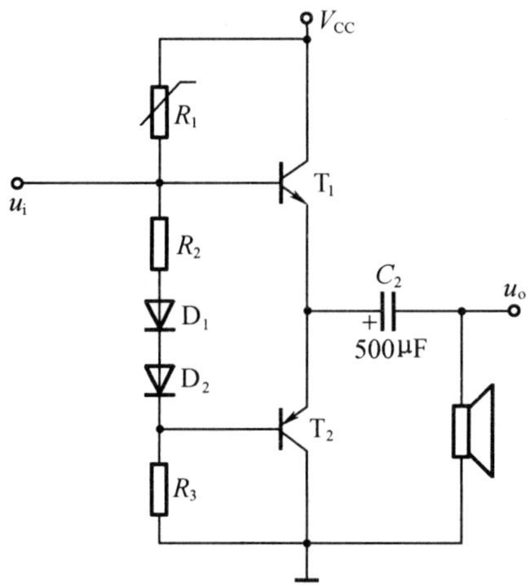

题图4.10

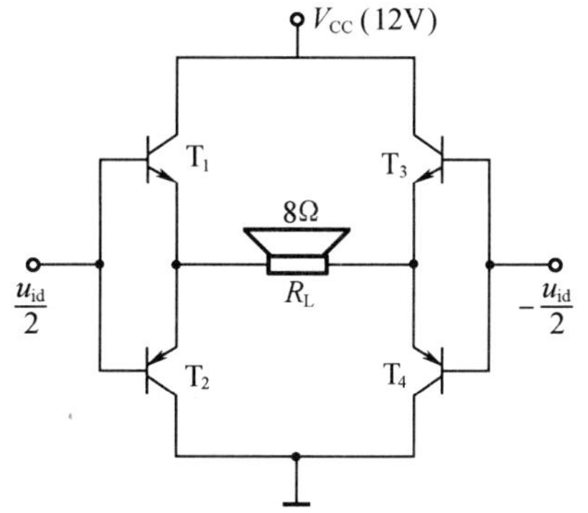

题图4.11

4.16　在题图4.1的电路中,$R_s=200$ Ω,$R_c=5.6$ kΩ,$R_E=5$ kΩ,$R_L=6.2$ kΩ,$C_1=C_2=100$ μF,$C_e=50$ μF,晶体管 $\beta=100$,忽略 R_B 的影响,输入信号为 $f=200$ Hz 的方波,输出脉冲的上升时间 $t_r=0.35$ μs。试求此放大器的带宽 BW 和顶降 δ。

部分习题参考答案

4.2　(1)微变等效电路如解图4.1中短路 R_e。

(2)$A_{uo}=-120$,$A_{uos}=108$。

(3)$R_i=1.9$ kΩ,$R_o=5.6$ kΩ。

4.3　(1)如解图4.1。

(2)$A_{uo}=-2.84$,$A_{uos}=-2.56$。

(3)$R_i=1.9$ kΩ,$R_o=5.6$ kΩ。

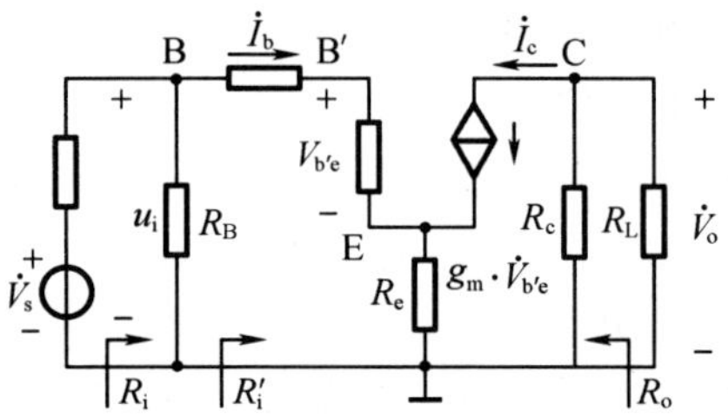

解图 4.1

4.4 波特图如解图 4.2，$f_H = 10^6$ Hz。

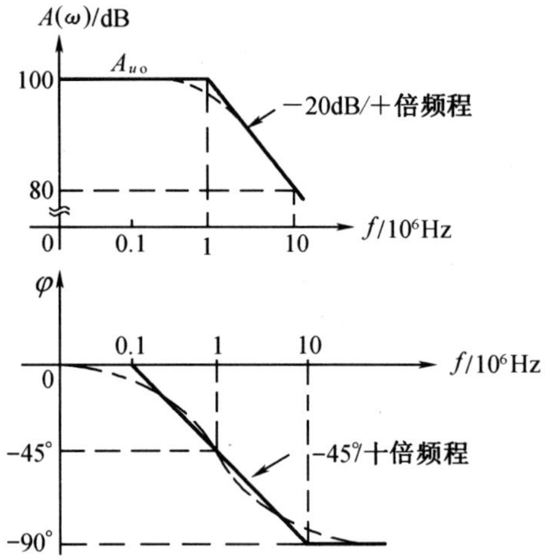

解图 4.2

4.5 (1)$A_{uo} = -38, A_{uos} = -21.6$。

(2)$f_H = 4.1 \times 10^6$ Hz, $f_{HS} = 12.7 \times 10^6$ Hz。

(3)R_b 增加会引起f_H 升高。

4.6 (1)$A_{uos} = 8.7$。$f_H = 80 \times 10^6$ Hz。

4.7 (1)等效电路如解图 4.3 所示。

(2)$A_{uos} = -56$。

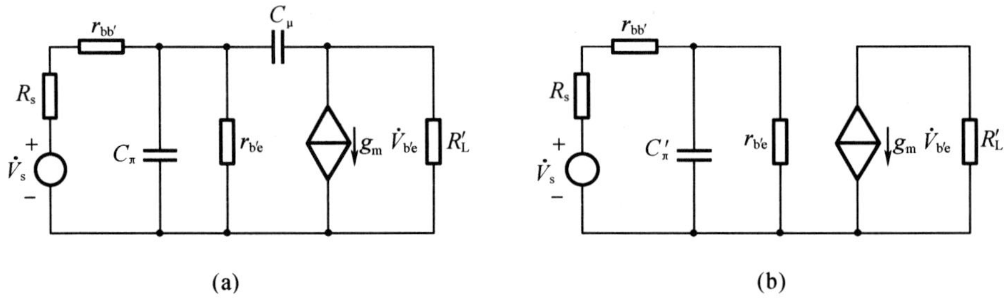

解图 4.3

(3) $f_{Hs}=3.13\times10^{6}$ Hz。

(4) $A_{uos}=-85, f_{Hs}=2.04\times10^{6}$ Hz。

4.8　(1) $A_{uo}=-15$。

(2) $f_{H}=4.68\times10^{6}$ Hz。

4.9　(1) $R_{i}=R_{g3}+(R_{g2}/\!/R_{g1})$, $R_{o}=r_{ds}/\!/R_{s}/\!/\dfrac{1}{g_{m}}$。

(2) $R_{i}=R_{g1}/\!/R_{g2}$, $R_{o}=r_{ds}/\!/R_{s}/\!/\dfrac{1}{g_{m}}$。

4.10　(1) $R_{o}=100\ \text{k}\Omega$。

(2) $A_{u}(10)=276$, $A_{u}(100)=1515$。

4.11　(1) $A_{uo}=-50$, $R_{o}=250\ \text{k}\Omega$。

(2) $f_{H}=4.3\times10^{6}$ Hz。

4.12　(1) $I_{EQ1}=I_{EQ2}=0.5$ mA。

(2) $A_{ud}=-27, R_{id}=30\ \text{k}\Omega$。

4.13　(1)此电路为CMOS差动放大电路。电路用恒流源作 T_1, T_2 漏极负载和 T_1, T_2 的源极电阻。

(2) $A_{ud(双)}=-g_{m}\cdot(r_{ds1}/\!/r_{ds3})=A_{ud(单出)}$。

4.14　(1) $P_{OM}=9$ W。

(2) $I_{CM}=1.5$ A, $BV_{CEO}>24$ V, $P_{CM}>1.8$ W。

4.15　(2) $P_{OM}=72$ W。

4.16　(1) $BW=1\times10^{6}$ Hz, $\delta=50\%$。

第5章　多级放大电路

(Multistage Amplifier)

在电子技术应用中,常要求放大电路既要有足够高的增益,又要有特殊的输入、输出阻抗,或要有足够宽的带宽等。这样,单级放大电路不可能同时满足这些要求。把不同接法的单级放大电路串联起来,组成多级放大电路(Multistage amplifiers),发挥它们的各自优势,就可较好地满足实际应用要求。

5.1　级间耦合方式

不同组态的单级放大电路之间的连接叫耦合(Coupling)。常用的耦合方式有:阻容耦合、变压器耦合、光电耦合和直接耦合等。不同的应用场合要求采用不同的耦合方式,其使用原则是:(1)各放大级都要保证有合适的静态工作点;(2)前级的输出信号能完整顺利地传递到后级;(3)保证总电路的性能指标满足实际要求。

5.1.1　阻容耦合方式

多级放大电路的级间是用阻容网络来连接的方式称为阻容耦合(RC - coupled)。这种耦合方式可以使各级直流通路相对独立,这样会给电路设计、分析和调试都带来方便。如耦合电容足够大,则在一定的频率范围内,信号可无衰减地传递。这种耦合方式在通用多级放大器中应用比较广。

阻容耦合方式是交流耦合,故不适合传递慢变化或直流信号,因此在日益发展的线性集成电路的设计制造中,这种耦合方式已不再被采用。

5.1.2　直接耦合方式

为了解决阻容耦合方式存在的问题,可以把前级的输出信号直接送到后级的输入端,这种连接称为直接耦合(Direct coupled)方式。但这种耦合方式会产生前后级静态工作点相互影响的问题。这可用图5.1.1所示电路来解决。在图5.1.1(a)中第二级的射极接入电阻 R_{e2},它可提高 T_1 的集电极电位。如无 R_{e2},则 T_1 管 V_{CE1} 被限制在0.7 V,这样 T_1 管就无法正常工作。当然也可以用稳压管代替 R_{e2}。这样,一方面稳压管可以将 V_{CE1} 抬得比较

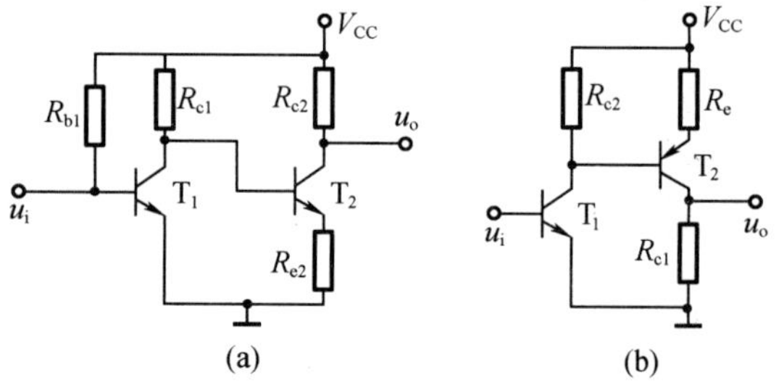

图5.1.1　直接耦合方式的电平匹配电路

高，另一方面稳压管内阻较小，不至于使第二级的放大倍数损失太多。图5.1.1(b)电路是采用NPN和PNP管互补搭配方式，PNP管的射极接R_e，输出电阻R_{c1}接地，调节阻值，可以使各级既都有合适的静态工作点，又可巧妙地改变直流输出电平。

直接耦合放大电路的工作频率范围宽，直至可以放大直流信号，所以被广泛应用。特别在线性集成电路中，级间几乎全部采用直接耦合方式。

这种耦合方式存在直流电位配置难和零点漂移等问题。

5.1.3　变压器耦合方式

将多级放大电路前级的输出通过变压器送到后级的输入端的耦合方式称为变压器耦合(Transformer coupled)方式。这种耦合方式可以通过调节变压器初级、次级的线圈圈数比实现前后级的阻抗匹配，从而使信号在传递过程中损失最小，而且各级间直流通路相互隔离。这种耦合方式主要用在功率放大和调谐放大电路中。其缺点是变压器体积大，不适合于集成化。另外也不能放大直流信号，其频率特性也较差。

5.1.4　光电耦合方式

这种耦合方式是用光电耦合器(Photo coupler)来完成级间耦合的。它是将前级输出信号送入光电耦合器的发光二极管部分，实现电到光的转换。然后让光电耦合器的三极管部分接收这些光，再完成由光到电的转换，输出电流信号，送到下级的输入端。

这种耦合方式可以实现前后级间电的隔离，可有效地抑制电干扰。另外，光电耦合器的输出有放大作用，可以提高放大电路的增益。但光电耦合器的功率较小，不适合做大功率耦合。另外，光电耦合器的传输比比较小，使用寿命也较短。

5.1.5　多级放大电路的级数

多级放大电路的级数大多为两级或三级的，以三级的居多。一个三级放大电路，有输入级、中间级和输出级。输入级主要解决输入阻抗、失调和漂移等问题，而中间级主要提供增益；输出级可提供足够的驱动能力和合适的输出阻抗。

5.2　多级放大电路的基本性能指标

5.2.1　电压增益

在一个n级放大电路中，若各级的电压增益分别为A_{u1}，A_{u2}，…，A_{un}时，则总的电压增益A_u为

$$A_u = A_{u1} \cdot A_{u2} \cdot \cdots \cdot A_{un} = \prod_{j=1}^{n} A_{uj} \tag{5.2.1}$$

这里要注意的是在计算每级的电压增益时，必须考虑前后级间的相互影响，可以将后级的输入电阻作为前级的负载，也可以将前级的输出电阻作为后级的信号源内阻。

5.2.2 输入电阻和输出电阻

一般来讲，如果忽略次要因素和级间耦合因素的影响，多级放大电路的输入电阻就是输入级电路的输入电阻，而输出级的输出电阻即为多级放大电路的输出电阻。可以利用第4章学过的相关公式进行计算。

当输入级是共集极电路时，总的输入电阻与输入级的负载（即是第二级的输入电阻）有关。当输出级是共集极电路时，则总的输出电阻与输出级信号源内阻（即它的前级的输出电阻）有关。

[例题 5.2.1]

在图5.2.1放大电路中，设各晶体管皆为 SiNPN 管 3DG6D，其 $\beta=100$，$r_{bb'}=100\ \Omega$，V_{CC}，V_{EE} 为 ±10 V，求中频电压增益 A_{uo}、输入电阻 R_i 和输出电阻 R_o。

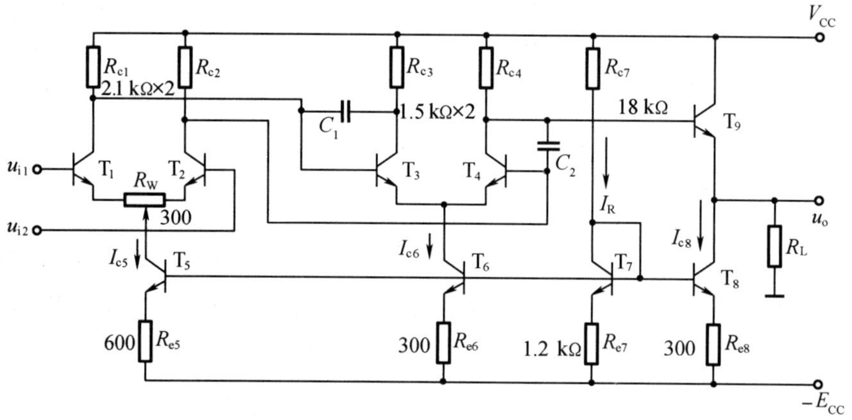

图 5.2.1 三级直接耦合放大电路

解：这是一个三级直接耦合放大电路，T_1，T_2，T_5和 T_3，T_4，T_6是两级有源偏置的差动放大电路；第二级差动放大器为双入－单出；T_8，T_9组成有源跟随器，作为电路的输出级，T_8 构成的恒流源作为 T_9 的有源负载；T_5 ~ T_8组成多路恒流源，基准电流 I_R 由 T_7，R_{e7}，R_{c7}决定，$I_R\doteq 1$ mA。各路恒流源电流值分别由各射极电阻与 R_{e7}的比例决定，这样 $I_{c5}=2$ mA，$I_{c6}=4$ mA，$I_{c8}=4$ mA，$I_{E1}=I_{E2}=1$ mA，$I_{E4}=I_{E3}=2$ mA，$I_{E9}=4$ mA，故

$$r_{be1}=r_{bb'}+\frac{(1+\beta)V_T}{I_{E1}}\doteq 2.7\ \text{k}\Omega,\ r_{be2}=2.7\ \text{k}\Omega$$

$$r_{be4}=r_{bb'}+\frac{(1+\beta)V_T}{I_{E4}}\doteq 1.4\ \text{k}\Omega,\ r_{be3}=1.4\ \text{k}\Omega$$

$$r_{be9}=r_{bb'}+\frac{(1+\beta)V_T}{I_{E9}}\doteq 0.7\ \text{k}\Omega$$

1. 电压增益

第一级为双入－双出差放电路，其负载电阻是第二级差放的输入电阻 R_{i2}，对于 T_1 管的负载 $R_{L_1}=\dfrac{1}{2}R_{i2}=r_{be3}=1.4\ \text{k}\Omega$，总的负载 $R'_{L1}=R_{L1}/\!/R_{c1}=0.86\ \text{k}\Omega$，则第一级的电压增益 A_{ud1} 为

$$A_{ud1}=-\frac{\beta R'_{L1}}{r_{be1}+(1+\beta)\dfrac{R_W}{2}}=-4.8$$

第二级差放电路为双入－单出，其负载电阻等于输出级的输入电阻 R_{i3}，由于输出级为跟随器电路，所以 $R_{i3} \gg R_{c4}$。则第二级总负载电阻 $R'_{L2} \doteq R_{c4}$，第二级的电压增益 A_{ud2} 为

$$A_{ud2} = \frac{\beta R'_{L2}}{2r_{be4}} = \frac{\beta R_{c4}}{2r_{be4}} = 53.6$$

输出级为有源跟随器，它的电压增益 $A_{ud3} \doteq 1$。总的电压增益 A_u 为

$$A_{ud} = A_{ud1} \cdot A_{ud2} \cdot A_{ud3} \doteq -257.2$$

2. 差模输入电阻

由于第一级是双入－双出差放电路，所以总的差模输入电阻 R_i 为

$$R_i = R_{i1} = 2\left[r_{be1} + (1+\beta)\frac{R_W}{2}\right] = 35.7\ \text{k}\Omega$$

3. 输出电阻

由于输出级是用射极跟随器，所以总输出电阻与它的前级的输出电阻 R_{o2} 有关。这样 R_o 为

$$R_o = R_{o3} \doteq \frac{R_{o2} + r_{be9}}{1+\beta} = 22\ \Omega$$

对于结构比较简单的多级放大电路也可用等效电路法分析（见节 6.11.2）。

5.3　多级放大电路的频率响应

在讨论多级放大电路的频响时，常把多级放大电路的前级的输出回路与后级的输入回路合并考虑，所以，通常认为两级放大电路有两个极点，三级放大电路有三个极点。

5.3.1　高频响应的表达式

由第 4 章学习可知，一个单级电压放大电路的高频电压增益表达式如式(4.10.3)所示，那么我们可以仿式(5.2.1)列出 n 级放大电路的高频电压增益数学表达式为

$$A_u(\mathrm{j}\omega) = \frac{A_{uo1} \cdot A_{uo2} \cdot \cdots \cdot A_{uon}}{\left(1 + \mathrm{j}\dfrac{\omega}{\omega_{H1}}\right)\left(1 + \mathrm{j}\dfrac{\omega}{\omega_{H2}}\right)\cdots\left(1 + \mathrm{j}\dfrac{\omega}{\omega_{Hn}}\right)} \tag{5.3.1}$$

令多级放大电路的总中频电压增益为 $A_{uom} = A_{uo1} \cdot A_{uo2} \cdots A_{uon}$，则式(5.3.1)的幅频特性和相频特性表达式分别为

$$A_u(\omega) = \frac{|A_{uom}|}{\sqrt{1 + \left(\dfrac{\omega}{\omega_{H1}}\right)^2} \cdot \sqrt{1 + \left(\dfrac{\omega}{\omega_{H2}}\right)^2} \cdot \cdots \cdot \sqrt{1 + \left(\dfrac{\omega}{\omega_{Hn}}\right)^2}} \tag{5.3.2}$$

$$\varphi(\omega) = \varphi_1(\omega) + \cdots + \varphi_n(\omega) = -\left[\arctan\frac{\omega}{\omega_{H1}} + \arctan\frac{\omega}{\omega_{H2}} + \cdots + \arctan\frac{\omega}{\omega_{Hn}}\right] \tag{5.3.3}$$

总的上限截止频率 f_H 为

$$\frac{1}{f_H} = \left[\frac{1}{f_{H1}^2} + \frac{1}{f_{H2}^2} + \cdots + \frac{1}{f_{Hn}^2}\right]^{\frac{1}{2}} \tag{5.3.4}$$

由式(5.3.4)可知，多级放大电路的总上限截止频率比每一级的上限截止频率都要低。

若每级的上限截止频率都等于 f_{H1}，对于一个两级或三级放大电路的 f_H 分别为

$$f_H = \frac{f_{H1}}{\sqrt{2}} = 0.71\,f_{H1} \tag{5.3.5}$$

$$f_H = \frac{f_{H1}}{\sqrt{3}} = 0.58\,f_{H1} \tag{5.3.6}$$

若加修正系数,则上面两式分别为

$$f_H = \frac{f_{H1}}{1.1\sqrt{2}} \doteq 0.643\,f_{H1} \tag{5.3.7}$$

$$f_H = \frac{f_{H1}}{1.1\sqrt{3}} \doteq 0.52\,f_{H1} \tag{5.3.8}$$

在多级放大电路中,当有的极点频率与其他的极点频率相差很大(比如差一个数量级以上),则这个数值大的极点可忽略。

[例题 5.3.1]

某三级电压放大电路的高频响应特性表达式为

$$A_u(j\omega) = \frac{10^5}{\left(1 + j\frac{\omega}{2\pi \times 10^4}\right)\left(1 + j\frac{\omega}{4\pi \times 10^4}\right)\left(1 + j\frac{\omega}{4\pi \times 10^5}\right)}$$

试求:(1)上限截止频率 f_H;(2)$f = 3 \times 10^4$ 时的电压增益;(3)若 $f_{H1} = f_{H2} = f_{H3} = 2 \times 10^4$ Hz,求 f_H。

解:(1)由题给表达式可知,此电路有三个极点,分别为 $f_{H1} = 10^4$ Hz, $f_{H2} = 2 \times 10^4$ Hz, $f_{H3} = 2 \times 10^5$ Hz,按主极点的定义,可以认为 f_{H1}, f_{H2} 为主极点频率,为讨论方便, f_{H3} 可以忽略,由 f_{H1}, f_{H2} 决定电路的上限截止频率 $f_H \doteq 9 \times 10^3$ Hz。

(2)当电路工作频率为 3×10^4 时,电压增益为

$$A_u(f) = \frac{10^5}{\sqrt{1 + \left(\frac{3 \times 10^4}{10^4}\right)^2} \cdot \sqrt{1 + \left(\frac{3 \times 10^4}{2 \times 10^4}\right)^2}} = \frac{10^5}{\sqrt{10} \times \sqrt{3.25}} = 1.7 \times 10^4$$

(3)$f_H = \frac{f_{H1}}{\sqrt{3}} = 1.16 \times 10^4$ Hz。

5.3.2 多级放大电路的波特图

在分析多级放大电路的频响特性时也常用波特图表示。

1. 不同极点的多级放大电路的波特图

现在仍以例 5.3.1 为例,说明不同极点的多级放大电路的波特图作法。对于题给的高频响应特性表达式可知,它有三个不相同的极点,分别为 $f_{H1} = 10^4$ Hz, $f_{H2} = 2 \times 10^4$ Hz, $f_{H3} = 10^5$ Hz。其幅频和相频特性表达式分别为

$$A_u(f) = 100 - 20\lg\sqrt{1 + \left(\frac{f}{10^4}\right)^2} - 20\lg\sqrt{1 + \left(\frac{f}{2 \times 10^4}\right)^2} - 20\lg\sqrt{1 + \left(\frac{f}{2 \times 10^5}\right)^2} \tag{5.3.9}$$

$$\varphi(f) = -\left(\arctan\frac{f}{10^4} + \arctan\frac{f}{2 \times 10^4} + \arctan\frac{f}{2 \times 10^5}\right) \tag{5.3.10}$$

用第 4 章的作波特图的知识，依式(5.3.9)可以作出如图 5.3.1 所示的四条频响线，其中一条是 $A_u(f)=100$ dB 的直线，另外三条分别由 f_{H1}、f_{H2} 和 f_{H3} 决定的射线，即图中的虚线①②③，它们都以 −20 dB/十倍频程衰减。这四条线合成了一条幅频特性曲线，它分四段，当 $f<10^4$ 时，是一条 $A_u(f)=100$ dB 的平行于横轴的线段；在 $10^4<f<2\times10^4$ 区间时，是一条 $A_u(f)$ 以 −20 dB/十倍频程下降的斜线段；在 $2\times10^4<f<2\times10^5$ 区间，为一条 $A_u(f)$ 以 −40 dB/十倍频程下降的斜线段；而 $f>2\times10^5$ 时，则是一条以 −60 dB/十倍频程下降的斜线。四条线段连成了幅频特性曲线。

依式(5.3.10)可画出图 5.3.2 的相频特性曲线，由曲线可见，三级放大电路的最大附加相移可达 −270°。在第 6 章将会看到这种情况可能会产生自激振荡，需要进行相位补偿。

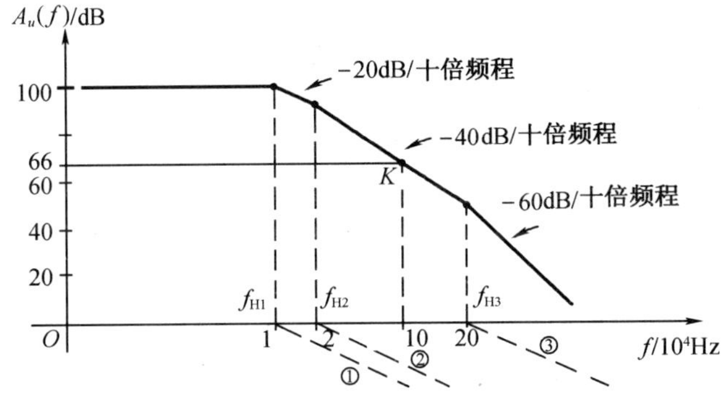

图 5.3.1　例 5.3.1 的幅频特性波特图

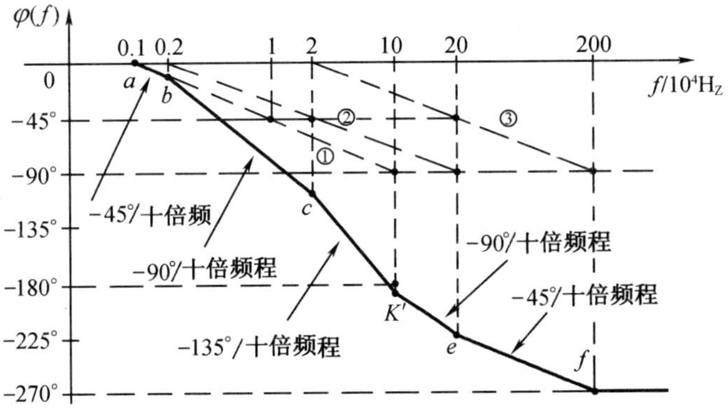

图 5.3.2　例 5.3.1 的相频特性的波特图

利用波特曲线可以很容易求出放大电路的一些参数。如当 $f=10^5$ 时，对应幅频特性曲线上 K 点，其电压增益约为 66 dB，而 10^5 Hz 又对应相频特性曲线上 K' 点，其附加相移已超过 −180°。

2. 极点相同的多级放大电路的波特图

对于极点相同的多级放大电路的波特图作起来比较简单。下面用一个例子说明。

[**例题 5. 3. 2**]

三级放大电路增益表达式为 $A_u(f)=\dfrac{10^5}{\left(1+\mathrm{j}\dfrac{f}{10^4}\right)^3}$，请作幅频和相频特性曲线。

解：由题给的表达式可知，此三级放大电路的三个极点相同，即 $f_H=10^4$ Hz，为此可写出幅频和相频特性表达式分别为

$$A_u(f)=100-3\times 20\lg\sqrt{1+\left(\frac{f}{10^4}\right)^2}$$

$$\varphi(f)=-3\arctan\frac{f}{10^4}$$

依上两式可作出图 5.3.3 的波特图。由图可见，在 10^4 Hz 以后，每级放大电路都以 −20 dB/十倍频程衰减（图中的①②③虚线），总共则以 −60 dB/十倍频程衰减。同样，每级的 $\varphi(f)$ 都为 −45°/十倍频程变化（图中①②③虚线），三级放大电路总的附加相移以 −135°/十倍频程衰减。在 $f=10^4$ Hz 时，$\varphi(f)=-135°$。

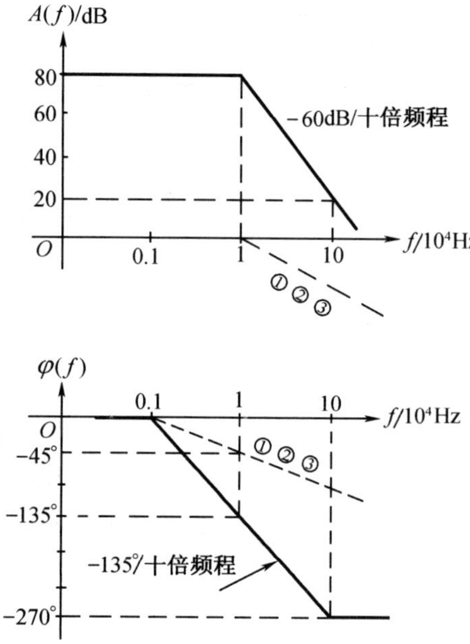

图 5. 3. 3　例题 5. 3. 3 的波特图

[**例题 5. 3. 3**]

已知某多级放大电路的幅频特性曲线如图 5. 3. 4 所示。试问：

（1）该电路是几级放大电路？

（2）该放大电路的耦合方式是什么？上限截止频率 f_H 是多少？

（3）当电路工作频率 $f=2\times10^4$ Hz 时，$A_u(f)$ 是多少？

（4）当电路工作频率 $f=10^4$ Hz 时，附加相移是多少？

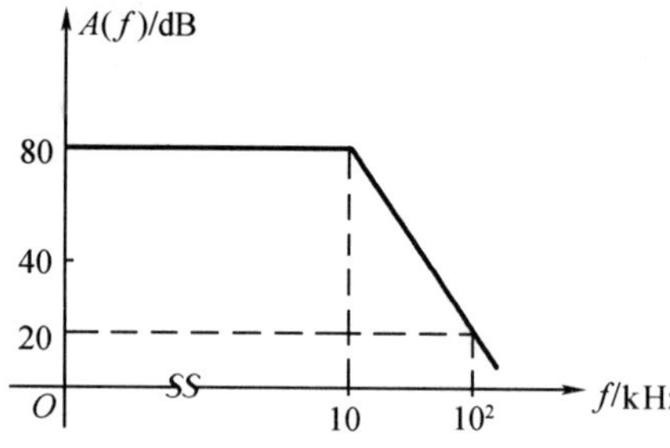

图 5. 3. 4　例题 5. 3. 3 放大电路的幅频特性

解：（1）从题给的特性曲线可见，其斜线斜率为 −60 dB/十倍频程，而且曲线只有一个极点，这说明电路是一个三级放大电路，而且各级的极点频率相同，即 $f_{H1}=10^4$ Hz。

（2）低频没有拐点，说明低频响应很好，这一定是直接耦合放大电路。其上限截止频率可根据式（5. 3. 6）求得

$$f_H=0.58f_{H1}=0.58\times10^4\ \text{Hz}=5.8\ \text{kHz}$$

（3）当 $f=2\times10^4$ Hz 时，由特性曲线可得

$$A_u(f)=\frac{-10^4}{\left[\sqrt{1+\left(\frac{f}{f_{H1}}\right)^2}\right]^3}=\frac{-10^4}{(\sqrt{1+4})^3}=-894=59\ \text{dB}$$

（4）附加相移 $\varphi(t)$ 可由式（5. 3. 3）求得

$$\varphi(f) = -3 \times \left(\arctan \frac{10^4}{10^4}\right) = -3 \times 45^\circ = -135^\circ$$

5.3.3　多级放大电路的 Nyquist 图

多级放大电路频响特性也可以用 Nyquist 图表示,现以二极点放大电路为例进行讨论。

1. 极点不相同的二级放大电路 Nyquist 图

由前面的学习可知,两个不同极点(ω_{H1},ω_{H2})的放大电路的频响特性用复数极坐标表示为

$$A_u(j\omega) = \frac{A_{uom}}{\left(1 + j\frac{\omega}{\omega_{H1}}\right)\left(1 + j\frac{\omega}{\omega_{H2}}\right)} = A(\omega)\angle\varphi(\omega) \qquad (5.3.11)$$

其极矢 $A(\omega)$ 和极角 $\angle\varphi(\omega)$ 的表达式分别为

$$A(\omega) = \frac{A_{uom}}{\sqrt{1 + \left(\frac{\omega}{\omega_{H1}}\right)^2} \cdot \sqrt{1 + \left(\frac{\omega}{\omega_{H2}}\right)^2}} \qquad (5.3.12)$$

$$\varphi(\omega) = -\angle\left[\arctan\left(\frac{\omega}{\omega_{H1}}\right) + \arctan\left(\frac{\omega}{\omega_{H2}}\right)\right] \qquad (5.3.13)$$

为分析方便,令 $\omega_{H2} = 10\omega_{H1}$,并将 A_{uom} 归一化。依式(5.3.12)和式(5.3.13)可求当 ω 取不同值时对应的 $A(\omega)$ 和 $\varphi(\omega)$ 组值。

当 $\omega = 0$ 时,$A(\omega_o) = 1$,$\varphi(\omega_o) = 0^\circ$;

当 $\omega = \omega_{H1}$ 时,$A(\omega_{H1}) = \frac{1}{\sqrt{2}}$,$\varphi(\omega_{H1}) = -45^\circ$;

当 $\omega = \omega_{H2}$ 时,$A(\omega_{H2}) = \frac{1}{\sqrt{200}} = 0.07$,$\varphi(\omega_{H2}) = -135^\circ$;

当 $\omega = \infty$ 时,$A(\omega_\infty) = 0$,$\varphi(\omega_\infty) = -180^\circ$,依上述特定点的组值可画图 5.3.5 的 Nyquist 图。

2. 相同极点的二级放大器的 Nyquist 图

当 $\omega_{H1} = \omega_{H2} = \omega_H$ 时,式(5.3.12)、式(5.3.13)可改写成

$$A(\omega) = \frac{1}{1 + \left(\frac{\omega}{\omega_H}\right)^2} \qquad (5.3.14)$$

$$\varphi(\omega) = -2\angle\arctan\left(\frac{\omega}{\omega_H}\right) \qquad (5.3.15)$$

依式(5.3.14)和式(5.3.15),当 ω 取不同值时可求得对应 ω 的 $A(\omega)$ 和 $\varphi(\omega)$ 组值。

当 $\omega = 0$ 时,$A(\omega_o) = 1$,$\varphi(\omega_o) = 0^\circ$

当 $\omega = \omega_H$ 时,$A(\omega_H) = \frac{1}{2} = 0.5$,$\varphi(\omega_H) = -90^\circ$;

当 $\omega = 2\omega_H$ 时,$A(2\omega_H) = \frac{1}{5} = 0.2$,$\varphi(2\omega_H) = -130^\circ$;

当 $\omega = \infty$ 时,$A(\omega_\infty) = 0$,$\varphi(\omega_\infty) = -180^\circ$。

依此可作图 5.3.6 的 Nyquist 图。

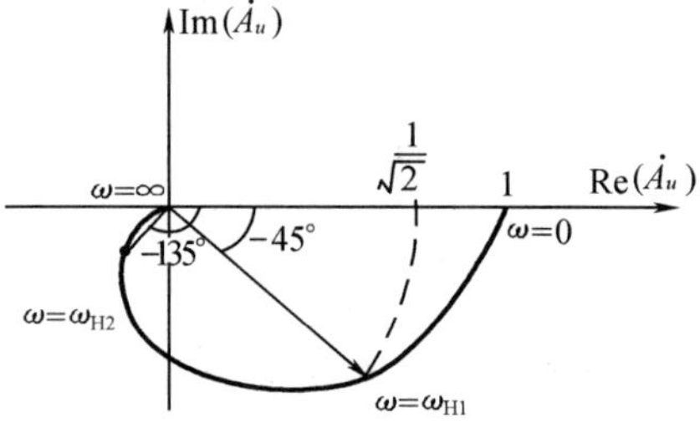

图 5.3.5 不同极点的二级放大电路 Nyquist 图

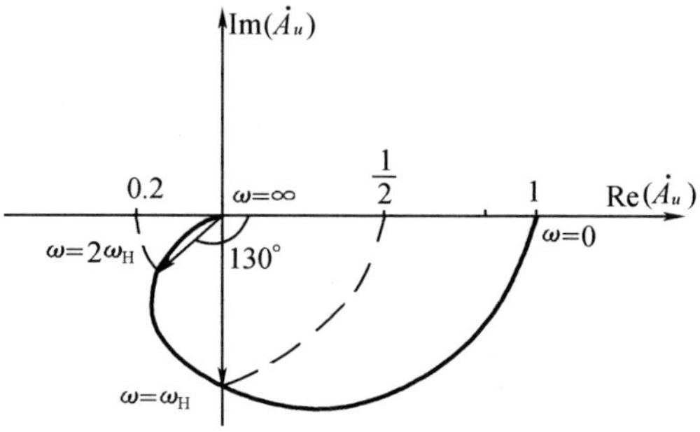

图 5.3.6 相同极点的二级放大电路 Nyquist 图

5.4 二管组合放大电路

在放大电路中,常常把三种基本组态的单管放大电路中的两种进行适当的组合,以期获得性能更好的放大电路,以满足实际需要。

5.4.1 共射-共基组合放大电路

图 5.4.1 为共射-共基组合放大电路(Cascode amplifiers),T_1 为共射组态,T_2 为共基组态,级间直接耦合。信号从共射电路输入,共射电路的输出直接送入共基电路输入端。由图可见,T_1 的输出电流 i_{c1},就是 T_2 的输入电流 i_{e2}。这正好满足了共基电路输入信号源最好是电流源的要求。

为了分析方便,令 T_1,T_2 管的参数相同。由图 5.4.1 可见,$I_{EQ1} \doteq I_{EQ2}$,所以 $r_{b'e1}=r_{b'e2}=r_{b'e}$。

1. 电压增益

图 5.4.2 为小信号等效电路,由图可见,r_{e2} 为共基电路的输入电阻 r_{i2},由于两级间直接耦合,故第二级共基极电路的 $r_{i2}=\frac{r_{b'e2}}{1+\beta}$,这个电阻即是第一级的负载 R_{L1}。此外,因为 $R'_s(R'_s=R_s/\!/R_B+r_{bb'1})\ll r_{b'e}$,为讨论方便,可忽略 R'_s。故依式(4.3.5)可得共射电路的电压增益 A_{u1} 为

$$A_{u1}=-\frac{\beta R_{L1}}{r_{b'e1}}=-\frac{\beta}{r_{b'e1}}\cdot\frac{r_{b'e2}}{1+\beta}\doteq 1$$

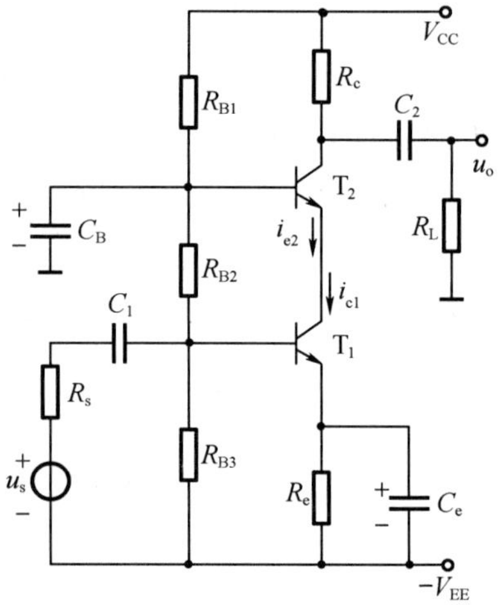

图 5.4.1 共射-共基放大电路

第二级的电压增益 A_{u2} 为

$$A_{u2}=\frac{\beta R_{L2}}{r_{b'e2}}=\frac{\beta(R_L/\!/R_c)}{r_{b'e2}}=\frac{\beta R'_L}{r_{b'e2}}$$

总的电压增益 A_u 为

$$A_u=A_{u1}\cdot A_{u2}=\frac{\beta R'_L}{r_{b'e2}}\doteq\frac{R'_L}{r_{e2}} \tag{5.4.1}$$

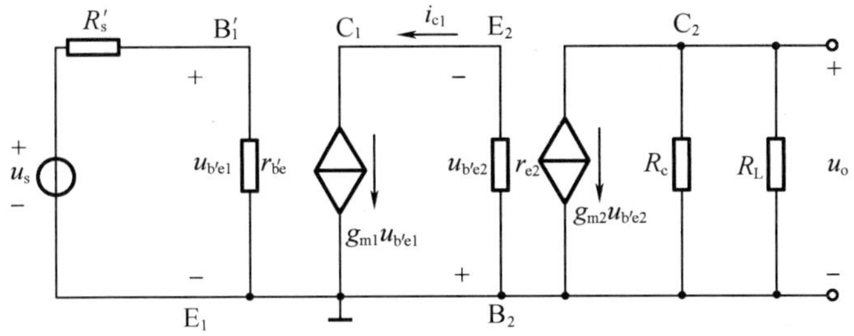

图 5.4.2　共射－共基放大电路的等效电路

2. 输入电阻和输出电阻

$$R_i = r_{be1} \tag{5.4.2}$$

$$R_o = R_c \tag{5.4.3}$$

由上面分析可见,共射－共基组合放大电路的电压增益和输入、输出电阻与单管共射电路的一样。

3. 频率特性

共射－共基放大电路的突出优点是它的频响特性好,在宽带放大器和线性集成电路中是经常用到的单元电路。

在第 4 章学习中知道,共射电路的电压增益高,但正因为电压增益高,所以密勒效应明显,使电路的输入回路时间常数加大,其上限截止频率低,这就是共射电路频响特性不好的主要原因。但是,当共射电路与共基电路组合后,共基电路的低输入电阻是共射电路的负载,这使共射电路本身电压增益变得很低(近似为 1),其密勒效应电容大大减小了,从而大大改善了共射电路的频响特性。而共基放大电路本身的频响特性就很好,所以共射－共基放大电路的频响特性很好。至于共射－共基放大电路存在电压增益低的问题,通常是适当加大共基放大电路的 R_c 电阻或串接小电感(见节 4.4.2)的办法来提高电路的电压增益。

4. 讨论

由上面讨论可知:T_1 管只起输入引导和反相作用,所以,可以将图 5.4.1 电路看成由 T_2 组成的单管共基电路,也可以将图 5.4.1 电路看成由 T_1 组成的单管共射电路,T_2 只起改善频响的作用。

[**例题 5.4.1**]

电路如图 5.4.1 所示, 已知 $R_{B1}=6\ \text{k}\Omega$, $R_{B2}=7.4\ \text{k}\Omega$, $R_{B3}=2.2\ \text{k}\Omega$, $R_s=250\ \Omega$, $R_e=1\ \text{k}\Omega$, $R_c=R_l=20\ \text{k}\Omega$,耦合电容、旁路电容足够大,晶体管 $\beta=50$, $f_T=400\ \text{MHz}$, $r_{bb'}=100\ \Omega$, $C_\mu=1\ \text{pF}$, $I_{EQ1}=I_{EQ2}=1\ \text{mA}$。$V_{CC}=+6\ \text{V}$, $-V_{EE}=-6\ \text{V}$,负载电容 $C_L=0$。

(1)求中频电压增益;

(2)求上限截止频率 f_H;

(3)求频响特性表达式。

解:(1)求电压增益

$$r_{b'e}=(1+\beta)\cdot\frac{V_T}{I_{EQ}}=1.33\ \text{k}\Omega$$

$$r_{be}=r_{bb'}+r_{b'e}=1.4\ \text{k}\Omega$$

$$R'_L=R_L/\!/R_c=10\ \text{k}\Omega$$

依式(5.4.1),电压增益 A_{uo} 为

$$A_{uo}=\frac{-\beta R'_L}{r_{be}}=\frac{-50\times 10\ \text{k}\Omega}{1.4\ \text{k}\Omega}\doteq -360\doteq 50\ \text{dB}$$

(2)求上限截止频率 f_H

为了求 f_H,先画出高频等效电路如图 5.4.3 所示。由等效电路可见,此电路有三个独立时间常数。

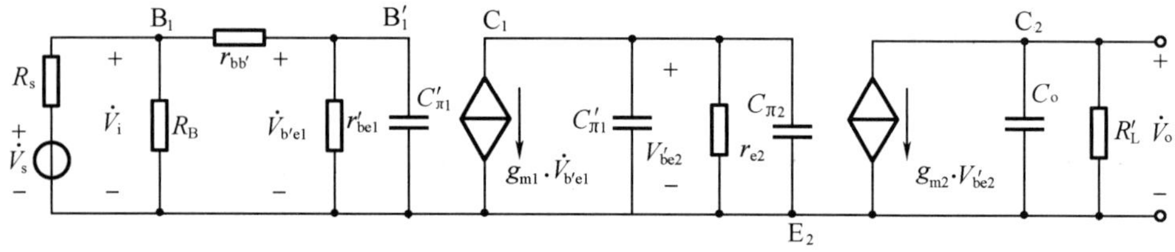

图 5.4.3 共射－共基电路的高频等效电路

$\tau_1=[(R_s/\!/R_B+r_{bb'1})/\!/r_{b'e1}]\cdot C'_{\pi1}$,其中,$C'_{\pi1}=C_{\pi1}+(1+A_{u1})C_{\mu1}=C_{\pi1}+2C_{\mu1}$

$\tau_2=R_{i2}C'_{\pi2}=r_{e2}C'_{\pi2}$,其中,$C'_{\pi2}=C_{\pi2}+C_{\mu1}$

$\tau_3=(R_L/\!/R_C)C_o$,其中,$C_o=C_{\mu2}+C_L$

由题给参数可得

$$g_m=\frac{\beta}{r_{b'e}}=\frac{50}{1.33}=37.6\ (\text{mS})$$

$$C_\pi=\frac{g_m}{2\pi f_T}=\frac{37.6\times10^{-3}}{6.28\times400\times10^6}=15\ \text{pF},\quad C'_{\pi1}=17\ \text{pF},\quad C'_{\pi2}=16\ \text{pF}$$

$$r_e=26\ \Omega,(R_L/\!/R_C)=10\ \text{k}\Omega,\quad (R_s/\!/R_B+r_{bb'})/\!/r_{b'e1}\doteq 258\ \Omega$$

$$\tau_1\doteq 258\ \Omega\times17\ \text{pF}=4.4\times10^{-9}\ \text{s}$$

$$\tau_2=26\ \Omega\times16\ \text{pF}=4.16\times10^{-10}\ \text{s}$$

$$\tau_3=10\ \text{k}\Omega\times1\ \text{pF}=10\times10^{-9}\ \text{s}$$

可见决定电路上限截止频率的是 τ_1 和 τ_3,因 $\tau_2\ll\tau_1$,故 τ_2 可以不考虑。则

$$f_{H1}=\frac{1}{2\pi\tau_1}=\frac{10^9}{6.28\times4.4}=36\ \text{MHz}$$

$$f_{H3}=\frac{1}{2\pi\tau_3}=\frac{10^9}{6.28\times10}=16\ \text{MHz}$$

$$f_H=\frac{1}{\sqrt{\dfrac{1}{f_{H1}^2}+\dfrac{1}{f_{H3}^2}}}=14.6\ \text{MHz}$$

(3)增益频响表达式为

$$A_u(j\omega)=\frac{360}{\left(1+j\dfrac{f}{36\times10^6}\right)\cdot\left(1+j\dfrac{f}{16\times10^6}\right)}$$

(4)讨论

如果没有共基极电路,只由 T_1 构成共射电路,考虑 R_s' 时的电压增益 A_{uo} 约为 -310,但是由于密勒效应,$C'_{\pi1}$ 增加到 330 pF,这样上限截止频率 f_{H1} 只有 2 MHz。可见共射电路与共基电路组合后可以使电路的上限截止频率提高 7 倍多。

5.4.2 共集-共基组合放大电路

这种组合电路的第一级为射极跟随器,第二级为共基极放大电路,图 5.4.4 为共集-共基组合放大电路的交流通路。为了讨论方便,令 $r_{b'e}=r_{be}$,并设两管的参数相同,静态时 $I_{EQ1}=I_{EQ2}$,故 $r_{be1}=r_{be2}=r_{be}$。

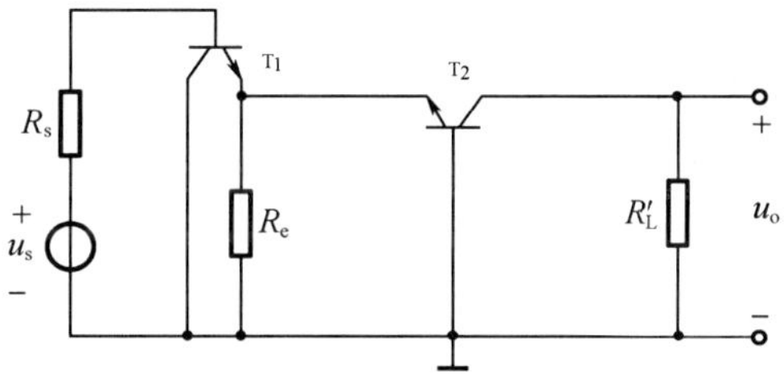

图 5.4.4 共集-共基组合电路的交流通路

由于第二级的 $R_{i2}=\dfrac{r_{be2}}{1+\beta}=\dfrac{r_{be}}{1+\beta}$,故第一级的负载电阻 $R'_{L1}=R_e/\!/R_{i2}$。由于 R_{i2} 很小,故 $R'_{L1}\doteq\dfrac{r_{be}}{1+\beta}$。

1. 电压增益

第一级的电压增益 A_{uo1} 为

$$A_{uo1}=\frac{(1+\beta)R'_{L1}}{R_s+r_{be}+(1+\beta)R'_{L1}}=\frac{r_{be}}{r_{be}+r_{be}}=\frac{1}{2} \tag{5.4.4}$$

第二级的电压增益 A_{uo2} 为

$$A_{uo2}=\frac{\beta_2R'_{L2}}{r_{be2}}=\frac{\beta R'_{L2}}{r_{be}} \tag{5.4.5}$$

总的电压增益 A_{uo} 为

$$A_{uo}=A_{uo1}A_{uo2}=\frac{\beta R'_{L2}}{2r_{be}}\doteq\frac{1}{2}g_mR'_{L2} \tag{5.4.6}$$

2. 输入电阻

$$R_i=r_{be1}+(1+\beta)R'_{L1}=r_{be1}+(1+\beta)\cdot\frac{r_{be}}{1+\beta}=2r_{be} \tag{5.4.7}$$

3. 输出电阻

$$R_o=R_c \tag{5.4.8}$$

由上述分析可知,此种组合电路的电压增益虽不高,但由于其共集和共基电路的频响特性都好,所以整个电路有相当好的频响特性,输入电阻也较大,输出与输入同相位,直流稳定性也好。

5.4.3 共集－共射组合放大电路

共集－共射组合放大电路交流通路如图5.4.5所示。

由图可见，这种组合电路中的共集电路是起阻抗变换作用，故输入阻抗高，电压增益完全由第二级共射电路提供，计算公式与一般共射电路是一样的，其 A_{uo} 值不太高。这个电路的高频特性比单管共射电路好，这是由于第一级的输出阻抗很低，相当于第二级共射电路的信号源电阻小，这样就可以提高共射电路的上限截止频率。

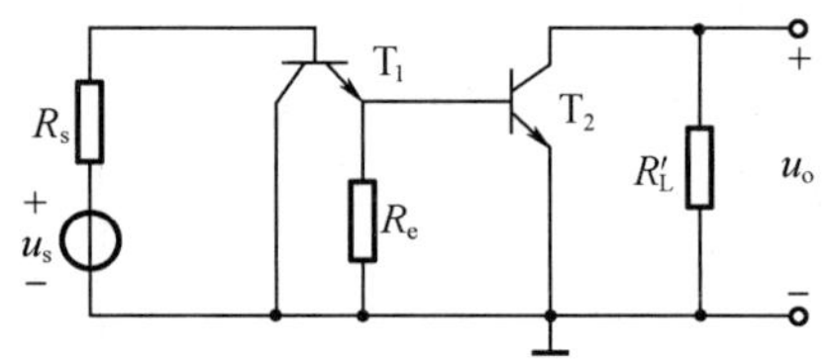

图5.4.5 共集－共射组合电路的交流通路

5.4.4 共射－共集组合放大电路

图5.4.6为共射－共集组合放大电路的交流通路，T_1 为共射放大管，T_2 为共集放大管。由于 T_2 为共集电路，所以其输入电阻很高，从而减轻了对第一级的输出要求，这一方面可提高第一级的电压增益，另一方面也可改善共射电路的其他特性，从而使组合电路获得好的性能。这个电路最大特点是输出电阻 R_o 很小。在集成运放电路中也常用这种结构组成差动组合放大电路，以减小集成运放的失调和温漂。

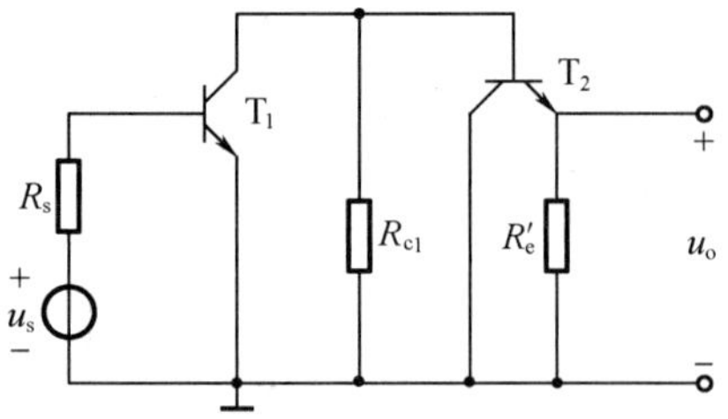

图5.4.6 共射－共集组合电路的交流通路

5.4.5 组合差动放大电路

所谓组合差动放大电路是指在差动电路的两边各对称地串入单级放大电路的电路组态。从差动电路的每一边看，它是一个二管组合电路。由于这种结构的放大电路有很多优点，所以也是经常应用的放大电路，特别在线性集成电路中应用极广。

几种常用的差动组合电路如图5.4.7所示。输入信号由差动电路的两输入端输入，整个电路可以看成两路对称(Symmetrical)的二管组合电路，可以用本节已经讨论过的分析方法去分析电路。图5.4.7(a)中，T_1，T_3(T_2，T_4)构成共集－共基电路，而图5.4.7(b)中，T_1，T_3(T_2，T_4)则为共射－共基电路。图5.4.7(c)电路虽然也是共射－共基结构的电路，但 T_3，T_4 使用了PNP型管，这种互补结构形式称为折叠结构(Folded architecture)放大电路。折叠结构放大电路除了有放大作用外，还有电平移动、扩大输入电压范围和降低电源电压幅值的作用(参见节7.8.1)。

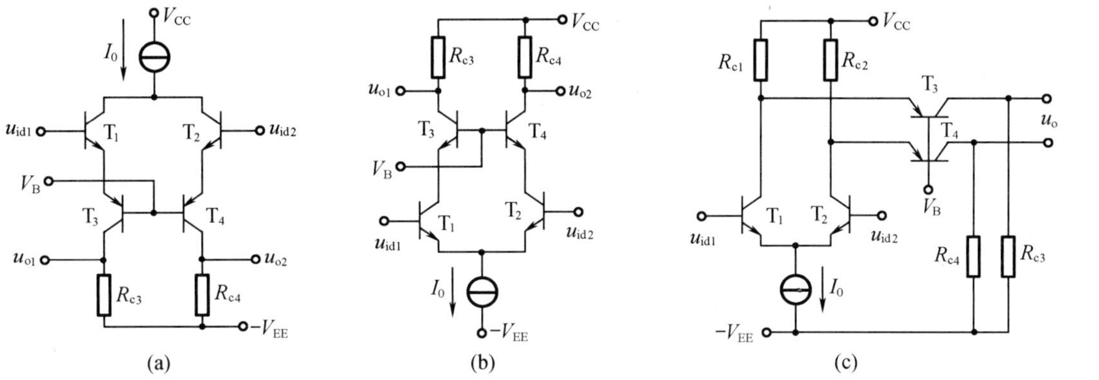

图 5.4.7　常用差动组合电路

5.5　多级放大电路的阶跃响应

多级放大电路的阶跃响应比单级放大电路要复杂，尤其在各放大级的时间常数都不相同的情况下就更复杂。多级放大电路的阶跃响应特性仍可用输出信号的上升时间 t_r、顶降 δ 和过冲量 Δu 来表征。

5.5.1　多级放大电路阶跃响应输出信号的表达式

为分析方便，先分析二级放大电路。设二级放大电路的各级的时间常数为 $\tau_1 = R_1 C'_{\pi 1} = \dfrac{1}{\omega_{H1}}$，$\tau_2 = R_2 C'_{\pi 2} = \dfrac{1}{\omega_{H2}}$，将增益归一化。这样，放大电路的总增益表达式为

$$A(s) = A_1(s) \cdot A_2(s) = \frac{\omega_{H1}}{s+\omega_{H1}} \cdot \frac{\omega_{H2}}{s+\omega_{H2}} \tag{5.5.1}$$

阶跃响应时输出信号为

$$\begin{aligned} V_o(s) &= A(s) \cdot V_i(s) = \frac{\omega_{H1}}{s+\omega_{H1}} \cdot \frac{\omega_{H2}}{s+\omega_{H2}} \cdot \frac{1}{s} \\ &= \frac{1}{s} - \frac{\omega_{H2}}{\omega_{H2}-\omega_{H1}} \cdot \frac{1}{s+\omega_{H1}} + \frac{\omega_{H1}}{\omega_{H2}-\omega_{H1}} \cdot \frac{1}{s+\omega_{H2}} \end{aligned} \tag{5.5.2}$$

时域输出信号为

$$u_o(t) = 1 - \frac{1}{\omega_{H2}-\omega_{H1}}(\omega_{H2} e^{-\omega_{H1} t} - \omega_{H1} e^{-\omega_{H2} t}) \tag{5.5.3}$$

若上限截止频率相等，即 $\omega_{H1} = \omega_{H2} = \omega_H$，则由式(5.5.2)得阶跃响应的输出信号表达式为

$$V_o(s) = \frac{\omega_H^2}{s(s+\omega_H)^2} = \frac{1}{s} - \frac{1}{s+\omega_H} - \frac{\omega_H}{(s+\omega_H)^2} \tag{5.5.4}$$

时域输出信号为

$$u_o(t) = 1 - (1+\omega_H t) e^{-\omega_H t} \tag{5.5.5}$$

对于三级放大电路，若上限截止频率都等于 ω_H 时，可推导出时域输出信号为

$$u_o(t)=1-\left(1+\omega_H t+\frac{(\omega_H t)^2}{2!}\right)e^{-\omega_H t} \tag{5.5.6}$$

对于 n 级放大电路的输出电压表达式为

$$u_o(t)=1-\left[\sum_{k=0}^{k=n-1}\frac{1}{k!}(\omega_H t)^k\right]e^{-\omega_H t} \tag{5.5.7}$$

5.5.2 多级放大电路阶跃响应参数

1. 上升时间 t_r

从式(5.5.7)可以定性地判断出放大电路的级数越多则输出电压的前沿上升得越慢。

对于一个 n 级放大电路,若各级的上升时间分别为 $t_{r1},t_{r2},\cdots,t_n$,那么,可推导出它的总上升时间 t_r 为

$$t_r=\sqrt{t_{r1}^2+t_{r2}^2+\cdots+t_{rn}^2} \tag{5.5.8}$$

如各级的上升时间都相同,设为 t_{r1},则

$$t_r=\sqrt{n}\cdot t_{r1} \tag{5.5.9}$$

为了提高精度,式(5.5.9)常乘以修正系数1.1,这时

$$t_r=1.1\sqrt{n}\cdot t_{r1} \tag{5.5.10}$$

依公式(5.5.10)可画出级数 n 从1~5的输出电压波形前沿,如图5.5.1所示。由图可见,随着级数 n 的增加,输出电压的上升时间也增加,输出电压对输入电压的延迟也增加。

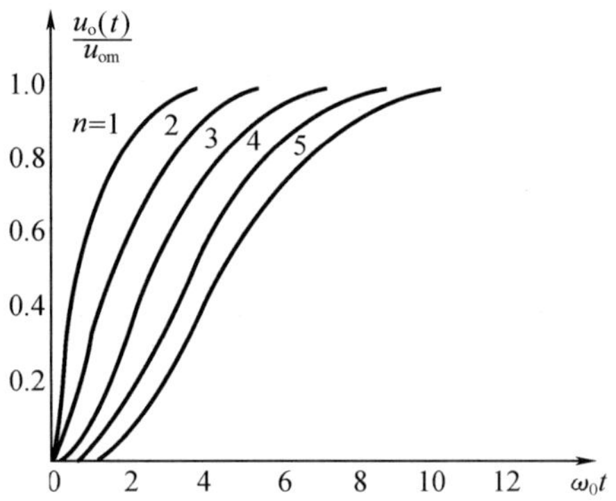

图 5.5.1 n 级放大电路输出波形的上升时间

在讨论单级放大器时,曾有 $t_r f_H=0.35$ 的关系。在多级放大电路中,如各级的时间常数相同,则每增加一级,$t_r f_H$ 的值会减小1%左右。表5.5.1列出了 $n=1\sim5$ 时 $t_r f_H$ 等参数的数据,可供参考。

表 5.5.1 $n=1\sim5$ 时 $t_r f_H$ 等参数的数据

n	$f_{H总}/f_{H1}$		$t_{r总}/t_{r1}$		$t_r f_H$	
1	1		1		0.35	
2	0.71	(0.644)	1.41	(1.55)	0.35	(0.349)
3	0.58	(0.510)	1.73	(1.90)	0.35	(0.339)
4	0.50	(0.435)	2.00	(2.20)	0.35	(0.335)
5	0.45	(0.386)	2.24	(2.44)	0.35	(0.332)

注:( )中数为乘以修正系数后的比值。

2. 顶降 δ

可以证明,一个多级放大电路的顶降为各级放大电路顶降之和,即

$$\delta=\delta_1+\delta_2+\cdots+\delta_n=(\omega_{L1}+\omega_{L2}+\cdots+\omega_{Ln})t_p \tag{5.5.11}$$

如各级的 ω_L 都为 ω_{L1} 则

$$\delta = n\omega_{L1}t_P = 2n\pi f_{L1}t_P \tag{5.5.12}$$

当输入信号为方波时,设其周期为 T,则 $t_p = \frac{T}{2} = \frac{1}{2f_P}$,这时上式变为

$$\delta = \frac{n\pi f_{L1}}{f_P} \tag{5.5.13}$$

3. 过冲量 Δu

对多级放大电路的过冲量的分析过程比较复杂。现仍以一个二级放大电路为例进行分析。可以把一个二级放大电路看成是一个二阶系统,可以简化成如图 5.5.2 所示的电路,用学习过的知识,可以得到该系统传递函数为

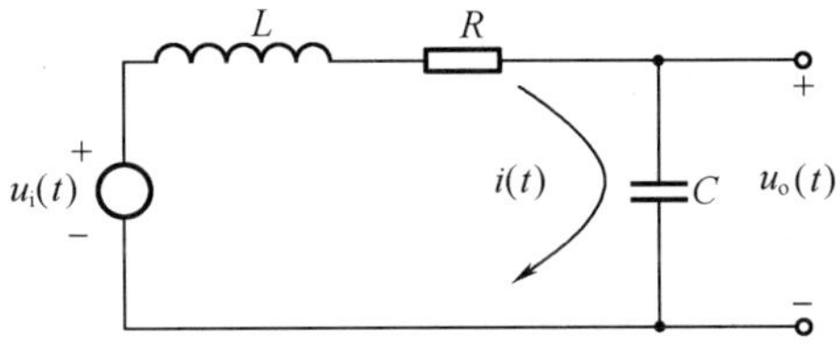

图 5.5.2　一个二阶系统

$$H(s) = \frac{1}{s^2LC + sCR + 1} = \frac{\omega_0^2}{s^2 + 2\xi\omega_0 s + \omega_0^2} \tag{5.5.14}$$

其中 $\xi = \frac{R}{2\sqrt{L/C}}$,称为阻尼系数;$\omega_o$ 称为谐振角频率(Resonant angular frequency),$\omega_o^2 = \frac{1}{LC}$。

对于阶跃响应,这个电路有一对共扼极点,它们分别为

$$p_1 = -\xi\omega_o - \omega_o\sqrt{\xi^2 - 1} = -\xi\omega_o - j\omega_o\sqrt{1 - \xi^2} \tag{5.5.15}$$

$$p_2 = -\xi\omega_o + j\omega_o\sqrt{1 - \xi^2} \tag{5.5.16}$$

由于极点与 ξ 有关,那么阶跃响应的输出电压的波形若产生过冲量就应与 ξ 有关。

(1)当 $\xi \geqslant 1$ 时

在 $\xi > 1$ 的情况下,p_1,p_2 是两个不相等的负实根,其阶跃响应输出电压可以用式(5.5.3)表示;而在 $\xi = 1$ 时,p_1,p_2 为两个相等的负实根,其阶跃响应输出电压可以用式(5.5.5)表示。从这两个表达式可见,输出电压都是纯指数形式,不存在过冲现象。

(2)$0 < \xi < 1$ 时

这是欠阻尼(Under damping)情况,此时,p_1,p_2 为一对共轭复根,式(5.5.14)可改写成

$$H(s) = \frac{\omega_o^2}{(s - p_1)(s - p_2)} \tag{5.5.17}$$

式中,p_1,p_2 仍用式(5.5.15)和(5.5.16)表示。

该式也是二级放大电路的电压增益表达式 $A_u(s)$,阶跃输入信号的 $V_i(s) = \frac{1}{s}$,则输出电压 $V_o(s)$ 的表达式为

$$V_o(s) = A_u(s) \cdot V_i(s) = \frac{\omega_o^2}{s[(s + \omega_o\xi)^2 + (\omega_o\sqrt{1 - \xi^2})^2]}$$

$$= \frac{1}{s} - \frac{s + \omega_o\xi}{(s + \omega_o\xi)^2 + (\omega_o\sqrt{1 - \xi^2})^2} - \frac{\xi}{\sqrt{1 - \xi^2}}\frac{\omega_o\sqrt{1 - \xi^2}}{(s + \omega_o\xi)^2 + (\omega_o\sqrt{1 - \xi^2})^2} \tag{5.5.18}$$

拉氏反变换后,得

$$u_o(t) = 1 - \frac{e^{-\omega_o \xi t}}{\sqrt{1-\xi^2}}[\cos(\omega_o\sqrt{1-\xi^2})t \cdot \sqrt{1-\xi^2} + \xi\sin(\omega_o\sqrt{1-\xi^2})t] \tag{5.5.19}$$

因为 $\xi<1$，所以可设 $\xi=\cos\theta$，则 $\sqrt{1-\xi^2}=\sin\theta$，将此代入式(5.5.19)，得

$$u_o(t) = 1 - \frac{e^{\omega_o \xi t}}{\sqrt{1-\xi^2}} \cdot \sin[(\omega_o\sqrt{1-\xi^2})t+\theta] \tag{5.5.20}$$

由式(5.5.20)可见，$u_o(t)$ 是一个正弦指数衰减振荡输出波形，振荡频率为 $\omega_o\sqrt{1-\xi^2}$，初相为 θ。由于是一个衰减振荡，所以一次谐波的振幅最大，会产生过冲，其过冲量最大。由式(5.5.20)可推导 Δu 的表达式为

$$\Delta u = e^{-\frac{\xi\pi}{\sqrt{1-\xi^2}}} \tag{5.5.21}$$

依式(5.5.20)，ξ 取不同值，可画出图5.5.3所示的阶跃响应输出曲线。从图可见，欠阻尼时，输出波形产生了过冲，这个过冲量与 ξ 有关，ξ 越小过冲量越大，t_r 越小。对于不同的应用场合要求允许过冲量是不一样的。例如对于工程控制上使用的放大电路，过冲量可稍大一些，允许10%～20%，但如果要用于高级示波器的垂直放大系统，则允许过冲量要小于5%，有时要控制在3%以下。当 $\Delta u=3\%$ 时，$\xi=0.75$，$\omega_o t_r=2.3$。

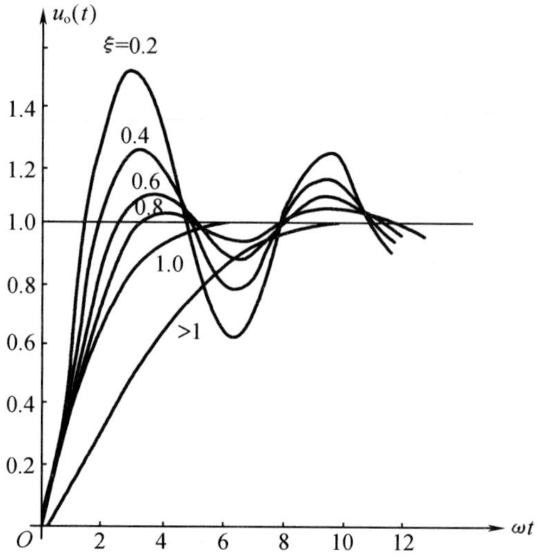

图5.5.3　二阶系统在不同ζ情况下的阶跃响应曲线

[例题5.5.1]

有一个两级共射放大电路，上限截止频率 $f_{H1}=f_{H2}=3$ MHz，下限截止频率 $f_L=20$ Hz，若输入信号为 $f_i=2\times10^3$ Hz 的理想方波，试求输出电压的上升时间 t_r、顶降 δ 和电路的上限截止频率。若 Δu 为0.1，求 ξ 值。

解：

$$t_{r1}=t_{r2}=\frac{0.35}{f_{H1}}=\frac{0.35}{3\times10^6}=0.117(\mu s)$$

总的上升时间 $t_r=1.55t_{r1}=0.181\ \mu s$。

方波输入信号的持续时间为

$$t_P=\frac{1}{2f_i}=\frac{1}{2\times2\times10^3}=0.25\times10^{-3}(s)$$

输出电压的上升时间 t_r 远小于方波电压的持续时间，故放大器可以正常工作。

依式(5.5.12)，两级放大器的总的顶降为

$$\delta=2\omega_L t_P=4\pi f_L\cdot t_P=4\times3.14\times20\times2.5\times10^{-4}=6.28\%$$

两级放大电路的上限截止频率可查表5.5.1得

$$f_H\cdot t_r=0.349$$

则

$$f_H=\frac{0.349}{t_r}=\frac{0.349}{0.181}=1.92(MHz)$$

当 $\Delta u=0.1$ 时，由式(5.5.21)可求出 $\xi=0.6$。

习　题

5.1　题图 5.1 为一阻容耦合二级放大电路，已知 $V_{CC}=12\ \text{V}$，$R_{b1}=180\ \text{k}\Omega$，$R_{e1}=2.7\ \text{k}\Omega$，$R_1=100\ \text{k}\Omega$，$R_2=51\ \text{k}\Omega$，$R_{c2}=2\ \text{k}\Omega$，$R_{e2}=1.6\ \text{k}\Omega$，$R_s=1\ \text{k}\Omega$，$R_L=8\ \text{k}\Omega$，两管 $\beta=50$，$r_{be}=900\ \Omega$。

（1）画微变等效电路。

（2）计算 A_u 和 A_{us}。

（3）求 R_i 和 R_o。

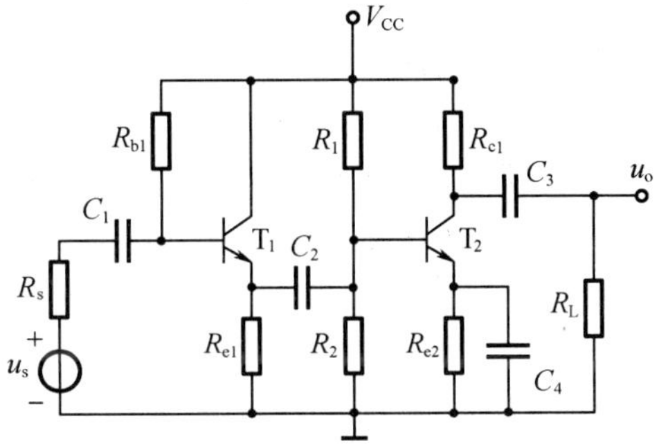

题图 5.1

5.2　电路如题图 5.2 所示，请写出电压增益 A_u、输入电阻 R_i 和输出电阻 R_o 的表达式。

5.3　题图 5.3 为一个复合管阻容耦合共射放大电路。

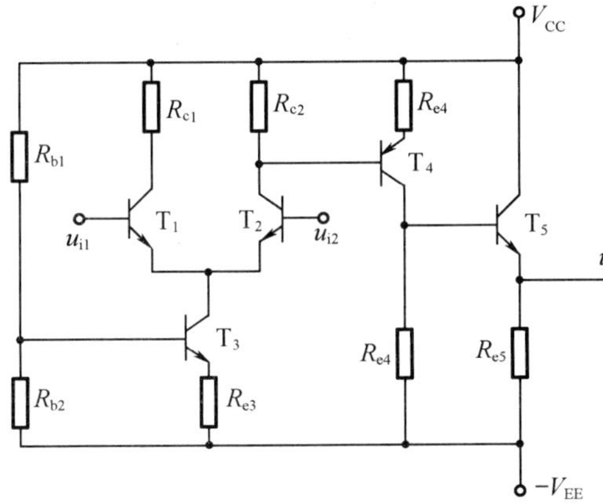

题图 5.2

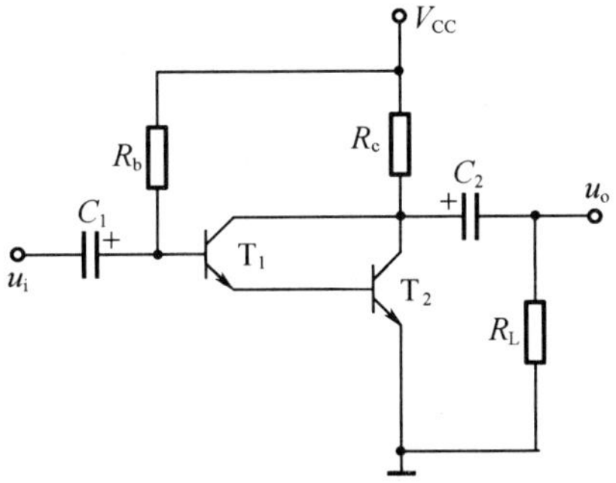

题图 5.3

（1）画微变等效电路。

（2）推导电压增益 A_u 的表达式。

（3）求输入电阻 R_i 的表达式。

（4）比较其与单管共射电路有何不同？

5.4　若一个二级共射放大器的各级的幅频特性波特图都如题图 5.4 所示，试画出整个电路的幅频特性波特图。

5.5　题图 5.5 为某多级放大电路的幅频响应波特图。$f_{H1}=100\ \text{kHz}$，$f_{H2}=1\ \text{MHz}$，$f_{H3}=5\ \text{MHz}$。

（1）写出电压增益 A_u 的表达式。

（2）求上限截止频率。

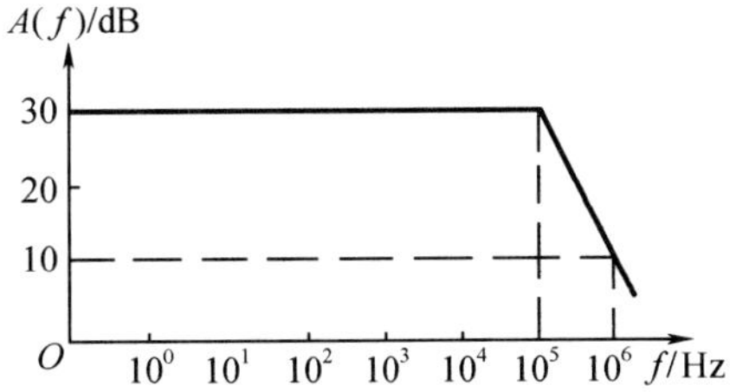

题图 5.4

(3)当输入正弦波 $f_i = 1$ MHz 时,求 A_u 的值。

5.6 设某三级放大电路的高频响应表达式为

$$A_u = \frac{10^5}{\left(1 + j\frac{f}{10^5}\right)\left(1 + j\frac{f}{10^6}\right)\left(1 + j\frac{f}{10^7}\right)}$$

(1)画出波特图。

(2)求上限截止频率。

5.7 如题图5.6所示电路为共基-共集放大电路,两管 $\beta = 100$, $V_{BEQ} = 0.7$ V。$V_{CC} = 15$ V, $V_{B1} = 5.7$ V, $r_{bb'} = 100\ \Omega$。

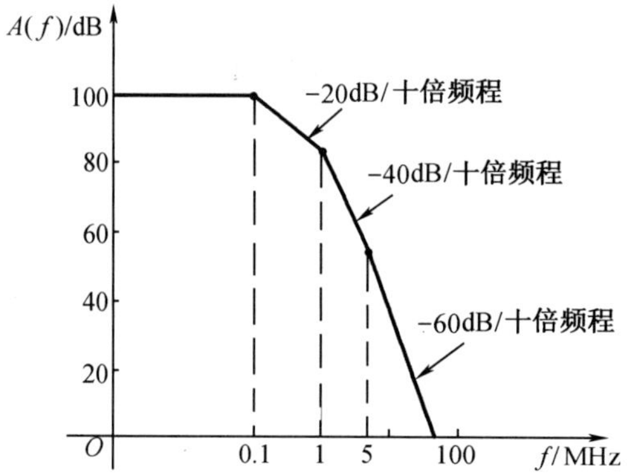

题图 5.5

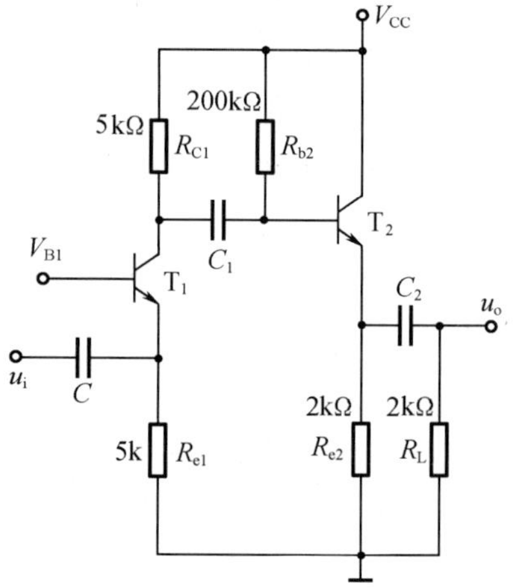

题图 5.6

(1)画微变等效电路。

(2)求 A_u。

(3)求 R_i 和 R_o。

5.8 电路如题图5.7所示。已知 $\beta_1 = \beta_2 = \beta_3 = \beta_4 = 80$, $|V_{BE}| = 0.7$ V, $r_{bb'} = 100\ \Omega$,其余参数如图所标注。

(1)分析电路结构。

(2)求输出直流电平值。

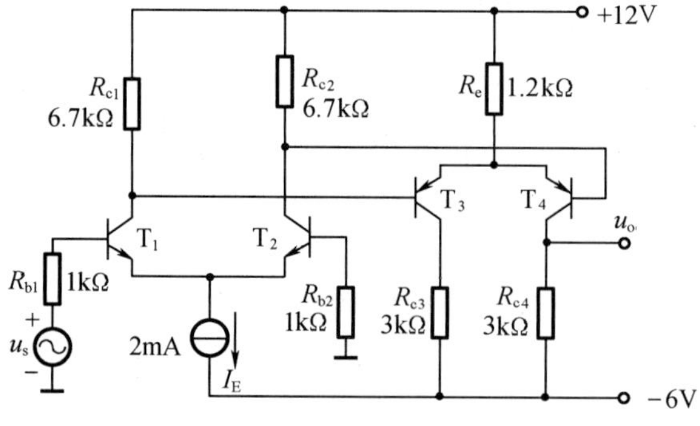

题图 5.7

(3)求 A_u 的值。

5.9　题图5.8为一个直接耦合的多级放大器。

(1)分析电路结构。

(2)试求 A_u, R_o 的数学表达式。

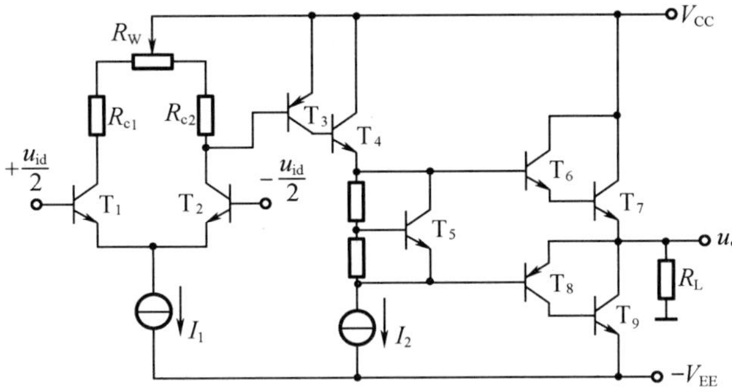

题图5.8

5.10　题图5.9为共源-共射两级放大器,已知 $g_{m1}=0.6$, $r_{be2}=1\ k\Omega$, $\beta_2=100$, $R_g=1\ M\Omega$, $R_{g1}=R_{g2}=200\ k\Omega$, $R_D=10\ k\Omega$, $R_f=1\ k\Omega$, $R_s=10\ k\Omega$, $R_L=20\ k\Omega$, $R_c=2\ k\Omega$。

(1)画等效电路。

(2)计算 A_u, A_{us}, R_i和 R_o。

5.11　题图5.10为三级放大电路,已知β均为100, $r_{bb'}=100\ \Omega$, $V_{ces}=1\ V$。

(1)求 V_{EQ3}值。

(2)求 A_u, A_{us}, R_0。

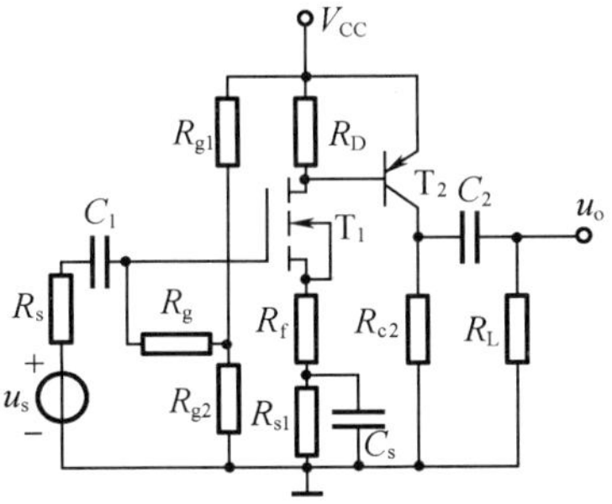

题图5.9

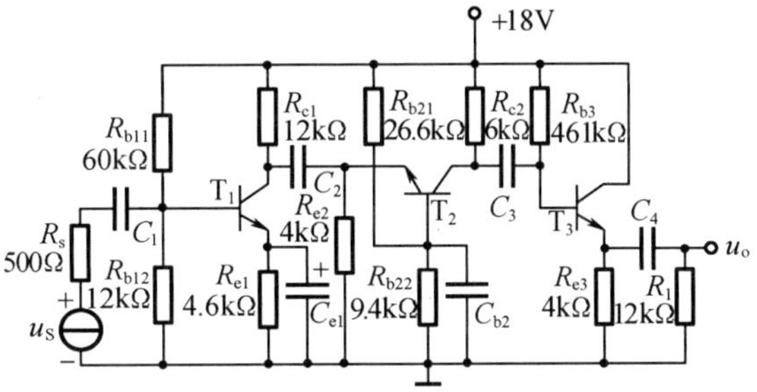

题图5.10

部分习题参考答案

5.1　(1)微变等效电路,如解图5.1所示。

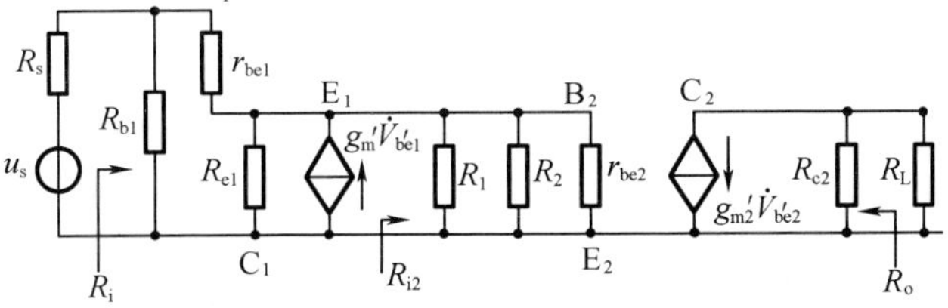

解图5.1

(2) $A_u=-97$, $A_{us}=-94$。

(3) $R_i=30\ k\Omega$, $R_o=2\ k\Omega$。

5.2 $A_u = A_{u1}A_{u2}A_{u3} = \dfrac{\beta_2\{R_2 /\!/ [V_{be4} + (1+\beta)R_5]\}}{2r_{be2}} \times \dfrac{-\beta_4\{R_4 /\!/ [r_{be5} + (1+\beta_5)R_7]\}}{r_{be4} + (1+\beta_5)R_7}$

$$R_i = R_{i1} = r_{be1} + r_{be2}, \qquad R_o = R_{e5} /\!/ \frac{R_{c4} + r_{be5}}{1+\beta_5}$$

5.3 (1)等效电路如解图5.2所示。

(2)$A_u = \dfrac{\beta_1\beta_2 R_L'}{r_{be1} + (1+\beta_1)r_{be2}}$。

(3)$R_i = R_b /\!/ [r_{be1} + (1+\beta_1)r_{be2}]$。

(4)当 $\beta_1 \gg 1$ 时，$A_u \doteq \dfrac{\beta_2 R_L'}{r_{be2}}$，这与单管 T_2 共射电路一样，但 R_i 和输出电流都提高了。

5.4 波特图如解图5.3，电路的 $f_H = 7\times10^4$ Hz。

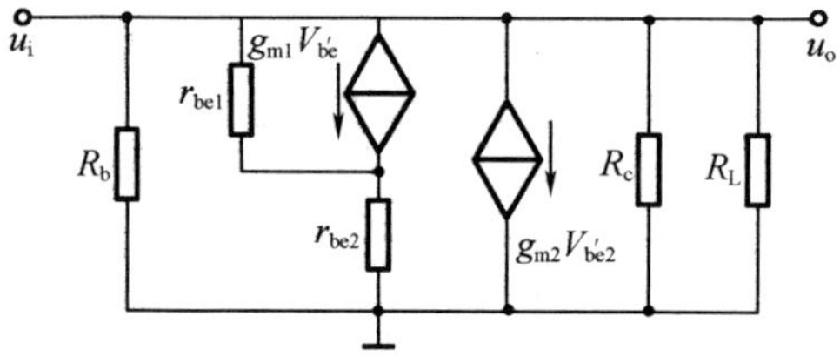

解图5.2

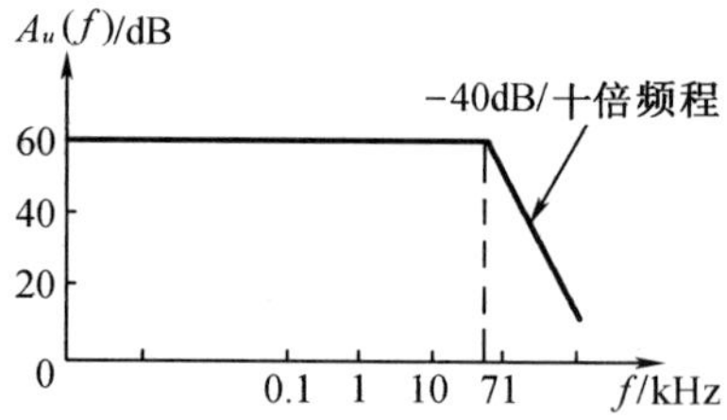

解图5.3

5.5 (1)$A_u = \dfrac{10^5}{\left(1+j\dfrac{f}{0.1}\right)\left(1+j\dfrac{f}{1}\right)\left(1+j\dfrac{f}{5}\right)}$。

(2)$f_H = 96$ kHz。

(3)$A_u = 1\times10^4$。

5.6 (1)波特图如解图5.4。

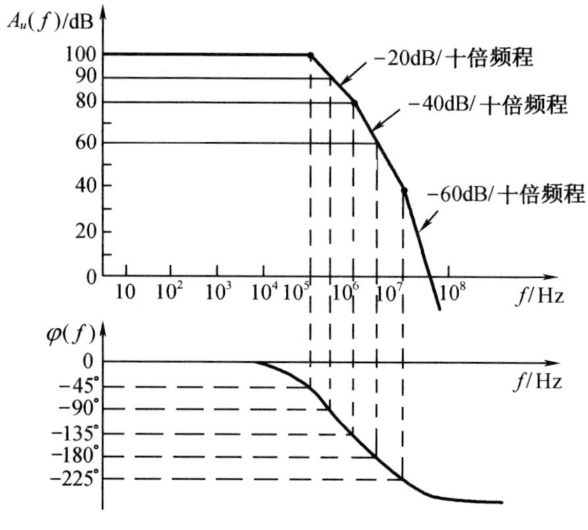

解图5.4

(2)$f_H = 10^5$ Hz。

5.7　(1)等效电路如解图 5.5。

(2)$A_u = 190$。

(3)$R_i = 27\ \Omega$，$R_o = 58\ \Omega$。

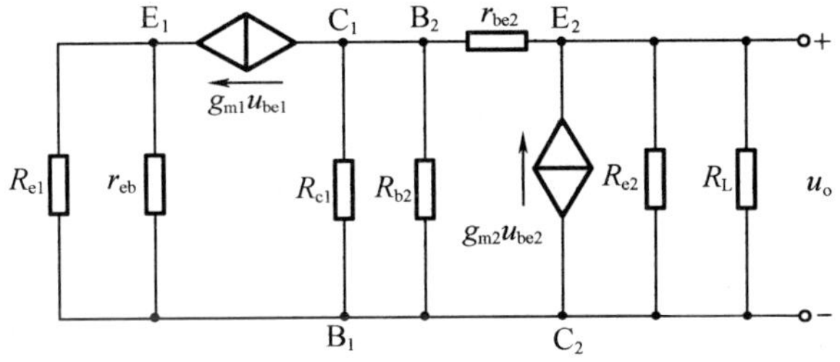

解图 5.5

5.8　(2) $U_o = 0$ V。

(3) $A_u = 2\ 683$。

5.9　(2)$A_u = \dfrac{\beta_1\beta_3\beta_4(R_1 /\!/ R_{i2})R_{i3}}{2r_{be}R_{i2}}$，$R_o = r_{be1}$。

5.10　(1)等效电路如解图 5.6 所示。

(2)$A_u = 618$，$A_{us} = 612$，$R_i = 1.1\ \text{M}\Omega$，$R_o = 2\ \text{k}\Omega$。

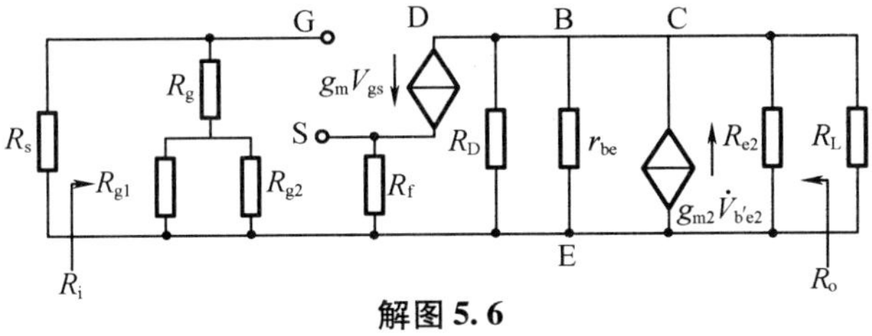

解图 5.6

5.11　(1)$V_{EQ3} = 8$ V。

(2)$A_u = -106$，$A_{us} = -93$，$R_o = 71.3\ \Omega$。

第 6 章　负反馈放大电路
(Negative Feedback Amplifier)

通过第 3 章的学习可知,放大电路所用的晶体管或场效应管,由于生产工艺和材料的问题,即使是同一型号,它的参数也不是完全一样的。这意味着对于基本放大电路,即使设定相同的工作点,采用相同型号的晶体管,其电压增益等性能也是不同的。另外放大电路的性能还受温度影响。即使是同一个电路,在不同环境温度下,其性能也是不同的。多级放大电路虽然解决了电压增益等问题,但频宽会变窄,稳定性也会变差,这些都会给放大电路设计调试和应用都带来了困难。

当放大电路加入负反馈后,就可以使放大电路中存在的问题得到较好的解决,使放大电路的特性得到较大的改善。

所谓反馈,就是将放大电路的输出量(电流或电压)的一部分或全部,通过一定的方式反馈到放大电路的输入端与原输入信号混合的过程,而负反馈是使混合后的净输入信号量减小。

6.1　负反馈放大电路概述

6.1.1　负反馈放大电路的基本原理

图 6.1.1 为负反馈放大电路的原理框图。它是由基本放大电路和负反馈网络组成。基本放大电路就是第 4 章和第 5 章学习过的放大电路,而负反馈网络是一个无源衰减电路。图中忽略了输入信号可以通过负反馈网络向输出端传输的情况,也忽略了基本放大电路的反向传输效应,以及忽略了信号源和负载对 x_f 的影响。

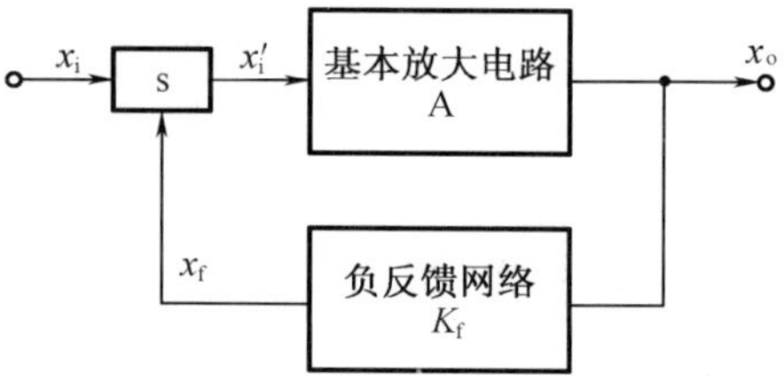

图 6.1.1　负反馈放大电路的原理框图

由图可见,净输入信号 x_i' 为

$$x_i' = x_i - x_f \tag{6.1.1}$$

基本放大电路的增益,也称负反馈放大电路的开环增益(Open-loop gain)A 为

$$A = \frac{x_o}{x_i'} \tag{6.1.2}$$

负反馈网络的反馈系数 K_f(Feedback factor)为

$$K_f = \frac{x_f}{x_o} \tag{6.1.3}$$

负反馈放大电路的增益,也称负反馈放大电路的闭环增益(Closed-loop gain)A_f 为

$$A_{\mathrm{f}}=\frac{x_{\mathrm{o}}}{x_{\mathrm{i}}}=\frac{Ax_{\mathrm{i}}'}{x_{\mathrm{i}}}=\frac{Ax_{\mathrm{i}}'}{x_{\mathrm{i}}'+x_{\mathrm{f}}}=\frac{1}{1+AK_{\mathrm{f}}}\cdot A \tag{6.1.4}$$

由上式可见,负反馈放大电路的闭环增益 A_{f} 等于开环增益 A 的$\frac{1}{1+AK_{\mathrm{f}}}$。

令

$$T=AK_{\mathrm{f}}=\frac{x_{\mathrm{f}}}{x_{\mathrm{i}}'} \tag{6.1.5}$$

$$D=1+AK_{\mathrm{f}}=1+T \tag{6.1.6}$$

T,D 分别称为负反馈放大电路的环路增益(Loop gain)和反馈深度。

在高频情况下,基本放大电路的增益为 $A(\mathrm{j}\omega)$,则式(6.1.4)可写成

$$A_{\mathrm{f}}(\mathrm{j}\omega)=\frac{A(\mathrm{j}\omega)}{1+A(\mathrm{j}\omega)K_{\mathrm{f}}} \tag{6.1.7}$$

如反馈网络存在电抗元件,则式(6.1.7)可写为

$$A_{\mathrm{f}}(\mathrm{j}\omega)=\frac{A(\mathrm{j}\omega)}{1+A(\mathrm{j}\omega)K_{\mathrm{f}}(\mathrm{j}\omega)} \tag{6.1.8}$$

由式(6.1.8)可见,这时闭环增益是一个复频域函数。为了简化分析和设计,一般负反馈网络都为纯电阻网络。

6.1.2　不同信号组态的增益和反馈系数的数学表达式

由于 x_{f},x_{i}'和 x_{o}可以是电流信号也可以是电压信号,所以负反馈放大电路的开环增益、闭环增益和反馈系数有不同的表达形式。

1. 开环增益表达式

(1)电压增益

$$A_u=\frac{u_{\mathrm{o}}}{u_{\mathrm{i}}'} \tag{6.1.9}$$

(2)电流增益

$$A_i=\frac{i_{\mathrm{o}}}{i_{\mathrm{i}}'} \tag{6.1.10}$$

(3)互导增益

$$A_g=\frac{i_{\mathrm{o}}}{u_{\mathrm{i}}'} \tag{6.1.11}$$

(4)互阻增益

$$A_r=\frac{u_{\mathrm{o}}}{i_{\mathrm{i}}'} \tag{6.1.12}$$

2. 反馈系数表达式

(1)电压反馈系数

$$K_{\mathrm{f}u}=\frac{u_{\mathrm{f}}}{u_{\mathrm{o}}} \tag{6.1.13}$$

(2)电流反馈系数

$$K_{\mathrm{f}i}=\frac{i_{\mathrm{f}}}{i_{\mathrm{o}}} \tag{6.1.14}$$

(3)互导反馈系数

$$K_{fg} = \frac{i_f}{u_o} \tag{6.1.15}$$

(4)互阻反馈系数

$$K_{fr} = \frac{u_f}{i_o} \tag{6.1.16}$$

3. 闭环增益表达式

(1)电压增益

$$A_{uf} = \frac{A_u}{1 + A_u \cdot K_{fu}} \tag{6.1.17}$$

(2)电流增益

$$A_{if} = \frac{A_i}{1 + A_i \cdot K_{fi}} \tag{6.1.18}$$

(3)互导增益

$$A_{gf} = \frac{A_g}{1 + A_g \cdot K_{fr}} \tag{6.1.19}$$

(4)互阻增益

$$A_{rf} = \frac{A_r}{1 + A_r \cdot K_{fg}} \tag{6.1.20}$$

6.2 负反馈放大电路的类型

6.2.1 四种负反馈放大电路

根据反馈信号的种类和反馈网络在输入端的连接方式,负反馈放大电路可以分为:电压串联、电压并联、电流串联和电流并联负反馈四种类型。图 6.2.1 给出了四种负反馈放大电路的框图。

6.2.2 负反馈的判断

负反馈的判断可以从有无反馈、反馈极性和负反馈类型判断顺序入手。

1. 有无反馈的判断

在放大电路中,如存在将输出量回馈到输入端的反馈网络,则放大电路有反馈,否则放大电路无反馈。

2. 反馈极性的判断

电路的反馈有负反馈和正反馈,可以用输出信号反馈到输入端的瞬时极性来判断反馈极性。如果反馈信号加强了输入信号,则称为正反馈;如果反馈信号削弱了输入信号,则称为负反馈。其中,若负反馈信号是直流电平时,称为直流负反馈。若负反馈是交流信号,则称为交流负反馈,简称负反馈。

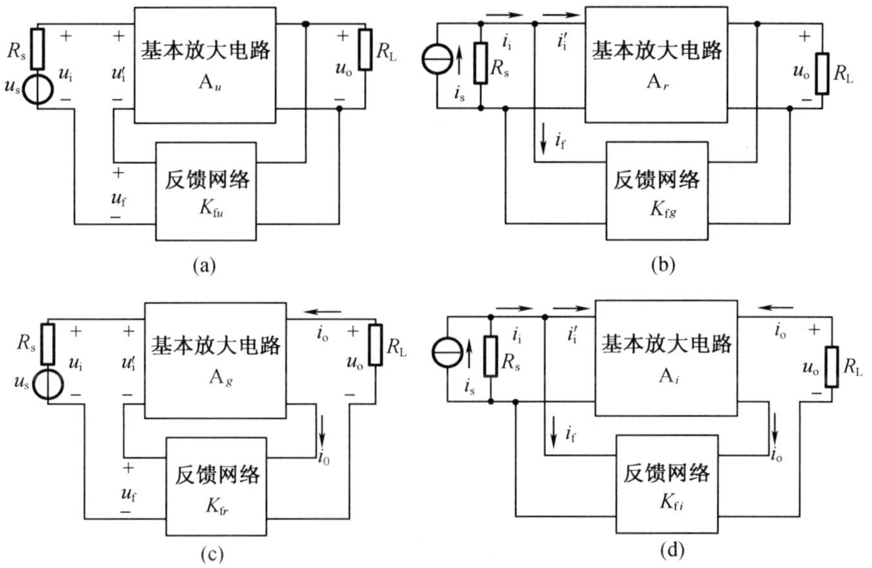

图 6.2.1　四种反馈放大电路的结构框图

(a)电压串联负反馈;(b)电压并联负反馈;(c)电流串联负反馈;(d)电流并联负反馈

3. 负反馈类型的判断

可以分别用负反馈放大电路在输入端的连接方式和输出端的信号种类来判断四种负反馈类型。

(1)以输入端判断

在图 6.2.1(b),(d)中,反馈信号与输入信号在输入端以电流形式相减,称为并联负反馈。这种类型的负反馈的判断方法是,如将信号源短路,其负反馈信号加不到输入端。在图 6.2.1(a),(c)中,反馈信号与输入信号在输入端是以电压形式相减,称为串联负反馈。这种负反馈的判断方法是,如将信号源短路,负反馈信号仍可以加到输入端。

(2)以输出端判断

从图 6.2.1(a),(b)可见,负反馈信号取自输出电压,这称为电压负反馈。这种负反馈的判断方法是,如将输出端短路,其负反馈消失。从图 6.2.1(c),(d)可见,反馈信号取自输出电流,这称为电流负反馈。这种负反馈的判断方法是,如将输出端短路,其负反馈仍然存在。

6.3　负反馈对放大电路性能的影响

放大电路引入负反馈后,可以改善原电路的性能,如在放大电路的增益降低的同时使增益的稳定性提高;可以减小非线性失真;可以展宽频宽;还可以改变输入、输出电阻等。

6.3.1　提高增益稳定性

在基本放大电路中,当电源电压、环境温度、负载或晶体管参数发生变化时,都会引起电路增益不稳定，引入负反馈后可以提高增益的稳定性。

由式(6.1.4)可知，引入负反馈后，放大电路的闭环增益为 $A_f=\frac{A}{1+AK_f}$。现对此式求导，则

$$\frac{dA_f}{dA}=\frac{1}{1+AK_f}\cdot\frac{A_f}{A}$$

整理后，可得

$$\frac{dA_f}{A_f}=\frac{1}{1+AK_f}\cdot\frac{dA}{A} \tag{6.3.1}$$

上式说明，引入负反馈后，闭环增益的相对变化率$\frac{dA_f}{A_f}$只有开环增益相对变化率$\frac{dA}{A}$的$\frac{1}{1+AK_f}$。这就是说引入负反馈后，放大电路的增益稳定性是原来的$(1+AK_f)$倍。

这里要说明的是：

(1)不同类型负反馈所稳定的增益类型也不一样。例如，电压串联负反馈稳定的是电压增益，而电流串联负反馈稳定的则是互导增益等。

(2)负反馈能提高电路增益稳定性的根本原因是因为负反馈有闭环自动调节作用。这种调节作用能降低开环增益 A 的不稳定性，从而减小了输出信号的变化。毋庸置疑，这种由调节带来稳定性的提高是以降低增益为代价的。

(3)负反馈只能对开环增益的变化起调节作用，对于由反馈系数自身的变化引起闭环增益的不稳定，负反馈则是解决不了的。故反馈网络一般都选用高稳定元件构成。

[例题 6.3.1]

某负反馈放大电路，其开环增益 $A=10^4$，反馈系数 $K_f=10^{-2}$，如由于某些因素，引起开环增益变化率为 ±5%，求闭环增益的相对变化率和闭环增益。

解：

$$\frac{dA_f}{A_f}=\frac{dA}{1+AK_f}=\frac{\pm 5\%}{1+10^{-2}\times 10^4}=\pm 0.05\%$$

$$A_f=\frac{A}{1+AK_f}=\frac{10^4}{1+10^{-2}\times 10^4}=100$$

计算结果说明，闭环增益稳定性提高了 100 倍，但闭环增益也降低到了开环增益的$\frac{1}{100}$。

6.3.2 负反馈对输入电阻的影响

在讨论负反馈对输入电阻的影响时，可以不考虑负反馈放大电路的输出端，可借助输入端的方框图来讨论负反馈对输入电阻的影响。

1. 串联负反馈能提高输入电阻

图 6.3.1 为串联负反馈放大电路输入端框图。图中 R_i 为基本放大电路的输入电阻，可以推导出负反馈放大电路的输入电阻 R_{if} 为

$$R_{if}=\frac{u_i}{i_i}=(1+AK_f)R_i \tag{6.3.2}$$

可见，串联负反馈能使输入电阻提高$(1+AK_f)$倍。

2. 并联负反馈能减小输入电阻

图 6.3.2 为并联负反馈放大电路输入端框图。R_i为基本放大电路的输入电阻，同样可推导出负反馈放大电路的输入电阻 R_{if}为

$$R_{if} = \frac{u_i}{i_i} = \frac{1}{1 + AK_f}R_i \tag{6.3.3}$$

放大电路加并联负反馈后，可使输入电阻减小为原来的$\frac{1}{1+AK_f}$。

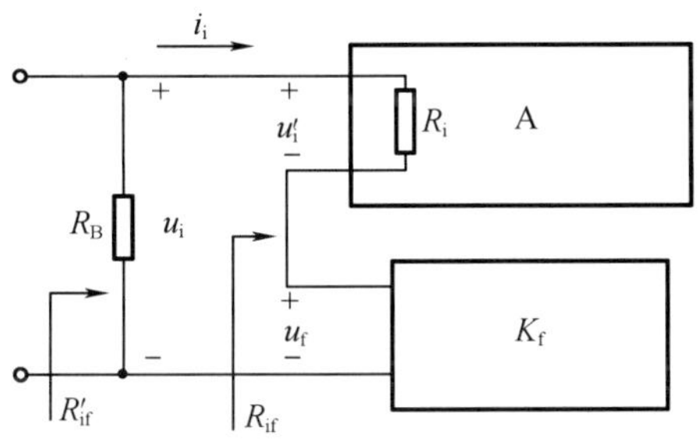

图 6.3.1　串联负反馈放大电路输入端的框图

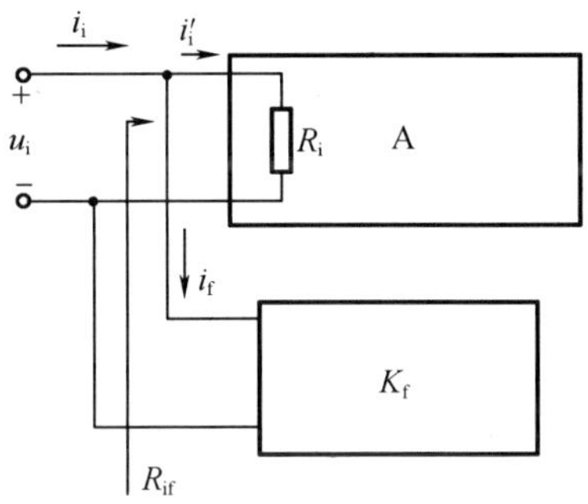

图 6.3.2　并联负反馈放大电路输入端的框图

从上面两式可见，引入负反馈后，环路内的输入电阻变化与输入端的连接方式有关，其变化量的大小，只取决于放大电路的反馈深度。另外，负反馈只改变反馈环路内的输入电阻，对于偏置电阻、信号源电阻等环外电阻不产生影响。例如图 6.3.1 串联负反馈电路中有偏置电阻 R_B时，负反馈放大电路的总输入电阻应为

$$R_{if}' = R_B \,//\, R_{if} \tag{6.3.4}$$

6.3.3　负反馈对输出电阻的影响

1. 电压负反馈使输出电阻减小

图 6.3.3 是求电压负反馈输出电阻的框图，其中，u_o为外加测试电压，$u_f = K_f u_o$，A 为基本放大电路负载开路时的增益，R_o为基本放大电路的输出电阻。可推导出电压负反馈放大电路的输出电阻 R_{of}为

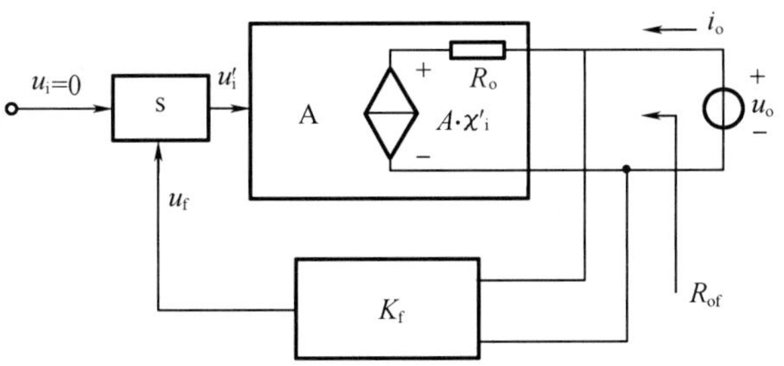

图 6.3.3　求电压负反馈放大电路输出电阻的框图

$$R_{of} = \frac{u_o}{i_o} = \frac{1}{1 + AK_f} R_o \tag{6.3.5}$$

由于电压负反馈具有稳定输出电压的作用，它相当于一个受控电压源，要求其内阻要低，电压负反馈使输出电阻减小为原来的$\frac{1}{1+AK_f}$。

2. 电流负反馈使输出电阻提高

图6.3.4是求电流负反馈输出电阻的框图，其中u_o为外加测试电压，$i_f = K_f \cdot i_o$，R_o为基本放大电路的输出电阻。推导可得电流负反馈放大电路的输出电阻R_{of}为

$$R_{of} = (1 + AK_f) R_o \tag{6.3.6}$$

可见，电流负反馈可以使输出电阻提高$(1 + AK_f)$倍。

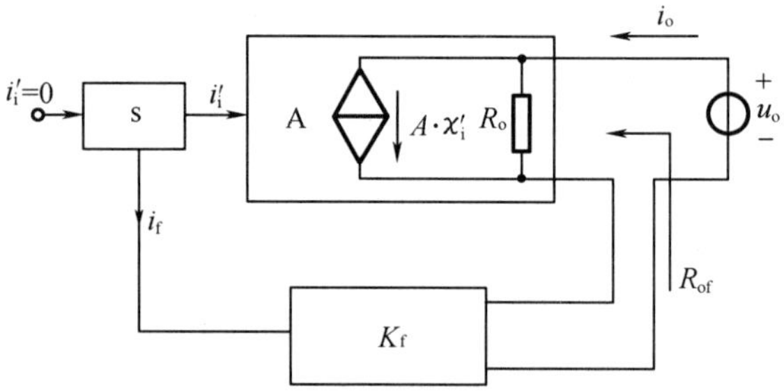

图6.3.4　求电流负反馈放大电路输出电阻的框图

这里还有几点要注意：

(1)基本放大电路的输出电阻R_o应包括反馈网络的负载效应。

(2)在式(6.3.5)、(6.3.6)中没有包含环路以外的电阻，例如集电极负载电阻R_c，负反馈对它就不起作用，求输出总电阻时应为

$$R'_{of} = R_c \,/\!/\, R_{of} \tag{6.3.7}$$

这里特别要强调的是：负反馈的类型不同，式(6.3.2)、式(6.3.3)、式(6.3.5)和式(6.3.6)中的A和K_f也是不同的。

对于电压串联负反馈电路，公式(6.3.5)和式(6.3.2)中K_f是电压反馈系数K_{fu}，而A应为负载开路时的源电压增益A_{us}。

对于电压并联负反馈电路，公式(6.3.5)和式(6.3.3)中的K_f为互导反馈系数K_{fg}，A应为负载开路时的源互阻增益A_{rs}。

对于电流串联负反馈放大电路，式(6.3.6)和式(6.3.2)中的K_f应为互阻反馈系数K_{fr}，而A为负载短路的源互导增益A_{gs}。若是电流并联负反馈放大电路，则式(6.3.6)和式(6.3.3)中K_f为电流反馈系数K_{fi}，A为负载短路的源电流增益A_{is}。

6.3.4　负反馈对频带宽度的影响

负反馈能提高放大电路增益的稳定性，这就是说可以让由各种原因引起的增益变化量降低，这其中也应包括频率变化的影响。

若电压串联负反馈放大电路中的基本放大电路是单极点共射电路，其上限截止频率为

ω_H，其开环电压增益的表达式为

$$A_u(j\omega) = \frac{A_{uo}}{1 + j\dfrac{\omega}{\omega_H}} \tag{6.3.8}$$

若负反馈网络是纯电阻的，反馈系数为 K_f，则闭环电压增益表达式应为

$$A_{uf}(j\omega) = \frac{A_u(j\omega)}{1 + A_u(j\omega)K_{fu}} = \frac{A_{uof}}{1 + j\dfrac{\omega}{\omega_{Hf}}} \tag{6.3.9}$$

上式中

$$A_{uof} = \frac{A_{uo}}{1 + A_{uo}K_{fu}} \tag{6.3.10}$$

$$\omega_{Hf} = (1 + A_{uo}K_{fu})\omega_H \tag{6.3.11}$$

A_{uof}称为中频闭环电压增益，此式说明中频闭环电压增益是中频开环电压增益的 $1/(1+A_{uo}K_f)$。ω_{Hf}称为闭环上限截止角频率，由式(6.3.11)可见，它是开环上限截止角频率 ω_H的$(1+A_{uo}K_f)$倍。这就是说，加入负反馈后，放大电路的带宽扩大了$(1+A_{uo}K_f)$倍。图 6.3.5 表示了开环电压增益和闭环电压增益的幅频特性曲线。由曲线可见两条曲线的水平部分之差即为反馈深度 $20\lg(1+A_{uo}K_f)$。

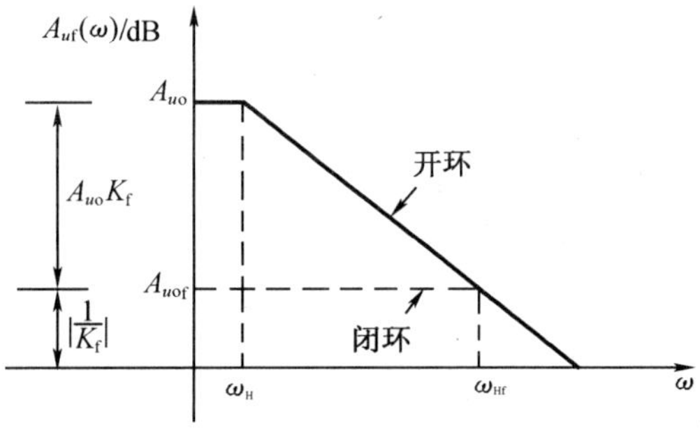

图 6.3.5　开环增益和闭环增益的频率特性

上面的分析是电压串联负反馈放大电路。如果是其他类型负反馈放大电路，则式(6.3.10)和式(6.3.11)的增益和反馈系数是不同的。可以用各自的增益和反馈系数去分析。

由式(6.3.10)和式(6.3.11)可得

$$A_{uof} \cdot \omega_{Hf} = A_{uo} \cdot \omega_H \tag{6.3.12}$$

可见，基本放大电路的增益带宽积与加负反馈后的闭环增益带宽积是相等的。

［**例题 6.3.2**］

集成运放 μA741 的开环电压增益为 10^5，开环上限截止频率 $f_H = 10$ Hz。(1)求 $K_{fu} = 0.01$ 时的闭环电压增益和上限截止频率；(2)作幅频特性曲线。

解：由式(6.3.10)可得

$$A_{uof} = \frac{A_{uo}}{1 + A_{uo}K_{fu}} = \frac{10^5}{1 + 10^5 \times 10^{-2}} = 99.9 = 40(\text{dB})$$

$$f_{Hf} = (1 + A_{uo}K_{fu}) \cdot f_H = (1 + 10^5 \times 10^{-2}) \times 10 = 10\ 010 \doteq 10(\text{kHz})$$

由此可以作幅频特性波特图如图 6.3.6 所示。

事实上作波特图时，只要求出 $20\lg(1+A_{uo}K_{fu}) = 60$ dB，即可将开环增益幅频特性波特图中的开环增益水平线①向下移 60 dB，作水平线②即为闭环增益幅频特性曲线，与线①下降斜线相交于 A，交点 A 对应的频率 10^4 Hz 即为 f_{Hf}。

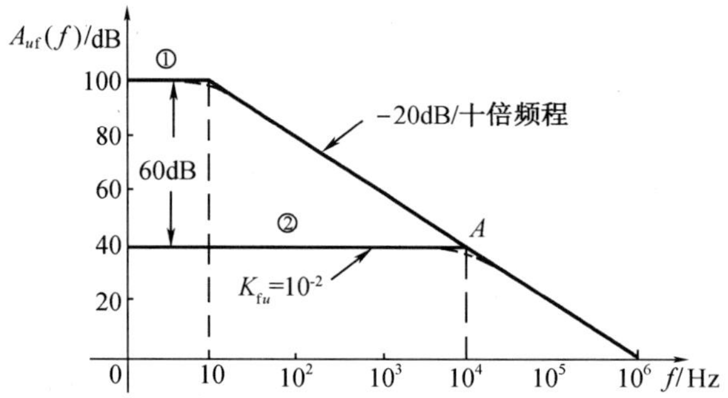

图 6.3.6 μA741 的幅频特性波特图

6.3.5 负反馈对非线性失真的影响

放大电路之所以产生失真,主要是由电路中的晶体管等有源器件的伏安特性的非线性引起的,当放大电路的输入是正弦波信号时,输出信号可能是非正弦波。

引入负反馈后则可以较好地改善非线性失真问题。图 6.3.7 表明了负反馈能改善非线性失真的原理。当没有负反馈时,正弦信号 x_i 送到基本放大电路输入端,由于基本放电路 A 存在非线性失真,在基本放大电路输出端输出一个振幅上大下小的 x'_o信号。当有负反馈时,x'_o通过反馈网络回送到输入端的 x_f信号也是上大下小,它与 x_i信号相减,生成一个上小下大的 x'_i信号,这个信号正好补偿了基本放大电路的非线性失真特性,输出一个近似正弦波信号 x_o,这就基本上克服了非线性失真。

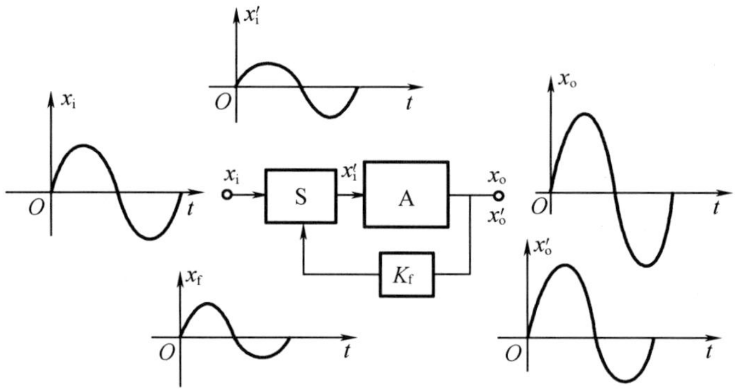

图 6.3.7 负反馈改善非线性失真的示意图

设基本放大电路的非线性失真系数为 *THD*,则加入负反馈后的非线性失真系数 $(THD)_f$为

$$(THD)_f = \frac{1}{1 + A_0 K_f} \cdot THD \tag{6.3.13}$$

可见加入负反馈后,电路的非线性失真得到很大的改善。

这里要强调的是,用负反馈改善非线性失真,只限于放大电路环内产生的非线性失真,对于其他原因产生的非线性失真则没有作用，如输入信号本身就有失真，则负反馈是解决不了的。

6.3.6 引入负反馈的注意事项

由上面分析可知，负反馈会改善放大电路的性能，其改善程度与反馈深度有关，反馈深度越深对电路的性能影响越大。尽管负反馈对放大电路性能改善很有好处，但不要忘记，它会使增益下降，而且反馈越深，下降得越厉害。另外，在本章 6.5 节的讨论中将会看到，在三级负反馈放大电路中，若反馈深度很深，则可能引起电路自激。所以放大电路是否引入负反馈，引入负反馈深度是多少，引入何种类型负反馈，都要根据具体情况而定。

1. 对于单级放大电路，因增益有限，所以引入的负反馈的深度都较浅。

2. 对性能要求较低的放大电路，一般不引入负反馈，特别对三级放大电路更应如此。

3. 若稳定静态工作点，应引入直流负反馈；若为改善电路的动态特性，则要引入交流负反馈。

4. 当信号源内阻较小或是恒压源时，放大电路的输入电阻 R_i 应尽量大，所以应选用串联负反馈；若信号源内阻较大或是恒流源时，则放大电路应选用并联负反馈。

5. 当负载要求稳定的输出电压时，应引入电压负反馈；当负载要求稳定的输出电流时，则应引入电流负反馈。

6. 根据第 4,5 两条，若将电压源输入信号转换为电流源输出信号，则要引入电流串联负反馈；反之，若将一个电流源输入信号转换为电压源输出信号，则要引入电压并联负反馈。

7. 为了分析和设计方便，负反馈放大电路的反馈深度一般都是深度负反馈，但反馈深度也要适可而止。

6.4 负反馈放大电路的分析方法

分析负反馈放大电路，首先要读懂电路结构，确认出基本放大电路和反馈网络，然后是判断负反馈的类型。在此基础上再对电路作进一步分析。对于非深度负反馈放大电路分析，一般采用等效电路法和环路拆分法，近年又出现了计算机辅助分析方法。对于深度负反馈(Strong negative feedback)放大电路，多用近似公式分析法求解闭环增益。

6.4.1 等效电路法

这种方法不用考虑负反馈的类型，直接画出小信号等效电路，然后列出方程，再计算求解负反馈放大电路的各性能参数。这种方法对任何负反馈放大电路都能求得准确的结果。但通常多用于比较简单的电路，比如单管负反馈放大电路。此种分析方法在本书基本放大电路部分中已作说明，故本节中不再介绍。

6.4.2 环路拆分法

环路拆分(Uncoup ling loop)法又称方框图(Block diagram)方法，它先是将负反馈放大电路按图 6.1.1 的结构拆分成基本放大电路和反馈网络，求出开环的交流参数和反馈系数后，再按本章介绍的相关公式进行计算电路的闭环参数。这种方法物理概念清楚，计算结果准确，也适用于比较复杂的电路，故它是一种研究分析非深度负反馈放大电路的主要方法。

这种方法的关键是如何将负反馈放大电路正确地拆分成基本放大电路和反馈网络。在拆分过程中，要遵守信号传输单向性的原则并且必须要考虑负反馈网络的负载效应，也就是说要考虑负反馈网络对基本放大电路的输入、输出端负载的影响。根据网络知识，在考虑负反馈网络对输入端的等效负载效应时，应令输出量为零；而在考虑负反馈网络对输出端的等效负载效应时，应令输入量为零。对于不同类型的负反馈放大电路的具体拆分原则如下：

1. 电压串联负反馈放大电路

(1)考虑输入端等效负载效应时，应令 $u_o=0$，即负载短路。

(2)考虑输出端等效负载效应时，应令 $i_i=0$，即输入端开路。

2. 电压并联负反馈放大电路

(1)考虑输入端等效负载效应时，应令 $u_o=0$，即负载短路。

(2)考虑输出端等效负载效应时，应令 $u_i=0$，即输入端短路。

3. 电流串联负反馈放大电路

(1)考虑输入端等效负载效应时，应令 $i_o=0$，即负载开路。

(2)考虑输出端等效负载效应时，应令 $i_i=0$，即输入端开路。

4. 电流并联负反馈放大电路

(1)考虑输入端等效负载效应时，应令 $i_o=0$，即负载开路。

(2)考虑输出端等效负载效应时，应令 $u_i=0$，即输入端短路。

[例题 6.4.1]

电压串联负反馈放大电路如图 6.4.1 所示，晶体管的 $\beta=60$，$r_{be1}=2\ \text{k}\Omega$，$r_{be2}=1.8\ \text{k}\Omega$，请用环路拆分法求解电路的 A_{uof}，R'_{if} 和 R_{of}。

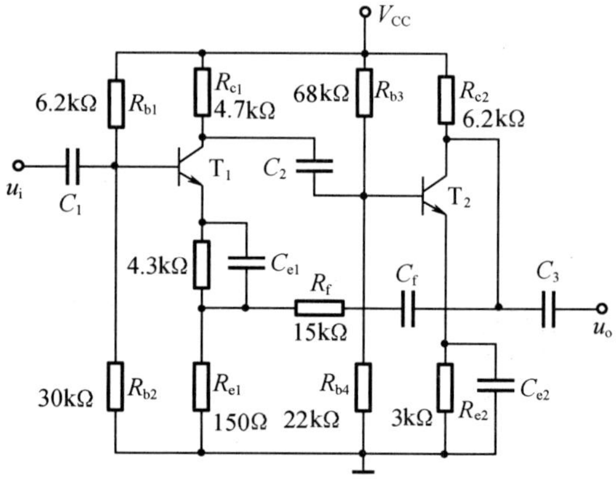

图 6.4.1 电压串联负反馈放大电路

解：(1)拆分放大电路

按电压串联负反馈放大电路的分解原则，现将图 6.4.1 电路拆分成基本放大电路的交流通路和反馈网络，如图 6.4.2(a)，(b)所示。

(2)求 A_{uof}

依图 6.4.2(a)电路可求出基本放大电路中各级放大电路的增益，其总增益为

$$A_{uo}=A_{u1}\cdot A_{u2}=\frac{-\beta_1(R_{c1}\ /\!/\ R_{b3}\ /\!/\ R_{b4}\ /\!/\ r_{be2})}{r_{be1}+(1+\beta)(R_{e1}\ /\!/\ R_f)}\times\left\{-\frac{\beta_2[R_{c2}\ /\!/\ (R_f+R_{e1})]}{r_{be2}}\right\}$$

$$A_{uo}=1\ 026$$

反馈网络的反馈系数 K_{fu} 为

$$K_{fu}=\frac{R_{e1}}{R_f+R_{e1}}=\frac{0.15}{15+0.15}=9.9\times10^{-3}$$

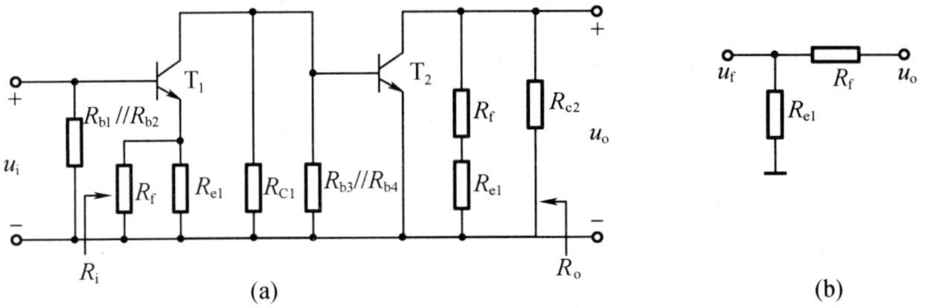

图 6.4.2　图 6.4.1 电路拆环后的电路

(a)基本放大电路的交流通路;(b)反馈网络

闭环电压增益 A_{uof} 为

$$A_{uof} = \frac{A_{uo}}{1 + A_{uo}K_{fu}} = 93$$

(3)求 R_{of},R'_{if}

现依式(6.3.5)计算 R_{of} 为

$$R_{of} = \frac{R_o}{1 + A_{uo}K_{fu}} = \frac{R_{c2} /\!/ (R_f + R_{e1})}{1 + A_{uo}K_{fu}} = 0.4\ \text{k}\Omega$$

基本放大电路的输入电阻 R_i 为

$$R_i = r_{be1} + (1 + \beta_1)(R_{e1} /\!/ R_f) = 9.06\ \text{k}\Omega$$

闭环输入电阻 R'_{if} 为

$$R'_{if} = R_{b3} /\!/ R_{b4} /\!/ [(1 + A_{uo}K_{fu})R_i] = 16.7\ \text{k}\Omega$$

6.4.3　计算机辅助分析

随着计算机技术的发展,在电子线路分析技术的基础上发展起来了计算机辅助分析(Computer Aided Analysis 简写 CAA)方法获得较好的应用。这种分析方法可以对线性电路和非线性电路做直流、交流、瞬态、噪声等分析。其分析程序由电路信息和元件参数输入、建立器件模型、建立电路方程并求解并最后输出分析结果等部分组成。最早的分析软件由加州伯克利分校于 20 世纪 70 年代编写的,称为 Spice 系统(Simulation program with integrated circuit emphasis),后来经过不断更新改版,统称为 Pspice(前缀 P 代表个人电脑之意)。目前流行的有 Micrsim 公司的 8.0 教学版,以及 OrCAD 公司的 OrCAD 软件。2002 年又推出新版 Pspice A/D 仿真软件。该分析系统包含有电阻、电容、电感、电流源、电压源、二极管、三极管和场效应管的模型,还包括有对电路做静态、动态、瞬态和温度特性分析的程序。

计算机辅助分析可以使复杂电路的烦琐计算变得简单快捷、结果准确。这些软件不但可以进行仿真计算,还可以做电路设计,且出错率很低。

6.4.4　深度负反馈放大电路的分析计算

在 6.1.1 节的讨论中,曾得到公式(6.1.4),即

$$A_f = \frac{A}{1 + AK_f} \tag{6.4.1}$$

当反馈深度很深时，$AK_f \gg 1$，则上式可近似为

$$A_f \doteq \frac{1}{K_f} \tag{6.4.2}$$

这说明，当放大电路处深度负反馈时，其闭环增益仅由反馈系数 K_f决定，与电路参数无关。这样的分析结果虽然会有些误差，但分析计算却十分简单，既不用拆分负反馈放大电路，也不用画等效电路，只要求出反馈系数就可以求出闭环增益了。

其实，对负反馈放大电路的近似公式分析方法比精确的计算分析方法更有实际意义，这是因为大多数实用电路几乎都引入深度负反馈。另外，两种分析方法之间的误差为 $\frac{1}{1+AK_f}$，如 $AK_f=10$，则误差为 9%。一般认为只要 $AK_f \geqslant 10$，就可以认定是深度负反馈。其闭环增益就可以按式(6.4.2)计算。但这种分析方法不能定量地计算 R_{of}和 R_{if}。

1. 电压串联负反馈电压增益近似计算

对于例题 6.4.1 所示的电压串联负反馈放大电路，它的 $A_{uo}=1\ 026$，$K_{fu}=9.9\times10^{-3}$，其 $A_{uo}K_{fu}=10.2$，这就可以认定是深度负反馈放大电路，用式(6.4.2)计算的 $A_{uof}=\frac{1}{K_{fu}}=101$，在例 6.4.1 中，按精确计算的 $A_{uof}=93$。两者之间误差约为 7.8%。对于输入和输出电阻仍是按原公式计数，其值没有变化。

2. 闭环电压增益换算

对于例 6.4.1 的电路是电压串联负反馈，开环增益是电压增益 A_{uo}，反馈系数是电压反馈系数 K_{fu}，用式(6.4.2)求得的就是闭环电压增益。但对于其他三种负反馈放大电路，用式(6.4.2)计算得到的不是闭环电压增益，如果要求计算出闭环电压增益，还需要做换算。

(1)电流串联负反馈放大电路

电流串联负反馈的方框图如图 6.2.1(c)所示，其反馈系数是 K_{fr}。当是深度负反馈时，依式(6.4.2)求得的是闭环互导增益 $A_{gof}=\frac{1}{K_{fr}}$(量纲是$\frac{1}{\Omega}$)。如果要求出闭环电压增益 A_{uof}，则应按下式换算：

$$A_{uof} = A_{gof}R'_L = \frac{R_L}{K_{fr}} \tag{6.4.3}$$

[**例题 6.4.2**]

一个深度电流串联负反馈电路如图 6.4.3 所示，求闭环电压增益表达式。

解：欲求深度电流串联负反馈条件下的 A_{uof}时，要先求互阻反馈系数 K_{fr}和等效负载 R'_L。由电路可知，负反馈网络如图 6.4.4 所示，由图 6.4.4 和图 6.4.3 可求 K_{fr}和 R'_L分别为

$$K_{fr} = \frac{R_{c5}\cdot R_{b2}}{R_{c5}+R_f+R_{b2}},\quad R'_L = R_{e5}/\!/R_L$$

依式(6.4.3)可得

$$A_{uof} = \frac{R'_L}{K_{fr}} = \frac{(R_{c5}+R_f+R_{b2})(R_{e5}/\!/R_L)}{R_{c5}R_{b2}}$$

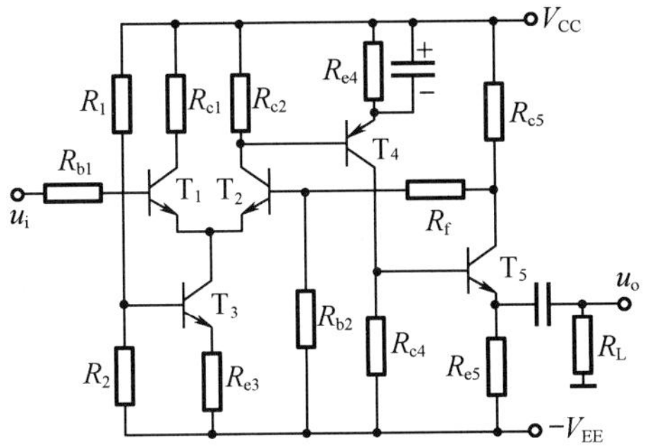

图 6.4.3　电流串联负反馈放大电路

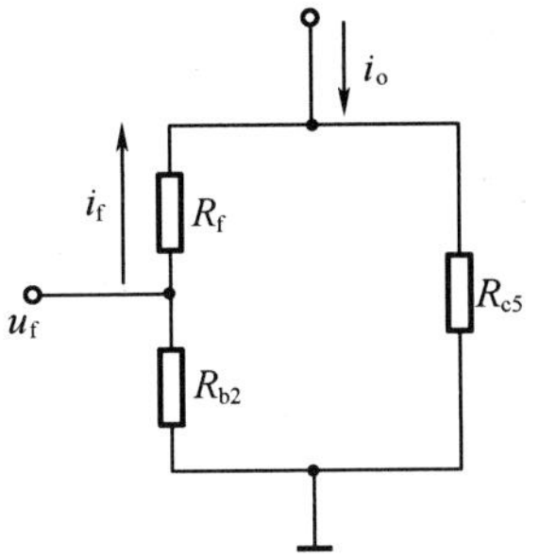

图 6.4.4　例 6.4.2 的负反馈网络

(2)电压并联负反馈放大电路

电压并联负反馈放大电路方框图如图 6.2.1(b)所示,其互导反馈系数为 K_{fg}。则在深度负反馈时,闭环互阻增益 $A_{rof}=\dfrac{1}{K_{fg}}$(量纲是 Ω),求闭环源电压增益 A_{uofs} 的换算公式为

$$A_{uofs}=A_{rof}\frac{1}{R_s}=\frac{1}{K_{fg}R_s} \tag{6.4.4}$$

其中 R_s 为信号源内阻。

[**例题 6.4.3**]

一个深度电压并联负反馈放大电路如图 6.4.5(a)所示。求在深度负反馈条件下 A_{uofs} 的表达式。

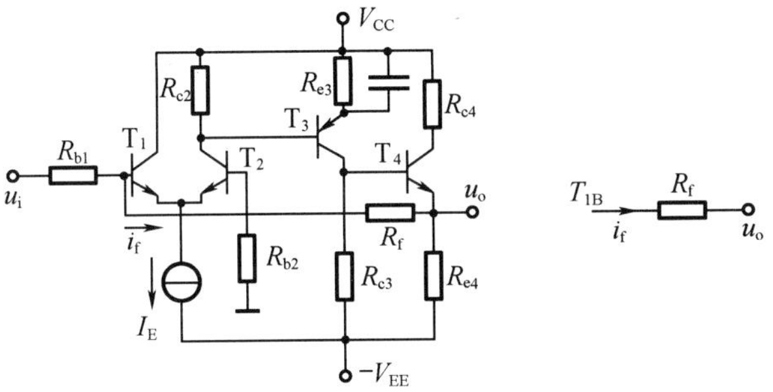

(a)　　(b)

图 6.4.5　电压并联负反馈放大电路及反馈网络

解:由图 6.4.5(a)可见,负反馈网络如图 6.4.5(b)所示,其闭环互导反馈系数为 $K_{fg}=\dfrac{-1}{R_f}$,$R_s=R_{b1}$,依式(6.4.4),则闭环源电压增益 A_{uofs} 为

$$A_{uofs}=A_{rof}\frac{1}{R_s}=-\frac{R_f}{R_{b1}}$$

(3)电流并联负反馈放大电路

电流并联负反馈放大电路的框图如图 6.2.1(d)所示,其反馈系数为 K_{fi}。在深度负反

馈情况下，其闭环电流增益为 $A_{iof}=\dfrac{1}{K_{fi}}$，若求闭环电压增益，则为

$$A_{uofs} = A_{iof}\cdot\frac{R'_L}{R_s} = \frac{R'_L}{K_{fi}R_s} \tag{6.4.5}$$

[例题 6.4.4]

电流并联负反馈放大电路如图 6.4.6(a)所示，设为深度负反馈，求闭环电压增益表达式。

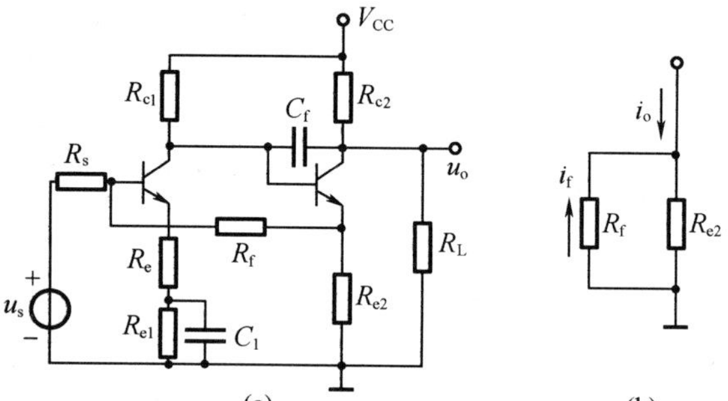

图 6.4.6 电流并联负反馈放大电路及反馈网络

解：此为二级放大电路，反馈网络如图 6.4.6(b)所示。由此图可得电流反馈系数 $K_{fi}=\dfrac{R_{e2}}{R_f+R_{e2}}$。由电路图 6.4.6(a)可见，$R'_L=R_{c2}\,/\!/\,R_L$。依式(6.4.5)可求得闭环电压增益表达式为

$$A_{uofs} = \frac{R'_L}{K_{fi}R_s} = \frac{(R_f+R_{e2})(R_{c2}\,/\!/\,R_L)}{R_{e2}R_s}$$

表 6.4.1 汇集了四种负反馈放大电路的有关性能参数和计算公式，供读者参考。

表 6.4.1 四种负反馈放大电路公式集汇

参数	反馈类型 符号	电压并联	电压串联	电流并联	电流串联
输入信号	x_o	电压	电压	电流	电流
净输入	$x'_i=x_i-x_f$	电流	电压	电流	电压
基本放大电路增益	$A=\dfrac{x_o}{x'_i}$	$A_r=\dfrac{u_o}{i'_i}$	$A_u=\dfrac{u_o}{u'_i}$	$A_i=\dfrac{i_o}{i'_i}$	$A_g=\dfrac{i_o}{u'_i}$
反馈系数	$K_f=\dfrac{x_f}{x_o}$	$K_{fg}=\dfrac{i_f}{u_o}$	$K_{fu}=\dfrac{u_f}{u_o}$	$K_{fi}=\dfrac{i_f}{i_o}$	$K_{fr}=\dfrac{u_f}{i_o}$
反馈深度	$D=1+AK_f$ $=1+T$	$D_r=1+A_rK_{fg}$	$D_u=1+A_uK_{fu}$	$D_i=1+A_iK_{fi}$	$D_g=1+A_gK_{fr}$
闭环增益	$A_f=\dfrac{A}{D}$	$A_{rfs}=\dfrac{u_o}{i_o}=\dfrac{A_r}{D_r}$	$A_{uf}=\dfrac{u_o}{u_i}=\dfrac{A_u}{D_u}$	$A_{ifs}=\dfrac{i_o}{i_i}=\dfrac{A_i}{D_i}$	$A_{gf}=\dfrac{i_o}{u_i}=\dfrac{A_g}{D_g}$

表 6.4.1(续)

参数	反馈类型 / 符号	电压并联	电压串联	电流并联	电流串联
深度负反馈闭环增益	$(D>10)$	$A_{rf}=\frac{1}{K_{fg}}$ $A_{uf}=\frac{A_{rf}}{R_s}$	$A_{uf}=\frac{1}{K_{fu}}$	$A_{if}=\frac{1}{K_{fi}}$ $A_{uf}=\frac{R'_L}{R_s}A_{if}$	$A_{gf}=\frac{1}{K_{fr}}$ $A_{uf}=A_{gf}\cdot R'_L$
闭环输入电阻	R_{if}	$\frac{R_i}{D_r}$减小	$D_i\cdot R_i$增大	$\frac{R_i}{D_i}$减小	$D_g\cdot R_i$ 增大
闭环输出电阻	R_{of}	$\frac{R_o}{D_r}$减小	$\frac{R_o}{D_u}$减小	$D_i\cdot R_o$增大	$D_g\cdot R_o$ 增大
电路功能		i_i控制 u_o 电流－电压变换	u_i控制 u_o 电压放大	i_i控制 i_o 电流放大	u_i控制 i_o 电压－电流变换
放大电路类型		互阻放大电路	电压放大电路	电流放大电路	互导放大电路

6.5　负反馈放大电路的稳定性

负反馈可以较好地改善放大电路的性能，所以在实用放大电路中都无一例外地加入各种类型的负反馈。负反馈越深对电路性能的改善越明显。但是，当负反馈过深时，可能会事与愿违，不但电路的性能得不到改善，而且还会产生自激振荡。

6.5.1　产生自激振荡的原因和条件

1. 产生自激振荡的原因

当负反馈放大电路工作在中频时，引回到输入端的反馈信号也是中频信号，由于没有附加相移，所以可以很容易控制反馈信号极性与输入信号极性相反，从而达到负反馈的目的。但是，当负反馈放大电路工作在高频段时，输出信号除了幅度下降外，还会产生附加相移 $\varphi(\omega)$，$\varphi(\omega)$可能会使负反馈变成正反馈。当正反馈足够强时，既使没有输入信号，输出端也会产生具有一定频率和振幅的信号，这就是自激振荡(Self-oscillation)。

2. 产生自激振荡的条件

当负反馈放大电路工作在高频段($f>f_H$)时，其开环增益与闭环增益都与频率有关，用式(6.1.7)表示这种关系。即

$$A_f(j\omega)=\frac{A(j\omega)}{1+A(j\omega)K_f}=\frac{A(j\omega)}{1+T(j\omega)} \tag{6.5.1}$$

当电路产生自激振荡时，可以认为 $A_f(j\omega)=\infty$，即 $1+T(j\omega)=0$，由此可得

$$T(j\omega)=-1 \tag{6.5.2}$$

上式就是负反馈放大电路产生自激振荡的条件，它包含振幅条件和附加相移条件两个方面，其表达式为

$$\begin{cases} |T(\omega)| = 1 & (6.5.3) \\ \varphi(\omega) = (2n+1)\pi, n \text{ 为整数} & (6.5.4) \end{cases}$$

当负反馈放大电路同时满足这两个条件时，电路就会产生自激振荡。若只满足其中的一个条件，电路则不会产生自激振荡。

6.5.2 负反馈放大电路的稳定性分析

1. 定性分析

根据式(6.5.3)和(6.5.4)我们可以对负反馈放大电路能否产生自激振荡做定性的分析。

对于一个单级负反馈放大电路，引入负反馈后，当工作在高频段时，输出信号的最大附加相移$\varphi(\omega) = -90°$。这不满足产生自激振荡的相位条件，故不会产生自激振荡。对于一个两级负反馈放大电路，引入负反馈后，当工作频率趋于非常高时，产生的最大附加相移$\varphi(\omega)$可达$-180°$，这虽然满足了附加相位振荡条件，但这时因$A(\omega_\infty)=0$，(参见节5.3.3)这使$T(\omega_\infty)=0$，所以，从理论上讲两级负反馈放大电路只要在中频段工作稳定，那么在高频段工作时就不会产生自激振荡。

对于一个三级负反馈放大电路，当工作在高频段时，输出端产生的最大附加相移$\varphi(\omega)$可达$-270°$。当$\varphi(\omega) = -180°$时，$A(\omega)$可能还较大(参见节5.3.2)，这使$|T(\omega)|$可能大于或等于1，这就同时满足了式(6.5.3)和式(6.5.4)的条件，电路就会引起自激振荡。

从上面的分析可见，从稳定性考虑，一个三级负反馈放大电路的反馈深度是要有限制的，以防止产生自激振荡。当负反馈环中有三级放大级而且反馈深度很深时，则要采取适当的频率补偿措施防止自激振荡。这些将在下一节中讨论。

2. 两级负反馈放大电路的阶跃响应特性分析

两级负反馈放大电路虽然不足以引起自激振荡，但当两个时间常数τ_1，τ_2不同时，它们的阶跃响应也不同，这会对放大电路的环路增益值产生影响。一个两级负反馈放大电路的闭环电压增益可写成拉氏变换式为

$$A_{uf}(s) = \frac{A_0}{1+A_0K_f} \cdot \frac{1}{1 + s\dfrac{\tau_1+\tau_2}{1+A_0K_f} + s^2\dfrac{\tau_1 \cdot \tau_2}{1+A_0K_f}}$$

$$= \frac{1}{K_f} \cdot \frac{A_0K_f}{1+A_0K_f} \cdot \frac{1}{1 + s\dfrac{2\xi}{\omega_0} + s^2\dfrac{1}{\omega_0^2}} \tag{6.5.5}$$

其中

$$\xi = \frac{1}{2} \cdot \frac{\tau_1+\tau_2}{\sqrt{(1+A_0K_f)\tau_1\tau_2}} \tag{6.5.6}$$

$$\omega_0 = \sqrt{\frac{1+A_0K_f}{\tau_1\tau_2}} \tag{6.5.7}$$

ξ称为阻尼系数，它的值直接影响阶跃响应输出波形的过冲。

当$\xi>1$时，称为过阻尼。此时系统的频率响应慢，一般不用。

当$\xi<1$时，称为欠阻尼。输出波形有过冲，当$\xi=0.7$时，过冲量约为4.5%；当$\xi=0.5$时，过冲量可高达16%。在设计电路时，可根据不同的应用场合选取不同的ξ值。

当 $\xi=1$ 时，称为临界阻尼。由式(6.5.6)可得

$$4(1+A_0K_f)_{\text{crit}}=4(1+T_0)_{\text{crit}}=\frac{\left(1+\dfrac{\tau_1}{\tau_2}\right)^2}{\dfrac{\tau_1}{\tau_2}} \tag{6.5.8}$$

当 $\dfrac{\tau_1}{\tau_2}\gg 1$ 时，上式近似为

$$T_{0(\text{crit})}=\frac{1}{4}\left(\frac{\tau_1}{\tau_2}\right)=\frac{1}{4}\alpha \tag{6.5.9}$$

$$\alpha=\frac{\tau_1}{\tau_2}=\frac{f_2}{f_1} \tag{6.5.10}$$

由上式可见，在临界阻尼情况下，临界环路增益 $T_{0(\text{crit})}$ 与 α 有关，所以要想得到大的 T_0，则 α 一定要大。

6.5.3　负反馈放大电路稳定性分析的判据

1. 极、零点图的稳定性判据(Stability criterion)

在第 2 章的学习中知道，一个 LTI 系统的传递函数可以用拉氏变换式表示，在求解此变换式的极、零点后，可以作极零点图。如果所有的极点全部落在极、零点图的虚轴左侧，同时零点数不多于极点数，则此系统是稳定的。负反馈放大电路也是一个 LTI 系统，而增益可以看成传递函数，上限和下限截止频率就是极点和零点。在求解后，如果零点数不多于极点数，而且所有极点都在极零点图的纵坐标左侧，则此负反馈放大电路是稳定的，不会产生自激振荡，否则就会产生自激振荡。

2. Nyquist 图的稳定性判据

这种方法除了能判定负反馈放大电路工作是否稳定外，还能给出其稳定度。采用这种判断方法，要先画 Nyquist 曲线图，它是环路增益 $T(\mathrm{j}\omega)$ 的复数极坐标平面图。

在高频情况下，环路增益是频率的复函数，也可以写成

$$T(\mathrm{j}\omega)=T(\omega)\angle\varphi(\omega) \tag{6.5.11}$$

当 ω 从 0^+ 变到 $+\infty$ 时，$T(\mathrm{j}\omega)$ 的极矢 $T(\omega)$ 极角 $\varphi(\omega)$ 组值的复数坐标曲线即是 Nyquist 图。

(1)两级负反馈放大电路的 Nyquist 图

对于一个两级负反馈放大电路，设两个时间常数分别为 τ_1,τ_2，中频电压增益 $A_{\text{om}}=A_{\text{o}_1}A_{\text{o}_2}$，则其高频环路增益可写成

$$T(\mathrm{j}\omega)=A_{\text{o}}(\mathrm{j}\omega)\cdot K_f=\frac{A_{\text{om}}\cdot K_f}{(1+\mathrm{j}\omega\tau_1)(1+\mathrm{j}\omega\tau_2)}=\frac{T_{\text{om}}}{\left(1+\mathrm{j}\dfrac{\omega}{\omega_{\text{H1}}}\right)\left(1+\mathrm{j}\dfrac{\omega}{\omega_{\text{H2}}}\right)} \tag{6.5.12}$$

上式写成极矢和极角的形式为

$$\begin{aligned}T(\mathrm{j}\omega)&=T(\omega)\angle\varphi(\omega)\\&=\frac{T_{\text{om}}}{\sqrt{1+\left(\dfrac{\omega}{\omega_{\text{H1}}}\right)^2}\cdot\sqrt{1+\left(\dfrac{\omega}{\omega_{\text{H2}}}\right)^2}}\cdot\angle\left[-\left(\arctan\frac{\omega}{\omega_{\text{H1}}}+\arctan\frac{\omega}{\omega_{\text{H2}}}\right)\right]\end{aligned} \tag{6.5.13}$$

利用式(6.5.13)可作复数坐标图,当 ω 在 0^+ 到 $+\infty$ 取不同值时,可以得出对应不同 ω 的 $T(\omega)$ 和 $\varphi(\omega)$ 的组值。这些与 ω 的对应组值可以作如图 6.5.1 的曲线,这就是两级负反馈放大电路的 Nyquist 曲线。

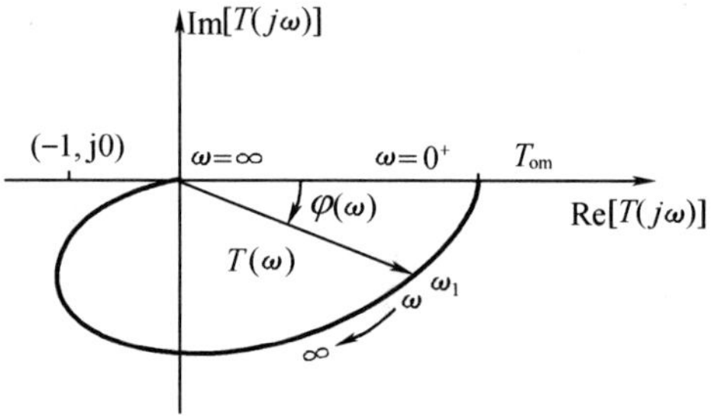

图 6.5.1 两级负反馈放大电路 Nyquist 曲线

由图可见,当 $\omega=0$ 时,$T(0)=T_{om}$,是正值最大,$\varphi(\omega)=0$;当 ω 从 $0^+\to\infty$ 变化时,$T(\omega)$ 逐渐变小,而 $\varphi(\omega)$ 负向增加;当 $\omega=+\omega_\infty$ 时,$T(\omega_\infty)=0$,$\varphi(\omega_\infty)=-180°$。同样,$\omega$ 由 $0^-\to-\infty$ 变化时,可得另一条 Nyquist 曲线,其变化规律一样,只不过这时 $\varphi(\omega)$ 是正向增加。两个曲线是对称的,这表明 $T(j\omega)$ 的共轭性,对称轴为 $T(j\omega)$ 的实轴。

(2)三级负反馈放大电路的 Nyquist 图

设三级负反馈放大电路的三个时间常数分别为 τ_1,τ_2 和 τ_3,则其环路增益的表达式为

$$T(j\omega)=\frac{A_{om}\cdot K_f}{(1+j\omega\tau_1)\cdot(1+j\omega\tau_2)\cdot(1+j\omega\tau_3)}=\frac{A_{om}\cdot K_f}{\left(1+j\frac{\omega}{\omega_{H1}}\right)\cdot\left(1+j\frac{\omega}{\omega_{H2}}\right)\cdot\left(1+j\frac{\omega}{\omega_{H3}}\right)}=T(\omega)\cdot\angle\varphi(\omega) \tag{6.5.14}$$

式(6.5.14)的极矢和极角表达式分别为

$$T(\omega)=\frac{T_{om}\cdot K_f}{\sqrt{1+\left(\frac{\omega}{\omega_{H1}}\right)^2}\cdot\sqrt{1+\left(\frac{\omega}{\omega_{H2}}\right)^2}\cdot\sqrt{1+\left(\frac{\omega}{\omega_{H3}}\right)^2}} \tag{6.5.15}$$

$$\varphi(\omega)=-\angle\left[\arctan\frac{\omega}{\omega_{H1}}+\arctan\frac{\omega}{\omega_{H2}}+\arctan\frac{\omega}{\omega_{H3}}\right] \tag{6.5.16}$$

依照两级放大电路的作图方法可以作出如图 6.5.2 的三级负反馈放大电路环路增益的 Nyquist 图。由于三级放大电路的 $\varphi(\omega_\infty)$ 可达 $-270°$,所以在图上第二象限有它的曲线,最后在 $\varphi(\omega_\infty)=270°$ 时,幅值归零。

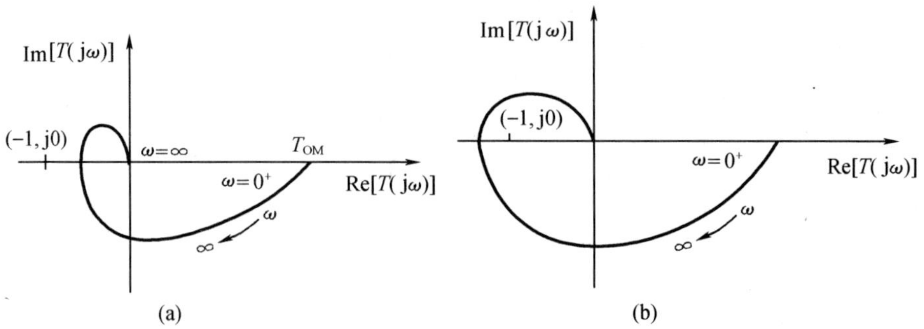

图 6.5.2 三级负反馈放大电路的 Nyquist 曲线

三级放大电路环路增益的 Nyquist 图有两种可能，分别如图 6. 5. 2(a)和(b)所示。

(3)稳定性判定

用 Nyquist 图判定放大电路工作是否稳定的唯一判据是看曲线是否将(-1，j0)点包围，如该点没被包围则系统工作稳定，如被包围了则系统不稳定，会产生自激振荡。对于两级负反馈放大电路，曲线是唯一的，而且不包围(-1，j0)点，所以它的工作是稳定的。对于三级负反馈放大电路，图 6. 5. 2(a)曲线表示负反馈放大电路的工作是稳定的，图 6. 5. 2(b)曲线表示电路的工作不稳定。

用 Nyquist 曲线判断三级负反馈放大电路工作是否稳定，要先画出环路增益曲线图，这显然很不方便。我们可以从曲线图上抽象出一个不用画 Nyquist 图就可判断电路工作是否稳定的简化判定方法：一个负反馈放大电路，可先求极角 $|\varphi(\omega)| = 180°$时的 ω_π，再求 ω_π 时的 $T(\omega_\pi)$值，若 $T(\omega_\pi) \geqslant 1$，则放大电路工作不稳定，否则放大电路工作稳定。

[例题 6. 5. 1]

一个三级负反馈放大电路，其开环增益 $A_{om} = 10^3$，三个极点相同，$f_H = 10^5$ Hz。试判断 $K_f = 10^{-2}$和 10^{-3}时，放大电路工作是否稳定。

解：可以用 Nyquist 简化判定方法来求解。

由题给参数可列出负反馈放大电路的环路增益表达式为

$$T(jf) = \frac{A_{om} \cdot K_f}{\left(1 + j\frac{f}{f_H}\right)^3} = \frac{10^3 \times K_f}{\left(1 + j\frac{f}{10^5}\right)^3}$$

环路增益的极角为

$$\varphi(f) = -\angle 3\left[\arctan\frac{f}{10^5}\right]$$

先求 $\varphi(f) = -180°$时的频率 f_π，依上面的 $\varphi(f)$ 表达式可求得 f_π 为

$$180° = 3\left[\arctan\left(\frac{f_\pi}{10^5}\right)\right]，得 f_\pi = 1.73 \times 10^5 \text{ Hz}$$

再依 $T(jf)$ 极矢的表达式求 f_π 时的 $T(f_\pi)$ 的值为

$$T(f_\pi) = \frac{10^3 \times K_f}{\left[\sqrt{1 + \left(\frac{f_\pi}{10^5}\right)^2}\right]^3} = \frac{10^3 \times K_f}{\left[\sqrt{1 + \left(\frac{1.73 \times 10^5}{10^5}\right)^2}\right]^3} = 125K_f$$

当 $K_f = 10^{-2}$时，$T(f_\pi) = 0.01 \times 125 = 1.25$。显然，这时 $T(f_\pi) > 1$，负反馈放大电路工作不稳定；当 $K_f = 10^{-3}$时，$T(f_\pi) = 0.125$，此时负反馈电路工作稳定。

对于一个三级负反馈放大电路，三个极点互不相等时，除了可用上面介绍的简化判定方法外，还可用简单的公式进行分析计算。我们仍用式(6. 5. 14)环路增益表达式为例介绍相关的简单公式。先将式(6. 5. 14)分母的实部和虚部分开，再经推导可得三个极点频率与中频环路增益 T_{om}之间的关系为

$$T_{om} = A_{om} \cdot K_f < 2 + \frac{f_{H1} + f_{H2}}{f_{H3}} + \frac{f_{H2} + f_{H3}}{f_{H1}} + \frac{f_{H3} + f_{H1}}{f_{H2}} \qquad (6.5.17)$$

而 f_π 与三个极点频率的关系为

$$f_\pi = \sqrt{f_{H1} \cdot f_{H2} + f_{H2} \cdot f_{H3} + f_{H1} \cdot f_{H3}} \qquad (6.5.18)$$

这是两个很有用的公式，它可以使稳定性的判定更加简便。

比如现在可以用式(6.5.17)和(6.5.18)重新分析[例6.5.1],可得 $K_f<8\times10^{-3}$ 时电路工作稳定,而 $f_\pi=\sqrt{3}\times10^5=1.73\times10^5$。这些结果比例6.5.1中的与上面的分析的结果更准确,分析的过程更简单。

[例题6.5.2]

一个负反馈放大电路,开环增益 $A_{om}=4\times10^3$,三个极点频率,分别为 $f_{H1}=1$ MHz,$f_{H2}=4$ MHz 和 $f_{H3}=40$ MHz。试求稳定工作时的 K_f 及 $\angle\varphi(\omega)=-180°$ 时的频率 f_π。

解:依式(6.5.17)得

$$A_{om}\cdot K_f<2+\frac{f_{H1}+f_{H2}}{f_{H3}}+\frac{f_{H1}+f_{H3}}{f_{H2}}+\frac{f_{H2}+f_{H3}}{f_{H1}}=56.4$$

则

$$K_{fmax}<\frac{56.4}{4\times10^3}=0.014$$

这说明要想该放大电路不引起振荡,应要求 $K_f<0.014$。反过来如给出 K_f,也可以求出电路稳定工作的 A_{om} 值。

依式(6.5.18)得

$$f_\pi=\sqrt{f_{H1}\cdot f_{H2}\cdot f_{H3}+f_{H3}\cdot f_{H1}}=14.3\ \text{MHz}$$

3. Bode 图的稳定性判据

Nyquist 判据的简化判定方法也可以这样叙述:一个放大电路,在 $T(\omega)=1$ 时,若附加相移 $|\varphi(\omega)|\leqslant180°$,则该放大电路是稳定的,若 $|\varphi(\omega)|>180°$,电路工作不稳定。

$T(j\omega)$ 也可以用波特图表示,利用 $T(j\omega)$ 波特图也可以判定负反馈放大电路的稳定性。现还以式(6.5.14)的环路增益表达式为例,介绍 $T(j\omega)$ 波特图的做法。先令式(6.5.15)所示的幅值 $T(\omega)=1$,再取对数,得

$$20\lg A_{om}-20\lg\left[\sqrt{1+\left(\frac{\omega}{\omega_{H1}}\right)^2}\cdot\sqrt{1+\left(\frac{\omega}{\omega_{H2}}\right)^2}\cdot\sqrt{1+\left(\frac{\omega}{\omega_{H3}}\right)^2}\right]-20\lg\frac{1}{K_f}=0\ \text{dB}\tag{6.5.19}$$

式中的前两项,即为负反馈放大电路中的基本放大电路增益的幅频特性,可以用幅频特性波特图表示,而最后一项是反馈系数的对数线。所以说,一个负反馈放大电路 $T(j\omega)$ 的幅频特性曲线可用基本放大电路增益的幅频特性曲线和反馈系数线组合而成。两条线的交点即为0 dB点。由于 K_f 不产生附加相移,故负反馈放大电路 $T(j\omega)$ 的相频特性曲线与基本放大电路的相频特性曲线相同。观察0 dB点对应的 $\varphi(\omega)$ 值来判定电路工作是否稳定。

[例题6.5.3]

一个三级负反馈放大电路,$A_{om}=10^6$,$\omega_{H3}=10\omega_{H2}=100\omega_{H1}$,当 K_f 分别为 10^{-3},10^{-4} 和 10^{-5} 时,用环路增益波特图判定电路的工作状态。

解:在图6.5.3的波特图中的幅频特性曲线①为基本放大电路 $A(\omega)$ 特性曲线,其中 $A_{om}=10^6$,则 $20\lg A_{om}=120$ dB,三个极点为 ω_{H1},ω_{H2} 和 ω_{H3}。

当 $K_f=10^{-4}$ 时,则 $20\lg\frac{1}{K_f}=80$ dB,在图6.5.3幅频特性坐标中在80 dB处作水平线②与曲线①相交于 M 点。水平线2称为反馈线。这条线就是 $T(\omega)$ 的0 dB线,它就是 $K_f=10^{-4}$ 时,$T(\omega)$ 波特图的横轴,如图6.5.3中的 $T(\omega)-\omega_T$ 坐标。反馈线与曲线① M 点上面部分共同构成放大电路的 $T(j\omega)$ 幅频特性曲线。可以认定 M 点就是 $T(\omega)=1$ 的点。由 M 向下作垂线与相频特性曲线交于 M' 点,M' 点对应附加相移 $\varphi(\omega)=-180°$,所以电路处于

临界状态。若 $K_f = 10^{-5}$，作反馈线③与曲线①相交于 P 点，反馈线③是 $K_f = 10^{-5}$ 时 $T(\omega)$ Bode 图横轴。P 点对应的 $\varphi(\omega) = -135°$，电路工作稳定。若 $K_f = 10^{-3}$，则可作反馈线④，这样，反馈线④是 $K_f = 10^{-3}$ 时 $T(\omega)$ Bode 图的横轴。它与曲线①相交于 N 点，N 点对应的 $\varphi(\omega) = -225°$。这时电路具备自激振荡条件，故电路工作不稳定。利用 $T(j\omega)$ 波特图可以很方便地判定负反馈放大电路工作是否稳定。所以这也是一种常用判定电路工作状态是否稳定的方法。

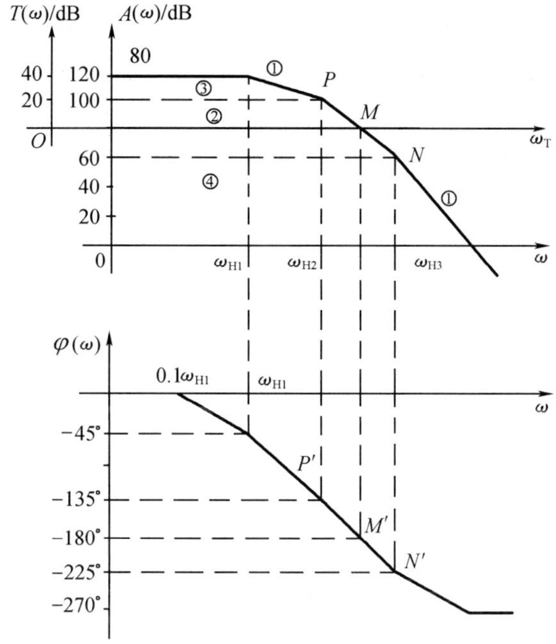

图 6.5.3　用 $T(j\omega)$ 波特图判断负反馈放大电路稳定性

4. 稳定裕度(Stability margin)

在上面对负反馈放大电路稳定性的分析中，都认定在 $T(\omega)=1$ 时只要 $|\varphi(\omega)| \leq 180°$，电路就稳定。事实上，这是不保险的，如 $\varphi(\omega)$ 很接近 $-180°$，当温度、供电等外界条件变化时，$|\varphi(\omega)|$ 就很可能大于 180°，这时放大电路工作就可能由稳定转入不稳定。为了确保电路工作稳定，就要求负反馈放大电路稳定性的判定标准留有余地，这就是稳定裕度。稳定裕度包括增益裕度和相位裕度两个参数。

(1) 增益裕度(Gain margin)

当负反馈放大电路的 $\varphi(\omega) = -180°$ 时，必须令 $T(\omega) < 0$ dB，才能保证负反馈放大器可靠稳定地工作。通常认为 $\varphi(\omega) = -180°$ 对应的 $T(\omega)$ 的 dB 值与 0 dB 之间的差称为增益裕度，如图 6.5.4 的环路增益幅频特性曲线中的 G_m，一般要求 $G_m \leq -10$ dB。

(2) 相位裕度(Phase margin)

环路增益 $T(\omega)=0$ dB 所对应的附加相移 $\varphi(\omega)$ 与 $-180°$ 间的差称为相位裕度，用 φ_m 表示，在图 6.5.4 中相频特性曲线中的 φ_m 就是相位裕度，一般要求 $\varphi_m \geq 45°$。

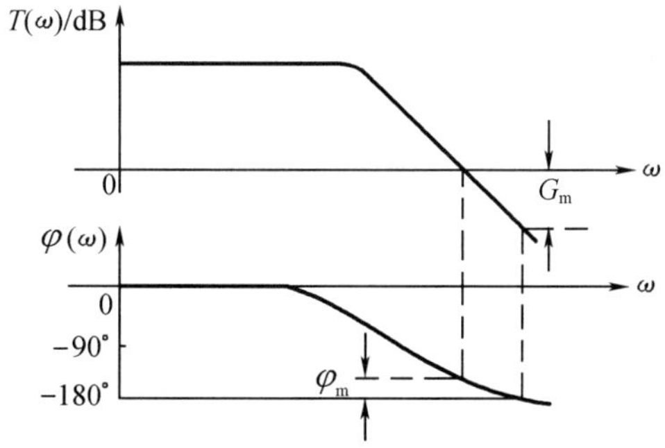

图 6.5.4　负反馈放大电路的增益和相位裕度示意图

在负反馈放大电路的设计中，必须考虑裕度要求，只有满足增益或相位裕度要求，电路才能真正稳定地工作。

6.5.4　环路增益

环路增益对负反馈放大电路来讲是一个很重要的参数。它贯穿着负反馈放大电路分析的始终。它既决定反馈深度，又能用它判定负反馈放大电路的工作稳定性。由式

(6.1.5)可知,要想知道电路的环路增益值,必须知道 A 和 K_f。然而,对于一个实际放大器,要想知道它的 A 和 K_f 值,显然是很麻烦的。现介绍一种拆环方法,可直接测得一个实际负反馈放大器的环路增益。这种方法是将图 6.1.1 电路框图从 x_i' 处断开,如图 6.5.5 所示。

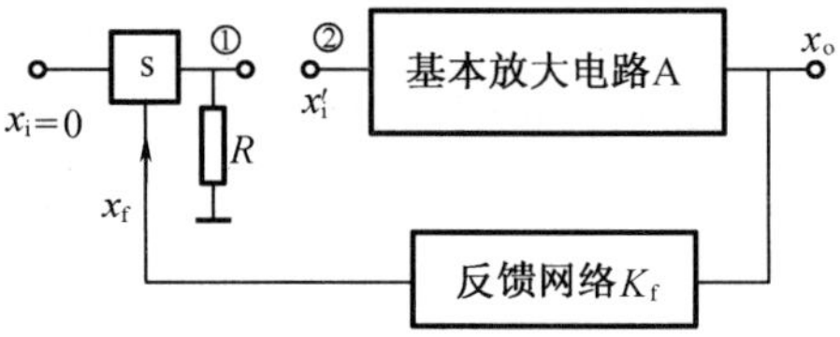

图 6.5.5 拆环后的负反馈放大电路

令 $x_i=0$,从②端送入已知信号 x_i',则输出信号 x_o 为

$$x_o = Ax_i' \tag{6.5.20}$$

在①端可测得

$$x_f = x_o \cdot K_f = AK_f \cdot x_i' \tag{6.5.21}$$

则

$$\frac{x_f}{x_i'} = AK_f = T \tag{6.5.22}$$

式(6.5.22)中 x_i' 是已知输入信号,x_f 是测量得到的信号,继而 T 可知。

这里要注意,在 x_i' 处拆环后,必须要保持拆环前的电路条件,例如要保持同样偏置、同样的阻抗等。若拆环前 x_i' 处的阻抗为 R,则在测量 x_f 时应在①端接等值电阻 R,只有这样测量结果才准确。

6.6 负反馈放大电路的补偿技术

为了解决在负反馈放大电路中因加入深度负反馈而引起的自激振荡问题,通常采用相位补偿(Phase Compensation)技术来解决。所谓相位补偿,就是在负反馈放大电路中加入电抗元件,以此来改变负反馈放大电路的频响特性,这样,即使在深度负反馈的情况下电路仍能稳定工作。

6.6.1 滞后补偿

滞后补偿(Lagging compensation)技术的基本原则是在保持中频增益不变的前提下,加大主极点的时间常数,使主极点频率下降。当附加相移 $\varphi(\omega) = -135°$ 时所对应的幅频值为 0 dB,从而满足相位裕度要求。

图 6.6.1 为一个三级负反馈放大电路的波特图,其中三个极点频率分别为 f_{H1},f_{H2} 和 f_{H3},基本放大电路的增益为 80 dB,三个极点对应的附加相移 $\varphi(f)$ 分别为 $-45°$,$-135°$ 和 $-225°$,见图中虚线曲线①。设 $K_f=0.1$,这时 $20\lg\frac{1}{K_f}=20$ dB,其反馈线如直线④所示,这是 $T(f)$ Bode 图的 0 dB 线。它与原曲线相交于 M 点,显然,0 dB 点 M 对应的 $\varphi(f) = -225°$,电路工作是不稳定的。可用三种滞后相位补偿技术使电路工作稳定。

1. 单电容滞后补偿(主极点补偿)

采用单电容的滞后补偿技术,其补偿电容 C 加在产生 f_{H1} 的节点上,如图 6.6.2(a)所示,图 6.6.2(b)为其等效电路。由于接入补偿电容 C,使原极点 f_{H1} 变成了一个新的极点频率 f_{H1}'。

$$f_{H1}' = \frac{1}{2\pi(R_{o1} /\!/ R_{i2})(C + C_{i2})} \tag{6.6.1}$$

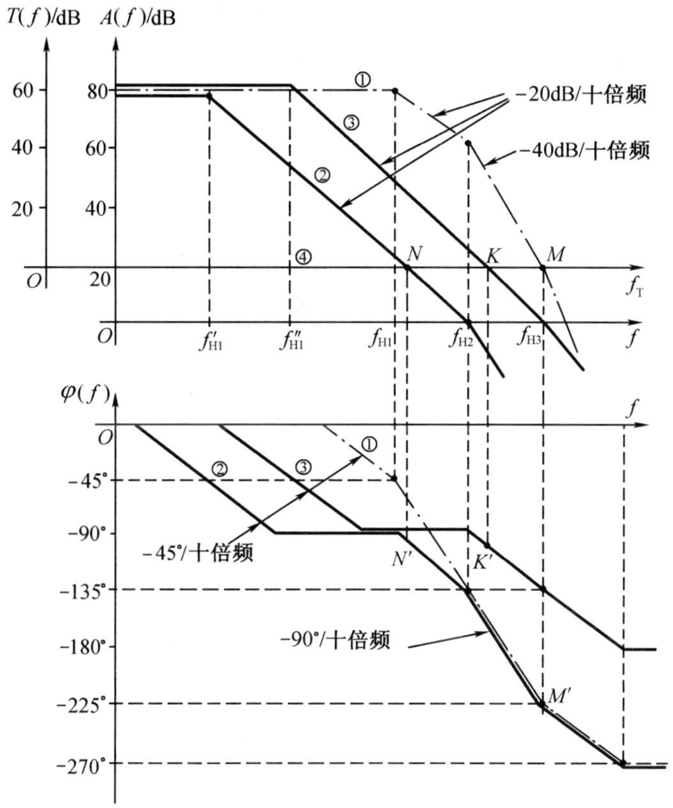

图 6.6.1　负反馈放大电路的滞后补偿波特图

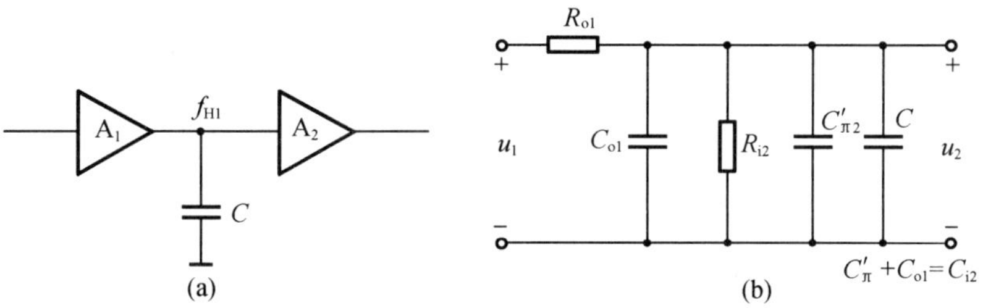

图 6.6.2　电容滞后补偿电路

显然$f'_{H1}<f_{H1}$,即加补偿电容 C 以后原主极点f_{H1}向低频端移动,C 越大,移动越远。加 C 后并不影响 A_o 的值,这样的增益表达式为

$$A'(jf)=\frac{10^4}{\left(1+j\frac{f}{f'_{H1}}\right)\left(1+j\frac{f}{f_{H2}}\right)\left(1+j\frac{f}{f_{H3}}\right)} \tag{6.6.2}$$

很显然,放大电路补偿前、后的极点数没有变,但主极点的频率是用f'_{H1}代替了f_{H1},这个新的主极点f'_{H1}与第二极点f_{H2}之间距离拉大,即是将 -20 dB/十倍频程的斜线拉长。调整补偿电容 C 值,可使f_{H2}对应的增益降至 0 dB,如图 6.6.1 的幅频特性曲线②所示。这时的反馈系数仍然是 $K_f=0.1$,补偿后的曲线②与反馈线④相交点为 N 点,N 点对应的附加相移$|\varphi(f)|<135°$,满足了裕度要求。保证电路工作稳定。由于图中幅频特性曲线②在 $A(f)=0$ dB 时,对应的 $\varphi(\omega)=-135°$。

可见采用这样补偿，即使 $K_f=1$，电路也可稳定工作，故称这种补偿为全补偿。在全补偿时，

$$f'_{H1}=\frac{f_{H2}}{A_o} \tag{6.6.3}$$

由以上分析可见，单电容滞后补偿虽然可以使电路工作稳定，但电路的频宽却变窄了。补偿电容 C 可用下式计算

$$C=\frac{1}{2\pi(R_{o1}/\!/R_{i2})f'_{H1}}-C_{i2} \tag{6.6.4a}$$

或

$$C=\frac{A_o}{2\pi(R_{o1}/\!/R_{i2})\cdot f'_{H2}} \tag{6.6.4b}$$

2. *RC* 网络滞后补偿

这种补偿又称极零点补偿(Pole-zero compensation)，其补偿的思路是设法在电路中增加一个零点，让这个零点与原来的第二个极点 f_{H2} 相抵消。这样不但可以消除自激振荡，而且还可以使频宽不至于损失太多。补偿网络为电阻 R 和电容 C 的串联网络，加入补偿的位置与单电容补偿一样，这样，在产生新的零点的同时还会影响原极点 f_{H1}。图 6.6.3(a)为 *RC* 网络补偿原理图，其高频等效电路如图 6.6.3(b)所示。通常 $R\ll(R_{o1}/\!/R_{i2})$，$C\gg C_{i2}$，这样可以得图 6.6.3(c)的简化等效电路图，其中 $u'_1=\frac{R_{i2}}{R_{o1}+R_{i2}}\cdot u_1$，$R'=R_{o1}/\!/R_{i2}$，此时在补偿点处的电压传递函数为

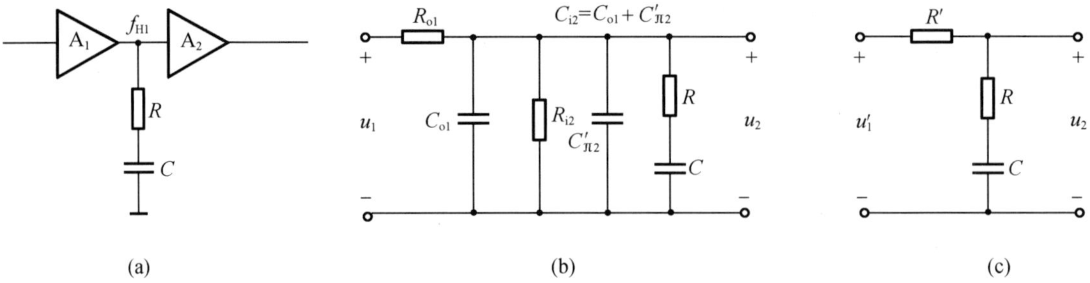

图 6.6.3 *RC* 网络滞后补偿电路

$$H(s)=\frac{V_2(s)}{V'_1(s)}=\frac{1+j\omega CR}{1+j\omega C(R'+R)}=\frac{1+j\dfrac{\omega}{\omega_z}}{1+j\dfrac{\omega}{\omega''_{H1}}}=\frac{1+j\dfrac{f}{f_z}}{1+j\dfrac{f}{f''_{H1}}} \tag{6.6.5}$$

其中

$$f_z=\frac{1}{2\pi RC} \tag{6.6.6}$$

$$f''_{H1}=\frac{1}{2\pi(R'+R)C} \tag{6.6.7}$$

这说明由于加入 *RC* 补偿网络，确实产生了一个零点 f_z，而原极点 f_{H1} 变成一个新极点 f''_{H1}，适当地选择 R，C 值可以使 $f_z=f_{H2}$，实现极、零点抵消，电路变成两极点系统。这时电路的频响增益表达式为

$$A''(f) = \frac{10^4}{\left(1 + \mathrm{j}\frac{f}{f''_{\mathrm{H1}}}\right)\left(1 + \mathrm{j}\frac{f}{f_{\mathrm{H3}}}\right)} \tag{6.6.8}$$

调节 R,C 值也可实现全补偿。在图 6.6.1 中画出了 RC 网络补偿后的幅频特性曲线③,它与反馈线相交于 K 点,因曲线③只有两个极点 f''_{H1} 和 f_{H3},故 f_{H3} 对应的 $\varphi(\omega)$ 为 $-135°$,K 点对应的 $|\varphi(\omega)| < 135°$,可见补偿后电路工作也是稳定的。

由图可见 $f'_{\mathrm{H1}} < f''_{\mathrm{H1}}$,这说明 RC 网络补偿使频宽的损失小些。但这种补偿效果虽好,实际调整补偿元件参数是比较麻烦的。

RC 网络滞后补偿的电容值可由下式计算:

$$C = \frac{1}{2\pi R f_{\mathrm{H2}}} \tag{6.6.9}$$

[例题 6.6.1]

一个三级负反馈放大电路,三个极点频率分别为 $f_{\mathrm{H1}} = 1$ MHz, $f_{\mathrm{H2}} = 10$ MHz, $f_{\mathrm{H3}} = 100$ MHz,主极点网络的电容 $C_{\mathrm{i2}} = 50$ pF。

(1)当用单电容作滞后补偿时,欲使新主极点 $f'_{\mathrm{H1}} = 1$ kHz,求所加补偿电容值。

(2)当用 RC 网络作滞后补偿时,欲得到同样的补偿效果,求需要在 $C = 5\ 100$ pF 上串联多大的电阻?

(3)新的主极点频率 f''_{H1} 为多少?

解:(1)根据原负反馈放大电路的主极点 $f_{\mathrm{H1}} = \dfrac{1}{2\pi(R_{\mathrm{o1}} /\!/ R_{\mathrm{i2}})C_{\mathrm{i2}}}$ 的公式,可求 $R_{\mathrm{o1}} /\!/ R_{\mathrm{i2}}$ 为

$$R_{\mathrm{o1}} /\!/ R_{\mathrm{i2}} = \frac{1}{2\pi f_{\mathrm{H1}} \cdot C_{\mathrm{i2}}} = \frac{10^{12}}{6.28 \times 10^6 \times 50} = 3.2\ \mathrm{k\Omega}$$

由式(6.6.4a)可求出 C 值为

$$C = \frac{1}{2\pi f'_{\mathrm{H1}} \cdot (R_{\mathrm{o1}} /\!/ R_{\mathrm{i2}})} - C_{\mathrm{i2}} = \frac{1}{6.28 \times 10^3 \times 3.2 \times 10^3} - 50 \times 10^{-12} = 0.05\ \mu\mathrm{F}$$

(2)依式(6.6.9)得

$$R = \frac{1}{2\pi f_{\mathrm{H2}} C} = \frac{1}{6.28 \times 10^7 \times 5.1 \times 10^{-9}} = 3.1\ \Omega$$

由式(6.6.7)可得

$$f''_{\mathrm{H1}} = \frac{1}{2\pi(R' + R) \cdot C} = \frac{1}{6.28 \times 3.2 \times 10^3 \times 5.1 \times 10^{-9}} \doteq 9.8\ \mathrm{kHz}$$

可见 RC 网络滞后补偿的频宽比单电容滞后补偿的要宽。

3. 密勒补偿(Miller compensation)

上面讨论的滞后相位补偿使用的电容都比较大,但大电容在线性集成电路的制造中很难实现,所以在线性集成电路中大都借助于共射电路的密勒效应,将一个较小电容 C_{f} 跨接在运放中间级共射电路 A_2 的输入和输出之间,由于密勒效应使补偿电容 C_{f} 的等效电容的容量增加,且加在主极点形成的节点上,故可实现单电容滞后补偿。图 6.6.4 就是密勒补偿的原理图,实际等效补偿电容 C 为

$$C = (1 + A_{o2})C_f \tag{6.6.10}$$

也可以在 A_2 输入输出间跨接 R_f,C_f 串联网络,如图 6.6.4 中虚线所示,这样以实现极 - 零补偿。这时接入电阻 R_f 与等效补偿电阻 R 关系为

$$R_f = R(1 + A_{o2}) \tag{6.6.11}$$

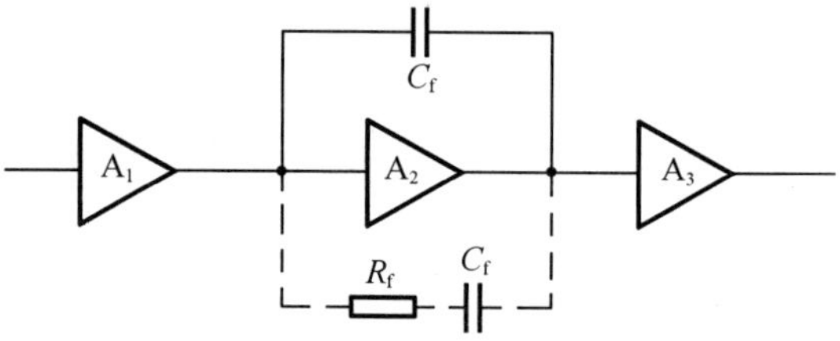

图 6.6.4 密勒补偿原理图

6.6.2 超前补偿

滞后补偿都是将补偿电容 C 加到基本放大电路中,由于充放电时间常数加大,频响特性必然变坏。如果在负反馈网络中加入补偿,这样既可以使电路工作稳定,又可增加频宽,这种补偿就是超前补偿(Leading compensation)。图 6.6.5(a)是超前补偿的示意图。它是在电压串联负反馈电路中将补偿电容 C_f 并联在反馈电阻 R_f 上,加入 C_f 后,反馈系数 K_f 不再是实数,而是一个与频率有关的复反馈系数 $K_f(j\omega)$。

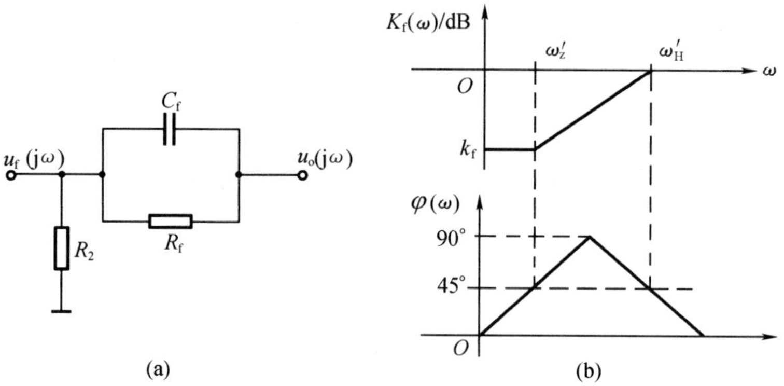

图 6.6.5 超前补偿电路及其频率特性

由图 6.5.5(a)经推导可得

$$K_f(j\omega) = \frac{u_f(j\omega)}{u_o(j\omega)} = \frac{R_2}{R_2 + \dfrac{R_f}{1 + j\omega R_f C_f}} = \frac{R_2}{R_f + R_2} \cdot \frac{1 + j\omega R_f C_f}{1 + j\omega(R_f /\!/ R_2)C_f}$$

$$= \frac{R_2}{R_f + R_2} \cdot \frac{1 + j\dfrac{\omega}{\omega_z'}}{1 + j\dfrac{\omega}{\omega_H'}} = K_f \cdot \frac{1 + j\dfrac{\omega}{\omega_z'}}{1 + j\dfrac{\omega}{\omega_H'}} = K_f \cdot \frac{1 + j\dfrac{\omega}{\omega_z'}}{1 + j\dfrac{\omega}{\omega_H'}} \tag{6.6.12}$$

式中 ω_z',ω_H' 和 K_f 分别为负反馈网络引入的零点、极点和无 C_f 时的反馈系数,它们分别是

$$\omega_z' = \frac{1}{R_f C_f} \tag{6.6.13}$$

$$\omega_H' = \frac{1}{(R_f /\!/ R_2)C_f} \tag{6.6.14}$$

$$K_f = \frac{R_2}{R_f + R_2} \tag{6.6.15}$$

依式(6.6.12)可画出反馈系数 $K_f(j\omega)$ 的频率特性波特图如图6.6.5(b)所示。由图可见，随着频率的变化，反馈网络产生一个超前的附加相移，最大值可达90°。这个超前的附加相移可以补偿基本放大电路因工作频率增加而产生的滞后附加相移。这样，既可使电路不损失频宽，又可使电路工作稳定。

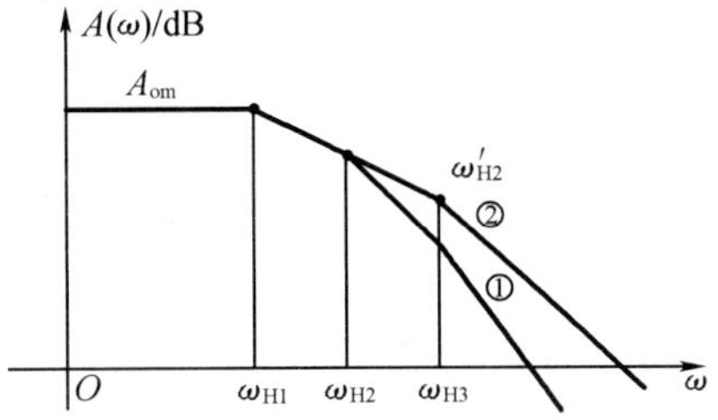

图6.6.6　加超前补偿前后的幅频特性曲线

调整反馈网络参数，可使 $\omega_z' = \omega_{H2}$，$\omega_H' \gg \omega_{H3}$，则补偿后，使补偿前的 ω_{H3} 成第二个极点频率 ω_{H2}'。所以负反馈放大电路的闭环带宽展宽了。图6.6.6给出了一个三级负反馈放大电路加超前补偿前、后的幅频特性曲线，它们分别为曲线①和②，可见频响特性改善了。

[**例题6.6.2**]

一个三极点电压串联负反馈放大电路，开环增益 $A_0 \approx 10^5$，若三个极点分别为 $f_{H1} = 0.1$ MHz，$f_{H2} = 1$ MHz，$f_{H_3} = 10$ MHz，超前补偿网络如图6.6.5(a)所示，其中 $R_2 = 5.1\ \Omega$。

(1)求加补偿前的最大反馈系数 K_f'；

(2)求补偿电容值；

(3)求补偿后允许的最大反馈系数 K_f'。

解：(1)由 $A_0 = 10^5$，可得 $20\lg A_0 = 100$ dB，由于 f_{H1} 与 f_{H2} 差10倍频，所以 f_{H2} 对应的 $A(\omega)$ 为80 dB，其对应的附加相移为 $-135°$，所以补偿前电路的最大负反馈系数为 $20\lg\frac{1}{K_f'} = 80$ dB，由此求得 $K_f' = 10^{-4}$。

(2)加入超前补偿网络后，先依式(6.6.15)和 $K_f = 10^{-4}$，$R_2 = 5.1\ \Omega$，求 R_f 的值为

$$R_f = \frac{1 - K_f}{K_f} \cdot R_2 = 49.995\ \text{k}\Omega$$

依式(6.6.13)得

$$C_f = \frac{1}{2\pi f_z' \cdot R_f} = \frac{1}{2\pi f_{H2} R_f} = \frac{1}{6.28 \times 10^6 \times 49.995 \times 10^3} = 3.19\ \text{pF}$$

(3)加入超前补偿后，原来的 ω_{H3} 成为新的 ω_{H2}，这样，ω_{H1} 与新 ω_{H2} 之间频率差100倍。而 ω_{H1} 与新 ω_{H2} 间增益衰减率仍为 -20 dB/十倍频程，所以 ω_{H1} 到新 ω_{H2} 应下降40 dB，即这个新 ω_{H2} 对应的 $A(\omega)$ 为60 dB，故 $20\lg\frac{1}{K_f'} = 60$ dB，求得补偿后的最大反馈函数 $K_f' = 10^{-3}$。

图6.6.7为三级负反馈放大电路加超前补偿前、后的波特图，曲线①②分别为加超前补偿前、后的波特曲线。

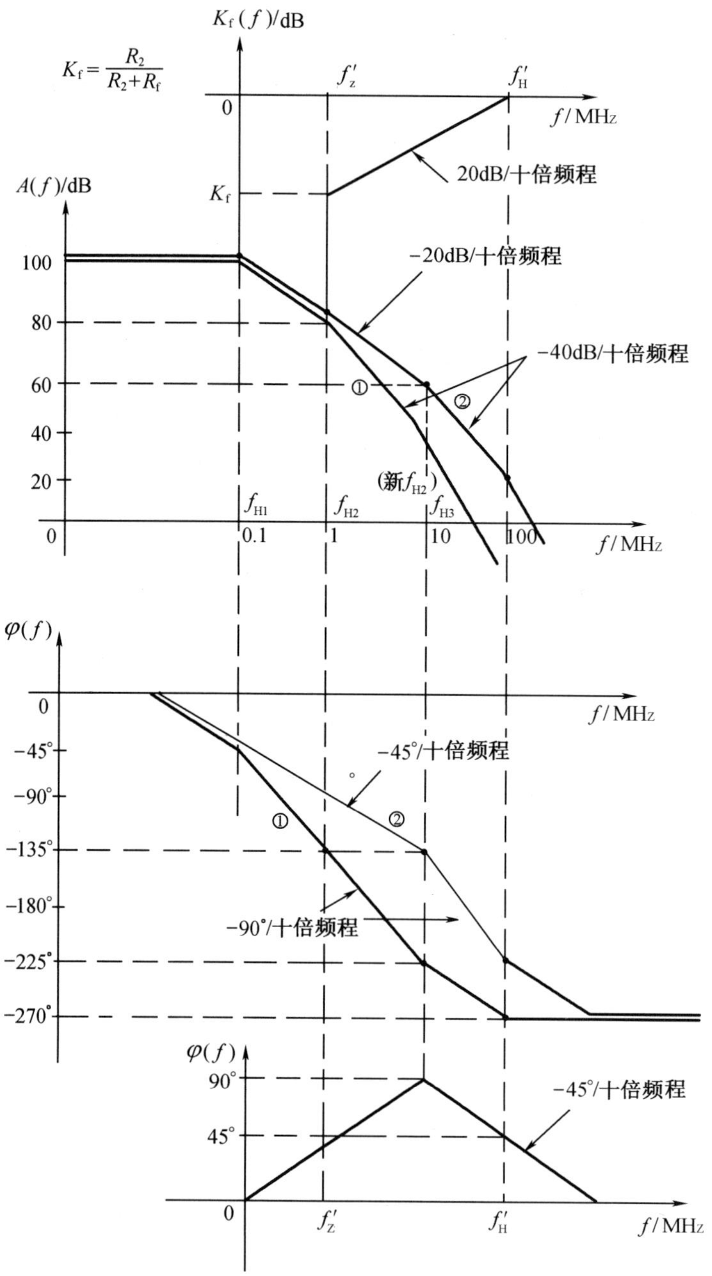

图 6.6.7　例 6.6.2 的波特图

6.7　自 举 电 路

上面讨论的内容都是在放大电路中加入负反馈，用以改善电路性能。但有时在电路中加入适量的正反馈，同样可以改善电路的性能。自举电路(Bootstrapping circuit)就是经常被采用的一种正反馈电路。对于共集电路或共漏电路，加入自举电路后，可以进一步提高输入电阻；自举电路也可以加在共射电路的集电极，这样可以提高电路的增益等。

6.7.1　自举电路能提高输入电阻

图6.7.1为分压偏置的共集电路。其输入电阻 R_i 为

$$R_i = R_B // [r_{be} + (1+\beta)(R_e // R_L)] \tag{6.7.1}$$

由式(6.7.1)可见,其输入电阻主要由 $R_B = R_{b1} // R_{b2}$ 决定。为了保证电路工作稳定,R_{b1},R_{b2} 又不能选得太大,所以这类放大电路的 R_i 是不会很大的,一般最大也只有几十千欧。

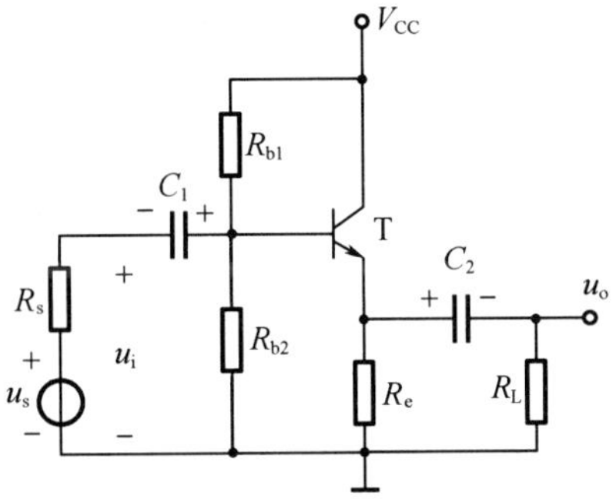

图6.7.1　射极跟随电路

如果要想进一步提高共集电路的输入电阻,可以采用图6.7.2(a)的电路,这个电路由于加入了 R_3,C_3 的自举电路,使 R_{b1},R_{b2} 的分压偏置是通过 R_3 加到晶体管基极,而输出电压又通过 C_3 耦合回 A 点。图6.7.2(b)为其微变等效电路,按等效电路可以写出输入电阻的表达式:

$$\begin{aligned} R_i &= (R_3 // r_{be}) + [(1+\beta)\cdot(R_B // R_e // R_L)] \\ &\doteq r_{be} + [(1+\beta)(R_B // R_e // R_L)] \\ &\doteq r_{be} + (1+\beta)(R_e // R_L) \end{aligned} \tag{6.7.2}$$

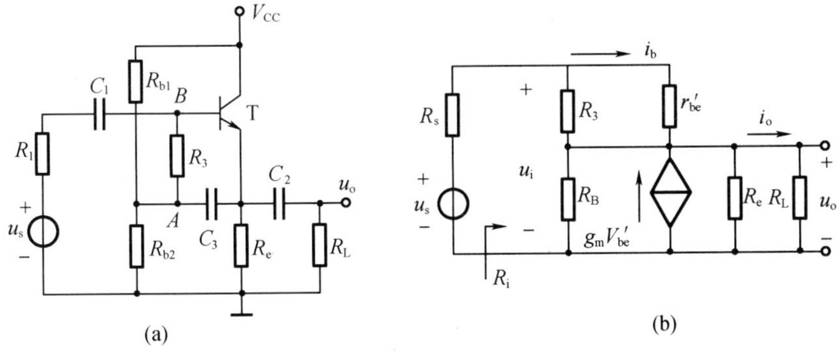

图6.7.2　加自举的共集电极放大电路

(a)电路;(b)微变等效电路

比较式(6.7.1)和式(6.7.2)可见,图6.7.2(a)的电路的输入电阻比图6.7.1的大得多。之所以使输入电阻提高了,就是因为在图6.7.2(a)中加入了 R_3 和 C_3,使输出、输入通过 C_3 形成正反馈,使 u_{BA} 减小,从而提高了输入端的动态电阻。

6.7.2　自举电路能提高电路增益

在图6.7.3中,单位增益放大电路A和大电容 C_B 构成了自举电路,它可以提高单管放大电路的增益。电路中 $R_L \gg R_1$。

当不接入 C_B 时,单管放大电路的增益为

$$A_u = -\frac{\beta(R_L + R_1)}{r_{be}} \doteq \frac{-\beta R_L}{r_{be}} \quad (6.7.3)$$

当接入 C_B后，选 C_B足够大，$R_1 \ll R_L$。这样，$u_N = u_o = u_M$，$V_{R_L} = u_N - u_M = u_N - Au_N = (1 - A)u_N$，流过 R_L 的电流 $I_L' = \frac{(1-A)u_N}{R_L}$，集电极等效电阻 R_L'为

$$R_L' = \frac{u_N}{I_L'} = \frac{R_L}{1 - A} \quad (6.7.4)$$

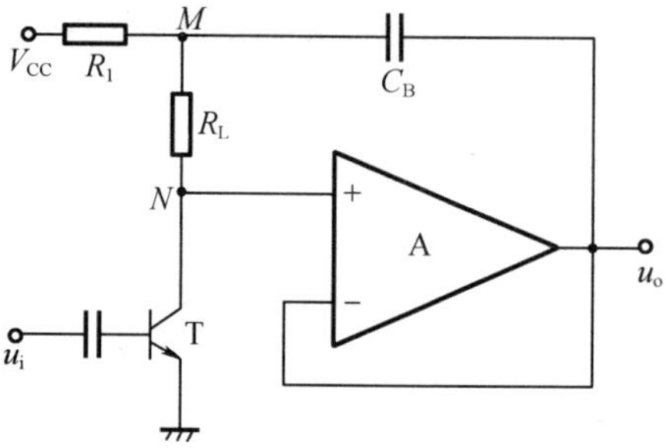

图 6.7.3 自举电路可提高电路增益

这样，电压增益 A_u'为

$$A_u' = \frac{-\beta R_L'}{r_{be}} = -\frac{\beta}{r_{be}} \cdot \frac{R_L}{1 - A} = -\frac{A_u}{1 - A} \quad (6.7.5)$$

式(6.7.5)说明，加自举后，电压增益增加了$\frac{1}{1-A}$倍。

这里应注意，要保证 $R_L \gg R_1$，而且自举电容的容量要足够大，以达到 $C_B R_1$ 时间常数远大于输入信号持续时间的条件，这样才能使 C_B上的电压保持恒定。

6.7.3 自举电路可提高功放电路的正向输出幅值

电路图 6.7.4 为单电源功放电路。在电路中，若将 C_3，R_4短路并将 A 点与输出端连线断开，则这是一个标准的 OTL 功放电路。在不考虑 T_2，T_3的饱和压降的理想情况下，此功放电路在 R_L上的电压幅度可达 $\pm\frac{1}{2}V_{CC}$。但实际上，当 u_i为负半周时，由于 R_3上有压降，所以其正向输出电压幅度要比$\frac{1}{2}V_{CC}$小。可以加自举电路解决这个问题。对于图 6.7.4 的电路，在无信号输入时，$V_A = \frac{1}{2}V_{CC}$，C_3 上电压为$\frac{1}{2}V_{CC} - V_{R4}$，由于 C_3足够大，则 C_3上电压可以认为保持恒定。

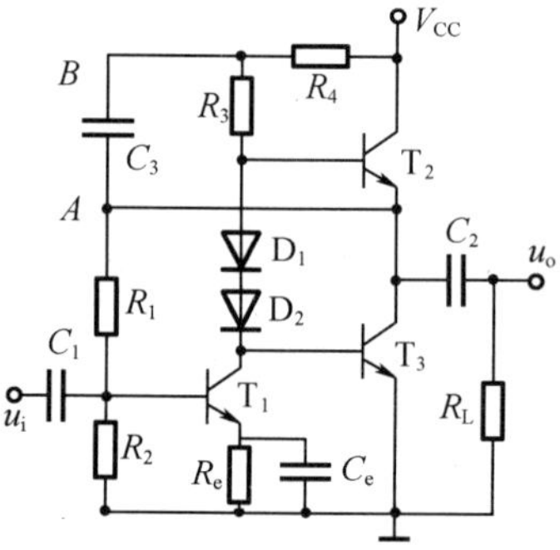

图 6.7.4 加自举电路的功率放大电路

当 u_i为负半周时，T_2的基极电压上升，u_A 也从$\frac{1}{2}V_{CC}$基线电压跟着上升，u_A通过 C_3使 u_B也跟着上升，u_B又通过 R_3使 T_2基极电压上升，从而提高了正半周的输出幅度。

6.8 负反馈技术在宽带放大电路中的应用

宽带放大电路的一个重要指标是要有足够宽的带宽。可以有多种方法扩展带宽，其中利用多种负反馈互联技术的效果颇好。本节介绍在二级放大电路中设置负反馈的几种结构。利用这一技术设计宽带放大电路时可以做到既能增加频宽，又能使放大电路稳定可靠地工作。

6.8.1　串联－并联负反馈级联对电路

这种电路的设计方法是 Cherry 首先提出的。其特点有两个:第一,负反馈总是在各单级内完成,这样就没有自激振荡问题;第二,充分利用负反馈的作用,使其最大限度扩展带宽。它是设计电压型宽带放大电路的有效办法之一。

1. 电路结构

图 6.8.1 是串联－并联负反馈级联对的实用电路。T_1为电流串联负反馈放大级,R_e,C_e为负反馈网络(参见图 4.3.6)。这级是电压－电流变换器,输出i_{o1}电流送给T_2。T_2构成电压并联负反馈,反馈网络为R_F,L_F。这级是电流－电压变换器,输出是稳定的电压。

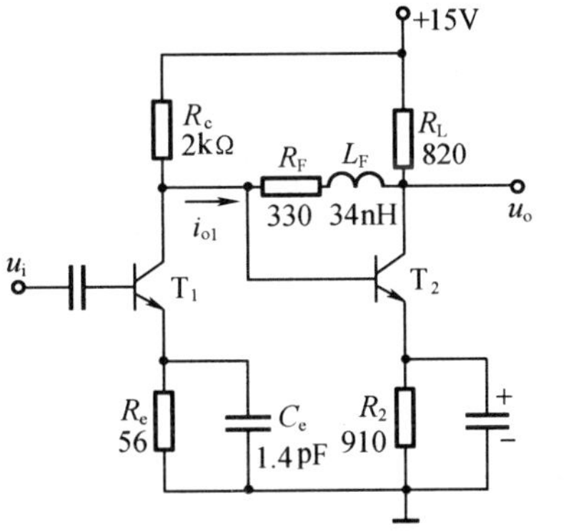

图 6.8.1　串－并联负反馈级联对电路之一

2. 频率性能分析

T_1,T_2放大级都各自加负反馈,一方面电路工作稳定可靠,另一方面都能改善各级的频率特性。其次,因T_2的并联负反馈使R_{i2}很小,而R_{i2}是T_1级负载,这使T_1的等效负载电阻很小,其增益很低,这样电容的密勒效应变小,这使T_1放大级的频率特性进一步改善。这些措施就使这个电路具有良好的高频特性。

可以推导出,此电路的增益为

$$A_{uof}=\frac{R_F}{R_e} \tag{6.8.1}$$

实验表明,对于此电路,若选$f_T=2\ 000$ MHz,$\beta=40$,$r_{bb'}=50\ \Omega$的晶体管,则在$A_{uof}=6$时,f_H可达 850 MHz,过冲量$<1\%$。可见这个电路的频率特性是很好的。

3. 串联－并联负反馈级联对的另一种电路类型

图 6.8.2 为串联－并联负反馈级联对的另一种结构形式,其中,T_1放大级的结构不变,而T_2放大级的反馈网络为R_F,C_F并联。这种结构除了有很好的频率特性外,还很适宜驱动容性负载,其电路增益仍可用式(6.8.1)计算。

当然,也可以将电路设计成并联－串联负反馈级联对形式。这样的电路的R_i低而R_o高,很适用于设计宽带电流放大电路,其闭环电流增益仍可用式(6.8.1)计算。

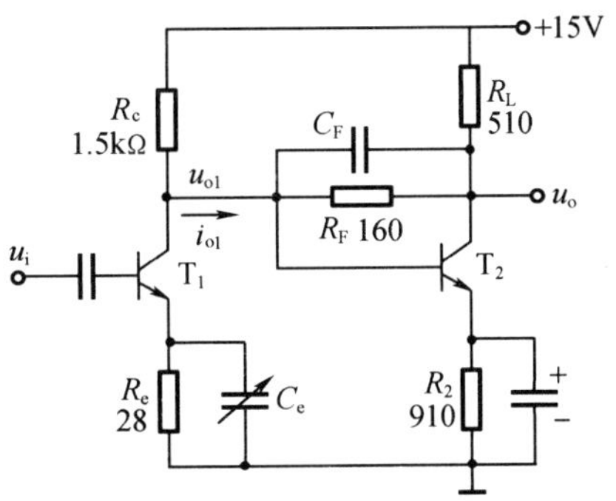

图 6.8.2　串－并联负反馈级联对电路之二

6.8.2　两级环路负反馈放大电路

图 6.8.3 所示电路为两级放大级串联后再加环路负反馈。这种电路组态的结构简单,两级串联后,其开环增益很高,所以使环路增益也高,频带更宽。

对于图6.8.3(a)电路，由于是电流并联负反馈，所以有R_i低而R_o高的特性，很适合设计宽带电流放大电路。在深度负反馈条件下，其总增益为

$$A_{if} = \frac{i_o}{i_i} = \frac{R_{e2} + R_F}{R_{e2}} \quad (6.8.2)$$

对于图6.8.3(b)电路，由于加入的是电压串联负反馈，它有R_i高和R_o低的特点，适合设计宽带电压放大电路。其总电压增益为

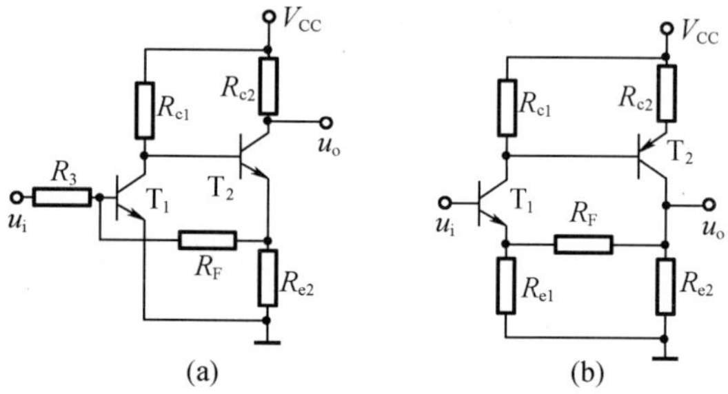

图6.8.3 两级环路负反馈放大电路

$$A_{uf} = \frac{u_o}{u_i} = \frac{R_{e1} + R_F}{R_{e1}} \quad (6.8.3)$$

有时为了更进一步减小R_o，提高电路驱动能力，可在图6.8.3(b)的T_2后加一级共集电路，三级串联后再加电压串联负反馈。

6.8.3 双负反馈环路放大电路

一般宽带放大电路是用传输线传送输入、输出信号。传输线的阻抗是固定的。为了使信号的传送达到最佳效果，放大电路的R_i,R_o必须与传输线的阻抗相匹配。这种情况在核领域的测量中是常见的。这就要求放大电路的R_i,R_o为特定值，这些都要在设计电路时确定。

1. 单级双负反馈环放大电路

图6.8.4(a)中，T_1,T_2构成共射－共基电路。在设计计算或分析时，可以把它们看成是单级放大电路(参见节5.4.1)。在电路中有电流串联和电压并联两类负反馈共存，故称为单级双负反馈环放大电路。R_e,R_F为负反馈电阻。若选择$R_s = R_L' = R$，则可推导出：

$$R_i \doteq \frac{R_e R_F (R_F + R)}{R_F R_e + R_e R + R R_F} \quad (6.8.4)$$

$$R_o \doteq \frac{R_e (R_F + R)}{R_e + R} \quad (6.8.5)$$

$$A_{uof} = \frac{-R_F \cdot R}{R_e (R_F + R)} \quad (6.8.6)$$

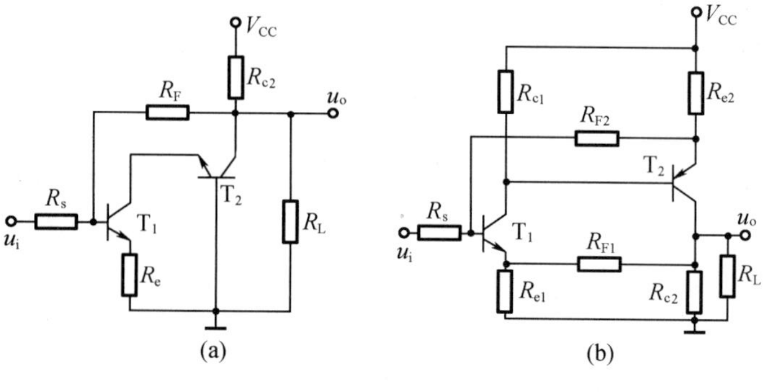

图6.8.4 双负反馈环路放大电路

选择合适的电阻值，就可以得到准确的 R_i、R_o 值，满足与传输线阻抗相匹配的要求。

2. 两级双负反馈环放大电路

图6.8.4(b)所示电路中，R_{F1} 实现电压串联负反馈，而 R_{F2} 实现电流并联负反馈。因为两级共射电路串联，所以它的开环增益很高，电路的 R_i，R_o 值会更精确。仍选择 $R_s = R_L' = R$，则

$$R_i \doteq \frac{R_{e1}R(R_{e2} + R_{F2})}{R_{e1}R_{e2} + R_{e1}R + R_{e2}R + R_{e2}R_{F1}} \tag{6.8.7}$$

$$R_o \doteq \frac{R_{e2}R(R_{e1} + R_{F1})}{R_{e1}R_{e2} + R_{e1}R + R_{e2}R + R_{e1}R_{F2}} \tag{6.8.8}$$

$$A_{uof} = \frac{R_{e1} + R_{F1}}{R_{e1}} \tag{6.8.9}$$

上面介绍的是在宽带放大器设计中经常应用的几种负反馈组合电路，由于电路简单，性能优良，一些厂商应用这些原理电路很快开发出多款性能优秀的集成宽带放大器。如Fairchild公司采用图6.8.1的电路结构生产出μA733宽带放大器(详见节7.8.2)。Plessey公司依图6.8.3(a)的电路结构生产出SL—611C宽带放大器，其技术指标为：当 $A_{uof} = 26$ dB 时，$f_H = 100$ MHz。Motorola公司利用三级CE电路串联构成电流串联负反馈环，也生产出MC1553集成宽带放大器(详见节6.11.1)。Signatic公司依图6.8.4(b)电路，研制生产出四脚封袋的宽带放大器，其 $R_i = R_o = 50\ \Omega$，在 $A_{uof} = 26$ dB 时，$f_H = 70$ MHz。

6.9　电流放大电路

在第4、5章中讨论的放大电路大都是放大电压信号的，它们称为电压放大电路(Voltage Amplifier，简写 A_V)，还有一类放大电路，它放大的信号是电流，被称为电流放大电路(Current Amplifier，简写 A_I)。本节简要介绍电流放大电路的有关情况。

6.9.1　电流放大电路的性能参数要求

1. 低输入阻抗，高输出阻抗

因为电流放大电路的输入、输出都是电流信号，所以要求 R_i 要低，R_o 要高。理想电流放大电路的 $R_i = 0$，$R_o = \infty$。

2. 增益线性要好，稳定度要高

电流放大电路必须有好的增益线性和高的稳定性，放大电流信号的幅度动态范围要宽、幅度下限值又要很小。

3. 频带要宽

电流源输出的电流信号大都是快信号，比如几种常用的核探测器就可认为是电流脉冲信号源，它输出的就是计数率很高而且前沿极快的窄电流脉冲。放大这样的信号就要求放大电路有足够宽的带宽，一般 $BW > 50$ MHz。

4. 电路的噪声要低

6.9.2 电流放大电路的等效模型

图 6.9.1 为电流放大电路的等效模型。

由图可得：

$$i_i = \frac{R_s}{R_i + R_s} i_s \qquad (6.9.1)$$

$$i_o = \frac{R_o}{R_L + R_o} A_{io} i_i \qquad (6.9.2)$$

则依式(6.9.2)可得

$$A_i = \frac{i_o}{i_i} = \frac{R_o}{R_L + R_o} A_{io} \qquad (6.9.3)$$

理想情况下，$R_o = \infty$，则

$$A_i = A_{io} \qquad (6.9.4)$$

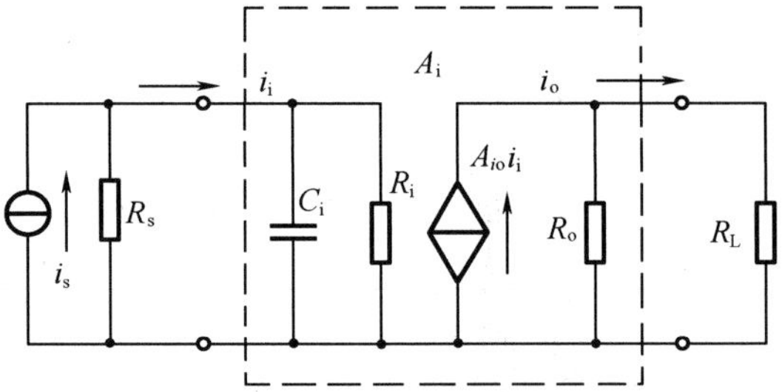

图 6.9.1 电流放大电路的等效模型

在图 6.9.1 中，C_i为输入总电容，它包括信号源输出电容和放大电路输入电容。放大电路带宽为

$$BW = \frac{1}{\tau_i} = \frac{1}{R_i C_i} \qquad (6.9.5)$$

由于R_i很小，所以电流放大电路的 BW 是很宽的。若 $C_i = 30$ pF，$R_i = 50\ \Omega$，则 $BW = 100$ MHz，$t_r = 3.5$ ns，这样的放大电路可以放大前沿为 10 ns 的电流信号而不会使输出信号的前沿变坏。

6.9.3 电流放大电路的结构考虑和性能分析

1. 电流放大电路的结构

电流放大电路在电路设计时一般可采用下面几种电路结构：

①采用深度电流并联负反馈；

②采用共基－共集串联电路；

③采用极－零补偿技术；

④输入管选用高频低噪声 JFET；

⑤适当加自举电路。

2. 两管组合电流放大电路

图 6.9.2 为共基－共集两管组合电流放大电路简图。

T_1为共基极电路，T_2为共集电极电路，通过R_F，C_F连成电流并联负反馈。反馈系数为

$$K_{fi} = \frac{R_{c2}}{R_{c2} + R_F} \qquad (6.9.6)$$

电路最佳工作状态（即输出信号的上升时间和过冲量都最小）时的闭环电流增益和带宽分别为

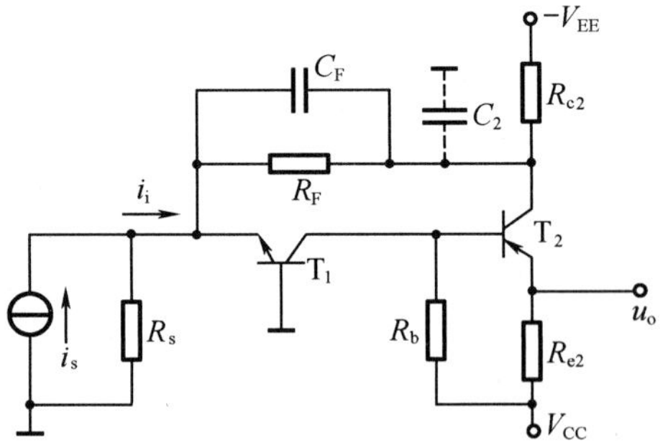

图 6.9.2 两管组合电流放大电路简图

$$A_{if} \doteq 4\frac{f_{T2}}{f_{T1}} \tag{6.9.7}$$

$$BW \doteq 0.35f_{T1} \tag{6.9.8}$$

当$f_{T1}=f_{T2}=f_T$时，

$$A_{if}=4 \tag{6.9.9}$$

$$BW \doteq 0.35f_T \tag{6.9.10}$$

由式(6.9.6)和式(6.9.9)可知

$$R_F \doteq 3R_{c2} \tag{6.9.11}$$

由图6.9.2可见，$(R_{c2}+R_F)$是与R_i并联，为减小分流影响，R_{c2}，R_F的取值应满足，即

$$R_F + R_{c2} \gg R_i \tag{6.9.12}$$

实验证明，当T_1，T_2选用3CG17B（$f_T=1\ 000$ MHz，$C_{ob}=2$ pF，$N_F<3$ dB），$R_F=300\ \Omega$，$R_{c2}=91\ \Omega$时，测得$A_{if}=4$，$BW=350$ MHz，$t_r=1.2$ ns。

此电路结构简单，易调节。通常可用于定时电流信号放大。若在两管间再加串入一级共集电路，构成三管组合电流放大电路，则可大大提高开环增益，从而可提高电路的线性和稳定性。实验表明，与图6.9.2电路相比三管组合电流放大电路的增益稳定性能提高10倍。

3. 低噪声宽带电流放大电路

为了降低噪声，可在图6.9.2的电路前面加一个低噪声JFET管T，如图6.9.3所示，A_I为基本电流放大电路，R_L，C_L为输出负载。总输出电容$C_L'=C_o+C_L$。

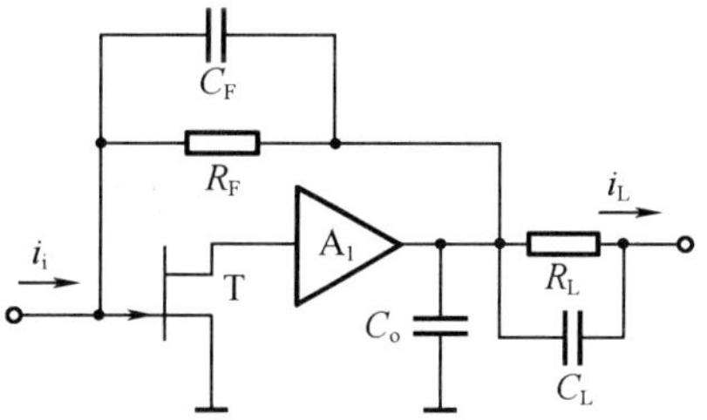

图6.9.3　低噪声宽带电流放大电路原理图

可调节$R_FC_F=R_LC_L'$，可使反馈网络产生的极点与负载产生的零点抵消。这样，电路的闭环电流增益可表示为

$$A_{if}(j\omega)=\frac{i_L}{i_i}=\frac{\dfrac{R_F}{R_L}}{1+j\omega\dfrac{C_iC_L'}{C_Fg_mA_i}}=\frac{A_{iof}}{1+j\dfrac{\omega}{\omega_H}} \tag{6.9.13}$$

式中：C_i为放大电路输入电容；C_L'为总输出电容；A_{iof}为基本电流放大电路的闭环中频电流增益；g_m为JFET的跨导，A_{iof}和ω_H分别为

$$A_{iof}=\frac{R_F}{R_L}=\frac{C_L'}{C_F} \tag{6.9.14}$$

$$\omega_H=\frac{C_Fg_mA_i}{C_L'C_i} \tag{6.9.15}$$

由上两式可见，R_F只与A_{iof}有关，而与ω_H无关，故可以将R_F值尽量取大，以提高电路增益，同时还可以降低噪声和减少对信号源的分流。电路的输入阻抗和电阻分别为

$$Z_i=\frac{R_F+(R_L /\!/ R_{bo})}{g_m(R_L /\!/ R_{bo})A_i}\cdot\frac{1}{1+j\omega\dfrac{C_iC_L'}{C_Fg_mA_i}} \tag{6.9.16}$$

$$R_i=\frac{R_F+(R_L /\!/ R_{bo})}{g_m(R_L /\!/ R_{bo})A_i} \tag{6.9.17}$$

式中的R_{bo}为基本电流放大电路的开环输出电阻。

6.10 放大电路的噪声

在放大电路中，噪声（Noise）是十分有害的。它会影响信号的测量，有时甚至会将信号完全淹没（Submerged）而使测量失败，故在弱信号放大、精密测量、自动控制和核探测等工作中必须十分注意噪声问题。

6.10.1 噪声及分类

1. 放大电路的输出噪声

当放大电路加入信号时，有用信号和噪声会同时加到放大电路的输入端，噪声经放大后由输出端输出。另外，放大电路本身产生的噪声也是由输出端输出。若是多级放大电路，则前一级的输出噪声会被后级放大后输出。

2. 噪声类型

在放大电路中主要存在三种噪声：热噪声（Thermal noise）、散粒噪声（Shot noise）和低频噪声。

（1）热噪声

它又称约翰逊（Johnson）噪声。它与导体的电阻 R 和温度有关。在某个温度下，导体中自由电子的随机热运动会在导体电阻上产生随机噪声电压，这个噪声电压的均方值可表示为

$$\overline{V_n^2} = 4kTR\Delta f \tag{6.10.1}$$

式中：k 为玻常数；T 为导体温度，K；R 为导体电阻，Ω；Δf 为噪声带宽，Hz。

式（6.10.1）也可用功率噪声表示为

$$P_n = \frac{\overline{V_n^2}}{R} = 4kT\Delta f \tag{6.10.2}$$

在频域，噪声电压可表示为噪声功率谱密度 $S(jf)$ 为

$$S(jf) = \frac{\overline{V_n^2}}{\Delta f} = 4kTR \tag{6.10.3}$$

此时因噪声功率谱密度与频率无关，说明在噪声频带内，其功率谱密度是均匀的，故此时的热噪声又称为白噪声（White noise）。

热噪声可以用一个等效电路表示，图 6.10.1（a）将噪声等效为一个无噪声等值电阻 R 与噪声电压 $\overline{V}_n$ 串联，也可以等效为一个无噪声等值电阻 R 与一个噪声电流 $\overline{I}_n$ 并联，如图 6.10.1（b）所示。

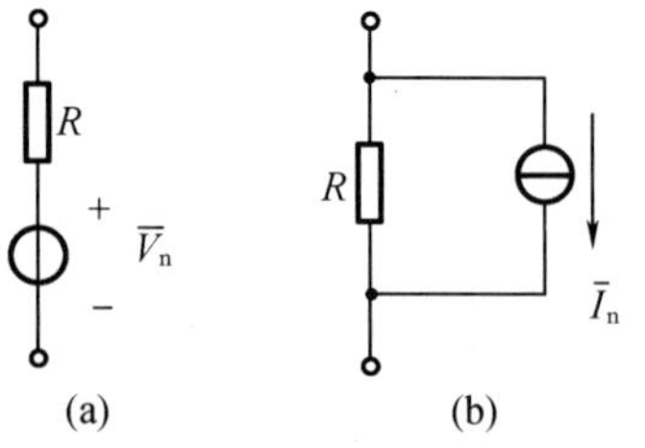

图 6.10.1 热噪声等效电路

这些等效电路在放大电路噪声分析中常被用到。图中的 $\overline{V}_n$ 和 $\overline{I}_n$ 为均方根值（rms），它们分别为

$$\overline{V}_n = 2\sqrt{kTR\Delta f} \tag{6.10.4}$$

$$\bar{I}_{n} = 2\sqrt{\frac{kT\Delta f}{R}} \tag{6.10.5}$$

(2)散粒噪声

半导体中的载流子具有运动速度和分布浓度的不均匀性，这些载流子通过 PN 结时，就会产生随机波动的电流，这种情况下产生的噪声称为散粒噪声，其均方电流值可表示为

$$\bar{I}_{n}^{2} = 2q\bar{I}_{J}\Delta f \tag{6.10.6}$$

式中 q 为电子电荷；$\bar{I}_{J}$ 为流过 PN 结的平均噪声电流，A。

在频域，噪声电流可表示为噪声功率谱密度：

$$S(jf) = \frac{\bar{I}_{n}^{2}}{\Delta f} = 2q\bar{I}_{J} \tag{6.10.7}$$

(3)低频噪声

它又称闪烁噪声(Flicker noise)，它主要是在放大电路的低频段产生，且随频率下降而增加，故又称$\frac{1}{f}$噪声。其频域的噪声功率谱密度为

$$S(jf) = \frac{K_{i}}{f} = \frac{K_{u}}{f} \tag{6.10.8}$$

式中 K_{i}，K_{u}是与器件工艺及管芯表面处理水平相关的系数。

6.10.2　放大电路的噪声参数

在放大电路分析中常用一些噪声参数来衡量放大电路的噪声水平。

1. 信号 - 噪声比(Signal - Noise Ratio，简写 SNR)

可以用信噪比表示放大电路的噪声对信号的影响程度。它有多种表示形式，如

$$SNR = \frac{\overline{x_{s}^{2}}}{\overline{x_{n}^{2}}} \tag{6.10.9}$$

$$SNR = \frac{P_{s}}{P_{n}} \tag{6.10.10}$$

对低噪声放大电路的信号 - 噪声比也可用输出电压信号幅值 V_{om} 与输出噪声电压 $\bar{V}_{n}$ 之比来表示，即

$$SNR = \frac{V_{om}}{\bar{V}_{n}} = \frac{V_{im}}{\dfrac{\bar{V}_{n}}{A_{uo}}} \tag{6.10.11}$$

还有的干脆就用噪声电压峰峰值 e_{npp}或噪声电流峰峰值 i_{npp}表示。

2. 噪声系数(Noise Factor，简称 F_{n})

噪声系数定义为

$$F_{n} = \frac{\text{输入信噪比}}{\text{输出信噪比}} = \frac{\dfrac{P_{si}}{P_{ni}}}{\dfrac{P_{so}}{P_{no}}} = \frac{P_{no}}{A_{p}P_{ni}} \tag{6.10.12}$$

式中 $A_{P} = \frac{P_{so}}{P_{si}}$，它称为放大电路的功率增益。在理想情况下，$F_{n} = 1$，这时 $P_{no} = A_{P}P_{ni}$。但考

虑到放大电路本身有噪声 P_{nA}，则输出总噪声 P_{no} 还应包括 P_{nA}，这样

$$P_{no} = A_P P_{ni} + P_{nA} \tag{6.10.13}$$

将式(6.10.13)代入式(6.10.12)，得到一个实际放大电路的 F_n 为

$$F_n = 1 + \frac{P_{nA}}{A_P P_{ni}} \tag{6.10.14}$$

可见一个实际放大电路的 F_n 总是大于 1 的。F_n 也可用分贝表示，则

$$F_n(\mathrm{dB}) = 10\lg \frac{P_{no}}{A_P A_{ni}} \tag{6.10.15}$$

对于多级放大电路，会随着放大电路级数增加，F_n 也变大。对于两级或三级放大电路的最后输出噪声系数分别为

$$(F_n)_2 = F_{n1} + \frac{F_{n2} - 1}{A_{P1}} \tag{6.10.16}$$

$$(F_n)_3 = F_{n1} + \frac{F_{n2} - 1}{A_{P1}} + \frac{F_{n3} - 1}{A_{P1} A_{P2}} \tag{6.10.17}$$

由此可见，多级放大电路的噪声系数主要由第一级的噪声系数决定，故在低噪声放大电路的设计中，都要尽量降低第一级的噪声系数 F_{n1} 和提高第一级的功率增益 A_{P1}。

放大电路的噪声有时还用噪声电压峰值 V_{npp} 表示。

6.10.3 晶体管放大电路噪声特性

1. 晶体管噪声和电阻噪声

对晶体管而言，它的热噪声主要是由基极电阻 $r_{bb'}$ 引起的。在两个 PN 结上 I_E 和 I_{CBO} 的波动会引起散粒噪声。晶体管还有一种分配噪声（Distributive noise），它主要存在于高频段，且随频率升高而增大。晶体管不同频段的 F_n 如图 6.10.2 所示。在高频段主要是分配噪声，它使高频时曲线上翘。

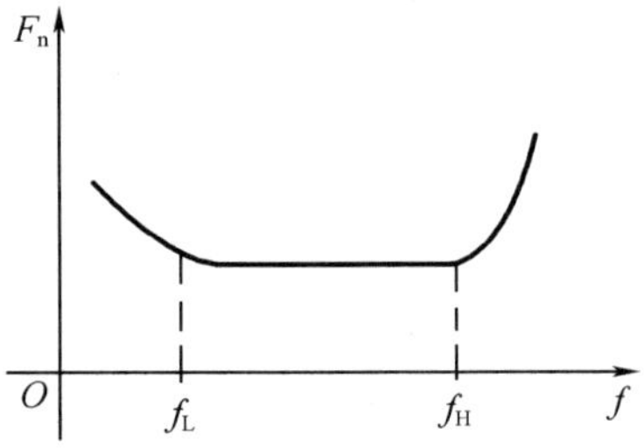

图 6.10.2 晶体管的 $F_n \sim f$ 关系示意图

2. 不同组态的晶体管放大电路噪声

当晶体管构成共射、共基和共集三种电路组态时，其总噪声特性基本相同。但考虑到电路的噪声匹配问题，选共射放大电路会更好些，特别是多级放大电路中第一级更应如此。

6.10.4 场效应管放大电路噪声特性

1. 场效应管噪声

这里是指 JFET 管，因为它是多数载流子导电，所以它的噪声主要包括沟道热噪声和栅极漏电流产生的散粒噪声。沟道热噪声电流为

$$\overline{I}_{nc} = 4kT\left(\frac{2}{3}g_m\right)\Delta f \tag{6.10.18}$$

由于场效应管 g_m 很小，所以 $\overline{I}_{nc}$ 也很低。至于散粒噪声，由于栅极漏电流极小，所以散粒噪

声值也很小。综上所述 JFET 管的噪声是很低的。

2. 不同组态场效应管放大电路的噪声

对场效应管构成的共源、共栅和共漏放大电路的噪声特性分析可知，在低、中频段，三种组态放大电路的噪声系数基本相同，理论上讲其 F_n 都接近 1 dB。在高频段 F_n 则表现出差异。其中共栅组态的放大电路噪声特性远优于另两种组态的放大电路。而共漏放大电路最差。图 6.10.3 给出了三种 JFET 放大电路的 F_n 与 f 间关系示意图。在用 JFET 管组成放大电路时，为了实现低噪声特性，多采用共栅结构电路组态。但这也不是绝对的，有时因考虑其他因素而选其他电路组态。如图 6.9.3 所示低噪声宽带电流放大电路所用 JFET 管就连成共源结构的电路。

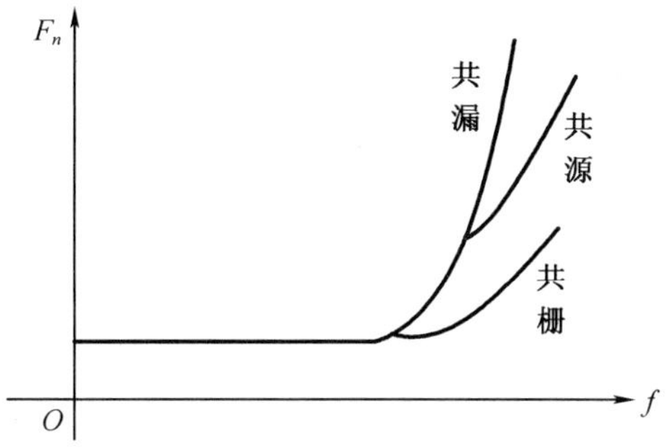

图 6.10.3　三种 JFET 放大电路噪声特性

6.10.5　负反馈对放大电路噪声的影响

放大电路加入负反馈后可以降低环内噪声。但是，在放大电路中加入负反馈网络，也会形成新的噪声源，若负反馈网络是在多级放大电路的第一级，其影响就更大，很可能由于加入负反馈而使放大电路的噪声特性变坏了。所以在低噪声或弱信号放大电路的输入级一般都不独自加负反馈，而是将输入级纳入到大反馈环之中（参见节 6.9.3）。

为了将反馈网络对噪声影响降到最低限度，在不同类型的负反馈电路中，其反馈网络元件值是有特殊要求的。对于串联负反馈，要求反馈网络的等效电阻 R_F 满足下式

$$R_F \ll \frac{\bar{V}_n}{\bar{I}_n} \tag{6.10.19}$$

对于并联负反馈网络的等效电阻 R_F 应满足下式

$$R_F \gg \frac{\bar{V}_n}{\bar{I}_n} \tag{6.10.20}$$

对于并联负反馈网络等效电阻 R_F，虽然有式（6.10.20）的要求，但 R_F 也不是越大越好。由式（6.10.1）可知，R_F 太大会产生很大的热噪声，对电路降噪反而不利。而且大电阻上大的分布电容会使电路的稳定性变差。为了解决这些问题，1969 年有人提出光反馈技术（Optoelectronics feedback technic），用光耦合的办法，使反馈等效电阻达到 10^6 MΩ 以上，而对电路噪声特性不会产生不利的影响。用这种方法设计的电荷灵敏前放的噪声电压可低到 150 μV 以下。

6.11　典型电路的综合分析

为了更好地理解和掌握放大电路和负反馈的有关知识，现以几个典型电路为例，运用已学习过的相关知识，对电路进行综合讨论和分析。

6.11.1 集成宽带放大器

图 6.11.1 为一集成宽带放大器 MC1553 的内部电路简图。它是依图 6.8.3(a)的结构设计的三级环路负反馈放大器。

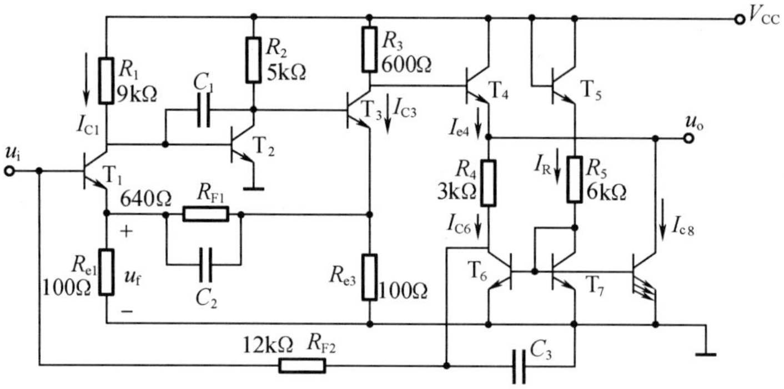

图 6.11.1 集成宽带放大器 MC1553 电路图

1. 电路结构

由图可见这是一个结构简单的直流耦合负反馈放大电路。T_1,T_2,T_3和 T_4为四个单管放大级,其中,T_1 ~ T_3为三级共射放大电路,可获得很高的开环电压增益。T_4为共集缓冲输出,以提高输出驱动能力。T_5 ~ T_8构成多路恒流源,供给各级放大电路偏置用,参考电流由 T_5,T_7和 R_5决定,当 $V_{CC}=6$ V 时,$I_R=0.8$ mA。T_1的偏置电流是由 T_6的集电极电压通过 R_{F2}提供的,T_4的射极电流 I_{E4}等于 I_{C6}和 I_{C8}之和,I_{C6}和 I_{C8}的比为 1∶3,因 $I_{C6}=0.8$ mA,故 $I_{C8}=2.4$ mA,$I_{E4}\doteq 3.2$ mA,这样的结构既可保证对负载有较大的驱动能力,又不至于影响 T_6的工作状态。C_1,C_2为 PN 结电容,容量为几皮法。其中,C_1是第二级放大电路的本级负反馈电容,又作为全电路的密勒效应频率补偿电容;C_2为 T_1 ~ T_3级联环路的超前补偿电容,C_3 为外接的滤波电容。

2. 负反馈

作为一个宽带放大电路的主要指标之一就是带宽,MC1553 的设计带宽为 50 MHz。为此,除了在晶体管的板图设计上让其内部的极间电容参数较小外,电路中使用的电阻值也小。更主要的是采用了多种负反馈技术,达到展宽带宽的目的。

本电路中,T_1,T_3各加入了本级的电流串联负反馈,而第二级则通过 C_1加入了电压并联负反馈,这些措施都能扩展本级的频宽。本电路的级间负反馈是通过 R_{F1},C_2,R_{e1},R_{e3}将 T_3的射极电流反馈到 T_1射极,形成电流串联负反馈,反馈环内是 T_1 ~ T_3 三级共射放大电路级联。由电路参数可见,这是深度负反馈。C_2,R_{F1}网络又起超前补偿的作用,采用上述的措施,一方面使电路工作稳定,另一方面也可增加频宽。R_{F2},C_3,R_4构成的直流负反馈,以稳定电路静态工作点。

3. 电路性能指标估算

本电路的性能指标主要由 R_{F1},C_2,R_{e1},R_{e3}构成的电流串联负反馈决定,其反馈系数 $K_{fr}=\dfrac{-R_{e1}R_{e3}}{R_{e1}+R_{e3}+R_{F1}}=-12\ \Omega$,由于这是深度负反馈,所以闭环互导增益 $A_{gof}=\dfrac{1}{K_{fr}}=$

$-\dfrac{R_{e1}+R_{e3}+R_{F1}}{R_{e1}R_{e3}}$，依式(6.4.3)，闭环电压增益 A_{uof} 为

$$A_{uof}=A_{gof}R_3=-50.6$$

而 T_4 的共集电路的增益近似为 1，所以整个电路的闭环电压增益约为 -50。

输入电阻 R_{if} 为

$$R_{if}=R_{if1}/\!/R_{F2}\doteq R_{F2}=12\ \text{k}\Omega$$

若晶体管的 $\beta=150$，则输出电阻 R_{of} 为

$$R_{of}=R_4\ /\!/\ \frac{R_3+r_{be4}}{\beta_4+1}\doteq 12\ \Omega \tag{6.11.1}$$

至于带宽，可以这样估计：由于总带宽要求为 50 MHz，则对每一级要求带宽为 $50\times1.7=85$ MHz。第一级、第三级都是电流串联负反馈。现以第三级为例，估计其频率特性。第三级的互导增益 $A_g=\dfrac{-\beta}{r_{be3}+R_{e3}}$，互阻反馈系数 $K_{fr}=R_{e3}$，所以 $A_gK_{fr}=\dfrac{\beta R_{e3}}{R_{e3}+r_{be3}}=\dfrac{150\times0.1}{1.3}=11.5$，可见这级也是深度负反馈。其闭环带宽 $BW_f=(1+A_g\cdot K_{fr})\times BW=12.5\times BW$，开环带宽 $BW=\dfrac{85\ \text{MHz}}{12.5}=7$ MHz，第一级与第三级是一样的。T_1，T_3 为高频管，这两级的带宽达到 7 MHz 是很容易的。

对于第二级为电压并联负反馈，反馈元件是电容 $C_1=5$ pF，在 85 MHz 时的容抗 $Z_C=\dfrac{1}{2\pi fC_1}=\dfrac{1}{6.28\times85\times10^6\times5\times10^{-12}}=370\ \Omega$，而反馈系数 $K_{fg}=\dfrac{1}{Z_C}$，可见反馈深度是很深的，其环路增益比第一级、第三级还大，所以这一级的频率特性也是很好的，其带宽更能满足要求。第四级是共集电路，其频率特性更好，所以此集成电路的频宽完全可以达到 50 MHz。

6.11.2　晶体管宽带脉冲放大电路

1. 电路结构

图 6.11.2 为一个晶体管宽带脉冲放大电路。它是典型的共集 - 共射 - 共基三种组态合一的电路结构。这种结构合理的级联，能充分发挥每级电路的优势，使整个电路有很好的性能指标。为了静态调试方便，第一、二级间采用阻容耦合方式，选择耦合电容 $C_3=0.2\ \mu$F。为了稳定电路的静态工作点，电路中加入了 R_{e2}，C_4 的直流负反馈。为了使整个电路有很好的高频特性，除了采用共射 - 共基的电路结构外，电路中还采用了下述措施：如由 R_e 构成的电流串联负反馈，又如在 T_3 的集电极串接 0.5 μH 的电感，使它达到临界补偿状态（见节 4.4），所用晶体管皆为高频 PNP 型小功率 Si 管

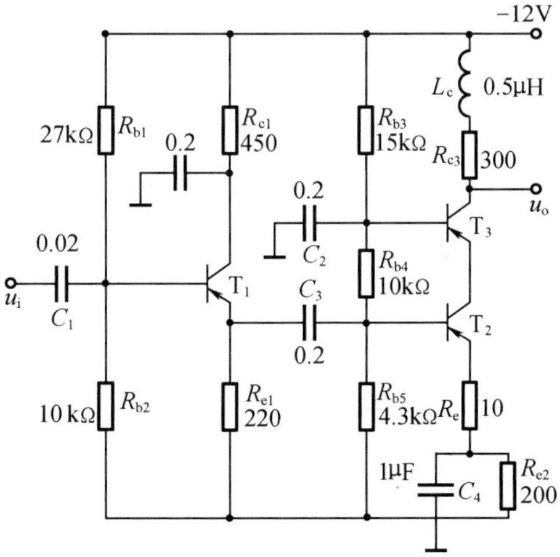

图 6.11.2　宽带脉冲放大电路

2N799 等。

2. 静态分析

由两个分压网络可得 $V_{B1}=-3.2\ \text{V}$，$V_{B2}=-1.7\ \text{V}$，$V_{B3}=-6\ \text{V}$，若各管的 $V_{BE}=0.6\ \text{V}$，则 $I_{E2}=\dfrac{-V_{B2}+V_{BE2}}{0.21\ \text{k}\Omega}=\dfrac{-1.16}{0.21}=5.5\ \text{mA}$，$I_{C3}=5.5\ \text{mA}$，$V_{E2}=-1.16\ \text{V}$，$V_{B3}=-6\ \text{V}$，$V_{C2}=-5.3\ \text{V}$，这样，$V_{CE2}=4.14\ \text{V}$。同样得 $V_{CE3}=5\ \text{V}$。对于 T_1 管，$I_{E1}=12\ \text{mA}$，$V_{CE1}=4\ \text{V}$，从而可保证放大电路的输出电压可达到 $\pm 1.5\ \text{V}$的摆幅。

由以上计算可知，各管静态工作点的设置是合适的。

3. 动态分析

在做动态分析之前，要分析一下三个晶体管的作用。因 T_1 是共集电路，它对电压增益不起作用。又由于这一级的高频特性非常好，所以在分析频率特性时，也不用考虑这一级。这样，我们只画出了 T_2，T_3 的高频小信号等效电路如图 6.11.3 所示。其中 $r_{bb'3}$ 很小，可以忽略。

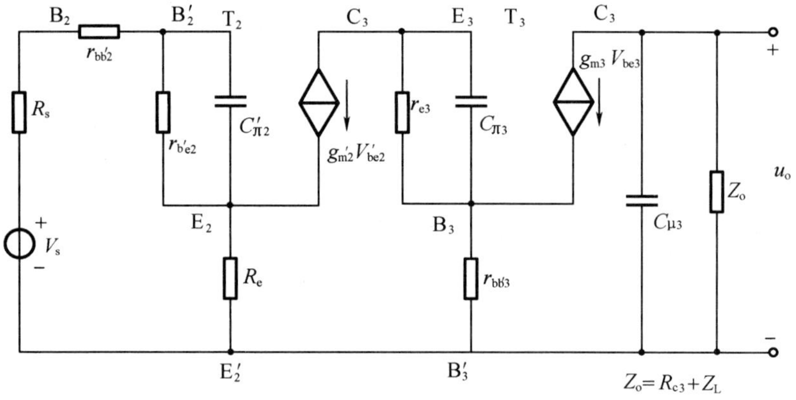

图 6.11.3　宽带脉冲放大电路的高频小信号等效电路

(1)高频特性分析

由图可见，它有三个时间常数，它们决定三个上限截止频率。第一个时间常数 τ_1 是由 T_2 的输入回路形成的，R_s是 T_1的 R_{o1}，它很小，可以忽略。依式(4.3.28)可得

$$f_{H1}=\frac{1}{2\pi\tau_1}=\frac{1}{2\pi C'_{\pi2}r_{b'e2}\dfrac{r_{bb'2}}{r_{bb'2}+(1+\beta)(r_{e2}+R_e)}} \tag{6.11.2}$$

第二个时间常数 τ_2 是 T_3 的输入回路，它是共基极的输入端，$\tau_2=C_{\pi3}\cdot(r_{e3}/\!/R_{o2})$，由于 R_{o2}很大，可忽略，所以 $\tau_2=C_{\pi3}r_{e3}$，由此得

$$f_{H2}=\frac{1}{2\pi\tau_2}=\frac{1}{2\pi C_{\pi3}r_{e3}}=\frac{g_{m3}}{2\pi C_{\pi3}}\doteq f_{T_3} \tag{6.11.3}$$

第三个时间常数是 T_3的输出回路，$\tau_3=C_{\mu3}Z_o$，则由此可得

$$f_{H3}=\frac{1}{2\pi C_{\mu3}Z_o} \tag{6.11.4}$$

比较上面三个上限截止频率，可发现 f_{H1} 最低，f_{H2} 和 f_{H3} 比 f_{H1} 都高得多，我们只要分析 f_{H1} 即

可。在式(6.11.2)中的 $C'_{\pi2}$ 虽然由于有密勒效应使它变大，但由于共射电路的电压增益很小，故 $C'_{\pi2}$ 不大。另外式(6.11.2)中分母项中的分数式的值≪1，所以 f_{H1} 的数值仍然很高。当选用2N779晶体管($f_T=400$ MHz, $C_\mu=1.5$ pF, $\beta=135$, $r_{bb'}=50\ \Omega$)时，依式(6.11.2)可计算出其 $f_{H1}=120$ MHz，依图6.11.2电路实测带宽可达到115 MHz，可见此多级放大电路的高频特性是非常好的。

(2)中频电压增益

对于共射放大电路的中频电压增益可表示为

$$A_{u2}=\frac{-\beta_2 r_{e3}}{r_{bb'}+(1+\beta)(r_{e2}+R_e)}$$

由于 $r_{bb'}$ 很小，所以上式可简化成

$$A_{u2}=\frac{-\beta r_{e3}}{(\beta+1)(r_{e2}+R_e)}=\frac{-r_{e3}}{r_{e2}+R_e} \qquad (6.11.5)$$

而共基电路的电压增益为

$$A_{u3}=\frac{R_{c3}}{r_{e3}} \qquad (6.11.6)$$

放大电路总的电压增益 A_u 为

$$A_u=A_{u_2}A_{u_3}=\frac{-r_{e3}}{r_{e2}+R_e}\cdot\frac{R_{c3}}{r_{e3}}=\frac{-R_{c3}}{r_{e2}+R_e}=\frac{-300\ \Omega}{10\ \Omega+4.3\ \Omega}=-21$$

6.11.3　示波管扫描放大系统

DB-500型行波示波管需配用一个300 MHz的垂直扫描放大系统。该行波管的偏转板的特性阻抗为150 Ω，灵敏度为2 V/cm，管屏画面的垂直尺寸为6 cm。要求配置垂直扫描放大电路后其灵敏度为10 mV/cm。这样，总的放大倍数要200才能满足2 V/cm的技术指标。

图6.11.4为该垂直扫描放大系统电路图。为分析方便，可将图6.11.4的电路分为前放、延迟线驱动、输出驱动和输出级四部分，如图6.11.5所示。这样，分配给每级的增益应为

$$A_u=200^{\frac{1}{4}}=3.8 \qquad (6.11.7)$$

总的带宽 BW 为300 MHz，如示波管也算一级，则每级的带宽应为

$$BW_S=\sqrt{5}BW=670\ \text{MHz} \qquad (6.11.8)$$

现对各部分做简要的分析。

1. 输出级(第四级)

这一级由 T_{14}，T_{16}，T_{17} 和 T_{15}，T_{18}，T_{19} 组成了两路对称的输出级。每一路都是由共集-共射-共基电路构成，这种结构与图6.11.2的电路结构完全一样。

(1)带宽

T_{14}，T_{15} 为共集极放大电路，T_{13} 为恒流源，作 T_{14}，T_{15} 的有源负载。T_{14}，T_{15} 选用的是BFY90晶体管，其 $f_T=2$ GHz，依式(4.5.10)可知，$f_{H4.1}\doteq f_T=2$ GHz。

T_{17}，T_{18} 组成共射电路，T_{17}，T_{18} 是高频小功率管BFW30，$f_T=1\ 700$ MHz。$r_e=5\ \Omega$，$r_{bb'}=30\ \Omega$。该级负载为共基电路的输入电阻 r_e。$\frac{1}{2}R_e$ 构成电流串联负反馈。在不考虑负载的

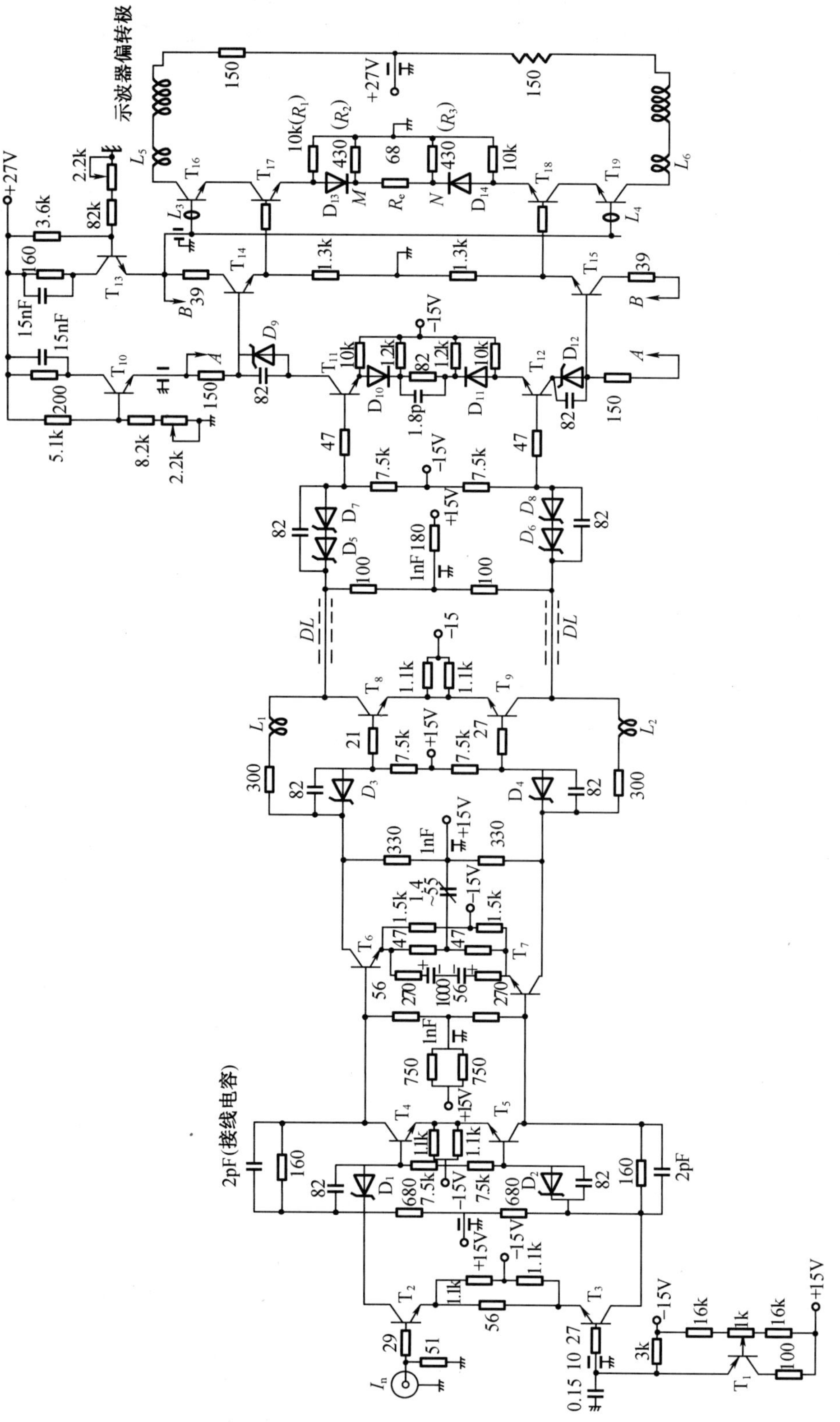

图6.11.4 示波管扫描放大系统电路图

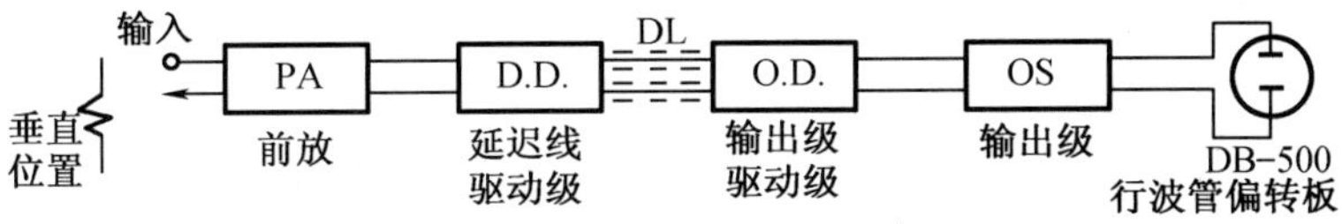

图 6.11.5 示波管垂直扫描放大系统框图

情况下,依(4.3.28)式可得

$$f_{H4.2}=\frac{f_T}{\dfrac{R_s+r_{bb'}}{r_e+\dfrac{1}{2}R_e+\dfrac{r_{bb'}+R_s}{1+\beta}}}=\frac{f_T\left(r_e+\dfrac{1}{2}R_e\right)}{R_s+r_{bb'}}=f_T\times\frac{39}{55}=1\ 205\ \text{MHz}$$

T_{16},T_{19}分别组成共基极放大电路,T_{19},T_{16}也是选用 BFW30,由 4.4 节分析可知,它的高频响应主要由输出回路决定,BFW30 的 $C_{ob}=1.5$ pF,所以 $C_{\mu16}=1.5$ pF,$R_L=150\ \Omega$,则

$$f_{H4.3}=\frac{1}{2\pi C_{\mu16}\cdot R_L}=\frac{1}{6.28\times1.5\times10^{-12}\times150}=707\ \text{MHz}$$

T_{16},T_{19}的集电极还串有 8 nH 电感 L_5,L_6,它有高频补偿作用,当达到最佳补偿时,f_{H43}可达 900 MHz 以上。

这一级的总带宽为

$$f_{H4}=\frac{1}{\sqrt{\left(\dfrac{1}{2\ 000}\right)^2+\left(\dfrac{1}{900}\right)^2+\left(\dfrac{1}{1\ 205}\right)^2}}=678\ \text{MHz}$$

(2)增益

由图 6.11.2 分析可知,这级的总增益为

$$A_{u4}=\frac{R_L}{r_e+\dfrac{R_e}{2}}=\frac{150}{34+5}=3.8$$

(3)功耗

对于 T_{16},T_{19}要满足 6 cm 的画面偏转要求。按 2 V/cm 要求,这级要有 12 V 的偏转电压 V_{de} 输出,如再加 20% 余量,则要求有 14.4 V 偏转电压,每边偏转电压为 7.2 V。考虑到晶体管工作在线性区,所以在死区和饱和区各要留 1 V 余量,这样,每边的偏转电压要达到 9.2 V。其静态工作点的求法如图 6.11.6 所示,静态电流 $I_C=\dfrac{9.2}{150\ \Omega}=61$ mA。这样,晶体管 T_{16},T_{19}的最大功耗 $P_m=\dfrac{\left(\dfrac{1}{2}V_{CE}\right)^2}{R}=\dfrac{4.6^2}{150}=141$ mW。管子的热阻为 0.7 ℃/mW,允许的环境温度为 200 − 0.7 × 141 = 100 ℃。晶体管 T_{16}选用 BFW30,其允许功耗为 250 mW,使用功耗不及 60%,可以认为 T_{16},

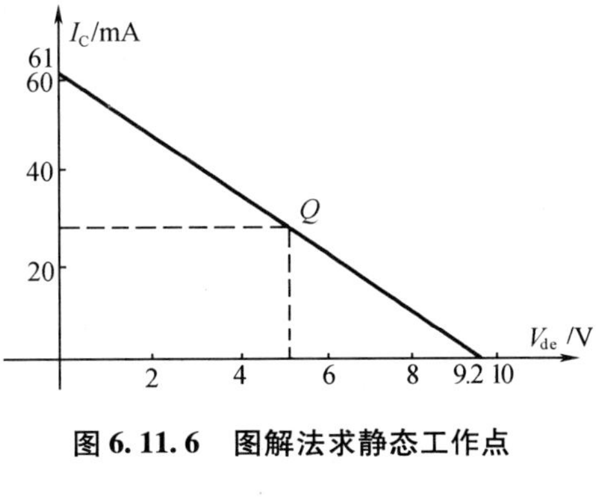

图 6.11.6 图解法求静态工作点

T_{19}工作安全，可不加散热片。

对于T_{17}，T_{18}仍是选BFW30，其集电极电压$V_C = 27\ V - 9.2\ V = 17.8\ V$，射极电压$V_E = 13.8\ V$，$V_{CE} = V_C - V_E = 4\ V$。若工作电流仍为61 mA，则晶体管最大功耗为$4\ V \times 61\ mA = 244\ mW$。这样，对于$T_{17}$或$T_{18}$允许的环境温度只有29 ℃，所以必须加散热片。

2. 输出驱动级（第三级）

这一级由T_{11}，T_{12}组成，这是由两个共射电路组成的平衡对称输出，分别驱动T_{14}和T_{15}。T_{11}（T_{12}）在射极接有RC补偿电路，其中$R = 41\ \Omega$，$C = 1.8\ pF$，构成典型的电流串联负反馈，这一方面可以提高输入、输出电阻，以减轻对前后级的影响，特别是前级延迟线的电容较大，减轻这种影响意义很大；另一方面可以补偿本级输入回路的高频特性，本级的频率特性主要由输出回路决定，其负载为150 Ω电阻，输出电容为$C_{\mu 11} = 1.5\ pF$，故其上限截止频率$f_{H3} = \dfrac{1}{2\pi R_L \cdot C_{\mu 11}} = \dfrac{1}{2\pi \times 150 \times 1.5 \times 10^{-12}} = 707\ MHz$。

本级的电压增益为

$$A_{u3} = -\frac{R_L}{R_e} = -\frac{150}{41} = -3.7$$

本级还有T_{10}管构成的恒流源，它一方面为T_{11}，T_{12}提供稳定的静态工作电流，使电路工作更稳定；另一方面，T_{10}，T_{13}两个恒流源也决定输出级各晶体管的V_{CE}电压，使它们有一个合适的静态工作点。

3. 延迟线驱动级（第二级）

为了触发同步，扫描信号要有一些延迟。这里使用10 m长的波阻抗为93 Ω的Teflon同轴电缆DL，其延迟时间为50 ns。为使传输的信号畸变小，在使用延迟线时，要做好阻抗匹配和外皮的良好接地。

本级由T_6，T_8和T_7，T_9组成平衡对称的驱动级，它们分别构成如图6.8.1所示的串联－并联负反馈级级联对，平衡对称输出去驱动DL。T_6为典型的共射极电流串联负反馈电路，其反馈网络为RC网络，这既可提高共射电路的上限截止频率，又可提高输入、输出电阻。补偿电容C很小，没有加入实际电容，这里用管子的分布电容代替。对于T_8构成的是电压并联负反馈电路，其反馈网络为电感L_1和300 Ω电阻串联，电感L_1也可以提高上限截止频率。

此级用的是BFY90晶体管，其$\beta = 40$，如若控制输出波形上冲在1%之内，则f_{H2}可达860 MHz。由于$R_{e6} = 47\ \Omega$，$R_{F8} = 300\ \Omega$，此级的$A_{u2} = \dfrac{R_{F8eff}}{R_{e6} + r_{e6}} = \dfrac{270}{52} = 5$。

4. 前置放大级（第一级）

这一级由T_2，T_4和T_3，T_5组成。它们分别构成如图6.8.2所示的串联－并联负反馈级级联对电路，平衡输出分别驱动T_6和T_7。T_2仍然是电流串联负反馈电路，其射极接频率补偿网络RC，其中$R = 28\ \Omega$，用分布电容充当C。T_4构成电压并联负反馈电路，其反馈网络为160 Ω电阻和2 pF接线电容，这个网络也起高频补偿作用。之所以用RC并联反馈网络，是因为延迟线驱动级对本级有3 pF的电容负载。

这一级的f_{H1}可做到700 MHz，$A_{u1} = 5$，输出波形上冲限制在1%之内。

5. 窗化电路技术

为了能用示波器去观察波形的任何部位，在波形位移时，要防止输出管T_{17}，T_{18}进入饱和区或截止区，也就是要避免波形失真。为此，在 T_{17} 和 T_{18} 的射极加了 D_{13}，D_{14} 两个二极管。当电路平衡输出时，D_{13}，D_{14} 导通，射极负载为 $R_1 /\!/ R_2$，在 R_e 上无电流。当 T_{17} 出现饱和时，M 点电位 V_M 就上升，N 点电位 V_N 也上升，这使 D_{14} 截止，T_{17} 射极电阻为 $R_1 /\!/ R_2 /\!/ (R_e + R_3)$，其并联的射极电阻就小于 $(R_1 /\!/ R_2)$。这样，V_M 下降，使 T_{17} 退出饱和。不过这种窗化电路的电阻要经过仔细计算和调整才能达到满意的效果，因为它们的阻值大小直接影响到 T_{17}，T_{18} 退出饱和的速度。

6. 低频补偿技术

在延迟线驱动级电路中，T_6，T_7 的射极接有 270 Ω 和 1 000 μF 的阻容网络。这个网络可以使延迟线驱动电路有效地防止低频时波形失真。在此电路中，低频失真的时间常数为 $\tau = 330$ ms。

7. 指标

(1) 带宽 $BW = 318$ MHz

(2) 电压增益 $A_u = 300$

(3) 上冲 $\Delta u < 5\%$

(4) 最大输出电压：$V_{om} = 15$ V

(5) 上升时间 $t_r < 1.25$ ns

(6) 输入灵敏度 10 mV/cm

8. 主要元器件表

(1) 晶体管

BC107：T_1

BFY90（$f_T = 2\ 000$ MHz，$\beta = 40$，$C_{ob} = 1.5$ pF）：$T_2 \sim T_9$，T_{11}，T_{12}，T_{14}，T_{15}

BFW30（$f_T = 1\ 700$ MHz，$C_{ob} = 1.5$ pF，$r_{bb'} = 30$ Ω，$P_{om} = 250$ mW）：T_{10}，T_{13}，$T_{16} \sim T_{19}$

(2) 二极管

BZY88—C4V3：$D_1 \sim D_6$

BZY88—C4V7：D_7，D_8

BZY94—C10：D_9，D_{12}

BAX13：D_{10}，D_{11}，D_{13}，D_{14}

(3) 电感

L_1，L_2：15 mm 长接线

L_3，L_4：铁淦氧磁珠

L_5，L_6：8 nH 接触电感

(4) 延长线

DL：Teflon 同轴电缆

习　　题

6.1　在题图 6.1 的各电路中，请找出反馈网络，并判断反馈极性，判断是直流还是交流反馈。

6.2　判断题图 6.1 各电路的负反馈组态。

6.3　分析题图 6.2 电路中，有哪些负反馈，各是什么组态，起什么作用？

6.4　已知一负反馈放大电路的开环增益 $A_0 = 50\ 000$，反馈系数 $K_f = 0.05$，高温度变化时，A_0 变化 ±5%，求闭环增益和闭环增益的相对变化。

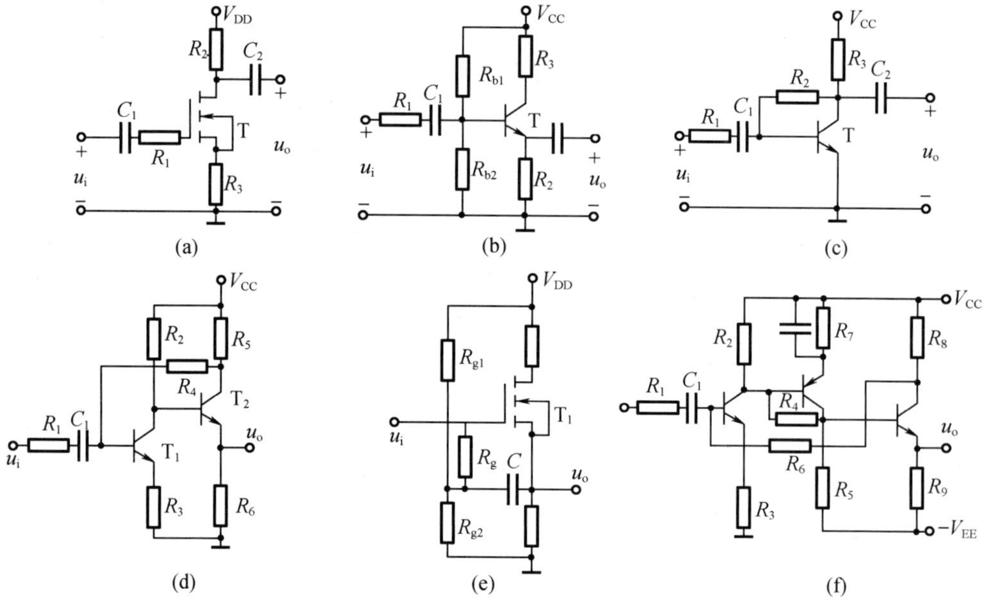

题图 6.1

6.5　题图 6.3 为由电压放大电路和互补输出级构成的功率放大电路,为了稳定输出电压和减小输出电阻,应选用什么组态的负反馈？请在图上画出。如若 $|A_{uf}| = 30$,$R_1 = R_2 = 1\ \mathrm{k\Omega}$,所选用反馈电阻值应为多少？

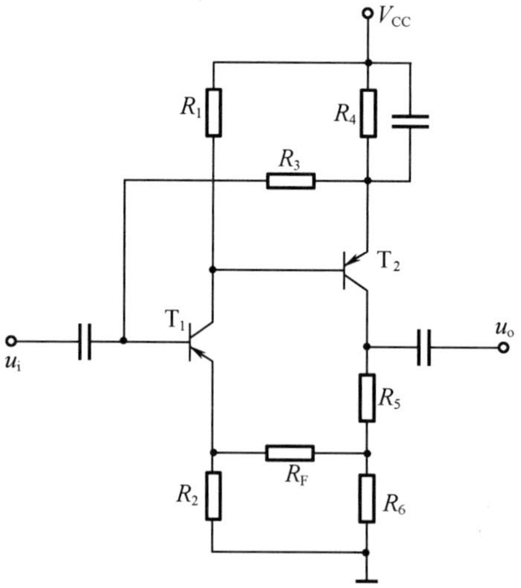

题图 6.2

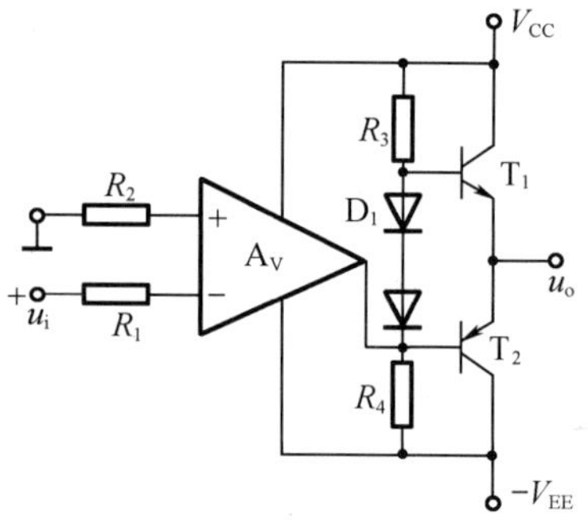

题图 6.3

6.6　题图 6.4 是一个三级直流放大电路。

(1)判断反馈极性和组态。

(2)求反馈系数和增益的表达式。

(3)说明 R 的作用。

6.7　题图6.5为一源极输出电路。

(1)请推导 A_{uf}，R_{if} 和 R_{of} 的表达式。

(2)根据场效应管特点，试说明其 A_{uf} 与晶体管的共集电路的 A_{uf} 有何不同？

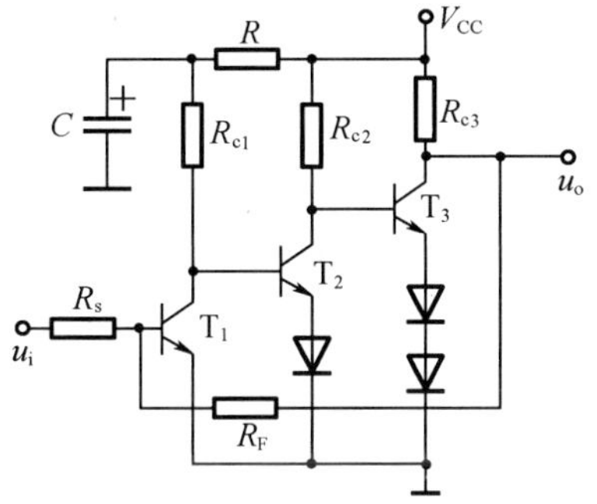

题图6.4

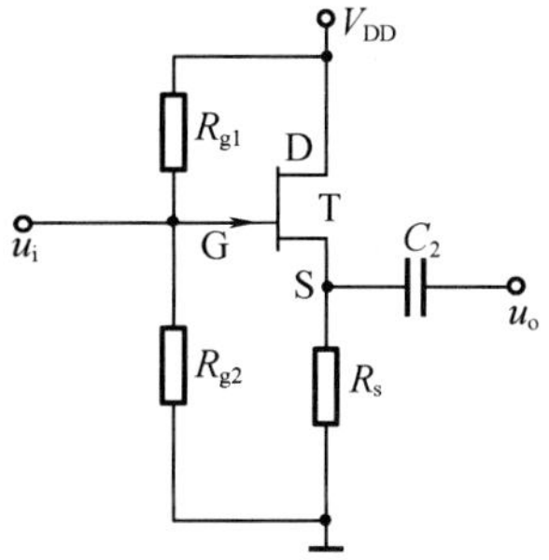

题图6.5

6.8　题图6.6为一个三级串联放大电路。

(1)判断电路有否反馈？如有，请判断反馈极性，说出反馈的组态。

(2)请推导其闭环电压增益、闭环输入电阻的表达式。

6.9　题图6.7为单级负反馈放大电路，$\beta = 50$，$r_{be} = 0.7\ \text{k}\Omega$。

(1)判断负反馈组态。

(2)计算反馈系数。

(3)计算增益和输入、输出电阻值。

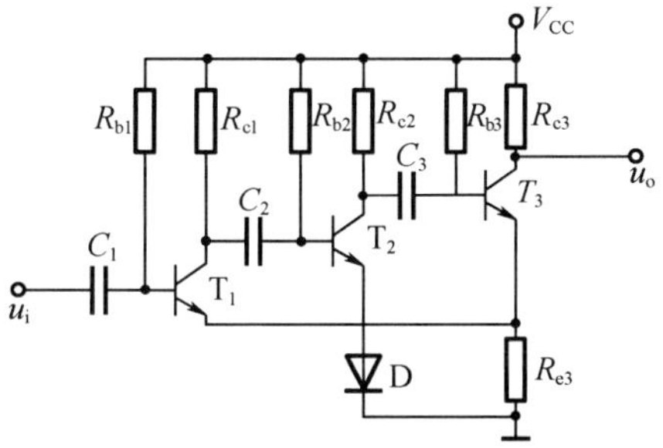

题图6.6

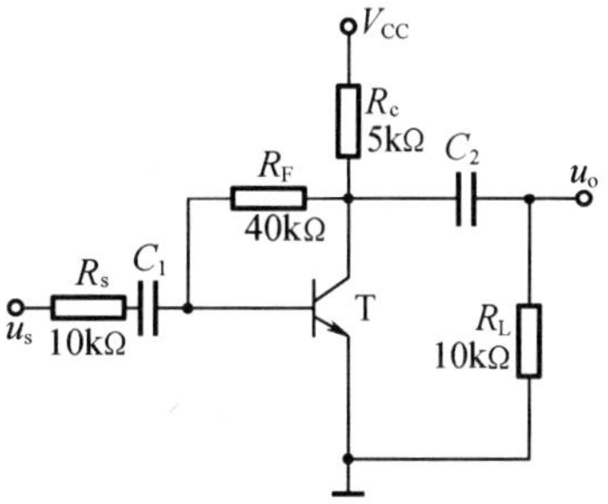

题图6.7

6.10　题图6.8为一个负反馈放大电路，其中 $\beta_1 = 50$，$r_{be1} = 2.3\ \text{k}\Omega$，$\beta_2 = 50$，$r_{be2} = 1\ \text{k}\Omega$。

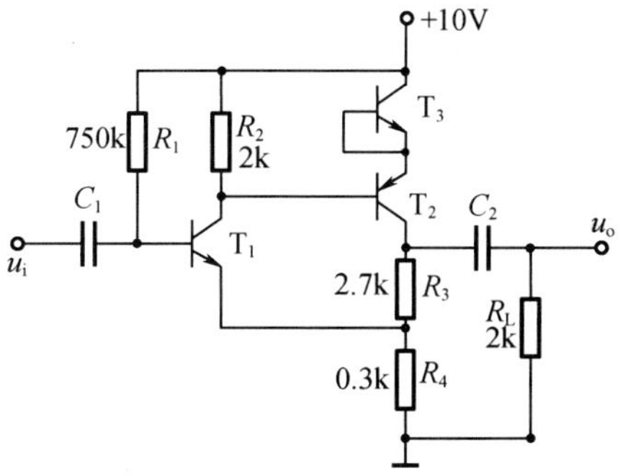

题图6.8

(1)判断负反馈组态。

(2)求闭环电压增益和输出电阻。

6.11　题图 6.9 为一电压比较电路，$r_{bb'}=100\ \Omega, \beta=50$。

(1)简述电路结构。

(2)估算各级静态工作点。

(3)求闭环电压增益和输出电阻。

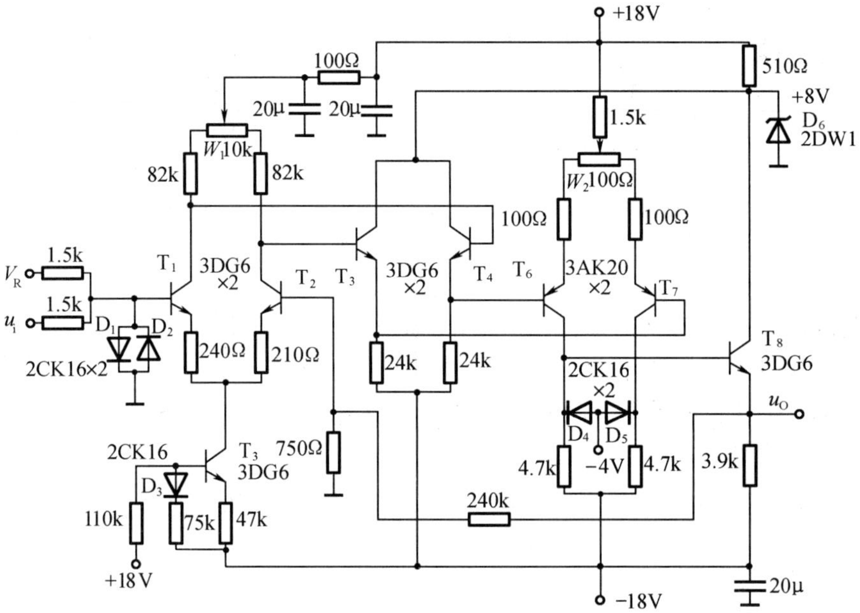

题图 6.9

6.12　题图 6.10 为三级负反馈电路。

(1)分析反馈组态。

(2)为保证 R_L 变化时输出稳定，应如何改负反馈，请画出电路图。

(3)求电路改动前后的 A_{uf} 的表达式。

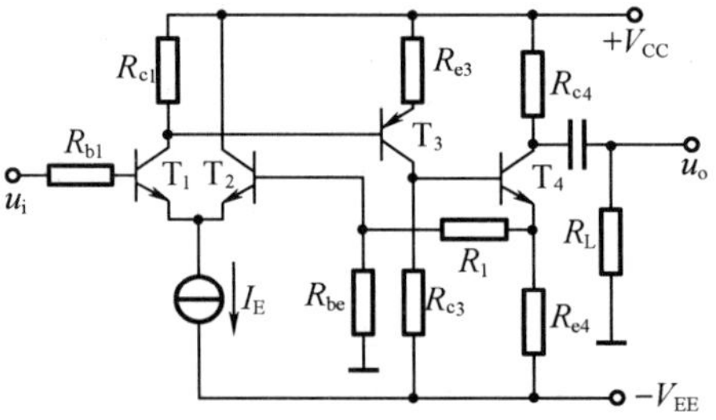

题图 6.10

6.13　一负反馈放大电路的环路增益波特图如题图 6.11 所示，电路是否会产生自激振荡？应采用什么办法消除自激振荡？

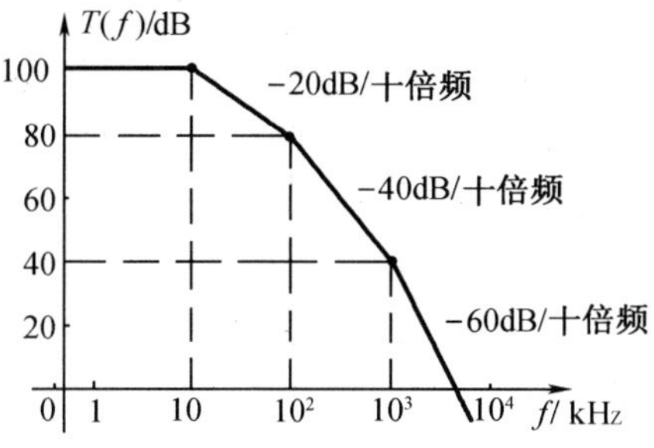

题图 6.11

6.14　欲得到一个电压增益为 100 的放大电路，选以下四种方案中的哪一种较好，为什么？

(1) 一个无负反馈放大电路，令其电压增益为 100。

(2) 由两级放大电路串联，令 $A_0=10^3$，$K_f=10^{-2}$。

(3) 由两级放大电路串联，令 $A_0=10^4$，$K_f=10^{-2}$。

(4) 由三级放大电路串联，令 $A_0=10^5$，$K_f=10^{-2}$。

6.15　题图 6.12 为一共源放大电路 $R_{g1}=R_{g2}=200\ \text{k}\Omega$，$R_g=47\ \text{M}\Omega$，$R_s=1\ \text{k}\Omega$，$R_L=5.1\ \text{k}\Omega$，$g_m=10\ \text{ms}$。

(1) 判断反馈极性，说明作用。

(2) 求 R_{if}。

(3) 求 A_{uf}。

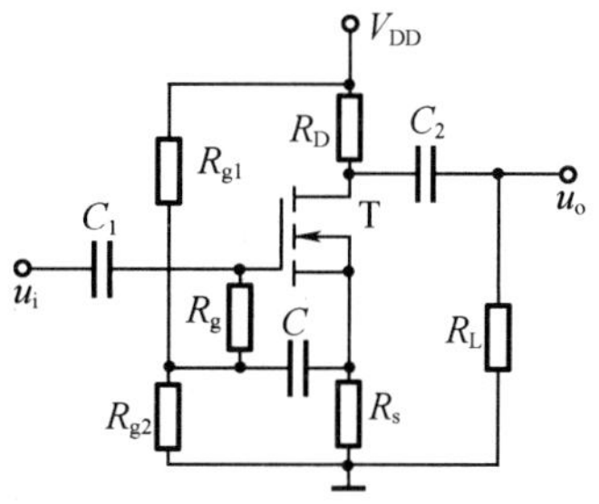

题图 6.12

部分习题参考答案

6.1　(a) R_3，交直流负反馈。(b) R_2，交直流负反馈。(c) R_2，交直流负反馈。(d) 正反馈。(e) 自举。(f) R_4，交直流负反馈；R_7 为直流负反馈；R_3，R_9，交流负反馈。

6.2　(a) 电流串联。(b) 电压串联。(c) 电压并联。(f) 电流并联。

6.3　(1) 级间：R_6，R_F，R_2 为电压串联负反馈，稳定 u_o，提高 R_i，降低 R_o。R_3 为直流负反馈，稳定静态工作点。

(2) 本级：R_2 为第一级的电流串联负反馈，稳定输出电流，提高 R_i，R_{o1}。R_4 为第二级的直流负反馈，稳定静态工作点。

6.4　$\dfrac{\mathrm{d}A_f}{A_f}=\pm 2\times 10^{-5}$，$A_f=20$。

6.5　(1) 应加电压并联负反馈，将 R_F 跨在电压放大器的负输入端与电路输出端之间。

(2) $A_{uf}=-\dfrac{R_F}{R_1}$，$R_F=30\ \text{k}\Omega$。

6.6　(1) 该电路为电压并联负反馈组态。

(2) $K_{fg}=-\dfrac{1}{R_F}$，$A_{uf}=-\dfrac{R_F}{R_S}$。

6.7 (1) $A_{uf}=\frac{g_m R_L'}{1+g_m R_L'}$, $r_{if}=R_{g1}/\!/R_{g2}$, $R_{of}=R_s/\!/r_{ds}/\!/\frac{1}{g_m}=R_s/\!/\frac{1}{g_m}$。

(2)由于场效应管的g_m较小,而且为了电路正常工作,R_s也不能太大,所以这时的A_{uf}就不能近似为1,一般只能达到0.8左右。

6.8 (1)电流串联负反馈放大电路。

(2) $A_{uf}=-\frac{R_{c3}}{R_{e3}}$, $R_{if}[r_{be1}+(1+\beta_1)R_{e3}]\cdot\frac{-\beta_1}{r_{be1}+R_{e3}}$。

6.9 (1)电压并联负反馈。

(2) $K_{fg}=-0.025$ mS。

(3) $A_r=-151$ kΩ, $A_{rf}=-31.7$ kΩ, $A_{uf}=-220$, $A_{usf}=-3.12$, $R_{if}=144$ Ω, $R_{of}=728$ Ω。

6.10 (1)电压串联负反馈。

(2) $A_{uf}=9$, $R_{if}=151$ kΩ, $R_{of}=300$ Ω。

6.11 (1)此电路为三级差分级联,第一级是用恒流源偏置,两级调零,输入端有限幅,以防电路饱和阻塞。第一级静态工作点很低,有助于减小噪声干扰。此电路转换速度快,t_r小,*CMPR*很大,适合作电压比较。

(2) $I_{E8}=I_{C8}=4.6$ mA, $I_{C6}=I_{C7}=4$ mA, $I_{C3}=I_{C4}=0.95$ mA, $I_{C1}=I_{C2}=0.14$ mA。

(3) $A_{uf}=291$, $R_{of}=9.7$ Ω。

6.12 (1)电流串联负反馈。

(2)应改成电压负反馈,如解图6.1。

(3) a. 改动前的 $A_{uf}=\frac{-(R_{e4}+R_f+R_{b2})(R_L/\!/R_{C4})}{R_{e4}\cdot R_{b2}}$。

b. 改动后的 $A_{uf}=-\frac{R_f}{R_{b1}}$。

6.13 (1)会产生自激振荡,因满足自激振荡条件。

(2)可在主极点处到地接电容C或R,C网络,有关参数可参阅有关公式。

6.14 选择方案(3)好,因为是两级放大器,而且反馈深度足够深。

6.15 (1) R_s引入直流负反馈,$R_s/\!/R_{g1}/\!/R_{g2}$引入的是电流串联负反馈,R_g通过C引入交流正反馈(自举)。

(2) $R_{if}=R_g+R_1/\!/R_2=47.1$ MΩ;

$A_{uf}=-2.3$, $A_{usf}=-2.3$。

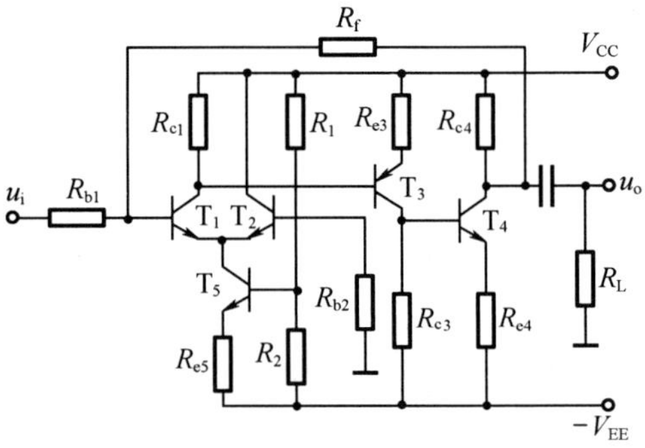

解图 6.1

第7章　集成运算放大器
(Integrated Operational Amplifier)

7.1　集成运算放大器概述

运算放大器一词是1946年由John R. Ragazzini提出的,主要是指高增益的直接耦合放大器。它可实现放大、加、减、乘、除、积分和微分等运算功能,后来又成功地应用于模拟计算机和控制系统中。由于这类电路应用很广,在集成技术高速发展的情况下,于1963年制成了单片运算放大电路,称为集成运算放大器(简称集成运放)。与分立元件运放相比,它成本低,性能好,可靠性高,使用方便,从而更进一步扩大了它的使用范围。

7.1.1　集成运放的内部结构

集成运放的电路符号如图7.1.1所示。它有两个输入端,一个输出端。当输入信号从同相端输入时,则输出与输入信号同相位;当输入信号从反向端输入时,输出与输入信号反相位。

为了满足集成运放的电参数要求,通常其内部电路结构由三级组成,其结构框图如图7.1.2所示。输入级常是差分放大电路,这样就能获得高的输入电阻、低的输入失调和高的共模抑制比等特性。差分放大管可以是双极型的,也可以是FET;中间级常为共射放大电路,这样可得到足够大的电压增益;输出级常用互补输出电路,它有低的输出阻抗,向外可以输出大的负载电流。级间采用直接耦合方式。为了提高技术指标,各级多用有源偏置和有源负载。

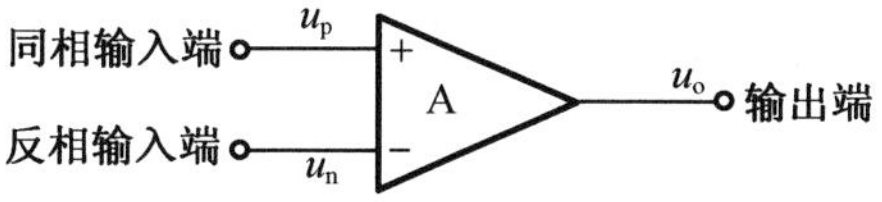

图7.1.1　运算放大器的电路符号

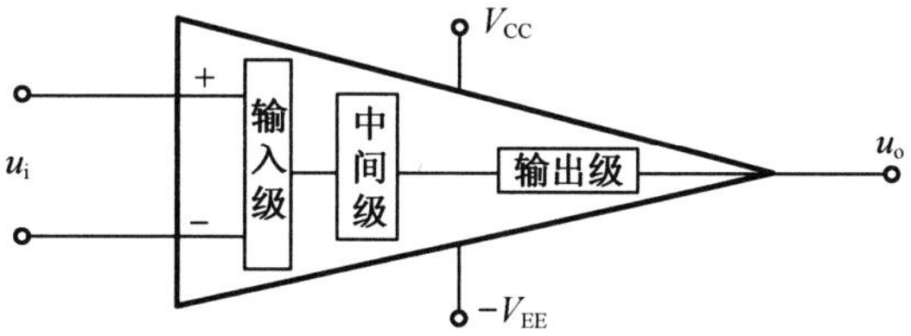

图7.1.2　运算放大器结构框图

7.1.2　集成运放的信号传输特性

集成运放的一个重要用途就是放大两输入端的差模信号,在忽略共模输出的影响且认为输入失调为零时,其差模电压增益为

$$A_{ud}(s) = \frac{V_o(s)}{V_p(s) - V_n(s)} \qquad (7.1.1)$$

上式可改写为

$$u_o = A_{ud} \cdot (u_p - u_n) = A_{ud} \cdot u_{id} \qquad (7.1.2)$$

这就是集成运放的传输特性公式，它可以用图7.1.3的曲线表示。由图可见，在 u_{id} 的传输特性曲线上有一个线性放大区，超过此区，u_o 饱和，这是由于集成运放的 A_{ud} 不是∞，而输入端差值 u_{id} 也不可能很大所致。但集成运放的 A_{ud} 毕竟是很大的，所以这个线性区很窄。u_o 受电源电压 V_{CC} 和 $-V_{EE}$ 的限制，其正、负最大值为 $\pm V_{om}$，这时集成运放呈饱和态。通常 $\pm V_{om}$ 小于电源电压1～2 V。由于集成工艺的进步，现在已有的集成运放的 $\pm V_{om}$ 很接近电源电压，这称为集成运放轨到轨（Rail-to-Rail）的输出。

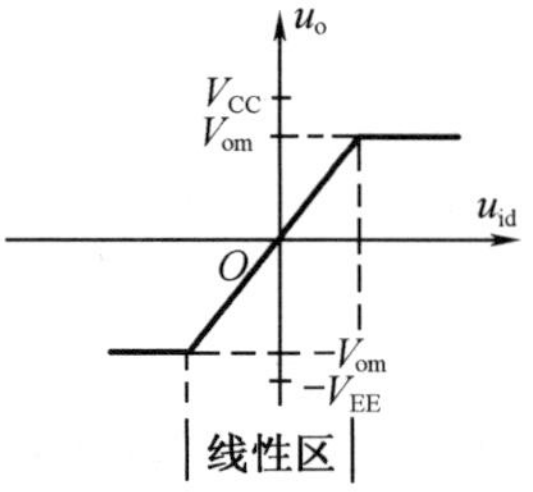

图7.1.3 集成运放的传输特性

7.2 典型集成运放的电路分析

7.2.1 双极型集成运放的电路分析

图7.2.1为μA741的内部电路简图。现按输入级、中间级、输出级和偏置电路四部分进行分析。

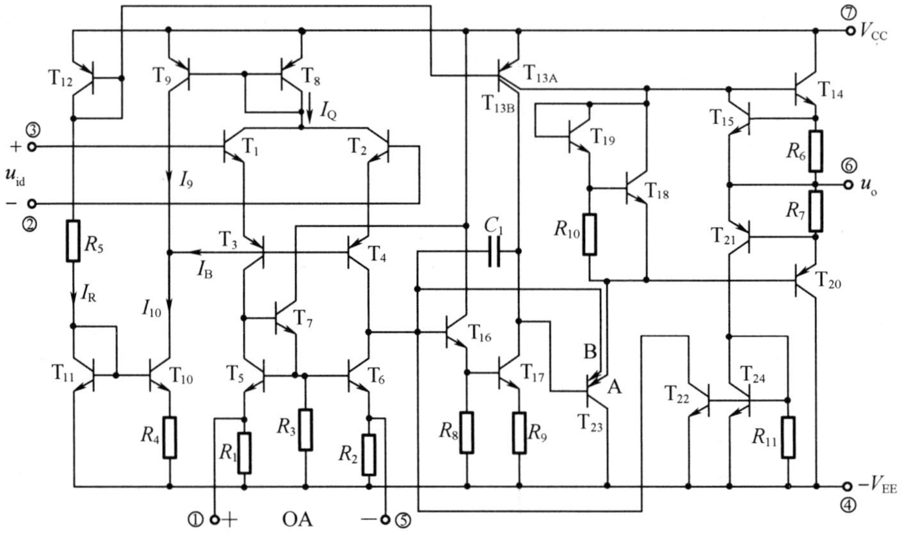

图7.2.1 μA741的内部电路简图

1. 偏置电路

这是一组组合恒流源电路，它为电路各级提供偏流。T_{11}，T_{12} 和 R_5 为主偏置电路，它提供一个参考电流 I_R。T_{10}，T_{11} 和 R_4 为微电流恒流源，形成微小电流 I_{10}，这个电流的一部分通

过 T_9,T_8组成的恒流源,以恒流 I_Q为输入差分级提供静态电流,另一部分又为 T_3,T_4提供基流 I_B。T_{12},T_{13}为镜像恒流源,通过 T_{13A},T_{13B}为中间级 T_{17}和输出推动级 T_{23}的有源负载。

2. 差分输入级

这级由 T_1 ~ T_7组成。T_1 ~ T_4组成对称的共集 - 共基电路,这种电路结构的频率特性好,还能提供较高的电压增益。T_1,T_2为纵向 NPN 对管,其 β 值大,而 T_3,T_4为横向 PNP 管,它虽然 β 值小,但击穿电压较高。T_1和 T_3(T_2和 T_4)的共集 - 共基组合可使差分输入级既能提供高输入阻抗,又有较宽的输入电压范围。T_5 ~ T_7为典型的镜像电流源,它作为 T_3,T_4的有源负载,可提高该级的增益和 *CMRR*,同时它既能使输入 - 输出实现双 - 单转换,又不影响该级的差模特性。为了进一步提高 *CMRR*,本级还设计了共模负反馈,电路的这种结构对差模信号没有影响,而对共模信号则会使其增益减小,从而提高了 *CMRR*。这级是将输入电压信号转换成电流信号送入中间放大级。

3. 中间放大级

这级由 T_{16},T_{17}和 T_{13B}组成。其中 T_{16}为射级跟随器,作为级间隔离,以减小本级对差分输入级的影响。T_{17}为共射放大电路,其负载为恒流源 T_{13B},这样,该级虽是单级放大,但它的电压增益却很高,可达 50 dB。

电容 C_1为共射电路的频率补偿电容。由于是密勒补偿,所以 C_1为 30 pF 即可得到很好的补偿效果。

4. 输出级

输出级是由 T_{14} ~ T_{20}组成的甲乙类互补功放电路。T_{18},T_{19}的 V_{BE}共同为 T_{14}和 T_{20}提供了一个起始电压,使 T_{14}和 T_{20}在静态就处于微导通状态,另外 T_{18},T_{19}的交流电阻很小,这使 T_{14}和 T_{20}的基极交流电位近似相等,这些可使输出级不产生失真。中间级的输出电压经 T_{23A}缓冲后送入 T_{14},T_{20}的基级,T_{13A}恒流源作为 T_{23A}电压跟随器的有源负载,这可以使中间级和输出级之间有效隔离,既保证了中间的高电压增益,又降低了电路的输出电阻。T_{15}和 R_6共同对 T_{14}管起短路保护作用,而 R_7,T_{21},T_{22}和 T_{24}则对 T_{20}起保护作用。

T_{23B}跨接在 T_{16}基极和 T_{17}集电极之间,这种结构可以确保 T_{17}总处于放大状态。

5. 频率特性

电路中引入了主极点相位滞后的密勒补偿,故其上限截止频率较低,只有 10 Hz 左右。μA741 属通用集成运放。

7.2.2　CMOS 集成运放的电路分析

图 7.2.2 为 CMOS 四集成运放 MC14573 中的一个运放的内部电路。

PEMOS 管 T_1,T_2组成源极耦合的差分放大电路,NEMOS 管 T_3,T_4组成恒流源,作为 T_1,T_2的有源负载,同时实现双入 - 单出的方式。PEMOS 管 T_5,T_6和 T_8构成多路恒流源,而参考电流由外接电阻 R 决定。电流源 T_6的 I_{D6}电流作为 T_1,T_2的偏置电流,T_8管作为输出管 T_7的有源负载。电容 C 是内部补偿电容,它可保证

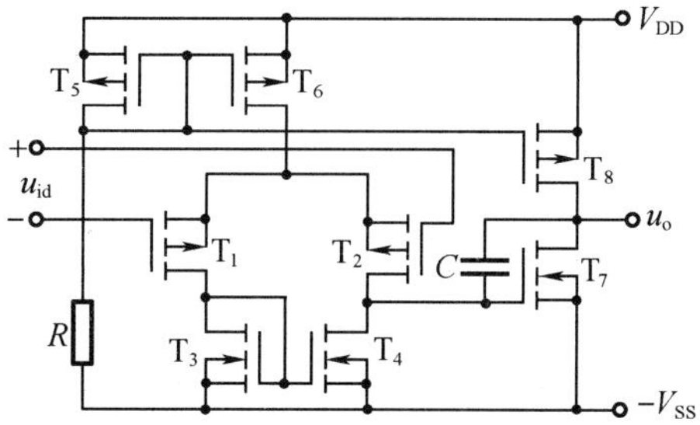

图 7.2.2　MC14573 电路图

电路工作稳定。

MC14573 的上限截止频率也较低，约为 20 Hz。

与双极型集成运放相比，CMOS 型集成运放的输入电阻更高，电源电压范围宽，输入电流很小，电路结构简单，易于大规模集成。

除了双极型和 CMOS 型集成运放外，还有 JFET 型和 Bi—MOS 型等集成运放，它们各有特点，可以根据实际需要选用。

7.3 集成运放的基本参数及选择

7.3.1 集成运放的基本参数

1. 输入偏置电流 I_{IB}(Input biasing current)

(1)输入偏置电流又称输入基极电流，它是集成运放的两输入端静态偏置电流的平均值，即

$$I_{IB} = \frac{I_{BP} + I_{BN}}{2} \tag{7.3.1}$$

(2)I_{IB}主要是衡量输入差分管 β 值的大小，β 值越大，I_{IB}就越小，运放的性能越好。性能好的集成运放的 I_{IB}只有 nA 量级。μA741 的 $I_{IB}=80$ nA，用 MOS 管作为输入差分管的集成运放的 I_{IB}只有几 pA。集成运放由于有 I_{IB}的存在，会使输出产生误差。

2. 输入失调电压 V_{IO}(Input offset voltage)和它的温漂 $\mathrm{d}V_{IO}/\mathrm{d}T$

(1)为了使输出电压为零，在输入端所加的补偿电压称为输入失调电压，即

$$V_{IO} = \left|\frac{V_O}{A_{ud}}\right| \tag{7.3.2}$$

(2)输入失调电压表明输入差分管的 V_{BE}的失调程度，其值越小越好。

(3)$\mathrm{d}V_{IO}/\mathrm{d}T$ 指的是在规定的温度范围内 V_{IO}的温度系数。它也是越小越好，一般为 ±(10～20)μV/℃，低漂移集成运放为 μV/℃量级。

V_{IO}可以通过外接的调零电位器调整为零，但 V_{IO}的温漂却无法消除，这个温漂会影响集成运放的运算精度。

3. 输入失调电流 I_{IO}(Input offset current)和它的温漂 $\mathrm{d}I_{IO}/\mathrm{d}T$

(1)I_{IO}指的是输入差分管基极电流的不对称性，也即反映出差分管的 β 不对称性，其表达式为

$$I_{IO} = |I_{BP} - I_{BN}| \tag{7.3.3}$$

(2)I_{IO}和 V_{IO}是两个不同的参数，它们的物理意义是有差别的。它们是从不同的角度说明输入级的特性。

(3)$\mathrm{d}I_{IO}/\mathrm{d}T$ 指在规定温度范围内 I_{IO}的温度系数，它越小越好。低漂移运放只有 PA/℃量级。

4. 输入电阻

(1)差模输入电阻 R_{id}(Differential-mode input resistence)

当集成运放两输入端输入差模信号时，从输入端看进去所呈现的动态电阻称为差模输

入电阻。电压型运放要求 R_{id} 越大越好，通常双极型集成运放的输入电阻可达数兆欧，而 MOS 管的集成运放的 R_{id} 则可高达 10^6 MΩ 以上。

(2)共模输入电阻 R_{ic}(Common - mode input resistence)

当集成运放输入共模信号时，在两输入端间呈现的动态电阻称为共模输入电阻 R_{ic}，它也是越大越好。

(3)对于双极型集成运放的 $R_{id} \ll R_{ic}$，而 MOS 型集成运放的 R_{id} 与 R_{ic} 相当，故 MOS 集成运放有时只给出 R_{id} 参数。

5. 开环差模电压增益 A_{ud}(Open - loop differential - mode voltage gain)

它指的是集成运放在无外加反馈时差模信号的中频电压增益，简称开环增益。

A_{ud} 的测试条件是要求集成运放必须工作在线性区，而且电源、负载和输出电压都在规定值范围内。它常用 dB 表示，一般要求 A_{ud} 为 80 ~ 140 dB。

6. 共模抑制比 $CMRR$(Common - mode refection ratio)

它是集成运放的开环差模电压增益 A_{ud} 和共模电压增益 A_{uc} 之比，即

$$CMRR = \left| \frac{A_{ud}}{A_{uc}} \right| \tag{7.3.4}$$

$CMRR$ 是频率的函数，当输入信号频率大于集成运放的上限截止频率时，$CMRR$ 会随信号频率上升而下降。它是衡量集成运放对共模信号抑制能力大小的重要指标，它越大越好。$CMRR$ 通常用 dB 表示，一般都要大于 80 dB。

7. 开环带宽 BW(Open - loop bandwidth)

它是指 A_{ud} 下降 3 dB 时对应的频率值，又称 -3 dB 带宽。

集成运放是单级点电路，所以其开环增益的频响表达式为

$$A_{ud}(\mathrm{j}\omega) = \frac{A_{udo}}{1 + \mathrm{j}\dfrac{\omega}{\omega_H}} = \frac{A_{udo}}{1 + \mathrm{j}\dfrac{f}{f_H}} \tag{7.3.5}$$

式中，f_H 为上限截止频率，因下限截止频率为 0，所以 f_H 值就是开环带宽。

8. 单位增益带宽 BW_G(Unity - gain bandwidth)

它是指开环电压增益 $A_{ud}(\mathrm{j}\omega)$ 随频率增加而下降到 0 dB 时的频率值。依式(7.3.5)可得

$$BW_G = A_{ud} \cdot f_H \tag{7.3.6}$$

BW_G 是集成运放的重要参数，不同类型集成运放差别很大，如通用型的 μA741 的 $BW_G = 2 \times 10^5 \times 10$ Hz $= 2$ MHz，而对于宽带运放 SL2541 的 $BW_G = 800$ MHz。

9. 转换速率 S_R(Slew rate)

(1)定义

这个参数指的是集成运放输入大信号时，输出电压的最大变化率，是衡量集成运放对信号变化速度的适应能力。其表达式为

$$S_R = \left. \frac{\mathrm{d}u_o(t)}{\mathrm{d}t} \right|_{max} \tag{7.3.7}$$

当输入大信号时，集成运放会工作在非线性区，即输出级可以产生瞬时的饱和或截止现象。在瞬态响应中，输出电压不能跟随输入跃变信号的变化。为了简化分析，通常规定集成运放在单位时间输出电压的变化率称为 S_R。对于集成运放，希望 S_R 大些。μA741 的

$S_R = 0.7\ V/\mu S$。高速宽带集成运放的 S_R 都在 100 V/μs 以上,有的甚至大于 1 000 V/μs。

(2) S_R 与 C_1, I_Q 的关系

S_R 与集成运放内部的补偿电容、管子的极间电容和工作电流有关。现以 μA741 为例作以简单说明。图 7.3.1 为 μA741 部分电路简图。当一个大的正阶跃信号输入时,T_1, T_3 饱和,T_2, T_4 截止,$I_{C5} = I_Q$,镜像电流 $I_{C6} = I_Q = I_{O1}$。由于 T_{16} 为跟随器,它的 R_i 很大,所以 $I_{O1} = I_{C1} = I_Q$。当 $u_{o1} \ll u_o$ 时,可得

$$u_o(t) = -\frac{1}{C_1}\int i_{C1}(t)\,\mathrm{d}t$$

由上式可得转换速率为

$$S_R = \frac{\mathrm{d}u_o(t)}{\mathrm{d}t} = -\frac{1}{C_1}\cdot I_{C1} = -\frac{1}{C_1}I_Q \tag{7.3.8}$$

上式表明 S_R 与内部补偿电容 C_1 有关,也与输入级的静态电流 I_Q 有关。

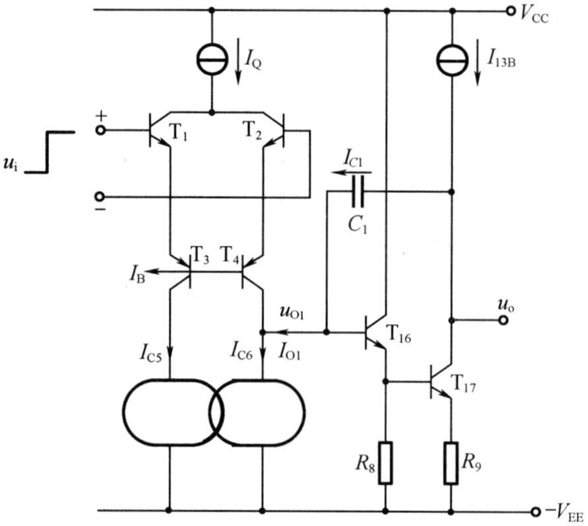

图 7.3.1　简化的 μA741 部分电路

(3) S_R 与 BW_G, A_{gi} 的关系

设输入级的互导增益为 A_{gi},则 S_R 又可表示为

$$S_R = -\frac{I_Q}{A_{gi}} \times 2\pi BW_G \tag{7.3.9}$$

上式表明,S_R 与 BW_G 成正比而与 A_{gi} 成反比关系。

(4) S_R 与工作频率关系

当输入信号为正弦波时,则输出 $u_o(t) = V_{om}\sin\omega_0 t$,$S_R$ 最大值为

$$S_R\Big|_{max} = V_{om} \times 2\pi f_{max} \tag{7.3.10}$$

式中 f_{max} 为集成运放的 S_R 决定的集成运放不失真的最高工作频率。

10. 静态功耗 P_0 (Static power)

当输入信号为零时,集成运放所消耗的总功率称为集成运放的静态功耗。它越低越好,近年来,一些低功耗,甚至微功耗的集成运放不断出现,这表明了集成运放功耗的重要性。

11. 其他

根据一些特殊使用要求,还有一些其他指标也很重要。如:差模和共模输入电压范围、电源电压抑制比 PSRR、最大输出电流 I_{oM}、最大输出功率 P_M 和工作温度范围等。

7.3.2 集成运放的选用原则

集成运放品种很多,不同品种的参数有的相差甚远,但从总体上讲可将集成运放分为通用型和专用型两大类。通用型集成运放的技术指标一般化,但价格便宜,常应用于无特殊要求的场合,如 μA741 就属此类。专用型集成运放是一个或少数几个技术指标特殊,在某一方面电路性能突出。根据技术参数特点,专用型集成运放又可分为高压型、高阻型、低功耗型、高速宽带型、高精度型和低漂移型等。

在实际应用集成运放设计电路时,要想从纷繁的集成运放产品中准确选择出适合工作要求的产品,必须要遵循下述原则:

1. 在通常情况下,首先要考虑性能价格比。在满足设计要求的前提下,要尽量降低成本,优先考虑选用通用型集成运放,只有在通用集成运放不能满足要求的情况下,才选择特殊型集成运放。

2. 确认信号源是电压源还是电流源后,还要考虑输入信号的幅值和频率变化范围等条件。根据这些情况选择集成运放的 A_{ud},R_{id},BW 和 S_R等参数。

3. 考虑负载电阻的大小和负载特性来确定所选集成运放的输出电流、输出电压及频率特性等。

4. 根据所设计电路的精度要求确定所选集成运放的电压增益 A_{ud}、共模抑制比 S_R及输入失调参数等。

5. 根据所要求的环境条件,选择集成运放的电源电压、温漂、工作温度范围等。

6. 运放选择后,要对主要参数进行必要的核算,以确定所选择的集成运放是一定能满足设计要求。

7.4 理想集成运放及分析规则

具有实用价值的集成运放的 V_{IO},I_{IO},I_{IB}及它们的温度系数和共模电压增益 A_{uc}等都应很小,对于高精度等特殊型集成运放,这些参数就要更小,其极值可认为是零。而对于 A_{ud},$CMRR$,R_{id}等参数则都要很大,其极值可认为是∞。为了分析方便,在工程上常认为参数达到极值的集成运放是理想集成运放。当然,这样假设会使分析结果产生一定误差,可以证明这个误差在工程上是允许的。故实际集成运放在应用时,往往把它看作理想集成运放(Ideal OA)。

7.4.1 理想集成运放的技术参数

1. 差模输入电阻 $R_{id}=\infty$。

2. 差模电压增益 $A_{uo}=\infty$。

3. 转换速率 $S_R=\infty$。

4. 单位增益带宽 $BW_G=\infty$。
5. $V_{IO}=0, I_{IO}=0, I_{IB}=0$。
6. $A_{uc}=0$。
7. 输出电阻 $R_o=0$。
8. $CMRR=\infty$。

7.4.2 理想集成运放的分析规则

图 7.4.1 为一理想集成运放的电路模型。依此图可以推导出两个非常重要的概念。

1. 虚断(Virtual open)

在图中,由于 $R_{id}=\infty$,所以流出或流入输入端的电流皆为零,即 $i_p=i_n=0$,这好像输入端断开了一样,故称为"虚断"。"虚断"的概念表示输入端是虚假开路。

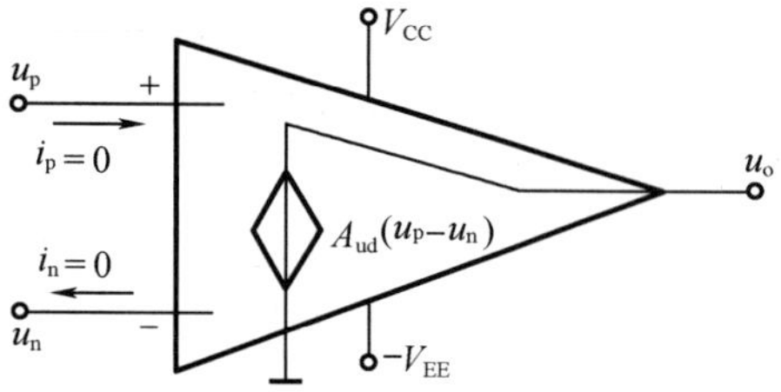

图 7.4.1 理想运放的电路模型

2. 虚短(Virtual short)

由图可见 $u_o=A_{ud}\cdot(u_p-u_n)$。当运放工作在线性区时,u_o是有限值,它在 $\pm V_{oM}$之间。当 $A_{ud}=\infty$ 时,(u_p-u_n)必趋于零,即两个输入端电位相等,相当于两输入端短路,这称之为"虚短"。

"虚短"和"虚断"是两个极为重要的概念,它可使集成运放的应用分析简单明了,故又有人称它们为黄金规则(Golden rules)。

7.5 集成运放的基本应用

在集成运放的应用中,常将集成运放看成是理想的,这样,就可应用"虚短"和"虚断"的概念进行分析计算。一般集成运放的应用,常接成负反馈形式,利用 $A_{ud}\to\infty$ 的特点,又可借助于深度负反馈的概念进行分析。

7.5.1 比例放大电路

根据输入信号所在的输入端不同,又可分为同相比例放大电路和反相比例放大电路。

1. 反相比例放大电路

(1)电路结构

图 7.5.1 为反相比例放大电路结构图,A 为理想集成运放,R_1 为输入电阻,R_F为反馈电阻,R_P为平衡电阻,其值为 $R_P=R_F /\!/ R_1$,它可确保集成运放在平衡状态下工作,以消除 I_{IB}的影响。

(2)闭环电压增益 A_{uf}

由于"虚断",$i_i=0$,所以 $u_p=0$。又由于"虚短",所以 $u_n=0$。实际上反向输入端并没有真正接地,因此这种情况称其为虚地(Virtual ground)。电流 $i_1=u_i/R_1$,$i_F=-\dfrac{u_o}{R_F}$,因

$i_1=0$，所以 $i_1=i_F$，故 $\frac{u_i}{R_1}=-\frac{u_o}{R_F}$，则

$$A_{uf}=\frac{u_o}{u_i}=-\frac{R_F}{R_1} \tag{7.5.1}$$

由式(7.5.1)可见“理想”集成运放构成反相比例放大电路的闭环电压增益是由外接电阻决定的，与集成运放参数无关。

反相比例放大电路也可以用负反馈的理论进行分析。可以将图 7.5.1 看成电压并联负反馈的放大电路，在深度负反馈情况下的 A_{uf} 与式(7.5.1)是一样的，不过这时的 R_1 可看成放大电路的信号源电阻 R_s。

(3)在实际应用中，输入端和反馈网络不一定是纯电阻性的，可以是电抗元件或是复杂的网络，这种情况可用图 7.5.2 表示。

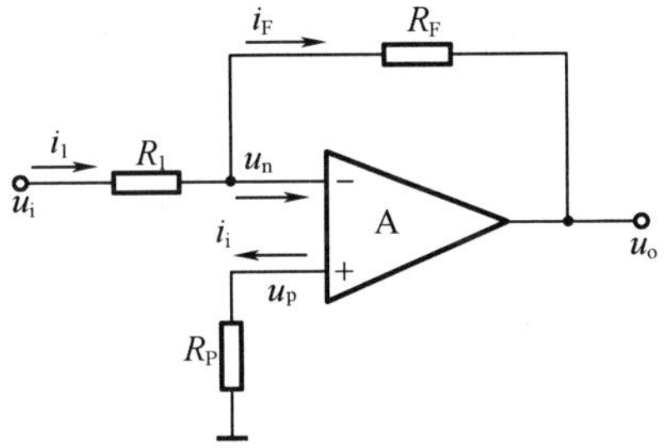

图 7.5.1　反相比例放大电路

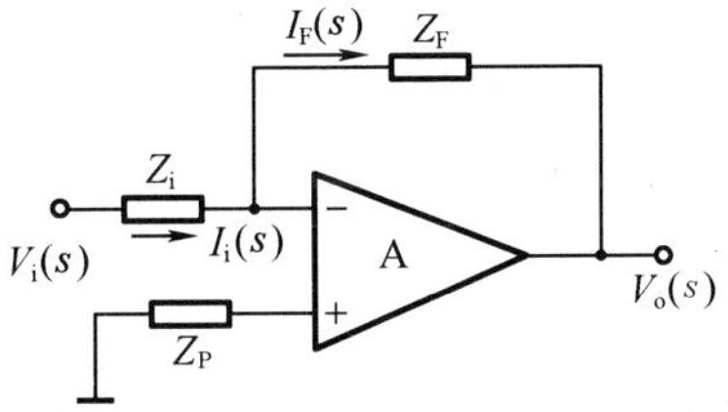

图 7.5.2　复频域反相比例放大电路

在复频域的增益表达式为

$$A_{uf}(s)=-\frac{Z_F(s)}{Z_i(s)} \tag{7.5.2}$$

当输入为正弦波信号时，上式又可写成

$$A_{uf}(j\omega)=-\frac{Z_F(j\omega)}{Z_i(j\omega)} \tag{7.5.3}$$

(4)自举电路

图 7.5.1 所示的电路的输入电阻不高。因为反相输入端虚地，所以输入电阻 $R_i=R_1$，而 R_1 的值又不宜过大，否则会带来一系列问题。可以用图 7.5.3 的自举电路来提高反比例放大电路的输入电阻。

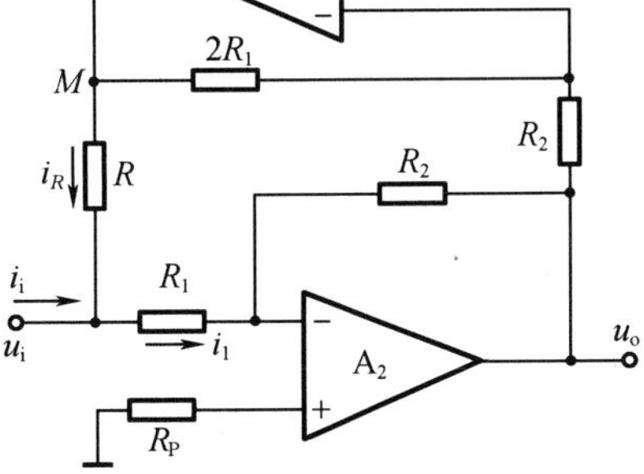

图 7.5.3　带自举的反相比例放大电路

图中 A_2 仍是反相比例放大电路，A_1 和 R 组成自举电路。为分析方便，电路中 $R_{P2}=R_1 /\!/ R_2$，$R_{P1}=2R_1 /\!/ R_2$。该电路在工作时，A_2 从信号源吸入电流很少，这对信号源来讲就相当于放大电路的输入电阻提高了。A_1，A_2 的闭环电压增益分别为

$$A_{uf_1}=-\frac{2R_1}{R_2} \tag{7.5.4}$$

$$A_{uf_2}=-\frac{R_2}{R_1} \tag{7.5.5}$$

由于 $u_o=A_{uf2}u_i$，所以 M 点的电压 $u_M=A_{uf1}\times A_{uf2}\times u_i=2u_i$。流经电阻 R 的电流 i_R 为

$$i_R=\frac{u_M-u_i}{R}=\frac{2u_i-u_i}{R}=\frac{u_i}{R} \tag{7.5.6}$$

放大电路从信号源吸收的电流为

$$i_i=i_1-i_R=\frac{u_i}{R_1}-\frac{u_i}{R}=\frac{R-R_1}{RR_1}u_i \tag{7.5.7}$$

图 7.5.3 放大电路的输入电阻为

$$R_i=\frac{u_i}{i_i}=\frac{RR_1}{R-R_1} \tag{7.5.8}$$

可见加入自举电路后，放大电路的输入电阻提高了。如 $R_1=10\ \text{k}\Omega$，$R=10.01\ \text{k}\Omega$，则 $R_i=10\ \text{M}\Omega$。

(5) T 型电阻网络(Ladder resistance network)

在图 7.5.1 电路中，若使 A_{uf} 值大，R_F 取值就要大，但 R_F 值大了也会带来一些问题。为避免选用高阻值的 R_F 来提高 A_{uf}，这里采用 T 型网络代替 R_F，如图 7.5.4 所示。

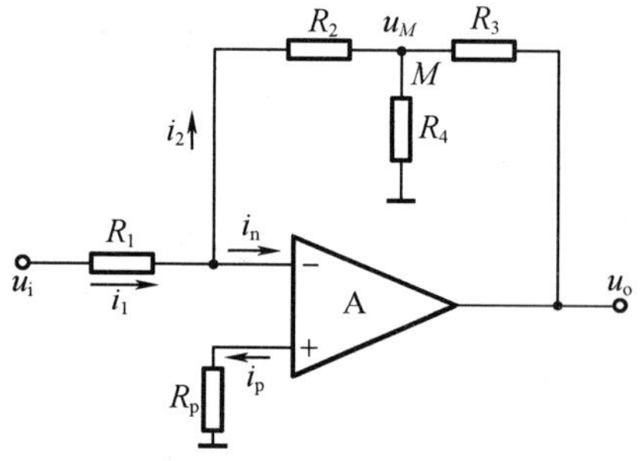

图 7.5.4 含有 T 型网络的反相比例放大电路

图中将 R_F 分成两部分，分别为 R_2，R_3，中间 M 点接 R_4。由于运放 A 的“－”端虚地，所以 M 点电位为

$$u_M=\frac{R_2 /\!/ R_4}{R_3+(R_2 /\!/ R_4)}u_o$$

输出电压 u_o 为

$$u_o=\frac{R_3+(R_2 /\!/ R_4)}{(R_2 /\!/ R_4)}u_M=\frac{R_2R_3+R_3R_4+R_2R_4}{R_2R_4}u_M \tag{7.5.9}$$

又根据“虚断”概念，$i_n=0$，这样可得 $i_1=i_2$，即 $\frac{u_i}{R_1}=\frac{-u_M}{R_2}$，则

$$u_i=\frac{-R_1}{R_2}u_M \tag{7.5.10}$$

根据式(7.5.9)和式(7.5.10)可得反比例放大电路的 A_{uf} 为

$$A_{uf}=\frac{u_o}{u_i}=-\frac{R_2+R_3+\frac{R_2R_3}{R_4}}{R_1}=-\frac{R_2+R_3}{R_1}\left(1+\frac{R_2 /\!/ R_3}{R_4}\right) \tag{7.5.11}$$

由式(7.5.11)可见，实际上是用等效电阻网络 $\left(R_2+R_3+\frac{R_2R_3}{R_4}\right)$ 代替了图 7.5.1 中的 R_F，使 A_{uf} 增加为原来的 $\frac{R_2 /\!/ R_3}{R_4}$ 倍。由上式可见，R_4 的阻值应选择比较小的，否则等效电阻值增加得不明显。当 $R_2=R_3=10\ \text{k}\Omega$，$R_4=0.1\ \text{k}\Omega$ 时，反馈网络等效电阻可达 $1\ \text{M}\Omega$，即闭环电压增益提高了 50 倍。实际上是 T 型网络中的 R_4 减弱了 (R_2+R_3) 的负反馈作用，从而提高了闭环增益。

2. 同相比例放大电路

(1) 电路结构

图 7.5.5 为一同相比例放大电路。信号 u_i 从同相端送入，输出信号与输入信号同相。$R_P = R_1 /\!/ R_F$。

(2) 闭环电压增益 A_{uf} 和输入电阻 R_i

利用"虚短"和"虚断"的规则可得 $u_n = u_i$，从而可得到闭环电压增益为

$$A_{uf} = \frac{R_1 + R_F}{R_1} \tag{7.5.12}$$

输入电阻为

$$R_i = R_P + R_{ic} /\!/ (R_{id} \times A_{ud} \times K_{fu}) \doteq R_{ic} \tag{7.5.13}$$

其中 A_{ud} 为开环电压增益，K_{fu} 为反馈系数，可见 R_i 相当于集成运放的共模输入电阻，其值是非常高的。

由于输入端"虚短"，故同相比例放大电路两输入端电压几乎都等于 u_i，这相当于在两输入端加入了共模电压 $u_{ic} = u_i$，这就要求集成运放本身的 *CMRR* 参数值要高，用以抑制共模影响。

(3) 电压跟随器

在图 7.5.5 的电路中，若 $R_1 = \infty$，则 $A_{uf} = 1$，此时电路便成为电压跟随器，如图 7.5.6(a) 所示。

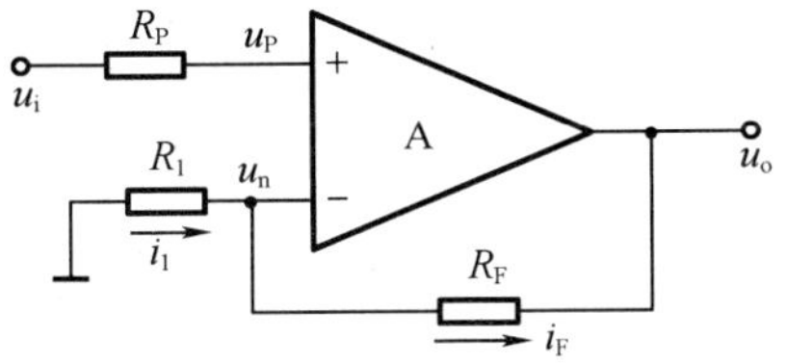

图 7.5.5　同相比例放大电路

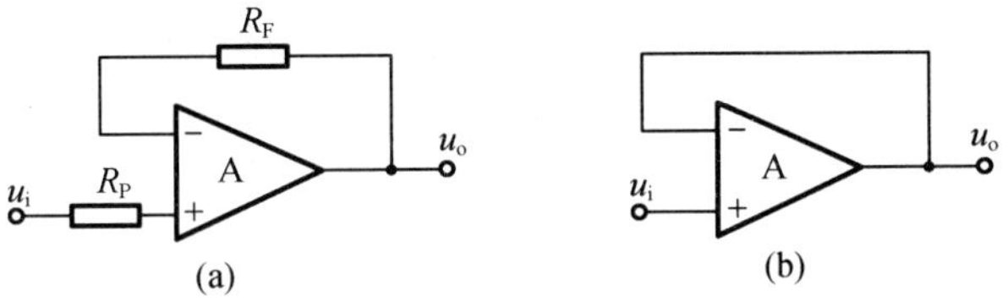

图 7.5.6　电压跟随器

图 7.5.6(b) 也是电压跟随器电路，由于不接电阻 R_F，对减小误差有利。而图 7.5.6(a) 中由于反馈回路中有 R_F，当电路发生阻塞时，可以有一定的限流保护作用。

实际上，电压跟随器是同相比例放大器的特例，它是将 u_o 电压 100% 地负反馈到输入端。这与第 4 章讨论过的共集电路是一样的。

7.5.2　求差与求和运算电路

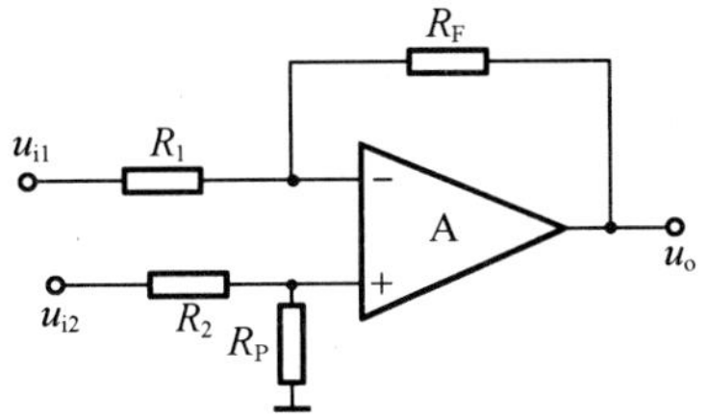

图 7.5.7　差分放大电路

1. 求差运算电路（差分放大电路）

图 7.5.7 为一基本差分放大电路（Differential amplifier）。从结构上看它是一个同相放大电路和一个反相放大电路的组合，对 $(u_{i1} - u_{i2})$ 的值进行放大。

利用"虚短"和"虚地"的规则和叠加定理可以推导出

$$u_o = \left(1 + \frac{R_F}{R_1}\right) \cdot \frac{R_3}{R_2 + R_3} \cdot u_{i2} - \frac{R_F}{R_1} \cdot u_{i1} \tag{7.5.14}$$

当取 $R_1=R_2,R_3=R_F$ 时，则

$$u_o=\frac{-R_F}{R_1}(u_{i1}-u_{i2}) \tag{7.5.15}$$

电路的输入电阻为

$$R_i=2R_1 \tag{7.5.16}$$

这种差分放大电路，当输入差模信号时，还会有共模信号存在，所以，在差分放大电路中，要求集成运放有较高的 $CMRR$。另一方面要求外接电阻要精确匹配，要完全满足 $R_1/\!/R_F=R_2/\!/R_3$。对于电阻阻值的精度要求也要高，如所选电阻阻值的误差为 Δ，则外接电阻失配产生的共模抑制比为

$$CMRR_R=\frac{1+A_{uf}}{4\Delta} \tag{7.5.17}$$

若集成运放的共模抑制比为 $CMRR_A$，则整个差分放大电路的共模抑制比为

$$CMRR=\frac{CMRR_R\times CMRR_A}{CMRR_R+CMRR_A} \tag{7.5.18}$$

由上两式可见，由外接电阻精度 Δ 引起的共模抑制比降低是不容忽视的，特别在 Δ 值较大而 A_{uf} 又较小时，$CMRR_R$ 完全可能成为制约整个差分放大电路 $CMRR$ 的主要因素，这一点应注意。

2. 求和运算电路(加法运算电路)

(1)反相求和运算电路

图 7.5.8 为一反相求和运算电路(Summing circuit)。

在反相输入端加入 u_{i1} 和 u_{i2} 两个输入信号，平衡电阻 $R_P=R_1/\!/R_2/\!/R_F$。

利用“虚短”和“虚地”的规则和叠加原理，可得

$$u_o=-\left(\frac{R_F}{R_1}u_{i1}+\frac{R_F}{R_2}u_{i2}\right) \tag{7.5.19}$$

若取 $R_1=R_2$，则

$$u_o=-\frac{R_F}{R_1}(u_{i1}+u_{i2}) \tag{7.5.20}$$

实现了两输入信号的反相比例求和运算。

若 u_{i1} 或 u_{i2} 其中一个为零，则图 7.5.8 与图 7.5.1 一样，成为反相比例放大电路。

输入信号可以多于两个，这时可构成多信号求和运算电路。

(2)同相求和运算电路

两个输入信号同时加在集成运放的同相输入端，构成同相求和运算电路，如图 7.5.9 所示。

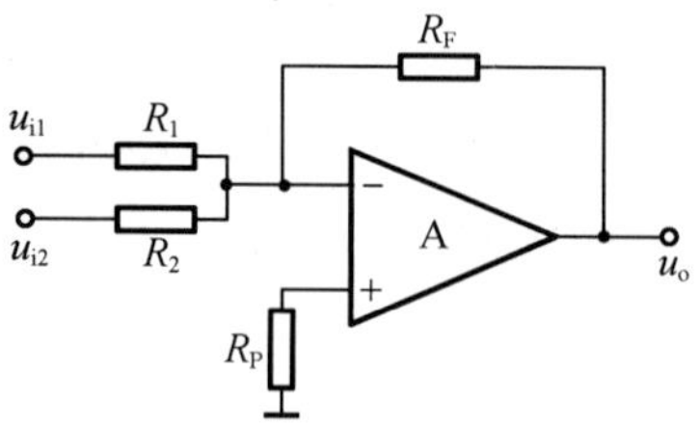

图 7.5.8 反相求和运算电路

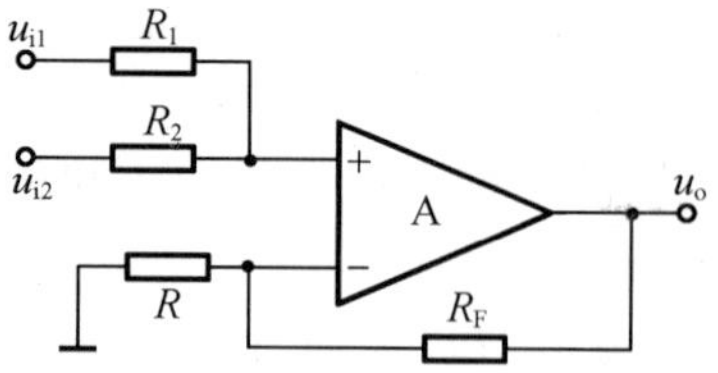

图 7.5.9 同相求和运算电路

这时的输出电压为

$$u_{o} = \left(1 + \frac{R_{F}}{R}\right)(R_{1} /\!/ R_{2})\left(\frac{u_{i1}}{R_{1}} + \frac{u_{i2}}{R_{2}}\right) \tag{7.5.21}$$

若 $R_1 = R_2$，则式(7.5.21)变为

$$u_{o} = \frac{1}{2}\left(1 + \frac{R_{F}}{R}\right)(u_{i1} + u_{i2}) \tag{7.5.22}$$

若取 $R_1 /\!/ R_2 = R /\!/ R_F$，则式(7.5.21)可改写为

$$u_{o} = \frac{R_{F}}{R_{1}}u_{i1} + \frac{R_{F}}{R_{2}}u_{i2} \tag{7.5.23}$$

式(7.5.23)与式(7.5.19)仅差一个负号。

7.5.3　积分和微分运算电路

1. 积分运算电路(Integration circuit)

图 7.5.10 为一积分运算电路。在集成运放 A 的反馈回路中接入积分电容 C，而输入信号由 A 的反相端输入，同相端接地。

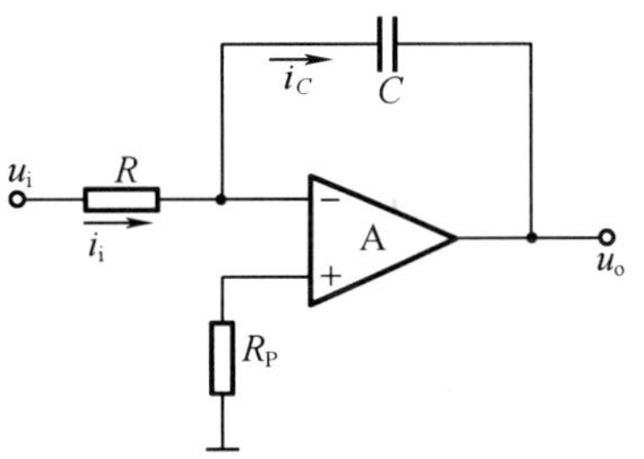

图 7.5.10　基本积分运算电路

根据“虚短”和“虚地”的规则，$i_C = i_i = \dfrac{u_i}{R}$，由此可得 $u_o(t)$ 为

$$u_{o}(t) = -u_{C}(t) = -\frac{1}{C}\int_{0}^{t} i_{C}\mathrm{d}t = -\frac{1}{RC}\int_{0}^{t} u_{i}\mathrm{d}t \tag{7.5.24}$$

由上式可知，图 7.5.10 电路满足了输出与输入电压间的积分关系。

当输入信号 u_i 为图 7.5.11 所示的阶跃值为 V_m 的阶跃信号时，在 $t \geqslant 0$ 时，输出为

$$u_{o}(t) = -\frac{1}{C}\int_{0}^{t} \frac{V_{m}}{R}\mathrm{d}t = -\frac{V_{m}}{RC}\cdot t \tag{7.5.25}$$

上式表明，当 $t>0$ 时，V_m 以恒流 $\dfrac{V_m}{R}$ 对电容 C 充电，当 $t=t_1$ 时，u_o 达到 $-V_{OL}$ 时，电路则进入负向饱和区，积分停止。这说明要使电路保持正常的积分关系，对积分时间要有限制。

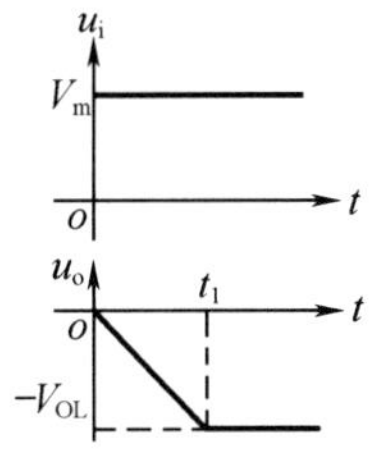

图 7.5.11　输入阶跃信号和输出电压波形

在实际应用中，为了保持集成运放的线性工作状态，常在电容 C 上并联一个大电阻 R_F，以给输出漂移提供一个直流通路。但这样的电路，R_F 要很大，否则当工作频率很低而使 $\dfrac{1}{\omega C} \gg R_F$ 时，则会使电路失去积分作用。

2. 微分运算电路(Differential circuit)

图 7.5.12 为基本微分运算电路。电容 C 串接在集成运放的反相输入端，同相端接地。

根据“虚地”的规则，可得

$$u_{o}(t) = -RC\frac{\mathrm{d}u_{i}(t)}{\mathrm{d}t} \tag{7.5.26}$$

这样就实现了输出电压与输入电压之间的微分关系。

基本微分运算电路存在稳定性差、高频噪声大和输入电阻低的问题，解决的办法是在输入端串入小电阻，这样可以限制输入电流，以提高电路的阻尼系数。串入电阻 R_t 的阻值可以由下式确定：

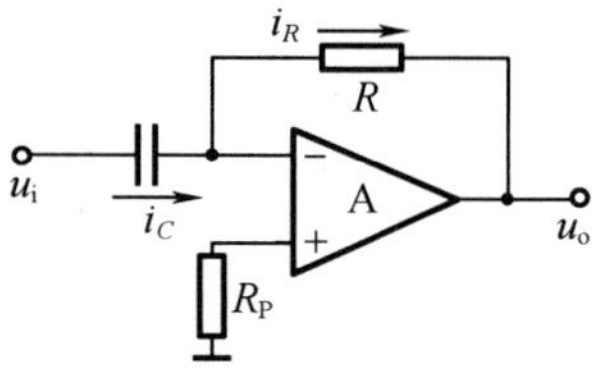

图 7.5.12　基本微分运算电路

$$R_t = \sqrt{\frac{2R}{\pi BW_G C}} \tag{7.5.27}$$

当微分运算电路工作频率不太高时，为了抑制高频噪声，也可在反馈电阻 R 上并联一只小电容 C_f。当同时加入 R_t 和 C_f 时，C_f 值可由下式确定：

$$C_f = \frac{CR_t}{R} \tag{7.5.28}$$

7.5.4　对数和指数运算电路

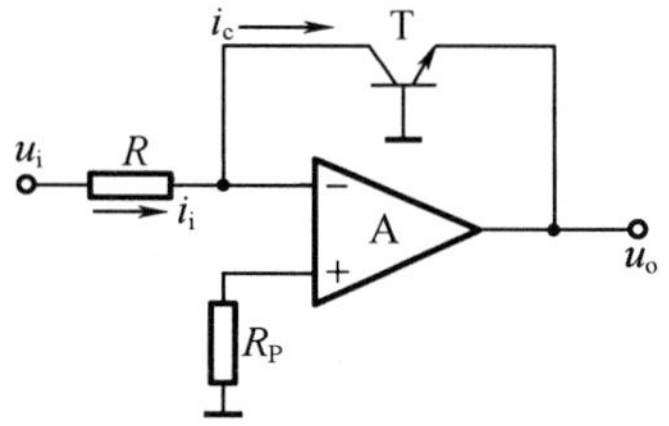

图 7.5.13　对数运算原理电路

1. 对数运算电路(Logarithmic circuit)

利用双极型晶体管 PN 结的指数特性可以实现对数运算。

图 7.5.13 为对数运算的原理图，其中三极管 T 的基极接地，利用 T 的 BE 结作为集成运放 A 的负反馈回路。

由第 3 章学习可知，当三极管接成二极管形式时，i_c 电流与 V_{BE} 之间可以在宽范围内有很好的对数关系，即 $i_c = I_S e^{\frac{V_{BE}}{V_T}}$，从而得

$$V_{BE} = V_T \ln \frac{i_c}{I_S} \tag{7.5.29}$$

根据“虚断”的概念，$i_c = i_i = \frac{u_i}{R}$，$u_o = -V_{BE}$，这样：

$$u_o(t) = -V_T \ln \frac{u_i(t)}{RI_S} \tag{7.5.30}$$

从而实现了输出电压与输入电压间的对数关系。

该电路虽然结构简单，但存在局限性。它的输出电压必须在 $-0.7\ V \leq u_o < 0\ V$ 之间，否则晶体管不能工作在正常导通状态。另外，由于 V_{BE}，I_S 均为温度的函数，所以电路的温度特性不好，运算精度不高。

2. 对数运算的改进电路

图 7.5.14 为具有温度补偿的对数运算电路。

T_1 管仍是对数元件，T_2 管起温度补偿作用，为达到最佳的温度补偿效果，T_1，T_2 的特性应一致，最好选用差

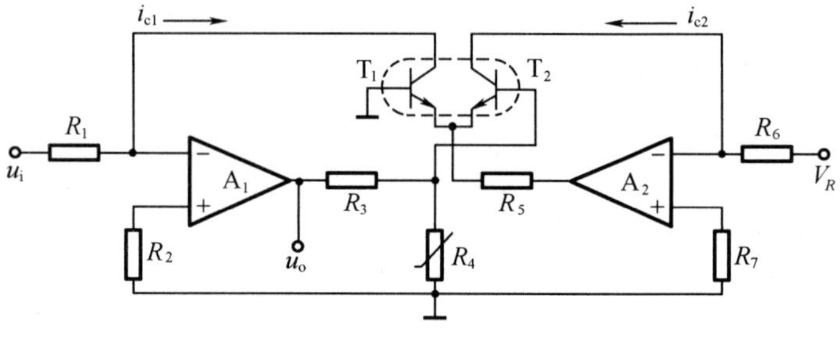

图 7.5.14　具有温度补偿的对数运算电路

分对管,如 LM394 等。

T_1,T_2的 V_{BE}分别为

$$V_{BE1} = V_T \cdot \ln \frac{i_{c1}}{I_{S1}} \tag{7.5.31}$$

$$V_{BE2} = V_T \cdot \ln \frac{i_{c2}}{I_{S2}} \tag{7.5.32}$$

由图可见,若忽略 T_2的基极电流,则 T_2的基极电位 $u_{B2} = \frac{R_4}{R_3 + R_4} \cdot u_o$。又由于 T_1基极接地,T_2的基极对地电位等于 $u_{B2} = V_{BE2} - V_{BE1}$,则

$$u_o = \left(1 + \frac{R_3}{R_4}\right) \times (V_{BE2} - V_{BE1}) = -\left(1 + \frac{R_3}{R_4}\right) \times V_T \times \left(\ln \frac{i_{c1}}{I_{S1}} - \ln \frac{i_{c2}}{I_{S2}}\right)$$

$$= -\left(1 + \frac{R_3}{R_4}\right) \times V_T \times \ln\left(\frac{i_{c1} \cdot I_{S2}}{i_{c2} \cdot I_{S1}}\right)$$

由图得:$i_{c1} = \frac{u_i}{R_1}$,$i_{c2} = \frac{V_R}{R_2}$,令 $I_{S1} = I_{S2}$,则

$$u_o = -\left(1 + \frac{R_3}{R_4}\right) V_T \ln \frac{R_2}{R_1 V_R} u_i \tag{7.5.33}$$

从而实现了输出电压与输入电压的对数关系。

V_T的温度系数可以用热敏电阻(Thermistor)R_4进行温度补偿。只要两者温度系数一样,就可达到补偿目的。显然 R_4应是正温度系数的,比如温度系数 +0.33% 的热敏电阻等。

有时为了克服输入失调电压的影响,可在 A_1的同相输入端加调零电位器。

对于 A_1,A_2要选用偏置电流小、温漂小的集成运放。当输入信号较小时,则 i_{c1}较小,这时要选用 FET 型集成运放,如可选用 OPA111B 或 LF401A 等。若是输入大信号,则 i_{c1}较大,例如 $i_{c1} > 0.1\ \mu A$,则可选用双极型集成运放,比如 OP-08E,LM11 等都可。OP-08E 集成运放,它的 $I_{1B} = 0.08$ nA,输入失调电压温漂为 0.2 μV/℃,也完全可以满足要求。

为了保证电路工作稳定,有时要在 A_1,A_2的输出端与它们的反相输入端间加接小电容,用于相位补偿,一般为几十皮法到几百皮法。

对于式(7.5.33),适当选取电阻和 V_R,还可以得到

$$u_o = \lg u_i \tag{7.5.34}$$

这时输出、输入电压间为常用对数关系,u_i变化 10 V,u_o变化 1 V。

现在已有单片集成对数放大器,如 SL521C,SL502,ICL8048 等,使用起来很是方便。

3. 指数运算电路(Exponential circuit)

图 7.5.15 为指数运算原理电路。利用"虚短"和"虚地"的概念可以推导出:

$$u_o = -RI_S \cdot e^{\frac{V_{BE}}{V_T}} = -RI_S e^{\frac{u_i}{V_T}} \tag{7.5.35}$$

实现了输出电压与输入电压的指数运算关系。

与对数运算电路一样,指数运算电路也要加补偿才能保证运算精度。

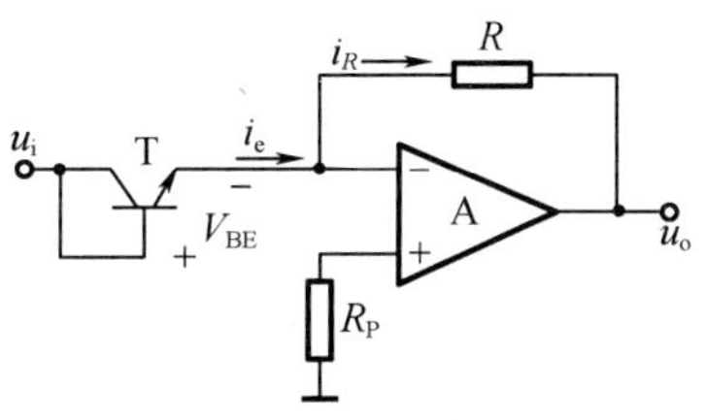

图 7.5.15　指数运算原理电路

7.5.5 乘法和除法运算电路

1. 乘法运算和除法运算电路

乘法运算和除法运算电路可以用对数和反对数运算电路的组合来实现这些运算。

(1)乘法运算电路(Multiplication circuit)

用对数、求和和反对数运算电路可以实现乘法运算,它的数学表达式为

$$u_o = u_{i1} \cdot u_{i2} \tag{7.5.36}$$

上述表达式可用图7.5.16的框图来实现。这些单元电路都是前面讨论过的,这里不再赘述。

(2)除法运算电路(Division circuit)

用对数、求差和反对数运算电路实现除法运算的电路框图如图7.5.17所示,其数学表达式为

$$u_o = \frac{u_{i1}}{u_{i2}} \tag{7.5.37}$$

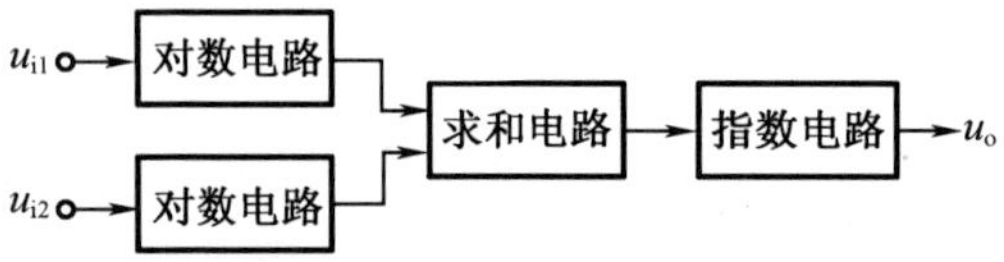

图7.5.16 乘法运算的框图

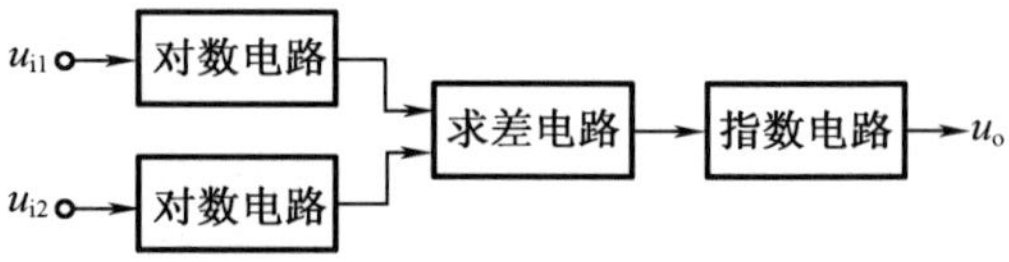

图7.5.17 除法运算的框图

2. 乘-除法运算电路

图7.5.18为乘-除法运算电路,其中$A_1 \sim A_3$可实现对数运算电路,A_4为反对数运算电路。由图可知,$T_1 \sim T_4$的V_{BE}间的关系为

$$V_{BE1} + V_{BE2} = V_{BE3} + V_{BE4} \tag{7.5.38}$$

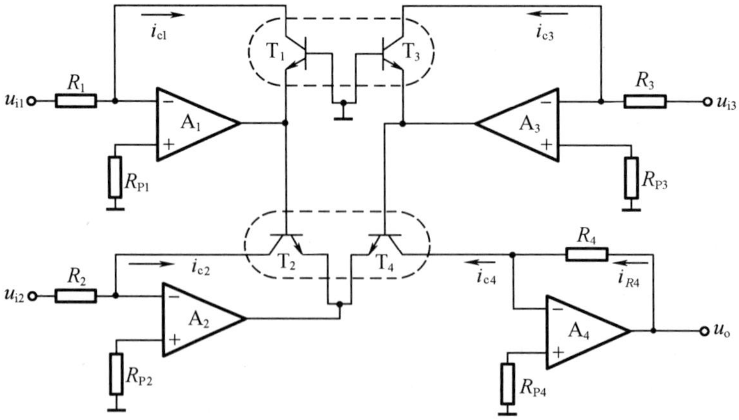

图7.5.18 乘-除法运算电路

晶体管 $T_1 \sim T_4$的 $V_{BE}=V_T\ln\dfrac{i_c}{I_S}=V_T\ln\dfrac{i_c}{I_S}=V_T\ln\dfrac{u_i}{RI_S}$,令 $T_1\sim T_3$的 I_S相等,依式(7.5.38)则有

$$V_{BE4}=V_{BE1}+V_{BE2}-V_{BE3}$$

将 V_{BE1},V_{BE2}和 V_{BE3}表达式代入,可得

$$V_{BE4}=V_T\ln\left(\frac{u_{i1}}{R_1}\times\frac{u_{i2}}{R_2}\times\frac{R_3}{u_{i3}}\times\frac{1}{I_S}\right)\tag{7.5.39}$$

由电路可知,输出电压 u_o为

$$u_o=R_4I_{c4}=R_4I_S e^{\frac{V_{BE4}}{V_T}}=\frac{R_3R_4}{R_1R_2}\cdot\frac{u_{i1}u_{i2}}{u_{i3}}\tag{7.5.40}$$

若令 $R_1=R_2=R_3=R$,则

$$u_o=\frac{R_4}{R}\cdot\frac{u_{i1}u_{i2}}{u_{i3}}\tag{7.5.41}$$

从而实现了 u_{i1},u_{i2}相乘,再与 u_{i3}相除的数学关系。

对于 $A_1\sim A_4$最好选用单片四运放,如LM323,OP77等,这样它们的特性一致,而 $T_1\sim T_4$也应选用差分对管,如选四差分对管BG314或双差分对管如LM394,MAT-01等。

7.5.6 单片模拟乘法器

1. 结构

单片模拟乘法器(Monolithic analog multiplier)是能完成两个模拟量相乘的集成电路。它可以方便地构成乘法、除法、乘方和开方等运算电路,广泛应用在广播、通信和测量系统中,在医用仪器和自控系统中也多有应用。

实现两个模拟量相乘的方法很多,但就单片模拟乘法器而言,则多采用变跨导型电路。这种电路原理如图7.5.19所示。

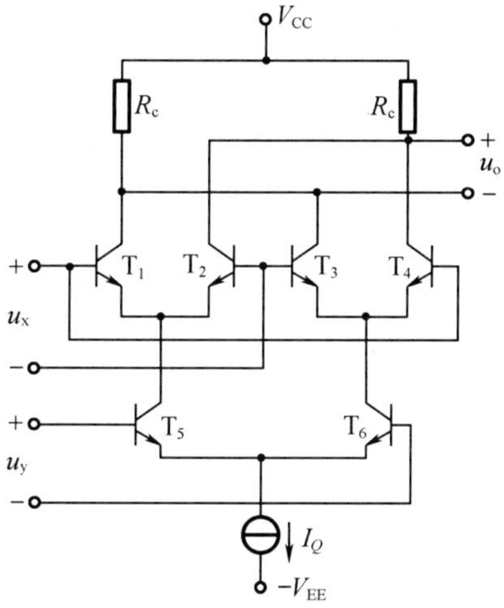

图7.5.19　双平衡可变跨导模拟乘法器原理图

这是一种双平衡式的可变跨导模拟乘法器的结构简图,它与两级射极耦合差分放大器很相似,输入电压为 u_{xo},所不同的是恒流电路(图中 T_5,T_6)受输入电压 u_y控制。可以推导出其输出电压为

$$u_o=\frac{R_cI_Q}{4V_T^2}u_xu_y=Ku_xu_y\tag{7.5.42}$$

其中 K 为乘积因子。上式实现了输出与输入的乘法关系。由于 u_x,u_y 取值可正可负,故称为四象限乘法器。若其中一个输入信号极性受限制,则是二象限乘法器,若两个输入信号极性都受限制,则是单象限乘法器。图7.5.20为模拟乘法器电路符号。

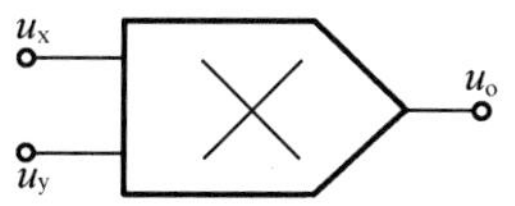

图7.5.20　模拟乘法器电路符号

目前市场上有多种单片模拟乘法器供应。早期产品有

AD534，MPY100 等，它们的输入信号范围较窄。如 AD534 的输入信号为 ±2.5 V，线性误差为 0.2% 左右，当输入信号加大时，线性变坏，小信号时 −3 dB 带宽也只有 1 MHz。后来生产的 MLT04 是在一个单片内共有四个乘法器，它在 ±2.5 V 输入电压时，虽线性也为 0.2%，但小信号带宽已达 8 MHz。近年来为了加大输入信号范围和提高温度稳定性，通常在输入端加非线性补偿电路，如 MC1595，加补偿电路后，在输入 ±10 V 时线性误差为 0.5%，输入失调电流全温度系数为 2 nA/℃，当 $R_L = 50\ \Omega$ 时，其 −3 dB 带宽为 80 MHz，可见其性能是很好的。

2. 单片模拟乘法器的应用

单片模拟乘法器用途很广，下面仅举几例。

(1)乘方运算电路

图 7.5.21 为乘方运算电路，其中图(a)为平方运算，输出表达式为

$$u_o = Ku_i^2 \tag{7.5.43}$$

当 $u_i = \sqrt{2}V_m \cdot \sin\omega_0 t$ 的正弦波时，输出为

$$u_o = 2KV_m^2\sin^2\omega_0 t = KV_m^2(1 - \cos 2\omega_0 t) \tag{7.5.44}$$

图 7.5.21(b)为 3 次方运算电路，其输出电压为

$$u_o = K^2u_i^3 \tag{7.5.45}$$

(2)除法运算电路

利用乘法器和运放 A 可方便地组成除法运算电路，如图 7.5.22 所示。

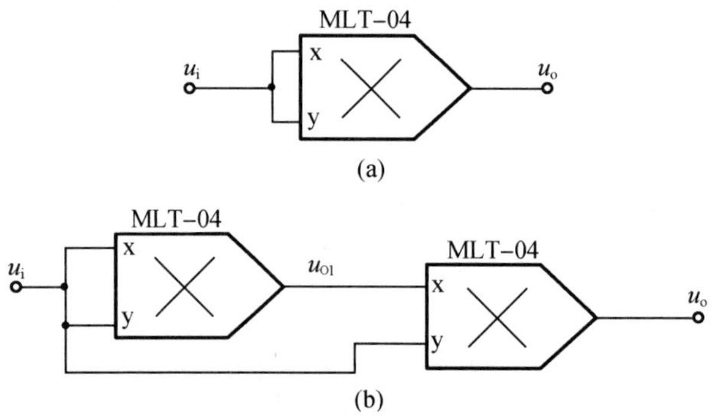

图 7.5.21　乘方运算电路

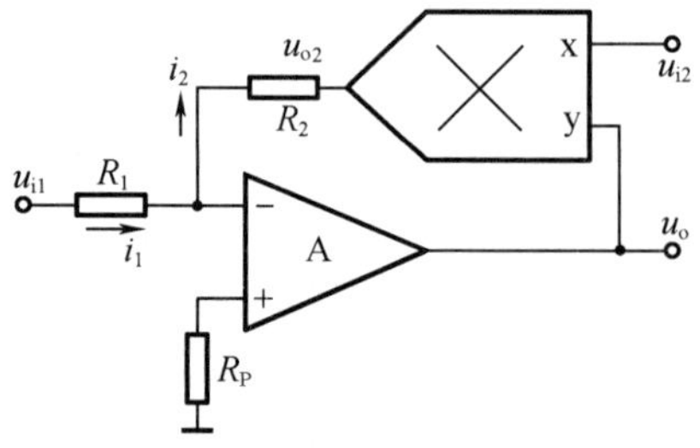

图 7.5.22　除法运算电路

对于运放 A 可利用“虚断”和“虚地”的规则得

$$u_{o2} = -\frac{R_2}{R_1}u_{i1} \tag{7.5.46}$$

又由乘法器可得

$$u_{o2} = Ku_{i2}u_o \tag{7.5.47}$$

两式联立得

$$u_o = \frac{-R_2}{KR_1} \cdot \frac{u_{i1}}{u_{i2}} \tag{7.5.48}$$

对于图 7.5.22 的电路，要想使电路正常工作，必须满足 $i_1 = -i_2$，即做到 $u_{i1} > 0$ 时 $u_{o2} < 0$，或 $u_{i1} < 0$ 时

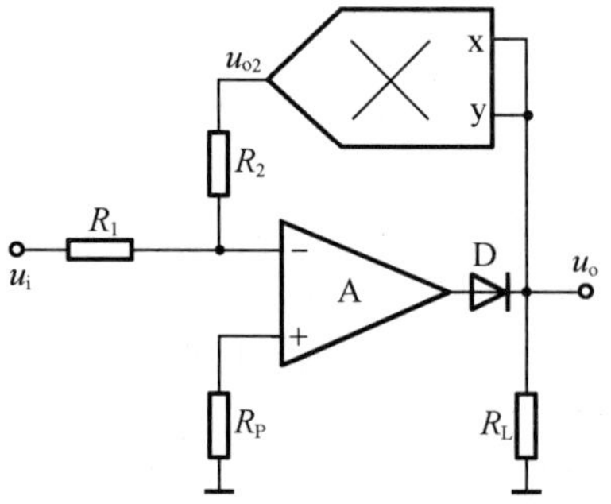

图 7.5.23　负电压开平方运算电路

$u_{o2}>0$，也就是说若 $k>0$，则 u_{i2} 必须是正极性的信号。这样才能保证集成运放处于负反馈工作状态。

(3)开平方运算电路

图 7.5.23 为开平方运算电路，若 $R_1=R_2$，则其输出电压为

$$u_o = \sqrt{-\frac{u_i}{K}} \tag{7.5.49}$$

由上式可见当 $K>0$ 时，u_i 必须是负值。若 u_i 为正，由于乘法输出为正，这就变成了正反馈，这会使运放进入饱和区或截止区。为了防止这种情况，加入了二极管 D。当 $u_i>0$ 时，运放 A 输出为负值，D 截止。只有 $u_i<0$ 时 D 才导通，电路才能正常工作。

7.6　集成运放实际参数对应用的影响

在 7.5 节中讨论集成运放的应用时，都将集成运放看成是理想的。而实际的集成运放不具有理想的参数。这样，实际集成运放在应用时其结果会有一定的误差，了解并定量分析这些情况对正确应用集成运放是非常必要的。

集成运放在每一种特定的应用中，往往都只有几个参数起主要作用，如在高频小信号放大电路中，集成运放的 A_{ud}，R_{id} 和 BW 无疑对运算结果起主要作用。因此，在实际应用时，要根据实际情况考虑几个主要参数，而可以将其他参数仍理想化，这样，既会使分析简单明了，又不会影响分析结论的正确性。

7.6.1　*CMRR* 的有限值对输出电压的影响

我们以图 7.5.5 的同相比例放大电路为例进行讨论。集成运放的 *CMRR* 为有限值，而其他参数是理想的。由于“虚短”，集成运放的输入端除了有差模信号 u_{id} 外，还有共模信号 u_{ic}，设反馈系数 $K_{fu}=\dfrac{R_1}{R_1+R_F}$，则

$$u_{id} = u_p - u_n = u_i - K_{fu}\cdot u_o \tag{7.6.1}$$

$$u_{ic} = \frac{1}{2}(u_p + u_n) = \frac{1}{2}u_i + \frac{K_{fu}\cdot u_o}{2}$$

$$u_o = u_{id}\cdot A_{ud} + u_{ic}\cdot A_{uc} = A_{ud}(u_i - K_{fu}\cdot u_o) + A_{uc}\cdot\left[\frac{1}{2}(u_i + K_{fu}\cdot u_o)\right]$$

$$= \left(1+\frac{R_F}{R_1}\right)\left[\frac{1+\dfrac{1}{2CMRR}}{1+\dfrac{1}{A_{ud}\cdot K_{fu}}-\dfrac{1}{2CMRR}}\right]u_i \tag{7.6.2}$$

由于认为 $A_{ud}=\infty$，再令 $1+\dfrac{R_F}{R_1}=A_{uf}$（理想情况），则上式忽略极小值项后的输出电压为

$$u_o = A_{uf}\cdot u_i\cdot\frac{2CMRR+1}{2CMRR-1} \tag{7.6.3}$$

与理想情况下 $u_o'=A_{uf}\cdot u_i$ 相比，其相对误差为

$$\Delta = \frac{u_o - u_o'}{u_o'} = \frac{2CMRR+1}{2CMRR-1} - 1 \doteq \frac{1}{CMRR} \tag{7.6.4}$$

上式表明,当 *CMRR* 为有限值时,它对输出电压是有影响的,而这个影响是正值。

这里要说明的是,由于 *CMRR* 是频率的函数,当集成运放的工作频率超过 f_H 时,*CMRR* 会随 f 增加而下降,其输出误差会加大。

7.6.2　A_{ud} 和 R_{id} 的有限值对输出电压的影响

现以图 7.5.1 反比例运算电路为例,分析集成运放的 A_{ud} 和 R_{id} 不为∞时对输出电压的影响。由于不存在"虚短"和"虚断"的概念,故可画图 7.6.1 的等效电路。由图可列出下列方程组。

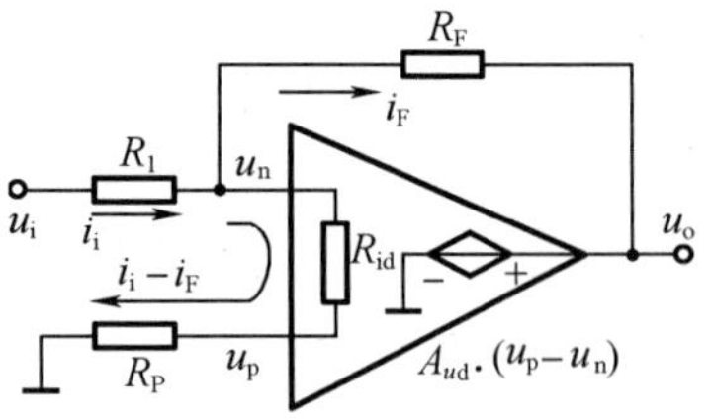

图 7.6.1　图 7.5.1 的等效电路

$$\begin{cases} u_n = u_i - R_1 i_i \\ u_p = (i_i - i_F) R_P \\ u_o = A_{ud}(u_p - u_n) \\ i_F R_F = u_n - u_o \\ u_n - u_p = (i_i - i_F) R_{id} \end{cases}$$

求解方程组可得

$$u_o = -\frac{R_F}{R_1} \cdot \frac{u_i}{1 + \dfrac{R_F[(R_1 /\!/ R_F) + R_P + R_{id}]}{A_{ud} R_{id} (R_1 /\!/ R_F)}} \tag{7.6.5}$$

因为 A_{ud} 和 R_{id} 都很大,式(7.6.5)可利用近似公式 $\dfrac{1}{1+\dfrac{B}{A}} \doteq 1 - \dfrac{B}{A}, A \gg 1$ 化简后,得

$$u_o = -\frac{R_F}{R_1}\left\{1 - \frac{R_F[(R_1 /\!/ R_F) + R_P + R_{id}]}{A_{ud} R_{id}(R_1 /\!/ R_F)}\right\} u_i \tag{7.6.6}$$

理想情况下的输出电压 $u_o' = -\dfrac{R_F}{R_1} \cdot u_i$,则输出电压的相对误差为

$$\Delta = \frac{u_o - u_o'}{u_o'} = -\frac{R_F[(R_1 /\!/ R_F) + R_P + R_{id}]}{A_{ud} R_{id}(R_1 /\!/ R_F)}$$

$$= \frac{-R_F}{A_{ud}(R_1 /\!/ R_F)}\left[1 + \frac{(R_1 /\!/ R_F) + R_P}{R_{id}}\right] \tag{7.6.7}$$

上式说明,集成运放的 A_{ud} 和 R_{id} 为有限值,对输出是有影响的,而且 A_{ud} 的有限值比 R_{id} 的有限值影响更大。当 $A_{ud} = \infty$ 时,$\Delta = 0$,不产生误差。另外,这个误差是一个负值,它使输出电压下降。

7.7　高压型集成运放

有些应用场合,要求集成运放有较高的输出电压,比如要求 u_o 在 ±30 V 以上。这样,电源电压也要随之提高,输入电压范围也要加宽,具有这些特点的集成运放称为高压型集成运放。高压型集成运放与其他型集成运放不同,其内部电路必须采取必要的保护措施,以满足高压的要求。

高压集成运放的典型产品是BB公司生产的3583高压大电流集成运放。它是由FET管和双极型晶体管组成的混合电路。它可以在 ±50 ~ ±150 V 的电源电压范围内工作，能给出75 mA的输出电流，输入级由FET管组成，具有很高的输入电阻，其 $R_{id}=10^{11}\ \Omega$，它的偏置电流很低，$I_{IB}\leqslant 20$ pA。电路内部采用了激光修正技术，这使 $V_{IO}<3$ mV，输入端可承受高达300 V的差模输入电压或 −150 ~ +150 V 的共模输入电压。芯片内部有自动保护电路，对过热或超载都可实施自动保护，其保护温度为150 ℃。

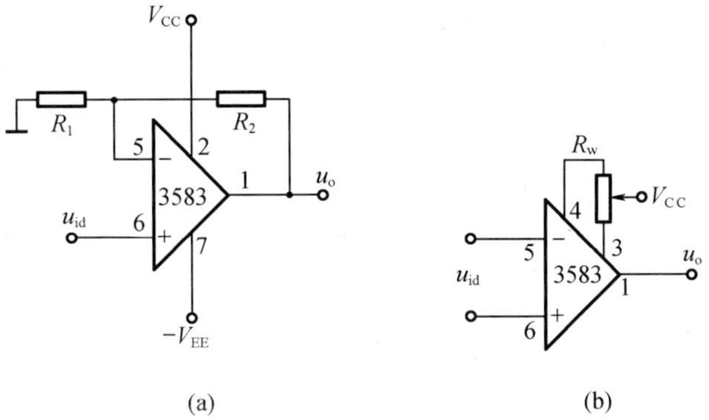

图 7.7.1　3583 集成运放的基本应用电路

图 7.7.1 为3583集成运放的基本应用接法。必要时，可在输入端串入一个小电阻，以起限流保护作用。

有的高压集成运放不但电压高，输出电流也很大，有的甚至可达20 A，在50 ℃时允许功耗可达160 W。有的 S_R 可达1 200 V/μs，带宽达1 000 MHz。可见这些单片器件除具有高压特性外，其他的技术参数也是很好的，表 7.7.1 给出了一些高压集成运放的主要参数值。

表 7.7.1　高压集成运算放大器

型号	厂商	总供电电压/V		最大差模输入电压/V	BW_G /MHz	S_R /(V/μs)	I_{om} /mA	说明
		最小	最大					
BG315	国产	12	72				2	
LM344	NS	10	68	68	1	30	20	超 β
MC1536	MO	10	80	77	1	2	17	早期产品，性能稳定
OPA541	BB	30	80	80	2	10	10 000	高功率
1461	TP	30	80	25	1 000	1 200	750	VMOS 输出
PA04	AP	30	200	20	2	50	2×10^4	VMOS 输出
1480	TP	30	300	450	20	100	80	
3583	BB	80	300	300	5	30	75	
PA88V	AP	30	450	25	1	30	100	低输入失调

7.8　高速宽带集成运放

高速宽带集成运放必须有高的转换速率（$S_R>20$ V/μs）或宽的单位增益带宽（$BW_G>100$ MHz）或二者兼有之。对开环电压增益要求不高（>30 dB 即可用），共模抑制比要求也不高,在 60 dB 以上即可。

7.8.1 提高集成运放速度的措施

随着实际应用要求的提高和半导体技术的发展,高速宽带集成运放的研究也得到了长足的进步。新器件不断涌现,技术指标不断提高。有些产品的 S_R 已达 1 000 V/μs 以上,BW_G 达到几百兆赫兹。这些高性能的器件广泛应用在通信、微波和模拟数字变换电路中。为了设计出高速集成运放,一般可采取下述措施。

1. 在集成运放电路设计中尽量使用 NPN 管。若用 PNP 管,则应使用垂直结构的 PNP 管。两类管子的 f_T 要尽可能高。

2. 在集成运放内部电路工作条件的设计上,将输入级的工作电流设计大一些,这可使该级的互导增益小些,可以有效地提高 S_R(见节 7.3.1)。虽然增加工作电流会使失调参数变差,输入电阻变小,但高速集成运放的输入级仍要设计成低 A_{gi} 电路,有时甚至还采用 FET 管来进一步降低 A_{gi},以达到高速度的目的。

3. 在电路结构上可采用以下措施:①尽量采用 CE – CB 组合;②引入负反馈电路,如用具有低增益宽频带的并 – 串联负反馈级联对电路(参见节 6.8)设计高速宽带放大电路;③电路中级数应尽量少。

4. 电路芯片的板图的设计要有利于散热。在输入和输出级的接地点要分别键压,再用多根引线与管壳相连,这样可有效地减少寄生参数,避免级间寄生耦合。

5. 采用根轨迹技术和电流反馈放大技术进行设计。应用这些技术可以较容易研发出高速宽带集成运放器件。

7.8.2 典型电路介绍

1. 宽带集成运放 μA733

这是一种较早期的宽带集成运放产品。图 7.8.1 为其电路原理图。由图可见,电路结构简单,只有两级差放电路相串联再接输出级。两级电路都采用负反馈以展宽频带。第二级差放的低输入阻抗有效地削弱了该级输入电容对频带的影响。T_1,T_2 射极串联的小电阻削弱了第一级的 A_{gf},可有效地提高 S_R。使用时可以通过 9 脚 4 脚或 10 脚 3 脚的短接来改变集成运放的开环电压增益、输出上升时间和带宽等参数,具体连接情况如表 7.8.1 所示。也可以在 4,9 脚间接电位器,达到增益连续调节的目的。

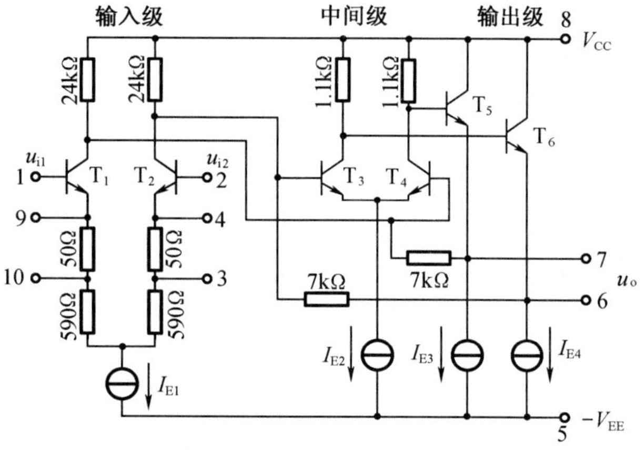

图 7.8.1 宽带集成运放 μA733 的原理图

表 7.8.1　μA733 管脚连接表

	9 脚、4 脚短接	10 脚、3 脚短接	4,9 脚,3,10 脚皆开路
A_{ud}	400	100	10
t_r/ns	10.5	4.5	2.5
单位增益带宽/MHz	40	90	120

在制造工艺上,采用了外延介质隔离技术,这样可以大大提高可靠性,一般情况下都可稳定地工作。

μA733 的典型参数如下:−3 dB 带宽为 20 MHz,输入电阻为 24 kΩ,输出电阻为 20 Ω,共模抑制比为 80 dB,噪声电平为 12 μV,上升时间为 10 ns,输入失调电流 0.4 μA,输入电容为2 pF,输入偏置电流为 9 μA,推荐电源电压为 ±6 V,是一个性能较好的宽带高速集成运放。

2. OPA676 双通道高速宽带放大器

(1)电路特点

图 7.8.2 为 OPA676 的内部电路简图。这是在一个单片上集成 A,B 两路运放,但这两路运放共用一个输出级,由 TTL 选通信号控制 A 路或 B 路输出。

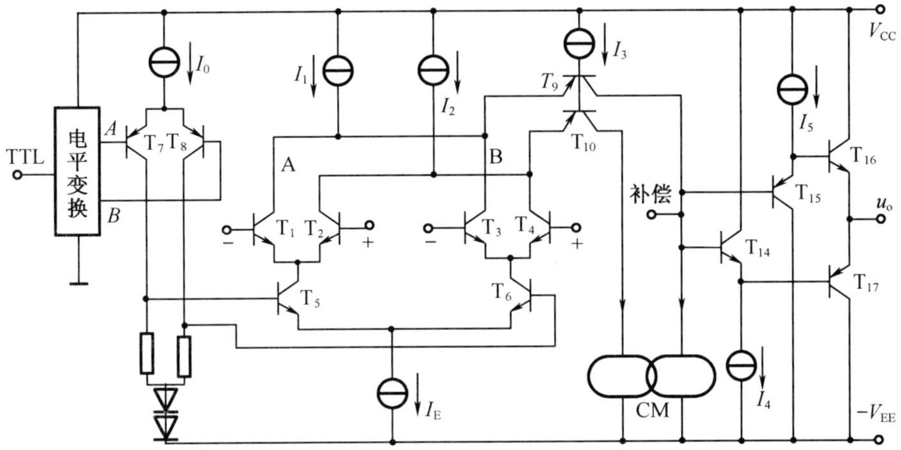

图 7.8.2　OPA676 内部电路结构

图中 T_1,T_2,T_5和 T_3,T_4,T_6分别构成 A,B 通道的输入级,用恒流源 I_1和 I_2作负载。选通信号通过对 T_5,T_6控制实现对 A,B 路的选通。T_9,T_{10}分别为 A,B 通道的共基放大级,T_{11} ~ T_{13}构成威尔逊恒流源作为它们的动态负载。共基放大级的输出经隔离后送互补输出级。

由图可见,T_1,T_9(T_2,T_{10})为共射 − 共基组合,这样的组合高频特性好,而由 T_{14} ~ T_{17}组成的 TL 电路,高频特性也很好。T_9,T_{10}用的是 PNP 管,其负载又折回接 $-V_{EE}$,这种连接方式称为折叠式结构(Folded architecture)方式,它有电平移动功能,还可以提高共模输入电压范围和输出电压摆幅,但这要增加一个偏置电流 I_3。T_9,T_{10}是纵向 PNP 管,采用外延介质隔离技术和多次光刻技术来控制基区宽度,这样可以提高它们的高频特性。

(2)参数

OPA676 的 $S_R=350\ V/\mu s$,当 $A_{uf}=10$ 时,$BW=185\ MHz$,$R_{id}=4\ k\Omega$,建立时间为9 ns,失调电压低,$V_{IO}=250\ \mu V$,电源电压为 ±5 V,输出电压典型值为2.6 V,$I_o=30\ mA$,$R_o=5\ \Omega$。

(3)典型应用

OPA676 用途很多,尤其是在调制/解调、射频和视频放大电路中都被广泛应用。

图 7.8.3 是用 OPA676 组成的可变增益的同步调制、解调器。输入模拟信号,输出方波信号。

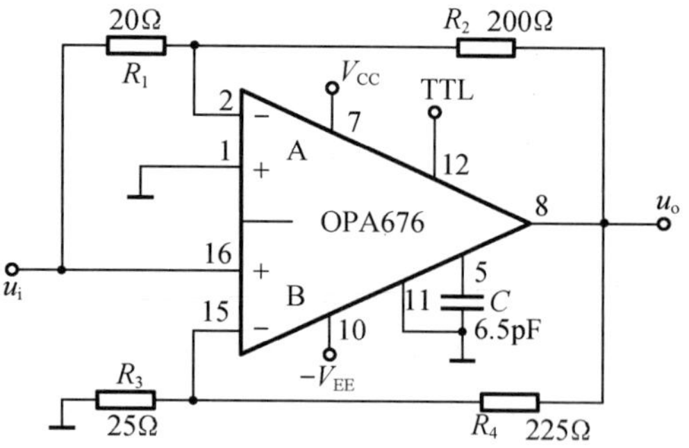

图 7.8.3 具有增益的同步调制器

OPA676 的 A 通道接成反比例放大电路,B 通道接成同相比例放大电路,两路比例放大电路的闭环增益分别由 $-\dfrac{R_2}{R_1}$ 和 $\left(1+\dfrac{R_4}{R_3}\right)$ 确定,选择不同的电阻值,可改变各自的增益。这里是令两个闭环增益绝对值相等。TTL 控制信号由 12 脚引入,让 A,B 通道分别在 TTL 的高、低电平时输出。当输入端为直流电平 V_i 时,在输出端就得到与 TTL 控制信号同频的正、负方波信号,实现了调制功能。若将一个与 TTL 同频的方波信号送入输入端,则在输出端可得到一个直流信号,实现了解调。

7.8.3 电流反馈型集成运放

电流反馈型集成运放(Current Feedback Operational Amplifier,简称 CFA)是近二十年快速发展起来的一种性能优良的超高速宽带集成运放。

CFA 与本章前几节讨论的传统集成运放(又称电压型集成运放)相比,有很多突出特点,其中一大特点是其内部传送的是电流信号,故可以实现超高速,其 S_R 大都可做到 1 000 V/μs 以上。另一大特点是宽频带,其闭环带宽达到 200 MHz 已是很平常的。这些特点是由它的电路拓扑结构和工作原理决定的。

1. 电路结构特点

图 7.8.4 为 CFA 结构框图。由图可见它是由输入缓冲级、互阻放大级和输出缓冲级组成。缓冲输入级是一个单位增益放大电路,它跨接在两输入端之间,它使 u_n 跟随 u_p,又使同相输入端为高阻抗,而反相输入端为低阻抗,其阻值为 R_n。输入端电流 I_n 在互阻放大级 A 点变换成电压 V_A,这级的增益为互阻增益 $A_r=\dfrac{V_A}{I_n}$。缓冲输出级也是一个单位增益放大电路,其输出电阻很低,它将 V_A 送至输出端。

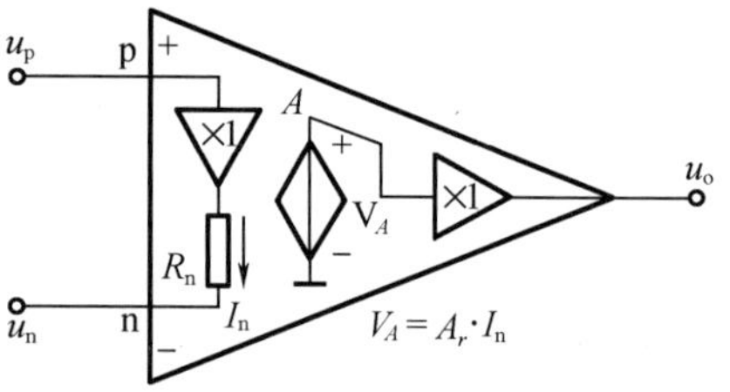

图 7.8.4 CFA 结构框图

这里所说的"电流反馈"是指其反相输入端的低阻抗特性,所以,无论引入什么反馈,最终在反相输入端都产生电流输入,所以称为"电流反馈集成运算放大器"。这与负反馈一章中所说的"电流反馈"是两个完全不同的概念。

2. 电路工作原理

图 7.8.5 为 CFA 的简化原理图。由图可见 $T_1 \sim T_4$为缓冲输入级,实际它是一个两级互补跟随器。这种电路在电流型放大电路中通常称为跨导线性环(Translinear,简称 TL 环)电路。TL 环电路可实现反相输入端 u_n被强迫跟随同相输入端电压 u_p,反相输入端与互补管 T_3,T_4射极相连,故它呈低阻抗特性,而同相输入端与 T_1,T_2基极相连,则它有高阻抗特性。反相输入端电流 $i_n = i_1 - i_2$。T_9,T_{10}及 T_{11},T_{12}分别组成上、下两个电流镜(Current Mirrors,简写为 CM),CM_u、CM_d将 i_n无衰变地传输到 A 点。由于电路有很好的传输电流的能力,故这部分电路又称为电流传输器(Current Conveyers,简称 CC)。i_n电流传输到高阻抗 A 点后,对 C_A充放电,形成 V_A电压,再经 $T_5 \sim T_8$组成的输出级 TL 环,将 V_A电压送至输出端。还有一类电路称为"电流反馈型仪表放大器"。它们的工作原理将在节 7.11.4 中讨论。

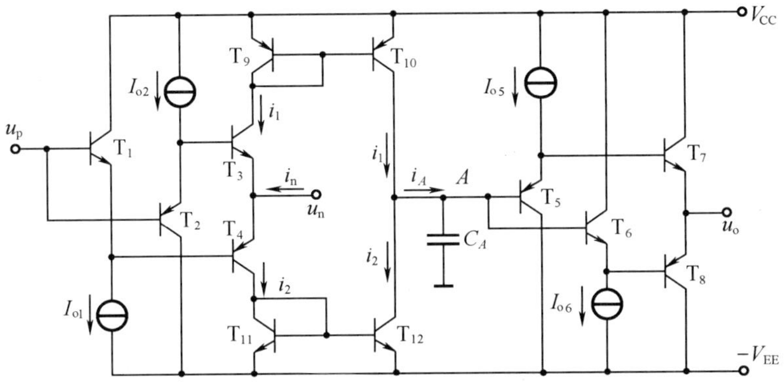

图 7.8.5　CFA 的简化原理电路

3. 频率特性

在图 7.8.5 中,从 A 点看进去的等效电阻为 R_A,等效电容为 C_A,那么 A 点的阻抗为

$$Z_A = R_A /\!/ Z_{CA} = \frac{R_A}{1 + sC_AR_A} \tag{7.8.1}$$

因输出 TL 环的电压增益为 1,则 $V_o(s) = V_A(s)$,因为 $V_A(s) = Z_A \cdot I_A(s)$,故

$$V_o(s) = Z_AI_A(s) \tag{7.8.2}$$

电流镜 CM_u、CM_d的等值传递,使 $I_n(s) = I_A(s)$。电路的互阻增益为

$$A_r(s) = \frac{V_o(s)}{I_n(s)} = \frac{Z_AI_A(s)}{I_n(s)} = \frac{R_A}{1 + sC_AR_A} \tag{7.8.3}$$

在频域中,上式可写成

$$A_r(\mathrm{j}\omega) = \frac{R_A}{1 + \mathrm{j}\dfrac{\omega}{\omega_H}} \tag{7.8.4}$$

则 f_H(开环带宽)为

$$f_H = \frac{1}{2\pi C_AR_A} \tag{7.8.5}$$

在式(7.8.5)中,R_A为电流镜 CM 的输出等效电阻(阻值很大)和输出 TL 环的输入电阻(跟随器结构,阻值亦很大)的并联,其总等效电阻的阻值较大,可达 $10^6\ \Omega$ 量级,而 C_A一般

为 2 ~ 3 pF，通常 f_H 达 50 kHz 以上是没有问题的。而电路的开环增益很大，所以其 BW_G 值很大，如：AD9610 在 $A_{uf} = -10$ 时，$BW = 95$ MHz，而 AD9611 在 $A_{uf} = -10$ 时，$BW = 270$ MHz，可见频率特性都是很好的。

4. 转换速率

由图 7.8.5 可见，该运放的 S_R 主要取决于 A 点的电压最大变化率。在 A 点对 C_A 充放电时，其最大的充放电电流 $i_{A\max}$ 为 i_1 或 i_2。若输入 TL 环中各晶体管的 β 和 I_o 相等，那么可得到 $i_1 = i_2 = \beta I_o$，则

$$S_R = \frac{i_{A\max}}{C_A} = \frac{\beta I_o}{C_A} \tag{7.8.6}$$

此式与式(7.3.8)相比，CFA 的 S_R 是电压型集成运放的 S_R 的 β 倍，可见 CFA 的 S_R 是很高的。

若调节 $I_o = 100\ \mu A$，$\beta = 100$，$C_A = 3$ pF，则 $S_R = 3\ 300$ V/μs，对于 AD9610 的 $S_R = 3\ 500$ V/μs，而 CLC221 的 S_R 可高达 6 500 V/μs。

5. 应用

CFA 可以组成多种应用电路。由于 CFA 工作模式特点，其应用电路也有其特性。现以反比例放大电路为例，进行分析讨论。

图 7.8.6 为用 R_1，R_F 与 CFA 组成的反比例放大电路。

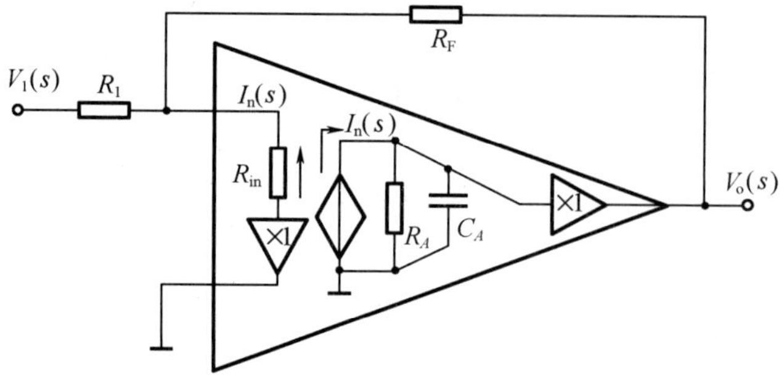

图 7.8.6 CFA 构成反比例放大电路

由图可见：

$$I_n(s) = \frac{1}{R_{in}}\left[\frac{R_F /\!/ R_m}{R_1 + R_F /\!/ R_{in}} V_o(s) + \frac{R_1 /\!/ R_{in}}{R_F + R_1 /\!/ R_{in}} V_i(s)\right] \tag{7.8.7}$$

由式(7.8.2)可知：$V_o(s) = Z_A \cdot I_n(s)$，将式(7.8.7)、(7.8.1)代入 $V_o(s)$，整理后可得闭环增益为

$$A_{uf}(s) = \frac{V_o(s)}{V_i(s)} = \frac{-\dfrac{R_F}{R_1}}{1 + \left(1 + \dfrac{R_F}{R_1 /\!/ R_{in}}\right)\dfrac{R_{in}}{R_A} + \left(1 + \dfrac{R_F}{R_1 /\!/ R_{in}}\right) sC_A R_{in}} \tag{7.8.8}$$

通常 $R_A \gg R_{in}$，故上式可近似为

$$A_{uf}(s) \doteq \frac{-\dfrac{R_F}{R_1}}{1 + \left(1 + \dfrac{R_F}{R_1 /\!/ R_{in}}\right) sC_A R_{in}} \tag{7.8.9}$$

又由于 $R_1 > R_{in}$，所以 $R_1 // R_{in} \doteq R_{in}$，上式又可再近似为

$$A_{uf}(s) \doteq \frac{-\dfrac{R_F}{R_1}}{1+\left(1+\dfrac{R_F}{R_{in}}\right)sC_AR_{in}} \tag{7.8.10}$$

当 $R_F \gg R_{in}$ 时，上式又进一步近似为

$$A_{uf}(s) \doteq \frac{-\dfrac{R_F}{R_1}}{1+sC_AR_F} \tag{7.8.11}$$

直流时，$sC_AR_F \ll 1$，则直流闭环增益 $A_{uf}(o)$ 为

$$A_{uf}(o) = -\frac{R_F}{R_1} \tag{7.8.12}$$

在高频段的闭环增益为

$$A_{uf}(j\omega) = \frac{A_{uf}(o)}{1+j\omega C_AR_F} = \frac{A_{uf}(o)}{1+j\dfrac{\omega}{\omega_{Hf}}} \tag{7.8.13}$$

闭环带宽为

$$f_{Hf} = -\frac{1}{2\pi R_FC_A} \tag{7.8.14}$$

由以上分析可见：

①闭环直流增益 $A_{uf}(o)$ 和 -3 dB 带宽 f_{Hf} 可以分别由 R_1 和 R_F 确定。这就打破了由电压型集成运放构成的反相比例放大电路的闭环增益与闭环带宽互相制约的问题，这是 CFA 应用的一大优点。

②反馈电阻 R_F 值选取要合适，一般不能太小。通常各种集成运放在产品手册上会给出推荐值。

③R_1 对反馈电流有分流作用，这对闭环特性会有影响，故在选 CFA 时，应选用 R_{in} 小的产品。

表 7.8.2 列出了一些常用的宽带高速集成运放(包括 CFA)参数，供选用时参考。

表 7.8.2　宽带高速集成运放

型号	厂商	电源		输入电容 /pF	BW_G /MHz	S_R /(V/μs)	建立时间 /ns	输出电流 /mA	备注
		电压 max /V	电流 typ /mA						
μA733	FA	±6	18	2	120	—	—	2.5	
OPA676	PM	±5		2	1 800	350	9	30	
AH0010	OE	±18	5		30	1 500	100	100	
AD844	AD	±18	7	2	67	2 000	70	±50	电流反馈
AD9610	AD	±18	21	2	100	3 500	18	±50	电流反馈
AD9611	AD	±6	74	3	280	1 900	13	±50	电流反馈
SL2541	PL	+12, -5	25	7.5	800	1 400	30	15	
MSK739	KE			—		5 500	15	120	FET
CLC221	CL			2.4		6 500	15	70	电流反馈

表 7.8.2(续)

型号	厂商	电源		输入电容/pF	BW_G/MHz	S_R/(V/μs)	建立时间/ns	输出电流/mA	备注
		电压 max/V	电流 typ/mA						
CLC401	CL			0.5	2 100	1 200	13	70	电流反馈
OP44E	PM			—	20	122	200	7	
1435	TP	±16	30	2	1 000	300	40	30	
LM318	NS	±20	10		15	70		10	普及型
LH6032	NS	±18	20		70	500		15	FET
LM6364	NS	±18	5		160	102	10	30	

7.9 低功耗型集成运放

便携式仪表在航空航天、野外作业和交通车辆等没电网供电的场合有广泛的应用。这些仪表用电池供电,这就要求仪表的功耗要低,即要求电子电路中所用的运算放大器等也必须是低功耗的。市场需求的增加促使低功耗集成运放发展很快,不但可供选择的品种多,而且静态功耗也越来越低,有些产品静态电流可低到 μA 量级,电源电压即使低到 1.35 V仍能很好地工作。

为了达到低功耗的目的,其电路结构要相对简单,工作电流要设计得很低,常采用微电流的恒流源,电路中增加限流功能,以避免因电路饱和引起的功耗剧增。

低功耗集成运放分两大类:通用型低功耗集成运放和可编程的低功耗集成运放。

7.9.1 通用型低功耗集成运放

通用型低功耗集成运放大都是早期产品,种类也很多,如 LM10 静态电流为 270 μA,S_R=0.1 V/μs。用 JFET 作输入级的 LF441 的静态电流 <200 μA,S_R=1 V/μs,$R_{id}=10^{12}$ Ω。可见这些电路在确保低功耗的前提下,其他指标相对差一些。近年来出现的一些低功耗集成运放产品,在保证低功耗的同时,其他技术指标也大有提高,如 INA118,其静态电流 <350 μA,电源电压可以低到 1.35 V,但在 $A_{uf}=100$ 时,*CMRR* 还高达 120 dB,失调电压为 10 μV。而 MAX439 的静态电流虽只有 260 μA,但 S_R仍可达到 48 V/μs,在 $A_{uf}=5$ 时 *BW* 可达 25 MHz。MAX419 为四运放封装,每个运放的静态电流只有 1.2 μA,*CMRR*=80 dB,电压转换速率和带宽技术指标分别为 S_R=80 V/μs,$f_H\geq150$ kHz。可见这类低功耗运放除功耗很低外,其他技术指标也是很好的。

通用型低功耗集成运放的应用很方便,图 7.9.1 为用低功耗四运放 LF444 组成的多种信号发生器电路。A_1为标准的积分器电路,A_2为反相器,A_3组成带滞后特性的电压比较器,滞后量可以通过调节正反馈深度来改变。此发生器可产生三角波和方波,若在 A_3输出端接限幅二极管,也可产生锯齿波和矩形波。若将第四个运放也用上,则功能更会扩展。

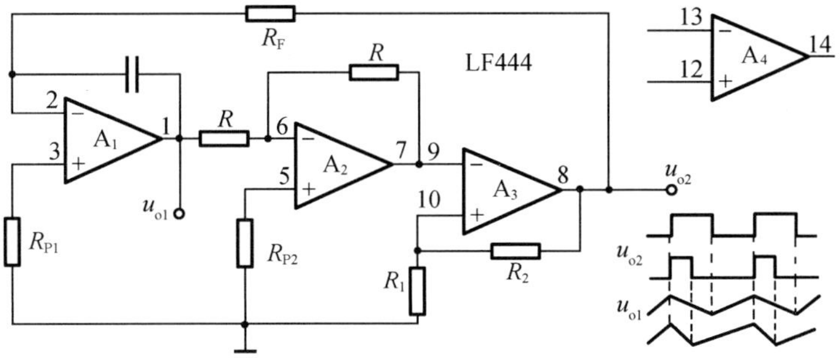

图7.9.1　多种信号发生器

7.9.2　可编程型低功耗集成运放

有些低功耗集成运放的内部偏置电流 I_{set} 是由接在可编程管脚上的外部电阻来确定。再根据 I_{set} 来确定电路的总静态电流 I_Q，使 I_Q 可在 μA ~ mA 量级范围内变化。这类产品的应用十分方便，但要注意低功耗可编程集成运放的 S_R，BW 和 I_{IO} 等参数大都与静态电流有关。

1. 双极型可编程低功耗集成运放

在 20 世纪 70 年代后出现的可编程低功耗集成运放产品，由于工艺成熟，工作稳定可靠，功耗可控，所以在很长一段时间它们都占据着市场的主导地位。

(1) LM4250

这是第一代可编程低功耗集成运放。图 7.9.2(a) 给出了 LM4250 在电源电压为 ±1.5 V 时的应用电路。为了保证信号不畸变，要求 S_R 最好大于 0.1 V/μs。由图 7.9.2(b) 曲线可见，当 S_R = 0.1 V/μs 时可选择 I_{set} = 6 μA，再由图 7.9.2(c) 可得在 I_{set} = 6 μA 时，R_{set} = 400 kΩ，这时电路静态电流 I_Q 约为 36 μA，静态功耗约为 0.1 mW。R_{set} 最大值可选 2 MΩ，这时 I_{set} = 1.5 μA，电路总的静态电流约为 10 μA，静态功耗为 0.03 mW。

LM4250 的性能指标虽不及后来生产的新产品好，但它的性价比是很高的，受到使用者的好评。

在 LM4250 的基础上经改进设计的 LM346，克服了 LM4250 低电流时容易引起低频振荡的问题。它在一个封装中有四个特性相同的运放电路。有两个可编程的输入管脚，其中一个管脚可对三个运放共同编程，而另一管脚对第四个运放编程，这种 1 + 3 的编程调节方式为使用者提供了方便。LM346 的静态电流 I_Q 可以低到 4 μA，但它的输出电流较低，只有 0.5 mA。

(2) CA3078

低功耗可编程集成运放 CA3078 是近年来出现的性能十分优秀的产品之一，它的增益高，可以给出毫安级的输出电流，但功耗却仍可以低到 μW 量级。

图 7.9.3 为 CA3078 的典型应用连接图。其静态电流由 5 脚接的 R_{set} 电阻确定。当电源电压为 ±6 V，R_{set} = 5.1 MΩ 时，静态电流 I_Q = 20 μA，静态功耗 P_Q = 0.24 mW，$CMRR$ = 115 dB，输出电流 I_o = 12 mA，A_{ud} = 100 dB。可见在微电流工作条件下，其他指标仍然很好。

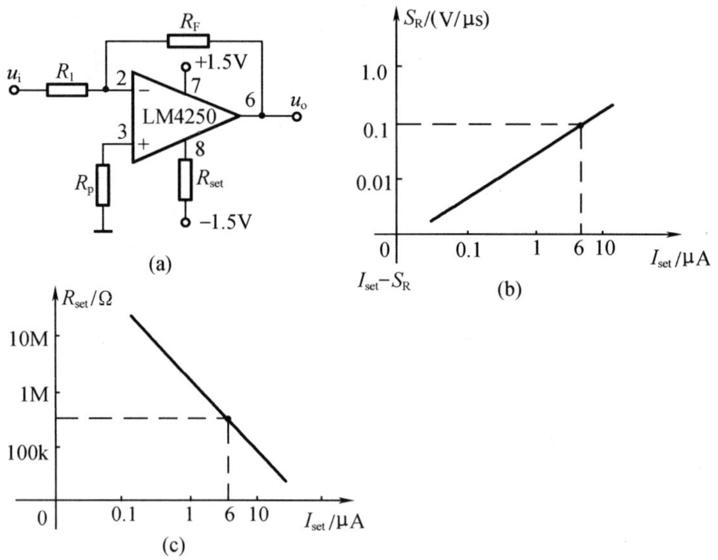

图 7.9.2 LM4250

(a)基本接法;(b)$I_{set}-S_R$ 关系图;(c)$I_{set}-R_{set}$关系图

电路中加接 R_2,C_2或 R_3,C_3网络可以改善频响。CA3078 的电源电压范围为 ±0.75 ~ ±15 V,电源电压为 ±0.75 V 时,最低功耗为 750 nW,这时 V_{IO} = 1.5 mV,A_{ud} = 60 dB,V_{0pp} = 0.3 V,I_{om} = 0.5 mA,$CMRR$ = 90 dB。真正实现了可以在一节 1.5 V 电池下正常工作。该电路推荐静态工作电流 >10 μA。

2. CMOS 型可编程低功耗集成运放

利用 MOS 电路的特点也能设计出性能指标很好的低功耗集成运放。MC14573 就是其中一个品种。

图 7.9.4 为 MC14573 的管脚引线排列图。

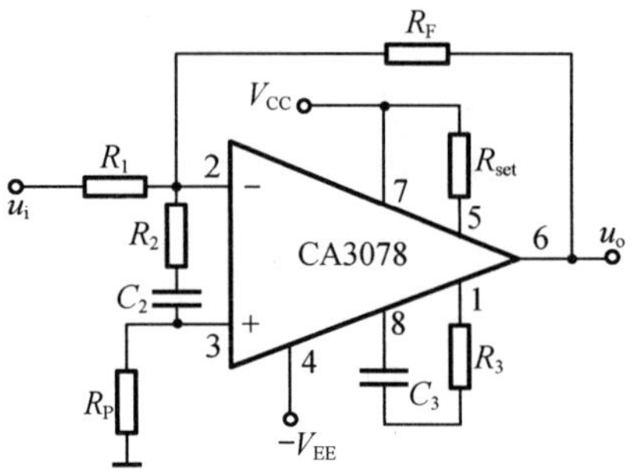

图 7.9.3 CA3078 应用电路

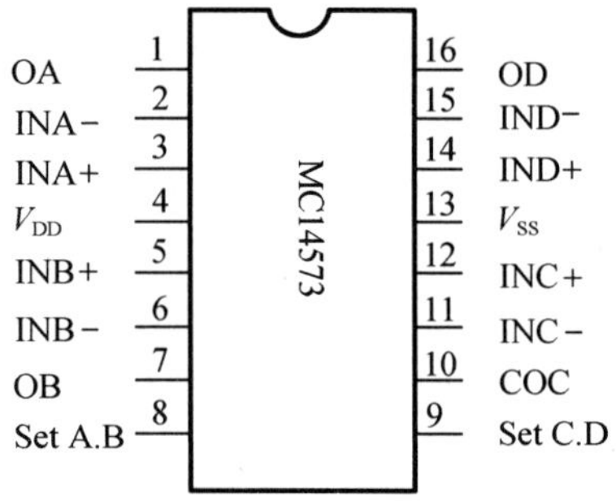

图 7.9.4 MC14573 管脚图

在一个封装中有四个特性相同的运放(运放的电路见节 7.2.2),每两个运放共用一个偏置电流调节端,在偏置电流调节端与 $-V_{SS}$间接 R_{set}电阻决定运放的偏置电流 I_{set}。

$$I_{set} = \frac{V_{DD} - V_{SS} - V_{TH5}}{R_{set}} \tag{7.9.1}$$

单个运放的静态工作电流 I_Q

$$I_Q \doteq 5I_{set} \tag{7.9.2}$$

若两个偏置调节端共用一个 R_{set}，则

$$I_{set} = \frac{V_{DD} - V_{SS} - V_{TH5}}{2R_{set}} \tag{7.9.3}$$

该电路的电源电压范围为 ±1.5 ~ ±7.5 V，它亦可单电源工作，这时 $-V_{SS}$ 接地，V_{DD} 为 3 ~ 15 V。静态工作电流范围为 4 ~1 500 μA，S_R =2.5 V/μs，电路的性能指标也还是不错的。

新推出的 CMOS 低功耗运放有 TLC250/270 系列、CA3440 和 ICL7612 等，它们各有特点。CA3440 在极低工作电流方面无疑是最好的，在 nA 条件下仍能正常工作，在 100 nA 条件下，其 S_R 仍达 0.4 mV/μs，f_T 为 200 Hz，即使这样，仍可输出 ±1 mA 电流。TLC250 系列产品在低电流条件下有良好的驱动能力，特别是由于应用了多晶硅掺磷栅极制造技术，使失调参数的长期漂移非常小(100 nV/月)。至于 ICL7612，它处理共模输入信号超限的能力很强。关于低功耗集成运放的有关产品请见表 7.9.1。

表 7.9.1　低功耗集成运放

型号	厂商	总电源		电源电流/μA			S_R /(V/μs)	BW_G /MHz	增益 /dB	输出电流 /mA	备注
		最小 /V	最大 /V	最大	最小	typ					
LM4250	NS	±1	±18	300	0.5	7.5	0.03	0.08	105	5	早期产品
LM10	NS	1.1	40			270	0.1	0.3	120	20	
LF441	NS	6	36			150	1	1	100	5	JFET
CA3078	RC	±0.75	±15	1 000	0.1	10	0.3	1	100	10	可编程
CA3440	RC	4	15	10	0.02		0.03	0.5	100	2	可编程
ICL7612	IL	2	16	1 000	10	10	0.02	0.04	102	20	可编程
MC14573	MO	3	15	1 500	4	10	0.2	0.8	95	5	可编程
OP-32	PM	3	30	2 000	1	10	0.03	0.1	125	0.4	可编程
LM346	NS	3	40	1 000	4		0.01	0.03	120	20	
TLC25L	TI	1	6			10	0.04	0.1	110	10	Lin CMOS
LT1178A	LT	2	44			15	0.03	0.06	110	5	高精度
MC34181	MO	3	36			210	10	4	88	10	快速低失真
MAX432	MA	6	32			170	0.13	0.3	150	3	斩波型
TL061	TI	4	30			170	3.5	1	80	15	
TSL911A		4	16			350		1.5	120	3.5	斩波型

7.10 高精度集成运放

高精度集成运放的特点是输入失调、温度漂移和噪声都非常低，开环增益和共模抑制比要很高。它又称为低漂移或低噪声集成运放。

所谓漂移主要是指输入失调参数随温度、电源电压和时间等因素的变化而引起的漂移，它们的综合效果是在集成运放输入端等效成直流输入误差信号。

所谓噪声主要指等效输入噪声电压和等效输入噪声电流，通常包括散粒噪声、热噪声和 $1/f$ 等噪声，它们综合效果是在集成运放输入端等效成输入交流误差信号。

高精度集成运放主要应用在微弱信号的测量和放大、高精度稳压电源、精密模拟计算和自控仪表中。

7.10.1 提高集成运放精度的措施

1. 自恒温和热匹配技术

自恒温技术是借鉴电子设备恒温槽的思路，在集成运放电路中设计一个温度调节器，当基片温度上升时，流过加热电阻的电流减少，反之，加热电流增加，实现自动恒温，从而改善温漂。如 μA727 就采用了这种技术，其$\frac{\mathrm{d}V_{IO}}{\mathrm{d}T}<0.6\ \mu\mathrm{V}/℃$，$\frac{\mathrm{d}I_{IO}}{\mathrm{d}T}<10\ \mathrm{pA}/℃$。这种技术的主要缺点是功耗大，所以应用得不多。

热匹配技术是将集成运放的输出级的所有功耗变化较大的元件都对称布置在以硅片中心线为基线的两侧。这样安排是为了保证硅片上的热源分布均匀，使温漂不受输出级热源变化的影响，从而可进一步减小温漂。

2. 使用特殊晶体管

(1) 超 β 晶体管

在集成运放的输入差分管采用超 β 管(一般 $\beta>2\,000$)是第三代集成运放的主要标志。这可以使运放的共模抑制比和输入失调参数得到很好的改善。在全温度范围内，其输入失调电流均可保持在 nA 量级的范围内，失调电压也可保持在 1 mV 之内，如 LM108 就是采用超 β 管作输入级，它的 I_{IB} 为 2 nA，V_{IO} 为 1 mV。在高温下的输入电流可以比用 JFET 作输入级的集成运放还低。图 7.10.1 中的 T_1，T_2 即为超 β 管。

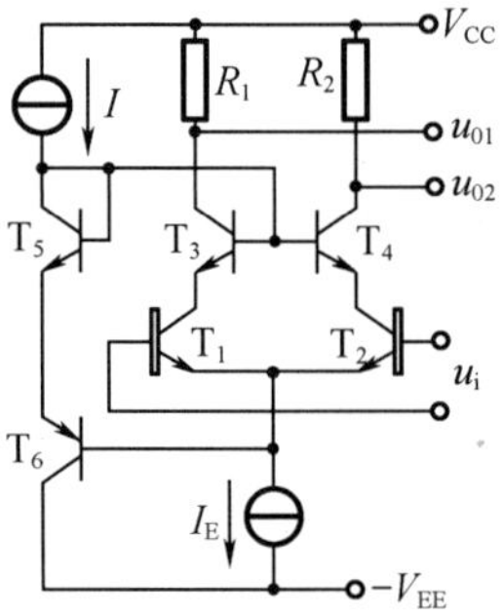

图 7.10.1 采用超 β 晶体管的输入级电路

为了解决超 β 管击穿电压低的问题，在图 7.10.1 中，将 T_1，T_3(T_2，T_4)接成共射－共基组态，借助 T_5，T_6 组成共模反馈，对超 β 管两端电压动态自举，使 T_1(T_2)的 V_{CE} 在最大的输入电压范围时仍保持 0.7 V 以内。事实上可以将 T_1，T_3(T_2，T_4)看作是一只 NPN 管，它既具有高反压特性又具有超 β 特性。

(2) JFET 管

在集成运放中，利用 JFET 管组成差动输入级可以得到极高的差模输入电阻，从而可使输入偏置电流很小。如 μA740C 采用这种技术使其 $I_{IO}<40$ pA。但这个方法不能改善 V_{IO}，

如 μA740C 的 $V_{IO}=10\ mV$。若采用超低偏置 JFET 管可使失调进一步降低，如 AD549L 的 $I_{IO}<0.06\ pA$，$\frac{dV_{IO}}{dT}=10\ \mu V/℃$，达到非常高的水平。

(3)低噪声管

为了降低噪声，集成运放的输入差分管要选用电流增益大、低噪声的晶体管。这样可以有效地降低集成运放的噪声。

3. 参数补偿技术

这是利用输入差动电路的对称性来实现参数补偿。由于它的结构简单，补偿效果好，而且易于实现，所以，这是目前高精度集成运放应用比较多的一种技术。它包括低漂移调零网络、片内失调微调技术和输入偏置电流补偿技术等。

(1)低漂移的调零技术

集成运放往往用外调零办法减小 V_{IO}，由于集成运放内部电阻与外接调零电位器间的温度系数差别较大，会造成新的温漂，这在高精度的应用中是不允许的。解决的办法是将高精度运放片内与外接电位器的关联电阻(如 μA741 的 R_1，R_2)用硅－铬合金薄膜电阻代替。由于硅－铬合金电阻的温度系数约为 $-10^{-4}/℃$，这与外接金属膜电位器的温度系数接近，可有效地减少这种附加温漂。采用这种技术可以使调零网络产生的附加温漂降低到 $0.1\ \mu V/℃$以下，效果十分明显。

(2)片内失调微调技术

这种技术就是通过调整输入级的差分放大电路的负载电阻的平衡，以达到降低输入失调电压的目的。这种方法一般是在芯片初测阶段进行。初测前的输入级如图 7.10.2 所示，差分管 T_1，T_2的负载电阻为 $R_A+R_{1a}+R_{2a}+R_{na}(R_B+R_{1b}+R_{2b}+R_{nb})$，在各小电阻 $R_a(R_b)$旁并联稳压二极管，正常工作时是不通的。在芯片测试时，先测芯片的失调电压，根据这个失调电压大小和极性，由计算机控制，用激光的办法击穿某几个稳压管，使之永久短路，达到 V_{IO}最小的目的。有报道称使用这种技术可使 $V_{IO}<10\ \mu V$，$\frac{dV_{IO}}{dT}<0.1\ \mu V/℃$，可见效果不错。

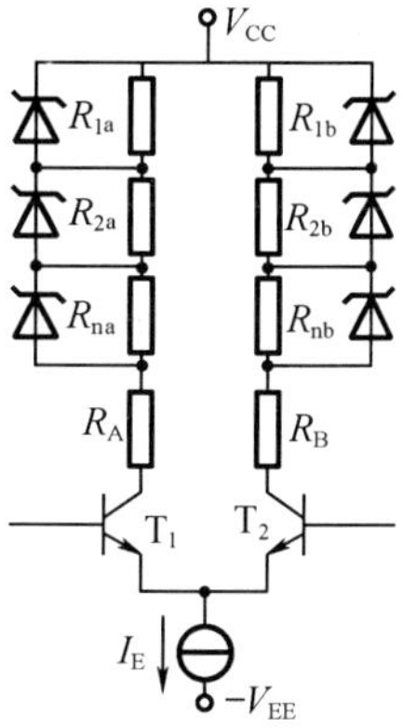

图 7.10.2　用于预调零运放的输入级示意图

(3)输入偏流补偿技术

采用输入偏流补偿技术可以用普通的制造工艺获得很低的 I_{IO}和 I_{IB}参数。图 7.10.3 为这种补偿技术的示意图，它是集成运放 OP－07 输入级半边简图。T_5，T_7构成镜像电流源，$I_R=I_{C5}$。$I_R=I_{B3}$，而镜像电流 I_{C5}是提供给 T_1基极电流 I_{B1}，若 $\beta_1=\beta_3$，则 $I_{B1}=I_{B3}$，继而得 $I_{C5}=I_{B1}$。这就是说，输入的基极电流 $I_B=I_{B1}-I_{C5}=0$，可见这种补偿技术确实可使集成运放的 I_{IB}，I_{IO}都很低。

这种补偿技术行之有效，广泛应用在超高精度的集成运放中，如 OP－77 应用此技术可以使 I_{IB}下降为原来的$\frac{1}{10}$，达到 ±1.2 nA，I_{IO}为 0.1 nA。但这种技术要求电路要有良好的对称性，而且 T_1，T_3的 β 值要高。

4. 自动稳零技术

自动稳零技术是1973年出现的。这种方法对提高运放精度更有效。相关内容将在下节7.10.2中专门讨论。

5. 提高集成运放的输出精度

一个高精度运放，除了采取前面介绍的相关方法解决输入部分误差外，还必须采取措施努力提高输出精度。

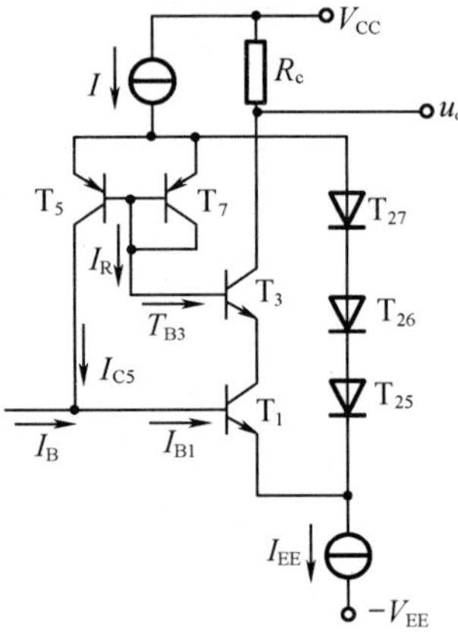

图7.10.3 基流补偿原理示意图

(1)提高 S_R

S_R 大可以降低集成运放的输出误差(参见节7.6)。在7.3节中已经知道，提高输入差动级的静态电流 I_Q，降低 A_{gi} 和减小补偿电容 C 都可提高 S_R。其中，降低 A_{gi} 的办法是在两差动输入管的射极串接电阻(其原理电路见图4.8.4)，例如在HA2505中采取了这种措施，其 S_R 达30 V/μs，BW_G 保持在12 MHz。而提高 I_Q 的办法是可以在输入级中另设一套晶体管，在小信号输入时这套晶体管不工作，当大信号输入时才启动工作，这样可提供额外的电流 I_Q。这一技术在HA5141，RH4531及Signetic535等高精度运放中采用，它使 S_R 提高很多。

(2)提高 A_{ud}

有限的开环增益会影响输出精度的情况工在节7.6中已讨论过，而且可以用公式(7.6.7)计算。由此式可知，当 A_{ud} 为有限值时会引起输出误差，A_{ud} 越大，其误差越小，输出精度就越高。由此可见，高精度集成运放的开环增益必须足够大。在闭环应用时应适当降低闭环增益也可提高输出精度。

(3)输出级应采用甲乙类互补输出，仔细调节偏压，可使输出管处微导通状态，以降低失真。特别用于音频场合的高精度运放都要求交越失真率要很小，如LM833在 $20 \sim 20\times10^3$ Hz范围内，其交越失真率 $<2\times10^{-5}$。

当然提高输出精度还有其他措施，这里就不一一列举了。

7.10.2 斩波自动稳零集成运放

采用斩波自动稳零技术可以得到精度更高的集成运放，而且不用外接电位器调零，是比较理想的高精度集成运放。

1. 自动稳零技术

自动稳零技术是在传统的斩波技术的基础上发展起来的。常见有两种：自动稳零(Auto-Zero，简称AZ)和交替型自动稳零(Commutating Auto-Zero，简称CAZ)技术。AZ型集成运放内部有主放大通道和自动校零通道。它是先对运放的失调和噪声进行采样，然后再从含有失调和噪声的信号中减去这些采样值，再将无失调无噪声的信号进行放大，从而消除失调和噪声的影响，目前这种技术是自动稳零技术的主流，其代表性产品有ICL7650，HA2900和LMC688等。CAZ型集成运放内部两路放大通道不分“主次”，两路交替轮流放大交流信号或自动校零。无论任何时刻，总有一个通道放大信号，另一个通道同时自动校零。其代表产品有ICL7600，7605等。这里只介绍AZ型集成运放。

2. AZ 型产品简介

Harris 公司于 1973 年应用自动稳零技术采用 Bi－MOS 工艺研制出了 HA2900 高精度集成运放。该产品的 $V_{IO}<20\ \mu V$，$\frac{dV_{IO}}{dT}<0.3\ \mu V/℃$。这样好的指标，确实让人惊讶。随后 Intersil 公司也应用自动稳零技术，采用纯 CMOS 工艺研制出 ICL7650 高精度集成运放，它的指标更好。下面就以 ICL7650 为例作简单介绍。

(1)电路结构

图 7.10.4 为 ICL 7650 的内部框图和管脚引线图。

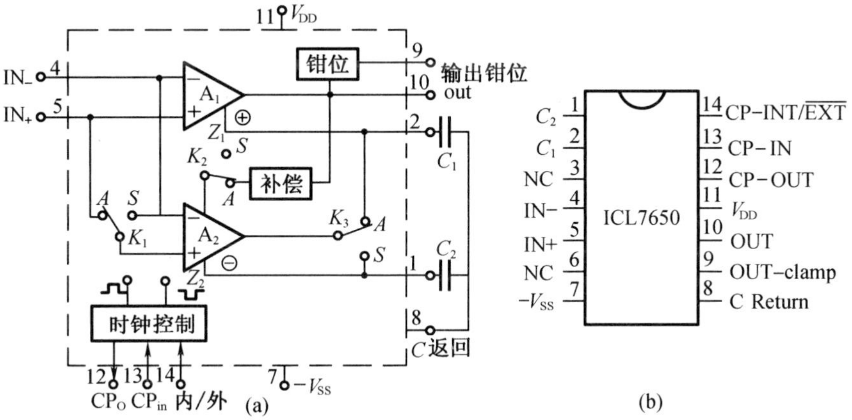

图 7.10.4　ICL7650 型运放的内部线路框图及引脚图

A_1 为主放大器，A_2 为校零放大器，它们各有三个输入端，除正、反相输入端外，还有一个校零输入端 Z，其中 A_1 的 Z_1 端为同相输入，A_2 的 Z_2 端为反相输入。

C_1，C_2 为外接电容。时钟用以控制内部开关 K_1，K_2，K_3 接 A 位或 S 位，以决定电路的工作时序。这个时钟可由内部产生，也可以由外部输入。当外部输入时钟由 13 脚输入时，14 脚要接 $-V_{SS}$，当由内部产生时，14 脚接 V_{DD}。为了缩短过载恢复时间，设置了输出钳位电路，这对于处理微弱信号是非常有必要的。为了解决高频输入信号与时钟信号之间的互调问题，设置了补偿网络，它可使互调现象对增益和相位的干扰降低到很低的水平。内部开关的沟道电阻很低，很适合信号的切换。

(2)工作过程

在时钟的作用下，电路分两拍完成一次工作周期。为了分析方便，假设 A_1，A_2 从 Z 端到输出的增益与从输入端到输出的开环差模电压增益相等，分别设定为 A_{ud1}，A_{ud2}。

①采样阶段

这个阶段的目的是将 A_2 的误差值存在 C_2 上，为此开关 $K_1 \sim K_3$ 全置“S”位，其内部连接框图如图 7.10.5 所示。A_1，A_2 各自独立，A_2 的输入端短路，电容 C_2 接到 A_2 的 Z_2 端，Z_2 通过 S_3 又接到 A_2 的输出端。V_{IO2} 为 A_2 的失调电压，$V'_{IC2}=\frac{u_{IC2}}{CMRR_2}$，是 V_{OC2} 折合到输入端的等效共模电压。A 的输入端存在 V_{IO1} 和 V'_{IC1}。

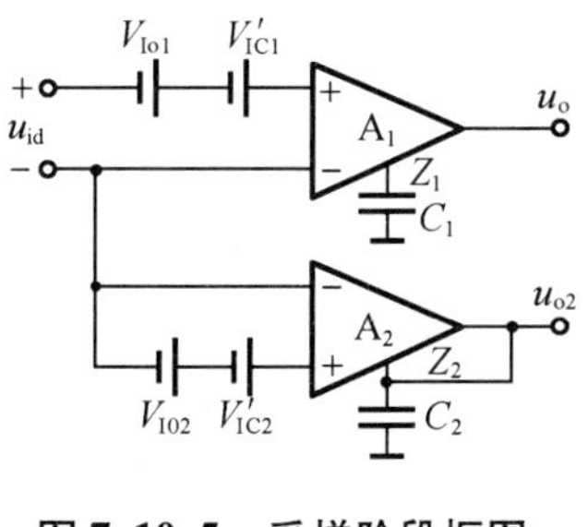

图 7.10.5　采样阶段框图

若令此时 A_2 的输出为 V_{O2} 则可得

$$V_{O2} = V_{IO2} + V'_{IC2} = V_{C2} \tag{7.10.1}$$

即电容 C_2 上的电压 V_{C2} 等于 V_{O2}。

②自动校零阶段

自动校零阶段是开关 $K_1 \sim K_3$ 全打到 A 位，其框图的内部连接如图 7.10.6 所示。这时 A_1，A_2 的输入端并联，同时送入输入信号 u_{id} 和（$V_{IO} + V'_{IC}$）。A_2 输出端与 C_2 断开，改接到 A_1 的 Z_1 端。若不考虑 C_2 的漏电，则 A_2 的 Z_2 端的电压 $V_{Z2} = V_{C2}$，V_{Z2} 与 u_{id} 同时被 A_2 放大。V_{Z2} 与 A_2 输入信号中的误差电压大小相等。但由于 Z_2 端是反相端，所以两项误差电压抵消，这时 A_2 的输出电压 u'_{o2} 已没有误差电压的影响，即

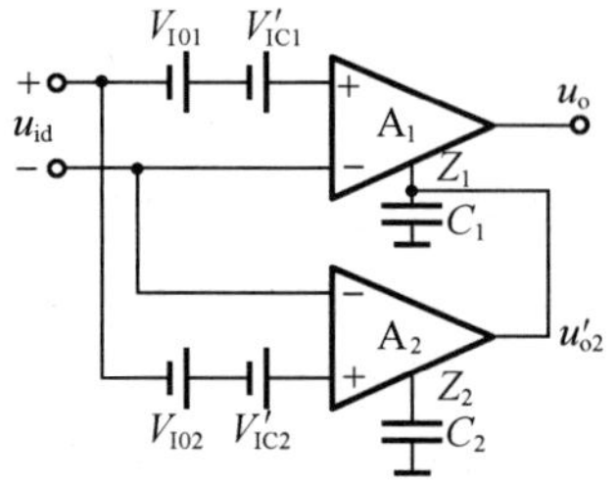

图 7.10.6　自动校零阶段框图

$$u'_{o2} = A_{ud2} u_{id} \tag{7.10.2}$$

这个 u'_{o2} 被送到 A_1 的 Z_1 端被 A_1 放大。这时 A_1 输出（即运放输出 u_o）：

$$u_o = A_{ud1}(u_{id} + V_{IO1} + V'_{IC1}) + A_{ud1}u'_{o2} = (A_{ud1} + A_{ud2}A_{ud1})u_{id} + A_{ud1}(V_{IO1} + V'_{IC1}) \tag{7.10.3}$$

式中的第二项是误差电压的放大输出，而第一项是无误差放大输出。由式(7.10.3)可知，加入自校零后，无误差输出增加了 $A_{ud1}A_{ud2}u_{id}$，可见 AZ 运放提高了精度。

由式(7.10.3)可见，电路总的开环增益为

$$A_{ud} = A_{ud1} + A_{ud1}A_{ud2} \tag{7.10.4}$$

这说明采用自稳零技术后，电路的开环增益很大，提高了 A_{ud_2} 倍。

这种情况下，A_1 的失调电压 V_{IO1} 在输出端产生的 $A_{ud1}V_{IO1}$ 折合到放大器输入端的总 V_{IO} 为

$$V_{IO} = \frac{A_{ud1}V_{IO1}}{A_{ud}} = \frac{A_{ud1}V_{IO1}}{A_{ud1} + A_{ud1}A_{ud2}}$$

$$V_{IO} = \frac{V_{IO1}}{1 + A_{ud2}} = \frac{V_{IO1}}{A_{ud2}} \tag{7.10.5}$$

同样，也可推导出放大器的共模抑制比为

$$CMRR = A_{ud2}CMRR_1 \tag{7.10.6}$$

上两式说明，采用自校零技术后，总的输入失调电压 V_{IO} 下降了 A_{ud2} 倍，而共模抑制比 $CMRR$ 提高了 A_{ud_2} 倍。

(3) ICL7650 的主要技术参数

V_{IO} 为 0.7 μV，最大为 5 μV；

$\frac{dV_{IO}}{dT}$ = 0.01 μV/℃，最大为 0.05 μV/℃；

$CMRR$ = 130 dB；

S_R = 2.5 V/μs；

BW_G = 2 MHz。

(4) 存在问题及使用注意

①ICL7650 是 CMOS 器件，其电源电压较低，最高为 ±8 V，为了统筹考虑电源电压对输出电流、失调电压和共模输入电压范围的影响，一般选择电源电压为 ±5 V。

②器件内部的时钟频率为 200 Hz，是比较低的，这对降低失调电压有利，但噪声电压峰峰值 V_{npp} 较高，可达 2.5 μV。若选用外部时钟 1 000 Hz，则失调电压虽有些上升（V_{IO} 仍 <1 μV），

但 V_{npp} 却降到 1.2 μV 以下。所以一般选 500 ~ 1 000 Hz 外部时钟，其占空比为 50%。

③外接电容要选用漏电极小的电容，如陶瓷或聚苯乙烯电容，电容的吸附效应也要小，如聚丙烯电容等。电容的容量与时钟频率有关，当用内部时钟时，$C_1 = C_2 = 0.1$ μF。当用外部时钟时，电容容量将随时钟频率增加而减小。

④由于输出级是高阻抗的（约 18 kΩ），所以外接负载电阻的大小会影响输出幅度。当选择 $R_L = 1$ kΩ 时，其增益要比 $R_L = 10$ kΩ 时的低 17 dB。通常要求 $R_L > 10$ kΩ。

⑤为防止输出饱和，可利用输出钳位端，接法如图 7.10.7。当输出接近电源时，输出钳位电路导通，使电路增益下降，电路退出饱和。

⑥为了充分发挥电路的优点，电路安装时，其输入端最好加保护环，在输出端加低通滤波器。比如用 $R = 1$ MΩ，$C = 0.1$ μF 组成滤波器，这样可以吸收由时钟而产生的尖峰干扰。

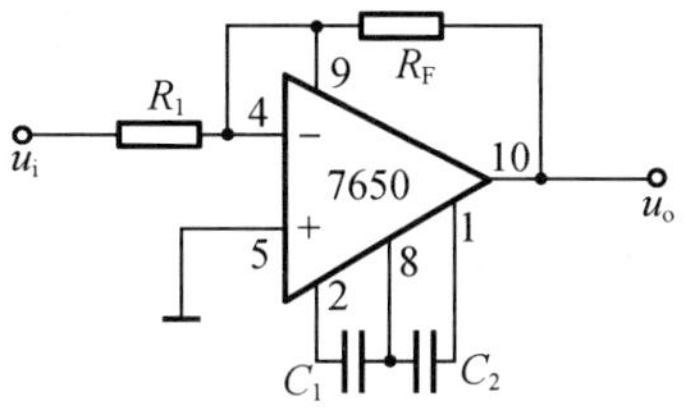

图 7.10.7　反相放大器与钳位连接图

7.10.3　高精度集成运放的发展状况

到目前为止，高精度集成运放市场仍为高、中、低档产品并存，设计者可以根据不同的要求选取不同档次的产品。

代表高精度集成运放发展方向的产品仍然是应用自动稳零技术制造的各种产品。针对这类运放存在的问题，各厂商不断加以改进。如 ICL7650 的改进型为 ICL7652，它将电源电压范围扩展到 ±7.5 V，共模电压范围由原来的 −5 ~ 1.5 V，增加至 −4.3 ~ +3.5 V，其他指标也多有改善。MAXIM 公司生产的 MAX430，Teledyne 公司生产的 TSC915，TSC76HV52 产品的电源电压均可达到 ±15 V。LT 公司生产的 LTC1052 将两个外接电容集成在单片内，这给使用者带来方便，其他技术参数也很好，如失调电压长期漂移为 100 nV/月，噪声电压 $V_{npp} \leqslant 1$ nV，$I_{IB} = 1$ pA。

近年来由于 CMOS 工艺的进步，又生产了 Lin CMOS™ 精密集成运放，如 TI 公司生产的 LTC2652，它虽然仍采用自动稳零技术，但技术指标却有很大提高，如 $V_{IO} = 0.5$ μV，最大为 1 μV，$\frac{dV_{IO}}{dt} = 3$ nV/℃，长期温漂仅为 3 nV/月，$I_{1B} = 4$ pA，$I_{IO} = 2$ pA，电源电压在 2 V 时，电路仍能正常工作。这种集成运放在低电源场合和医用仪器中的应用取得了满意的结果。

应用自动稳零技术的集成运放的 S_R 很低，一般都不超过 4 V/μs，而 BW_G 也很低，一般不超过 2 MHz，而且价格很高。为了解决这些问题，National 公司专门生产了自动调零芯片 LMC669，它可以用于任何集成运放的外部调零，使其有高精集成运放的指标。例如用 LMC669 去为高速运放 LM6364 调零的电路。LM6364 调零前的 $V_{IO} = 9$ mV，$BW_G = 160$ MHz，$S_R = 300$ V/μs。使用 LMC669 调零后可以使 V_{IO} 降低 400 倍，仅为 20 μV，而 BW_G 仍可达 15 MHz。经调零后的高速运放虽然 V_{IO} 还不是最小，但能满足仪表运放的高精度要求，况且它又保留了高速运放的 BW_G 和 S_R 高的特点，而且成本也较低，所以这种调零技术也很受欢迎。

高精度集成运放对噪声要求很严格，如 TI 公司生产的 TLC2654 运放可以在近乎直流到 10 MHz 的频带范围内工作而仍有很好的噪声特性，其 V_{npp} 为 1.5 nV，等效输入噪声电流仅为 4 fA。

有关高精度集成运放的产品，请参阅表 7.10.1。

表 7.10.1　高精度集成运放

型号	厂商	V_{IO} /μV	$\frac{dV_{IO}}{dT}$ /(μV/℃)	V_{IO}长漂 /(μV/月)	I_{IO} /nA	I_{1B} /nA	电源电压 /V	V_{npp} /(nV/$\sqrt{Hz}$)	I_n (fA)/$\sqrt{Hz}$	S_R /(V/μs)	$CMRR$ /dB	增益 (×10^6)	BW_G /MHz	说明
OP-27	PM	10	0.2	0.5	7	10	±4 ~ ±22	3.5	1 700	2.8	126	1	8	低噪声
OP-77	PM	10	0.2	0.3	0.1	1.2	±3 ~ ±22	10	320	0.3	140	5	0.6	改进 OP-07
LM-11	NS	100	1	2	0.5 pA	0.025	±2 ~ ±20	180	15	0.3	130	0.1	0.5	低偏置
MAX400C	MA	4	0.2	0.2	0.3	0.7		10	320	0.3	110	0.5	0.6	无斩波数低 V_{IO}
LT1001A	LT	10	0.2	0.2	0.8	1	±2 ~ ±22	10.3	320	0.25	106	0.5	0.8	
RC4077	RA	4	0.1	0.2	0.1	0.3	±3 ~ ±22	10.3	320	0.25		2.5	0.8	优于 MAX400C
LR1007A	LT	10	0.2	0.2	7	10	±3 ~ ±22	2.8	1 500	2.5	117	7	8	
LT455A	NS	75	3	—	3 pA	7 pA	±5 ~ ±16	100	10	5	86	0.2	3	通用 JFET 低偏置
HA5170	HA	100	2	—	39 pA	0.02	±4.5 ~ ±22	20	50	8	90	0.3	3	
AD744C	AD	100	2	15	10 pA	30 pA	±4.5 ~ ±18	45	—	75	86	0.25	13	JFET 高速
OPA606L	B.B	100	3	—	0.4 pA	5 pA	±5 ~ ±18	30	1.3	35		0.1	13	改进 LF455
AD515L	AD	400			0.08 pA	0.08 pA	±5 ~ ±18	50	—	1	70	0.1	0.4	超低 I_{1B}、精密
MAX430C	MA	1	0.1		10 pA	20 pA	±2 ~ ±16	111		0.5	140	30	2	AZ 自动稳零，通用
ICL7650S	IL	0.7	0.02	0.1	4 pA	8 pA	±2 ~ ±8	2	10	1	120	6	2	ICL7650 改进型
ICL7652S	IL	0.7	0.01	0.1	15 pA	3 pA	±2 ~ ±8	0.7	10	1	120	6	0.5	
LTC1050	LT	0.5	0.01	0.05	20 pA	10 pA	±2 ~ ±8	1.6	2.2	4	120	0.3	2.5	
LTC1052	LT	0.5	0.01	0.1	5 pA	1 pA	±2 ~ ±8	0.6	1.5	4		1	1.2	LT1050 改进
TSC901	TS	7	0.05	—	50 pA	30 pA	±2 ~ ±16	5		2	120	1	0.8	±16 V 电源，低噪声
TLC2652	TI	0.5	0.003	0.003	2 pA	4 pA	±1 ~ ±8	0.8		3	120	7	2	低温漂、低噪声
TLC2654	TI	4	0.005	0.003	30 pA	50 pA	±2 ~ ±8	1.5		3.7	110	10	2	高斩波频率
ICL7600	IL	2	0.01		150 pA	300 pA	±2.5 ~ ±7.5 V			0.5			0.3	CAZ

7.11　仪表用集成放大器

在精密测量和精细控制系统中，常要对存在于大共模信号（常在伏量级）中的微弱信号（常在微伏量级）进行检测。如应变仪、热电偶和生物探针等传感器送出的就是这样一类信号。还有一类信号的内阻 R_S 是变化的，如人的皮肤的电阻，它将随人、季节不同而变化。这会影响测量仪器的增益值。放大这类信号的放大器要有极高的共模抑制比（通常 $S_R>100$ dB）、极高的输入阻抗（包括共模和差模输入电阻）和精确而稳定的增益，而且增益可调，输入漂移和噪声也要特别低。满足上述要求的电路称为仪表放大器（Instrumentation Amplifier，简写 IA）或称数据放大器（Data amplifier）。

7.11.1　应变仪放大电路

图 7.11.1 为一带放大器的应变电桥，桥式应变仪输出信号送给放大器 A 处理。

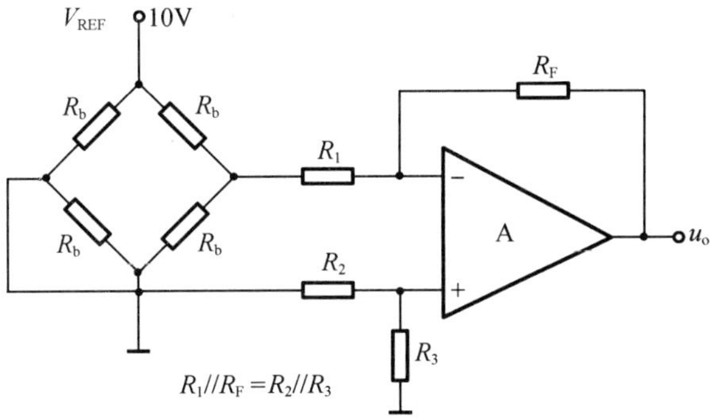

图 7.11.1　带放大器的应变仪

当无应变时 $R_b'=R_b$，电桥处于平衡态，放大器输入端为 +5 V 的共模电压，这时 A_{uf} 为

$$A_{uf}=\frac{-R_F}{R_1+\frac{1}{2}R_b} \tag{7.11.1}$$

当有应变时，应变臂电阻 $R_b'=(1+\delta)R_b$。可以推导出放大器 A 的共模输入电压仍近似为 +5 V，而差模输入电压 $\Delta V_i=\frac{\delta}{4+2\delta}\times 10$ V，当 $\delta\ll 1$ 时，

$$\Delta V_i=\frac{\delta}{4}\times 10\ \text{V} \tag{7.11.2}$$

由式(7.11.2)可知，若 $\delta=0.01$，则 $\Delta V_i=25$ mV，测量的灵敏度为 2.5 mV/V。若满量程的误差为 1% 时，要求差模输入信号为 0.25 mV。当共模信号为 +5 V，则要求放大器的共模抑制比为

$$CMRR=\frac{5\ \text{V}}{0.25\ \text{mV}}=2\times 10^4=86\ \text{dB} \tag{7.11.3}$$

若满量程误差为 0.1%，则要求 $CMRR=106$ dB，可见若满足测量精度，对所接集成运放

的 $CMRR$ 要求是很高的，一般集成运放难以胜任。$CMRR$ 除与放大器有关外，还与外围电阻 R_1，R_F 的阻值和电阻的平均精度 ε 有关，外围电阻决定的 $CMRR$ 可由下式求

$$CMRR = 20 \times \lg \left| \frac{\frac{R_1 + R_F}{R_1}}{\varepsilon} \right| \tag{7.11.4}$$

为了满足测量精度，对所用电阻要认真挑选。也可用差分放大器代替集成运放 A 来满足要求。如 B. B 公司生产的 1NA105 通用单片差分放大器，它有四个完全匹配好的电阻，其精度为 $\varepsilon = 2 \times 10^{-5}$，它的 $CMRR$ 大于 100 dB。

应变电桥的等效电阻相当于信号源内阻 R_s，它不宜过大，这就要求所接放大器的输入电阻 R_i 要尽量大，以减小对精度的影响。

7.11.2　三运放仪表放大器

1. 标准三运放仪表放大器

三运放仪表放大器能较好地解决通用集成运放 $CMRR$ 和 R_i 都偏低的问题。图 7.11.2 为标准三运放仪表放大器基本电路，A_1，A_2 构成电压跟随器作输入级，以提高放大器的输入电阻。A_3 组成差分放大电路作输出级，它的输出电阻很低，电阻 R_g 是用来改变电路增益的。

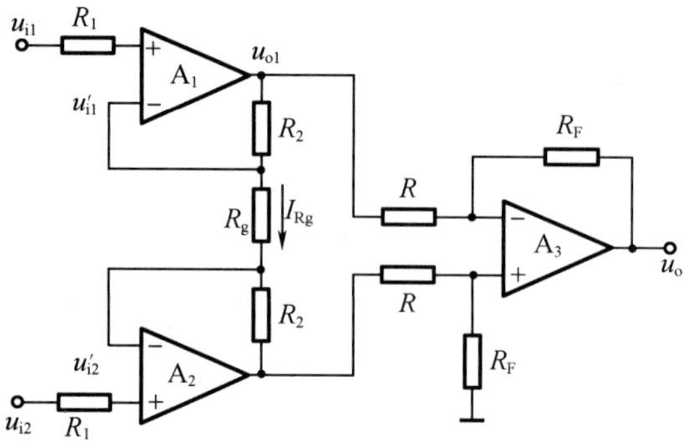

图 7.11.2　标准三运放放大电路

(1) 分析 A_1，A_2

运用“虚短”规则，由图 7.11.2 可得 $u'_{i1} = u_{i1}$，$u'_{i2} = u_{i2}$，流过 R_g 的电流 I_{Rg} 为

$$I_{Rg} = \frac{u'_{i1} - u'_{i2}}{R_g} = \frac{u_{i1} - u_{i2}}{R_g} = \frac{u_{id}}{R_g} \tag{7.11.5}$$

①输入差模信号

A_1，A_2 的输出电压差为

$$u_{o1} - u_{o2} = (R_g + 2R_2) I_{Rg} = \frac{R_g + 2R_2}{R_g} \cdot u_{id} \tag{7.11.6}$$

A_1，A_2 的差模电压增益为

$$A_{ud1 \cdot 2} = \frac{u_{o1} - u_{o2}}{u_{id}} = \frac{R_g + 2R_2}{R_g} \tag{7.11.7}$$

②输入共模信号

由于 $u_{i1}=u_{i2}=u_{ic}$，由式(7.11.5)可知：$I_{Rg}=0$，$u_{o1}=u_{o2}=u_{ic}$，对 A_1，A_2 而言，相当于两个各自独立的电压跟随器，所以

$$A_{uc1\cdot 2}\doteq 0 \tag{7.11.8}$$

由上面分析可知，A_1，A_2 对于差模输入信号有很高的电压增益，改变 R_g 可调节 $A_{ud1\cdot 2}$ 的值。对于共模信号则不放大。

③共模抑制比

由于 A_1，A_2 电路的对称结构，有利于互相抵消由 A_1，A_2 的共模抑制比为有限值所造成的影响。但 A_1，A_2 毕竟不可能完全对称，故共模抑制比可用下式求得

$$CMRR_{1\cdot 2}=\frac{CMRR_1\times CMRR_2}{CMRR_1-CMRR_2} \tag{7.11.9}$$

可见共模抑制比还是比较高的，而且 $CMRR_1$ 与 $CMRR_2$ 越接近，$CMRR_{1\cdot 2}$ 就越大。

④输入电阻

A_1，A_2 都是接成射极跟随器形式，所以其输入电阻是很高的。当 A_1，A_2 为差模或共模输入时，其输入电阻与 A_1，A_2 的共模输入电阻 R_{ic}($R_{ic}=R_{ic1}=R_{ic2}$)有关，

$$R_{idI}=2R_{ic} \tag{7.11.10}$$

$$R_{icI}=\frac{1}{2}R_{ic} \tag{7.11.11}$$

一般集成运放的 R_{ic} 都很高(如 μA741 的 $R_{ic}=200\ \text{M}\Omega$)，所以三运放仪表放大器的输入电阻是很高的。

(2)分析 A_3

A_3 构成了平衡式输入的差放电路，输入信号为 u_{o1}，u_{o2}，输出为 u_o，$A_{uf3}=-\dfrac{R_F}{R}$，$R_o=0$。

(3)三运放仪表放大器性能

三运放仪表放大器的电压增益为

$$A_{uf}=A_{uf1\cdot 2}\times A_{uf3}=-\left(\frac{R_g+2R_2}{R_g}\right)\times\frac{R_F}{R} \tag{7.11.12}$$

调节外接电阻 R_g 可改变 A_{uf} 值。

三运放仪表放大器的共模抑制比为

$$CMRR=\frac{A_{uf1\cdot 2}\times CMRR_3\times CMRR_{1\cdot 2}}{A_{uf1\cdot 2}\times CMRR_3+CMRR_{1\cdot 2}}\doteq A_{uf1\cdot 2}\times CMRR_3=\frac{R_g+2R_2}{R_g}\times CMRR_3 \tag{7.11.13}$$

由上两式可见，与单独用 A_3 构成的放大电路相比，三运放仪表放大器的差模电压增益和共模抑制比都提高了 $\dfrac{R_g+2R_2}{R_g}$ 倍。输入电阻也大大提高了。

2. 集成三运放仪表放大器

多个厂家将三运放仪表放大器制成单片集成仪表放大器，典型的产品是 AD 公司的 AD522。它包括了除 R_g 电阻外的所有部件，另外它还增加了数据保护端(DGND)和反馈端(FBK)。图 7.11.3 为管脚图。

AD522 的性能指标很好，其中 $CMRR=120\ \text{dB}$，$R_{id}=10^9\ \Omega$，失调电压温漂为 0.5 μV/℃，在

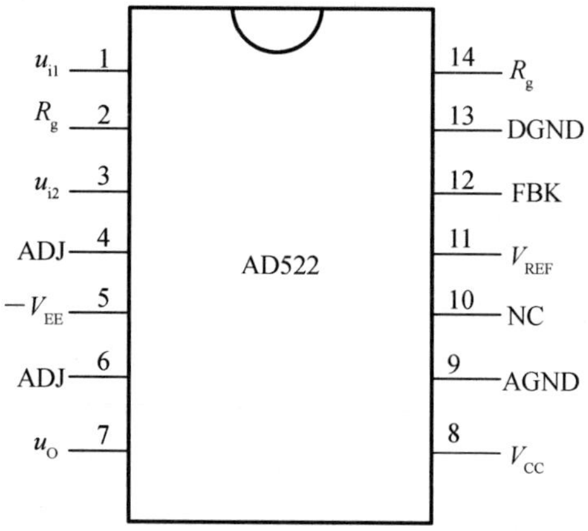

图 7.11.3 AD522 管脚图

0.1 ~ 100 Hz 频率范围噪声电压 V_{npp}值 <1.5 μV,电压增益 1 ~ 10^3可调。

AD522 特别适合测量高噪声下的微弱信号。图 7.11.4 为典型的应用电路,其中传感器的信号和 R_g由电缆引入,数据保护端与电缆外皮相连。这种接法可以有效地克服运放输入端与电缆屏蔽层间存在的寄生电容对 *CMRR* 的影响。

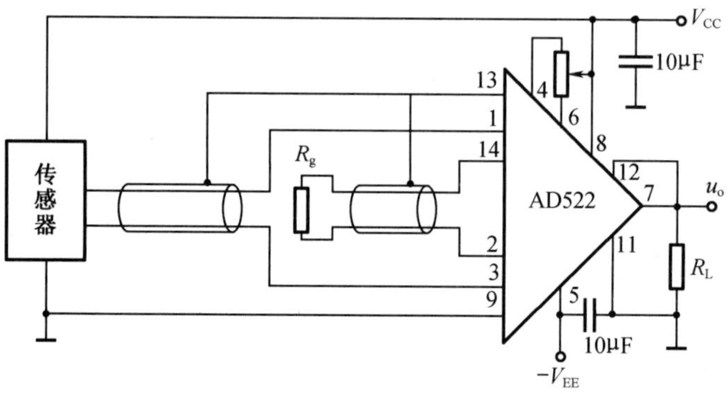

图 7.11.4 AD522 应用电路

集成三运放仪表放大器除通用型的产品 AD522 外,还有低功耗的 INA102,它除了静态电流小(仅为 750 μA)外,其他指标与 AD522 类似,可用干电池供电。而 INA110 则是由 FET 构成输入级的高速集成运放,它的 $R_{id} > 5 \times 10^{12}\ \Omega$, $CMRR > 116$ dB, $S_R = 17$ V/μs, $BW = 5$ MHz ($A_{uf} = 10$)或为 0.1 MHz ($A_{uf} = 500$)。对于高精度的 AD624 的 $V_{IO} < 25$ μV, $\frac{dV_{IO}}{dT} <$ 0.25 μV/℃,噪声电压峰峰值 $V_{npp} < 0.3$ μV(在 0.1 ~ 10 Hz 间),增益线性为 10^{-5}, $CMMR = 130$ dB,它的 BW_G为 25 MHz。近年来仪表放大器的功能不断扩大,如 AD526 中加了电阻网络和 TTL 器件,使器件有软件编程功能。又如 AD208 增加了变压器隔离电路,使之有很高的电气绝缘性能。AD208 又可单电源工作,这给应用带来方便。节 7.10 介绍的某些高精度集成运放也可用作

仪表放大器,如 ICL7605,7600 系列等。

7.11.3　提高共模抑制比的若干方案

由于仪表放大器的 *CMRR* 是至关重要的指标,人们用多种办法提高 *CMRR* 值,大都收到了很好的效果。这里仅介绍两种方法。

1. 浮动电源法

在三运放仪表放大器中要提高共模抑制比,重要的是要处理好 A_1,A_2。要想得到高于 120 dB 的共模抑制比,除了要用高共模抑制比的 A_1,A_2外,还可以将 A_1,A_2的电源浮置来提高 *CMRR*。

图 7.11.5 为浮动电源仪表放大器原理图。由图可见,它在三运放仪表放大器的基础上增加了 A_4,它接成电压跟随器形式。浮动电源 $+E$ 和 $-E$ 只为 A_1,A_2供电。V_{CC},$-V_{EE}$为 A_3,A_4供电。A_4的输入信号是通过两只 R_1电阻从 $u_{o1} \sim u_{o2}$取得。当 u_i为共模信号 u_{ic}时 $u_{o1} = u_{o2} = u_{ic}$,M 点电压 $u_M = u_{ic}$,$u_N = u_{ic}$。由于 A_4的输出接 $+E$ 和 $-E$ 的公共点,所以 $+E$ 和 $-E$ 就在 u_{ic}的基础上浮动,即 $+E$,$-E$ 的浮动变化与输入共模 u_{ic}一样,而 $+E$,$-E$ 又是 A_1,A_2的电源,即 A_1,A_2的供电电压与 u_{ic}一样浮动,电源对 u_{ic}起跟踪作用,对 A_1,A_2来讲就相当于共模信号为零,从而有效地消除了共模输入电压产生的影响,也即提高了共模抑制比。

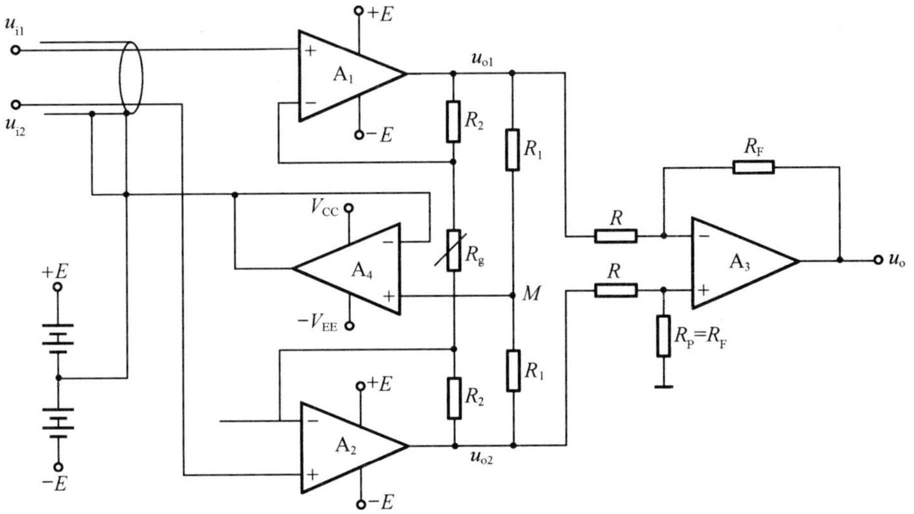

图 7.11.5　利用浮动电源法提高放大器的共模抑制能力

这种电路的共模抑制比仍可用式(7.11.13)计算,不过考虑到 A_4的作用,A_1,A_2的 $CMRR_{1\cdot 2}$应为

$$CMRR_{1\cdot 2} = \frac{CMRR_1 \times CMRR_2 \times CMRR_4}{CMRR_1 - CMRR_2} \tag{7.11.14}$$

与式(7.11.9)相比,$CMRR_{1\cdot 2}$提高了 $CMRR_4$倍。事实证明,这种电路的 *CMRR* 可很容易达到 130 dB 以上。

2. 开关电容法

这种方法是在一般集成运放的输入端接开关模块和电容,利用模块中开关 K 的反复切换,让电容 C_1 在信号源和集成运放 A 输入端之间反复转接,以达到提高 *CMRR* 的目的。

图 7.11.6 为一开关电容仪表放大器电路图,它由开关模块 LTC1043 和通用仪表用集成运放 LT1013A 组成。

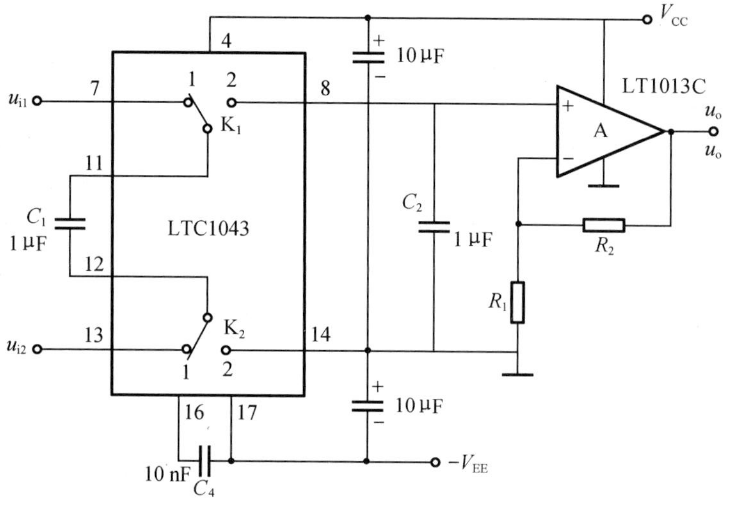

图 7.11.6　开关电容仪表放大器

当开关 K 置"1"位时,输入信号对 C_1 充电到($u_{i1}-u_{i2}$),当 K 置"2"位时,C_1 上所充的电压($u_{i1}-u_{i2}$)就转到 C_2 上。周期反复地转换开关 K,就可以使 C_2 上电压为($u_{i1}-u_{i2}$)的值,这个电压被运放 A 同相放大后,其输出电压 u_o 为

$$u_o = \left(1+\frac{R_2}{R_1}\right)\cdot(u_{i1}-u_{i2}) \tag{7.11.15}$$

开关转换频率 f 由外接电容 C_4 决定,当 $C_4=10$ nF 时,$f=500$ Hz。

这种电路输入端的共模电压对 C_1 不充电,这样 C_2 上就不存在共模信号,所以这种电路可以获得高的 *CMRR*。当 $f=60$ Hz 时,共模抑制比可大于 120 dB,而 LT1013C 本身的 *CMRR* 只有 97 dB,可见这种方法提高 *CMRR* 是明显的,而且成本很低。

开关电容技术也被应用于单片仪表放大器 ICL7605 中,使它的输入特性变得非常好,其共模抑制比也提高很多。

另外双运放结构等方法也可提高 *CMRR*,这里就不一一介绍了,读者可自己参考有关文献。

7.11.4　电流反馈型仪表放大器

还有一类仪表放大器应用的是电流反馈技术。这类仪表放大器与三运放仪表放大器不同之处是用高度匹配的差分对管代替 A_1,A_2。显然差分对管比运算放大器的速度要快得多,而对共模输入信号响应灵敏度却很低,这就缓解了对匹配电阻的严格要求。专用的单片集成运放 AD521,AD520,LM363,AMP－01 和 AMP－05 等都属于电流反馈型仪表放大器。这类电路的结构简单,所以很易于集成化。

图 7.11.7 为电流反馈型仪表放大器 AD521 的简化原理图。这里使用了两个互导差分对,每一对都有一个外接电阻来设置电路增益。T_1,T_2 由 u_{id}驱动,T_3,T_4 由 u_o和 V_{REF}控制。

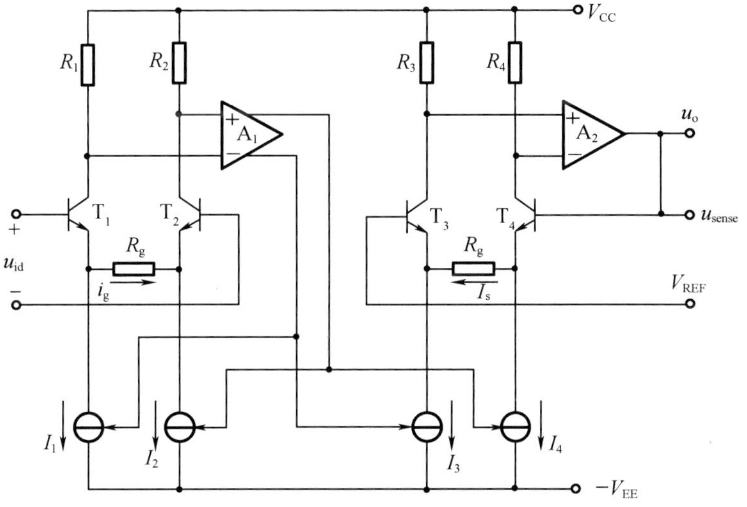

图 7.11.7　单片仪用放大器 AD521 原理图

当有输入信号 u_{id}时,由图可知

$$i_g = \frac{I_1 - I_2}{2} = \frac{u_{id}}{R_g} \tag{7.11.16}$$

$$i_s = \frac{I_4 - I_3}{2} = \frac{u_o}{R_s} \tag{7.11.17}$$

经环路对电流源的控制,可以使 $i_g = i_s$,则

$$A_{ud} = \frac{u_o}{u_{id}} = \frac{R_s}{R_g} \tag{7.11.18}$$

R_g和 R_s都为外接电阻,调节阻值即可调节放大器的增益。

AD520 和 AD521 为早期产品,虽然指标不算太高,但它成功地将电流反馈技术应用到了仪表放大器中。后来出现的 LM363 和 AMP－01 等产品的技术指标就比较高,特别是 I_{IO}和 I_{IB}都是很低的。为了进一步提高输入阻抗,降低输入端失调,又生产出以 FET 为输入级的电流反馈仪表放大器,如 AMP－05 的失调电流 I_{IO}仅为 25 pA。有关各类型仪表放大器产品的技术指标参见表 7.11.1。

表 7.11.1 仪表用集成放大器

型号	厂商	总电源		输入					CMRR		S_R	-3 dB	噪声		建立时间		说明
		电压范围	I_{max}	V_{IO}	$\frac{dV_{IO}}{dT}$	I_{IO}	I_{IB}	R_{id}	$A_f=1$	$A_f=10^3$		BW	V_{npp}	I_n	$A_f=1$	$A_f=10^3$	
		/V	/mA	/mV	/(μV/℃)	/nA	/nA	/MΩ	/dB		/(V/μs)	/kHz	/μV	pA	/μs		
LH0036	NS	±1 ~ ±18	0.6	1	10	100	40	1000	50	100	0.3	350	—	—	8	600	
LH0038	NS	±5 ~ ±18	2	0.1	0.25	100	5	5	—	114	0.3	1.6	0.2	10	—	80	
1NA101C	BB	±5 ~ ±20	8.5	0.025	0.25	20	20	1000	80	106	0.4	300	0.8	50	30	500	
1NA110B	BB	±6 ~ ±18	4.5	0.25	2	0.05	0.0025	5×10^6	80	106	17	2500	1	—	4	11	FET
LM363A	NS	±5 ~ ±18	2	0.05	0.5	5	2	10^3	100	126	0.4	200	0.4	15	20	70	电流反馈
AD521	AD	±5 ~ ±18	5	3	15	80	20	10^3	70	100	10	2 000	0.5	—	7	35	电流反馈
AD522	AD	±5 ~ ±18	10	—	6	25	20	10^3	75	100	0.1	300	1.5	—	500	2×10^4	
AD624C	AD	±5 ~ ±18	5	0.025	0.25	15	5	10^3	80	130	5	1 000	0.2	10	10	50	
AMP-01A	AD	±5 ~ ±18	5	0.05	0.3	3	1	10^3	85	125	4.5	—	0.1	—	12	50	电流反馈
AMP-05A	AD	±5 ~ ±18	10	1	10	0.05	0.025	10^6	90	110	7.5	3 000	4	—	5	5	FET、电流反馈
ICL7605	IL	±4 ±9	5	0.005	0.2	1.5	—	10^3	100	100	0.5	0.01	1.7	—	慢	慢	
LT1013	LT	±2 ±22	1	0.06	0.3	0.2	15	10^3	97	100	0.4	800	22	70	—	—	

7.12　有源滤波器

滤波器电路的功能是让指定频段的信号通过，而将其他频段的信号加以拒绝或衰减。常用在无线电通信、测量和控制系统中。

有源滤波器（Active filter）（以下简称滤波器）是由无源滤波器和运算放大器组成的。它具有体积小、不用电感、输出阻抗低且具有一定的电压放大作用与缓冲作用和便于集成化等优点。这种电路的缺点是频率特性差一些。

滤波器按工作频率分可分为低通滤波器（Low Pass Filter，简称 LPF）、高通滤波器（High Pass Filter，简写 HPF）、带通滤波器（Band Pass Filter，简称 BPF）、带阻滤波器（Band Elimination Filter，简称 BEF）和全通滤波器（All Pass Filter，简称 APF）。

能让信号通过的频段称为通带（Pass Band，简写 PB），拒绝或衰减信号的频段称为阻带（Rejection Band，简写 RB），通带与阻带的分界频率 $\omega_o(f_o)$ 称为截止频率。实际应用的滤波器在通带和阻带间是一个过渡带（Transit Band，简写 TB），特性好的滤波器的 TB 很窄。

滤波器是以频率为基础的信号处理电路，其频率响应可用传递函数表示。

本节主要讨论低通滤波器和单片集成低通滤波器。对于其他类型的滤波器只作简单说明。在各种结构的滤波器中，以 *RC* 有源滤波器（又称 *ARC* 滤波器）的应用最广。本节讨论的滤波器中，凡无特别注明的都指的是 *ARC* 滤波器。

7.12.1　一阶低通滤波器

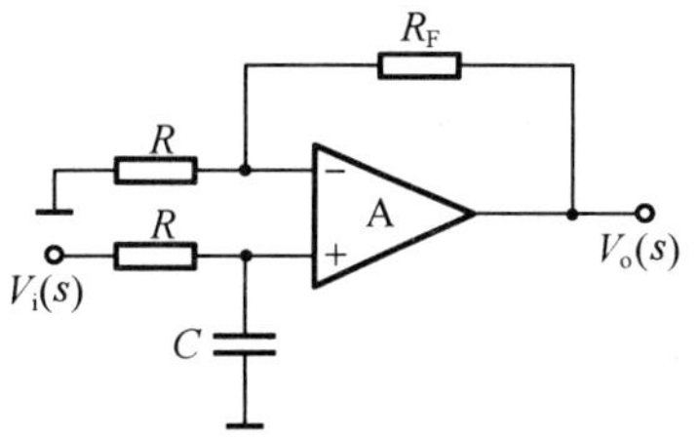

图 7.12.1　一阶低通滤波器

图 7.12.1 为一阶低通滤波器，其中 R，C 为无源低通滤波器，运放 A 为同相比例放大。其传递函数为

$$A_u(s)=\frac{V_o(s)}{V_i(s)}=\frac{A_{uf}}{1+sCR}$$

式中 $A_{uf}=1+\frac{R_F}{R}$，令 $\omega_o=\frac{1}{RC}$，则在频域中传递函数为

$$A_u(jf)=\frac{A_{uf}}{1+j\frac{f}{f_o}} \qquad (7.12.1)$$

f_o称为截止频率。

其幅频特性表达式为

$$A_u(f)=\frac{A_{uf}}{\sqrt{1+\left(\frac{f}{f_o}\right)^2}} \qquad (7.12.2)$$

而相频特性表达式为

$$\varphi(f)=-\pi-\arctan\frac{f}{f_o} \qquad (7.12.3)$$

图 7.12.2 为一阶低通滤波器的幅频特性曲线，其中f_o定义为 $A_u(f)$下降 -3 dB 时对应的频率，又称为滤波器通带截止频率。由图可见，在过渡带的衰减速率为 -20 dB/十倍频程，显然这种滤波器的滤波特性比较差。

7.12.2 高阶低通滤波器

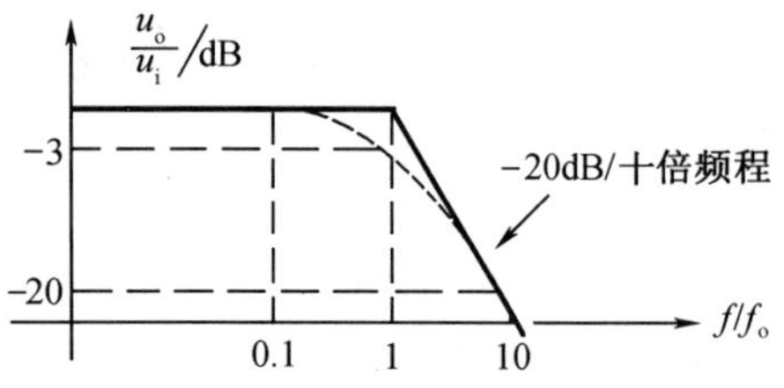

图 7.12.2 一阶低通滤波器的幅频特性

高阶低通滤波器可以提高滤波效果。所谓高阶低通滤波器是两个以上低通滤波器串联构成的二阶以上的低通滤波器电路。在高阶低通滤波器中，以二阶低通滤波器最为有用。故本节主要讨论二阶低通滤波器。

1. 高阶低通滤波器的种类

高阶低通滤波器按传输函数式不同可分为巴特沃兹(Butterworth)、切比雪夫(Chebyshev)、勒让德(Legendre)和贝塞尔(Bessel)滤波器等多种。

(1)巴特沃兹滤波器

这是一种最常用的滤波器，其特点是在通带和阻带内的平坦度好，其传递函数是全极点型的，幅频响应在 TB 区单调衰减，它的缺点是在 TB 区衰减的速率慢。图 7.12.3(a)为其幅频响应特点曲线。由图可见，曲线平滑。

(2)切比雪夫滤波器

这种滤波器的特点是在 TB 区衰减得快，但其相频特性和通带的平坦度差，在通带内常存在一定大小的纹波。故当阶跃信号输入时，在通带内会有轻微的过冲。它的传递函数近似为全极点型。图 7.12.3(b)为其幅频响应特性曲线。还有一种与切比雪夫滤波器类似的滤波器，称考尔(Cauer)滤波器(又称椭圆滤波器)，它在 TB 区衰减更快，但它在 PB 和 RB 区都有纹波。

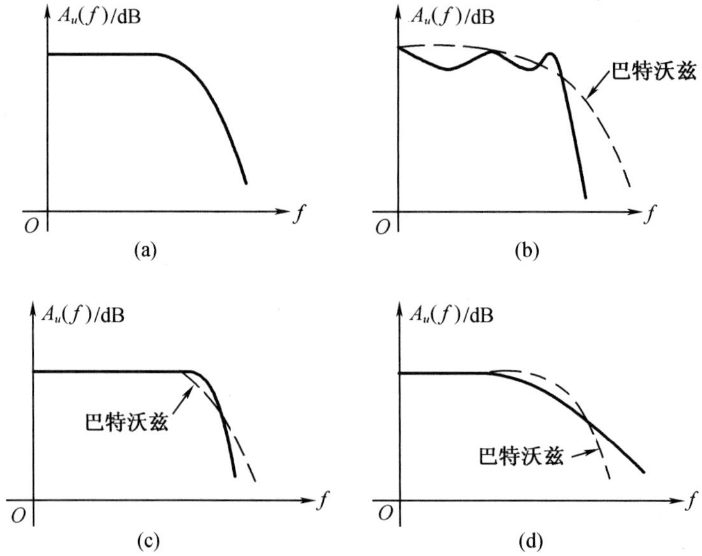

图 7.12.3 各类高阶低通滤波器典型的幅频响应特性曲线

(a)巴特沃兹滤波器；(b)切比雪夫滤波器；(c)勒让德滤波器；(d)贝塞尔滤波器

(3)勒让德滤波器

这种滤波器不但在TB区衰减的速率快,而且在通带和阻带内都维持单调性,故它又称为最佳单调滤波器。它常常在需要高衰减速率又不允许有纹波出现的场合使用。图7.12.3(c)为其幅频响应特性曲线。

(4)贝塞尔滤波器

贝塞尔滤波器又称汤姆孙(Thomson)滤波器,它的主要特点是相频特性好,其相移与频率几乎呈线性关系,波形失真小。但它TB区内衰减很慢,图7.12.3(d)为其幅频响应特性曲线。

由于巴特沃兹滤波器应用最为普遍,下面就以它为例进行讨论。

2. 巴特沃兹二阶低通滤波器

图7.12.4为典型巴特沃兹型二阶低通滤波器,又称塞林格(Sallen-key)滤波器。电路中引入了负反馈,又引入了正反馈。

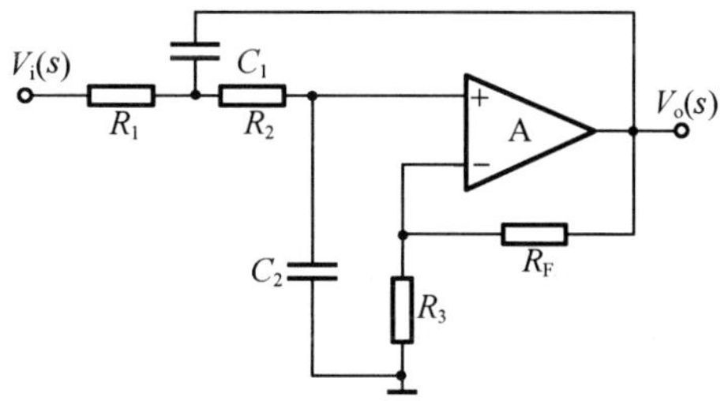

图7.12.4　二阶有源低通滤波电路

(1)传递函数

为了分析方便,令$R_1=R_2=R$,$C_1=C_2=C$,又设$A_{uf}=\dfrac{R_3+R_F}{R_3}$。利用同相比例放大器的特性和KCL定律,可得电路的传递函数为

$$A(s)=\frac{A_{uf}}{1+(3-A_{uf})\cdot sCR+(sCR)^2} \tag{7.12.4}$$

设ω_o,Q分别为滤波器的特征频率(即通带截止频率)和品质因数,则

$$\omega_o=\frac{1}{RC} \tag{7.12.5}$$

$$Q=\frac{1}{3-A_{uf}} \tag{7.12.6}$$

故式(7.12.4)可写成

$$A_u(s)=\frac{A_{uf}\cdot\omega_o^2}{s^2+\dfrac{\omega_o}{Q}s+\omega_o^2}=\frac{A_{uf}}{1+\dfrac{1}{\omega_oQ}\cdot s+\dfrac{1}{\omega_o^2}\cdot s^2} \tag{7.12.7}$$

图7.12.4电路由于引进了正反馈,故对闭环增益A_{uf}是有限制的,否则电路不能正常工作。由式(7.12.6)可知,只有当$A_{uf}<3$时,电路工作才稳定,故这类滤波器又称为有限增益多路反馈(Finite gain multiple feedback)滤波器。本电路的传递函数也可以写成通式为

$$A_u(s)=\frac{a_0}{b_0+b_1s+b_2s^2} \tag{7.12.8}$$

其中,a_0,b_0,b_1和b_2是由电路的增益和R,C决定的常数。

(2)频率特性

在频域中,式(7.12.7)可写成

$$A_u(j\omega)=\frac{A_{uf}}{1+j\dfrac{\omega}{\omega_oQ}-\left(\dfrac{\omega}{\omega_o}\right)^2}=\frac{A_{uf}}{1-\left(\dfrac{f}{f_o}\right)^2+j\dfrac{f}{f_oQ}} \tag{7.12.9}$$

其幅频特性为

$$A_u(\omega) = \frac{A_{uf}}{\sqrt{\left[1-\left(\frac{f}{f_o}\right)^2\right]^2+\left(\frac{f}{f_oQ}\right)^2}} \tag{7.12.10}$$

当$f=f_o$时，上式为

$$\frac{A_u(\omega)}{A_{uf}} = Q \tag{7.12.11}$$

由式(7.12.10)可见，图7.12.4所示电路的频响与Q值有关。图7.12.5给出了幅频响应曲线。由图可见，当$Q=0.707$时，幅频响应曲线较平坦，但当$Q>1$时，在$f=f_o$附近有谐振峰出现，使$A_u(f)$增加，而且Q值越大，$A_u(f)$增加得越多，f_o也越高。在过渡区，曲线以-40 dB/十倍频程的速率衰减，由此可见，这种滤波器的滤波效果比一阶的要好。

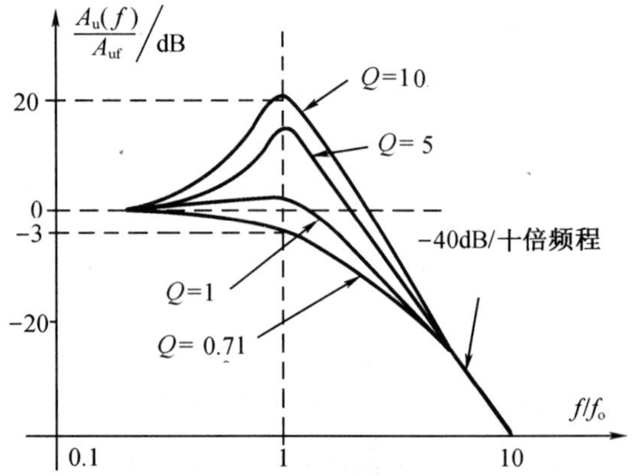

图7.12.5　图7.12.4所示二阶低通滤波电路的幅频响应

3. 反相输入的二阶低通滤波器

图7.12.6为反相输入的二阶低通滤波器，运放A构成反相比例放大器，其$A_{uf}=-\frac{R_F}{R_1}$。可以推导出该电路的传递函数为

$$A_u(s) = \frac{A_{uf}}{1+\left(\frac{1}{R_1}+\frac{1}{R_2}+\frac{1}{R_F}\right)sC_FR_2R_F+s^2C_1C_FR_2R_F} \tag{7.12.12}$$

令

$$\omega_o = \frac{1}{\sqrt{C_1C_2R_2R_F}} \tag{7.12.13}$$

$$Q = (R_1 /\!/ R_2 /\!/ R_F)\sqrt{\frac{C_1}{C_2R_2R_F}} \tag{7.12.14}$$

则

$$A_u(s) = \frac{A_{uf}}{1+\frac{s}{Q\omega_o}+\frac{1}{\omega_o^2}s^2} \tag{7.12.15}$$

此式与式(7.12.7)完全相同。但式(7.12.14)的Q却与A_{uf}完全无关，不用限制A_{uf}的值。故此种滤波器称为无限增益多重反馈(Infinite gain multiple feedback)滤波器。这种滤波器的传递函数也可以写成式(7.12.8)的通式形式。

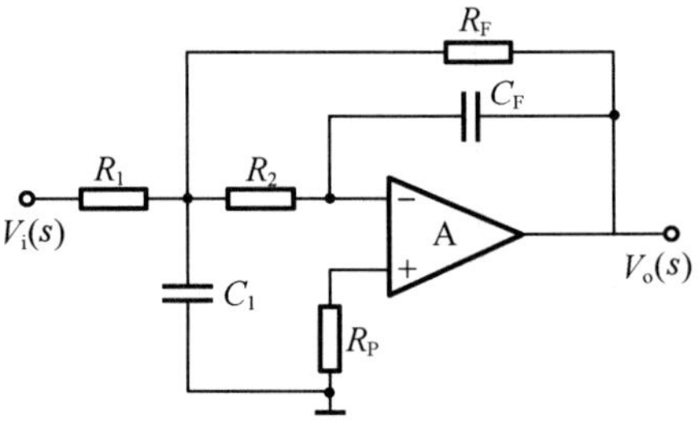

图7.12.6　无限增益多路反馈二阶低通滤波电路

4. 高阶低通滤波器

为了获得更好的滤波效果，就要应用阶数更

高的低通滤波器。当两级二阶低通滤波器串联时就构成一个四阶低通滤波器,三级二阶低通滤波器串联就构成六阶低通滤波器,等等。

在高阶低通滤波器中,每级的闭环增益是有限制的,可根据这些限制选取电阻值。例如巴特沃兹高阶低通滤波器的阶数 n 与 A_{uf}、Q 的关系见表 7.12.1。

表 7.12.1　巴特沃兹低通滤波器阶数 n 与 A_{uf}、Q 的关系

n	2	4	6	8	串联级
A_{uf}/Q	1.586/0.707	1.152/0.541	1.068/0.518	1.038/0.51	1
		2.235/1.31	1.586/0.707	1.337/0.601	2
			2.483/1.93	1.889/0.90	3
				2.610 / 2.564	4
总 A_{uf}/Q	1.586/0.707	2.575/0.709	4.206/0.707	6.842/0.707	

在高阶低通滤波器中,之所以要限制各级的增益,就是为了总的幅频响应曲线平坦。如一个四阶低通滤波器电路,规定 $A_{uf1}=1.152$,$A_{uf2}=2.235$,根据式(7.12.6)得 $Q_1=0.54$,$Q_2=1.31$。据此可得图 7.12.7 的曲线。由图可见,因为 $Q_1<0.707$,故第一级曲线没有谐振峰,是单调下降的;而第二级的$Q_2>0.707$,故曲线有谐振峰。两条曲线合成为总的曲线,其平坦部分扩展了,过渡带宽衰减加快。体现了巴特沃兹滤波器的特点和高阶滤波器滤波效果好的特点。

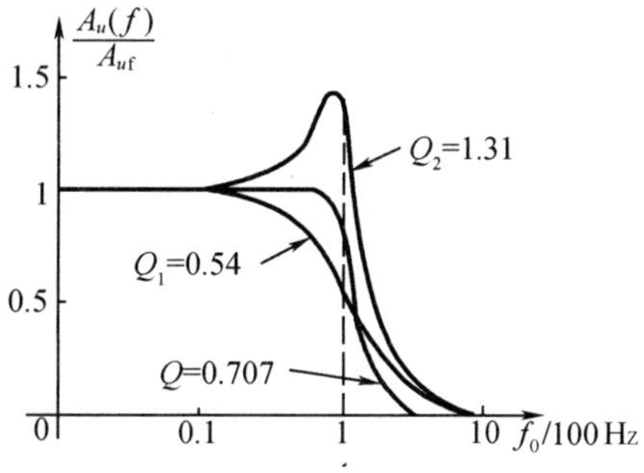

图 7.12.7　四阶低通滤波电路各级和总的归一化幅频响应

7.12.3　其他类型二阶滤波器

为了说明问题,对于其他类型滤波器只简单分析二阶的。

1. 二阶高通滤波器

图 7.12.8 为同相输入的二阶高通滤波器。根据电路可得传递函数为

$$A_u(s)=\frac{A_{uf}(sCR)^2}{1+(3-A_{uf})sCR+(sCR)^2}$$

令特征频率 ω_o 和品质因数 Q 分别为

$$\omega_o=\frac{1}{RC} \tag{7.12.16}$$

$$Q=\frac{1}{3-A_{uf}} \tag{7.12.17}$$

则

$$A_u(s)=\frac{A_{uf}s^2}{s^2+\frac{\omega_o}{Q}s+\omega_o^2} \tag{7.12.18}$$

图 7. 12. 9 为二阶高通滤波器的归一化幅频特性曲线。由图可见,频响特性也与 Q 有关。由式(7. 12. 17)可见其增益是有限制的。

对于式(7. 12. 18)也可写成通式

$$A_u(s) = \frac{a_2 s^2}{b_0 + b_1 s + b_2 s^2} \tag{7.12.19}$$

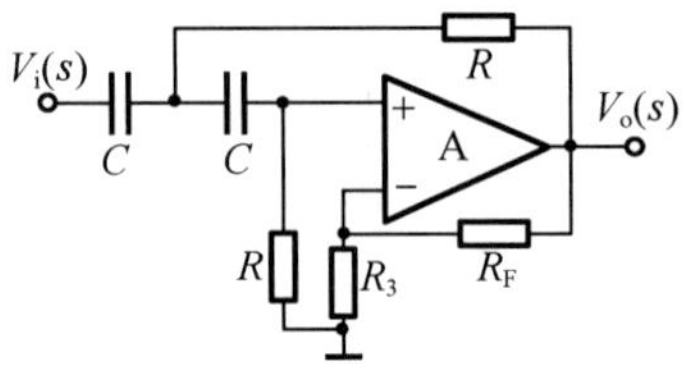

图 7. 12. 8　二阶高通滤波电路

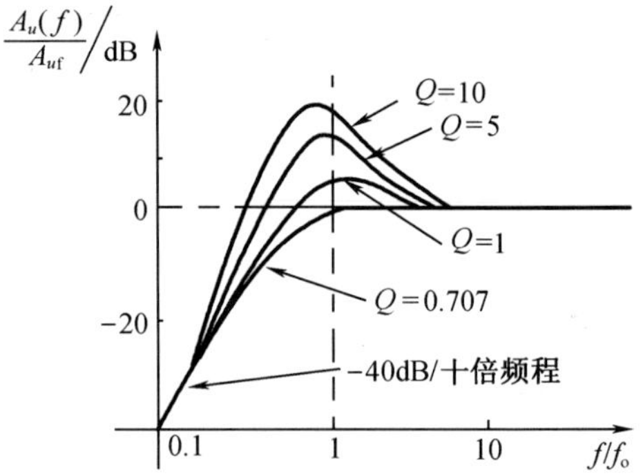

图 7. 12. 9　二阶高通滤波器的幅频响应

2. 二阶带通滤波器

将无源低通与无源高通滤波器串联起来接入同相比例放大电路,便构成二阶带通滤波器。图 7. 12. 10 即是有限增益的二阶带通滤波器电路,其中 R_1,C_1 为无源低通滤波器,R_2,C_2 为无源高通滤波器,A 构成同相比例放大器。

若 $C_1 = C_2 = C, R_1 = R_3 = \frac{1}{2}R_2 = R$,则电路的传递函数为

$$A_u(s) = \frac{A_{uf} \cdot sCR}{1 + (3 - A_{uf})sCR + (sCR)^2} \tag{7.12.20}$$

令 ω_o 是带通滤波器的中心角频率(特征角频率),Q 为品质因数,则它们分别为

$$\omega_o = \frac{1}{RC} \tag{7.12.21}$$

$$Q = \frac{1}{3 - A_{uf}} \tag{7.12.22}$$

在频域,则式(7. 12. 20)可写成

$$A_u(jf) = \frac{A_{uf} Q}{1 + jQ\left(\frac{f}{f_o} - \frac{f_o}{f}\right)} \tag{7.12.23}$$

设带通滤波电路通带的上、下截止频率分别为 f_H,f_L,则依式(7. 12. 23)可得

$$f_L = \frac{f_o}{2}\left[\sqrt{(3 - A_{uf})^2 + 4} - (3 - A_{uf})\right] \tag{7.12.24}$$

$$f_H = \frac{f_o}{2}\left[\sqrt{(3 - A_{uf})^2 + 4} + (3 - A_{uf})\right] \tag{7.12.25}$$

通带宽度为

$$BW_p = f_H - f_L = (3 - A_{uf})f_o = \frac{1}{Q} \cdot f_o \tag{7.12.26}$$

图 7.12.11 为二阶带通滤波器的幅频特性曲线。由上面讨论可知，滤波特性与 Q 有关，Q 值越大，通带过渡带的宽度越窄。

二阶带通滤波器的传递函数也可以写成通式形式

$$A_u(s)=\frac{a_1 s}{b_0+b_1 s+b_2 s^2} \tag{7.12.27}$$

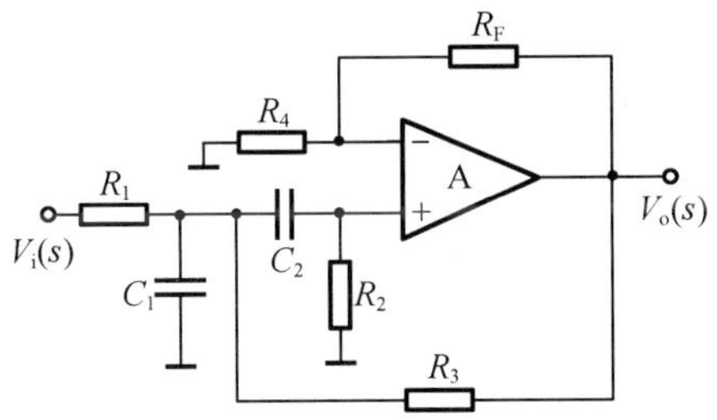

图 7.12.10　有限增益二阶带通滤波电路

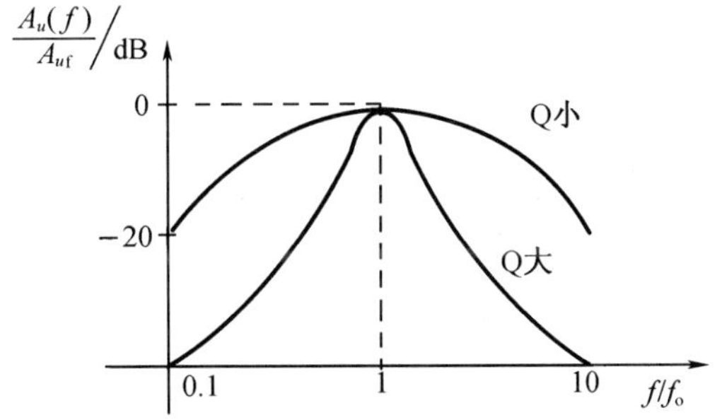

图 7.12.11　二阶带通滤波器的幅频响应

3. 二阶带阻滤波器

将无源低通和无源高通滤波器的输出并行接入求和电路，就构成二阶有源带阻滤波器，如图 7.12.12 所示。图中 R_1，R_2，C_1 为无源低通滤波器，R_3，C_2，C_3 为无源高通滤波器。设 $R_1=R_2=R$，$R_3=\frac{1}{2}R$，$C_2=C_3=C$，$C_1=2C$，则电路的传递函数为

$$A_u(s)=\frac{A_{uf}[1+(sCR)^2]}{1+2(2-A_{uf})sCR+(sCR)^2} \tag{7.12.28}$$

ω_o 为带阻滤波器的中心角频率（特征角频率），Q 为品质因数，它们的表达式分别为

$$\omega_o=\frac{1}{RC} \tag{7.12.29}$$

$$Q=\frac{1}{2(2-A_{uf})} \tag{7.12.30}$$

在频域，式（7.12.28）可写成

$$A_u(f)=\frac{A_{uf}}{1+\mathrm{j}2(2-A_{uf})\dfrac{f_o f}{f_o^2-f^2}} \tag{7.12.31}$$

带阻滤波电路的上限、下限截止频率为 f_H，f_L，其表达式分别为

$$f_L=f_o\left[\sqrt{(2-A_{uf})^2+1}-(2-A_{uf})\right] \tag{7.12.32}$$

$$f_H=f_o\left[\sqrt{(2-A_{uf})^2+1}+(2-A_{uf})\right] \tag{7.12.33}$$

阻带宽度为

$$BW_R=f_H-f_L=\frac{1}{Q}\cdot f_o \tag{7.12.34}$$

图 7.12.13 为带阻滤波器的幅频特性曲线。

由图可见，Q 值越大，阻带宽度越窄。

对于式（7.12.28）也可写成通式

$$A_u(s) = \frac{a_0 + a_2 s^2}{b_0 + b_1 s + b_2 s^2} \tag{7.12.35}$$

这里要说明的是，高通、带通和带阻滤波器与低通滤波器一样可以设计成无限增益多重反馈的二阶滤波器。

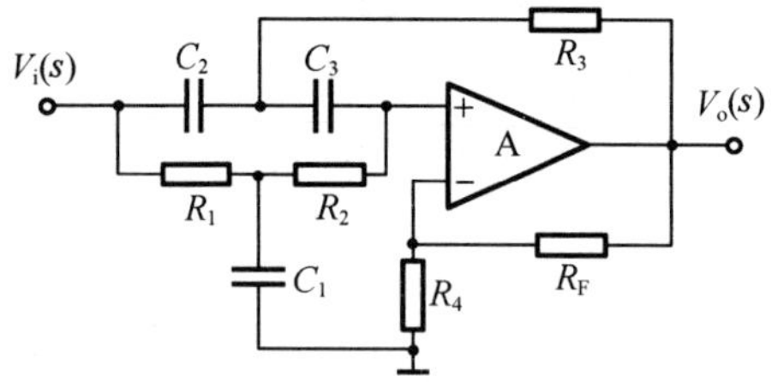

图 7.12.12　二阶带阻滤波电路

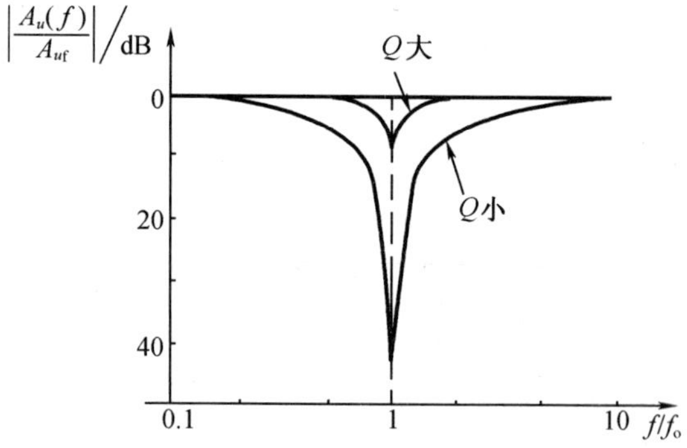

图 7.12.13　二阶带阻滤波器的幅频特性

4. 全通滤波器

全通滤波器是指电路对任何频率的输入信号都具有同样的滤波能力，但信号的频率不同时，产生的相移也不同。图 7.12.14 为全通滤波器的电路图，其中 RC 为高通滤波器，若 $R_1 = R_F = R$ 时，其传递函数为

$$A_u(s) = -\frac{1 - sCR}{1 + sCR} \tag{7.12.36}$$

在频域，设特征角频率 $\omega_o = \frac{1}{RC}$，则上式可写成

$$A_u(j\omega) = \frac{-(1 - j\omega CR)}{1 + j\omega CR} = \frac{-\left(1 - j\frac{\omega}{\omega_o}\right)}{1 + j\frac{\omega}{\omega_o}} \tag{7.12.37}$$

写成模和相角形式为

$$A_u(f) = 1 \tag{7.12.38}$$

$$\varphi(f) = 180° - 2\arctan\frac{f}{f_o} \tag{7.12.39}$$

由式(7.12.38)可见，全通滤波器的增益与频率无关，它始终为常数。图 7.12.15 为相频特性曲线。

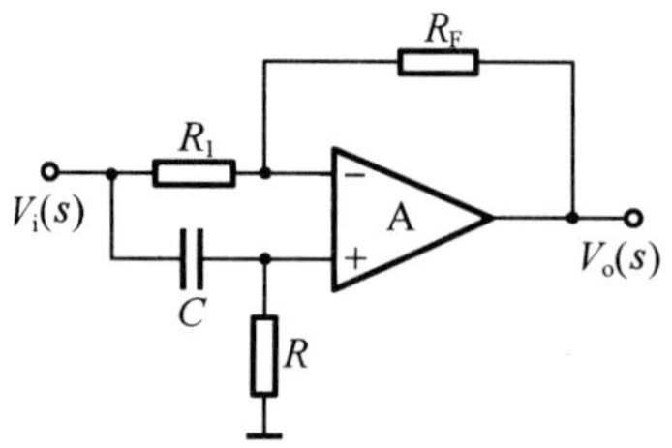

图 7.12.14　全通滤波电路

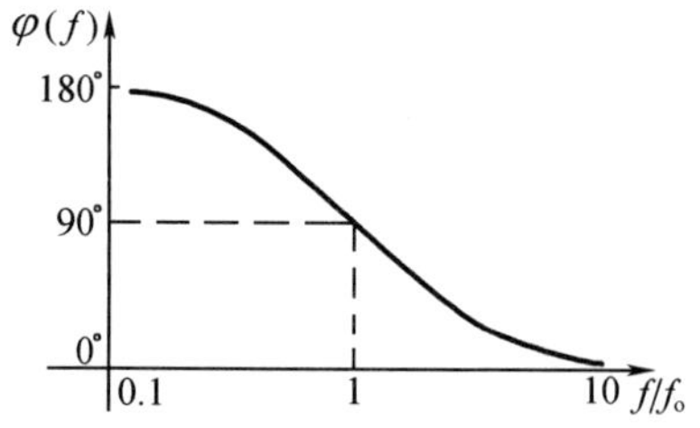

图 7.12.15　全通滤波器的相频特性

从曲线可见，当 $f=f_o$ 时，$\varphi(f)=90°$，当 $f\to0$ 时，$\varphi(f)\to180°$，$f\to\infty$ 时，$\varphi(f)\to0°$。可见相移与频率 f 有关，当 f 为中心频率时，相移 90°。

7.12.4　集成多功能滤波器

上两节讨论的滤波器都是每种电路只能实现一种滤波功能。若一个滤波器电路能同时实现多个滤波功能，会给应用带来很大方便。随着电路集成工艺的快速进步，集成运放的制造变得很容易，而且成本很低。这促使人们多用运放设计滤波器。单片状态变量滤波器(State variable filter)和双二阶滤波器(Biquad filter)就是依上述理念设计的，它只在外部接少数元件，即可在一个单片上实现多种滤波功能。这种单片被称为集成多功能滤波器。这类滤波器使用方便，调整容易、工作稳定可靠。

1. 集成多功能滤波器的传递函数

状态变量滤波器与双二阶滤波器都是二阶滤波器，它们的传递函数可以写成

$$A_u(s)=\frac{a_0+a_1s+a_2s^2}{b_0+b_1s+b_2s^2} \tag{7.12.40}$$

只要传递函数 $A_u(s)$ 的系数 a_0,a_1,a_2 不同时为 0 值时，则可分别得到式(7.12.8)、(7.12.19)、(7.12.27)和(7.12.35)的通式，从而实现了不同的滤波功能。

2. 状态变量滤波器

状态变量滤波器可在一个单片中实现的功能更多，更具普遍性。

(1)状态变量滤波器分析

自从 1967 年由 W. J. Kerwin 等人最先提出状态变量滤波器的设想后，就有很多人投入对状态变量滤波器电路的研究。它的基本电路原理框图如图 7.12.16 所示。

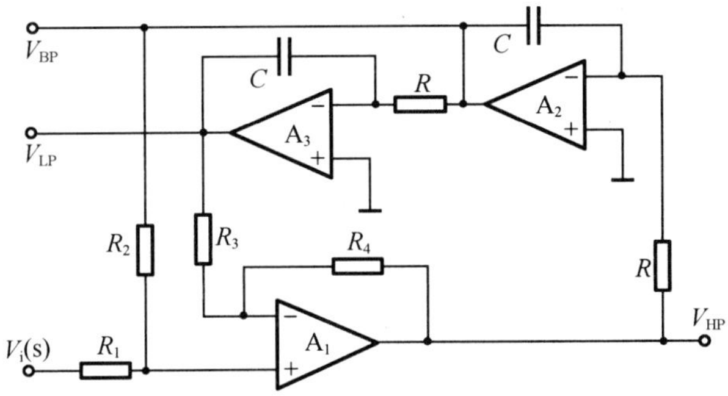

图 7.12.16　状态变量滤波器原理框图

图中 A_1 为一求和放大电路，A_2，A_3 则构成两个积分器电路。由于积分器具有低通滤波特性，所以 A_3 输出为低通输出 V_{LP}。又由于 A_2，A_3 两级低通电路串在 A_1 放大电路的反馈环中，所以 A_1 输出为高通输出 V_{HP}。最后 A_1 的高通与 A_2 的低通电路串联，则 A_2 的输出就是带通输出 V_{BP}。

经推导我们可得三种滤波特性的传递函数分别为

$$A(s)_{LP}=\frac{a_0}{s^2+\frac{\omega_o}{Q}s+\omega_o^2}=\frac{\frac{2R_2}{R_1+R_2}\omega_o^2}{s^2+\frac{\omega_o}{Q}s+\omega_o^2} \tag{7.12.41}$$

$$A(s)_{HP} = \frac{a_2 s^2}{s^2 + \frac{\omega_o}{Q}s + \omega_o^2} = \frac{\frac{2R_2}{R_1 + R_2}s^2}{s^2 + \frac{\omega_o}{Q}s + \omega_o^2} \tag{7.12.42}$$

$$A(s)_{BP} = \frac{a_1 s}{s^2 + \frac{\omega_o}{Q}s + \omega_o^2} = \frac{\frac{2R_2}{R_1 + R_2}\omega_o s}{s^2 + \frac{\omega_o}{Q}s + \omega_o^2} \tag{7.12.43}$$

三个表达式中的特征角频率 ω_o 和品质因数 Q 分别为

$$\omega_o = \frac{1}{RC} \tag{7.12.44}$$

$$Q = \frac{R_1 + R_2}{2R_1} \tag{7.12.45}$$

(2)集成状态变量滤波器

集成状态变量滤波器通常由两个积分器、一个加法器和一个运放组成,可产生二阶低通、带通和高通三种滤波输出。用第四个运放来组合上面三种滤波响应,借以生成带阻或全通滤波输出。这种单片集成块,只要外加合适的 R,C 即可方便地组成各类型的滤波器。常用的状态变量滤波器有 NS 公司生产的 AF100,AF150 和 BB 公司的 UAF 系列产品。现以 UAF42 为例,作以简单介绍。

①UAF42 状态变量滤波器的内部结构和外部引脚

图 7.12.17(a)为 UAF42 的内部结构图。它有四个输出端,内部有四个运放,4 个 50 kΩ 电阻 R_1 和两个 1 000 pF 电容 C_1,C_2,它们都是高精度的元件。A_1 将输入信号和反馈信号作加法(或减法)运算,A_2 与 C_1,A_3 与 C_2 各组成积分器,A_4 作为备用,通常用它实现带阻滤波功能。UAF42 有三个输入端,输入信号可以从任一端输入。UAF42 可组成 LPF,HPF,BPF 和 BRF 滤波器。输出关系如图 7.12.17(b)所示。

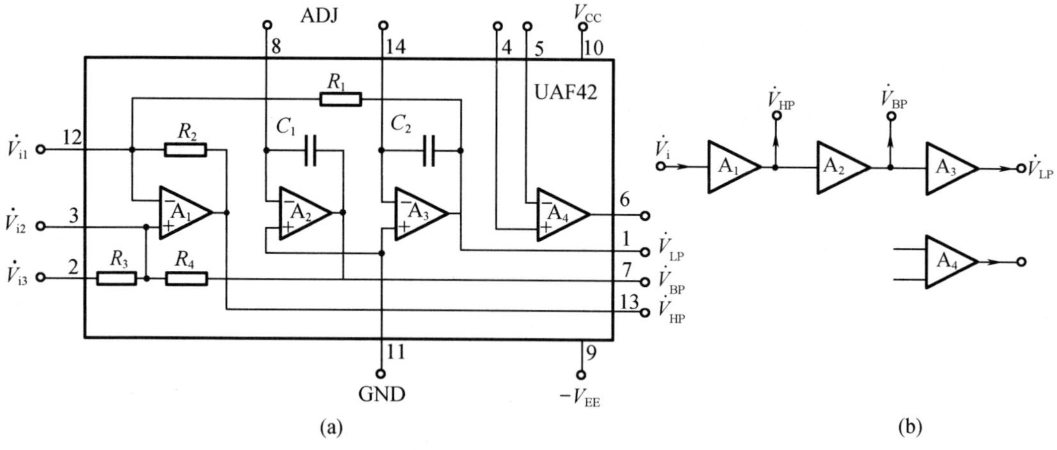

图 7.12.17 UAF42 滤波电路

②典型接法

图 7.12.18 为 UAF42 的应用连接图。A_1，A_2，A_3 通过 R_{j1}，R_{j2} 电阻相串联，R_1 是负反馈电阻，使 A_2，A_3 两级积分器串在负反馈环中，A_2+A_3 为二阶低通滤波器，所以 A_3 输出是低通输出 $\dot{V}_{LP}$。A_2+A_3 是 A_1 的反馈通路，所以 A_1 的输出是高通输出 $\dot{V}_{HP}$。A_1 输出送入 A_2，那么 A_2 的输出则是带通输出 $\dot{V}_{BP}$。A_2 的带通输出送入 A_3 低通滤波器，则也说明 A_3 的输出是低通输出 $\dot{V}_{LP}$。A_1 的高通输出与 A_3 的低通输出，分别通过 R_{j3}，R_{j5} 送入 A_4 的反相端相加，A_4 本身通过 R_{j4} 构成反相比例放大器，所以 A_4 的输出是带阻输出 $\dot{V}_{BR}$。输入信号从 A_1 的同相端输入。可用相关资料提供的公式求各外接电阻值，这里不再引用。

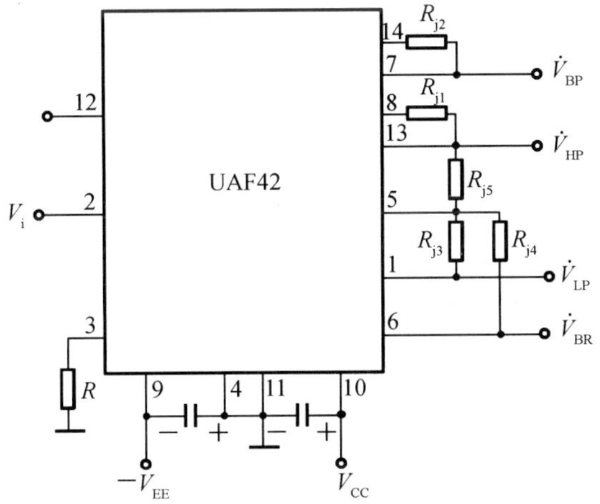

图 7.12.18　UAF42 滤波电路的应用连接图

在使用 UAF42 时要注意，若 $f_o<10$ Hz，要在 8，7 脚，14，1 脚间接电容；若 f_o 在 10 Hz < $f_o<32$ Hz 之间，最好在 12，13 脚间加 5.6 kΩ 电阻，这样可以使滤波器工作更稳定。

3. 双二阶滤波器

双二阶滤波器又称托马斯 - 陶（Thomas - Tow）滤波器。它也是用多个运放实现多滤波功能的单片滤波器。

图 7.12.19 为双二阶滤波器的原理框图。A_1，A_2 分别组成积分电路，A_3 为单位增益反相器。该滤波器与状态变量滤波器有两点不同，一个是它只有带通和低通两种滤波功能，另一个是它的输入信号只能反相输入。

由图可以推导出低通和带通滤波的传输函数

$$A(s)_{LP}=\frac{\dfrac{1}{R_1C}\omega_o}{s^2+\dfrac{\omega_o}{Q}s+\omega_o^2} \tag{7.12.46}$$

$$A(s)_{BP}=\frac{\dfrac{1}{sCR_1}}{s^2+\dfrac{\omega_o}{Q}s+\omega_o^2} \tag{7.12.47}$$

其中特征角频率和品质因数分别为

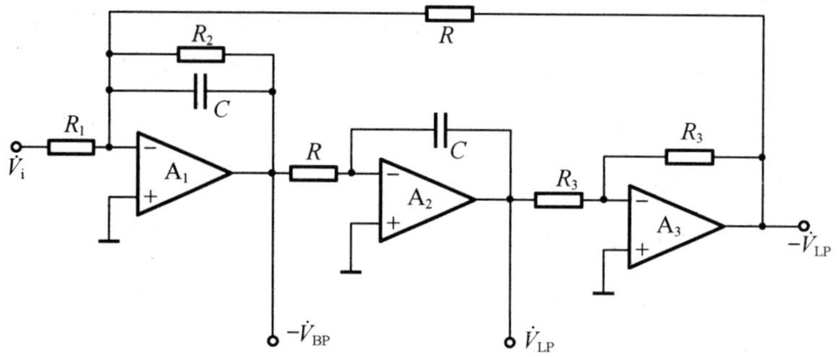

图 7.12.19 双二阶滤波器的原理框图

$$\omega_o = \frac{1}{RC} \tag{7.12.48}$$

$$Q = \omega_o CR_2 = \frac{R_2}{R} \tag{7.12.49}$$

7.12.5 开关电容滤波器

前面讨论的几种滤波器中，它们的增益和 Q 值都受电路中 RC 元件的制约。由于集成电路工艺的限制，在集成滤波器中 RC 元件的精度不高，电容的容量也不易做大。这些问题都会使在音频和仪表领域应用的滤波器难以集成化。随着 MOS 工艺的发展，出现了由 MOS 开关、电容和运放组成的开关电容滤波器(Switched capacitor filter)。这种滤波器很好地解决了上述问题。

1. 工作原理

图 7.12.20(b)为开关电容滤波器的基本原理图。与图 7.12.20(a)有源 RC 低通滤波器相对照，开关电容网络相当于电阻 R_1。

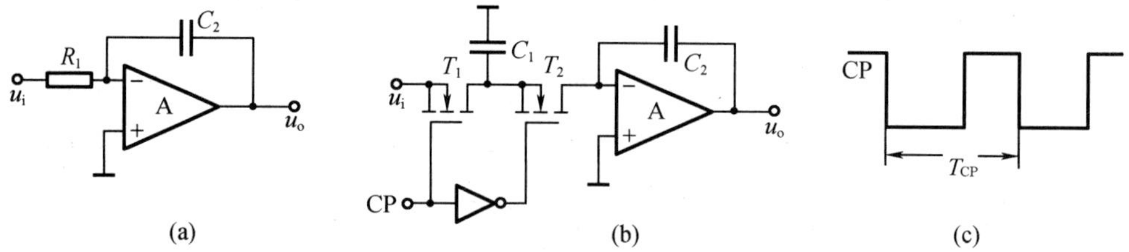

图 7.12.20 开关电容滤波器的基本原理图

在图 7.12.20(b)中，T_1，T_2 都为 NEMOS 管，在图 7.12.20(c)的 CP 时钟脉冲控制下，T_1，T_2 轮流导通。当钟频 f_{CP} 远高于 u_i 的频率时，则开关电容网络的等效电阻为

$$R_{eq} = \frac{1}{C_1 f_{CP}} \tag{7.12.50}$$

当 C_1 很小时，R_{eq} 可以很大，如 $C_1 = 1$ pF，$f_{CP} = 100$ kHz，则 $R_{eq} = 100$ MΩ。R_{eq} 是积分器的输入电阻。

$\omega_o = \frac{1}{R_{eq} \cdot C_2} = \frac{C_1}{C_2} f_{CP}$，这样通带截止频率为

$$f_o = \frac{1}{2\pi} \cdot \frac{C_1}{C_2} \cdot f_{CP} \tag{7.12.51}$$

显然滤波器 f_o 不再如图 7.12.20(a)那样由 R_1，C_2 决定，而是与钟频和电容量比 C_1/C_2 有关，与电容 C_1，C_2 的绝对值无关。MOS 工艺可以使 C_1，C_2 的电容量比的误差控制在 <0.1% 之内，这样只要控制电容量比的精度和 f_{CP} 值稳定，就可以得到稳定性好、精度高且有合适的通带截止频率值的滤波器。

图 7.12.20(b)电路的工作过程十分简单。当 T_1 导通，T_2 截止时，u_i 对 C_1 充电，当 T_1 截止，T_2 导通时，C_1 上所充的电荷就转移到了 C_2 上，这就相当于 u_i 直接对 C_2 充电。这就是开关电容滤波器的基本工作原理。

2. 开关电容滤波器的特点

(1)优点

①电路中没有电阻。因为单片集成电路中电阻的容差和温度系数都大，在芯片中占的面积也大，开关电容滤波器只由 MOS 管和电容组成，制造很容易，滤波效果也好。

②集成开关电容滤波器由于生产工艺简单，所以成本很低。如 NS 公司生产的集成开关电容滤波器 MF10 的成本仅为状态变量滤波器 AF100 的五分之一。

③通带截止频率 f_o 仅与电容比和 f_{CP} 有关，故滤波器精度可以很容易做到好于 0.1%。

④可以通过 f_{CP} 程控 f_o。当 f_{CP} 是用石英晶体产生时，f_o 为固定值，这样精度更高。

(2)缺点

①输出信号往往有 f_{CP} 的分量，有的可达几十毫伏。

②若输入信号中有近似为 f_{CP} 的高频分量，而这个频率分量又处在滤波器的通带内时，是无法消除的。

③信号的动态范围窄，通常其动态范围只有 80 ~ 90 dB。

3. 集成开关电容滤波器

(1)一般情况

集成开关电容滤波器自 1978 年问世以来，AHI - Gould，Exar，EGG - Retion，NS，Maxim 和 LT 公司相继生产出各种型号的开关电容滤波器。这其中大部分是通用型，如 MF10，MAX265/266/263/264，LTC1060，MF5 等；也有的是高通型的，如 AMI3529；还有的是低通型的，如 LTC1064 - 1 和 LTC1064 - 4 等，它们都是 8 阶的；有的是低功耗型，如 LTC - 1164 等。

与任何线性电路一样，开关电容滤波器也要受运放的输入失调和 1/*f* 噪声的影响。为此 LT 公司生产出"DC 精确低通滤波器"LTC1062，较好地解决了这个问题。Maxim 公司生产了 MAX263/264 等通用型滤波器，在构成各种类型滤波器时，不需要外围元件，其特征频率 f_o 和 Q 可以通过对管脚的编程切换进行选择，其应用十分方便。

(2)通用开关电容滤波器 MAX265 简介

MAX265 是多功能开关电容滤波器，其 f_o 最低为 0.4 Hz，最高可达 40 kHz，所需时钟脉冲 f_{CP} 可以由内部产生或外部供给，电源电压范围 ±2.5 ~ ±6.5 V 或 +5 V 单电源。

图 7.12.21 为内部电路结构框图。它包含 A，B 两路独立的滤波器。特征频率 f_o 由外接端口 F0 ~ F5 编程控制，可以有 64 种频率选择。时钟 f_{CP} 由外接 R，C 或石英晶体确定，用

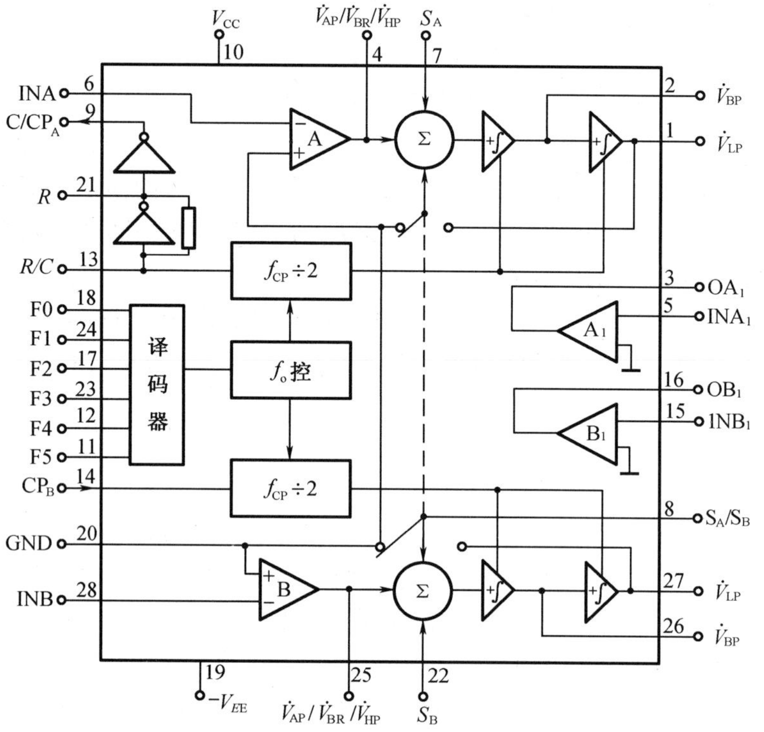

图 7.12.21 MAX265 内部电路结构框图

R,C 振荡的连接图如图 7.12.22 所示。时钟脉冲频率f_{CP}与f_o的比 R_C就可由 $F0 \sim F5$ 的取值决定,当 $F0 \sim F5$ 皆为低电平时,频率比率 $R_C = f_{CP}/f_o = 100$,随着码值的变大,这个比值也增加,当 $F0 \sim F5$ 皆为高电平时,比值约为 200。设计时可以查厂商给的编程表。

该滤波器有 8 种连接模式,每种模式完成的滤波类型也不一样。图 7.12.23 给出了模式 3 的连接图,由图可见,它是二阶滤波器,具有低通(LP)、高通(HP)、带通(BP)和带阻(BR)四种滤波功能。其计算公式如下

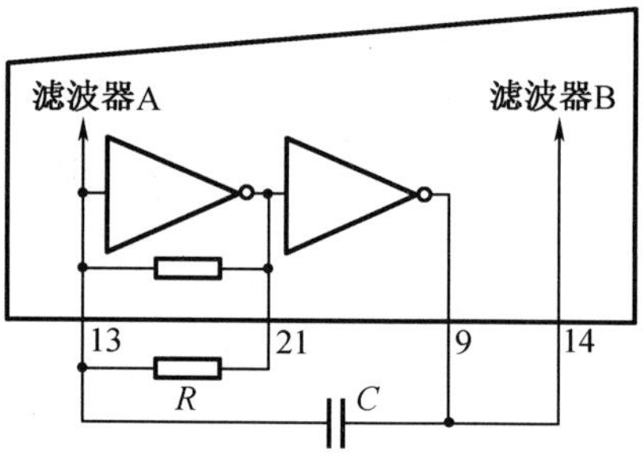

图 7.12.22 RC 振荡产生时钟的连接图

$$f_o = \frac{f_{CP}}{R_c}\sqrt{\frac{R_2}{R_4}} \tag{7.12.52}$$

$$A_{LP} = \frac{R_4}{R_1} \tag{7.12.53}$$

$$A_{HP} = -\frac{R_2}{R_1} \tag{7.12.54}$$

$$A_{BR} = -\frac{R_5}{R_7} \times \frac{R_2}{R_1} \tag{7.12.55}$$

$$A_{BP} = -\frac{R_3}{R_1} \tag{7.12.56}$$

MAX265 常应用在声呐检测仪、数字信号处理器和音频信号分析等方面。

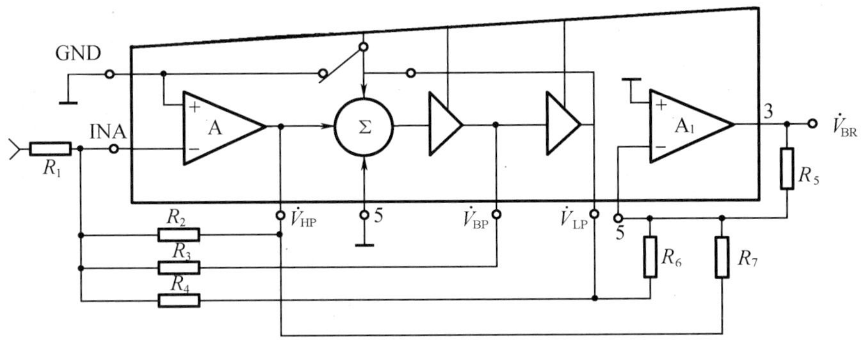

图 7.12.23　模式 3 的高通、带通、低通和带阻输出

有关更详细情况参阅 Products Data Book, MAXiM 1nc 1994—1996。

7.13　集成电压比较器

7.13.1　电压比较器的一般特性

电压比较器(Voltage Comparator,简写 COP)是用来比较两个输入信号电压值大小的电路。图 7.13.1(a)为电压比较器的电路符号，u_{i1} 和 u_{i2} 为两输入端输入电压。当 $\Delta u_i = u_{i1} - u_{i2} > 0$ 时，输出电压 u_o 为 V_{OH}；当 $\Delta u_i < 0$ 时，输出电压 u_o 为 V_{OL}。理想的电压比较器的传输特性(VTC)如图 7.13.1(b)所示。

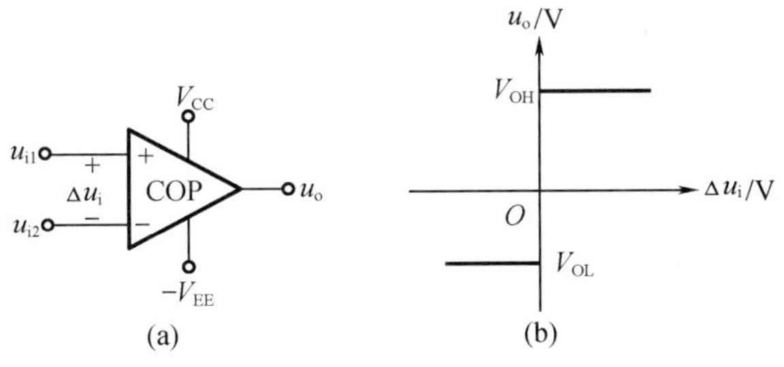

图 7.13.1　电压比较器符号和理想电压传输特性

实际上，电压比较器的输出从一个电平跳到另一个电平是有一个变化过程，如图 7.13.2 所示，其中 Δu_i 称为电压比较器的灵敏度。显然 Δu_i 越小，比较器的响应速度越快，其灵敏度越高。Δu_i 的大小与电路的 A_{ud} 和输入失调电压有关。工程上常常用响应时间 t_R 来表示这种特性。图 7.13.3 是 t_R 的一种定义方法，当输入阶跃信号的幅度为 100 mV 再加一个 Δu_i 时，从加阶跃信号时开始到输出电压变化到幅值跳变量的 50% 时所需的时间称为响应时间 t_R。显然 t_R 与 Δu_i 有关，Δu_i 大，则 t_R 小。在测量 t_R 时，通常取 Δu_i 为 1 mV，5 mV 或

10 mV。一般 t_R 为几十纳秒至几百纳秒，快比较器的 t_R 可以在 10 ns 以内。

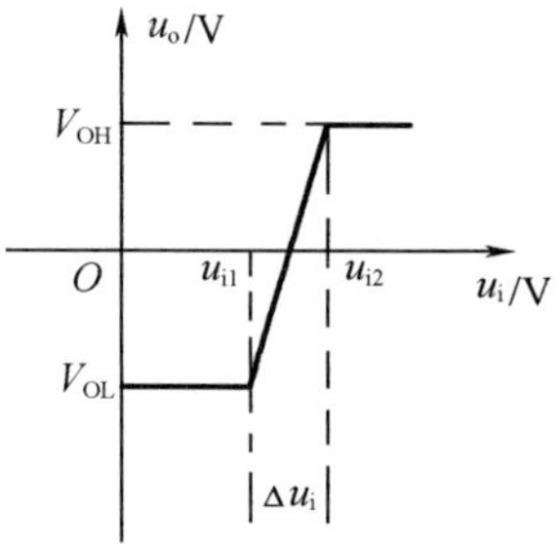

图 7.13.2 比较器灵敏度

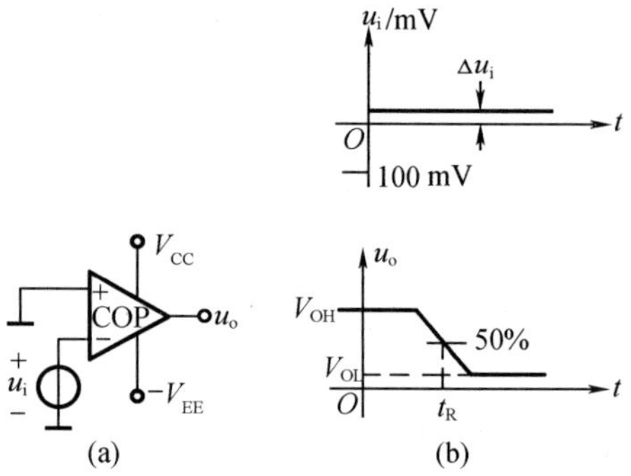

图 7.13.3 比较器响应时间

电压比较器的参数，除 t_R 外，要关注的还有输出高、低电平和输出电流等。

有些电压比较器带有选通端，如 LM311，μA710 等，选通端可以扩展电压比较器的功能。

一个运算放大器在开路应用时就可以看成是一个电压比较器。为了使 t_R 小，应选用 A_{ud} 大、S_R 大，而 V_{IO} 小的宽带集成运放。为了在输出端得到合适的逻辑电平，有时要在输出端加限幅电路。

7.13.2 集成电压比较器

1. 一般情况

集成电压比较器的内部结构与集成运放很相似，大部分技术指标也都相同，但由于使用的场合不同，集成电压比较器强调响应速度和输出电平。集成电压比较器的输出电平有与 TTL，CMOS 和 ECL 等逻辑电路相匹配的等多种。

集成电压比较器也可按功能不同而分成通用型、高速型和低功耗型等。

近年来，在响应速度方面做了很多研究工作，取得了不少成果。如 LT1016 的 $t_R < 10$ ns，AM685/LT685 的 $t_R < 6$ ns，AD1317 的 $t_R < 1.5$ ns，AD96685 的 $t_R < 2.5$ ns，而 SP93808 的 $t_R < 1$ ns。

有关集成电压比较器一些产品的主要参数见表 7.13.1。

2. LM311 简介

LM311 是集成电压比较器中应用最广的器件之一。它研制的时间较早，工作稳定可靠，使用也很方便。

图 7.13.4 为 LM311 通用型集成电压比较器的引脚图和失调调零连接图。电路的工作电压可以是 ±15 V，也可以用单电源 +5 V 供电。5，6 脚可以用电位器进行调零，也可以在 6 脚加选通脉冲。当选通脉冲是低电平时，输入信号被禁止，输出为高电平；当选通脉冲为高电平时，输出状态由输入信号电平决定；选通端的选通电流为 3 mA。若将 5，6 脚接 V_{CC}，则可以扩展输入电压范围。

LM311 输出为开集电极（OC）结构，其输出偏置方法有两种，如图 7.13.5 所示。

可以用上拉电阻（Pull-up）R_C 接 V_+（Logic），这时 1 脚可以接地。这种接法在输出端的最大吸入电流为 50 mA，可用这个电流值和 V_+（logic）值来确定 R_C 的值。也可以用下拉电阻

表 7.13.1 集成电压比较器

型号	公司	数量	t_R/ns	正电源/V		负电源/V		总电源/V		接地	+5 V	输出				说明
				min	max	min	max	min	max			选通	TTL	OC	互补	
LM311	NS	1	200	5	30	0	-30	5	36	√	√	√	√	√	—	通用型
LF311	NS	1	200	5	30	0	-30	5	36	√	√	√	√	√	—	通用高阻
LM339	NS	4	1300	2	36	—	—	2	36	—	√	—	√	√	—	通用低功耗
LM361	NS	1	14	5	15	-6	-15	11	30	√	—	—	√	—	√	通用高速，互补输出
CMP-02	PM	1	190	5	30	0	-30	5	36	—	√	—	√	—	—	高精度
LM306	NS	1	28	12	—	-3	-14	—	30	√	—	√	√	—		高输出电流
NE527	SN	1	33	5	10	-6	-10	10	20	√	—	√	√	—	√	达林顿管
LT1016	LT	1	10	4.5	7	—	—	5	14	√	√	—	√	—	√	高速、带输锁存
EL2018C	EL	1	20	4.5	18	-4.5	-18	9	36	√	—	√	√	—	—	高速、高压、时钟驱动
LT1040	LT	1	80μs	2.8	10	—	—	2.8	16	√	√	√	√	—	√	微功耗
AM685	AM	1	6	6	—	-5.2	—	10	14	√	—	—	—			超高速 ECL
MC14574	MO	4	20μs	3	15	—	—	3	18	√	√	—	√	—	—	CMOS
VC7695	VT	1	1.5	—	6	—	-6	—	12	√	—	—	—	—	—	超高速 ECL
SP93808	PL	8	1	1.5	7.3	-5	-5.5	6.5	13	√	—	—	—	—	√	超高速 ECL

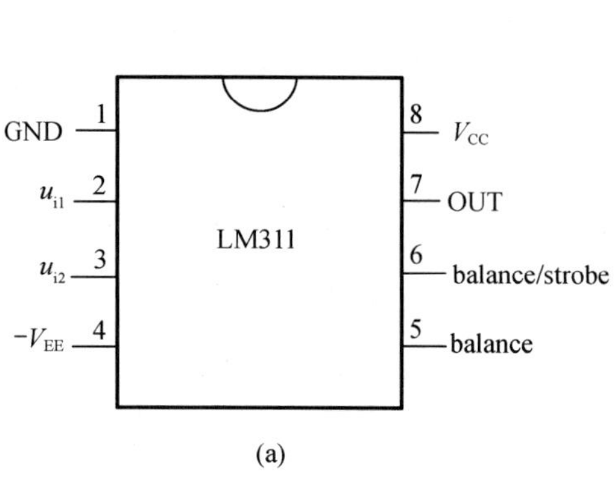

图 7.13.4 LM311 电压比较器

(a)LM311 的引脚图;(b)LM311 调零电路

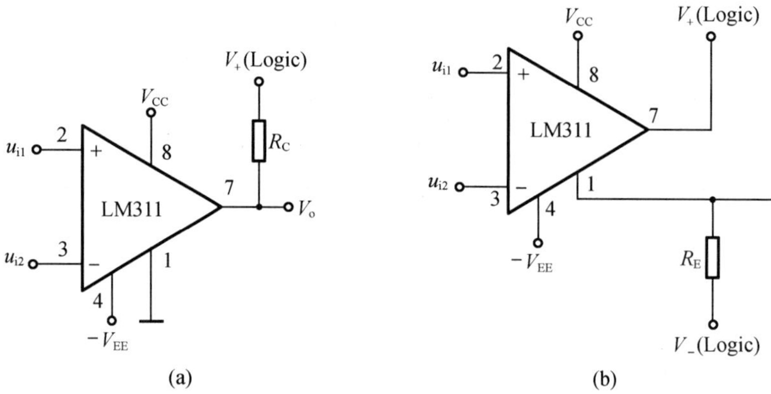

图 7.13.5 LM311 输出级偏置

(a)用上拉电阻 R_C 偏置;(b)用下拉电阻 R_E 偏置

(Pulldown)R_E 接 V_-(Logic),而输出端接 V_+(Logic),这时电路输出呈射极输出形式。这种接法使电路有较好的负载驱动能力。若连接的是一个接地负载,则这种接法是很合适的。

两种偏置方法的传输特性是不一样的。由图 7.13.6 可见,输出幅度、极性和 Δu_i 都不一样,这一点在使用时应注意。

由于 V_+(logic)和 V_-(logic)是根据输出电平要求设定的,对于 LM311 的输出可以是 TTL 电平也可以是 CMOS

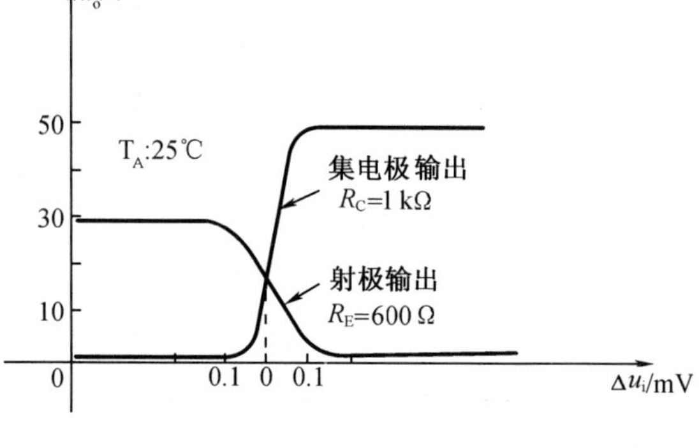

图 7.13.6 两种偏置电路的传输特性

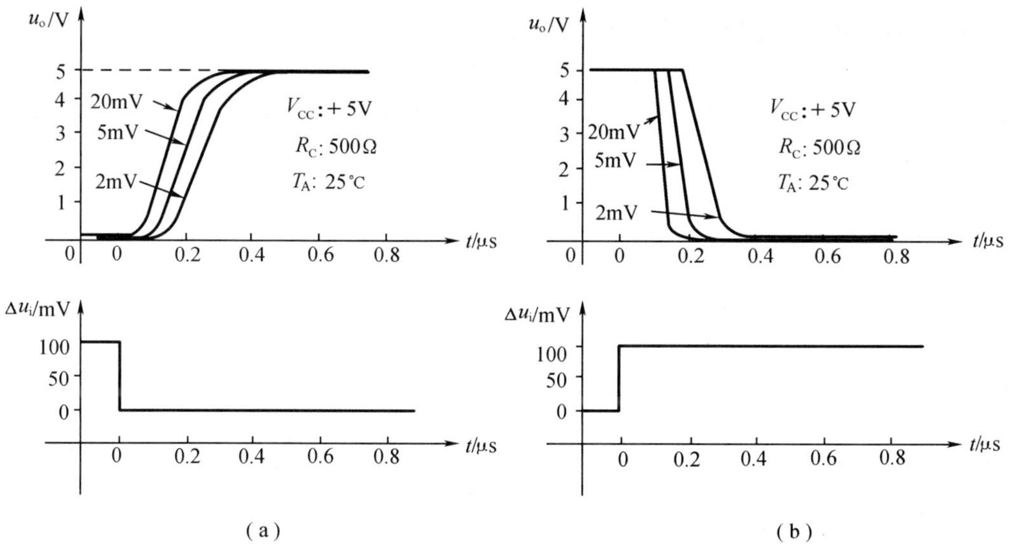

图 7.13.7　LM311 过激励的典型响应时间

电平。

LM311 的响应时间较长，图 7.13.7 给出了不同的输入过激励 Δv_i时的响应时间。

LM311 的响应时间 t_R也会受 V_{IO}，I_{IO}的影响而产生一定的偏差。用图 7.13.4(b) 电路进行调零可以克服 V_{IO}的影响。

7.13.3　集成电压比较器的应用

集成电压比较器的应用场合很多，既可应用在信号产生和传输场合，又可应用在自动控制和测量系统中做幅度甄别应用。由于它可将模拟信号转换为数字信号，故又称它为接口电路(Interface)。

1. 幅度甄别器(Amplitude discriminator)

幅度甄别又称阈值检测。这是一种单门限比较方式，其中一个输入端接参考电压 V_{REF}，另一输入端接输入电压 u_i。图 7.13.8 为用 LM311 构成的含有 LED 发光管指示的幅度甄别器。当 $u_i < V_{REF}$时，LED 灭；当 $u_i > V_{REF}$时，LED 亮。

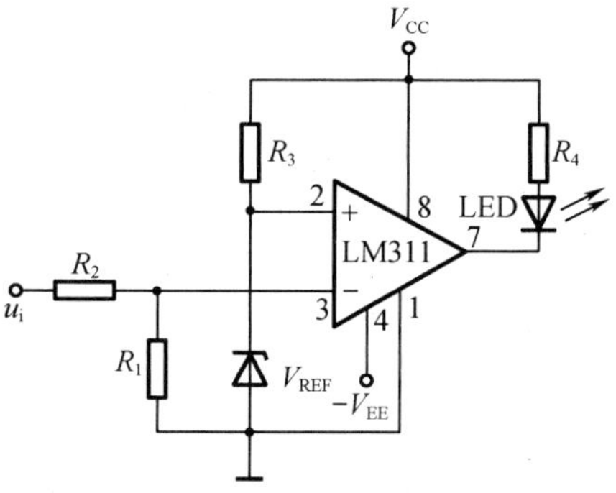

图 7.13.8　带 LED 的基本幅度甄别器

若 $V_{REF}=0$，则电路称为过零甄别器(Zero - level discriminator)，$u_i>0$ V 时 LED 发光，$u_i<0$ V 时，LED 不发光。

2. 施密特触发器(Schmitt trigger)

对于图 7.13.8 电路，当 u_i为单调信号(如图 7.13.9 中的①)时，会在 C，D 时刻输出一个负脉冲 P_o，若 u_i为波形②有干扰的信号，则输出信号除 P_o 外还有 P_1 脉冲。这是由于 u_i在 A，B

间的上冲干扰使输出产生错误。

可以用施密特触发器电路来解决这个问题。

图 7. 13. 10 为用 LM311 构成的施密特触发器电路。它与基本电平检测电路不同之处在于它用 R_1，R_2 分压器引进了正反馈，从而产生了滞回现象，同相端的 V_P 电压可以利用叠加原理求得

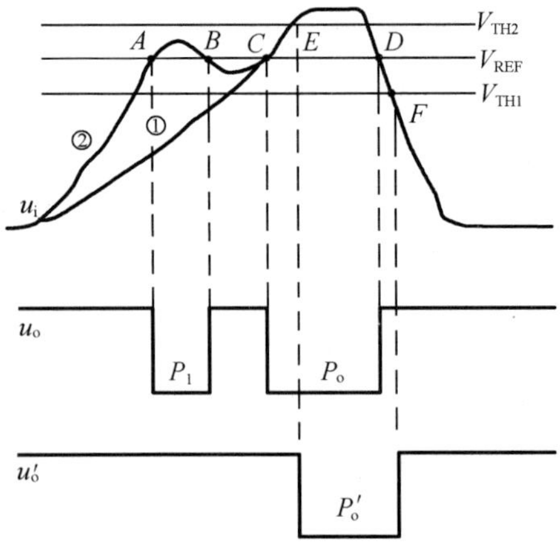

图 7. 13. 9 单门限电压比较器和施密特触发器输出波形

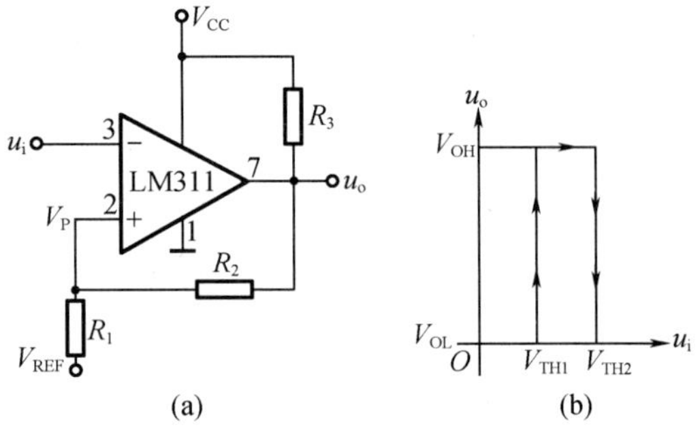

图 7. 13. 10 单电源反相施密特触发器

$$V_P = \frac{R_2}{R_1 + R_2} V_{REF} + \frac{R_1}{R_1 + R_2} u_o \tag{7.13.1}$$

当 u_o 分别为 V_{OH} 或 V_{OL} 时，V_P 分别为 V_{TH2} 和 V_{TH1}，

$$V_{TH2} = \frac{R_2 V_{REF} + R_1 V_{OH}}{R_1 + R_2} \tag{7.13.2}$$

$$V_{TH1} = \frac{R_2 V_{REF} + R_1 V_{OL}}{R_1 + R_2} \tag{7.13.3}$$

其传输特性如图 7. 13. 10(b)所示。

$$\Delta V_{TH} = V_{TH2} - V_{TH1} = \frac{R_1 (V_{OH} - V_{OL})}{R_1 + R_2} \tag{7.13.4}$$

ΔV_{TH} 称为滞回电压(Hysteresis voltage)。

若让图 7. 13. 9 中的 u_i 信号②输入到图 7. 13. 10(a)中，调节 V_{TH1} 和 V_{TH2} 为合适的值，则在输出端只有在 E，F 时刻输出一个负脉冲 P_o'。这就避免了电平检测电路的输出错误。

ΔV_{TH} 值与反馈电阻和输出电压摆幅有关，而它在电压传输特性图上的位置与 V_{REF} 有关，当增大 V_{REF} 时，位置右移。

3. 窗口检测器(Window detector)

窗口检测器也称窗口比较器，如图 7. 13. 11(a)所示。由图可见，两个比较器的输出端直接并联，共用一个外接电阻 R_C。这种接法称为“线与”，它实现逻辑“与”的功能，当两个输出端全为高电平时，u_o 为高电平，否则 u_o 就为低电平。正因为如此，比较器必须用开集电极才能实现“线与”，如可选用 LM311，LM119 和 LM339 等。阈电压 V_{TH} 和 V_{TL} 规定了窗口的上限值和下限值，只有 u_i 落入这个电压范围内时，输出才为高电平，否则输出为低电，图 7. 13. 11(b)为传输特性曲线。在工业上常常用窗口比较器监控某一电压是否在某一电压

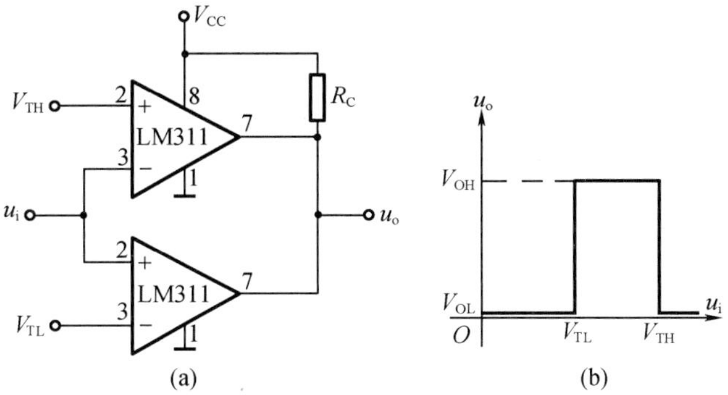

图 7.13.11　窗口检测器

范围内,故它广泛应用于控制系统、波形产生和波形甄别电路中。在幅度分析测量中,它可作简易的单道(Single channel)幅度甄别器使用,($V_{TH}-V_{TL}$)称为道宽(Channel width)。

7.14　压控振荡器

在许多实际应用中,常需要用输入电压对振荡器的输出信号的频率 f_o 进行控制。用输入电压 u_i 控制 f_o 的电路称为压控振荡器(Voltage Controlled Oscillator,简称 VCO)。也有的电路用输入电流 i_i 控制 f_o,这种电路称为电流控制振荡器(简称 CCO)。

本节只讨论压控振荡器。

7.14.1　压控振荡器

1. 电路结构

图 7.14.1 为压控振荡器电路,其中 LF411 组成积分器,实现 u_i-i_i 的转换,流经电容 C 的电流与 u_i 成正比。LM311 电压比较器组成 Schmitt 触发器电路。u_{TR} 和 u_{SQ} 为输出端。LM311 的输出电压正反馈给 LM311 同相端形成 u_{p2} 电压。T_1 管是 NEMOSFET,它在 u_{p2} 的控制下导通或截止,用以控制积分电容 C 的充、放电电流的方向,借以改变 LF411 输出电压斜率的变化方向。

2. 工作原理

由图可见,因 $R_2=R_3$,所以 LF411 的 $u_{p1}=\frac{1}{2}u_i$,根据"虚短"概念,可得 $u_{n1}=\frac{1}{2}u_i$,电流 i_1 为

$$i_1=\frac{u_i-u_{n1}}{R_1}=\frac{u_i}{2R_1} \tag{7.14.1}$$

先令 $u_{SQ}=15\ \mathrm{V}$,则 $u_{p2}=10\ \mathrm{V}$,同时 T_1 饱和导通,流过 R_0 的电流为 $i_0=\frac{u_i}{2R_0}=2i_1$。其中 $\frac{1}{2}i_0$ 来自 i_1,另 $\frac{1}{2}i_0$ 则由电容放电提供,这样,电容 C 放电电流为 i_1,LF411 输出电压 u_{TR} 斜线

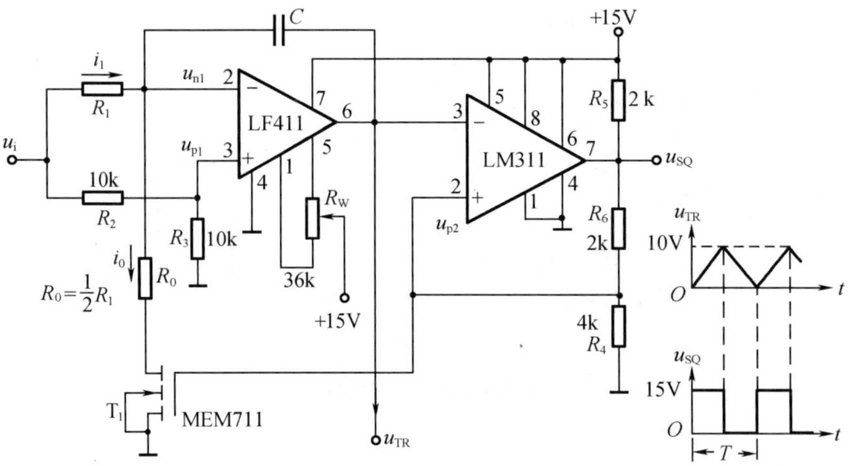

图 7.14.1 电压控制三角波方波振荡器

上升。当 u_{TR}上升至 10 V 时,LM311 翻转,$u_{SQ}=0$ V,$u_{p2}=0$ V,T_1截止,这时 i_1电流全部对 C 充电,使 u_{TR}斜线下降。当 $u_{TR}=0$ V 时,LM311 又翻转。就这样周而复始地工作下去。在 LM411 的输出端电压 u_{TR}为三角波,而在 LM311 的输出电压 u_{SQ}为方波。由上述分析可知:电容 C 充电和放电电流相等,方向相反。

改变 R_0值,可以改变电容 C 的充、放电流的大小,从而可改变 LF411 的输出波升降斜率,同时,也会改变 LM311 输出波的占空比,但不可 $R_0=R_1$,在这种情况下,电路不能工作。

3. 关于 f_o

积分电容 C 上的电压为

$$u_C=\frac{1}{C}\int_0^{\frac{T}{2}}i_1\mathrm{d}t=\frac{1}{4R_0C}\int_0^{\frac{T}{2}}u_i\mathrm{d}t=\frac{u_i}{4R_0C}\cdot\frac{T}{2}=\frac{T}{8R_0C}u_i$$

则振荡频率为

$$f_o=\frac{1}{T}=\frac{u_i}{8R_0Cu_C}=\frac{u_i}{8R_0C\Delta u_{TR}}=Ku_i \tag{7.14.2}$$

由式(7.14.2)可见,输出信号频率 f_o是受输入电压 u_i控制的。它们之间的比为 K,K 称为 VCO 电路的灵敏度。对于图 7.14.1 的电路 u_{TR}的变化值为 $\Delta u_{TR}=10$ V 时,则

$$K=\frac{1}{8R_0C\cdot\Delta u_{TR}}=\frac{1}{80R_0C}/V \tag{7.14.3}$$

例如,$R_0=100\ \text{k}\Omega$,$C=2.5$ nF,则 $K=500$ Hz/V。

若 $u_i=10$ mV 时,$f_o=5$ Hz,而 $u_i=10$ V 时,$f_o=5$ kHz。

4. 关于 f_0 误差分析

该 VCO 电路的 f_o精度,取决于运放、比较器和 T_1管的特性。对于集成运放要求输入失调电压和输入基极电流要小,这里选择了以 JFET 作输入级的 LF411 高阻高速集成运放,为了进一步提高精度,电路还加入了 R_W调零电位器进行调零。如还要进一步提高 f_o的精度,可选用 AD549L,它的 I_{IB}更小,仅为 60 fA。

另一个影响 f_o精度的主要因素是 T_1管的导通电阻和截止漏电流,要求 T_1导通时的沟道电阻 R_{on}和截止时漏电流都要尽量小。这里选用了 MEM711,它的 $R_{on}\leqslant 100\ \Omega$,漏电流仅为

10 nA,这些值都是比较小的。

7.14.2　集成压控振荡器

集成压控振荡器又称函数发生器(Function generator),它可以产生三角波、方波、正弦波或锯齿波等。最常见的有集成 VCO 电容接地型和射极耦合型两类。

1. 电容接地型集成 VCO

这类压控振荡器是通过电流源对接地电容 C 充、放电,其速率由电流产生器控制。这类结构的产品有 NE566 和 ICL8038(5G8038)等。

图 7.14.2 为 5G8038 集成 VCO 的典型接法。8 脚为 u_i 输入端,u_i 电压可由外部输入,在这里 u_i 是由电路内部的分压电阻对 V_{CC} 分压得到(为$\frac{4}{5}V_{CC}$),由 7 脚输出送给 8 脚。4 脚接的电阻 R_A 形成 i_1 电流,对电容 C 充电,5 脚接的电阻 R_B,借助内部电流源形成 $2i_1$ 电流,让电容放电。输出的正弦波、三角波分别由 2,3 脚输出,9 脚为 OC 结构的输出端,要接上拉电阻 R_C,它输出的是矩形波。

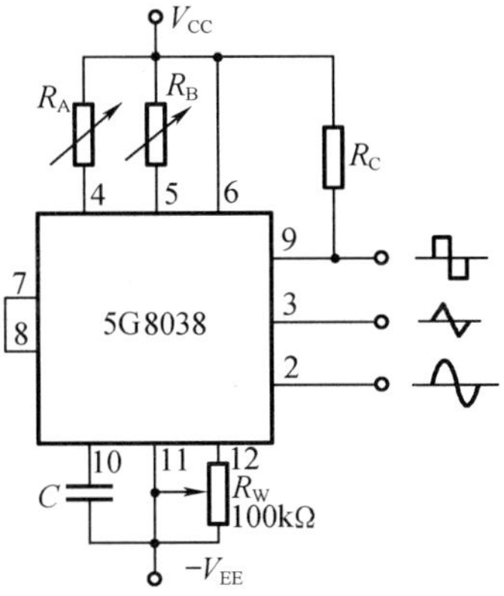

图 7.14.2　5G8038 应用的基本接法

当选 $R_A = R_B$ 时,该电路从 9 端输出方波,从 2 端输出正弦波,从 3 端输出三角波,电路振荡频率 f_o 为

$$f_o = \frac{1.2}{RC} \tag{7.14.4}$$

上式表明,f_o 与 V_{CC} 无关。若 u_i 不是由内部分压提供,而是由外部供给,则 f_o 与 u_i 有关,$f_o = \frac{0.3}{RC}u_i$。若 $R_A \neq R_B$,则 9 端输出不再是方波,2 端输出不再是正弦波,3 端输出也不再是三角波。

调节 R_W 可减小总谐波的畸变。

2. 射极耦合型 VCO

这类电路的基本结构是一个交叉耦合电路,其积分电容 C 跨接在两射极之间。

这类电路的优点是电路结构简单,高频特性好。其振荡频率为

$$f_o = K \cdot \frac{i_i}{V_{BE}} = \frac{i_i}{4CV_{BE}} \tag{7.14.5}$$

由公式可见,f_o 与 V_{BE} 有关,所以它的温漂较大。有一种解决办法是让 i_i 与 V_{BE} 的温漂成正比,这样$\frac{i_i}{V_{BE}}$的比值就与温度无关,从而消除了温度系数对电路 f_o 的影响。采用这种温漂补偿技术的产品有 NE560 和 XR-210/215 等。

另一种解决温漂的办法是修改电路,以消除公式中的 V_{BE} 项。但这种办法使电路稍复杂些,频率范围上限也会下降。这种结构 VCO 的特点是稳定性好,频率范围宽。使用这一技术的产品有 XR-2206/2207 和 AD537 等。

表 7.14.1 列出了一些常用的集成 VCO 的主要性能参数。

表 7.14.1　VCO 集成电路

型号	厂商	类别（注）	f_o /MHz	输出	电源电压/V		线性	说明
					min	max		
5G8038	1L	L	0.5	正弦、方波、三角波	10	30	0.2%	电容接地式
XR－2206	XR	L	0.5	正弦、方波、三角波	10	26	2%	正弦输出失真小 CCO
AD537	AD	L	0.1	OC	4.5	36	0.07%	VFC
AD654	AD	L	0.5	OC	4.5	36	0.1%	通用、价廉
MC1648	MO	E	200	脉冲	－5.2	－5.2		$u_o=0.5\sim0.8$ V
VFC32	BB	L	0.5	OC	±9	±18	0.01%	线性好、通用、VFC
VFC110B	BB	L	4	OC	±8	±18	0.005%	快速、内部 V_{REF}
74LS724	TI	T	16	方波	4.25	5.25		小型化
HC4046	RC	C	15	方波	3	6		快速
4153A	RA	L	0.5	OC	±12	±18	0.002%	线性较好、稳定

注：L 表示线性，E 表示 ECL，T 表示 TTL，C 表示 CMOS。

7.15　跨导型集成运放

跨导型集成运算放大器（Operational Transconductance Amplifier，简称 OTA）也是一种通用性很强的集成运放。由于 OTA 有一些独特的性能，所以它在自控、连续时间滤波器和模拟信号处理等方面有广泛的应用。

7.15.1　OTA 概述

OTA 的电路符号如 7.15.1 所示。

其中“＋”“－”为同相、反相输入端，I_O是输出电流，I_B为用于调节跨导参数的外加控制电流。（有时也用 I_{abc}表示，在一些应用电路中常不画出来）

由于 OTA 输入信号是电压，输出信号是电流，所以要求 OTA 的输入电阻 R_i和输出电阻 R_o都要很高。在理想情况 R_i，R_o都为无穷大，故 OTA 可以用图 7.15.2 的模型表示，其传输函数方程为

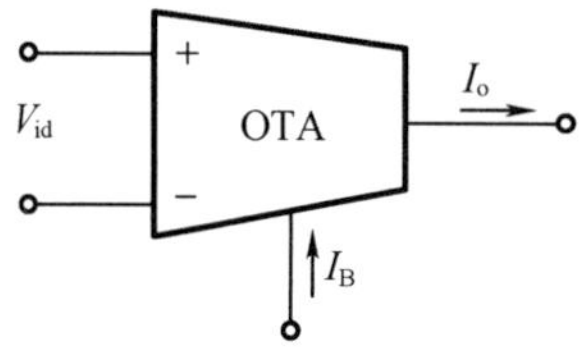

图 7.15.1　OTA 电路符号

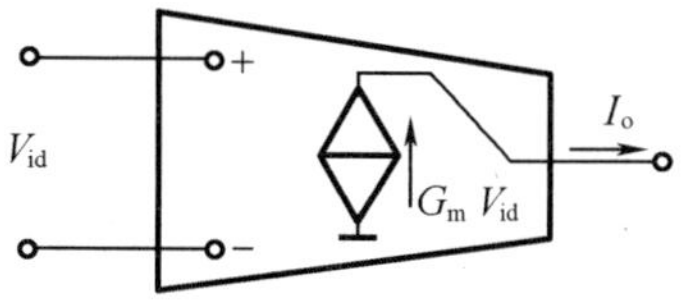

图 7.15.2　OTA 的理想模型

$$G_m = \frac{I_o}{V_{id}} \tag{7.15.1}$$

G_m为理想情况下 OTA 的跨导增益,从输出端看 OTA 器件是受输入电压 V_{id}控制的压控电流源。

OTA 电路有双极型和 MOS 型两大类,它们的电性能和电路工作原理基本相同,其电路内部只有电压电流转换级和电流输出级,而没有电压增益级,故电路中没有大幅度变化的电压信号传输,密勒电容效应也不明显,所以电路的频响特性好,大信号的转换速率高。另外电路结构简单,电源电压低,功耗也低。但目前市场上出售的 OTA 产品只有双极型的,而 MOS 型的 OTA 电路只作为集成系统中的一个单元电路,而没有完全的单片产品。另外双极型 OTA 的 G_m值较大,其可调范围上限可达 $10^3 \sim 10^4$量级。MOS 型的 OTA 单元的 G_m较小,G_m可调范围也较小。但 MOS 型的 R_i极高,功耗低,且易于大规模集成。

7.15.2　OTA 电路分析

在 OTA 电路中,LM3080 是比较典型的产品,现以它为例进行分析。

1. 电路工作原理及特性

图 7.15.3 为 LM3080(国产的单片为 CF3080)的电路简图。

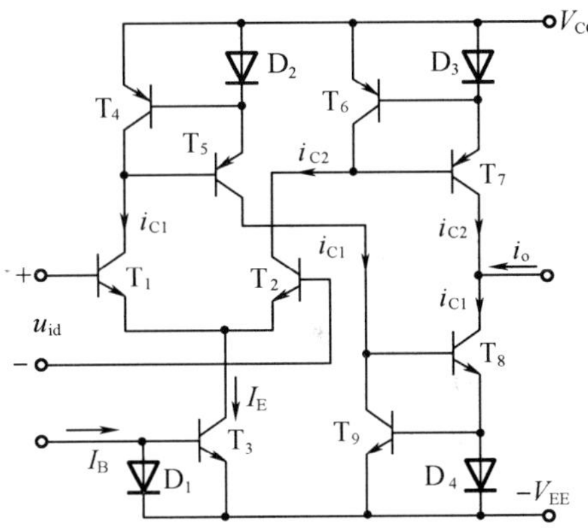

图 7.15.3　LM3080 电路图

T_1,T_2构成差分输入级,起电压−电流变换作用,将 u_{id}变换成 i_{C1},i_{C2}。T_3、D_1组成电流镜,为 T_1,T_2提供偏电流 I_E,I_E受外加电流 I_B控制,从而达到 I_B控制 G_m的目的。T_4、T_5、D_2,T_6、T_7、D_3和 T_8、T_9、D_4分别组成三个威尔逊电流镜,将差动电流 i_{C1},i_{C2}传送到输出端,使

$$i_o = i_{C1} - i_{C2} \tag{7.15.2}$$

晶体管 T_1,T_2工作在放大区,依晶体管特性可得

$$i_{C1} = \frac{I_B}{1 + e^{-\frac{u_{id}}{V_T}}} \tag{7.15.3}$$

$$i_{C2} = \frac{I_B}{1 + e^{-\frac{u_{id}}{V_T}}} \tag{7.15.4}$$

将式(7.15.3)、(7.15.4)代入式(7.15.2)得

$$i_o = I_B \operatorname{th}\frac{u_{id}}{2V_T} \tag{7.15.5}$$

可见输出电流 i_o与外加电流 I_B成正比,还与电压 V_{id}的双曲正切成正比。设 $u_{id} \ll 2V_T$时,i_o可近似为

$$i_o = \frac{I_B}{2V_T}u_{id} \tag{7.15.6}$$

由此可见当 V_{id}很小时,i_o与 u_{id}可近似成线性关系。

由式(7.15.5)到(7.15.6)的近似误差为

$$\varepsilon = \frac{\Delta i_o}{I_B \dfrac{u_{id}}{2V_T}} = \frac{1}{12}\left(\frac{u_{id}}{V_T}\right)^2 \tag{7.15.7}$$

由此可见,若 $\varepsilon \leqslant 1\%$,则要求 $u_{id} \leqslant 9.1$ mV。工程上允许 $\varepsilon \leqslant 10\%$,这时允许 $u_{id} \leqslant 1.1V_T$。

式(7.15.6)又可写成

$$G_m \doteq \frac{i_o}{u_{id}} = 19.2 I_B \tag{7.15.8}$$

可见 G_m与 I_B成正比关系,调节 I_B可改变 G_m。又由于 V_T是正温度系数,所以 G_m是负温度系数。

由式(7.15.3)可求得 i_{C1}的另外表达式为

$$i_{C1} = \frac{I_B}{2} + \frac{I_B}{4V_T} u_{id} \tag{7.15.9}$$

则 T_1管的 i_{b1}为

$$i_{b1} = \frac{I_B}{\beta}\left(\frac{1}{2} + \frac{1}{4V_T} u_{id}\right) \tag{7.15.10}$$

$$u_{id} = i_{b1} \frac{4V_T\beta}{I_B} - 2V_T \tag{7.15.11}$$

由此式可求得 LM3080 的差动输入电阻 R_{id}为

$$R_{id} \doteq \frac{4\beta V_T}{I_B} \tag{7.15.12}$$

由电流镜的输出电阻,可推导出 LM3080 的输出电阻 R_o为

$$R_o = \frac{\beta V_A}{4 i_o} \tag{7.15.13}$$

LM3080 的频响特性很好,它可表示为

$$G_m(j\omega) = \frac{G_{m0}}{1 + j\dfrac{\omega}{\omega_H}} \tag{7.15.14}$$

$$\omega_H = \frac{1}{R_{id} C_i} = \frac{I_B}{4\beta V_T C_i} \tag{7.15.15}$$

其中 C_i为总输入电容。

2. LM3080 的技术参数

(1)集成 OTA 的技术参数特点

集成 OTA 的电参数的名称和定义与电压型集成运放的基本相同,只有增益不同,它是跨导增益。

OTA 的很多参数,如 I_{IO},I_{IB},V_{IO},S_R,R_o,ω_H,R_{id}等都与外加控制电流 I_B有关,且在很宽范围内与 I_B成比例,故 OTA 的很多电参数都是在规定的 I_B条件下测量的。

(2)LM3080 的电参数典型值

I_{IO} = 1.2 μA, I_{IB} = 2 μA, V_{IO} = 0.4 mV, S_R = 50 V/μs, G_m = 9.6 ms, R_{id} = 20 kΩ, R_o = 15 MΩ, C_i = 3.6 pF, f_H = 2 MHz, $CMRR$ = 110 dB, I_o = 0.5 mA,电源电压 ±2 ~ ±15 V。

7.15.3　集成 OTA 的应用

1. 应用概况

用集成 OTA 可以构成许多应用电路。由于集成 OTA 具有的特点，这些应用电路与用电压型集成运放构成的应用电路相比，有外加元件少、电路结构简单、高频特性好和可以利用 I_B实现外控等优点。集成 OTA 构成的应用电路大体可以分以下几类：

(1)利用 G_m与 I_B的线性关系，可以在控制端将外控电压变成 I_B，则可设计成压控放大器、压控振荡器和压控滤波器等各种压控电路。

(2)利用集成 OTA 输出量是电流的特点，特别适合构成加法器、减法器、积分器和滤波器电路，还可以构成受控模拟电阻和模拟电感等。

(3)利用 R_o很大的特点，可以使应用电路的输出端接高阻负载或开路运用。

(4)利用 I_B外控端，可以实现模拟乘法、幅度调制、选通等功能。

2. 典型应用电路

在对集成 OTA 的应用电路进行分析时，可以将集成 OTA 看成是如图 7.15.2 的理想模型。

(1)受控电压放大电路

用集成 OTA 构成的电压增益可控放大电路如图 7.15.4 所示。

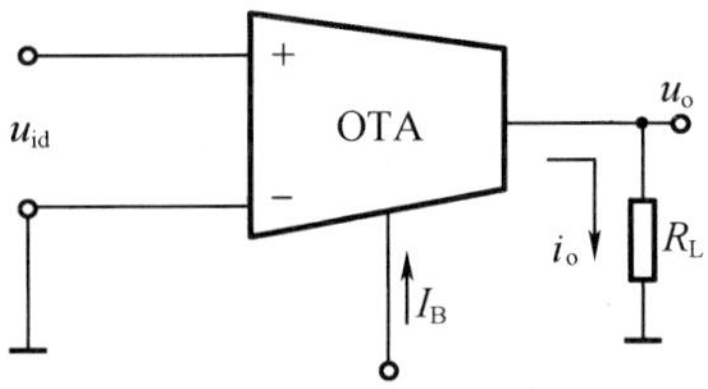

图 7.15.4　增益可控放大电路

OTA 的输出电流为

$$i_o = G_m u_{id} \tag{7.15.16}$$

$$u_o = i_o R_L = G_m R_L u_{id} \tag{7.15.17}$$

则放大电路的电压增益为

$$A_u = \frac{u_o}{u_{id}} = G_m R_L \tag{7.15.18}$$

若图 7.15.4 中 OTA 的“+”输入端接地，u_{id}从“−”端输入，则可得

$$A_u = -G_m R_L \tag{7.15.19}$$

调节 I_B电流可改变 G_m值，从而使 A_u受控。

(2)积分器

用集成 OTA 构成积分器，只需在 OTA 输出端接积分电容 C 即可，电路结构如图 7.15.5(a)所示。

由图可见，其输出电压为

$$V_o(s) = I_o(s) \cdot \frac{1}{sC} = G_m V_i(s) \cdot \frac{1}{sC} \tag{7.15.20}$$

由此可得时域 $u_o(t)$为

$$u_o(t) = \frac{G_m}{C}\int_o^T u_{id}(t)\,dt \tag{7.15.21}$$

可见，图 7.15.5(a)电路输出电压 $u_o(t)$与输入电压 $u_{id}(t)$之间是积分关系。

若将积分电容 C 改接到 OTA 的输入端间，则是一个电流积分器，电路如图 7.15.5(b)

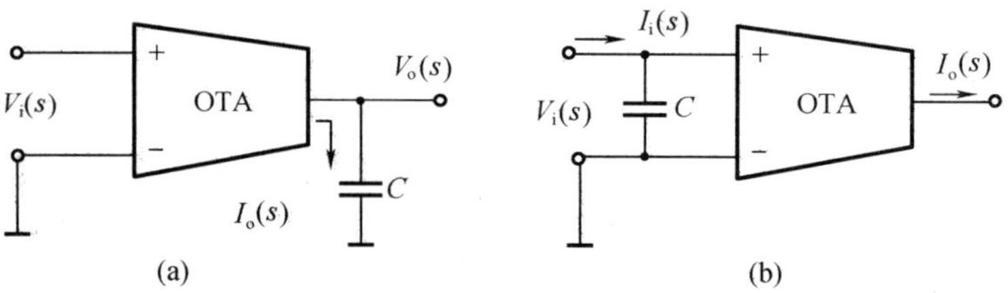

图 7.15.5 积分器电路

所示。不难推导出输出电流 $i_o(t)$ 与输入电流 $i_i(t)$ 间的积分关系为

$$i_o(t) = \omega\int_o^T i_i(t)\,dt \tag{7.15.22}$$

若将图 7.15.5 电路的输入信号从 OTA 的反相输入端输入，则是反相积分电路。若在图 7.15.5(a) 电路的“+”“-”输入端输入两个不同信号，则为差分型积分器。可见用 OTA 组成积分器的方法十分灵活。由于在积分器中不用电阻，故没有功率消耗，常称这种积分器为无损耗积分器(Lossless integrator)。这些派生电路的工作过程请读者自行分析。

(3) OTA—C 通用型滤波器

用集成 OTA 与电容 C 可以方便构成通用型滤波器。这种结构的滤波器除可同时实现多种滤波功能外，它的另一大特点是工作频率高，很容易达到 30 MHz 以上，比电压型运放构成的同类滤波器的工作频率可高出数十倍。

OTA—C 通用型滤波器有多种结构类型，现以用途很广的双二阶滤波器为例做简要的讨论。

根据双二阶通用滤波器的传递函数[即公式(7.12.40)]可写出输出电压的表达式为

$$V_o(s) = \left(a_2 + a_1\frac{1}{s} + a_0\frac{1}{s^2}\right)V_i(s) - \left(b_1\frac{1}{s} + b_0\frac{1}{s^2}\right)V_o(s) \tag{7.15.23}$$

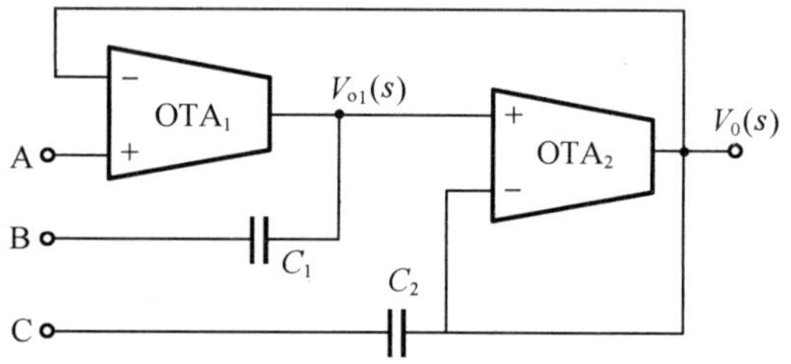

图 7.15.6 通用双二阶滤波器

依式(7.15.23)可画出双二通用滤波器的电路如图 7.15.6 所示。$V_i(s)$ 从 A, B 和 C 三个输入端的输入电压分别为 $V_A(s)$, $V_B(s)$ 和 $V_C(s)$，由图可得

$$V_{o1}(s) = G_{m1}[V_A(s) - V_o(s)]\frac{1}{sC_1} + V_B(s) \tag{7.15.24}$$

$$V_o(s) = G_{m2}[V_{o1}(s) - V_o(s)]\frac{1}{sC_2} + V_C(s) \tag{7.15.25}$$

由上两式联立可得

$$V_o(s) = \frac{G_{m1}G_{m2}V_A(s) + [C_1G_{m2}V_B(s)]s + [C_1C_2V_C(s)]s^2}{G_{m1}G_{m2} + sC_1G_{m2} + C_1C_2s^2}$$

$$= \frac{\frac{G_{m1}G_{m2}}{C_1C_2}V_A(s) + \frac{G_{m2}}{C_2}V_B(s)s + V_C(s)s^2}{\frac{G_{m1}G_{m2}}{C_1C_2} + \frac{G_{m2}}{C_2}s + s^2}$$

$$= \frac{a_0V_A(s) + a_1V_B(s)s + a_2V_C(s)s^2}{b_0 + b_1s + b_2s^2} \tag{7.15.26}$$

由上式可知，当 $V_i(s)$ 从 A，B，C 不同点输入时会影响分子项的三个系数，就会产生不同的滤波特性。

表 7.15.1 给出了电路五种不同的滤波特性。

表 7.15.1　通用双二阶滤波器的传输特性

$V_i(s)$ 输入点			系数			传输函数	滤波特性
A	B	C	a_0	a_1	a_2		
$V_A(s)$	地	地	$\frac{G_{m1}G_{m2}}{C_1C_2}$	0	0	$\frac{a_0}{b_0+b_1s+s^2}$	LP
地	地	$V_C(s)$	0	0	1	$\frac{s^2}{b_0+b_1s+s^2}$	HP
地	$V_B(s)$	地	0	$\frac{G_{m2}}{C_2}$	0	$\frac{a_1s}{b_0+b_1s+s^2}$	BP
$V_A(s)$	地	$V_C(s)$	$\frac{G_{m1}G_{m2}}{C_1C_2}$	0	1	$\frac{a_0+s^2}{b_0+b_1s+s^2}$	BR

当 $G_{m1}=G_{m2}=G_m$ 时，滤波器的特征角频率和品质因数分别为

$$\omega_0 = G_m\sqrt{\frac{1}{C_1C_2}} \tag{7.15.27}$$

$$Q = \sqrt{\frac{C_2}{C_1}} \tag{7.15.28}$$

习　　题

7.1　在图 7.2.1 的 μA741 集成运放中，若 $R_5=40\ \text{k}\Omega$，$R_4=5\ \Omega$，$R_1=R_2=1\ \text{k}\Omega$，$T_1$，$T_2$ 的 $\beta_1=\beta_2=200$，T_3，T_4 的 $\beta_3=\beta_4=30$，所有晶体管 $V_{BE}=0.6\ \text{V}$，电源电压 $V_{CC}=15\ \text{V}$，$-V_{EE}=-15\ \text{V}$。(1)求电路的 I_B 值及 T_4 的集电极电压 V_{C4}；(2)若 $\beta_3=\beta_4=10$，再求 I_{1B} 值。

7.2　简述 μA741 为提高 *CMRR* 和减小输入温漂，在电路中采取了哪些措施？

7.3　试说明 μA741 中间放大级电路特点。

7.4　试说明 μA741 输入级中 T_3，T_4 采用横向 PNP 的原因。

7.5　简述 μA741 输出级的特点。

7.6　为什么对集成运放的 I_{1B} 要求越小越好？为降低 I_{1B} 可采用哪些办法？

7.7　若 μA741 在电源电压为 ±15 V 时，开环增益为 100 dB，差模最大输出电压 $V_{om}=\pm 13\ \text{V}$。(1)试求最大差模输入电压 V_{im}；(2)若 $u_{in}=\pm 300\ \mu\text{V}$ 时，求输出电压摆幅。

7.8　求图 7.2.2 的 COMS 集成运放 MC14573 的参考电流 I_R，T_8 的漏极电流 I_{D8} 及电路

的差模电压增益的数学表达式。

7.9　对于图 7.5.1 比例放大电路,应如何选择 R_P的值?

7.10　题图 7.1 为反比例放大电路,若 A 为理想运放,求:

(1)电路的电压增益;

(2)若无 R_4但仍要保持(1)中计算的电压增益值,应如何调整 R_2值?

7.11　在图 7.5.1 的电路中,$R_1 = 10\ \text{k}\Omega$,$R_F = 5\ \text{M}\Omega$,$R_P = 10\ \text{k}\Omega$,若 A 为 μA741,在 20 ℃时,$V_{IO} = 3\ \text{mV}$,$\Delta V_{IO}/\Delta T = 20\ \mu\text{V}/℃$。

(1)计算在温度为 70 ℃时输出误差电压。

(2)若加调零电位器,重新计算在温度为 70°时的输出误差电压。

7.12　在题图 7.2 电路中,A 为理想运放。

(1)求输出电压与输入电压间的关系式。

(2)求 R_P。

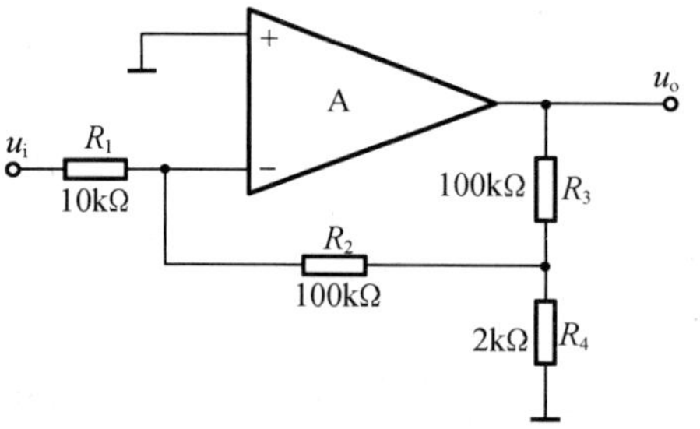

题图 7.1　习题 7.10 电路

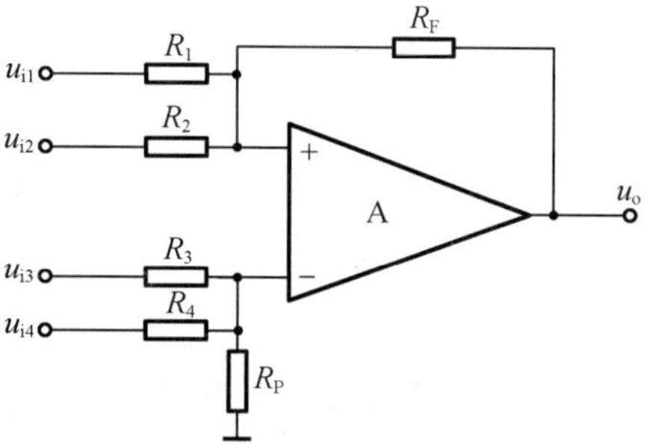

题图 7.2　习题 7.12 的电路

7.13　求题图 7.3 电路的输出电压与输入电压关系式。与图 7.2 电路比较,此电路的特点是什么?

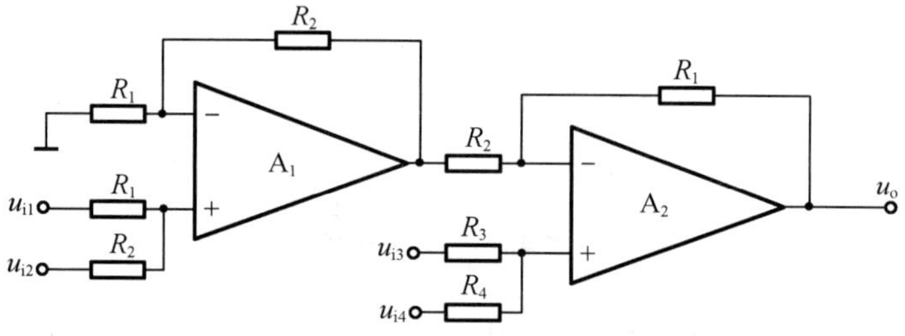

题图 7.3　习题 7.13 的电路

7.14　题图 7.4 的电路中,A 为理想运放,$V_C(0) = 0$,求电路的输出电压表达式。

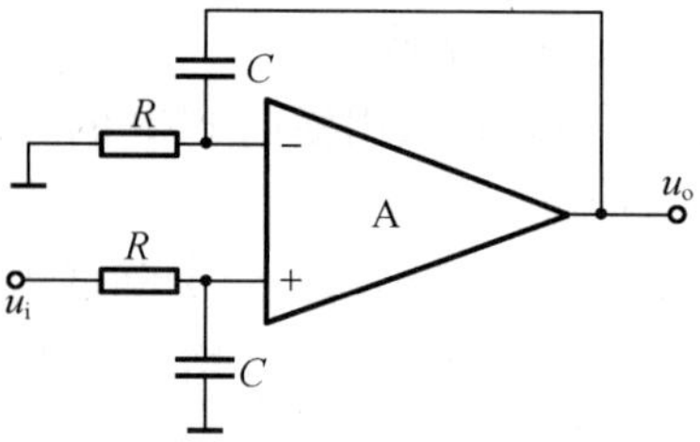

题图 7.4　习题 7.14 的电路

7.15　题图7.5的电路中，A为理想运放，$V_C(0)=0$，电路工作在线性区。

(1)推导输出电压与输入电压关系式。

(2)若$R=10\ \Omega$，$C=0.2\ \mu F$，u_i为幅度±4 V，$T=4$ ms的对称方波，请画对应输出电压波形。

7.16　题图7.6中，A为理想运放，$V_C(0)=0$，求输出电压表达式。

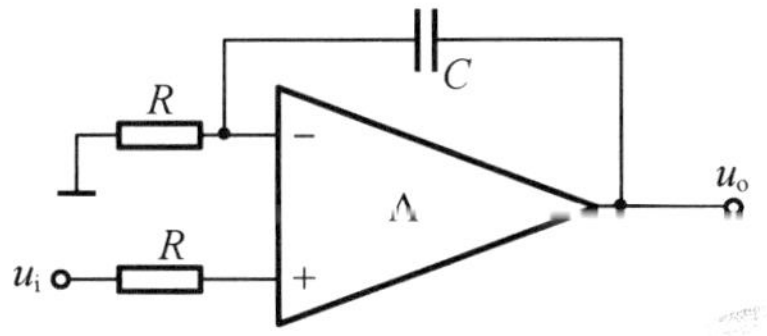

题图7.5　习题7.15的电路

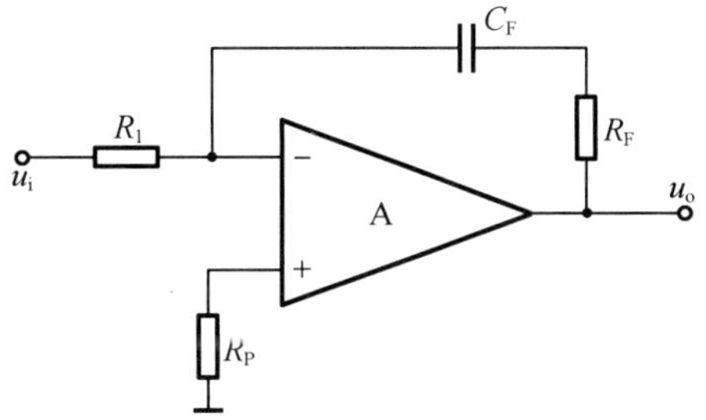

题图7.6　习题7.16的电路

7.17　图7.5.10为积分运算电路，若u_i为一正弦波信号，求输出信号波形。

7.18　题图7.7中，A为理想运放，$V_C(0)=0$，求输出电压与输入电压间的函数关系。

7.19　题图7.8为比例-积分-微分(Proportional Integral Differential，缩写为PID)电路原理图，若A为理想运放，$V_C(0)=0$，求输出电压的表达式。

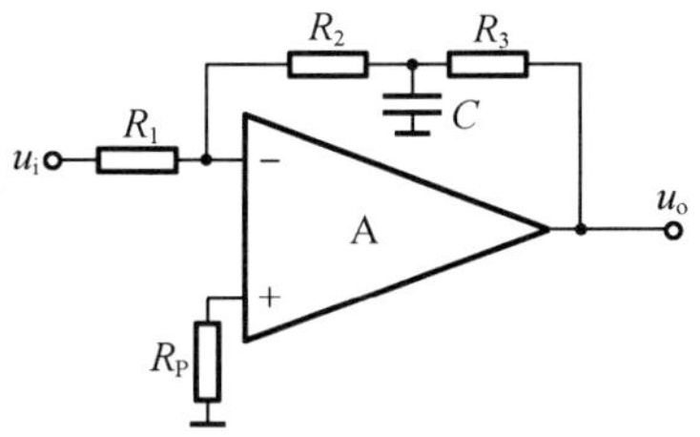

题图7.7　习题7.18的电路

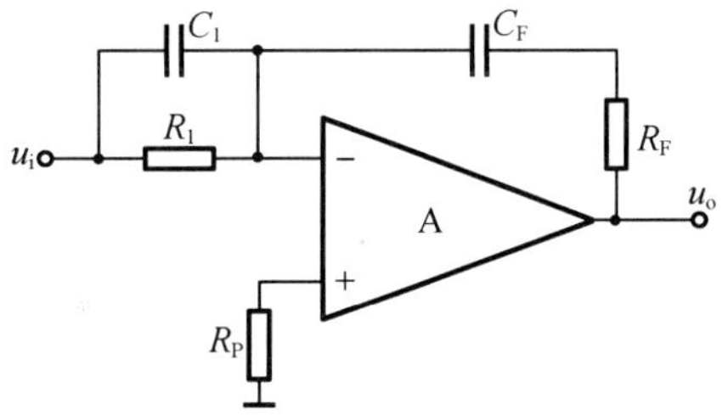

题图7.8　比例-积分-微分

7.20　在图7.5.10电路中，若R_F的阻值很大，A为理想运放，$V_C(0)=0$，请推导$u_i(t)$与$u_o(t)$的关系表达式。

7.21　题图7.9为一实用微分电路，若A_1，A_2为理想运放，$V_C(0)=0$，请推导输出电压

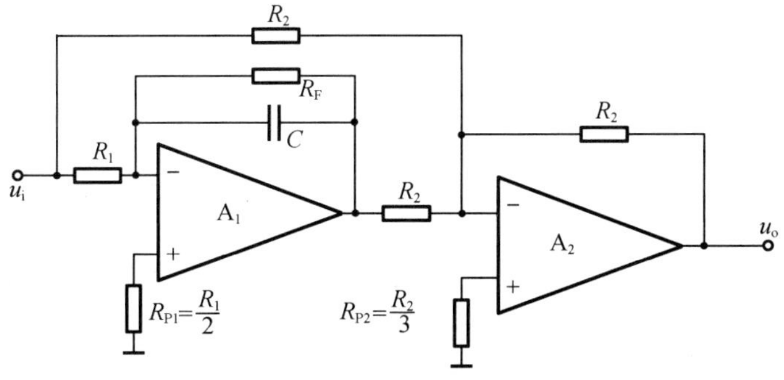

题图7.9　实用的微分电路

的表达式。

7.22　题图 7.10 的电路中 A_1，A_2为理想运放，V_R为参考电压。

(1)求输出电压的表达式。

(2)从 u_o的表达式判断电路的功能。

(3)分析此电路的特点。

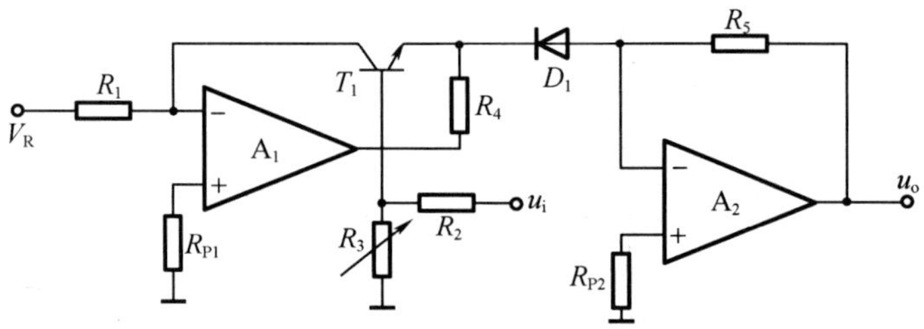

题图 7.10　习题 7.22 的电路

7.23　题图 7.11 电路中，A 为理想运放，它与集成模拟乘法器构成运算电路，求输出电压的表达式，分析电路功能。

7.24　在图 7.5.1 中，A 为非理想运放 μA741，其开环增益为 3 000，差模输入电阻为 10 kΩ，若 u_i为 0 ~ 30 mV，请计算 u_o值。

7.25　试述题图 7.12 电路的工作原理，判断电路功能，若 u_i为 50 周正弦波，请画输出电压波形。

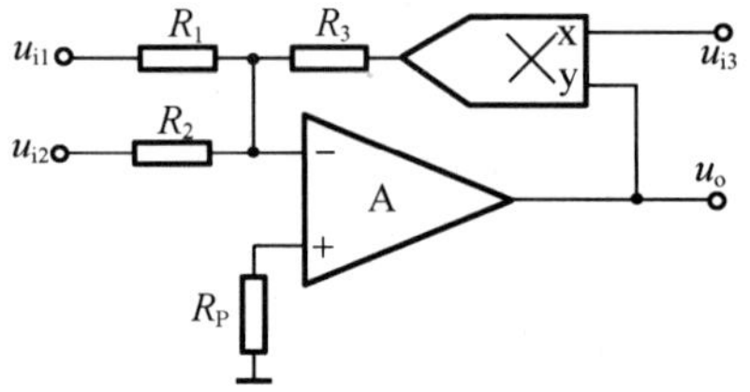

题图 7.11　习题 7.23 电路

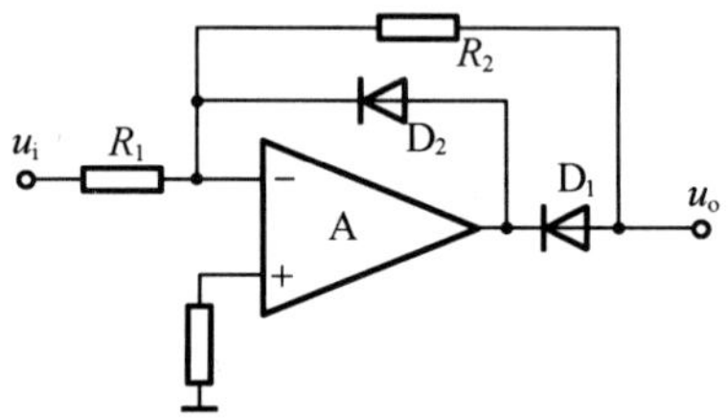

题图 7.12　习题 7.25 电路

7.26　在下列应用中，应如何选择集成运放。

(1)作一般的交流放大；

(2)在数据采集系统中，作弱信号放大；

(3)在强干扰环境中作数据获取；

(4)野外探矿仪；

(5)机载雷达中应用；

(6)纳秒脉冲信号放大；

(7)对由传感器产生的电信号放大。

7.27　在图 7.12.4 的二阶低通滤波器电路中，$R=4.7\ \text{k}\Omega$，$f_o=500\ \text{Hz}$，$Q=0.8$，试求图中电阻、电容值。

7.28　在题图 7.13 的电路中，A 为理想运放，请推导电路的传递函数，判断电路功能。

7.29　在图 7.12.10 的电路中，$R_1=R_3=R=51\ \text{k}\Omega$，$R_2=102\ \text{k}\Omega$，$C=0.01\ \mu\text{F}$，$R_F=72\ \text{k}\Omega$，$R_4=R$。

(1)求特征频率 f_o 和品质因数 Q 的值；

(2)求通带宽度。

7.30　题图 7.14 电路中，电压比较器是 LM311，$R_1=10\ \text{k}\Omega$，$R_2=25\ \text{k}\Omega$，请画电路的状态转换曲线。

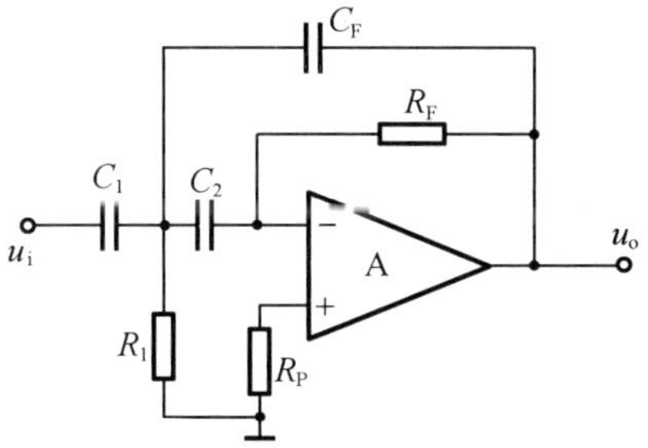

题图 7.13　习题 7.28 电路

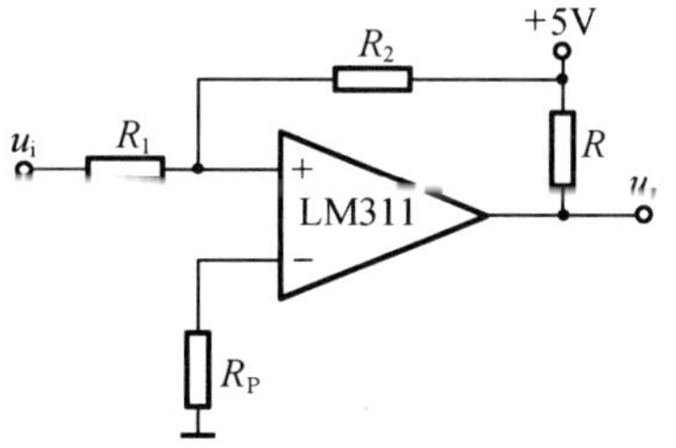

题图 7.14　习题 7.30 电路

7.31　题图 7.15 电路为用集成运放构成的电压比较器电路，若 D_{Z1}，D_{Z2} 的稳压值 $V_Z=6\ \text{V}$，其正向压降为 0.7 V，请画电路的传输特性曲线。

7.32　题图 7.16 为用电压比较器 LM311 构成的方波振荡器电路。

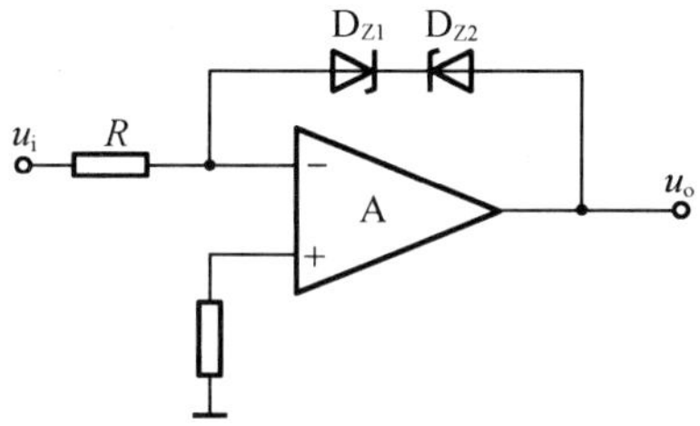

题图 7.15　习题 7.31 电路

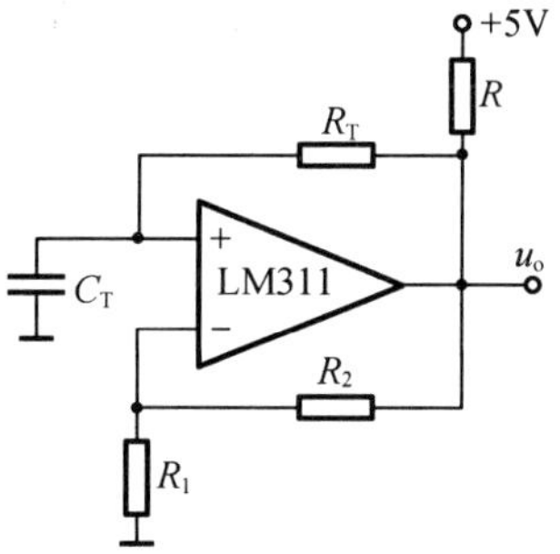

题图 7.16　习题 7.32 电路

(1)简述电路的工作原理；

(2)求振荡频率表达式；

(3)定性画输出电压 u_o 的波形图。

7.33　题图 7.17 为一压控振荡器，A_1，A_2 为理想运放，D_{Z1}，D_{Z2} 的稳压值为 V_Z。

(1)简述电路工作原理；

(2)求振荡频率 f_o 的表达式；

(3)画 u_{o1}，u_{o2} 的波形图。

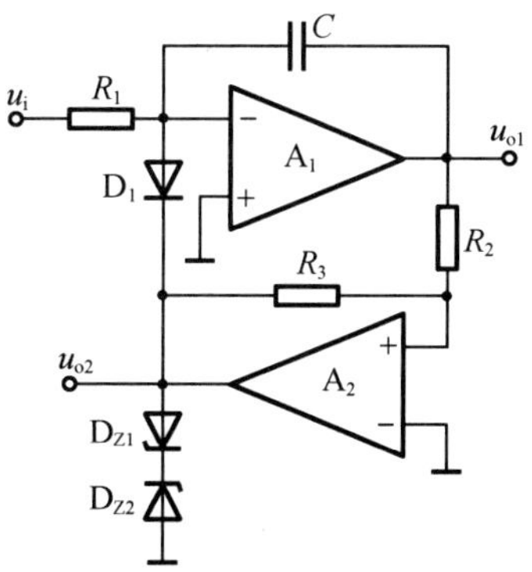

题图 7.17　习题 7.33 电路

7.34　题图 7.18 为 OTA 的应用电路，请求电路输入阻抗的表达式，说明电路的功能。

7.35　题图 7.19 电路中，若两个 OTA 的跨导都为

G_m，求电路的输入电阻表达式，说明此电路的功能。

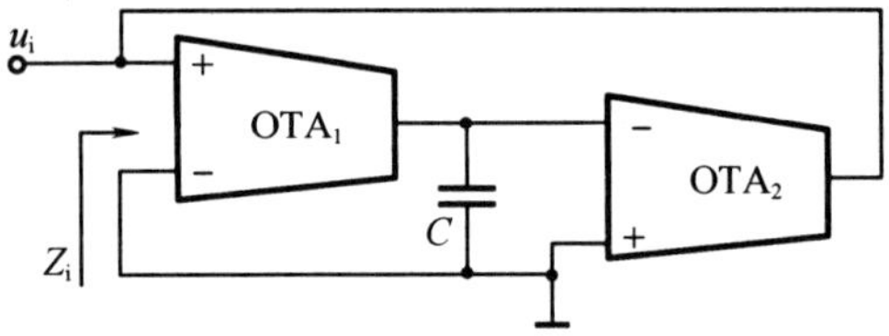

题图 7.18 习题 7.34 电路

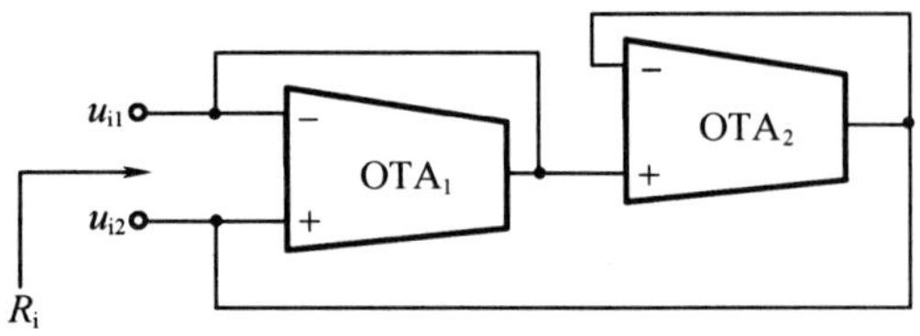

题图 7.19 习题 7.35 电路

部分习题参考答案

7.1 (1)$I_{1B}=50\ \text{nA}, V_C=-13.8\ \text{V}$；

(2)$I_{1B}=46\ \text{nA}$。

7.7 (1)$V_{im}=\pm 130\ \mu\text{V}$；

(2)$V_{om}=\pm 13\ \text{V}$。

7.8 $I_R=\dfrac{V_{OD}+V_{SS}-|V_{T5}|}{R}$；$I_{DS}=I_{D6}=I_R$；

$A_{ud}=[-G_{m2}(R_{do2}/\!/R_{do4})]\cdot[-G_{m7}(R_{do7}/\!/R_{do8})]$。

7.10 (1)$A_{uf}=-520$；(2)$R_2=5.1\ \text{M}\Omega$。

7.11 (1)$V_{oe}=2\ \text{V}$；(2)$V_{oe}=0.5\ \text{V}$。

7.12 (1)$u_o=R_F\left(\dfrac{1}{R_3}u_{i3}+\dfrac{1}{R_4}u_{i4}-\dfrac{1}{R_1}u_{i1}-\dfrac{1}{R_2}u_{i2}\right)$；

(2)$R_1/\!/R_2/\!/R_F=R_3/\!/R_4/\!/R_P$。

7.13 $u_o=\left(1+\dfrac{R_1}{R_2}\right)(u_{i3}+u_{i4}-u_{i1}-u_{i2})$；电路特点是输入电阻很高。

7.14 $u_o(t)=\dfrac{1}{RC}\int u_i(t)\,dt$。

7.15 (1) $u_o(t)=u_i(t)+\dfrac{1}{RC}\int u_i(t)\,dt$；

(2)输出电压波形如解图 7.1。

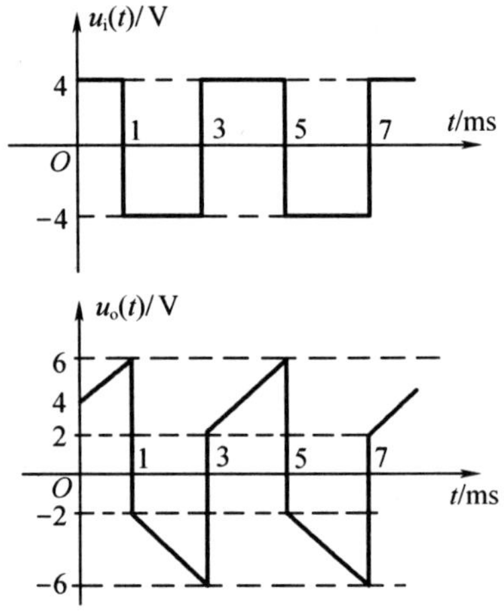

解图 7.1

7.16 $u_o(t)=-\dfrac{R_F}{R}-\dfrac{1}{RC_F}\int u_i(t)\,dt$。

7.17 输出为余弦波。

7.18 $u_o(t)=-\dfrac{CR_2R_3}{R_1}\cdot\dfrac{du_i(t)}{dt}-\dfrac{R_2+R_3}{R_1}u_i(t)$。

7.19 $u_o(t)=-\left[\left(\dfrac{R_2}{R_1}+\dfrac{C_1}{C_2}\right)u_i(t)+\dfrac{1}{R_1C_2}\int u_i(t)\,dt+R_2C_1\dfrac{du_i(t)}{dt}\right]$。

7.20　$u_i(t) = -\left[R_1 C\frac{du_o(t)}{dt} + \frac{R_1}{R_F}u_o(t)\right]$。

7.21　$u_o(t) = R_1 C\frac{du_i(t)}{dt}$。

7.22　(1) $u_o(t) = \frac{R_5}{R_1}\cdot V_R\cdot e^{-\left(\frac{R_3}{R_2+R_3}\cdot\frac{u_i(t)}{V_T}\right)}$；

(2)这是指数运算电路。

7.23　$u_o(t) = -\frac{R_3}{ku_{i3}}\left(\frac{1}{R_1}u_{i1} + \frac{1}{R_2}u_{i2}\right)$。

7.24　$u_o = -6.7$ V。

7.25　输入、输出波形见解图 7.2。

7.27　$R_3 = 22$ kΩ；$R_F = 16.5$ kΩ；$C = 0.068$ μF。

7.28　$L(s) = -\frac{-s^2 R_1 R_f C_2 C_1}{1 + s(C_1 + C_2 + C_f)R_1 + s^2 C_2 C_f R_1 R_f}$；是二阶高通滤波器。

7.29　(1) $f_o = 312$ Hz；$Q = 1.69$；(2) $BW_P = 183.5$ Hz。

7.30　状态转换图如解图 7.3。

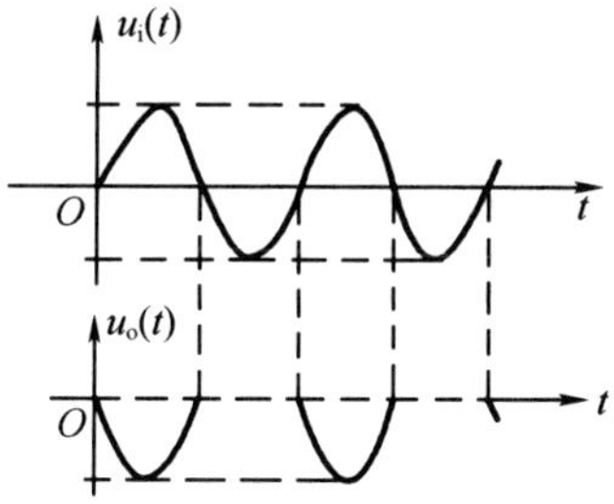

解图 7.2

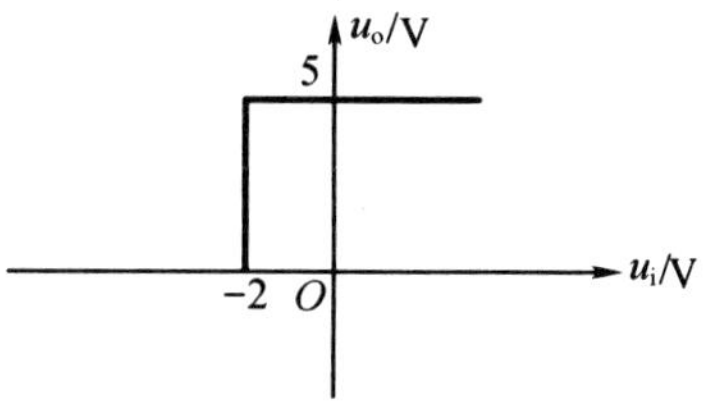

解图 7.3

7.31　传输特性曲线如解图 7.4。

7.32　(2) $f_o = \frac{1}{2R_T C_T \ln\frac{R_1 + R_2}{R_2}}$。

7.33　(2) $f_o = s\frac{R_3}{2R_1 R_2 V_2}\cdot V_i$。

7.34　$Z_i = s\frac{C}{G_{m1}G_{m2}}$；模拟电感。

7.35　$R_i = \frac{1}{G_m}$；浮置式模拟电阻。

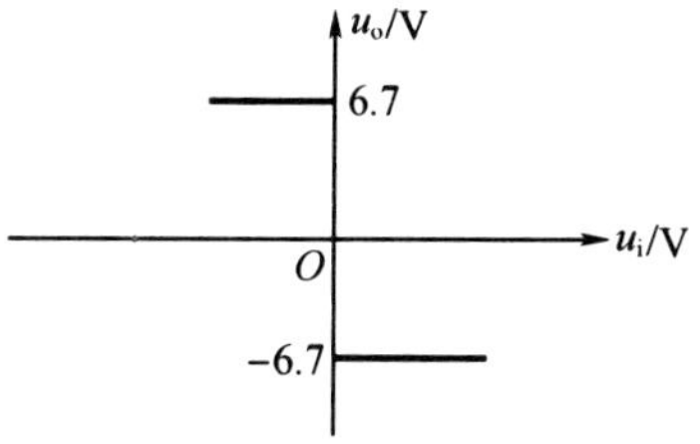

解图 7.4

第8章 稳压电源

(Regulated Power Supply)

任何电子设备都需要电源供电,而其中绝大多数需要的是直流稳压电源。仪器仪表的性能与这些直流稳压电源的技术指标有直接关系。

直流稳压电源的种类是各种各样的,它们的性能也不尽相同。本章主要讨论的是集成稳压电源。在集成稳压电源中,重点讨论集成开关稳压电源。

8.1 未稳压电源

电网交流电压经变压和整流滤波后形成的电压称为未稳压电压(Unregulated voltage),它常作为直流稳压电源的输入电压,它的技术参数会直接影响直流稳压电源的性能。这些未稳压电压极易受到来自交流电网的干扰,有时这些瞬时干扰尖峰可达千伏以上。为了消除或减弱这些干扰,常在交流电路中加入交流瞬时电压抑制器和电磁干扰滤波器等器件。

图8.1.1为加有电磁干扰滤波器和交流瞬时电压抑制器的未稳压电源。这样的未稳压电源可以减轻或免除各种交流瞬时干扰,从而可得到“干净”的脉动电压 $V_{\cong}$。

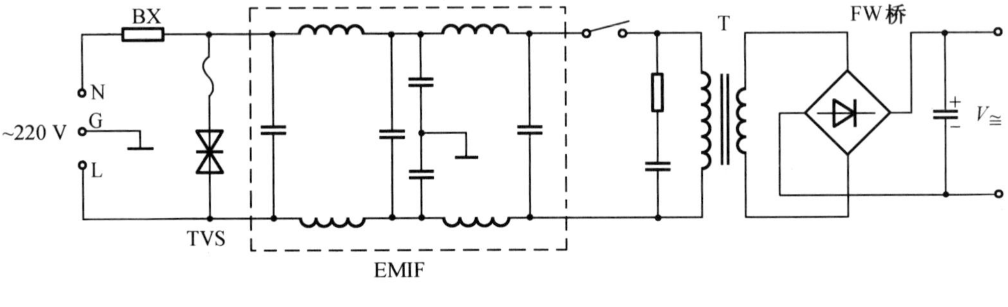

图8.1.1 与交流相连的未稳压电源

8.1.1 交流瞬时电压抑制器

实际上,可把交流瞬时电压抑制器(Transient Voltage Suppression,简称TVS)看成一个双向齐纳二极管。当交流瞬时干扰尖峰电压超过抑制器的阈值时,TVS就在极短的时间被击穿,由高阻变为低阻,吸收上千瓦的能量,电压则被钳制在击穿时的电压值上。TVS器件体积小,价格低,抑制效果很明显。表8.1.1列出了一些常用的TVS器件参数。

表 8.1.1　常用的 TVS 器件

型号	厂商	直径/cm	能量 W/J	峰流/A	电容/pF
V30LA1	GE	0.86	4	500	180
V130LA10A		1.65	30	4 000	1 000
V130LA20B		2.26	50	6 000	1 900
S07K130	Siemens	0.89	6	500	130
S14K130		1.70	22	2 000	1 000
S20K130		2.30	44	4 000	2 300

表 8.1.1 中的电容值是由器件的雪崩截面积决定。通常是电容大的器件，峰值电流也大，但电容大了会对信号有衰减。Protec 公司生产的 TVS 电容小，电流大，是一种较好的器件。国内近年来也生产 TVS，如 T4S220C、1.5KE6V8P 等，这些产品都适于～220 V 的电源。

8.1.2　电磁干扰滤波器

电磁干扰滤波器（Electromagnetic Interference Filter，简写 EMIF）是一种由 *LC* 网络构成的无源低通滤波器，在交流电路中主要是防共模射频电磁干扰的。又称射频干扰滤波器（Radio Frequency Interference Filter，简写 RFIF）。对这种滤波器的要求是对某一频率信号衰减要尽量大，流过的电流也要大。为了获得更好的抗干扰效果，有时将 *LC* 组成双 π 型滤波器。很多厂商都提供 EMIF 产品，表 8.1.2 列出了一些常用的 EMIF 器件。

国内生产的交流线性滤波器有 MD－201 等，这些产品适合于交流 220 V 电源。

表 8.1.2　常用的电磁干扰滤波器

型号	厂商	类型	电流/A	衰减/dB			说明
				150 kHz	500 kHz	1 MHz	
3EF1	Corcom	π	3	15	25	30	通用
3EC1				20	30	37	
F2400CA03	Curtis	π	3	22	35	40	通用
PE810103				18	24	30	用开关和保险丝
03SEEG3H	Delta	双 π	3	42	65	70	衰减大
04BEEG3H		π	4	26	35	40	用保险丝
03CR2		双 π	3	50	60	55	衰减大
FN321－3	Schaffner	π	3	35	43	46	衰减较大
FN1393－2.5			2.5	40	45	42	
3JX5421A	Sprague	π	3	15	25	30	通用
200JM6－2			6	12	25	—	电流大，用保险丝

注：表 8.1.1 和表 8.1.2 中所列产品都只适用于交流 110 V 的，要应用到交流 220 V 电压中，则需两个串联。

8.2 基准电压源

基准电压源(Reference Voltage Source,简称 V_{REF}或 V_R)是电子电路中的重要部件,它的应用很广,在稳压电源中所处的位置也很重要。例如一个高精度的稳压电源,就需要有一个更高精度的基准电压源部件作标准,直流稳压电源的一些指标都与基准电压源的性能有直接相关。

常用的基准电压源有补偿齐纳管、集成齐纳管和带隙型三种。最近几年又出现性能优良的 EIFET 型基准电压源。

对基准电压源的主要要求是基准电压 V_Z和它的精度、温度系数 α_Z,输出电流 I_Z及噪声电压 V_{npp}等。一般要求 V_Z精度在 ±5% ,α_Z为$(5 \sim 10) \times 10^{-5}/℃$,性能优良的 V_{REF}的 V_Z精度约为 10^{-4},α_Z可达 $1 \times 10^{-7}/℃$量级。

8.2.1 补偿齐纳管型基准电压源

一个齐纳二极管的稳定电压值 V_Z 就可以作为基准电压源应用。这种基准电压源简单实用,但它的温度稳定性差些,有的齐纳管的 V_Z精度在 5% 左右,而 α_Z可达$1 \times 10^{-4}/℃$ 。图 8.2.1 为齐纳管温度系数 $\alpha_Z - I_Z$的关系曲线。由图可见,α_Z与 V_Z,I_Z有关。当 $V_Z < 5$ V 时,由于是场发射击穿,所以 α_Z是负值;当 $V_Z > 5$ V 时,由于是雪崩击穿,故 α_Z是正值。同样,在某一 V_Z时,I_Z不同,α_Z也不同。为了减小温度系数,可以在某一工作条件下用一个与齐纳管有相反 α_Z的二极管与齐纳管反向串联后使总的 α_Z减小,这就是补偿齐纳管型基准电压源,如图 8.2.2 所示。但二极管与齐纳管的温度系数绝对值并不相等,所以很难达到总 α_Z近似为 0 的水平,V_Z精度、V_{npp}也都得不到改善。

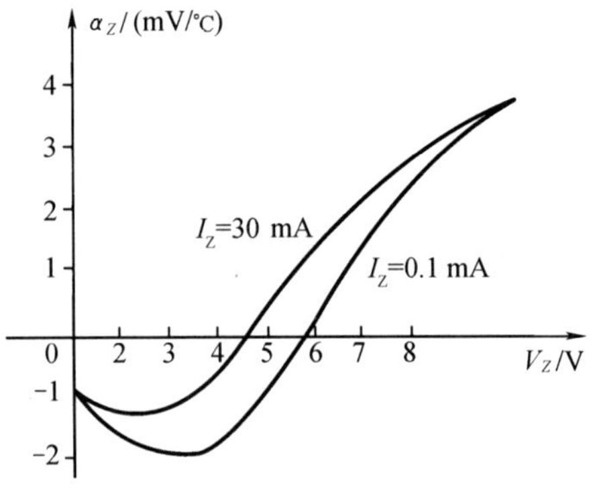

图 8.2.1 齐纳管的温度系数

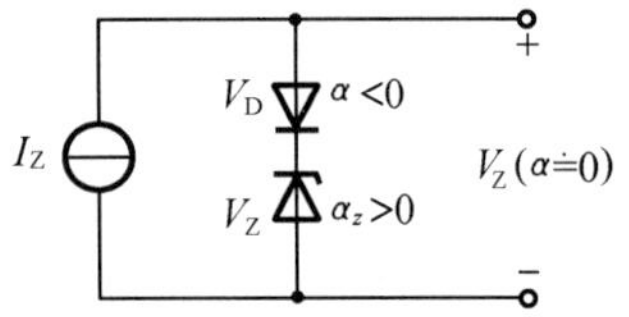

图 8.2.2 温度补偿齐纳管

由于 α_Z与 I_Z有关,补偿齐纳管在使用时应保持 I_Z恒定,用图 8.2.3 的电路就可以较好地解决 I_Z恒定问题,而且 V_Z电压可调,R_o很小。在此图中集成运放工作在同相比例放大状态,将 IN829 的 6.2 V 电压放大到 +10 V,同时也可保证 $I_Z = 7.5$ mA 恒定,运放采用单电源供电。表 8.2.1 列出了常用的补偿齐纳管基准电压源。

8.2.2　集成齐纳管基准电压源

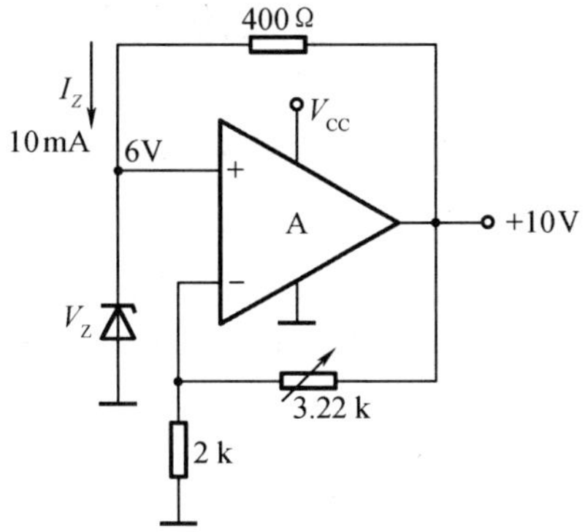

图 8.2.3　集成基准电压源

补偿型齐纳管基准电压源虽然电路简单、成本低、V_Z选择灵活，但它的功耗大，V_Z精度和 α_Z都不理想。

由于集成技术的日益发展，完全可以将图 8.2.3 电路集成在一块芯片上，还可加一些改善电压基准性能的附加电路，这就是集成齐纳管基准电压源。这样的基准电压源，其各项技术指标都有很大提高。

研究发现，用深度扩散技术，将齐纳管置于基片内部，构成隐埋型基准电压源。这种电压源可以明显改善长期稳定性、V_Z精度和 α_Z，最主要的是可以大大降低噪声电平 V_{npp}。例如 LM319，它的 V_Z精度为 0.5%，α_Z为 6 μV/℃，0.1 ~ 10 Hz 的 V_{npp}为 7 μV。而采用隐埋扩散技术的 MAX6126 的 V_Z精度为 0.02%，α_Z为 3 μV/℃，0.1 ~ 10 Hz 的 V_{npp}低至 1.3 μV，基准电压值还可分五挡（分别为 2.048 V，2.5 V，30 V，4.069 V 和 5 V）。

为了获得更低的温度系数，有些产品在基片中加了恒温加热电路。例如 LM399 加了恒温加热电路后，其 α_Z仅为 0.3 μV/℃。加温电路的加温只要 0.25 W，3 秒钟时间即可达到恒温。而 LTZ1000 的技术指标更好，其 α_Z低到 0.05 μV/℃，0.1 ~ 10 Hz 的 V_{npp}也低到 1.2 μV。这种恒温加热的基准电压源的缺点是功耗大，价格也较高，只有特殊要求场合下使用。有关产品情况见表 8.2.1。

表 8.2.1　齐纳管基准电压源

型号	厂商	电压 /V	精度 /%	温度系数 /(μV/℃)	电流 /mA	V_{min} /V	长稳 /(μV/kh)	负载 /%	说明
IN821		6.2	5	±100	7.5				补偿齐纳管
IN829		6.2	5	±5	7.5				
IN4890		6.35	5	±20	7.5				
IN4895		6.35	5	±5	7.5				
2DW232		6	5	±5	10				
LM329	NS	6.9	0.05	6	1	—	20	0.1	隐埋型
LM399	NS	6.95	0.055	0.3	17	9	20	0.1	恒温型集成齐纳管
LTZ1000	LT	7.2	0.04	0.05	5	—	0.3	1	
REF-08G	PM	-10	0.2	10	2	-11.4	—	0.2	三端集成齐纳管
REF-10KM	BB	10	0.05	1	4.5	13.5	10	0.01	
REF101	BB	10	0.05	1	4.5	13.5	25	0.003	
LM369B	NS	10	0.05	1.5	1.4	13	6	0.003	
AD588B	AD	±10	0.01	1.5	±10	—	25	0.01	
MAX671C	MA	10	0.01	1	9	13.5	50	0.01	
LT1031B	LT	10	0.05	3	12	11	15	0.01	

8.2.3 带隙基准电压源

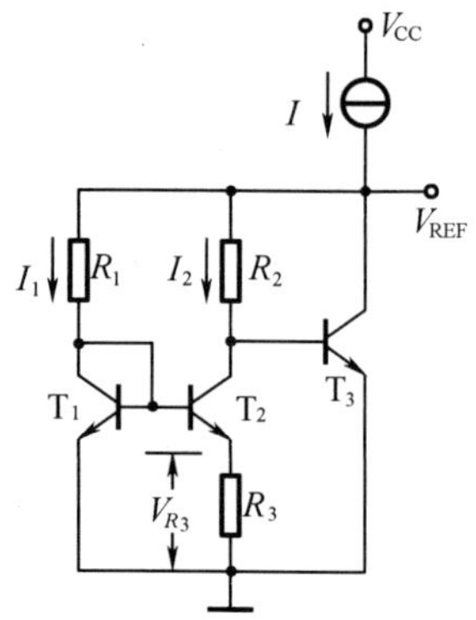

图 8.2.4 带隙基准电压源原理图

带隙基准电压源是一种新型的基准电压源。它是利用一个正温度系数去抵消双极型晶体管 V_{BE} 的负温度系数，从而可大大降低总温度系数。这种基准电压源的基准电压值与硅材料在零温度时的能带隙电压(1.22 V)很接近，故称为带隙型基准(Bandgap reference)电压源。

图 8.2.4 为其原理图。由图可见，

$$V_{R3} = V_{BE1} - V_{BE2} = V_T \ln \frac{I_1}{I_2} \tag{8.2.1}$$

而

$$I_2 \doteq \frac{V_{R3}}{R_3} \tag{8.2.2}$$

基准电压 V_{REF} 为

$$V_{REF} = I_2 R_2 + V_{BE3} = \frac{R_2}{R_3} \cdot V_{R3} + V_{BE3} \tag{8.2.3}$$

在式(8.2.3)中，V_{R3} 的温度系数为正，用它补偿 V_{BE3} 的负温度系数，适当调节，可使两者完全抵消，使 V_{REF} 达到零温度系数。

现对式(8.2.3)微分并令其斜率为零，则

$$\frac{dV_{REF}}{dT} = \frac{dV_{BE3}}{dT} + \frac{R_2}{R_3} \cdot \frac{dV_{R3}}{dT} = 0 \tag{8.2.4}$$

当取 $I_1 = 10I_2$ 时，由式(8.2.1)得 $V_{REF3} = 60$ mV，由式(8.2.4)得 $\frac{R_2}{R_3} = 10.5$，若取 $V_{BE3} = 0.6$ V，则由式(8.2.3)得 $V_{REF} = 1.23$ V。若经运放对 V_{REF} 比例放大，则可得到不同电压值的基准电压源。

带隙型基准电压源的特性好，技术指标较高，价格适中，它的性价比高，可以说它是十分优秀的基准电压源。如 LM385B－1.2 是微功耗带隙基准电压源，其 $I_Z = 10$ μA～20 mA 时，基准电压精度为 1%，最大动态电阻仅为 1 Ω，温度特性也好，为 $\alpha_Z = \pm 20$ μV/℃，长期稳定性好，为 40 μV/kh。这种基准电压源的另一突出特点是功耗和基准电压低。如 MAX6129 的最低基准电压为 2.048 V，动态电阻只有 0.2 Ω，α_Z 为 20 μV/℃。

带隙基准电压源的品种很多，表 8.2.2 给出了一些常用产品的技术参数。

表8.2.2 集成带隙基准电压源

型号	厂商	电压/V	精度/%	温度系数/(μV/℃)	电流/mA	V_{min}/V	长稳/(μV/kh)	负载/%	说明
LM313	NS	1.22	5	100	1	—	20	0.1	普通
ICL8069A	IL	1.23	2	10	0.5	—	—	0.2	
VR182C	DA	2.455	1.4	23	2	—	10	0.1	大电流
HS5010N	HS	1.22	2	3	0.1	—	—	0.05	高稳定
LM385B-1.2	NS	1.235	1	40	0.1	—	40	0.8	低功耗、高精度
AD589M	AD	1.235	2	10	0.1	—	—	0.02	高稳定
LT1004-1.2	LT	1.235	0.3	15	1	—	20	0.1	低功耗、高精度
LM336	NS	2.5	4	10	1	—	20	0.1	
TL431	TI	2.75	2	10	10	—	—	0.5	可调、廉价
LT1009C	LT	2.5	0.2	15	1	—	20	0.1	高精度
LT1029A	LT	5.0	0.2	8	1	—	20	0.04	高压、高精度、高稳定
AD581M	AD	2.5	1	10	1	4.5	25	0.4	
AD581L	AD	10	0.05	5	0.75	12	25	0.002	高精度、高稳定
LP2950ACZ	NS	5	0.05	10	0.08	5.4	—	0.002	特种

8.2.4 EI结型场效应管基准电压源

EI结型场效应管(Extra implantation junction field effect transistor)基准电压源是一种新产品。它一出现就受到人们的重视。

1. 工作原理

图8.2.5为EI结型场效应管基准电压源简图。

图中T_1,T_2为JFET,其中T_1管附加了离子注入,使载流子浓度更高。在I_1,I_2恒流源作用下,两管的夹断电压V_P不相等,从而产生差值电压为ΔV_P。A构成闭环反馈,使输出电压为

$$V_o = \Delta V_P\left(1 + \frac{R_2 + R_3}{R_1}\right) \tag{8.2.5}$$

ΔV_P有低的负温度系数(约为-100 μV/℃),只要在电路中用一个正温度系数去补偿它,就可达到零温度系数。图中电流源I_{CO}在R_3上产生一个正温度系数电压$I_{CO}R_3$,调节I_{CO}使α_Z为+100 μV/℃,用它去补偿ΔV_P的温度系数就可使温度系数最低。其基准电压为

$$V_Z = V_o + I_{CO}R_3 = \Delta V_P\left(1 + \frac{R_2 + R_3}{R_1}\right) + I_{CO}R_3 \tag{8.2.6}$$

2. 主要特点

(1)由于 JEFT 工作在夹断区,所以漏电流很小,一般只有 10 μA 左右,所以这种基准电压源的功耗很低。

(2)噪声电平虽然没有隐埋型基准电压源低,但它好于带隙型基准电压源,约为 10 μV。

(3)它的温度系数很低,通常为 $\alpha_Z = 10\ \mu V/℃$,更重要的是这个温度系数的线性好于带隙型基准电压源。工作温度范围在 -40° ~ +150°之间。

(4)基准电压低,最低为 2 V。基准电压精度高,一般好于 0.1%。

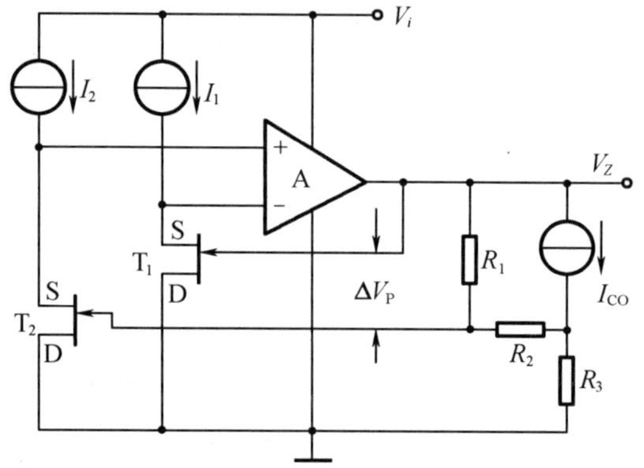

图 8.2.5 EIFET 基准电压源原理图

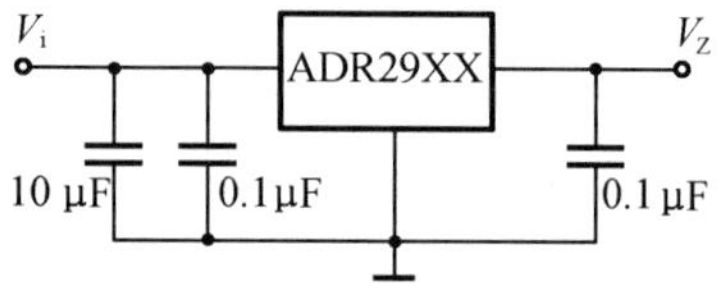

图 8.2.6 ADR29X 基本应用

3. 目前较流行的产品有 ADI 公司生产的 ADR29 系列,如 ADR2900 ~ ADR2903。这种基准电压源非常适合于低压、低功耗和高精度系统中应用,特别是适合电池供电的场合使用。这种基准电压源应用很简单方便。图 8.2.6 为其基本应用电路,由图可见,只要在输入输出端加滤波电容即可得到稳定的基准电压。

8.2.5 基准电压源的应用

1. 基准电压源的参数选择

在选用基准电压源时,应根据设计要求和系统使用环境考虑几个主要指标,令其满足要求。在众多应用中以 ADC 和 DAC 中的应用要求最高,例如要设计一个 10 位数据获取系统,如何选用基准电压源(一个 10 位数据系统,其最小分辨率为$\frac{1}{2^{10}}$,即 1 LSB)。

(1)基准电压源精度

对于 n 位数据获取系统,需要的基准电压源精度可按下式确定

$$V_Z\text{ 精度} = \frac{1}{2^n} \times 100\% \tag{8.2.7}$$

对于 10 位的数据获取系统,应选用 V_Z 精度 <0.1% 的基准电压源。

(2)温度系数 α_Z

在 ΔT 温度范围内使用基准电压源时,其 α_Z 应为

$$\alpha_Z = \frac{1}{2^n} \times \frac{1}{\Delta T} \tag{8.2.8}$$

若 10 位数据获取系统的 $\Delta T = 40$ ℃时,按上式计算得 $\alpha_Z = 25\ \mu V/℃$,应选用 $\alpha_Z < 20\ \mu V/℃$ 的基准电压源。

(3)噪声电平 V_{npp}

对于噪声电平,应考虑系统的满度输出电压 V_M,这样 V_{npp} 为

$$V_{npp}=\frac{1}{2}\times\frac{1}{2^n}\times V_M \tag{8.2.9}$$

上述10位数据系统,若 $V_M=5$ V,则 $V_{npp}=2.4$ mV,应选用 $V_{npp}<2$ mV 的基准电压源。

2. 外围元器件对基准电压源参数影响

用基准电压源与一些外围元器件一起可以构成新的基准电压源。为了充分发挥基准电压源的优良特性,与它相配用的集成运放和电阻都要有一定精度和温度特性,以减小外围电路和配线对基准电压的影响。

3. 使用注意事项

(1)基准电压源在安装时要远离功率元件、发热元件及磁性元件,以免影响其温度稳定性或引起电磁干扰。

(2)工作电流要恒定且一定要小于器件的标称电流值,否则会影响基准电压源的精度和稳定性,特别对长期稳定性的影响不容忽视。

(3)接地线不宜过长而且接地点要合适,否则可能会引起噪声和尖刺干扰。

(4)输入电压要基本稳定,还要接性能良好的滤波电路。

8.3　集成线性稳压器

集成线性稳压器(Linear regulators)是在一个芯片上集成了基准电压、误差放大器、调整管、保护电路、启动电路及取样电路等,将其单独封装成集成块。由于它的调整管与负载串联,故又称为集成串联稳压器。它们有三端和多端器件之分,输出电压形式有固定式输出,也有可调式输出。通用集成线性稳压器以三端器件居多。

8.3.1　输出电压固定的三端稳压器

这类稳压器有输入、输出和接地三个端子,CW78XX 系列和 CW79XX 系列就属这类稳压器。78XX 系列输出固定正电压,79XX 系列输出固定的负电压。

这类稳压器的使用非常简单。图8.3.1为 CW78××的基本应用电路。加入 C_1 可防止产生自激振荡,C_2,C_3 可消除输出电压中的高频噪声和提高负载的瞬变能力。在安装时,这两个电容要尽量靠近稳压器引脚的根部。二极管 D 保护稳压器免受损坏。

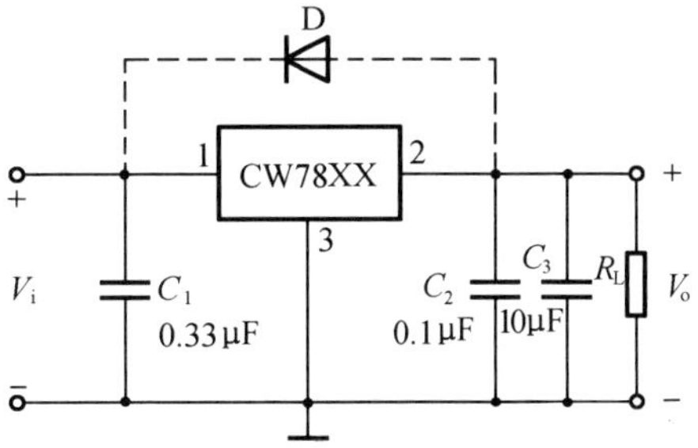

图8.3.1　CW7800 的基本应用电路

8.3.2　输出电压可调的三端稳压器

这类稳压器除输入、输出端外,还有一个调节端 adj。典型产品有 LM117/217/317,

LM137/237/337 等。图 8.3.2 为可输出正电压的 LM117 的典型应用电路，其中 R_1 为泄放电阻，阻值为 240 Ω，输出电压为

$$V_o = \left(1 + \frac{R_2}{R_1}\right)1.25\ \text{V} \qquad (8.3.1)$$

调节 R_2 可改变输出电压值，其输出电压 V_o 的调节范围为 1.25 ~ 37 V。

为了减小 R_2 上的纹波，防止干扰信号进入稳压器，接入了电容 C_3。D_2 仍是起保护作用。

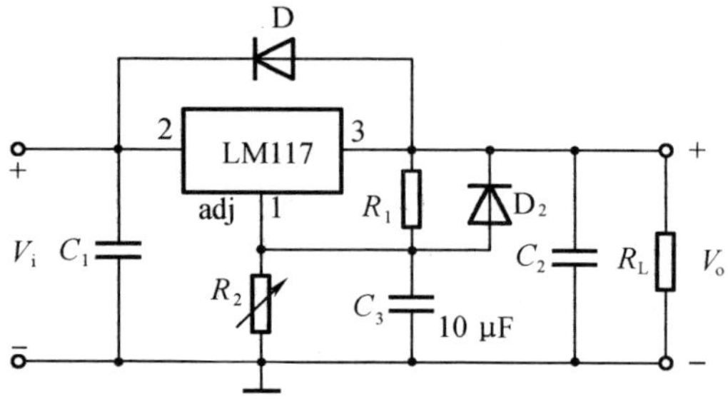

图 8.3.2 LM117 的典型应用电路

负输出电压的可调稳压器有 LM137/237/337 等，输出电压调节范围为 −1.25 ~ −37 V。

8.3.3 多功能线性稳压器

1. μA723 稳压器

多功能线性稳压器是多端器件，利用不同引脚可以实现多种功能。典型产品是 FC 公司生产的 μA723。它既可以输出可调节的正电压，也可以输出可调节的负电压，输出电压范围为 ±2 ~ ±37 V；输出电流可达 150 mA；负载调整率为 0.030%；电压调整率为 0.01%；温度系数为 0.015%/℃。该稳压器还可以组成浮动式和自激型开关稳压电源。

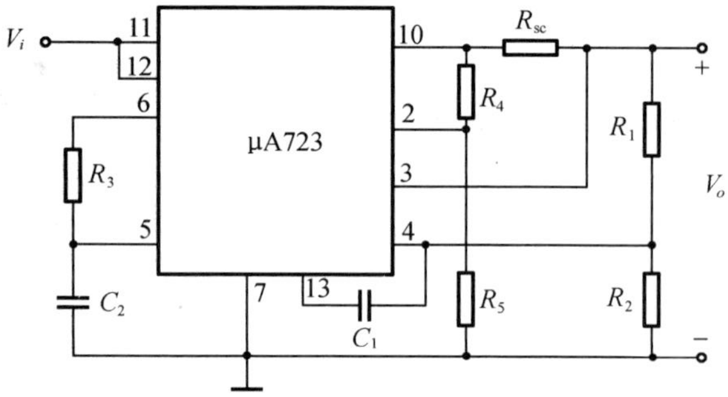

图 8.3.3 μA723 的基本应用之一

图 8.3.3 为 μA723 基本应用连接图。其中 R_4，R_5 和 R_{SC} 与内部晶体管一起构成减流型保护电路。C_1 是频率补偿电容。R_1，R_2 为分压器，对 V_o 分压后送到 4 脚，与 5 脚输入的 V_{REF} 比较，其输出去控制调整管，稳定 V_o 值。输出电压为

$$V_o = \frac{R_1 + R_2}{R_2} \cdot V_{REF} \qquad (8.3.2)$$

片内的 V_{REF} 为 6.9 V，故调节分压比，V_o 可在 6.9 ~ 37 V 间调节。R_3 用来平衡比较放大器的输入端电阻，一般 $R_3 = R_1 // R_2$。

若使输出电压在（2 ~ 6.9 V）的范围内调节，则可用图 8.3.4 的连接图。

$$V_o = \frac{R_2}{R_1 + R_2} \cdot V_{REF} \qquad (8.3.3)$$

2. RS5VE 稳压器

RS5VE 是近年出现的多功能 CMOS 线性稳压器，其主要特点是低电压、低功耗和多路输出；其功能很强，除可四路输出稳定电压外，还有两路电压检测器。

图8.3.5是多功能稳压器的内部结构框图和管脚配置。由图可见，$VR_{1\sim4}$是四路稳压器，其中$VR_{1,2}$输出的是控制信号，应用时需在V_o和I_B端接PNP调整管，其输出稳定电压为3～6 V，精度为±2.5%，输出的$I_B=\frac{I_o}{\beta_{PNP}}$，$I_o$一般为80 mA。$VR_{3\sim4}$的内部已接有PMOSFET管作调整管，输出的稳定电压为2～6 V，精度也是±2.5%。它们的输出电流分别50 mA和20 mA。$VR_{1\sim3}$的工作状态受控制电压$V_{CSW1\sim3}$控制，它们通过电平偏移电路$VS_{1\sim3}$去控制稳压器的输出。VR_4是通用稳压器，它的输出V_{o4}与CSW配合可以实现更多功能，例如可构成节电系统。$D_{1,2}$为两个内置检测器，它们是用施密特触发器实现对外电平V_S检测，送出控制信号，其中D_2的输出经延迟电路DL，送出已拉宽输出控制信号$\bar{R}$，这是靠外加C_d电容来拉宽脉宽的。

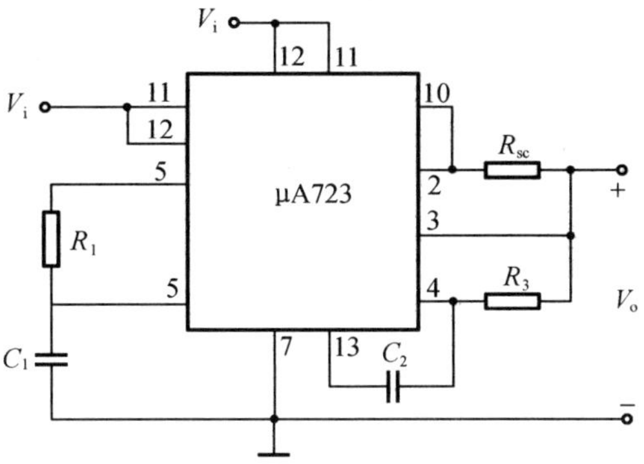

图8.3.4 μA723基本应用之二

8.3.4 集成线性稳压器的主要技术指标

1. 最大输入电压:35 V
2. 输入输出电压差:≤2 V
3. 输出电压精度:1%～2%
4. 纹波电压抑制:0.1%
5. 尖峰电压抑制:0.2%
6. 电压调整率:0.1%
7. 温度系数:10^{-3}/℃
8. 负载调整率:0.3%
9. 长期稳定性:0.1%/kh

以上是集成线性稳压器的基本参数，可以用以上指标来衡量稳压器的优劣。通常情况下，一个稳压器若达到上述技术指标，就可以应用。至于输出电压V_o、功耗P和最大输出电流I_{om}，各稳压器的技术指标不同，可依需要选择。表8.3.1列出了一些常用的集成线性稳压器的技术参数，供选用时参考。

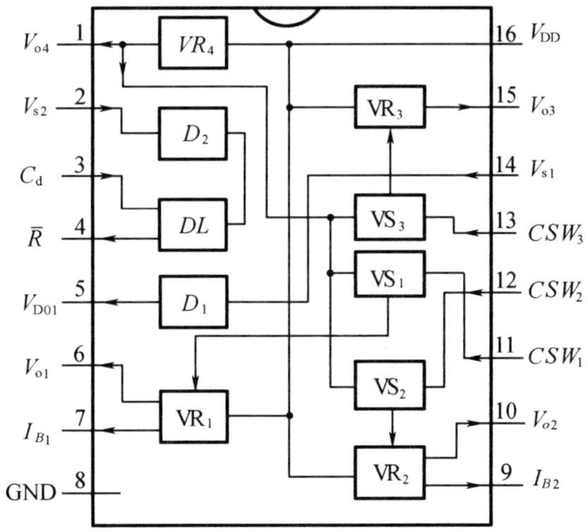

图8.3.5 RS5VE结构框图

8.3.5 不同类型的集成线性稳压器简介

集成线性稳压器经过几十年的发展，已经形成了品种齐全的器件族，现就几种有特点的集成线性稳压器作以简单说明。

表 8.3.1　集成线性稳压器

型号	V_o/V		I_o/A	V_{in}/V		调整率/%		压差/V	120 Hz 纹波抑制 /dB	温度系数 /(%/℃)	长稳 /(%/kh)	说明
	min	max		min	max	电压	负载					
LM7805CT	5		1	7	35	10 mV	3 mV		80	30 mV	0.4	固定输出电压
LM7915CK	−15		1	−16.5	−35	4 mV	3 mV		60	60 mV	0.4	
LAS3905	5		8	7.6	25	20 mV	100 mV		60	100 mV	—	
LM317H	1.2	37	0.5	—	40	0.2	0.1	2	80	0.6	0.3	三端低功耗
LM337H	−1.2	−37	0.5	—	−40	0.2	0.3	2	75	0.5	0.3	
TL783C	1.3	125	0.7	—	125	0.02	0.2	10	50	0.3	0.2	高压型
LT1084CP	1.3	30	5	—	30	0.02	0.1	1.5	75	0.5	1	低压降
LT1038CK	1.2	32	10	—	35	0.08	0.1	1.5	60	1	1	大电流 1% 精度
RC4194TK		可调	0.25	—	70	0.2 mV	0.2 mV		70	0.2 mV	—	双踪
RC4195NB		±15	0.2	—	60	2 mV	2 mV		75	75 mV	—	
LM2931CT	3	24	0.1	3.6	26	0.06	0.3	0.3	60	—	0.4	多端口低压差
LP2951CN	1.3	29	0.1	1.7	30	0.03	0.1	0.4	70	0.5	—	
TL1020CN	2.5	35	0.13	4.5	36	0.15	0.2	0.4	60	1	—	低功耗
μA732PC	2	37	0.15	9.5	40	0.1	0.03	3	75	0.015	0.1	低功耗
MC1469R	2.5	32	0.6	9	35	0.05	0.005	3	100	0.2	—	精密
LAS3000	2.7	29	10	7.9	40	0.15	0.2	2.5	60	1.5	—	大电流
LAS7000	4.8	29	30	12.3	40	0.2	0.2	2.5	60	1.5	—	大电流

1. 双踪稳压器

一个能同时提供正负对称的两种稳定电压的集成稳压器称为双踪稳压器。这种对称输出电压可以很方便地为集成运放一类双电源器件供电。这类稳压器也分固定输出和调节输出两种，其代表性的产品是 Raytheon 公司生产的固定电压输出的 RC4195 和输出电压可调节的 RC4194。图 8.3.6 给出了这两种器件的一般应用电路，其中 RC4195 为固定输出，$V_o = \pm 15$ V。RC4194 为可调输出，其输出电压调节范围是 ±8 V ~ ±20 V，最大输出为 ±30 V。V_o可按下式求得

$$V_o = I_o R_1 = 0.4R_1 \tag{8.3.4}$$

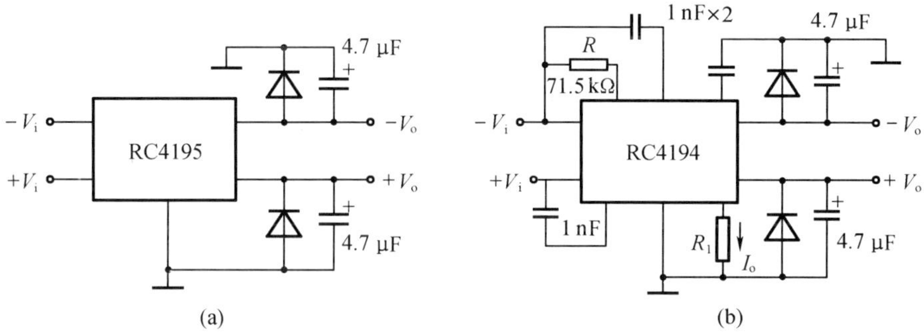

图 8.3.6　双踪稳压器基本应用电路

类似的双踪稳压器还有 SG3501，SG3502，LM325H，LM326H。国产的有 WK968，WK941，W1468，W1568 等。

2. 低功耗集成稳压器

集成线性稳压器的功耗主要是消耗在调整管上，所以要降低稳压器的功耗，要么是调整管的压差小，要么是稳压器的静态电流小。现就这两种情况作以简单介绍。

(1)低压差集成稳压器

近年来低压差的稳压器品种很多，我们现以 CW2931 为例作以说明。CW2931 采用 PNP 调整管等特殊设计，使最低压差仅为 0.3 V，静态电流为 0.4 mA。它有固定 +5 V 和可调 1.2 ~25 V 两种。图 8.3.7 为可调输出的 CW2931 的基本应用电路。由图可见，它有一个 ON/OFF 端，通过这个端口可以控制器件的通断。当该端口接低电平(<1.2 V)时，稳压器正常工作，当接高电平(>3 V)时，稳压器停止工作，这一方面可以在电路工作不正常时关断稳压器，以保护稳压器，另一方面也可以在不需要输出电压时，使用外控信号把稳压器关掉，以降低功耗。

CW2931 的内部基准电压 $V_{REF} = 1.20$ V，可用下式求输出电压

$$V_o = \left(1 + \frac{R_2}{R_1}\right)V_{REF} \tag{8.3.5}$$

另一种受欢迎的低功耗稳压器是 CW2940，它在 0.6 V 低压差情况下，输出电流较大，最大电流可以达到 1.5 A。

(2)低静态电流的集成稳压器

这类产品也有很多，经常使用的有 National 公司生产的正电压输出稳压器 LP2950 系列

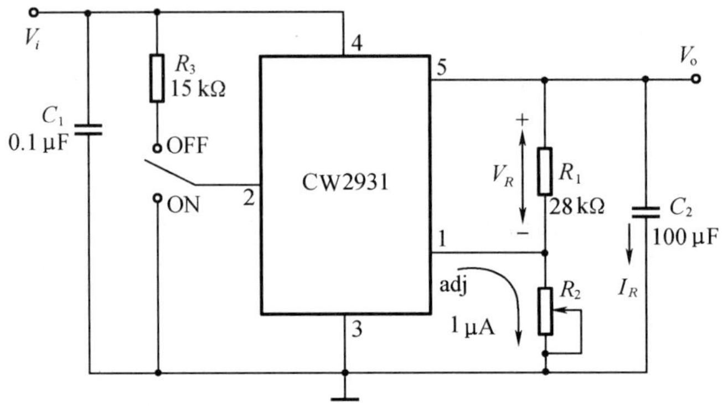

图 8.3.7 CW2931 的基本应用电路

等。LP2950 有固定电压 +5 V 输出和可调电压输出两种，其静态电流为 75 μA。它的压差也很低，当 $I_o=100$ μA 时，压差为 80 mV，而当 $I_o=100$ mA 时，压差为 450 mV。这种稳压器另一个特点是当输入电压低于额定压差时，电路也不会振荡，这一点使它非常适合用电池供电。后来出现的 CMOS 低功耗稳压器 CW7663/4（或 AMX663/4）是多端口器件，最大静态电流只有 10 μA，典型值为 4 μA。但这种稳压器的缺点是启动慢，负载能力差。LT1020 为多端口正电压输出稳压器，静态电流 40 μA，内部 PNP 管保证低压差，在 $I_o=100$ μA 时，压差为20 mV。它的输出电压为 2.5 ~ 35 V。它也有关断端口。由于使用方便，工作稳定可靠，所以它也是比较受欢迎的一种稳压器。

3. 输出大电流的集成稳压器

在电子电路设计中，有时需要稳压电源提供大的输出电流。有些集成稳压器能够满足这个要求。如 78H00 或 LM338K 等可提供 5 A 输出电流。LM196、LT1038 和 LAS3000 等则可提供 10 A 的输出电流，而 LAS7000 则更可提供 30 A 的大电流，这些大输出电流稳压器为使用者带来了极大的方便。

由于大电流集成稳压器的售价是比较贵的，如 78H00 的价格比普通 7800 的贵 2 倍以上。另一方面，又由于受调整管结温的限制，稳压器输出达到额定电流时，调整管的结温早已超过额定值，所以稳压器所给的额定电流要折扣使用，或者要加散热器。例如 CW7805 的 I_o 虽然规定为 1.5 A，但由于晶体管结温限制在 150 ℃，故当 $I_o \geq 300$ mA 时就要加散热片，当工作在 $I_o=1.5$ A 时稳压器至少要加 100 × 90 × 40 的刻槽合金铝材散热片。这些会给稳压器的应用带来很多困难。

人们常采用在一般稳压器上加扩流管的办法来获得大的输出电流，这样既可以不加散热片来保证大电流要求，又可以降低成本。图 8.3.8 是在 7800 上获得大电流的电路。其中 T_2 为扩流管，可根据要求选择各种规格的 PNP 管，T_1，T_3 对 T_2 起保护作用，R_1 为 6 Ω 的取样电阻。当负载电流 $I_o<100$ mA 时，$V_{R1}<0.6$ V，T_2 截止，I_o 由 7800 提供。当 $I_o>100$ mA 时，$I_1=100$ mA，使 $V_{R1}=0.6$ V，T_2 导通，超过 100 mA 部分的 I_o 电流由 T_2 的 I_2 提供。当 I_o 很大时，I_2 也会很大，这时要加 R_{SC} 电阻，用以保护 T_2 管。当 I_2 很大时 $V_{RSC}>V_{BE3}$，T_3 导通，T_3 的 I_{C3} 使 T_1 导通，I_{E1} 使 I_2 下降，起到保护 T_2 的作用。通过 $R_1=\dfrac{V_{BE2}}{I_1}$，$R_{SC}=\dfrac{V_{BE3}}{I_2}$ 可求得 R_1，R_{SC} 的阻值。在

选用 R_1，R_{SC} 时，还要注意其功率瓦数要满足要求。

4. 高精度集成稳压器

前面介绍的 μA723 由于技术指标较好，可以作高精度稳压器应用。但若要求精度再高，则要选择高精度稳压器 MC1560。这种稳压器采用了调整器中的调整器结构，使它精度更高。首先，在输出电压的调节范围内，输出电流的变化不影响输出电压。其次在 0～100 kHz 范围内，输出电阻 R_o 始终保持在 20 mΩ 的低值，而且与负载电流无关。这表明稳压器有良好的瞬态反应能力。另外，内部恒流源、恒压源均作了更加完善的设计，使其温度特性好，在全温度范围内，其温度系数为 0.002%/℃。电压调整率为 0.015%，$V_{REF}=3.5$ V，这些都比 μA723 好很多。

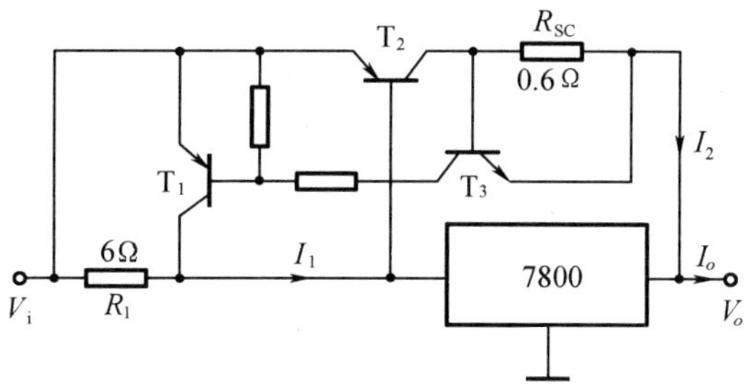

图 8.3.8 外接晶体管扩流电路原理图

MC1560 还可以构成负输出电压和开关型稳压电源，它也可以构成双端输出的稳压电源，其输出的两组电压可以是同极性不同值，也可以是正负对称的输出电压，使用起来十分方便。

8.4 开关型稳压电源

线性稳压电源的稳定输出电压是靠调节调整管上的压降得到的，调整管要工作在放大区，这样在调整管上消耗的功率就很大。尽管有低压差型和低电流型稳压器，但线性稳压器的效率还是比较低，一般低于 50%。另外，线性稳压器在输出大电流时，需加散热片，这会带来一系列的问题。

随着电子技术的迅猛发展，在 20 世纪 70 年代出现了开关型稳压电源(Switching regulator)，它一改过去调整管的工作状态和作用，让晶体管工作在开关状态。这样一来，稳压电源的功耗就大为下降，效率大为提高，一般可达 80%，由于工作频率已不再是工频，所用滤波器件体积也小了，所以它一出现就受到了人们的青睐，得到了广泛的应用。

开关稳压电源可分为 AC－DC 和 DC－DC 两大类，这里主要讨论 DC－DC 类。DC－DC 类开关型稳压电源按输出电压分可分为降压型、升压型和反极性型三类。本节主要讨论这三种类型开关稳压电源的工作原理。

8.4.1 降压型开关稳压电源

1. 原理电路

图 8.4.1(a) 为降压型(Step－down mode)开关稳压电路的工作原理图。T_1 为 NEMOSFET 管，它的栅极受周期矩形脉冲信号 u_g 控制(其波形见图 8.4.2 的 u_g)，实现 T_1 的开通或关断，D 为续流二极管，L，C 为储能元件。

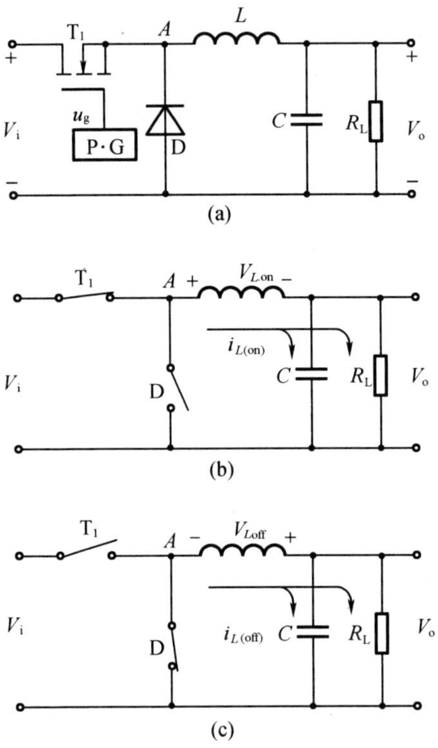

图 8.4.1 降压型开关稳压电路工作原理图

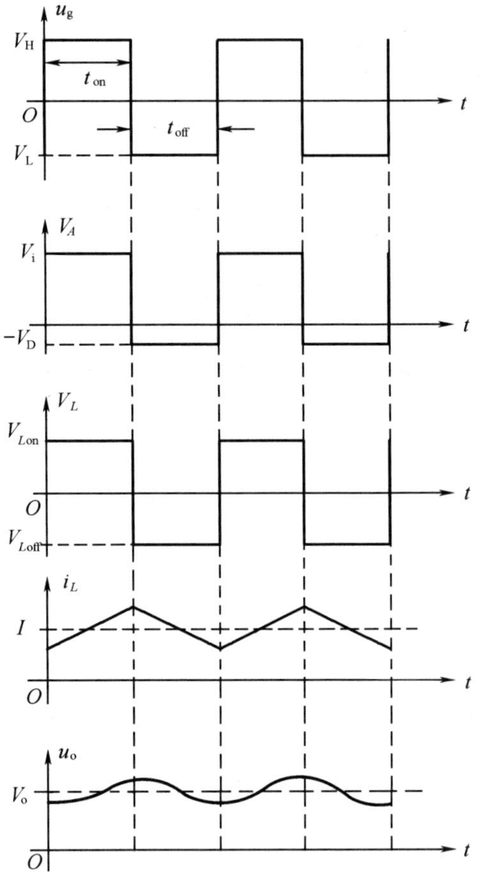

图 8.4.2 图 4.8.1 电路的波形

2. 工作过程

(1)当 u_g 为高电平时,T_1 管饱和导通,其 V_{DS} 很小,在 t_{on} 持续时间内,A 点的 $V_A=V_i$,二极管 D 截止,其等效电路如图 8.4.1(b)所示。$i_{L(on)}$ 电流形成并逐渐增加,电感 L 储能,电感两端形成电动势 $V_{Lon}=V_i-V_o=L\dfrac{di_{L(on)}}{dt}$,$i_{L(on)}$ 的增加量为

$$\Delta i_{L(on)}=\frac{1}{L}\int_o^{t_{on}}(V_i-V_o)dt=\frac{1}{L}(V_i-V_o)t_{on} \tag{8.4.1}$$

(2)当 u_g 为低电平时,T_1 截止,在 t_{off} 持续期间,电感 L 产生反电动势 $-V_{Loff}$,这时二极管 D 导通,$-V_{Loff}$ 通过 D,C 形成通路。t_{off} 期间内电感放电,i_{Loff} 的减少量为

$$\Delta i_{L(off)}=\frac{1}{L}\int_o^{t_{off}}(-V_o)dt=-\frac{V_o}{L}t_{off} \tag{8.4.2}$$

图 8.4.2 给出了工作全过程的电压电流波形图。

3. 输出电压

电路处稳态时,式(8.4.1)和(8.4.2)相加为零,则通过两式可得 V_o 与 V_i 的关系为

$$V_o = \frac{t_{on}}{t_{on} + t_{off}} \cdot V_i = \frac{t_{on}}{T} \cdot V_i = DV_i \tag{8.4.3}$$

式中 D 为 u_g 的占空比，可见调节 u_g 的 D 可以改变输出电压 V_o 的值。

4. 输出电压纹波

由图 8.4.2 可见，当 $i_L > I_o$ 时多余电流对电容 C 充电，使 u_o 略有上升，当 $i_L < I_o$ 时，电容 C 放电，使 u_o 略下降。这就造成了 u_o 的起伏，即形成输出电压的纹波。可以推导纹波 u_{orpp} 为

$$u_{orpp} = \frac{1}{4} \cdot \frac{V_i \cdot t_{on} \cdot t_{off}}{LC} \tag{8.4.4}$$

5. 电感 L、电容 C 的选择

电感 L 和电容 C 可按下式选择：

$$L = \frac{V_o(1 - V_o/V_i)}{\Delta i_L}T \tag{8.4.5}$$

$$C = \frac{3\Delta i_L}{8u_{orpp}T} \tag{8.4.6}$$

8.4.2 升压型开关稳压电源

上面介绍的降压型开关稳压电源与线性稳压器相比其效率高了，输出电流也大了。但这种开关电源的输出电压总是低于输入电压，这往往满足不了实际需求，特别在电池供电的场合，问题则更多。若开关稳压电源能实现输出电压高于输入电压，其用途就会更大，也才会更有竞争力。

实现输出电压高于输入电压的电路称为升压型(Step - up mode)开关稳压电源，它的负载与开关管并联，故又称为并联型开关稳压电源。它仍然是通过储能元件的作用，将电感中的反电动势与输入电压相加后作用于负载，所以输出电压会高于输入电压。

1. 原理电路

图 8.4.3 为升压开关稳压电路的原理电路，与负载 R_L 相并联的开关管 T_1 为 NEMOSEFT，电感 L 为储能元件，u_g 为周期矩形脉冲，用它来控制 T_1 的通断。D 为续流二极管。

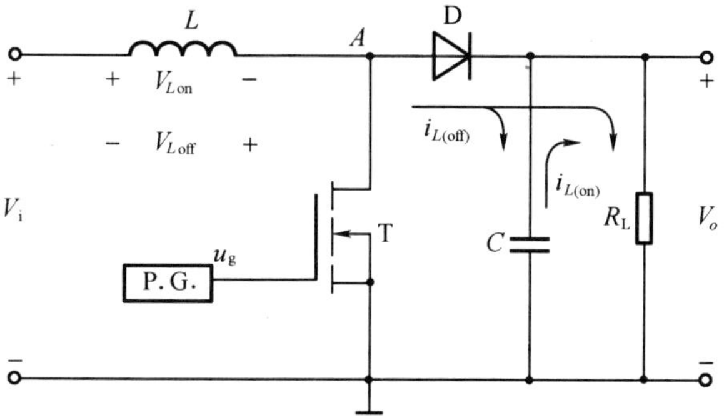

图 8.4.3 升压型开关稳压电路工作原理图

2. 工作过程

当 u_g 为高电平的 t_{on} 持续期间，T_1 饱和导通，V_i 直接对电感充电，产生电动势 V_{Lon}，D 反偏截止，电感中电流 $i_{L(on)}$ 线性增加，电感储能，在 t_{on} 期间电流 $i_{L(on)}$ 的增加量为

$$\Delta i_{L(on)} = \frac{V_i}{L} \cdot t_{on} = \frac{V_i}{L} \cdot D \cdot T \tag{8.4.7}$$

这期间电容对负载放电，形成 $i_{L(on)}$ 电流，u_o 略有下降。

当 u_g 为低电平的 t_{off} 持续期间时，T_1 截止，i_L 电流不能突然停止，电感 L 为了维持 i_L 而产生反电动势 V_{Loff}，A 点的高电压使 D 导通，反电动势 V_{Loff} 与 V_i 串联后，通过 D 对 C 充电。t_{off} 期间的电流 $i_{L(off)}$ 的减少量为

$$\Delta i_{L(off)} = \frac{V_i - V_o}{L} t_{off} = -\frac{V_o - V_i}{L}(1 - D)T \tag{8.4.8}$$

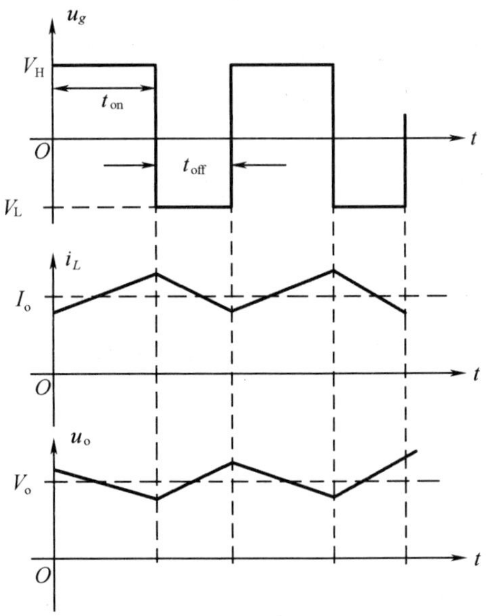

图 8.4.4　图 8.4.3 电路的波形

开关电路工作全过程的电流电压变化波形如图 8.4.4 所示。

3. 输出电压

$$V_o = \frac{1}{1 - D} V_i \tag{8.4.9}$$

由式(8.4.9)可见，$V_o > V_i$，改变 D 可以改变输出电压 V_o，而且 V_o 总是大于 V_i 的。

4. 纹波

经推导可得

$$u_{orpp} = \frac{V_i}{4LC} t_{on} T \tag{8.4.10}$$

比较式(8.4.4)和式(8.4.10)可见升压型开关电源的纹波大些。

5. 电感 L、电容 C 的选择

升压开关稳压电路中的 L，C 按下式估算

$$L = \frac{V_i\left(1 - \frac{V_i}{V_o}\right)}{\Delta i_L} \cdot T \tag{8.4.11}$$

$$C = \frac{3I_o\left(1 - \frac{V_i}{V_o}\right)}{u_{orpp}} \cdot T \tag{8.4.12}$$

比较式(8.4.5)和式(8.4.11)可知，升压型开关电源所用电感量要大些。

8.4.3　反极性型开关稳压电源

所谓反极性型(Inverse polarity)开关稳压电源是它的输出电压与输入电压的极性相反。

图 8.4.5 为反极性型开关稳压器原理图。u_B为周期矩形脉冲,可控制 T 管截止或饱和导通。当 u_B为高电平时,T_1饱和导通,A 点的 $V_A = V_i$,二极管 D 截止,V_i在电感中形成电动势 V_{Lon}。电容 C 对负载 R 放电,u_o 略下降。

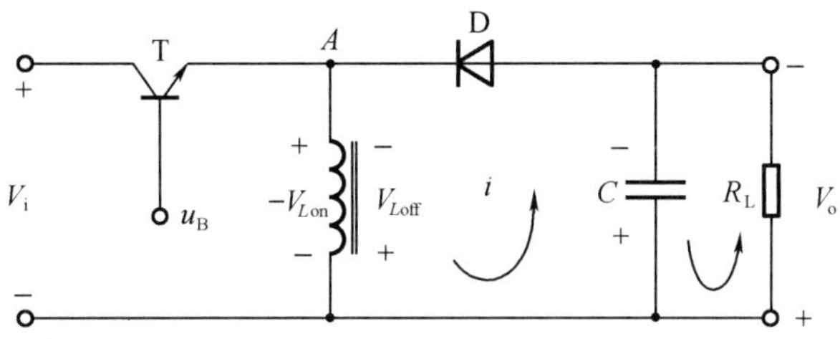

图 8.4.5　反极性型开关电路原理图

当 u_B为低电平时,T_1截止,电感中形成反电动势 V_{Loff},A 点的 V_A为低电平,D 导通,V_{Loff}对 C 充电,在输出端形成一个与 V_i反相的 $-V_o$,即实现了输出与输入反极性的目的。

其输出电压 V_o为

$$V_o = \frac{D}{1-D}V_i \tag{8.4.13}$$

电路中所用 L,C 的量值仍可用(8.4.11)和式(8.4.12)估算。

8.5　集成开关稳压电源调制器及其应用

在上节讨论的开关电路原理中,都需要一个周期矩形脉冲去控制开关管,产生这样脉冲的电路称为调制器(Modulator),为了开关电源工作更可靠,在调制器中还增加了保护和控制等功能。20 世纪 70 年代后期,随着半导体制造工艺的发展,人们将调制器集成在一块芯片上,作成集成开关稳压电源调制器(简称调制器)。有些调制器产品不断增加功能,使用更加方便,技术指标更高。有的甚至将续流二极管也包括在内。这样用调制器再加上电感等少许外围元件就可以构成一个完整的开关稳压电源,设计十分简便。

调制器是开关稳压电源中的核心部件,它的产品很多。按调制方式分可分为脉冲宽度调制(PWM)和脉冲频率调制(PFM)两大类,目前仍以 PWM 型为主。PWM 型又分为双端输出和单端隔离式输出两种。依控制脉冲不同,又分为电压控制和电流控制两种。下面就各种不同类型的典型器件加以简单介绍。

8.5.1　双端输出式电压控制 PWM

这类产品开发得早,品种多,应用广。在结构上有两组独立的相位相反的输出,典型的早期产品是 CW1524(SG1524、LM1524)。图 8.5.1 为其方框图,由 T_A,T_B引出两个相位相反的输出信号。电路内含 +5 V 的基准电压源(+5 V)、误差放大器、振荡器、比较器、两只推动管及保护电路等。V_i = 8 ~ 40 V,电压调整率为 10^{-4}/V,振荡频率 f_o由 6,7 脚接入的 R_T,C_T决定,计算公式为 $f_o = \frac{1.18}{R_T C_T}$,最高可达 100 kHz,调 C_T可改变输出脉宽。加外扩流管时,

I_{om}可达 1 A 以上。若两路输出并联为单端输出使用时,其占空比可达 90%。

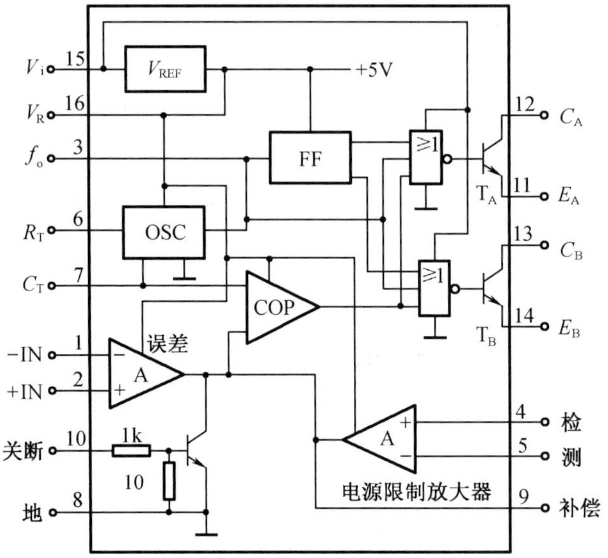

图 8.5.1 CW1524 脉宽调制器结构方框图

后来在 CW1524 的基础上改进的 UC1524A 的性能更好,它的基准电压更精确,内部自调整误差为 ±1%。增加了欠压锁定电路和脉宽调制锁存。还对误差放大器、限流放大器、关断电路等做了改进。这种电路在组成开关电源时,所用外围元件很少,调整方便,工作稳定。

SG1525A 是一种新型的 PWM,图 8.5.2 为其管脚图,该调制器在设计时,对片内电路的设计做了精心修改和简化,使其特性更优良,f_o最高可达 200 kHz。其应用更方便,特别是输出可直接驱动 N 沟功率 MOS 管,这样可提高开关电源的工作稳定性和可靠性,频响也好,成为第二代双端输出电压控制的代表。

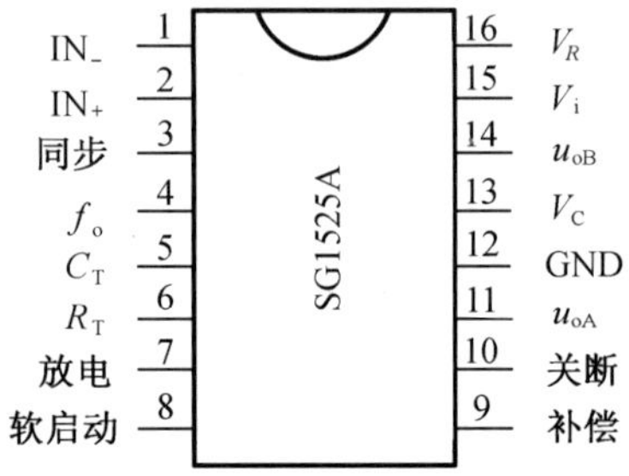

图 8.5.2 SG1525A 管脚排列

双端输出 PWM 的又一个新品是 TL495,它的性能更优秀。它增加了死区时间控制端,通过调节输入到该端的直流电位,可以改变输出脉冲的占空比。用这个端子还可以形成软启动和保护功能,使器件工作更安全可靠,它最高工作频率 f_{max} 可高达 300 kHz,还有输出方式控制功能,既可推挽输出又可单端输出。TL495 适合作大功率输出的开关电源,全桥式输出可达到 1 000 W。

8.5.2 双端输出式电流控制和频率控制的调制器

1. 电流控制 PWM

UC1846 是双端输出电流控制 PWM 较典型的产品。图 8.5.3 为管脚图。所谓电流控制就是在 3,4 脚间接 R_s 电阻将开关电源的输出电流转变成电压,经 3 倍放大后与误差放大器的输出信号相比较,用这个比较输出信号去逐个控制调制脉冲的占空比,达到控制输出电压稳定的目的。

该电路对电流峰值控制能力很强,峰值电流流过跨接3,4脚的 R_s,从而实现对峰流的控制。电路还设置了一个使能关闭的输入端口(即16脚),该端口可以作通用快速反应关闭口,也可以作电路软启动、保护或遥控端口,使用非常方便。电路的调整能力强,基准电压精度高,工作频率也高,f_o可达500 kHz,瞬态响应好,输出开关电流可达1 A。这种性能优良的器件为新型开关电源的设计带来了希望。

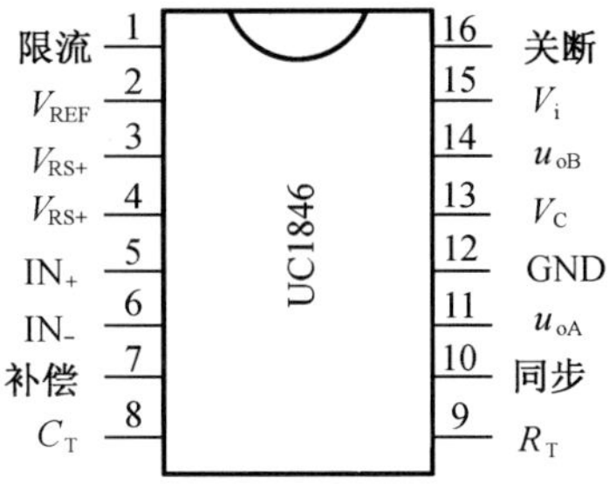

图 8.5.3 UC1846 管脚排列

2. 频率控制的调制器(PFM)

Unitrode 公司生产的 UC1864 是一个双端输出的 PFM。它的内部由误差放大器、压控振荡器、基准电压(+5 V)产生器、控制逻辑、输出级和保护电路组成。图 8.5.4 为 UC1864 管脚排列图。

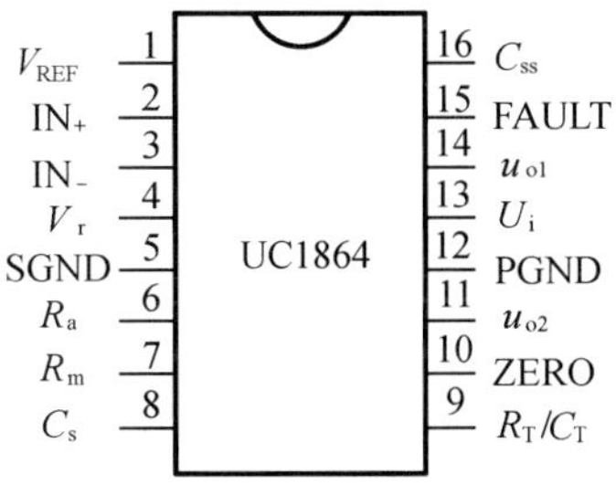

图 8.5.4 UC1864 管脚图

误差放大器的同相输入端(2脚)接输出电压 V_o的反馈量,反相输入端(3脚)接内部的基准电压,输出误差电压 V_r,V_o升高则 V_r 也升高。压控振荡器的工作由外接 *RC* 元件和 V_r 共同控制。外接电容 C_s和电阻 R_m决定振荡器最低振荡频率;而 C_s和 R_a决定着振荡的最高振荡频率与最低振荡频率之比,其频率范围为50~500 kHz。振荡频率f_s的变化还由 V_r 控制,V_r 升高则 f_s降低。由此可以构成基本闭环稳压控制流程环:$V_o\uparrow\rightarrow V_r\uparrow\rightarrow f_s\downarrow\rightarrow V_o\downarrow$。

保护电路主要提供软启动、故障锁定和欠压锁定等功能。软启动时间 T_s由外接电容 C_{ss}决定,$T_s=10^{-8}C$。故障排除后再启动延迟时间是 T_s的1.9倍。

8.5.3 单端输出隔离式 PWM

随着100 W以下开关稳压电源的需求增加,在20世纪80年代后陆续出现了不少单端隔离式输出的PWM。它为中小功率开关稳压电源的设计提供了成本低、效率高,又能与供电线路隔离的PWM。

1. UC1840(CW1840)

UC1840 是一种电压控制的单端隔离输出式PWM。图8.5.5为内部结构图。片内包括有精密 +5 V 基准电压源,有完整的欠压、过压和过流保护电路,“图腾柱”式输出可提供0.2 A的大电流和有快速驱动及切断外接开关管的功能,还有慢启动和程控遥控启停功能,是目前功能较全的单端隔离式PWM,很适合作升压、降压或反极性型小功率开关电源。器件工作频率由9脚接入的 R_T,C_T决定,最高工作频率可达500 kHz。

2. CW3842(UC3842)

CW3842 是电流控制的单端输出隔离式PWM。它是8脚双列直插式封装。

图8.5.6为CW1842的方框图。其中①脚为内部误差放大器补偿端;②脚为反馈电压 V_{FB}输入端;③脚为过流取样输入;④脚为外接 R_T,C_T端;⑤脚为地;⑥脚为输出驱动信号;⑦

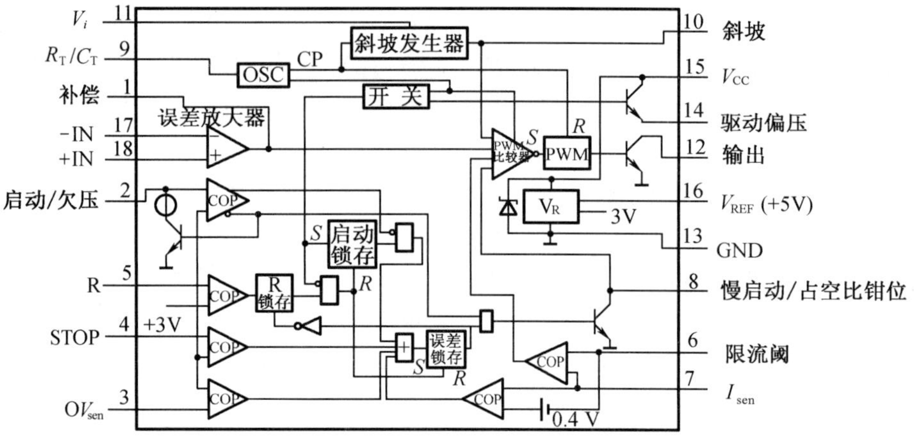

图 8.5.5 CW1840 的内部结构方框图

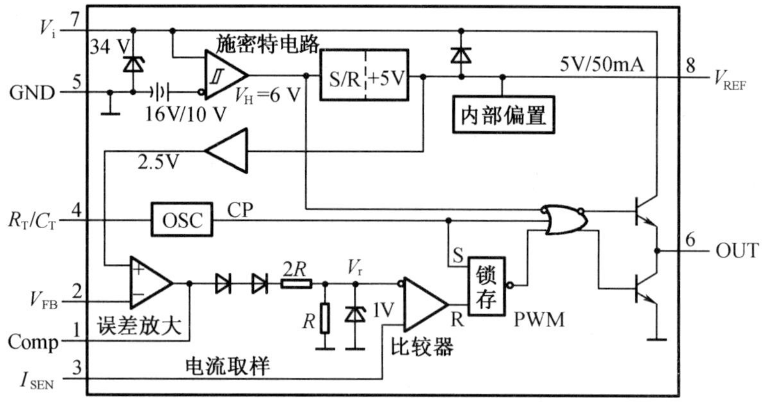

图 8.5.6 CW3842 脉宽调制器的方框图

脚为输入电压输入端;⑧脚为基准电压输出为 5 V,基准电流为 50 mA。由图可见,它可以连成两个闭合控制环,一个是输出电压分压后的 V_{FB} 送入 2 脚与基准电压比较产生误差电压 u_r;另一个是输出电流经 R_s 取样后产生的取样电压送入电流感应比较器输入端(3 脚),它经电流感应比较器与 u_r 比较后,输出信号去控制输出驱动脉冲的占空比。电路的振荡器频率 f_o 由外接 R_T,C_T 确定,$f_o=\dfrac{1}{0.55R_TC_T}$,$f_{omax}$ 可达 500 kHz,建议使用频率 $f_o\leqslant 250$ kHz。施密特触发器组成供电欠电压保护电路,触发器的开启、关闭阈分别为 16 V 和 10 V,当 $V_i<10$ V时电路停止工作,电路工作电流 <1 mA。6 V 的滞回电压可防止电路在阈值附近工作时产生振荡。内部的 34 V 齐纳管可保证 V_i 较高时电路工作也安全。该器件的性能指标很好,其线性调整率可以与线性稳压器相媲美,可达 10^{-4}/V。基准电压精度高,“图腾柱”式输出端提供的 1 A 电流既能驱动双极型功率开关管,又很适合直接驱动 MOS 功率开关管。由于峰值电流取样电压可自限,故当 3 脚电位超过 1 V 时,可关闭输出级的输出。若将 1 脚接低电平(<1 V),也可以实现关闭输出。1 脚也可以用可控硅进行外部锁存关闭。

关闭锁存器后要到下一个时钟脉冲才将锁存器置位，所以 CW3842 是逐个脉冲限流的。1，2 脚间可接 R，C 元件，用以调节误差放大器的增益和频响特性。

CW3842 不但性能好，控制精度高，价格低廉，而且组成开关电源所用外围元器件少，所以它很受欢迎，特别适合组成 20～50 W 的小功率开关电源。其应用实例详见节 8.8。

8.5.4 低压直流变换器

前面介绍的由 PWM 构成的低压开关稳压电源的变换功率都比较小，很难适应大电流和大功率的要求。由于功率集成技术的进步，可以将大功率开关管与脉宽调制器等集成在一个芯片上，这类电路称为低压直流变换器。用这样的器件构成低压大功率开关电源就比较简单。这类产品中有代表性的是 MC34063，L4960 和 TL497 等。

1. MC34063（CW34063）

MC34063 低压直流－直流变换器（DC－DC 变换器）采用 8 引线双列直插式封装。片内包含基准电压源、电压比较器、电流控制占空比可变的振荡器、驱动管 T_2 和开关管 T_1 等部分，图 8.5.7 为 MC34063 的原理方框图，其中基准电压为 +1.25 V，输出管 T_1 可输出 1.5 A 的大电流，其 V_{CE} 为 40 V。输入电压范围为 2.5～40 V，输出电压范围为 1.25～40 V，工作频率值由外接定时电容 C_T 决定。峰值电流取样后送到 7 脚，以控制振荡频率的占空比。频率变化范围为 100 Hz～100 kHz。

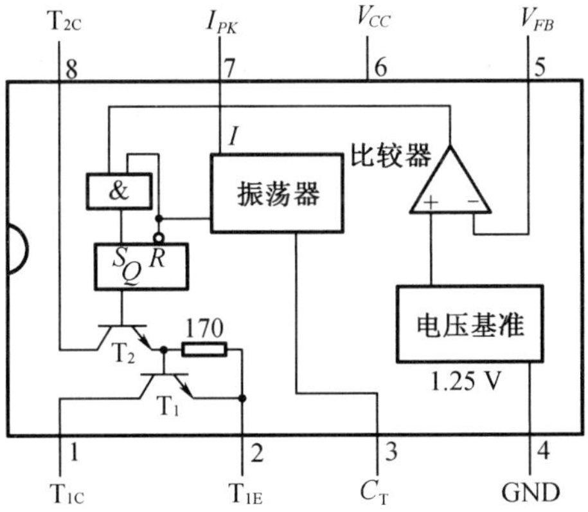

图 8.5.7　CW34063 的原理方框电路

MC34063 可以组成降压型、升压型和反极性型开关稳压电源，图 8.5.8 为用 CW34063 组成的降压型开关稳压电源电路。由图可见，此稳压电路非常简洁，其外围元件只有 8 个。电流控制取样电阻 R_{SC} 为 0.33 Ω 时，限定的峰值检测电流 I_{PK} =1 A，振荡器的内部定时电阻 R_T =

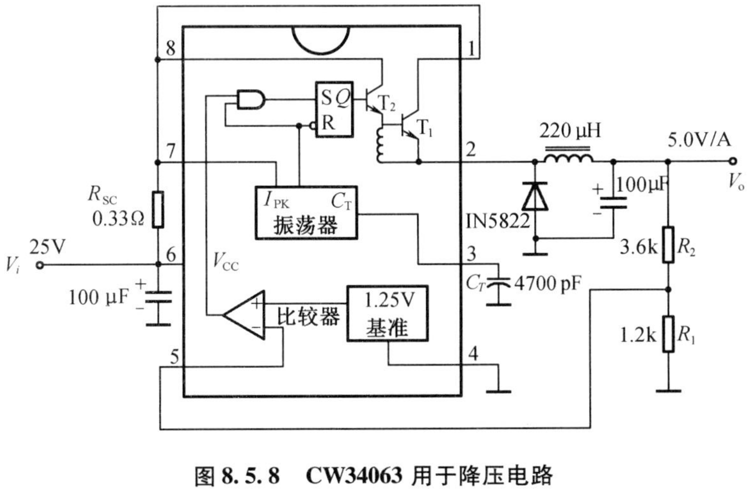

图 8.5.8　CW34063 用于降压电路

630 Ω，当 $C_T=4\ 700$ pF 时，$f_o=50$ kHz。该开关稳压电源的效率可达 80% 以上。当输入电压 $V_i=25$ V 时，输出为 5 V/0.5 A。

2. L4960(CW4960)

L4960 是 ST 公司专门为用电网电压整流滤波后作为输入电压的单片器件。采用 S－7 型 7 引线封装，外形如图 8.5.9 所示，片上可安装小型散热片。为了满足输入电压的幅度变化大的要求，在工艺制造上采用了先进的离子注入对通隔离技术，使最大的输入电压和开关管最大压差都超过 50 V，而且输入电压连续可调，标称 V_i 为 9～50 V。开关管采用外延法制造，使芯片的工作频率达 200 kHz，输出电流达 2.5 A，$V_o=5\sim40$ V，$P_{om}=100$ W，$\eta=90\%$。

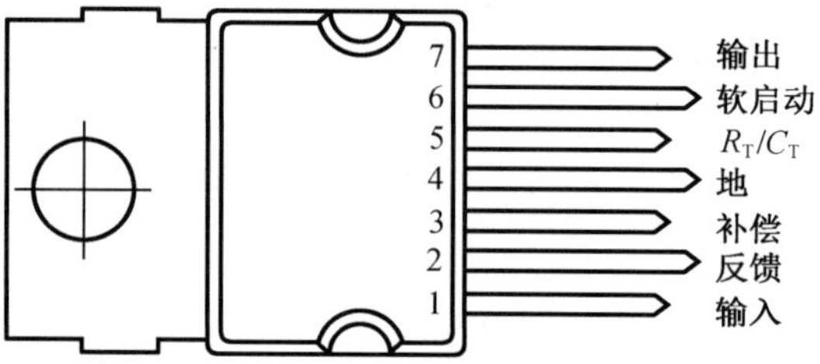

图 8.5.9 L4960 管脚排列

L4960 的基本应用电路如图 8.5.10 所示，这是一个降压型开关稳压电源。其中电网电压经工频变压器、整流滤波后得 24 V 电压送入电压输入端 1 脚。3 脚接补偿阻容网络，5 脚接 R_T，C_T，决定电路的频率，$f_o=\dfrac{1}{R_TC_T}$，按图中所给的 C_T，R_T 值，工作频率约为 100 kHz。电容 C_T 不宜太大，一般在 1～3.3 nF 间选择。输出电压经电阻分压后送入反馈端，输出电压与反馈电阻关系为：$V_o=\dfrac{R_2}{R_1+R_2}V_{REF}$，$V_{REF}=5.1$ V，调节 R_2，V_o 可在 5～15 V 间变化。

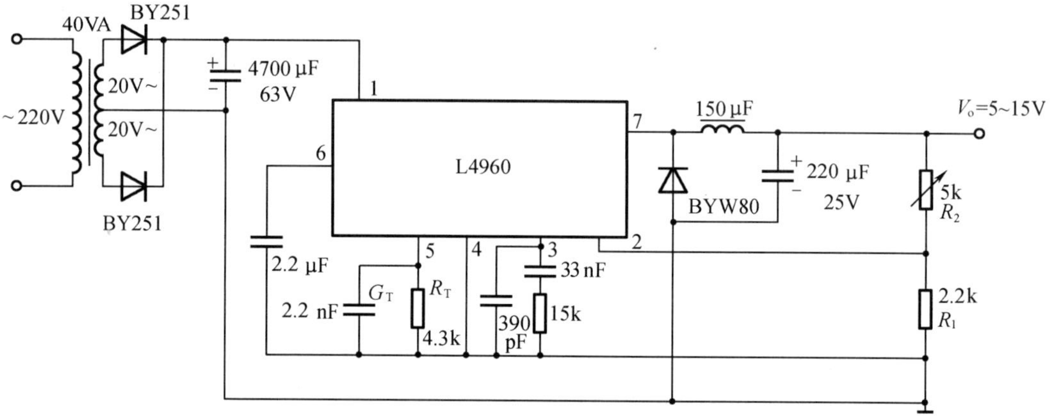

图 8.5.10 L4960 基本应用电路

为提高开关电源功率，ST 公司推出第二代大功率 L4970A 单片。它在芯片中集成了 DMOSFET 功率开关管，再加上自举技术，使输出电流达到 10 A，很适宜用于设计 200～400 W 开关电源。该单片技术指标高，$V_i=11\sim55$ V，$V_o=5.1\sim40$ V 可调，输入输出压差低至 1.1 V，开关频率达 400 kHz，$\eta=92.5\%$，电压调整率为 5 mV，负载调整率为 15 mV，输出纹波30 mV。它设有过流、过压和软启动功能，可保证在使用时更加安全可靠。

3. CW497

这也是一种应用广泛的 DC－DC 变换器，它采用的是 PFM 方式工作。图 8.5.11 为 CW497 管脚图。由图可见，在芯片上集成了开关电源的全部器件。内部开关管可输出

500 mA 电流，CW497 的输入电压范围为 +4.5 ~ 12 V，最大为 +15 V。输出电压可调，还有基准电压源(1.2 V)、可控振荡器、误差放大器 A_r 和限流保护等电路。2 脚是振荡禁止端，高电平停止振荡，并使输出管 T 截止。

CW497 可以方便地组成升压、降压和高效反极性开关稳压电源。图 8.5.12 是用 CW497 构成的升压型开关稳压电源，它只用 6 个外围元件。由图可见，它形成两个控制环，一个是 V_o 通过 R_1，R_2 分压后送入误差比较放大器与 V_{REF} 比较，其输出去控制 OSC，$V_o\uparrow\rightarrow f\downarrow\rightarrow D\downarrow\rightarrow V_o\downarrow$；另一个环是将 I_o 经 R_{SC} 取样后送 I_{PK} 端，再在比较器中与 0.5 V 比较，当取样电压 >0.5 V 时，比较器输出使 OSC 停振，开关管 T 关断。电路 V_i = +5 V，V_o = 12 V，I_{om} = 0.5 A。OSC 脉冲的 t_{on} 时间由外部定时电容 C_T 和内置的 85 kΩ 电阻决定，在图 8.5.12 中 C_T = 470 pF，$t_{on}=\dfrac{C_T}{12}\doteq 40\ \mu s$，$C_T$ 一经选定，导通时间 t_{on} 是固定不变的。工作中心频率约为 12.5 kHz。R_{SC}，L 及分压电阻可按下式估算

$$R_{SC}=\frac{0.5\ \text{V}}{I_{om}}=1\ \Omega \tag{8.5.1}$$

$$L=\frac{V_i}{I_{om}}t_{on}=400\ \mu\text{H} \tag{8.5.2}$$

$$V_o=\left(1+\frac{R_2}{R_1}\right)V_{REF} \tag{8.5.3}$$

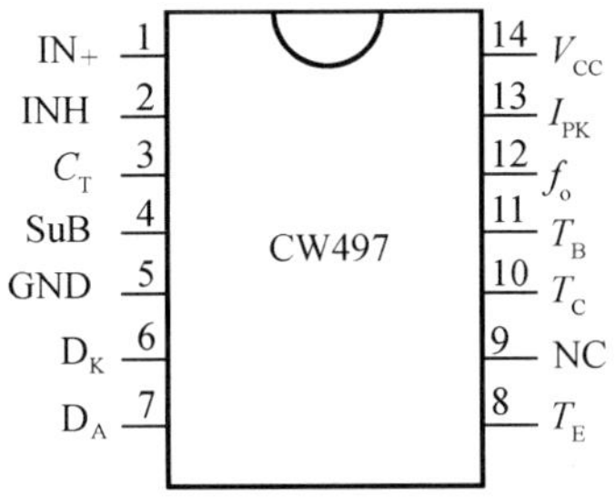

图 8.5.11　CW497 管脚图

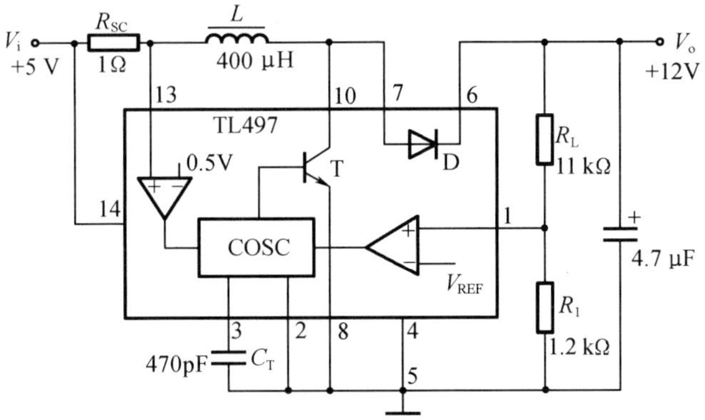

图 8.5.12　CW497A 的升压稳压器

8.6　开关稳压电源的几点说明

1. 开关稳压电源不但可以降压使用还可以实现升压和反极性使用，这为我们的电路设计工作提供了极大的方便。比如在电子电路系统中，数字电路使用的是 +5 V 电源，但集成运放、DAC、ADC 等器件还需要 -5 V、±12 V 等电源，也可能有荧光管或等离子体器件，这需要高压电源。当选用升压或反极性型开关稳压器时，就很容易解决多种电压的使用问题。又比如若供电电源是一个 +9 V 的碱性叠层电池，开始时是 +9.5 V，快用完时只有 6 V，可以选择一个输出为 +5 V 的高效率、低功耗开关稳压器就能使电池在很长的时间里提供稳定的 +5 V 电压。

2. 在线性稳压器中的电感、电容主要起滤波作用，但在开关型稳压电压中的电感和电

容是储能元件,不要把它们看成滤波元件。电感可以无损耗地储存$\frac{LI^2}{2}$的能量,而电容则可以储存$\frac{CV^2}{2}$的能量。这个概念是开关型稳压电源的核心点。

3. 开关型稳压电源在工作过程中会产生噪声干扰。这种干扰来自电感和连线上的开关电流,它会反馈到输入端。对于处理弱信号(100 μV 以下)的电路,最好选用线性稳压电源,若选用开关稳压电源最好选用由 PWM 构成的电源,而且要进行屏蔽或隔离,否则可能使处理结果的精度下降。

4. 开关稳压电源的输出电压纹波较大,而且纹波的频率与开关频率一致,为了降低纹波水平,可选用电流控制的 PWM 构成的稳压电源。为了削弱这种影响,在电子电路中,各种部件的电源均要加滤波。

8.7 开关稳压电源的发展趋势

20 世纪 70 年代以来,开关稳压电源进入了大发展阶段。这期间众多厂商将各种规格的产品投放市场,由于体积小、效率高、功耗低而受到欢迎。20 世纪 90 年代以后,开关稳压电源的研发工作又步入新台阶,除继续改善高频、高效和低功耗等性能外,开始着力解决噪声和干扰大、输出纹波大和功率因数低的问题,同时进一步降低成本,缩小体积。这中间涌现出不少新工艺、新技术和新器件。下面简述有关情况:

1. 技术要求规范化

为保证开关稳压电源的健康发展,国际上不少国家和地区都相继制定了相关标准,如欧洲制定了 IEC1000 - 3 - 2,EN6005 标准,美国制定了 UL1950 标准等。我国也在 1994 年制定了 TD/T731 - 94 标准。这些标准对开关稳压电源快速发展起到了很好的保障作用。

2. 软开关技术

所谓软开关技术就是利用电容与电感的谐振,使开关管中的电流(电压)按正弦规律变化,当电流(电压)过零时,高频开关管才导通或关断,从而实现了开关时零功率损耗。应用软开关技术的调制器又称谐振变换器。其依调制方式不同,可分为零电流开关(Zero - Current Switch,简称 ZCS)变换器、零电压开关(Zero - Voltage Switch,简称 ZVS)变换器和移相(Phase Shifted,简称 PS)开关变换器等。

软开关技术主要应用在低压大电流 DC - DC 变换器中,它使 DC - DC 变换器的性能产生质的提高。例如美国生产的 ECI 软开关 DC - DC 变换器,它的 P_{om}可达到 800 W;效率达到 90% 以上;功率密度达 17 W/cm^3,非常适合制造中大功率的开关稳压电源。软开关技术还可以提高高频开关管的抗电磁干扰能力,降低开关瞬间产生的浪涌电流和尖峰电压。

3. 功率因数校正技术

普通型开关稳压电源有一个很大的问题,那就是功率因数低,一般只有 0.5 左右。这主要是由于整流滤波后,在滤波电容上的电流已不再是正弦波,它除了基波外,还含有高次谐波。这些高次谐波的危害是很大的,必须要加以限制。为此,有些国家还制定了相关标准和法规。

要解决开关电源功率因数低的问题,一个直接有效方法就是加功率因数校正电路(Power Factor Correct,简称 PFC)。PFC 的设计有多种方法,比较流行的有两种。一种是两级 PFC 结构,它是在整流滤波电路和 DC - DC 功率级之间加一个有源功率校正(APFC)电路。通过特殊的控制可以使电流跟随电压变化,从而使功率因数提高。这种方法在技术上较成熟,但控制较复杂。主要应用于较大功率输出的开关稳压电源中。另一种称为单级 PFC 结构,它是将 PFC 电路与 DC - DC 变换器混合在一起,有一些元件可以共用,实行统一的控制。这种方法控制简单,元件较少,成本低,比较适合小功率输出的开关稳压电源中应用。由于后一种方法由于提出较晚(在 1994 年由美国人提出),有些技术问题尚待解决。

DC - DC 变换器使用 PFC 技术后,不仅减小了无功功率,提高电能的利用率,更重要的是减小了对电网的污染。目前国内外的高频开关稳压电源,除一些功率很小的外,大都加入了有源功率因数校正电路。其结果是使电流、电压的相位基本相同,波形均近似为正弦,功率因数可达 95%。例如,国产的 SwicHTEC 谐振型通信开关稳压电源系统采用了有源功率校正技术,其功率因数达到 99%,大大减少了开关电源对电网的谐波干扰。

4. 同步整流技术

由于客观需要,近年来低压大电流 DC - DC 变换器的技术发展很快,有些产品的输出电压已由 5 V 下降至 3.3 V,有的甚至降至 1 V,而输出电流却增加到数十安培,有的甚至达上百安培。在这种情况下,使用传统的功率二极管整流显然是不行的。即使选用管压降只有 0.4 V 的肖特基功率二极管整流,其整流损耗还是很大。采用低导通电阻的功率 MOSFET 管整流,是一个减小整流损耗,提高效率的有效方法。但是,功率 MOSFET 管的工作原理与二极管是不同的,它必须要用特定的驱动信号控制自身的工作状态。也就是说,控制整流管的驱动信号的幅值和相位必须精准,使 MOSFET 管按要求导通或断开。这种整流方式称为同步整流(Synchronous rectifier)技术。

由于同步整流技术可以降低变换器的功耗,提高效率,故应用同步整流技术的变换器,即使不用散热器降温也可以输出大电流,所以这类变换器的封装可以用无基板结构。这样的变换器体积小,安装方便,减少故障率,还可以提高变换器的抗 EMI 能力。由于同步整流技术已经成熟,所以 SYNQOR 等多家公司都有应用同步整流技术的产品推向市场。但由于这类产品成本较高,所以通常只在要求比较高的场合应用。近年又出现了倍流整流(Current doubler)技术,它可以使变换器的整流损耗更小。

5. 电荷泵技术

日益发展的便携式电子设备大都是电池供电,迫切需要有一类变换器将电池电压变换成几种直流电压,供电路使用。同时还要求这类电源有输入电压低、输出电压变化范围宽、变换效率高、静态电流小、噪声小、体积小、便于安装等特点。用开关电容原理研制的变换器能满足上述要求,它是靠电容充放电完成变换的。人们形象地称之为电荷泵(Charge pump)变换器。它是 DC - DC 变换器的一种,可以将输入正电压变换成相应的负电压,即 $V_o = -V_i$。它还可以用倍压方法提高输出电压,如 $V_o = 2V_i$。

这种变换器的性能很好,允许输入电压低至 1 V,而 $\eta = 90\%$,静态电流仅为几十微安。这类变换器使用很方便,只需外接几个电容即可,有的只需接两个电容。

以 ICL7660 为代表的电荷泵变换器是早期产品,它们技术指标不太令人满意。其后涌现出一批技术先进,能满足不同场合要求的电荷泵变换器。如 AAT3110,它的静态电流为 13 μA,纹波小,抗 EMI 能力强;LT1502 的输入电压为 1.5 V,当降至 0.9 V 时仍能正常工作,封装为片式结构,其面积仅为 20 mm^2;TPS601 的纹波仅为 10 mV。

6. 新器件、新材料

利用新材料、新工艺已经制造出了各种新型高频大功率二极管、三极管、MOSFET 和 IGBT 管,这些器件为开关电源的发展提供了物质保证。关于以上各种新器件可参阅本书第 3 章,这里不再介绍。现在就高频变压器的微型化情况作以简单介绍。

高频变压器的微型化是开关电源小型化的关键。近年来高频变压器在微型化方面有很好的成果,其中较突出的是在平面变压器(Flat transformer)的研究中,许多方面都获得了重大突破。它可以使传统变压器的体积缩小 80%,工作频率可高达 2 MHz,效率可达 98%,功率输出在 5 ~ 20 kW 之间,可见这是一些性能优秀的高频变压器。这种变压器的磁芯可以用低磁滞伸缩材料压制而成。绕组是采用多层印刷板或折叠铜箔片代替漆包线,绕组匝数尽量少。这样不但可以大大降低高频损耗,还可以使分布电容和电抗大为降低。这类产品的成本也较低。Philips 公司等多家厂商都生产这类型产品,得到很好的应用。

为适应低压大电流变换器的需要,一种体积更小,电流更大的(可达 100 A)片式变压器也在试生产中,不久会供应市场。还有一种高度 <1 mm 的薄膜变压器也在研发当中,它采用溅射或电镀方法制造,有报道称其工作频率可高达 40 MHz。

8.8 开关型稳压电源实例分析

图 8.8.1 为用 CW3842 调制器设计的 AC/DC 降压型多路开关稳压电源电路简图。输入电压为 AC220V,输出电压为 +5 V/4 A、±12 V/0.2 A,输出功率 $P_o = 25$ W。

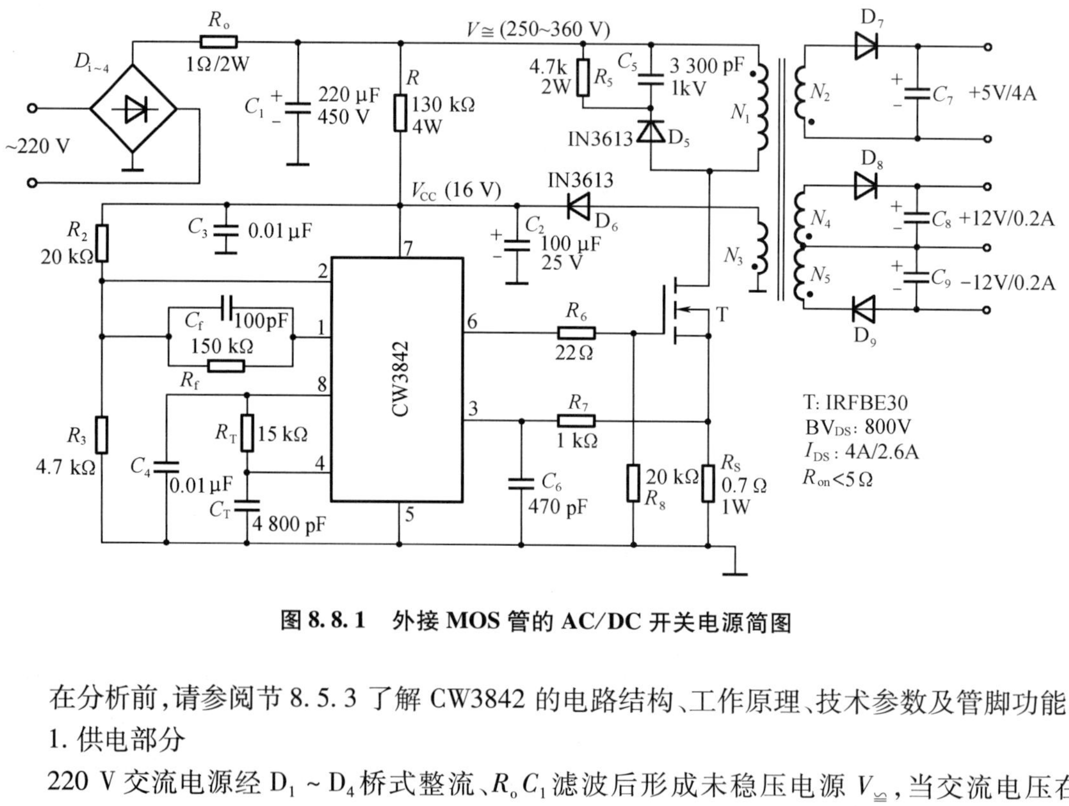

图 8.8.1 外接 MOS 管的 AC/DC 开关电源简图

在分析前,请参阅节 8.5.3 了解 CW3842 的电路结构、工作原理、技术参数及管脚功能。

1. 供电部分

220 V 交流电源经 D_1 ~ D_4 桥式整流、$R_o C_1$ 滤波后形成未稳压电源 $V_{\cong}$,当交流电压在

180 ~ 260 V 间变化时(~220 V ± 20% 变化), $V_{\cong}$则在 250 ~ 360 V 间变化。当 $V_{\cong}$为 250 V 时,电源输出功率应满足 25 W 的要求。$V_{\cong}$电压经电阻 R_1降压后作为开关电源启动前调制器的输入电压 V_{CC}。若调制器的标称输入电压为 16 V,启动前消耗的电流约为 1.7 mA,则可计算出 R_1 = 134 kΩ,这里取 130 kΩ/4 W。在调制器的脚 7 脚有大电容 C_2,所以 V_{CC}是缓慢上升的。当上升到 16 V 时,开关电源调制器启动,开关管 T 和高频输出变压器工作,在输出端有输出电压。稳压电源启动后调制器的电源则采用自馈方式供电,它是用高频变压器的次级绕组 N_3上产生的 $V_{N3} \doteq 17$ V 电压,通过 D_6和 C_2整流滤波后对调制器供电。由于 V_{N3}与输出电压成正比,所以又可将由 D_6, C_2整流滤波后的电压经 R_2, R_3分压后作为取样电压送入调制器的 2 脚,从而实现了输出与调制器的隔离和输出电压变化对调制器的控制。

2. 功率开关管

CW3842 的输出是图腾柱式结构,其输出能力强,平均输出电流为 ±0.2 A,而最大峰流可达 1 A,所以可以直接驱动功率 MOSFET 管。若电源输出功率为 25 W, $\eta = 0.75$,则场效应管在导通时,流过的最大电流为 1.4 A。当场效应管截止时, $V_{\cong}$的最高电压是 360 V,高频变压器的初级绕组 N_1漏感尖峰电压达 120 V,它产生的反电动势达 100 V。这三个电压串联加到场效应管 T 的漏极,合计电压达 580 V,这就要求场效应管的漏源反向击穿电压要高。为了提高效率,还要求场效应管的导通电阻 R_{on}要小。为此,这里选用 IRFBE30 高频功率 MOSFET 管,它的 I_{DM} = 4 A, BV_{DS} > 700 V, R_{on} < 5 Ω。

在 N_1的两端并联 R_5, C_5, D_5缓冲吸收网络是为了保护功率 MOSFET 管。在功率管截止瞬间,在 N_1上会产生一个很大的反电动势。这个反电动势可以通过 D_5对 C_5充电,以缓和其上升速率和减小峰值,从而保护 MOS 管不被击穿。当 MOS 管导通时,电容 C_5上电压通过 R_5放掉一部分,对 MOS 管又起到保护作用。这个吸收网络(Absorption network)也可并联在 MOS 管的源、漏极之间。

MOS 管的源极接取样电阻 R_S,这样 I_D电流被 R_S取样,取样电压为 V_{RS},送入 CW3842 的 3 脚。当 V_{RS} > 1 V 时,调制器会产生限流保护。由于 N_1的作用, I_D也会有尖峰,这样 V_{RS}也会有尖峰电压,为了消除其影响,在 R_S端并联 R_7, C_6吸收网络,选择 R_7C_6 = 200 ~ 500 ns 为宜,这里确定为 420 ns。

3. 其他相关电路

(1)调制器 4 脚接 R_T, C_T,它们决定稳定电源的工作频率 f_o,按图中标注的元件值,可算出 f_o = 250 kHz。这里 C_T值选得比较大,是为了减小共模噪声,但这可能会增加稳压电源的死时间。若用双极型功率管做开关,则 f_o应小于 40 kHz 为宜。

(2)调制器 1 脚接 R_f, C_f是为了使稳压电源的工作更稳定。

(3)调制器的 7,8 脚分别接瓷片电容 C_3, C_4,这是为滤除 V_{REF}和 V_{CC}中的高次谐波,进而可以减小输出电压中的高次谐波。

(4)如调制器工作不稳,可在 3,4 脚间加接锯齿波补偿电阻。这个补偿电阻可以使 R_S上的取样电压产生斜坡,从而可防止电源出现振荡,这种补偿办法在占空比大于 50% 时是有效果的。

4. 高频变压器

在单端反激式开关电源中,高频变压器是一个十分重要的部件,它关系到开关电源的调整率、线圈漏感、占空比及输出电压等参数。本电源的高频变压器的磁芯是选用 MXO - 2000 铁氧体材料压制的 E - 5 规格。其磁感强度为 2 500 高斯,中心柱截面积为 0.25 cm²。根据开关

电源设计要求的 P_o,f_o,η 及 $V_{\cong\min}$值,可计算出 $N_1=80$ 匝、$N_2=4$ 匝、$N_3=11$ 匝、$N_4=N_5=9$ 匝。这样的匝数可以满足输出为 +5 V 和 ±12 V 以及供给调制器输入电压 $V_{CC}=16$ V 的要求。

由上面高频变压器的参数看,它的体积很小,成本也低。

5. 高频整流滤波电路

绕组 N_2,N_4和 N_5经半波整流滤波后分别输出 +5 V、±12 V 直流电压。由于是高频信号($f_o=250$ kHz)的整流滤波,所以 $D_5\sim D_9$二极管是采用高速肖特基二极管或选用快恢复二极管,而 D_5还要求高反压。输出滤波电容 $C_7\sim C_9$可选用 330 μF/25 V 的 CAK 型钽电解电容,这种电容的 $\tan\delta$ 小,电感小,适合高频滤波应用。

当然,在 ~220 V 的输入端也可以采用本章第 1 节讨论的各种减小未稳压电源干扰的措施,这样会使稳压电源的技术指标更好。但是,这也会增加开关电源的体积和成本。

习　　题

8.1　在题图 8.1 中,若稳压二极管 D_Z的 $I_Z=20$ mA,$P_Z=180$ mW,$R=300\ \Omega$,$I_{ZM}=30$ mA。

(1)当 $V_i=21$ V 时,求 R_L的取值范围。

(2)当 $V_i=21$ V 时,$R_L=10$ kΩ 是否可以?

(3)当 $V_i=10$ V 时,$R_L=150\ \Omega$,求 V 的值。

(4)$R_L=600\ \Omega$,求 V_i的允许变化范围。

8.2　有两只稳压管,$V_{Z1}=5$ V,$V_{Z2}=10$ V,它们的正向压降皆为 0.7 V,若用它们组合可得到多少种电压输出?

8.3　在题图 8.2 中,四只晶体管构成一个补偿型带隙基准电压源,试叙述其工作原理并求 V_{REF}值。

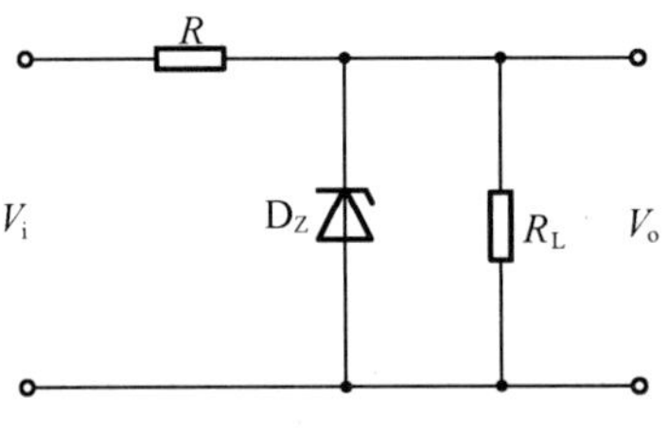

题图 8.1

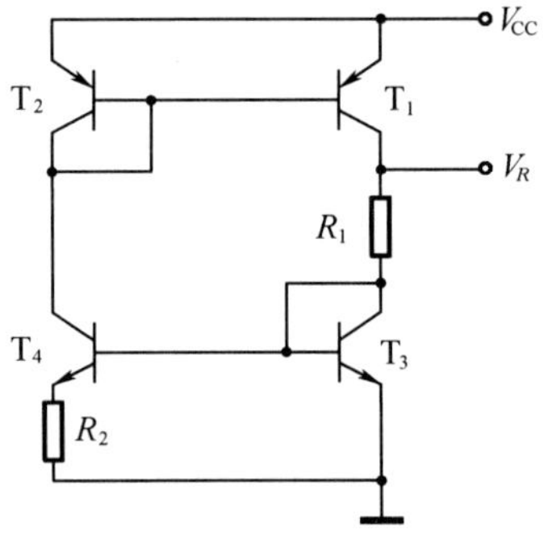

题图 8.2

8.4　题图 8.3 为 CW7805 的应用电路。

(1)请写出输出电压表达式。

(2)若 $R_1=R_2=270\ \Omega$,$R_W=300\ \Omega$,试求 V_o的调节范围。

8.5　请分析题图 8.4 电路的工作过程,写出输出电压的表达式。

8.6　参照上题,请用 CW7912 组成一个负输出电压电路。

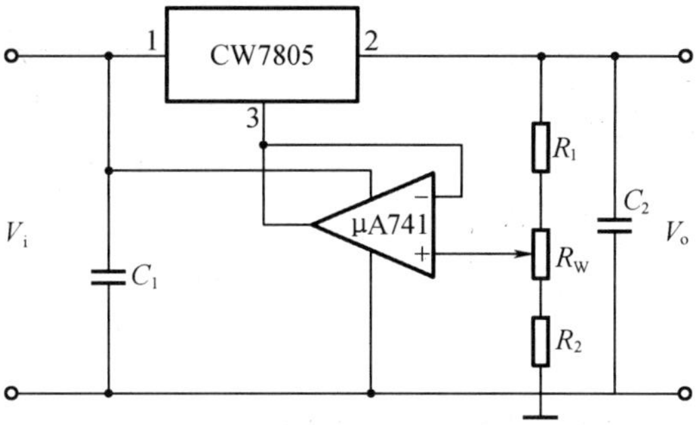

题图 8.3

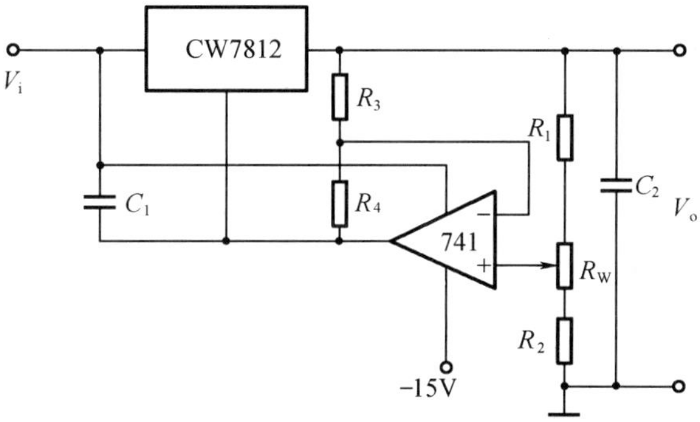

题图 8.4

8.7　题图 8.5 为用 LM117 构成的高压输出电路。当稳压管 D_Z 的 $V_Z=30$ V 时，V_o 可达 100 V。

(1)试分析电路工作原理。

(2)求 V_R 值。

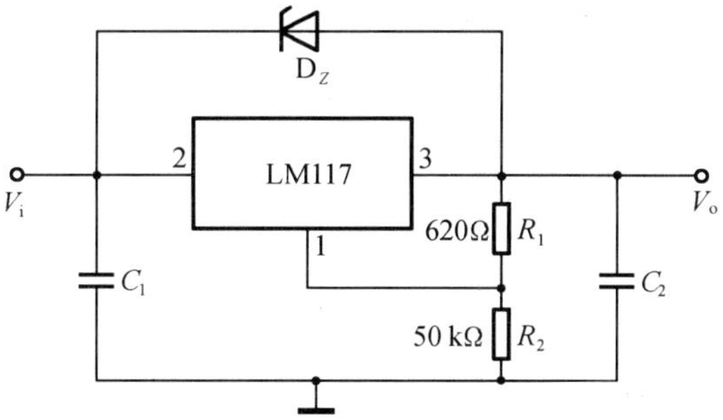

题图 8.5

8.8　题图 8.6 为一遥控电源，请简述电路的工作原理。

8.9　题图 8.7 为用 LM317 构成的可调恒流源电路。

(1)若 $I_o=10$ mA ~ 1 A 可调，如何选 R_1，R_W 的值？

(2)分析负载 R_L 对恒流影响。

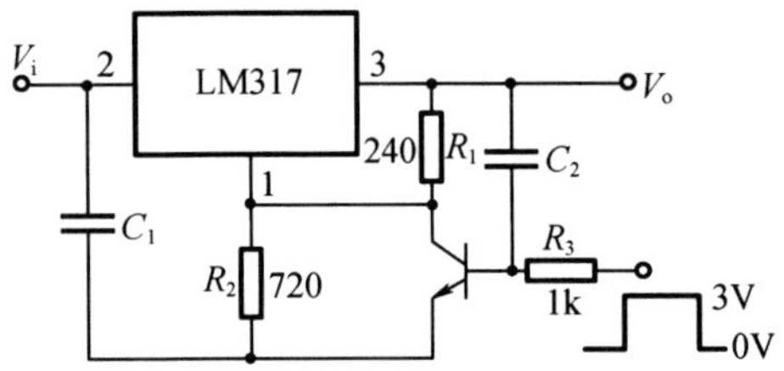

题图 8.6

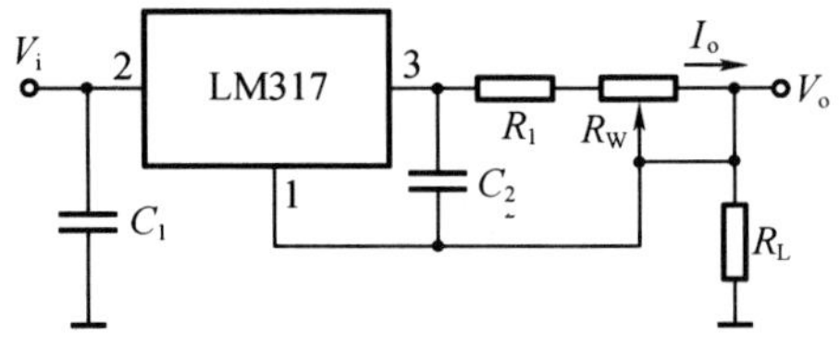

题图 8.7

8.10　题图 8.8 所示电路为有限流保护的电池充电器。

(1)分析电路工作原理。

(2)求充电电流值。

8.11　题图 8.9 为 +12 V 慢启动电路。

(1)简述电路的工作原理。

(2)求 V_o 达到额定值的时间。

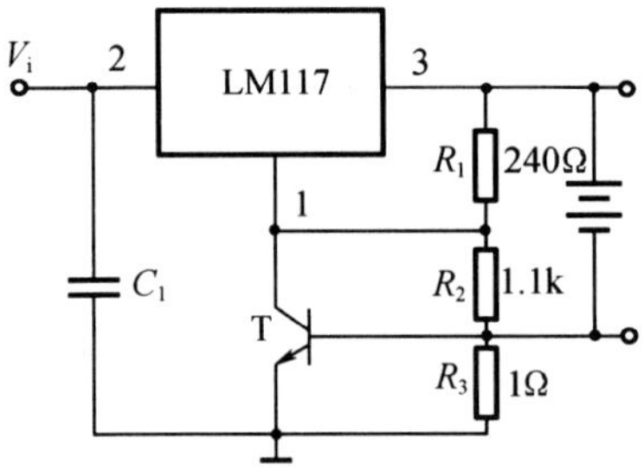

题图 8.8

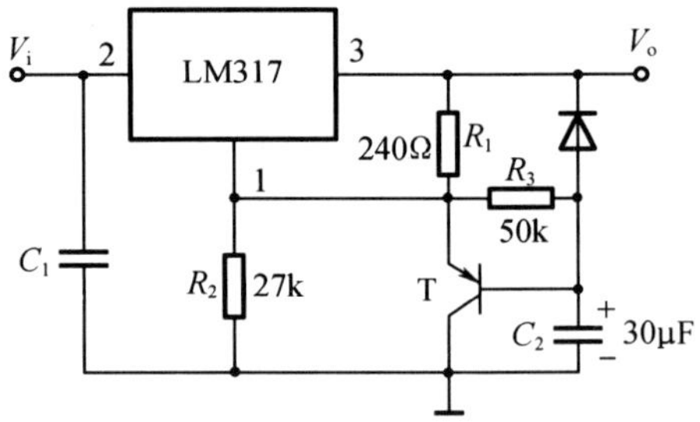

题图 8.9

8.12　题图 8.10 为逻辑控制电源电路。

(1)简述电路工作过程。

(2)若忽略晶体的饱和压降,按图标元件参数值求 V_{omin} 和 V_{omax}。

8.13　题图 8.11 为 CW7905 的扩流电路,请分析电路的扩流原理。

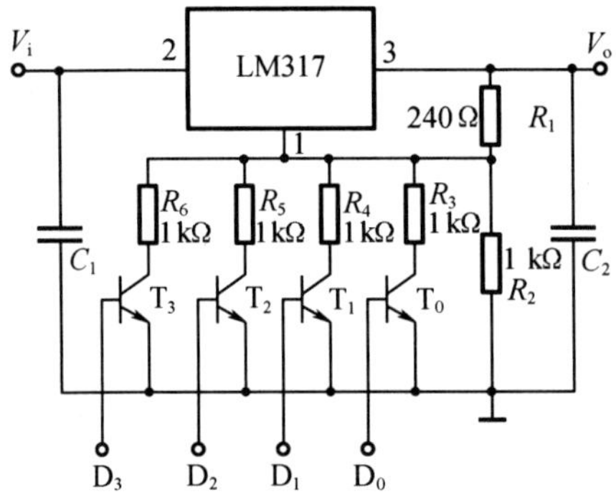

题图 8.10

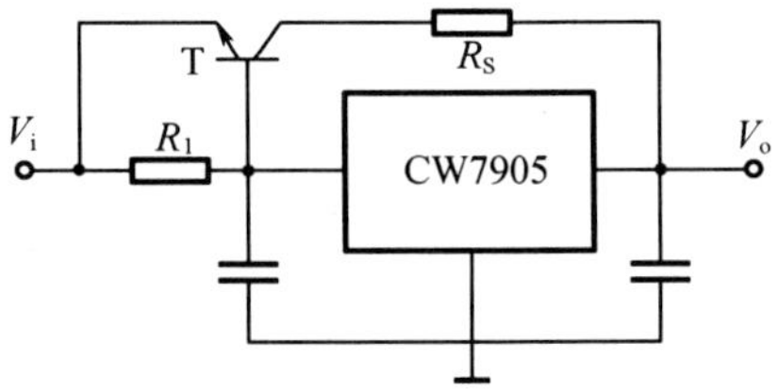

题图 8.11

8.14　在选用低功耗串联型稳压电源时，应考虑些什么？

8.15　请试用 CW1524 设计一个单端输出降压式开关稳压电源，要求工作频率 $f_o = 50$ kHz，画出稳压电源原理结构图。

8.16　请试用 CW34063 构成一个升压型开关稳压电源，画出电源原理图。若限流为 500 mA，试计算 R_{SC}的值。

8.17　试用 TL497 设计一个反极性型开关稳压电流，画出其电路原理图。

8.18　试比较电压控制、电流控制 PWM 和频率控制的 PFM 的优缺点。

部分习题参考答案

8.1　(1) $R_L = 0.45 \sim 0.9$ kΩ；(4) $V_i = 19.5 \sim 22.5$ V。

8.2　6 种。

8.3　1.206 V。

8.4　(2) 7.4 ~ 14.5 V。

8.9　(1) $R_1 = 1.25$ Ω；$R_W = 124$ Ω。

8.10　(2) 0.7 A。

8.11　(2) 约 4.5 s。

8.12　(2) 2.3 V，6.5 V。

第 9 章　门电路及组合逻辑电路
(Gate Circuit & Combinational Logic Circuit)

数字集成电路的出现,是电子集成技术和集成电路产业最辉煌的成就和伟大贡献之一。从 20 世纪 50 年代开始出现小规模集成电路(SSI)以后又陆续出现了中规模集成电路(MSI)和大规模集成电路(LSI),到 70 年代末又出现超大规模集成电路(VLSI)。由于集成度的提高,使复杂的电路得以集成化和小型化,电路的技术指标和功能不断提高和完善,价格不断下降。这一切都为微型机发展提供了有利条件。

根据制造工艺的不同,数字集成电路有 TTL 逻辑电路、ECL 逻辑电路、I^2L 逻辑电路、HTL 逻辑电路、CMOS 逻辑电路和 Bi - CMOS 逻辑电路等。它们又各有不同的系列,各有特点。

本章首先简单介绍逻辑代数(Logic algebra),然后重点讨论集成门电路和组合逻辑电路。

9.1　逻辑代数基础

逻辑代数是英国数学家乔治·布尔(George Boole)于 1948 年首先提出来的,故又称布尔代数(Boolean algebra),它是分析和设计数字电路的一种数学工具。用它可以精准简明地分析和描述逻辑电路和数字电子系统的结构、工作原理和功能。

逻辑是指输入、输出之间的一种因果关系。在逻辑代数中可以用字母或符号表示变量,这种变量称为逻辑变量(Logic variable)。逻辑变量是离散的,可以用两个相互对应的电平来表示,即逻辑高电平(简称高电平,用“1”或“H”表示)和逻辑低电平(简称低电平,用“0”或“L”表示)。逻辑电平是一个电压范围,而不是一个具体的值。对于 TTL 逻辑电路的逻辑高电平为 2 ~3.5 V,而逻辑低电平为 0.35 ~0.8 V。同样,“1”和“0”也没有具体的数值概念,仅表示相互对立的逻辑状态。

9.1.1　逻辑代数的基本逻辑关系

在日常生活中,逻辑问题无处不在,但归纳起来有三种基本逻辑关系:即逻辑与、逻辑或和逻辑非。

1. 逻辑与(AND)

逻辑与又称逻辑乘。这种逻辑关系是:当决定某一事件 Y 的所有条件($A,B\cdots$)都具备时,事件 Y 才发生,否则,事件 Y 不发生。当只有 A,B 两条件时,其逻辑关系可以写成逻辑函数表达式

$$Y = AB \tag{9.1.1}$$

这种逻辑关系还可以用表 9.1.1 所示的真值表表示。

由真值表可见,逻辑乘与算术乘法在形式上是一致的,但在概念上是完全不同的。实现这种逻辑关系的电路叫与门,其逻辑符号见表 9.1.6。

2. 逻辑或(OR)

逻辑或又称逻辑加。它表示当决定某事件 Y 的条件($A,B\cdots$)中,只要有一个以上的条件具备时,事件 Y 就发生,否则,事件 Y 就不发生。当只有 A,B 两个条件时,其逻辑函数表达式为

$$Y = A + B \tag{9.1.2}$$

表 9.1.2 为逻辑或关系的真值表。这里的 1 +1 =1,不是表示数值大小相加,而是一种逻辑判断。实现逻辑或关系的电路称为或门,则其逻辑符号见表 9.1.6。

表 9.1.1　逻辑与真值表

B	A	Y
0	0	0
0	1	0
1	0	0
1	1	1

表 9.1.2　逻辑或真值表

B	A	Y
0	0	0
0	1	1
1	0	1
1	1	1

3. 逻辑非(NOT)

这是一种逻辑变量的否定运算。若原逻辑变量为 A,则其逻辑函数表达式为

$$Y = \bar{A} \tag{9.1.3}$$

实现这种关系的电路叫非门或反相器。其逻辑符号见表 9.1.6。

4. 复合逻辑

实际的逻辑关系往往比与、或、非要复杂,不过这些复杂的逻辑关系可以用与、或、非三种基本逻辑关系组合来实现,这就是复合逻辑。有与非(NAND)、或非(NOR)、与或非(AND - NOR)、异或(EX - OR)和同或(EX - NOR)等。

上述各种逻辑关系中,将决定事件的条件作为输入量,事件的结果作为输出量,则输入量与输出量间又形成了一种数学上的函数点,这种函数称为逻辑函数(Logic function)。

9.1.2　逻辑代数的基本定律和常用公式

1. 基本定律

逻辑代数的基本定律公式见表 9.1.3。这些公式在逻辑函数化简、分析和逻辑电路设计时经常用到。

表 9.1.3　逻辑代数的基本定律公式

序号	定律	基本公式	
1	0 - 1 律	$A\cdot 0 = 0$ $A\cdot 1 = A$	$A + 0 = A$ $A + 1 = 1$
2	互补律	$A\cdot\bar{A} = 0$	$A + \bar{A} = 1$
3	重叠律	$A\cdot A = A$	$A + A = A$
4	交换律	$A\cdot B = B\cdot A$	$A + B = B + A$

表 9.1.3(续)

序号	定律	基本公式	
5	结合律	$A\cdot(B\cdot C)=(A\cdot B)C$	$A+(B+C)=(A+B)+C$
6	分配律	$A\cdot(B+C)=AB+AC$	$A+(BC)=(A+B)\cdot(A+C)$
7	反演律	$\overline{A\cdot B}=\bar{A}+\bar{B}$	$\overline{A+B}=\bar{A}\cdot\bar{B}$
8	还原律	$\bar{\bar{A}}=A$	$\bar{1}=0,\bar{0}=1$
9	吸收律	$A\cdot(A+B)=A$ $A\cdot(\bar{A}+B)=A\cdot B$	$A+AB=A$ $A+\bar{A}B=A+B$

注:反演律又称德·摩根(De. Morgan)定理。

2. 常用公式

用上述的基本公式还可以推导出一些常用公式。人们可以直接引用这些常用公式,这会给逻辑函数的化简提供很多方便。一些常用公式见表 9.1.4。

表 9.1.4 逻辑代数常用公式

序号	
1	$A\cdot B+A\cdot\bar{B}=A$, $A+AB=A$, $A\cdot(A+B)=A$
2	$A\cdot B+A\cdot C+B\cdot C=A\cdot B+A\cdot C$ $A\cdot B+\bar{A}\cdot C+B\cdot C(D+E)=A\cdot B+\bar{A}\cdot C$
3	$A+\bar{A}\cdot B=A+B$, $\bar{A}+AB=\bar{A}+B$
4	$\overline{A\cdot B+\bar{A}\cdot C}=A\cdot\bar{B}+\bar{A}\cdot\bar{C}$
5	$A\oplus B=A\cdot\bar{B}+\bar{A}\cdot B$
	$A\odot B=\bar{A}\cdot\bar{B}+A\cdot B=\overline{A\oplus B}$, $A\oplus B=\overline{A\odot B}$
	$A\oplus 1=\bar{A}$, $A\oplus 0=A$, $A\oplus A=0$, $A\oplus\bar{A}=1$

9.1.3 逻辑代数的运算规则

1. 代入规则

在任何一个逻辑等式中,如将等式两边所出现的某一变量都同时用一个新的逻辑函数或一个逻辑变量代替,新等式仍成立,这个规则称为代入规则。

例如,已知$\overline{A\cdot B}=\bar{A}+\bar{B}$,若用 $Z=A\cdot C$ 代替等式中的 A,则原等式左边可变为

$$\overline{(A\cdot C)\cdot B}=\overline{A\cdot C}+\bar{B}=\bar{A}+\bar{B}+\bar{C}=\overline{A\cdot B\cdot C}$$

原等式右边变为

$$\overline{A\cdot C}+\bar{B}=\bar{A}+\bar{B}+\bar{C}=\overline{A\cdot B\cdot C}$$

可见新变量代入后，两边的新等式仍相等。代入规则在推导公式中可扩大等式的使用范围。

2. 反演规则

对于任意一个函数表达式，若将式中所有“·”换成“+”、“+”换成“·”，“0”换成“1”、“1”换成“0”，原变量换成反变量、反变量换成原变量，则所得到的新函数表达式就是原函数表达式的反函数，这称为反演规则。

利用反演规则可以很容易求出一个逻辑函数的反函数。

例如：$Y=A+\overline{B+\bar{C}+\overline{D+E}}$

$$\bar{Y}=\bar{A}\cdot\overline{\bar{B}\cdot C\cdot\overline{\bar{D}\cdot\bar{E}}}$$

这里只对单个变量求反，同时要注意运算符号的先后顺序，要先括号，再乘积，最后是加。

3. 对偶规则

对于任何一个逻辑函数表达式，要把式中的“+”换成“·”、“·”换成“+”，“1”换成“0”、“0”换成“1”，则得到新的逻辑表达式与原来的逻辑表达式是对偶的关系。

例如：$Y=A\cdot(B+\bar{C})$，则其对偶表达式为 $Y'=A+(B\cdot\bar{C})$；若 $Y=\overline{\bar{A}+\overline{B+\bar{C}}}$，则对偶表达式为 $Y'=\overline{\bar{A}\cdot\overline{B\cdot\bar{C}}}$。

对偶规则可帮助记忆基本公式，若两个逻辑表达式相等，则其对偶式也相等。

9.1.4　逻辑函数的表示法

一个逻辑函数可以用真值表、逻辑表达式、逻辑图、卡诺图和波形图等形式表示。

1. 真值表(Truth table)

真值表是将逻辑函数的输入逻辑变量的各种可能取值组合和与之相应的函数值用表格形式列出来。如一个三人表决事件的逻辑函数关系可以用表 9.1.5 的真值表表示。其中有 3 个输入逻辑变量 C,B,A，一共有 8 种变量组合。

表 9.1.5　三人表决事件真值表

C	B	A	Y	C	B	A	Y
0	0	0	0	1	0	0	0
0	0	1	0	1	0	1	1
0	1	0	0	1	1	0	1
0	1	1	1	1	1	1	1

2. 逻辑函数表达式

这是最常用的表示法。一个逻辑函数表达式可以有多种表现形式，其中一种常用的是标准“与或”形式，它是由逻辑函数值等于 1 的各最小项相“或”构成的，又称积项和(Sum - of -

products,SOP)形式。

(1)最小项(Minterm)

最小项在逻辑函数中是一个重要概念。其定义是:在 n 个逻辑变量的逻辑函数中,若 m 项是由 n 个变量组成的乘积项,这 n 个变量均以原变量或反变量的形式在 m 项中只出现一次,则 m 项即为该逻辑函数的最小项。很显然,n 个变量的逻辑函数的最小项最多有 2^n 个。

(2)最小项性质

①逻辑函数的全体最小项之和为 1;

②任意两个最小项之积为 0;

③任意两相邻最小项可以合并后消去一个变量。

(3)最小项编号

为了应用方便,可以对最小项编号,用 m_k 表示,其中 k 为该最小项对应的一组变量的十进制数。

(4)从真值表列逻辑函数表达式

可以将真值表转换为标准与或逻辑表达式,例如可以将表 9.1.5 真值表中的所有函数值为 1 的逻辑变量组合相加,即可得到一个标准的与或逻辑表达式:

$$Y = AB\overline{C} + A\overline{B}C + \overline{A}BC + ABC$$

用编号形式可写成

$$Y = m_3 + m_5 + m_6 + m_7 = \Sigma(3,5,6,7) \quad (9.1.4)$$

式(9.1.4)与表 9.1.5 是等价的。

3. 逻辑图(Logic diagram)

将逻辑函数中各变量关系用电路符号表示的图形叫逻辑图,又称逻辑电路图。图 9.1.1 即表示 $Y = A\overline{B} + BC$ 的逻辑函数的逻辑图。逻辑图的特点是比较接近工程实际。一个数字系统的逻辑功能都可以用逻辑图清楚地表示出来,可见它是分析和设计逻辑电路的重要工具。

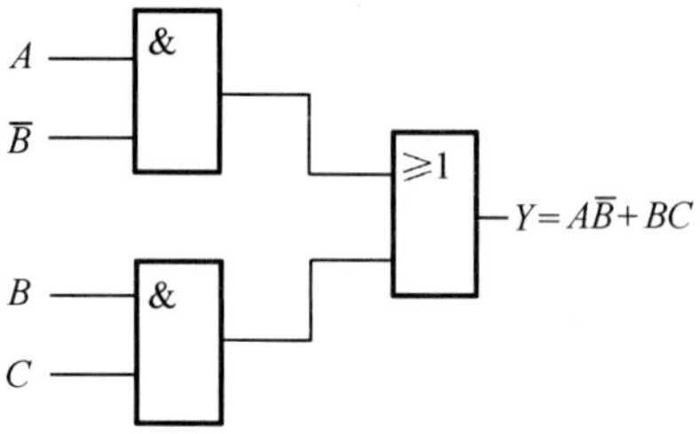

图 9.1.1 “与或”逻辑图

表 9.1.6 给出了几种常用的门电路符号。

表 9.1.6 各类逻辑门电路符号

逻辑电路类型	标准符号	常用符号	
与门	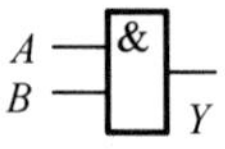	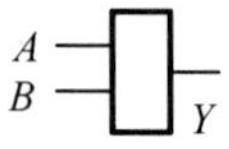	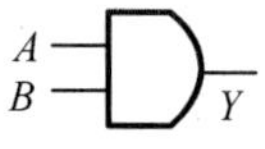
或门	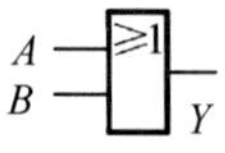	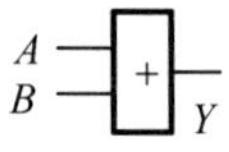	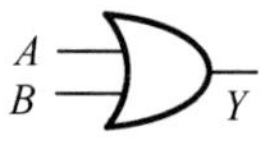
与非门	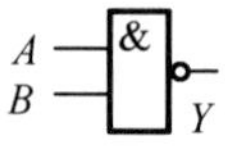	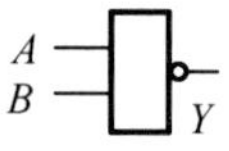	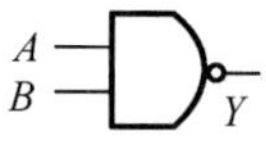

表 9.1.6(续)

逻辑电路类型		标准符号	常用符号	
非门		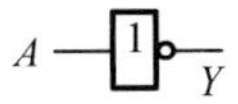	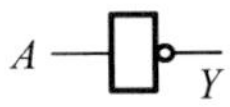	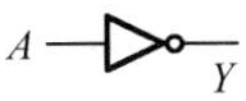
与非门驱动器		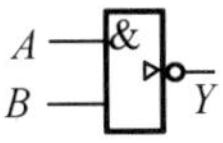	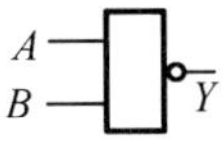	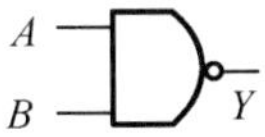
或非门		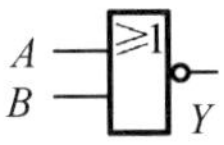	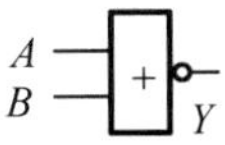	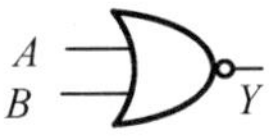
异或门		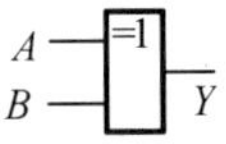	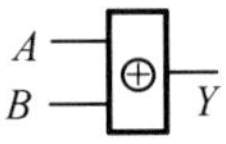	
同或门		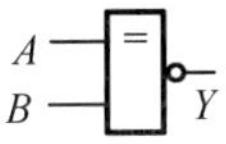	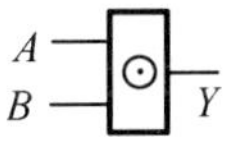	
三态与非门	高电平有效	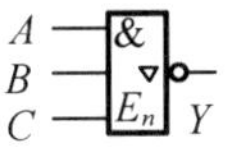	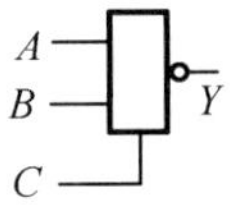	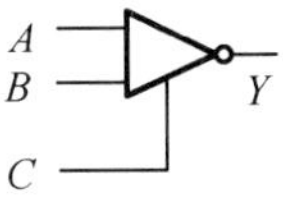
	低电平有效	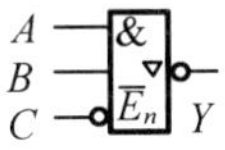	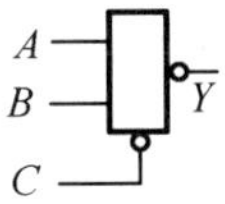	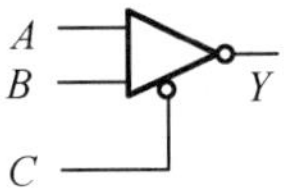
集电极开路与非门		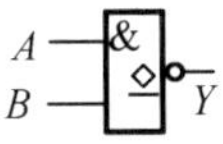	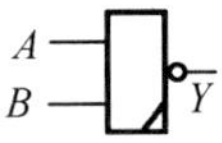	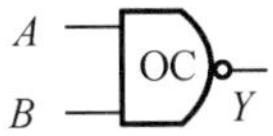
与或非门		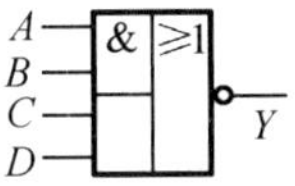	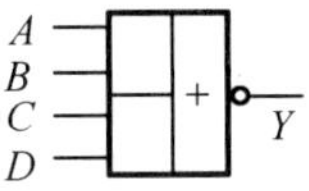	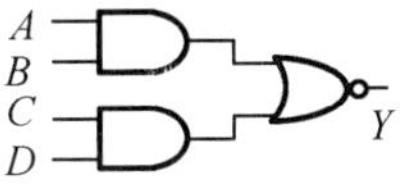

4. 卡诺图(Karnaugh map)

将一个逻辑函数的所有最小项用小方格表示,这些最小项是按逻辑相邻性(Adjacency)排列的,这样的图形称为卡诺图。图 9.1.2 是一个四变量逻辑函数卡诺图。它将逻辑函数的 16 个最小项的编号按逻辑相邻性原则写入到 16 个小方格中。要注意,最小项在方格中的排序方式不是唯一的。

AB \ CD	00	01	11	10
00	0	1	3	2
01	4	5	7	6
11	12	13	15	14
10	8	9	11	10

图 9.1.2　卡诺图

卡诺图实际上是逻辑函数真值表的变形。从一个逻辑函数真值表即可画出该逻辑函数的卡诺图。例如,表 9.1.5 所示的三变量真值表就可画出图 9.1.3 的卡诺图。在真值表中列出了三个变量逻辑函数的 8 个最小项,其中有四个最小项的函数值为 1。而卡诺图中 8 个小方格也代表该逻辑函数的 8 个最小项，其中有 4 个小方格标“1”。真值表与卡诺图的区别在于真值表中的逻辑变量组合是按二进制递增顺序排列的，而卡诺图中变量组合是按循环码(Cyclic code)顺序排列的。

5. 波形图

波形图(Waveform diagram)又称时序图(Timing diagram)，它是将逻辑函数的输入输出关系用波形表示。例如，与非门$Y=\overline{AB}$的波形图如图 9.1.4 所示。波形图表示逻辑函数时，有直观明了的优点，但画图较麻烦。

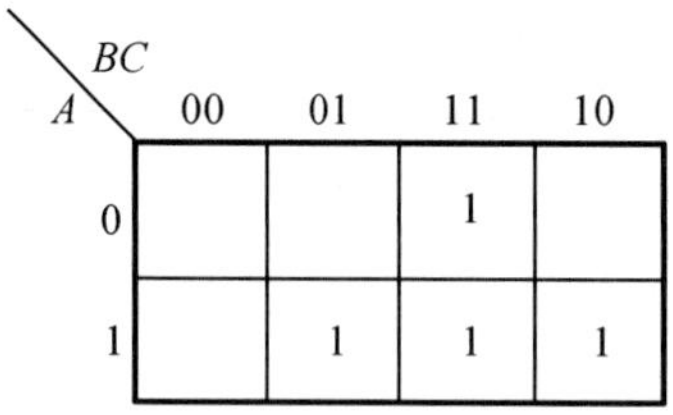

图 9.1.3　表 9.1.5 的卡诺图

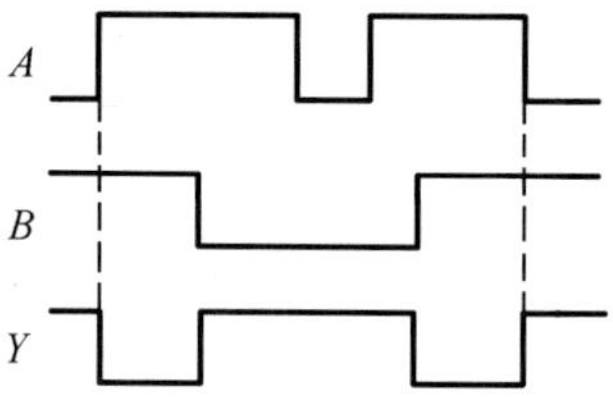

图 9.1.4　$Y=\overline{A\cdot B}$波形图

9.1.5　逻辑函数的化简

1. 逻辑函数的公式化简法

(1)最简“与或”表达式

同一个逻辑函数表达式的最简式多种不同形式，这里仅讨论最简“与或”表达式。

所谓最简，首先是与项的个数最少，其次在满足与项个数最少的前提下，各个乘积项中变量个数最少。为了提高电路的工作速度，要求逻辑电路的级数应该是最少的。

(2)公式化简

公式化简就是灵活地运用逻辑代数的定律、运算规则和常用公式将逻辑函数表达式化为最简“与或”表达式。

例如：$Y=\overline{\overline{A\bar{B}C}+\overline{\overline{BC}+BC\bar{D}}}+\overline{A\bar{B}}$

$=(A\bar{B}C)(\overline{BC}+BC\bar{D})+\overline{A\bar{B}}$

$=(A\bar{B}C)(\overline{BC}+\bar{D})+\overline{A\bar{B}}$

$=(A\bar{B}C)(\bar{B}+\bar{C}+\bar{D})+\overline{A\bar{B}}$

$=A\bar{B}C\bar{B}+A\bar{B}C\bar{C}+A\bar{B}C\bar{D}+\overline{A\bar{B}}$

$=A\bar{B}C+\bar{A}+B$

$=AC+\bar{A}+B$

$=\bar{A}+B+C$

2. 卡诺图化简

由于卡诺图中的最小项有循环性和相邻性，相邻最小项可以合并。用卡诺图化简的方法是：可以将函数值为 1 的最小项(简称化简最小项)圈起来，叫作化简圈。通常圈中最小项的数目为

$2^n(n=1,2\cdots)$,若圈中有两个相邻最小项,可以消去一个变量,圈中有 4 个相邻最小项,可消去两个变量,……

(1)化简原则

为了将已知的逻辑函数化简,必须遵守下述原则:

①化简圈内包含的相邻化简最小项数要尽可能地多,这样消去的变量就多;

②化简圈的个数要尽量少,这样化简后的“与”项就少;

③每个化简最小项可以多次参加化简,但不同化简圈中至少要有一个不相同的化简最小项;

④卡诺图中孤立的最小项都要原项保留。

例如用卡诺图化简逻辑函数 $Y=\Sigma(3,4,6,7,9,12,14,15)$ 为最简“与或”表达式。

首先将各最小项填入图 9.1.5 的卡诺图中,然后根据卡诺图化简原则找出三个化简圈和一个孤立项,对函数进行化简后的最简“与或”表达式

$$Y = BC + B\overline{D} + \overline{A}CD + A\overline{B}\overline{C}D \tag{9.1.5}$$

(2)约束项的使用

在逻辑电路的设计中,有时会碰到有些最小项的取值是不会出现的,或者即使出现了,其取值可以是 1 也可以是 0,这些最小项称之为约束项(Constraint term)。约束项在卡诺图中可用“×”表示。在表达式中,用 Σ_ϕ 表示约束项之和。约束项可参加化简。

例如 $Y=\Sigma(3,4,6,7,9,12,14,15)+\Sigma_\phi(2,10,11)$ 中,Σ_ϕ 中的2. 10. 11 都是约束项。经卡诺图图 9. 1. 6 化简为

$$Y = C + B\overline{D} + A\overline{B}D \tag{9.1.6}$$

由此可见,利用约束项化简可以使逻辑函数表达式更加简单。

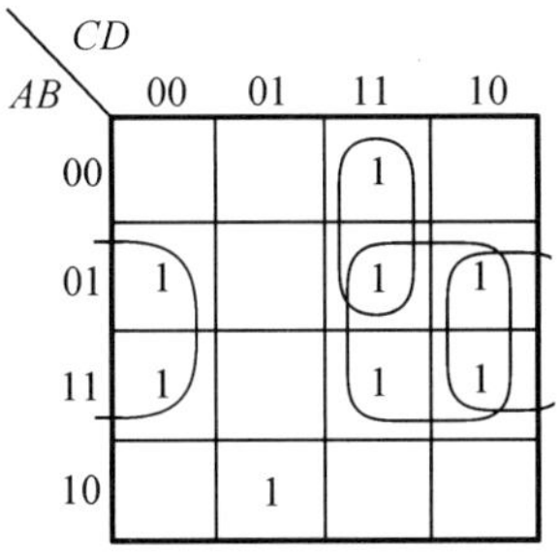

图 9.1.5　卡诺图

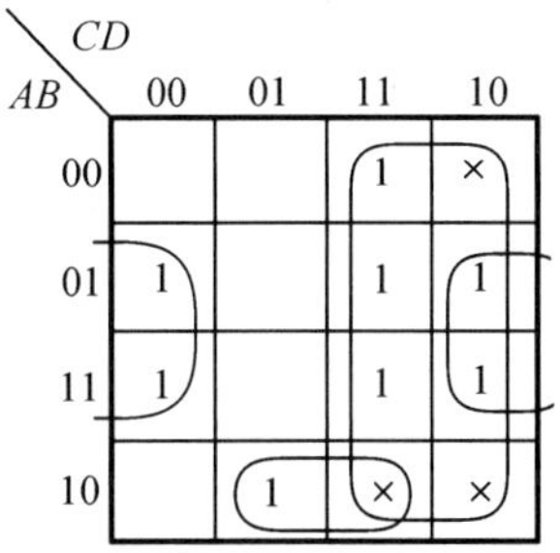

图 9.1.6　卡诺图

(3)化简技巧

对于卡诺图中可能构成 4 个、8 个或 16 个化简最小项的各化简圈中,若只缺少一个化简最小项,则可以利用化简技巧去化简。例如对 $Y=\Sigma(0,1,4,9,12,13)+\Sigma_\phi(8)$ 化简。其卡诺图如图 9. 1. 7 所示。

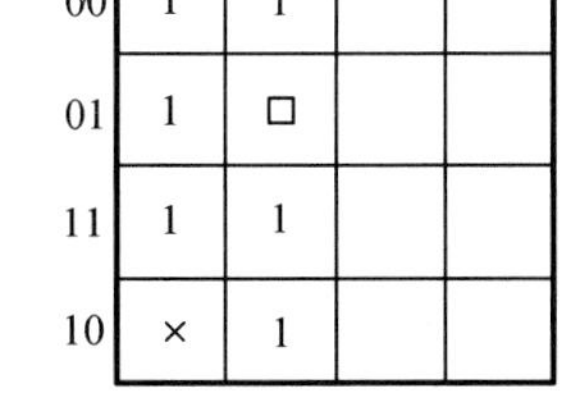

图 9.1.7　卡诺图

我们可以用三个含 4 项最小项的化简圈化简,结果为

$$Y = A\overline{C} + \overline{B}\overline{C} + \overline{C}\overline{D} \tag{9.1.7}$$

也可在化简图中加一项 $\overline{A}B\overline{C}D$(图中以□表示),这样就是一个完整的含 8 个化简最小项的化简圈。化简结果为

$Y=\bar{C}$,但这并非是最终结果,因为加进去的项 $\bar{A}B\bar{C}D$ 要处理。可对该项中四个逻辑变量求反后相加($A+\bar{B}+C+\bar{D}$),再把这项与 $\bar{C}$ 相与

$$Y=\bar{C}(A+\bar{B}+C+\bar{D})=A\bar{C}+\bar{B}\bar{C}+\bar{C}\bar{D}C\bar{C}=A\bar{C}+\bar{B}\bar{C}+\bar{C}\bar{D} \qquad (9.1.8)$$

此结果与式(9.1.7)完全相同,但化简的过程却简单了。

9.1.6 两种逻辑约定

1. 正、负逻辑约定

在前面讨论的逻辑关系中,都约定高电平代表事件真(True),用"1"表示,低电平代表事件假(False),用"0"表示。这种逻辑约定称为正逻辑。另一种逻辑约定是低电平代表事件真,用"1"表示,用高电平代表事件假,用"0"表示。这种逻辑约定称为负逻辑。

这里要注意,所谓负逻辑并不是逻辑电平是负的,它只是规定低电平有效而已。

2. 正、负逻辑电路符号

在逻辑电路的分析和设计中,两种逻辑约定都可以使用。现以门电路为例,说明它们的电路符号的转换原则。对于正逻辑符号已经在表 9.1.6 中列出。

负逻辑电路符号与正逻辑符号相互转换方程是:在正逻辑符号中输入、输出端有小圆圈的要去掉,无小圆圈的要加上,这就是负逻辑符号。例如图 9.1.8(a)是一个正逻辑与非门,而图 9.1.8(b)则是一个负逻辑与非门,因为图中的 $Y=\bar{A}+\bar{B}=\overline{AB}$,仍是与非关系。

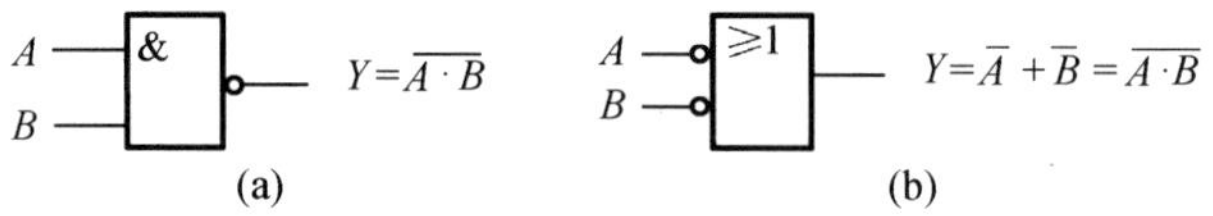

图 9.1.8 正、负逻辑与非门转换

在本书的逻辑设计和分析中,使用的都是正逻辑。但在有些场合使用负逻辑会使逻辑更紧凑,逻辑关系更明晰,使逻辑分析更简洁,所以负逻辑也是十分有用的。

9.2 数字系统中的数制和编码

在数字电路和计算机系统中,信号常以数码形式表示。数码可表示量值的大小。若用多位数码表示时,数码中不同位的结构和相邻位之间的进位或借位关系要遵守一定的规则,这种规则就称为数制。数码也可以表示不同的事件或一个事件的不同状态。这些数码的编制也要遵守一定的规定,这种规定称为码制,又称编码(Encode)。

9.2.1 数制

在数字系统中,比较常用的数制有十进制、二进制、八进制和十六进制四种。

1. 十进制

十进制(Decimal)是生活中最熟悉的一种数制。它的基数是 10,进位、借位关系是"逢十进一"或"借一当十"。任何一个十进制数 $(N)_D$ 可表示为

$$(N)_D = \sum_{i=-m}^{n-1} k_i \times 10^i \tag{9.2.1}$$

式中，n 为整数部分位数，m 为小数部分位数，10^i、k_i 分别为第 i 位的权和系数。

2. 二进制

二进制(Binary)是数字系统中最常用数制。它的基数是 2，其状态只能是 0 或者 1。其进位、借位关系为“逢二进一”或“借一当二”。二进制数 $(N)_B$ 的表示式为

$$(N)_B = \sum_{i=-m}^{n-1} k_i \times 2^i \tag{9.2.2}$$

3. 八进制

八进制(Octal)是以 8 为基数的数制，实际上它是多位二进制数的简写形式，其 $(N)_O$ 可表示为

$$(N)_O = \sum_{i=-m}^{n-1} k_i \times 8^i \tag{9.2.3}$$

4. 十六进制

十六进制(Hexade cimal)数是 0 ~9 和 $A \sim F$ 共 16 个符号表示，其基数为 16。其进位、借位规则是“逢十六进一”或“借一当十六”。任何一个十六进制数 $(N)_H$ 的表达式为

$$(N)_H = \sum_{i=-m}^{n-1} k_i \times 16^i \tag{9.2.4}$$

在微机系统中，十六进制数是经常被使用的。

9.2.2　数制的转换

在应用中，各种数制的数是可以相互转换的，这样，应用起来才更加方便。

1. $(N)_B \to (N)_D$ 转换

这种转换比较简单，可以依式(9.2.2)展开后相加即可，如

$$(1101.01)_B = 1\times 2^3 + 1\times 2^2 + 0\times 2^1 + 1\times 2^0 + 0\times 2^{-1} + 1\times 2^{-2} = (13.25)_D$$

2. $(N)_D \to (N)_B$ 转换

可以将 $(N)_B$ 被 2 常除取余数，然后按序排列即可，如

$$(23)_D = (10111)_B$$

3. $(N)_B \to (N)_H$ 转换

由于十六进制的基数是 16，而 $2^4 = 16$，所以，可以将 $(N)_B$ 的整数部分从低位到高位，每 4 位二进制数分为一组，小数部分则从高位到低位也每 4 位分一组，再将每组的二进制数变成十六进制数，按原序排列即可，如

$$(11101.010011)_B = (0001\ 1101.0100\ 1100)_B = (1D.4C)_H$$

4. $(N)_H \to (N)_B$ 转换

这种转换可将 $(N)_H$ 的每一位变换成等值的四位二进制数，然后按原序排列即可。

5. $(N)_H \to (N)_D$ 转换

可以按式(9.2.4)将 $(N)_H$ 展开求和即可。

还有其他数制相互转换，这里就不一一介绍了。

9.2.3 编码

在数字系统中，常用的编码与方式用二进制代码表示十进制数、英文字母或其他符号，这就需要对二进制码进行编码。现就几种常见的编码做简单的介绍。

1. 二 - 十进制编码

二 - 十进制编码又称 BCD(Binary code decimal)编码。它是用 4 位二进制码表示 1 位十进制数，从 4 位二进制码的 16 种组合中选出 10 种组合表示十进制的 0 ~9 十个数。可以有多种方法实现 BCD 编码，表 9.2.1 列出了四种常用的 BCD 编码。

表 9.2.1 四种常用的 BCD 编码表

数 \ 编码	8421 码	余 3 码	2421 码	5421 码
0	0 0 0 0	0 0 1 1	0 0 0 0	0 0 0 0
1	0 0 0 1	0 1 0 0	0 0 0 1	0 0 0 1
2	0 0 1 0	0 1 0 1	0 0 1 0	0 0 1 0
3	0 0 1 1	0 1 1 0	0 0 1 1	0 0 1 1
4	0 1 0 0	0 1 1 1	0 1 0 0	0 1 0 0
5	0 1 0 1	1 0 0 0	1 0 1 1	1 0 0 0
6	0 1 1 0	1 0 0 1	1 1 0 0	1 0 0 1
7	0 1 1 1	1 0 1 0	1 1 0 1	1 0 1 0
8	1 0 0 0	1 0 1 1	1 1 1 0	1 0 1 1
9	1 0 0 1	1 1 0 0	1 1 1 1	11 0 0
权	8 4 2 1	无	2 4 2 1	5 4 2 1

(1)8421 编码

这是诸多 BCD 编码方法中最为常用的一种。它是从 4 位二进制数的 16 种组合中选 10 种组合表示 0 ~9，其余 6 种组合无效。这是一种有权编码，二进制代码中的每一位权值与自身二进制码的权值相同，这样编码简单直观，易于掌握。

(2)余 3 码

余 3 码(Excess three code，简写 XS3)的编码是在每个 8421 码上加 3(0011)生成的，故称余 3 码。其中 0、9、1、8、2、7、3、6、4、5 互为反码，这一特点使它广泛应用在十进制运算中。所以余 3 码也是应用较广的 BCD 编码。

(3)对于 2421 码和 5421 码也是常用的，其特点明显，这里就不做说明了。

2. 格雷码

BCD 编码在运算中容易出错，但格雷码(Gray code)的出错率却很低，表 9.2.2 列出了格雷码的编码内容。

表 9.2.2　格雷码编码表

十进制数	二进制码	典型格雷码	修改格雷码
0	0 0 0 0	0 0 0 0	0 0 1 0
1	0 0 0 1	0 0 0 1	0 1 1 0
2	0 0 1 0	0 0 1 1	0 1 1 1
3	0 0 1 1	0 0 1 0	0 1 0 1
4	0 1 0 0	0 1 1 0	0 1 0 0
5	0 1 0 1	0 1 1 1	1 1 0 0
6	0 1 1 0	0 1 0 1	1 1 0 1
7	0 1 1 1	0 1 0 0	1 1 1 1
8	1 0 0 0	1 1 0 0	1 1 1 0
9	1 0 0 1	1 1 0 1	1 0 1 0
10	1 0 1 0	1 1 1 1	
11	1 0 1 1	1 1 1 0	
12	1 1 0 0	1 0 1 0	
13	1 1 0 1	1 0 1 1	
14	1 1 1 0	1 0 0 1	
15	1 1 1 1	1 0 0 0	

由表可见,格雷码是一种无权编码方式。它是按相邻性进行编码的。这样编码可以使所有相邻两代码之间只有一位二进制数变化,通常讲,这比同时有两位或多位二进制码状态发生变化的编码方法出错率少,所以这种编码又称可靠性编码。

严格讲,典型格雷码不太适宜做 BCD 编码。因为典型格雷编码当 0↔9 间相互变化时,它有三位二进制数要同时发生变化,这就失去格雷码可靠性高的特点。

用修改的格雷码做 BCD 编码,因为 0↔9 间只有一位二进制数发生变化,这样既可实现 BCD 编码,又保留了编码的高可靠性。

3. 符号编码

在数字系统中,需要用二进制代码表示各符号,如英文字母、0 ~ 9 数字、运算符号及标点等。美国标准化协会制定的“信息交换标准代码”,又称 ASCII(American Standard Code of Information Interchange)代码,它使用 7 位二进制代码定义了 128 个字符,用于信息交换十分方便。现已被认定为国际通用标准代码,广泛应用在计算机和通信领域。

我国也参照国际标准,编制了用于信息通信领域代码的国家标准:GB1998—80 标准。

另一种用于大型计算机系统的符号编码称作“扩展二进制编码的十进制交换码”标准,即 EBCDIC 码标准,它用 8 位二进制代码定义了更多的符号,主要用于 IBM 系统的一些设备中。

9.2.4　编码器

能实现编码功能的逻辑电路称为编码器(Encoder)。编码器是一个多输入端、多输出端逻辑电路,一组特定的输出代码代表某一个有效的输入信号。若输入信号个数为 N,输出编

码位数为 M,则 $2^M \geq N$。根据编码要求,编码器有二进制编码器、二 - 十进制编码器等。当多个输入信号同时有效时,对于普通编码器会造成输出混乱。优先编码器(Priority encoder)就可以避免这种错误发生,当多个输入信号同时有效时,可以按约定的优先权排队,让优先权最高的输入信号优先编码输出。由于优先编码器的这一优点,所以,近年来市场供应的大都是优先编码器,如 74LS148 为 8 线 - 3 线编码器,74LS147 为 10 线 - 4 线 BCD 编码器。由于编码器的内容较简单,这里就不介绍了。

9.3 TTL 门电路

TTL 门电路有多个系列,如 SN54/74,SN54/74S,SN54/74LS,SN54/74AS,SN54/74ALS,SN74F,ECL,I^2L 系列等。其中 SN54/74 系列(国内为 CT1000 系列)的产品称为“标准系列”,它是比较有代表性的,下面就以这个系列的典型门电路为例进行讨论。

9.3.1 与非门电路

1. 工作原理

与非门(NAND Gate)可以实现与非逻辑功能。图 9.3.1 为 SN7400 二输入与非门的电路图。T_1为多射极晶体管,它与 R_1 组成输入级。T_2 为中间级。T_4,T_5 为图腾柱(Totem - Pole)型输出级。

当输入端 A,B 中任一个为低电平时,T_1饱和导通,T_2,T_5截止,输出 Y 为高电平。当 A,B 皆为高电平时,T_1工作处于倒置放大状态,T_2,T_5饱和,输出 Y 为低电平。输入、输出实现了与非关系,其逻辑函数表达式为

$$Y = \overline{AB} \tag{9.3.1}$$

2. 电压传输特性

SN7400 的输入、输出电压的传输特性可以用图 9.3.2 的曲线表示。

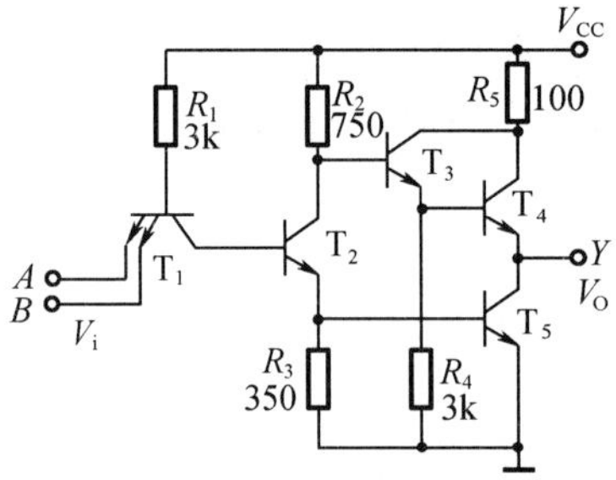

图 9.3.1 TTL 与非门电路

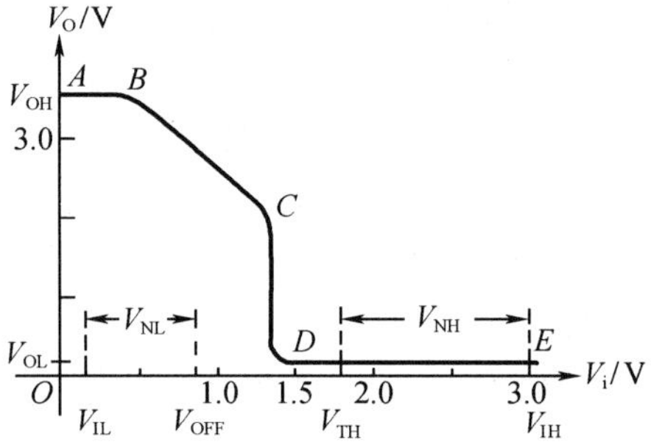

图 9.3.2 TTL 与非门的电压传输特性

(1)特性分析

由曲线可见,在 AB 段的 $V_i < 0.5$ V,输出电压保持高电平 $V_{OH} = 3.6$ V,这时的 V_i称为输入低电平,用 V_{IL}表示,通常规定标称值 $V_{IL} < 0.35$ V,拉出电流为 $I_{IL} = 1.6$ mA。在 BC 段时 V_i在 0.5 ~ 1.3 V 之间,输出电压随输入电压的增加而线性下降。当 V_O下降到约 $0.9V_{OH}$时

的输入电压称为关门电平，用 V_{OFF} 表示，由图可见，这时的 $V_i=0.8$ V，即 $V_{OFF}=0.8$ V。在 CD 段时 V_i 为 1.4 V 左右，由 C 点到 D 点之间 V_i 变化很小时，但 V_O 的变化却很大，这时的 V_i 电压称为阈电压，用 V_{TH} 表示，这里 $V_{TH}\doteq1.4$ V。V_{TH} 是门电路的一个重要参数。在 DE 段时 $V_i>1.4$ V，输出电压趋于低电平 V_{OL}，通常认为 $V_i>1.8$ V 时，才能确保输出电压为低电平，一般规定 $V_{OL}=0.35$ V。1.8 V 电压称为开门电压，用 V_{ON} 表示。用 V_{IH} 表示输入高电平，一般规定 $V_{IH}\geqslant3$ V，$I_{IH}\leqslant40$ μA。

(2)噪声容限(Noise margin)

由上面分析可知，为了确保门电路输出高电平，必须确保 V_{IL} 和叠加在它上面的噪声电压 V_{NL} 的总和低于 V_{OFF}(0.8 V)，即 $V_{IL}+V_{NL}\leqslant V_{OFF}$，$V_{NL}$ 称为低电平噪声容限，

$$V_{NL}\leqslant V_{OFF}-V_{IL} \tag{9.3.2}$$

由式(9.3.2)可算出 $V_{NL}\leqslant0.45$ V。

为了确保门电路输出低电平，则必须让输入的高电平 V_{IH} 与叠加在它上面的噪声 V_{NH} 的差大于开门电平 V_{ON}，即 $V_{IH}-V_{NH}\geqslant V_{ON}$，$V_{NH}$ 称为高电平噪声容限，

$$V_{NH}\leqslant V_{IH}-V_{ON} \tag{9.3.3}$$

按上式可算出 $V_{NH}\leqslant1.2$ V。

噪声容限值表示门电路的抗干扰能力。

(3)温度和电源电压对传输特性的影响

由图 9.3.3 可见，当温度 T 升高时，V_{OH} 和 V_{OL} 变大，V_{TH} 变小。这里特别要注意，V_{OL} 变大会降低门电路的抗干扰能力。由图 9.3.4 可看出当电源电压升高时，也会引起输出高电平升高，而且有 $\Delta V_{CC}\doteq\Delta V_{OH}$ 的可能性。

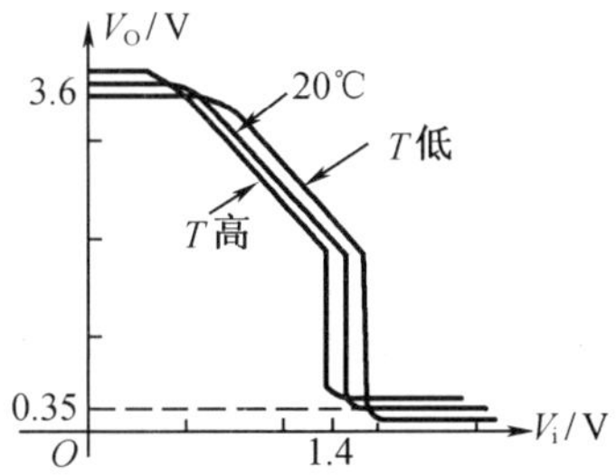

图 9.3.3　温度变化与电压关系特性的影响

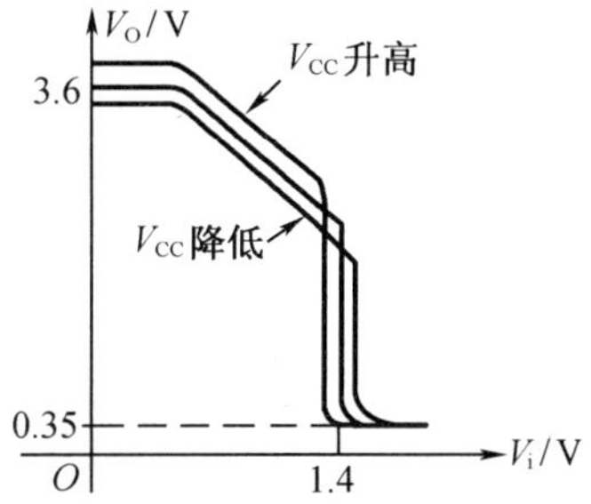

图 9.3.4　电源电压变化与电压传输特性的关系

3. 输出特性

门电路的输出特性是指输出电压 V_O 与输出电流 I_O 的关系。图 9.3.5 为输出特性曲线。图中曲线①为输出高电平时 V_{OH} 与负载电流 I_O 的关系，当 $V_{OH}=3.6$ V 时，输出端拉出电流较小，一般规定 $I_{OH}=0.4$ mA。由曲线可见当 $I_O>5$ mA 时，V_{OH} 才开始随 I_O 增加而线性下降。曲线②为输出低电平时 V_{OL} 与 I_O 的关系曲线。当 I_O 增加时，V_{OL} 线性增加。一般规定当 $I_{OL}=16$ mA 时，要求 $V_{OL}\leqslant0.35$ V。输出电流的大小，反映门带负载能力，

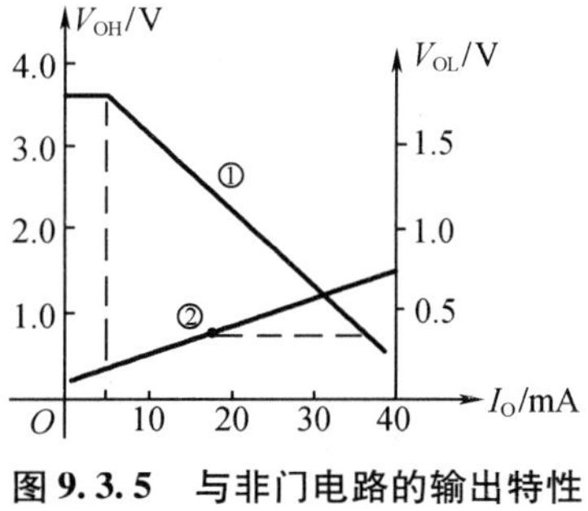

图 9.3.5　与非门电路的输出特性

一般用扇出系数 N 表示。对于 TTL 门电路要求 $N \geq 10$。

4. 时间特性

当输入信号为理想矩形波时，输出波形不但会有延迟，而且波形的前后沿还会变慢，如图 9.3.6 所示。将输出电压由高电平跳到低电平的传输延迟时间用 t_{PHL} 表示，将输出电压由低电平跳到高电平的传输延迟时间用 t_{PLH} 表示，则门电路的平均延迟时间 t_{pd} 为

$$t_{pd} = \frac{t_{PHL} + t_{PLH}}{2} \tag{9.3.4}$$

t_{pd} 是门电路又一个重要参数，它表示门电路的工作速度，SN7400 的 t_{pd} 为 10 ns 左右。有时也用延迟功耗积 DP 表示门电路的时间和功耗特性，一般门电路的 DP 值为几十 pJ。

9.3.2 其他类型 TTL 门电路

SN54/74 系列门电路除有与非门外，还有或非门、反相器等，这些门电路除逻辑关系不同外，其特性大致都一样。另外，还有几种特殊的 TTL 门电路，这里要对它们作以简单介绍。

1. 开集电极门(Open collector gate)

图 9.3.7 为开集电极二输入与非门(又称 OC 门)SN7401 电路简图及电路符号。由图可见，输出管 T_5 的集电极开路。在使用时，T_5 的集电极与电源间要接负载电阻 R_L，它实现的逻辑关系仍然是与非的关系。

OC 门的最大特点是多个门的输出端可并联，这种连接方式称为“线与”。而 SN7400 不是 OC 结构门，所以不能“线与”。

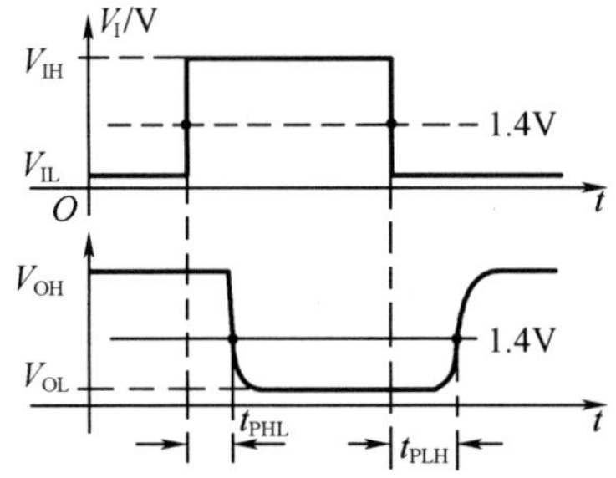

图 9.3.6 TTL 与非门的时间特性

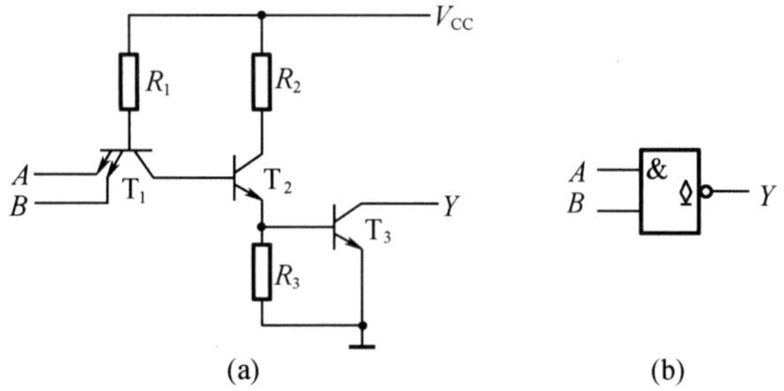

图 9.3.7 集电极开路输出与非门及电路符号

图 9.3.8 为两个 OC 门“线与”连接电路逻辑图。其中 $Y_1 = \overline{AB}$，$Y_2 = \overline{CD}$，“线与”后的逻辑输出为

$$Y = Y_1 Y_2 = \overline{AB} \cdot \overline{CD} = \overline{AB + CD} \tag{9.3.5}$$

上式可见，OC 门“线与”后可实现“与或非”的逻辑功能。

为了保证 OC 门“线与”后电路工作正常，对负载电阻 R_L 的阻值要进行选择。图 9.3.9 是 n 个 OC 门“线与”后去驱动 m 个负载门的电路。当 n 个 OC 门都处于关门状态时，输出为高电平 V_{OH}，电路的电流、电压如图 9.3.9(a)所示。为了保证 OC 门的输出为高电平，R_L 值不能选

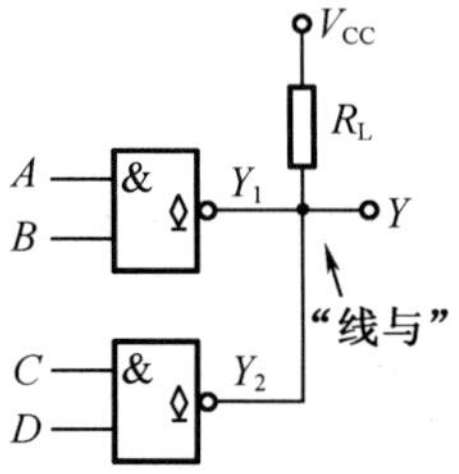

图 9.3.8 OC 门输出并联的逻辑图

择得太大，$R_{L(max)}$ 的计算公式为

$$R_{L(max)} \leqslant \frac{V_{CC} - V_{OHmin}}{nI_{OH} + mI_{IH}} \tag{9.3.6}$$

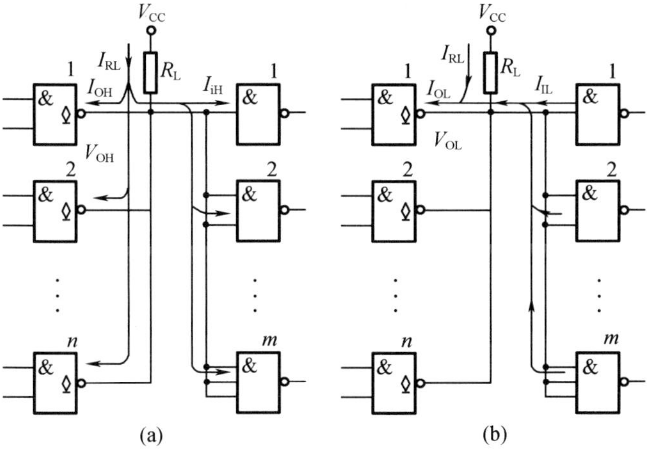

图 9.3.9　OC 门 R_L 的计算

当 OC 门中有一个以上为开门状态时，这时“线与”输出为低电平 V_{OL}，电路如图 9.3.9(b)所示。为了保证 OC 门输出为低电平，负载电阻 R_L 又不能太小，$R_{L(min)}$ 的计算公式为

$$R_{L(min)} \geqslant \frac{V_{CC} - V_{OL(max)}}{I_{OL} - mI_{IL}} \tag{9.3.7}$$

式中，V_{OHmin} 和 V_{OLmax} 分别为一个 OC 门输出高、低电平时的下、上限值；I_{OH} 和 I_{OL} 分别表示一个 OC 门输出高、低电平时输出端的电流；I_{IH} 和 I_{IL} 分别为负载门输入端的输入和拉出电流。

要使电路工作正常，则 R_L 要在 $R_{L(min)}$ 和 $R_{L(max)}$ 之间选择。若 R_L 偏大，则功耗可小些，而 R_L 小了，电路的工作速度会快些。

OC 门能承受较大的电流和较高的电压。例如 SN7407（六缓冲器），最大负载电流为 40 mA，耐压为 30 V，可以直接驱动小型继电器。

2. 三态门(Three - state output gate)

三态门(又称 TS 门)的输出有三种状态，即输出高电平、低电平和高阻态。其电路图如图 9.3.10 所示。由图可见，它与一般的与非门相比，多了一个 E_n($\bar{E}_n$)控制端。对图 9.3.10(a)的电路，当 E_n =1 时，D 截止，电路的工作状态与普通的与非门一样；而当 E_n =0 时，D 导通，T_3，T_4 都截止，输出呈高阻态，这称为 E_n 高电平有效。对于图 9.3.10(b)，则 $\bar{E}_n$ =1 时输出呈高阻态，这即是 $\bar{E}_n$ 低电平有效。

三态门在微机总线接口中广为应用，应用三态门可在一条总线上实现数据的双向传送或多组数据分时或分路传输。

3. 异或门和同或门

异或门(Exclusive - OR gate)的逻辑关系是两输入端同为高电平或低电平时输出为低电平，而两个输入端的逻辑电平相异时则输出为高电平。其真值表如表 9.3.1 所示。它的逻辑表达式为

$$Y = A\bar{B} + \bar{A}B = A \oplus B \tag{9.3.8}$$

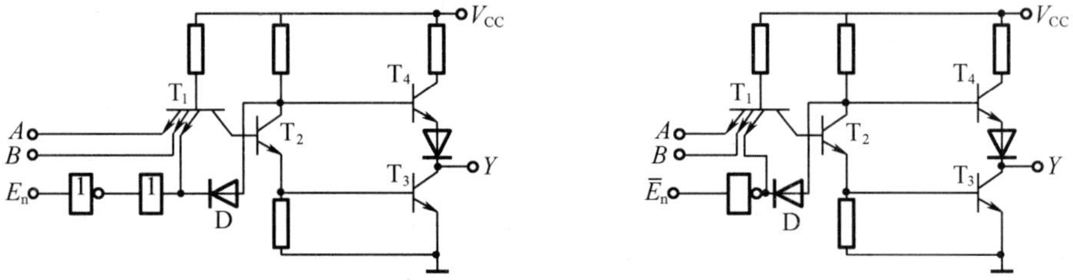

图 9.3.10 三态门

(a)高电平有效;(b)低电平有效

表 9.3.1 异或门、同或门真值表

A	B	Y(异或)	$\bar{Y}$(同或)
0	0	0	1
0	1	1	0
1	0	1	0
1	1	0	1

同或门(Exclusive - NOR gate)则是当两个输入逻辑电平相同时输出为高电平,而相异时输出为低电平,其逻辑函数表达式为

$$Y = AB + \bar{A}\bar{B} = A \odot B = \overline{A \oplus B} \tag{9.3.9}$$

同或门的真值表见表 9.3.1。由表可知:同或、异或互为求反关系。

异或、同异门在加法器和算术逻辑单元中经常用到,在计算机中其常用作奇偶校验。

9.3.3 TTL 逻辑电路各系列介绍

20 世纪 70 年代由 TI(Texas Instruments)公司最早推出 54/74(CT1000)系列中小规模数字集成电路以来,TTL 数字电路的技术指标不断提高,功能不断扩大。这之后 TTL 逻辑电路又相继出现了 54/74S,54/74L,54/74LS,54/74AL,54/74ALS 和 74F 等系列。

1. 54/74S 系列(CT3000)

这种系列产品又称肖特基 TTL(Schottky TTL)。为了提高速度,用肖特基二极管并联在晶体管的 B,C 极间,组成肖特基三极管。利用这种结构,使三极管在工作时不进入饱和状态,从而提高了电路的工作速度。以门电路为例,其 t_{pd} 可从 9 ns 缩小到 3 ns 左右,但功耗大了,从 10 mW/门增加到 15 mW/门以上。但由于速度快,还是得到了认可,成为一个系列产品。

2. 54/74LS 系列(CT4000)

这个系列是在 54/74S 系列和 54/74H 系列基础上发展起来的,称为低功耗肖特基系列。它兼顾了电路的功耗和速度,使延迟时间功耗积很低。它在不影响电路的实用工作速度的前提下,大幅度降低功耗。通常其 t_{pd} 为 10 ns 左右,而功耗却低至 2 mW/门以下。其延迟时间功耗积只有 20 pJ/门,而 54/74 标准系列的为 100 pJ/门左右,54/74S 系列也高达

75 pJ/门。由于电路性能优良,所以一经推出就立刻受到欢迎。长期以来,这个系列产品一直是使用者的首选。

3. 54/74AS 系列(CT54/74AS 系列)

这个系列产品是在 54/74S 系列基础上对芯片布局和生产工艺等方面都做了改进的,所以称为高级肖特基系列产品(Advanced schottky)。这个系列产品把工作速度和性能指标又提高了一步。其 t_{pd} 仅为 2 ns,延迟时间功耗积也比 LS 系列低,为 15 pJ/门左右。它是目前 TTL 电路中 t_{pd} 最短的。

4. 54/74ALS 系列(CT54/74ALS 系列)

这种系列称为高级低功耗肖特基系列。它是目前 TTL 产品中综合指标最好的,其 t_{pd} 虽然为 5 ns 左右,但其功耗大为下降,仅为 1.2 mW/门。它是 TTL 产品中延迟时间功耗积最低的产品,仅为 5 pJ/门左右。有人预计这个系列产品将来一定会取代 54/74LS 系列产品而成为 TTL 电路的主流系列。

5. 74F 系列

这是高速 TTL 系列,采用新工艺,减少了芯片内部的器件间电容,其 $t_{pd}=3$ ns,功耗 5 mW/门,其他指标介于 54/74AS 和 74/54ALS 之间。

9.3.4　其他类型的双极型门电路

在双极型门电路中,除了 TTL 门电路外,还有 ECL,HTL 和 I^2L 等类型门电路。

1. ECL 门电路

ECL 逻辑电路即是发射极耦合逻辑(Emitter coupled logic)电路。

ECL 电路由于采用了射极耦合结构,所以它是目前各类数字集成电路中工作速度最快的一类,例如与门 MC10104 的传输延迟仅为 1 ~ 2 ns。据报道改进工艺后的 ECL 门电路的传输延迟可缩短至 0.1 ns。

ECL 电路由于采用开射极输出,所以输出电阻很低,带负载能力很强,这是 ECL 电路的又一大特点。如 MECL10K 系列门的扇出系数可达 90。

ECL 电路的互补输出也为使用者带来很大方便。

ECL 电路的主要问题是功耗大,每门功耗可达 100 mW 以上。它的另一个问题是输出负电平,当与其他类型数字电路配合使用时要做电平转换。另外,它的输出逻辑摆幅小,通常 $V_{OH}=-0.9$ V,$V_{OL}=-1.8$ V,所以抗干扰能力也差。

2. I^2L 电路

这种门电路称为集成注入逻辑(Integrated injection logic)电路。它的基本逻辑单元是一个由一只 NPN 型多集电极三极管和一只横向 PNP 管恒流源负载组成的反相器。驱动电流由 PNP 管射极注入,故称集成注入逻辑。这种基本逻辑单元可以十分方便地构成多种逻辑电路。

这种逻辑电路的最大特点是结构简单,又不含电阻,所以一个逻辑电路在芯片上占的面积很小,通常 <4 密耳^2,器件密度可达 500 门/$(mm)^2$(TTL 只有 20 门/$(mm)^2$)。其次是电路的功耗也很低,每个基本逻辑单元的工作电流可小于 1 nA。它可在 1 V 的低电压下工作,输出高电平为 0.7 V,输出低电平为 0.1 V。所以这类型电路结构很适合作大规模、超大规模集成电路。

这种类型电路的缺点是开关速度慢，一般 t_{pd} 大于 20 ns。另外，它输出信号的幅度差也较小，通常只有 0.6 V，所以噪声容限低，抗干扰能力较差。

9.4 CMOS 逻辑电路

9.4.1 CMOS 门电路

CMOS 门电路是由 MOS 管构成，它具有很多突出的优点是功耗低，成本低，其他特性也可以与 TTL 电路相媲美，逻辑电平亦可与 TTL 相匹配等。所以它们也是门电路的主流产品之一。

1. CMOS 反相器

(1)电路结构

图 9.4.1 为 CMOS 反相器电路。T_1 为 PEMOS 管，T_2 为 NEMOS 管，要求 $V_{DD} > |V_{TH1}| + V_{TH2}$。当输入端 A 为高电平时，T_2 饱和导通，T_1 截止，输出 Y 为低电平。反之输出 Y 为高电平。实现了输入、输出间的反相关系。其逻辑函数表达式为

$$Y = \bar{A} \tag{9.4.1}$$

(2)传输特性

图 9.4.2 中曲线①为 CMOS 反相器的电压传输特性曲线。由曲线①可见，当 $V_i = \frac{1}{2}V_{DD}$ 时，输出电压快速转换状态。这个电压称为阈电压(Threshold Voltage)，即 $V_{TH} = \frac{1}{2}V_{DD}$。

另外，由图 9.4.2 可见 CMOS 反相器的噪声容限很高，V_{NL} 和 V_{NH} 都大于 $\frac{1}{3}V_{DD}$。

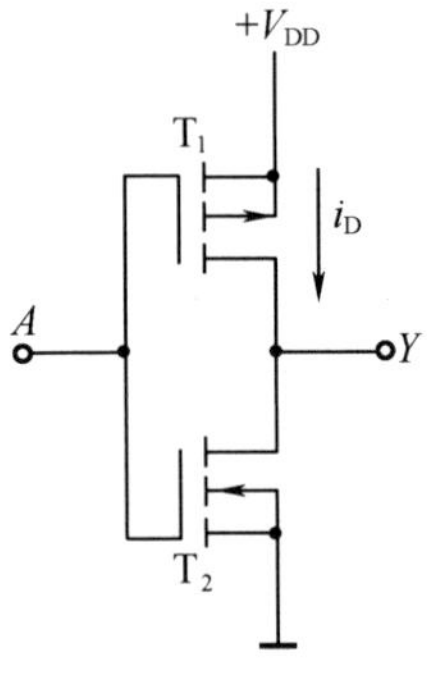

图 9.4.1 CMOS 反相器

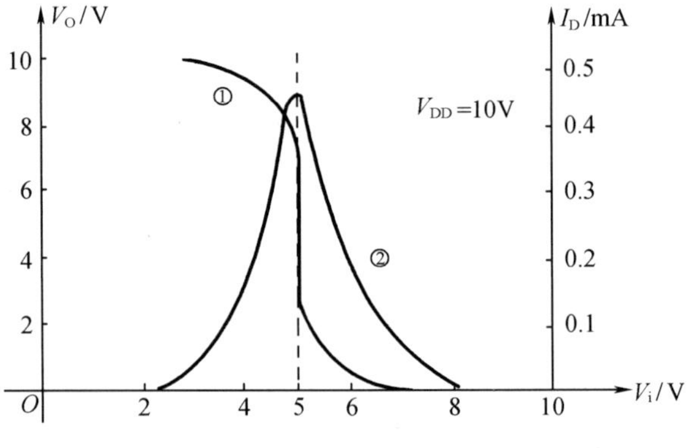

图 9.4.2 CMOS 反相器的传输特性曲线

图中曲线②即为 $V_i - I_o$ 曲线。当 V_i 在 V_{TH} 附近时，T_1，T_2 全导通，这使 I_D 电流有一峰值。

图 9.4.3 为不同温度、不同 V_{DD} 时的电压传输特性曲线。由图可见，不管 V_{DD} 为何值，其 V_{TH} 都约为 $\frac{1}{2}V_{DD}$。另外，温度变化对电压传输特性曲线是有影响的，但是影响不大。

(3) 功耗特性

CMOS 电路是低功耗器件，由图 9.4.2 可知，在 V_{TH} 附近的 I_D 电流有峰值，这时消耗的功率最大。即反相器在电路状态转换时消耗功率最多，当负载电容 C_L 大时，状态转换变慢（输出电压跳变沿变化慢）则功耗越大。这说明输出负载电容 C_L 的大小会影响功耗。另外，电路的功耗还与 V_{DD} 和工作频率 f 有关。综合上述情况，可以用下式求得每个门的功耗 P_D 为

$$P_D = C_L V_{DD}^2 f \qquad (9.4.2)$$

图 9.4.4 给出了 P_D 与 f，V_{DD} 的关系曲线图。

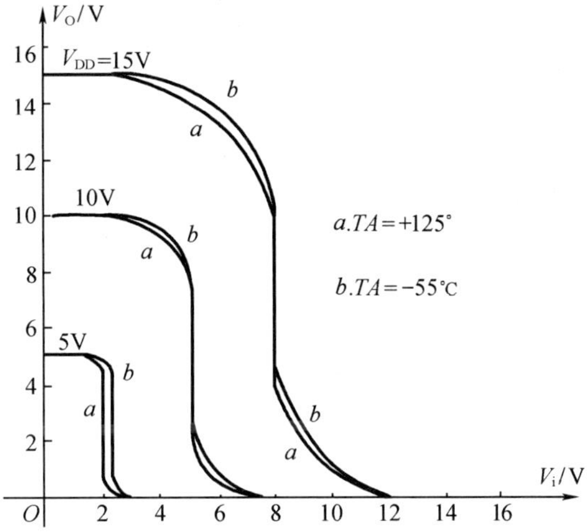

图 9.4.3　CMOS 反相器的电压传输特性与温度的关系

(4) 开关时间特性

CMOS 反相器的平均传输延迟 t_{pd} 与负载电容 C_L、电源电压 V_{DD} 及输出电阻有关。通常 CMOS 门的开关特性较差，其 t_{pd} 较大，如 CD4001，在 $V_{DD}=5$ V，$C_L=50$ pF 时，$t_{pd}=250$ ns。经改进的 74HC(T) 系列产品的 t_{pd} 就缩短了很多，如 74HC(T)04 在同样测试条件下的 t_{pd} 约为 15 ns 左右。

2. CMOS 与非门

图 9.4.5 为二输入与非门电路。T_1，T_2 为并联 PEMOS 管，而 T_3，T_4 为串联 NEMOS 管。

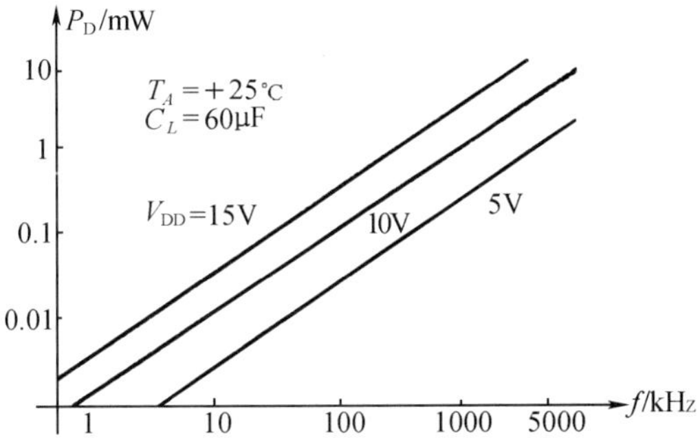

图 9.4.4　CMOS 反相器的功耗

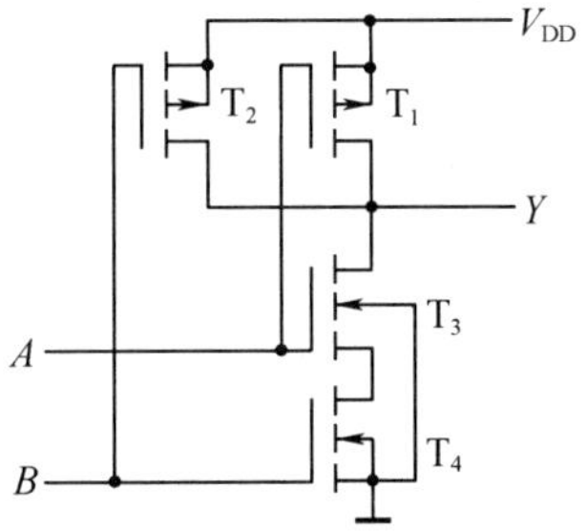

图 9.4.5　CMOS 与非门电路

当 A，B 中有一个为低电平时，如 A 为低电平，B 为高电平，则 T_1 和 T_4 都导通，而 T_3 和 T_2 都截止，输出 Y 为高电平。而当 A，B 都为高电平时，T_1，T_2 同时截止，而 T_4，T_3 同时导通，输出 Y 为低电平，实现输入与输出的与非逻辑关系，即 $Y=\overline{AB}$。

为了克服在输出高电平和输出低电平时输出电阻不相等而输出低电平值又与输入端数有关的问题，在实际与非门的输出端都增加了一级驱动，从而改善了输出特性指标。

3. CMOS 其他类型门

与 TTL 门电路一样，CMOS 门电路也有与非、或非、与或门、OD、三态门等电路。CMOS 门电路符号与 TTL 门电路相同。

9.4.2 CMOS 模拟开关

1. 模拟传输门(ATG)

利用 P 沟和 N 沟增强型 MOS 管的互补性,可以构成模拟传输门(Analog Transmission Gate,简称 ATG)电路,如图 9.4.6 所示。两管的源极相连作为输入端,而漏极相连作为输出端,两管的栅极用相反的逻辑电平来控制。由于 T_1,T_2的源极和漏极在结构上完全对称,所以它是一个双向模拟传输门。

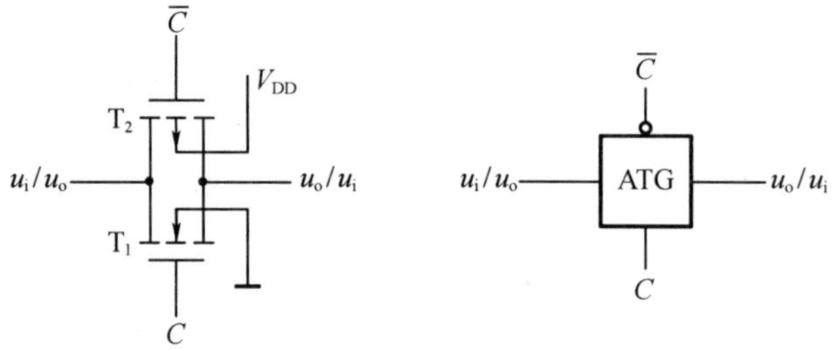

图 9.4.6 CMOS 模拟传输门的原理电路和逻辑符号

当控制端 $C=1$,$\bar{C}=0$ 时,u_i在 0 ~ V_{DD}范围内,T_1,T_2总有一管导通,输出与输入通道呈低阻态,u_i会传到输出端。

当 $\bar{C}=1$,$C=0$ 时,u_i 在 0 ~ V_{DD}范围内,T_1,T_2 管皆截止,输出与输入间呈高阻状态(电阻 $>10^9\ \Omega$),传输门关闭。

2. 模拟开关

CMOS 传输门用途很广,其中一个主要应用是构成模拟开关(Analog Switcher,简写 ASW)。

图 9.4.7 为 CMOS 双向模拟开关的原理图和电路符号。由图可见它由模拟传输门和反相器组成,其中 C 为控制端,不同电路要求控制电平不同。集成 CMOS 模拟开关 CD4016 在 $C=0$ 时呈导通状态,当 $C=1$ 时呈高阻状态,而 CD4066 则在 $C=1$ 时呈导通状态,在 $C=0$ 时呈高阻态。

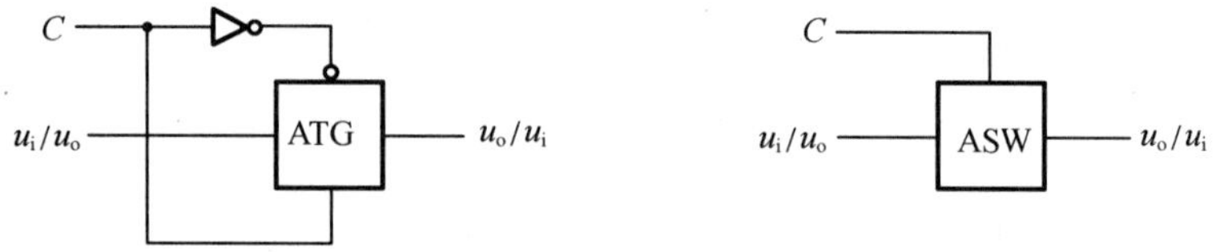

图 9.4.7 CMOS 双向模拟开关的原理结构和电路符号

对 CMOS 模拟开关的要求是其导通电阻 R_{on}越小越好。但实际上 R_{on}与 V_{DD}有关。如 CD4066,在 $V_{DD}=5$ V 时,$R_{on}=1$ kΩ,$V_{DD}=10$ V 时,$R_{on}=400$ Ω,而在 $V_{DD}=15$ V 时,$R_{on}=240$ Ω。为了解决这个问题,高速 CMOS 模拟开关在设计时做了改进,使 R_{on}更小而且与 V_{DD}基本无关。如 74HC(T)4066 在 $V_{DD}=5$ V 时,$R_{on}=30$ Ω,而且 R_{on}基本不随 V_{DD}变化而改变。

CMOS 模拟开关在使用时,应满足负载电阻 $R_L \gg R_{on}$的条件,只有这样才可能获得尽可

能大而且稳定的电压传输系数 K,K 的表达式为

$$K = \frac{R_L}{R_L + R_{on}} \tag{9.4.3}$$

9.4.3　CMOS 电路各系列介绍

自 20 世纪 60 年代初美国 RCA 公司首次研制成功 CMOS 电路以来,几经改进,先后生产出各种标准系列化的 CMOS 电路,如 CD4000 系列、54/74HC(T)系列和 54/74AC(T)系列产品等。

1. CD4000 系列(CC4000)

这是推广最早的系列产品,属中小规模集成电路。这个系列产品虽然具有功耗低的特点,但由于是铝栅工艺结构,所以工作速度慢、集成度低,致使这个系列产品远满足不了市场的要求。

2. 54/74HC(T)系列[CT54/74HC(T)]

这个系列是高速 CMOS(High - Speed CMOS)电路系列,其中带 T 字的产品的输出电平可与 TTL 电路相容的。这个系列产品由于采用了硅栅工艺,线宽仅为 3 μm,产品不但功耗低,而且速度快,其 t_{pd} 仅为 10 ns/门左右。集成度也高,很受市场欢迎。一时间多家工厂都生产这个系列产品,在市场上形成强大的供应链。

虽然 54/74HC(T)系列产品有诸多优点,但与 TTL 电路中的 54/74AS(ALS)系列产品相比还有不小的差距。

3. 54/74 AC/AC(T)系列

这种系列产品称为超低功耗、甚高速的高级 CMOS 电路(Very High - Speed, Very Low - Power Advanced CMOS),简称 AC 或 AC(T)系列。这个系列产品的功耗与 HC(T)系列差不多,但其工作速度和扇出能力与 HC(T)系列相比都提高了 1 倍多。它的功能与 HC(T)系列相对应,可以互换使用。所以它深受欢迎,大有取代 HC(T)系列之势。

9.4.4　CMOS 与 TTL 电路的接口技术

在同时采用 TTL 和 CMOS 器件进行设计的电路中,由于这两种电路的逻辑电平有时不匹配,所以要进行电平转换。而有时驱动门的扇出能力也不同,所以还要考虑增加驱动能力的问题。这些都需要接口电路(Interface circuit)来完成。

当一个驱动门去驱动 m 个负载门时,通常要满足表 9.4.1 的条件要求,电路工作才能正常。

表 9.4.1　接口要求

驱动门	接口条件	负载门(反相器)
V_{OLmax}	≤	V_{ILmax}
V_{OHmin}	≥	V_{IHmin}
I_{OLmax}	≥	$m \times \lvert I_{ILmax} \rvert$
$\lvert I_{OHmax} \rvert$	≥	$m \times I_{IHmax}$

1. CMOS 驱动 TTL

首先要明确 CMOS 和 TTL 的电路品种,对于 54/74HC 系列 CMOS 电路的 I_{OL}和 I_{OH}都为 4 mA,而 TTL 负载门 I_{1H}和 I_{1L}均小于 2 mA。只要做电平转换,使 CMOS 门的输出电平满足 TTL 逻辑电平要求即可驱动 2 个 TTL 门。对于 54/74HC(T)系列的 CMOS 门,则可不用做电平转换。

但是若 CMOS 选用 CD4000 系列,由于 $I_o < 0.4$ mA,这就很难驱动后面的 TTL 电路。这时不但要做电平转换,还要加大驱动电流。可以在 CMOS 和 TTL 中间插入一级晶体管放大器,也可选用接口缓冲器,如选用 CD4010(同相)或 CD4009(反相)。

2. TTL 驱动 CMOS

由于 CMOS 电路的输入电流很小,而 TTL 门电路的输出电流较大,所以一个 TTL 门驱动数个 CMOS 门是没有问题的,这里只要把 TTL 门的输出高电平变换到满足 CMOS 门的高电平要求即可。可以在 TTL 和 CMOS 电路中间插接晶体管反相器,以变换输出电压,也可以用电平转换电路 CD40109 接在 TTL 门与 CMOS 门之间。在使用时应注意 CD40109 是三态结构,控制端 $E=1$ 时有效。

9.5 组合逻辑电路的分析和设计

在数字逻辑电路中,按逻辑功能分可分为组合逻辑和时序逻辑电路。

组合逻辑电路是由逻辑门电路构成的,电路的输出和输入之间没有反馈路径,电路中也不存在存储元件。

组合逻辑电路的功能特点是在某一时刻的输出状态仅取决于该时刻的输入状态,与电路此刻前的状态无关。

9.5.1 组合逻辑电路的分析

组合逻辑电路分析的目的就是对给定的逻辑电路进行分析,以确定其逻辑功能。可以用列真值表、写逻辑表达式等方法确定其逻辑功能。

例如分析图 9.5.1 电路的功能。

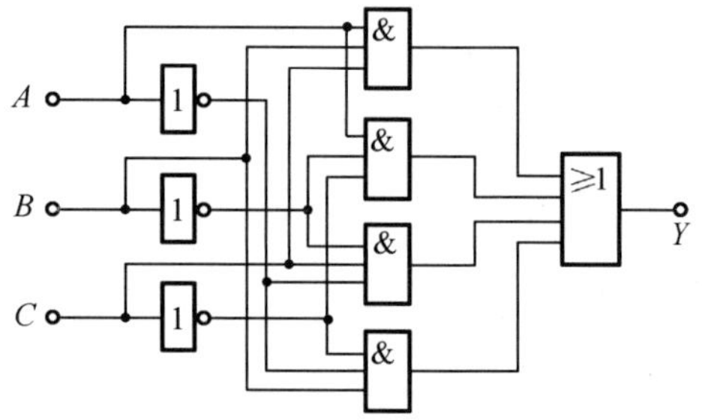

图 9.5.1 组合逻辑电路

解: 由电路图可列表 9.5.1 的功能表(Function table)。由真值表可列出逻辑函数表达式为

$$Y=\bar{A}\bar{B}C+\bar{A}B\bar{C}+A\bar{B}\bar{C}+ABC$$

用卡诺图可以验证这是一个标准“与或”逻辑表达式。由逻辑表达式或功能表可以清楚地看到,A,B,C 三个变量中,原变量为 1 的个数为奇数个时,$Y=1$。所以这个电路的逻辑功能是三输入变量的奇偶校验器的判奇电路。

图 9.5.1　逻辑电路的功能表

输入			输出
A	B	C	Y
0	0	0	0
0	0	1	1
0	1	0	1
0	1	1	0
1	0	0	1
1	0	1	0
1	1	0	0
1	1	1	1

9.5.2　组合逻辑电路的设计

1. 设计步骤

(1)将要设计的问题进行抽象,将实际要求用逻辑关系来描述。

(2)列真值表,写出逻辑函数的标准“与或”逻辑表达式。

(3)逻辑函数表达式化简。

(4)画逻辑电路图。

2. 设计举例

设计一个供暖煤气燃烧炉控制器。

(1)控制器方框图如图 9.5.2 所示。输入 T 为室温控制端,当 $T=1$ 时表示室温超过设定值,$T=0$ 表示室温低;输入 S 为炉温控制端,$S=0$表示炉温低于安全值,可点火加气,$S=1$ 表示炉温高,要断气灭火;输入 P 为点火嘴指示,$P=1$ 表示点火嘴有火,$P=0$ 表示点火嘴火灭;输入 B 为送风控制端,$B=1$ 表示炉温达到某值,可以向外送热风,$B=0$ 表示炉温低,不能送风;输出 F 为马达控制端,$F=1$ 表示送风马达开,$F=0$ 表示马达关;输出 G 为送气控制端,$G=1$ 表示向炉内通气,$G=0$ 表示不向炉内送气。

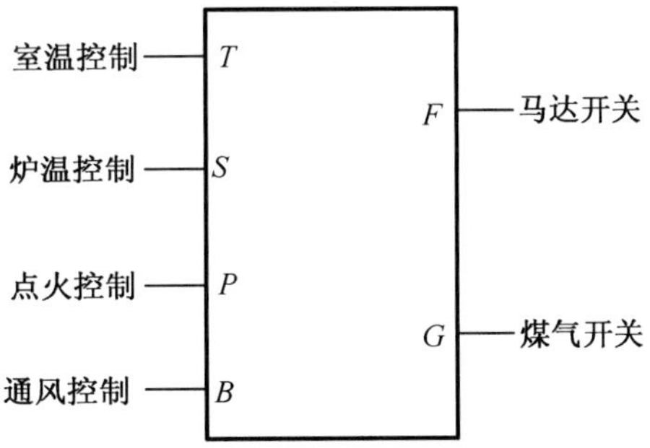

图 9.5.2　控制器方框图

(2)写真值表。根据上述的逻辑关系,可列出表 9.5.2 的功能表。(此功能表不是唯一的)

表 9.5.2 控制器功能表

输入				输出	
T	S	B	P	F	G
0	0	0	0	0	0
			1	0	1
		1	0	1	0
			1	1	1
	1	0	0	0	0
			1	0	0
		1	0	1	0
			1	1	0
1	0	0	0	0	0
			1	0	0
		1	0	0	0
			1	0	0
	1	0	0	0	0
			1	0	0
		1	0	0	0
			1	0	0

(3)根据功能表,可列逻辑表达式为

$$G = \bar{T}\bar{S}P\bar{B} + \bar{T}\bar{S}BP = \bar{T}\bar{S}P \tag{9.5.1}$$

$$\begin{aligned} F &= \bar{T}\bar{S}B\bar{P} + \bar{T}\bar{S}BP + \bar{T}SB\bar{P} + \bar{T}SBP \\ &= \bar{T}\bar{S}B + \bar{T}SB = \bar{T}B \end{aligned} \tag{9.5.2}$$

(4)根据逻辑表达式,可画出该控制器的逻辑电路如图 9.5.3 所示。

3. 组合逻辑电路设计中的逻辑化简问题

在逻辑函数化简一节中曾提到应将逻辑表达式化简成最简“与或”逻辑表达式。但在实际电路设计中往往要将表达式化简成其他形式的表达式,甚至有时化简到最后不是最简的表达式。这些都要在实际设计中根据具体情况而定。

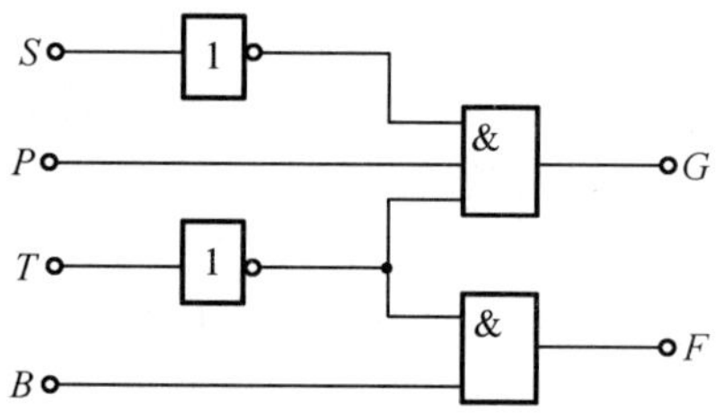

图 9.5.3 控制器的逻辑电路图

(1)约定电路种类的设计考虑

在本节设计的控制器电路(如图 9.5.3 所示),是由反相器和与门两种门电路组成的。但在实际电路设计时如果要求只用一个品种的门电路,这时就要按约定的门电路品种对逻辑表达式做变换。

①用与非门设计控制器

先对式(9.5.1)和(9.5.2)做变换

$$G = \bar{T}\bar{S}P = \overline{\overline{\bar{T}\bar{S}P}} \tag{9.5.3}$$

$$F = \bar{T}B = \overline{\overline{\bar{T}B}} \tag{9.5.4}$$

依式(9.5.3)和(9.5.4)画图 9.5.4 的逻辑图。

②用或非门设计控制器

此时 G,F 的表达式为

$$G = T + S + \overline{\overline{P}} \tag{9.5.5}$$

$$F = \overline{T} \cdot B = \overline{\overline{\overline{T} \cdot B}} = \overline{T + \overline{B}} \tag{9.5.6}$$

此时依式(9.5.5)和(9.5.6)画的逻辑图如图 9.5.5 所示。

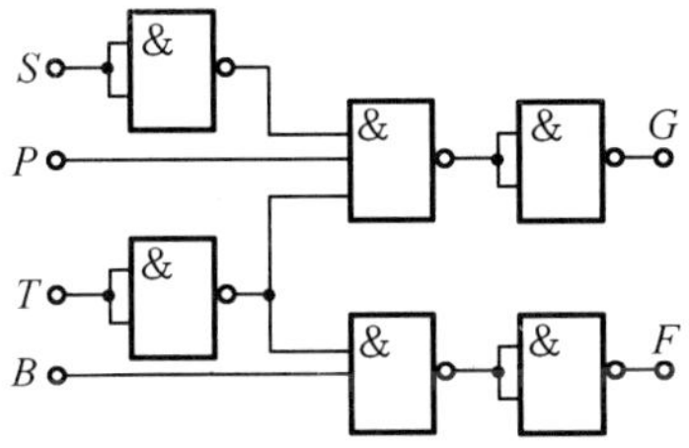

图 9.5.4　控制器的逻辑电路图

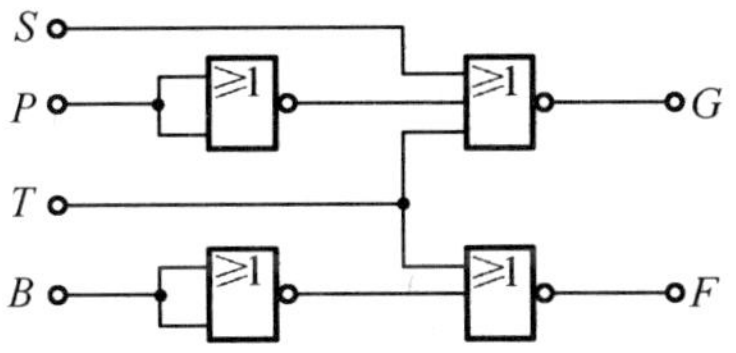

图 9.5.5　控制器的逻辑电路图

比较上面三个设计方案，用或非门设计的控制器应该是最优方案。

(2)多个输出端的设计考虑

在本节控制器的设计中，虽然有两个输出端，但由于逻辑函数表达式都比较简单，可以画出最简的逻辑电路图。当设计较复杂的逻辑电路时，就要对多个输出端的逻辑函数表达式做通盘考虑，力求找出共用项，以求设计的逻辑电路最简。

例如，用与非门设计两个输出端的逻辑电路，其中 $Y_1 = \Sigma(1,3,5,6,7)$，$Y_2 = \Sigma(1,5,6)$。先用卡诺图对 Y_1, Y_2 化简再做变换，得 Y_1, Y_2 的最简“与非”表达式为

$$Y_1 = C + AB = \overline{\overline{C}\ \overline{AB}} \tag{9.5.7}$$

$$Y_2 = BC + AB\overline{C} = \overline{\overline{BC}\ \overline{AB\overline{C}}} \tag{9.5.8}$$

依此两式可画出图 9.5.6 的逻辑电路图。

若将 Y_1 重新化简为

$$Y_1 = C + AB\overline{C} = \overline{\overline{C}\ \overline{AB\overline{C}}} \tag{9.5.9}$$

比较式(9.5.8)和(9.5.9)可见，它们有一个共用项 $\overline{AB\overline{C}}$，依这两式画出的逻辑电路如图 9.5.7 所示。

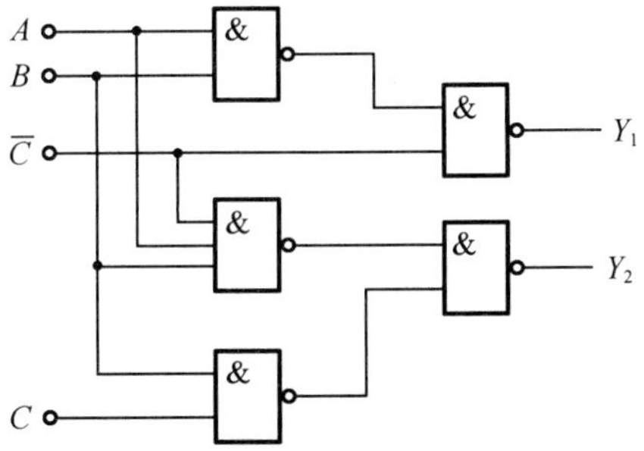

图 9.5.6　逻辑电路图

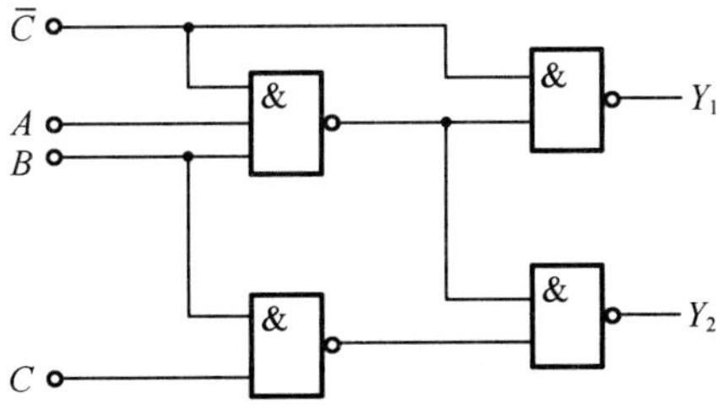

图 9.5.7　逻辑电路图

对 Y_1 而言,式(9.5.9)不是最简的表达式,在 AB 项中加了一个 $\bar{C}$,但依此画出图 9.5.7 却比图 9.5.6 简单,省了一个与非门和两条连线。因此,在多输出端逻辑设计时,寻找共用项是简化逻辑电路的重要手段。

9.6 数据选择器

在数字电路中作多路数据传送时,可根据地址译码有选择地将某一路输入数据传送到输出端,能完成这一功能的逻辑电路称为数据选择器。数据选择器(Date Selector)又称多路器(Multiplexer,缩写 MUX)。

9.6.1 产品介绍

数据选择器的规格有二选一、四选一、八选一和十六选一等。每一种规格产品又各有不同的功能。表 9.6.1 列出了一些常用的数据选择器。

表 9.6.1 数据选择器

	TTL	CMOS	功能
16 选 1	74150		有允许端,输出为低电平
8 选 1	74151,74LS151 74AS151,74ALS151	CD4051 74HC(T)151	有使能端,互补输出
		74HC(T)152	无使能,反码输出
	74LS251,74ALS251	74HC(T)251	有使能三态互补输出
	74LS354/356	74HC(T)354/356	三态互补输出,输入锁存
双 4 选 1	74LS153,74153 74AS(ALS)153	74HC(T)153 74AC(T)153	各自使能,原码输出
四路 2 选 1	74157,74LS157 74AS(ALS)157	74HC(T)157 74AC(T)157	公用使能,原码输出
	74LS(ALS)158 74AS(ALS)158	74HC(T)158 74AC(T)158	公用使能,反码输出
	74LS253 74AS(ALS)253	74HC(T)253 74HC(T)253	各自使能,三态,原码输出
	74LS257 74AS(ALS)257	74HC(T)257 74AC(T)257	公用使能,三态,原码输出
	74LS258 74AS(ALS)258	74HC(T)258 74AS(T)258	公用使能,三态,反码输出
	74LS298	74HC298	公用使能,原码输出,输入锁存

图9.6.1为8选1数据选择器74HC(T)151电路的逻辑图。$A_0 \sim A_2$为三个地址(Address)选择端,可译码出8个状态去控制8路输入数据$D_0 \sim D_7$的传送,选择其中一路数据送到输出端$Y(\bar{Y})$。使能(Enable)$\bar{E}$低电平有效,允许选中的路数据传送到输出端,当$\bar{E}=1$时强制$Y=0$,$\bar{Y}=1$,停止数据传送。表9.6.2为其功能表。

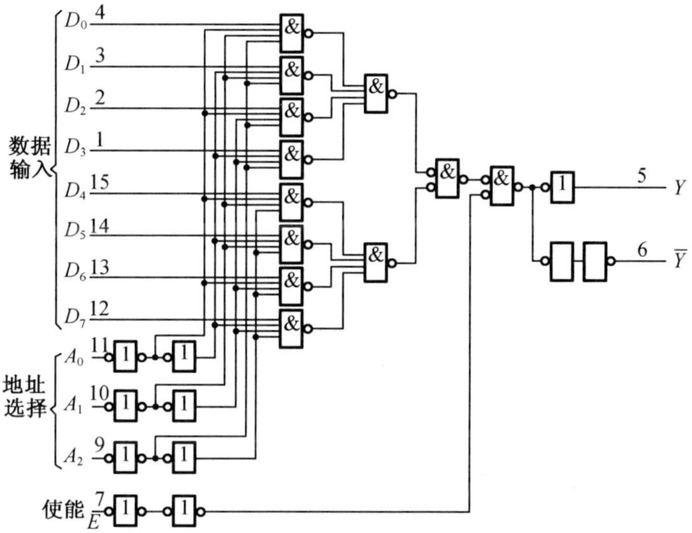

图9.6.1　54/74HC/HC(T)151逻辑图

表9.6.2　74HC(T)151功能表

A_2	A_1	A_0	$\bar{E}$	Y	$\bar{Y}$
X	X	X	1	0	1
0	0	0	0	D_0	$\bar{D}_0$
		1	0	D_1	$\bar{D}_1$
	1	0	0	D_2	$\bar{D}_2$
		1	0	D_3	$\bar{D}_3$
1	0	0	0	D_4	$\bar{D}_4$
		1	0	D_5	$\bar{D}_5$
	1	0	0	D_6	$\bar{D}_6$
		1	0	D_7	$\bar{D}_7$

9.6.2　数据选择器的应用

数据选择器的基本功能是根据地址选择码将多路数据有选择地传送到输出端,通常用于多路数据单路传送或并码-串码的转换等。

1. 多路扩展

数据选择器路数最多的是16选1,若需要更多路的数据选择,就要通过多片组合来扩展路数。图9.6.2为用9片74HC(T)151构成的64选1电路。各片的使能端$\bar{E}=0$，$A_0\sim A_5$为六条地址线，可译出64种状态，每种状态对应选择一路数据。比如$A_5\sim A_0$为000000时选择D_0路数据由IC_9的Y和$\bar{Y}$输出，当$A_5\sim A_0$为111111时，则选择D_{63}路数据输出。

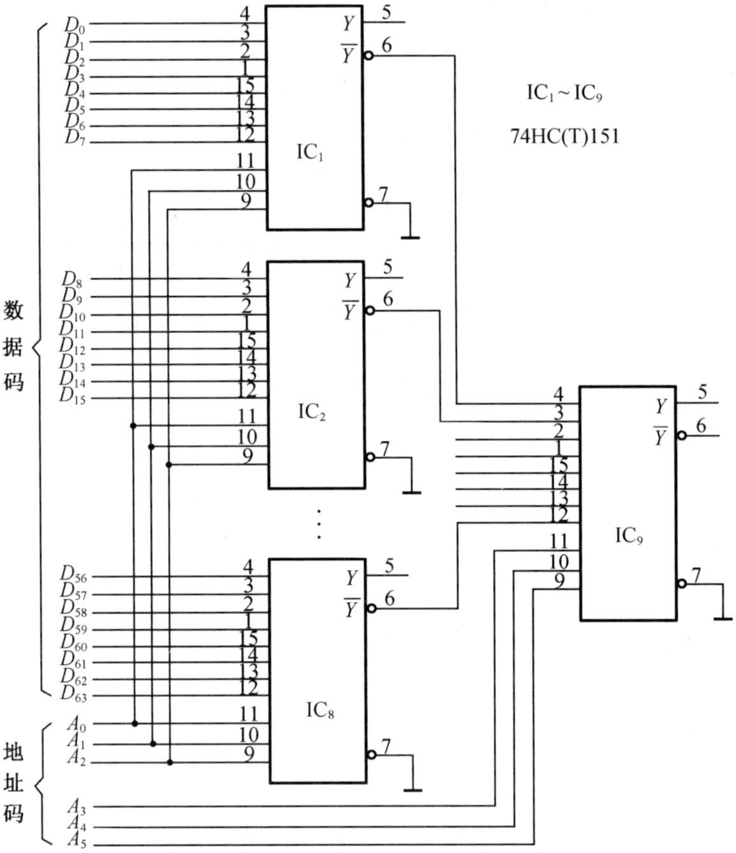

图9.6.2　64选1电路

2. 用数据选择器组成BCD码移位寄存器

图9.6.3是用3片74HC298构成的移位寄存器。四位串行移位数据$(BCD)_0$码加在

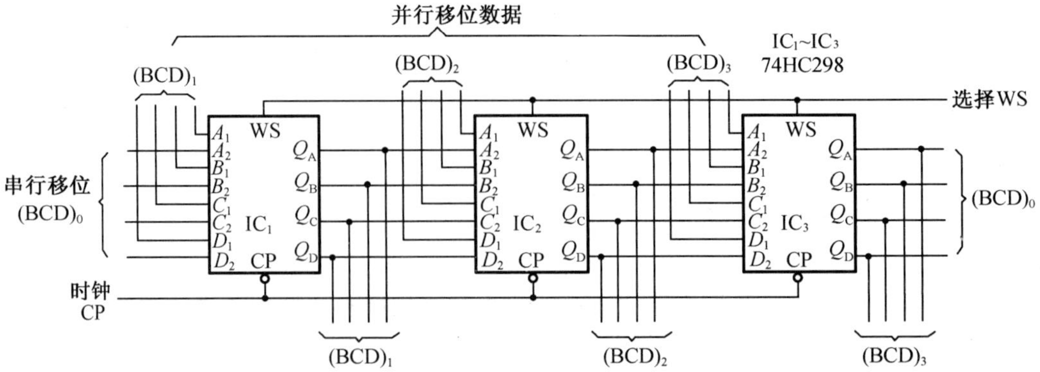

图9.6.3　BCD码移位寄存器

IC_1的第 2 路,3 组并行数据$(BCD)_1 \sim (BCD)_3$分别加在$IC_1 \sim IC_3$的第 1 路。74HC298 为四位 2 选 1 数据选择器,表 9.6.3 为功能表。它设有数据寄存器,用以存储被选中的四路输出数据,由时钟脉冲 CP 控制数据输出。器件内四位 2 选 1 电路均由路(Way)选择端 WS 控制选择第 1 路或第 2 路。当 WS = 1 时选择第 2 路,在IC_1的A_2, B_2, C_2, D_2输入端加的一组$(BCD)_0$码数据,则在时钟下跳沿时,这组数据由IC_1输出传到IC_2的A_2, B_2, C_2, D_2输入端,在下一个 CP 脉冲的下跳沿时,则这组数据又传到IC_3的A_2, B_2, C_2, D_2输入端,当再有 CP 脉冲的下跳沿时,从IC_3的输出端输出$(BCD)_0$码,从而实现了数据的串行移位。当 WS = 0 时选择第 1 路,三组 BCD 码数据并行加到各片的A_1, B_1, C_1和D_1的输入端,在一个时钟作用下,可同时在 3 片的输出端分别得到上述三组 BCD 码数据,实现了并行移位功能。

表 9.6.3　74HC298 功能表

CP	WS	选择数据
↓	0	$D_1\ C_1\ B_1\ A_1$
	1	$D_2\ C_2\ B_2\ A_2$

3. 组成任意函数逻辑表达式

对于三个变量的逻辑函数 $Y = \overline{A}\overline{B}\overline{C} + \overline{A}B\overline{C} + AB\overline{C} + A\overline{B}C + \overline{A}BC$ 表达式可以用与、或门组成逻辑电路实现其逻辑关系。也可以用一个 8 选 1 数据选择器表示,图 9.6.4 所示的是用 74HC(T)151 表示这个逻辑函数 Y。当 $A_2 \sim A_0 = 000$(即 $\overline{A}\overline{B}\overline{C}$)时,选择器输出 D_0 的高电平。当 $A_2 \sim A_0$ 为 010 时,电路输出 D_2 的高电平,而 $A_2 \sim A_0$ 顺序为 011,101 时,D_3 和 D_5 输出高电平,最后 $A_2 \sim A_0$ 为 110(即 $\overline{A}BC$)时,电路输出 D_6 的高电平,从而实现了 Y 表达式的功能。

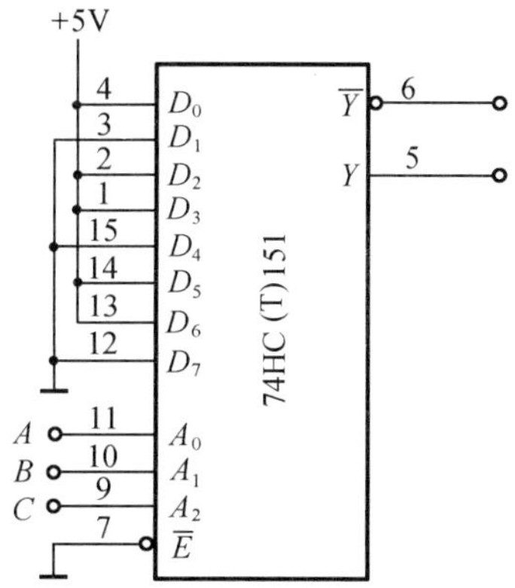

图 9.6.4

9.7　译　码　器

将二进制输入代码转换成特定的输出码的过程称为译码,实现译码功能的逻辑电路叫译码器(Decoder)。译码器是数字系统最常用的逻辑电路之一。译码器是多输出端电路,每一个输出都对应一组唯一的特定输入代码。

常用的译码器有二进制译码器(包括 4 线 - 16 线,3 线 - 8 线和双 2 线 - 4 线译码器)、BCD - 十进制译码器和 BCD - 七段译码器等。常用的译码器产品见表 9.7.1。

表 9.7.1　常用的译码器

规格	TTL	CMOS	功能
4 线 - 16 线	74154,74LS154	74HC(T)154	反码输出
		74HC(T)4514 CD4514	地址锁存,正码输出
		74HC(T)4515 CD4515	地址锁存,反码输出
3 线 - 8 线	74137,74LS137 74AS(ALS)137	74HC(T)137	使能输入、地址锁存,反码输出
	74LS237	74HC(T)237	原码输出
	74138,74LS138 74AS(ALS)138	74HC(T)138	使能,反码输出
	74LS238	74HC(T)238	使能,正码输出
	74ALS(F)538		三态、互补输出
双 2 线 - 4 线	74LS(AS、ALS)139	74HC(T)139	独立地址,反码输出
	74LS155		公用地址
		CD4555	独立地址,正码输出
	74ALS(F)539	CD4556	独立地址,反码输出
			三态,互补输出
BCD - 10 线	74145,74LS145	74HC(T)42	反码输出
	74F537		三态,互补输出
		CD4028	正码输出
BCD - 七段		74HC(T)4511,CD4511	消隐,地址锁存,正码输出
		74HC4543,CD4543	多种显示器
	7447,74LS47,74LS247		OC,共阳、反码
	7448,74LS48,74LS248		共阴,正码输出
	7449,74LS49,74LS249		OC,正码

9.7.1　译码器电路介绍

1. 二进制译码器

图 9.7.1 为 74HC(T)137 译码器电路的管脚图。A,B,C 是 3 条地址线,$Y_0 \sim Y_7$ 为 8 条译码输出线,$\overline{LE}$ 为锁存使能端,低电平有效。当 $\overline{LE}=0$ 时,可将 A,B,C 地址码存入锁存器。E_1 和 $\bar{E}_2$ 为译码输出使能端,当 $E_1=1,\bar{E}_2=0$ 时,译码后的数据才能输出,否则 8 个输出端均无效。这些控制端常用于多片级联。表 9.7.2 为 3 线 - 8 线译码器 74HC(T)137 的功能表。74HC(T)137 由于设置了地址锁存使能端 $\overline{LE}$,增加了使用的灵活性和可靠性。

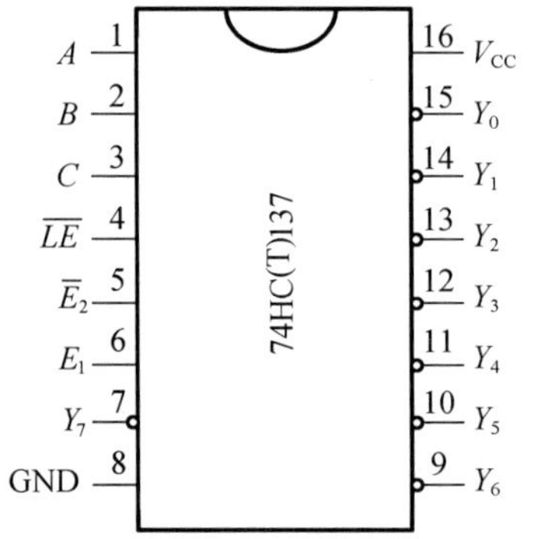

图 9.7.1　54/74HC/HC(T)137 管脚图

表 9.7.2　74HC(T)137 功能表

$\overline{LE}$	E_1	$\bar{E}_2$	C	B	A	Y_0	Y_1	Y_2	Y_3	Y_4	Y_5	Y_6	Y_7(负逻辑)
X	X	1	X	X	X	1	1	1	1	1	1	1	1
X	0	X	X	X	X	1	1	1	1	1	1	1	1
0	1	0	0	0	0	0	1	1	1	1	1	1	1
			0	0	1	1	0	1	1	1	1	1	1
			0	1	0	1	1	0	1	1	1	1	1
			0	1	1	1	1	1	0	1	1	1	1
0	1	0	1	0	0	1	1	1	1	0	1	1	1
			1	0	1	1	1	1	1	1	0	1	1
			1	1	0	1	1	1	1	1	1	0	1
			1	1	1	1	1	1	1	1	1	1	0
1	1	0	X	X	X	在$\overline{LE}$ ↑ 时刻存入寄存器中的地址码相对应的输出为低,其他输出为高							
↑	X	X	A,B,C 码存入寄存器										

2. BCD – 七段译码器

这种译码器又称显示译码器,它与七段显示器件联用,将 BCD 码用十进制数显示出来。十进制数显示器可用七段发光二极管制成,也可以是液晶显示器等。现介绍 74HC4543 多功能 BCD – 七段译码器。

图 9.7.2 为 74HC4543 显示译码器的管脚图,由图可见,$D_0 \sim D_3$端输入四位 BCD 数据码,输入的四位数据码由 LD 端控制将其锁存在片内锁存电路中,称 LD 为加载控制端,高电平有效。BI 为消隐输入端,当 $BI=1$ 时,$a \sim g$ 端输出皆为低电平,从而可达到消隐的目的。为了与液晶显示器相配,这里设置了相位端 PH,使用液晶显示器时将 PH 端与液晶屏的背电极相连。$a \sim g$ 为七段显示驱动输出端。表 9.7.3 为 74HC4543 的功能表。

74HC4543 可以驱动多种显示器件,图 9.7.3 给出了与五种显示器件相配的连接图。这里一个值得注意的问题是 PH 端的处理。

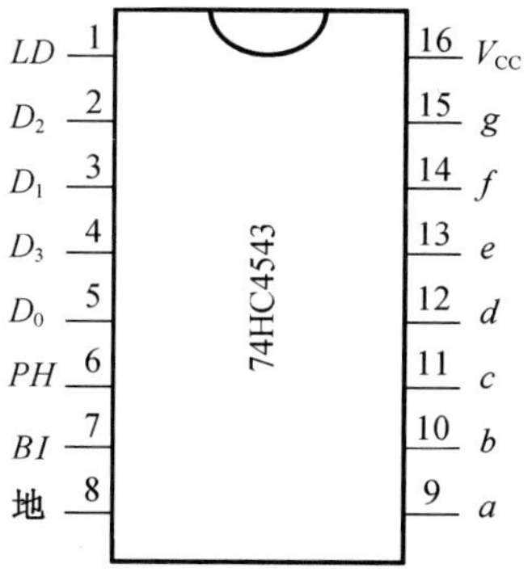

图 9.7.2　74HC4543 管脚图

表 9.7.3 74HC4543 功能表

LD	*BI*	*PH*	D_3	D_2	D_1	D_0	*a*	*b*	*c*	*d*	*e*	*f*	*g*	显示功能	显示器件
X	1	0	X	X	X	X	0	0	0	0	0	0	0	消隐	共阴 LED
1	0	0	0	0	0	0	1	1	1	1	1	1	0	0	
			0	0	0	1	0	1	1	0	0	0	0	1	
			0	0	1	0	1	1	0	1	1	0	1	2	
			0	0	1	1	1	1	1	1	0	0	1	3	
			0	1	0	0	0	1	1	0	0	1	1	4	
			0	1	0	1	1	0	1	1	0	1	1	5	
			0	1	1	0	0	0	1	1	1	1	1	6	
			0	1	1	1	1	1	1	0	0	0	0	7	
			1	0	0	0	1	1	1	1	1	1	1	8	
			1	0	0	1	1	1	1	1	0	1	1	9	
			1 1	X 1	1 0	X X								消隐	
0	0	0	X	X	X	X	锁存状态取决于 *LD* 的 ↓							保持 *LD* ↓ 前面状态	
同上		1	同上				反码输出							同上	共阳 LED
同上			同上											同上	液晶

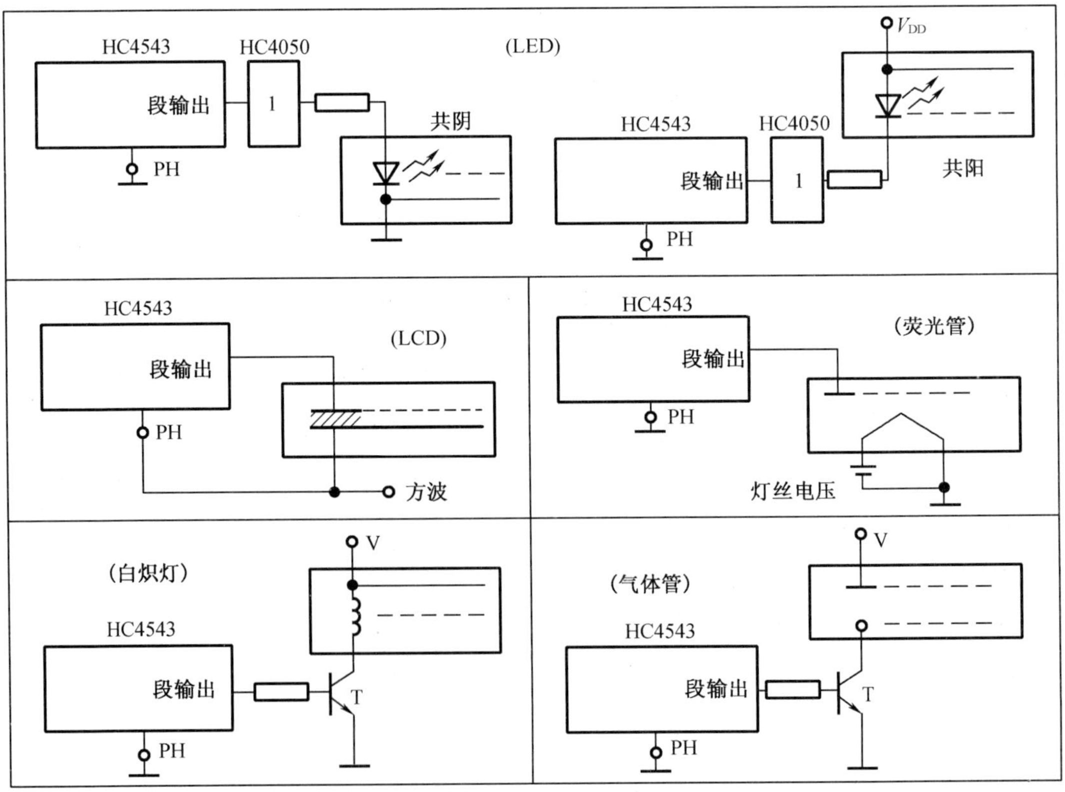

图 9.7.3 74HC4543 与 5 种显示器件的连接图

9.7.2　译码器的应用

1. 二进制译码器的级联扩展输出端

图 9.7.4 是用 9 片 74HC(T)137 译码器构成 6 线 -64 线译码器。这里 $A_0 \sim A_5$ 为 6 条地址线。它是两级结构，第一级为 IC_1，它的三条地址线作为 $A_3 \sim A_5$。其输出分别去控制第二级的译码器 $IC_2 \sim IC_9$ 的片选端。因为 IC_1 的译码输出为反码，所以 $IC_2 \sim IC_9$ 选用 $\bar{E}_2$ 为片选端。$IC_2 \sim IC_9$ 的 A,B,C 并联作为 $A_0 \sim A_2$，$IC_2 \sim IC_9$ 的译码输出端为 $Y_0 \sim Y_{63}$，从而实现了 6 线 -64 线的译码。各片的 LE 和 E_1 并联作为锁存允许端 E，当 $E=0$ 时，$IC_1 \sim IC_9$ 全部被封锁。

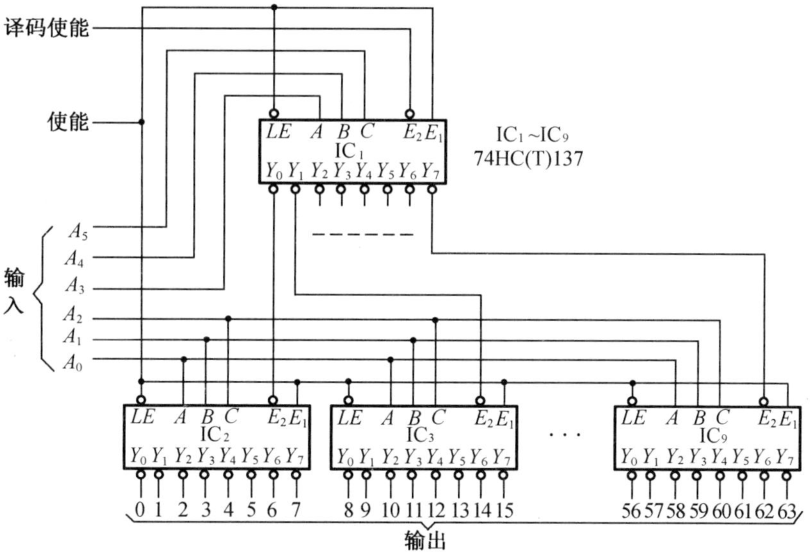

图 9.7.4　6 线到 64 线地址锁存译码器

2. 二进制译码器与数据选择器的配合使用

图 9.7.5 为译码器 74154 与数据选择器 74150 联用，构成了一个 16 路选 1 的数据传送电路。16 位数据由 74150 的 $D_0 \sim D_{15}$ 输入，在地址码 $A_0 \sim A_3$ 的控制下使某个数据位 D_n 从 74150 的 $\bar{Y}$ 反码输出，$\bar{Y}$ 再通过反相器反相后，送入 74154 的片选端 $\bar{S}$，74154 的另一个片选端 S_2 接地。由于 74154 的地址与 74150 的地址是对应位并联的，这样，数据 D_n 就从 74154 的相同位数的 $\bar{Y}_n$ 端输出低电平，其他输出位为高电平。这样电路实现了 D_n 数据有选择地在总线上做串行传输。

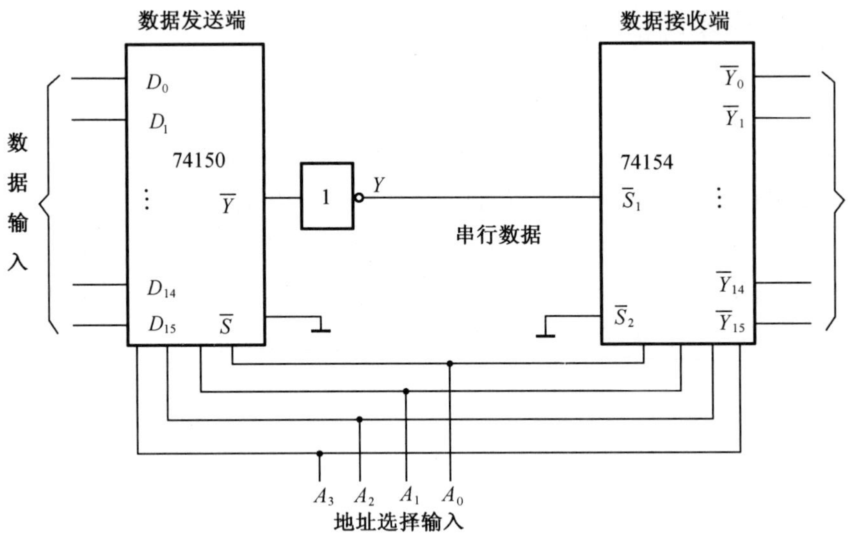

图 9.7.5　数据选择器和译码器的配合使用

9.8　数值比较器

数值比较器(Digital comparator)是对两个位数相同的二进制数码的数值进行比较的电路。

9.8.1　数值比较器

1. 一位数值比较器

有两个一位数 A_1 和 B_1,比较结果有三种情况:

①$A_1 > B_1$(即 $A_1 = 1, B_1 = 0$),用 $Y_{1(A>B)}$ 表示,$Y_{1(A>B)} = A_1\overline{B}_1 = 1$;

②$A_1 < B_1$,输出用 $Y_{1(A<B)}$ 表示,$Y_{1(A<B)} = \overline{A}_1 B_1 = 1$;

③$A_1 = B_1$,即 $Y_{1(A=B)} = \overline{A}\overline{B}_1 + A_1 B_1 = A_1 \odot B_1 = 1$。

上述比较情况可用表 9.8.1 的功能表表示,其逻辑电路如图 9.8.1 所示。

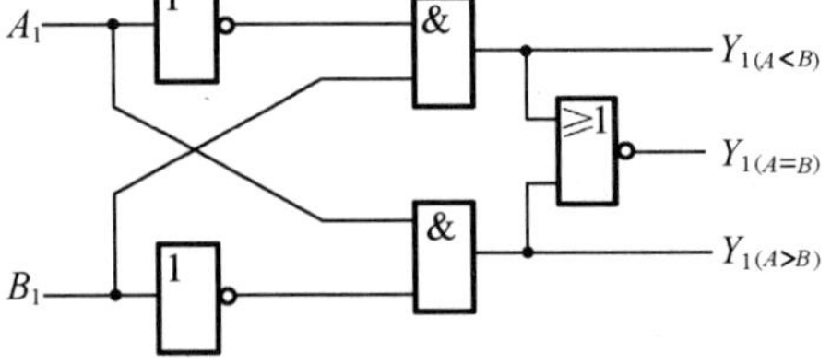

图 9.8.1　一位数值比较器的逻辑电路图

表 9.8.1　一位数值比较器功能表

输入		输出		
A_1	B_1	$Y_{1(A>B)}$	$Y_{1(A=B)}$	$Y_{1(A<B)}$
0	0	0	1	0
0	1	0	0	1
1	0	1	0	0
1	1	0	1	0

2. 四位数值比较器

多位数值比较的顺序是从最高位向低位逐位比较。高位相等时,再比较次高一位,直至比较完。若高位不相等,则次高位不再比较,由这位的比较结果决定是哪种输出。

现以四位数值比较器 SN7485 为例进行讨论。图 9.8.2 为 SN7485 的管脚功能图。$A_0 \sim A_3$,$B_0 \sim B_3$为四位比较数据输入端。$A>B$,$A<B$ 和 $A=B$ 为三个比较结果输出端。对输入数据进行比较的顺序为:

①若 $A_3 \geqslant B_3$,则肯定 $A \geqslant B$;

②若 $A_3 = B_3$,$A_2 \geqslant B_2$,则 $A \geqslant B$;

③若 $A_3 = B_3$,$A_2 = B_2$,$A_1 \geqslant B_1$,则 $A \geqslant B$;

④若前三位皆相等,$A_0 \geqslant B_0$,则 $A \geqslant B$;

⑤若四位数据对应都相等,则 $A = B$。

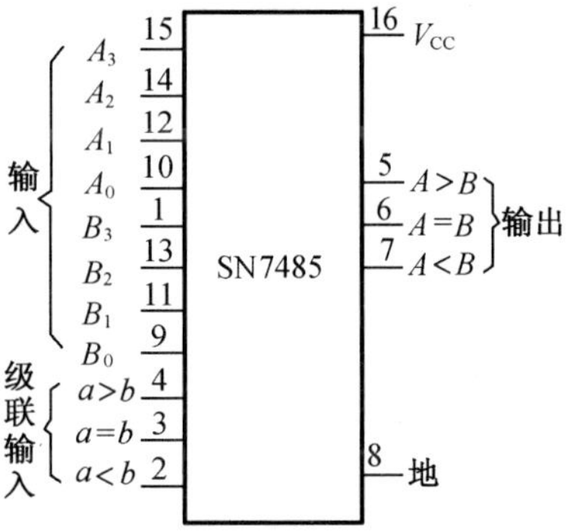

图 9.8.2　SN7485 四位数值比较器电路

若多片级联,则要考虑低一位的比较情况,这里设置有 $a>b$,$a<b$ 和 $a=b$ 级联输入端。表 9.8.2 为 SN7485 的功能表。

表 9.8.2　SN7485 比较器功能表

比较输入				级联输入			比较输出		
A_3,B_3	A_2,B_2	A_1,B_1	A_0,B_0	$a>b$	$a=b$	$a<b$	$A>B$	$A=B$	$A<B$
$A_3>B_3$	×	×	×	×	×	×	1	0	0
$A_3<B_3$							0	0	1
$A_3=B_3$	$A_2>B_2$	×	×	×	×	×	1	0	0
	$A_2<B_2$						0	0	1
$A_3=B_3$	$A_2=B_2$	$A_1>B_1$	×	×	×	×	1	0	0
		$A_1<B_1$					0	0	1
$A_3=B_3$	$A_2=B_2$	$A_1=B_1$	$A_0>B_0$	×	×	×	1	0	0
			$A_0<B_0$				0	0	1
$A_3=B_3$	$A_2=B_2$	$A_1=B_1$	$A_0=B_0$	1	0	0	1	0	0
				0	1	0	0	1	0
				0	0	1	0	0	1
				×	1	×	0	1	0
				1	0	1	0	0	0
				0	0	0	1	0	1

9.8.2 同值比较器

同值比较就是比较两个二进制数是否相等，若相等，则输出低电平，否则输出高电平。

图 9.8.3 为 8 位同值比较器 54/74HC(T)688的电路引脚图。P_n和Q_n为比较数码输入端，而输出端为$\overline{P=Q}$，这表示当 $P_n = Q_n$时，输出为低电平。它还有一个使能输入端 $\bar{E}$，当$\bar{E}=1$ 时，无论输入状态如何，输出都为高电平。而当$\bar{E}=0$ 时，比较器才能执行两组数据的正常比较。表 9.8.3 为 54/74HC(T)688 功能表。

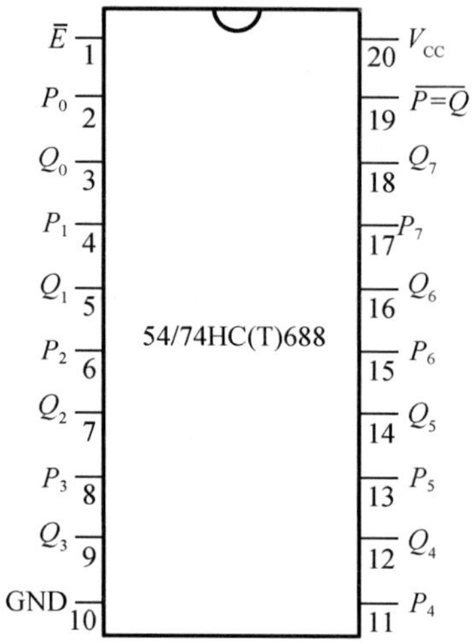

图 9.8.3 54/74HC/HC(T)688 引脚图

表 9.8.3 54/74HC(T)688 功能表

P_n,Q_n	$\bar{E}$	$\overline{P_n=Q_n}$
$P=Q$	0	0
$P\neq Q$	0	1
X	1	1

一些常用的数值比较器如表 9.8.4 所示。

表 9.8.4 数值比较器

	TTL	CMOS	功能
4 位比较器	SN7485，74LS85	74HC(T)85	正码输出，输出使能
8 位比较器	74LS688，74ALS688	74HC(T)688	使能输出，反码输出
	74ALS689		OC，输出使能，反码输出
	74ALS518		OC，正码，有上拉电阻，同比
	74ALS519		OC，正码，无上拉电阻，同比
	74ALS520		反码，有上拉电阻，同比
	74ALS521，74F521		反码，无上拉电阻，同比
	74ALS522		OC，反码，同比
	74ALS686		锁存使能，反码

9.8.3　数值比较器的应用

如果数值比较器只能对四位数据进行比较，其用途是不大的。在实际应用中，数值比较器都是多片级联以扩大比较位数。图 9.8.4 为用两片四位数值比较器 SN7485 组成的 8 位数值比较器。IC_1的 $A_0 \sim A_3$和 $B_0 \sim B_3$作为低 4 位，而 IC_2的 $A_0 \sim A_3$和 $B_0 \sim B_3$作为高 4 位 $A_4 \sim A_7$和 $B_4 \sim B_7$。IC_1的 $A>B$，$A=B$ 和 $A<B$ 分别与 IC_2的 $a>b$，$a=b$ 和 $a<b$ 相连。

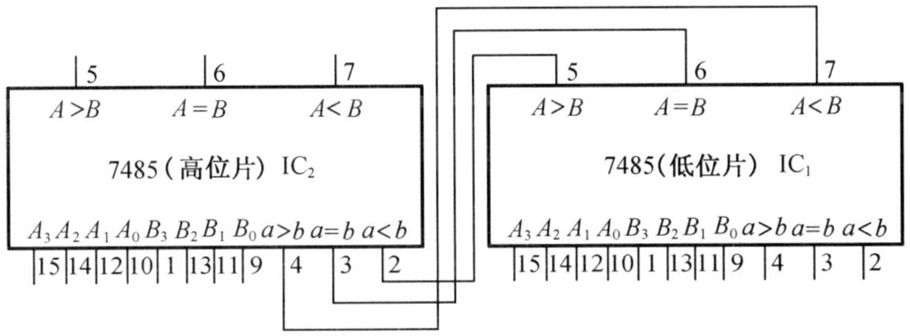

图 9.8.4　8 位二进制数比较器

比较仍从最高位 A_7，B_7开始，由高位到低位逐位比较。当高 4 位数值不相等时，比较器的输出由高位片 IC_2决定。当高 4 位数值相等时，要由低位片 IC_1的 4 位的比较结果决定 8 位比较器的输出，最后的比较结果仍由 IC_2的输出端输出。

9.9　加法器和算术逻辑单元

9.9.1　加法器

实现二进制数值加法运算的电路称为加法器（Adder）。它是数字运算电路中最基本的运算单元电路。加法器电路还可以组成减法、乘法和除法运算电路。

1. 一位全加器（Full adder）

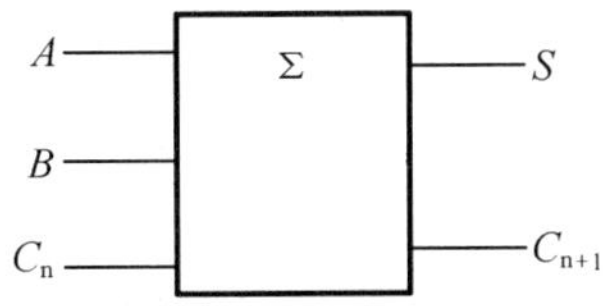

图 9.9.1　一位全加器逻辑符号

图 9.9.1 为一位全加器的逻辑符号。它有加数输入端 A，B，前级进位输入端 C_n，一个和数（Sum）输出端 S 和一个进位输出端 C_{n+1}。74LS183 就是这样的双一位全加器。表 9.9.1 为 74LS183 功能表。

表 9.9.1　74LS183 全加器功能表

C_n	B	A	S	C_{n+1}
0	0	0	0	0
	0	1	1	0
	1	0	1	0
	1	1	0	1
1	0	0	1	0
	0	1	0	1
	1	0	0	1
	1	1	1	1

2. 四位二进制全加器

四位二进制全加器有两种结构，一种是将四个一位全加器首尾串联，就构成一个四位全加器。这种全加器的工作方式是逐级相加，其工作速度慢。另一种是超前进位(Look - ahead carry)加法器，这种加法器的内部由全加器和进位产生电路构成，在加法运算的同时产生进位。所以这种加法器克服了信号逐级传递而产生的延迟的问题，使运算速度加快。

图 9.9.2 为四位二进制加法器 74HC(T)283 的电路引脚图，它是超前进位型的。A_n，B_n 为加数输入端，S_n 为每位相加和的输出端，C_{IN}是进位输入端，而 C_{OUT}为总的进位输出端。表 9.9.2 为 74HC(T)283 的功能表。

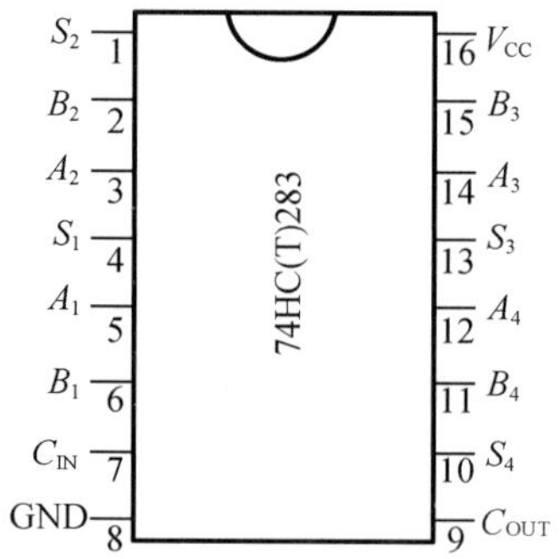

图 9.9.2　74HC(T)283 引脚图

表 9.9.2　74HC(T)283 功能表

输入				输出					
				$C_{IN}=0/C_2=0$			$C_{IN}=1/C_2=1$		
A_1/A_3	B_1/B_3	A_2/A_4	B_2/B_4	S_1/S_3	S_2/S_4	C_2/C_{OUT}	S_1/S_3	S_2/S_4	C_2/C_{OUT}
0	0	0	0	0	0	0	1	0	0
1	0	0	0	1	0	0	0	1	0
0	1	0	0	1	0	0	0	1	0
1	1	0	0	0	1	0	1	1	0
0	0	1	0	0	1	0	1	1	0
1	0	1	0	1	1	0	0	0	1
0	1	1	0	1	1	0	0	0	1
1	1	1	0	0	0	1	1	0	1
0	0	0	1	0	1	0	1	1	0

表 9.9.2(续)

输入				输出					
				$C_{IN}=0/C_2=0$			$C_{IN}=1/C_2=1$		
A_1/A_3	B_1/B_3	A_2/A_4	B_2/B_4	S_1/S_3	S_2/S_4	C_2/C_{OUT}	S_1/S_3	S_2/S_4	C_2/C_{OUT}
1	0	0	1	1	1	0	0	0	1
0	1	0	1	1	1	0	0	0	1
1	1	0	1	0	0	1	1	0	1
0	0	1	1	0	0	1	1	0	1
1	0	1	1	1	0	1	0	1	1
0	1	1	1	1	0	1	0	1	1
1	1	1	1	0	1	1	1	1	1

注：C_2为内部进位。

在加法器中，除二进制加法器外还有十进制加法器，如 CD4560，54/74HC(T)4560，54/74HC583 等。例如 74HC(T)4560 是 16 脚双列直插式封装，有 4 个加数输入端和 4 个被加数输入端，可以送入 BCD 码，执行 1 位十进制数加运算。有 4 个和数输出端和 1 个进位输出端，还有一个进位输入端。所有输入、输出均高平有效。它可以多片级联以扩展相加位数，还可以与其他电路配合使用，实现十进制减法运算。

3. 加法器的应用

图 9.9.3 为用两片 4 位二进制全加器 74HC(T)283 构成的 8 位二进制加法器电路。图中 $S_1 \sim S_8$及 C_O分别是 8 位相加和输出端和最高进位输出端。

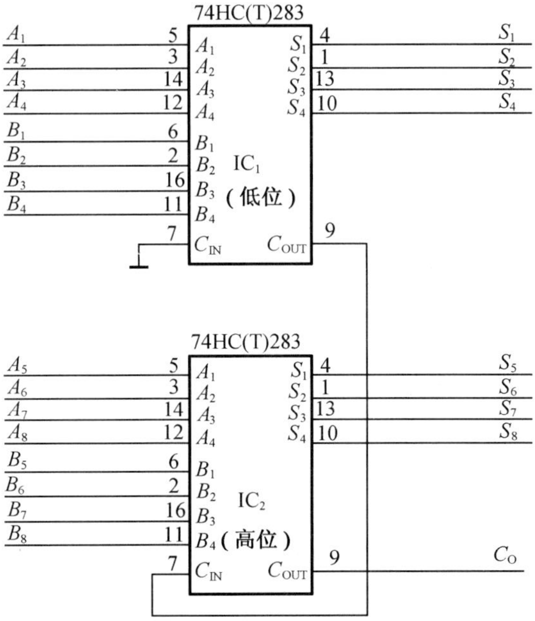

图 9.9.3　8 位二进制加法器

这里应说明，IC_1，IC_2在片内是超前进位的，但两片之间则是串联进位方式，对运算速度会有点影响。74HC283 本身的运算时间为 15 ns，而两片接成 8 位二进制加法器后，典型运算时间为 25 ns，若四片接成 16 位二进制加法器，则运算时间就增加至 55 ns，尽管运算时间长了，但是由于这种方法连接简单，所以还是很有实用价值的。

9.9.2 算术逻辑单元

在 4 位二进制全加器上再附加一些组合电路即可实现比较复杂的算术运算和逻辑运算称为算术逻辑单元（Arithmetic Logic Unit，ALU），例如可实现加减等算术运算和与非、或非等逻辑操作等。所谓逻辑操作是指两个输入的二进制码的各相应位之间分别独立地进行操作，不涉及进位或借位。

图 9.9.4 为 4 位算术逻辑单元 54/74AS181 的引脚图。$\bar{A}_0 \sim \bar{A}_3$，$\bar{B}_0 \sim \bar{B}_3$ 为数据输入端（低电平有效），$\bar{F}_0 \sim \bar{F}_3$ 为算术运算或逻辑运算输出端（低电平有效），$S_0 \sim S_3$ 为运算功能选择端，$S_0 \sim S_3$组合可以实现 16 种算术运算或逻辑运算。C_n为进位输入端（高电平有效），C_{n+4}为进位输出端（高电平有效），$\bar{F}_G$ 为产生进位输出端（低电平有效），$\bar{F}_P$ 为进位传输输出端（低电平有效），$F_{A=B}$为数据比较输出端，M 为模式控制输入端。

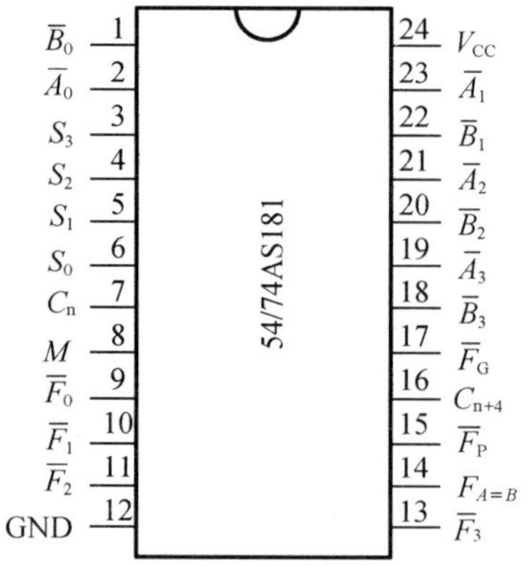

图 9.9.4 54/74AS181 引脚图

当 $M=1$ 时，可实现逻辑运算，$M=0$ 时为算术运算。在算术运算中，还可以在 $C_n=0$ 时作无进位运算，而 $C_n=1$ 时作有进位运算。$\bar{F}_G$ 与 $\bar{F}_P$ 是用来与超前进位发生器 74AS182 连接的，这样可以完成高速运算。利用 $F_{A=B}$端还可以做数值比较。由于该端为开集电极输出，所以还可以做"线与"连接。

近年来出现的高速 4 位算术逻辑单元还有 74F181，该器件与 74AS181 的加法运算时间都为 5 ns 左右。而 CMOS 型高速四位算术逻辑单元有 74HC（T）181 的工作速度较慢，它的加法运算时间为 20 ns，与 74LS181 相近。最近推出的四位高速算术逻辑单元 74F381，其加法运算速度仍能保持 5 ns 左右，而在功能上做了某些简化，只保留 8 种运算功能，外壳封装也由 24 脚改为 20 脚，使用起来更加方便。其价格也下降了，具有很强的市场竞争力。

9.10 组合逻辑电路的竞争和冒险

当两个信号经过不同的传输路径到达同一门的不同输入端时，它们在传输中可能造成延迟时间的差异，那么，这两个信号就可能出现竞争（Race）。

组合逻辑电路的竞争现象是随时都可能出现的，这种竞争有可能使逻辑输出产生错误，这就是冒险（Hazard）。冒险是瞬态现象，在输出端会产生不该有的尖峰干扰脉冲，这会破坏正常的逻辑关系。

9.10.1　竞争冒险现象的判断

判断一个组合逻辑电路是否存在竞争冒险现象的方法很多。这里只介绍两种判断方法，即逻辑函数表达式法和卡诺图法。

1. 逻辑函数表达式法

在一个逻辑函数表达式 Y 中，当只保留一个变量，而其他变量用特定的值 1 或 0 代替时，若表达式出现 $Y=A+\bar{A}$ 时，其输出端可能会产生一个负干扰脉冲，这是“0”型竞争冒险。而表达式出现 $Y=A\bar{A}$ 时，输出端可能会产生一个正干扰脉冲。这是“1”型竞争冒险。

例如 $Y=AB+\bar{A}C$。现在用 $B=C=1$ 代入时，则表达式变为 $Y=A+\bar{A}$，这说明原逻辑表达式中存在有“0”型竞争冒险的可能。又如 $Y=(A+B)(\bar{B}+C)$，令 $A=C=0$ 代入原式，则 $Y=B\bar{B}$，这说明原逻辑表达式中存在有“1”型竞争冒险的可能。

这种判断方法较简单，但在表达式中若变量较多时则难以操作。

2. 卡诺图法

这种方法是先将逻辑表达式填入卡诺图中，观察卡诺图的各化简圈是否有相邻最小项，若存在相邻最小项，而且这些相邻最小项没有被其他化简圈同时包围，则该逻辑表达式可能存在有竞争冒险。

例如，判断图 9.10.1 电路是否有竞争冒险。

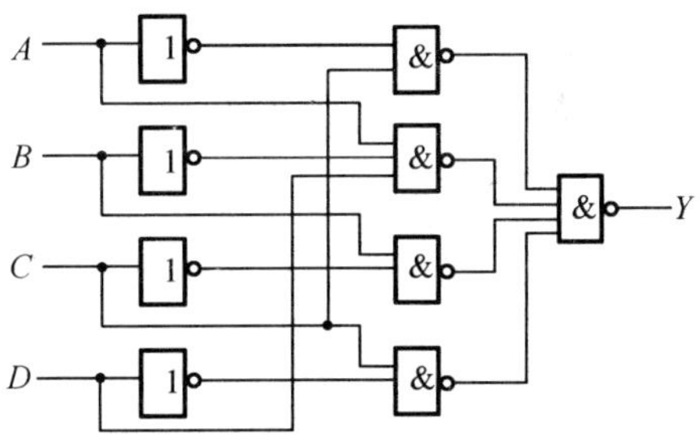

图 9.10.1

解：由图 9.10.1 可得出逻辑函数表达式为

$$Y=\overline{\overline{\bar{A}C}\;\overline{A\bar{B}D}\;\overline{B\bar{C}}\;\overline{C\bar{D}}}=\bar{A}C+A\bar{B}D+B\bar{C}+C\bar{D}$$

将 Y 式中的各项填入图 9.10.2 的卡诺图中，形成四个化简圈，其中有 $\bar{A}B\bar{C}D$ 与 $\bar{A}BCD$，$AB\bar{C}D$ 与 $AB\bar{C}\bar{D}$，$A\bar{B}CD$ 与 $A\bar{B}C\bar{D}$ 为各化简圈的相邻最小项，它们又没被其他化简圈包围。这说明这三处（图中 1，2，3 的黑点处）可能存在竞争冒险。

9.10.2　竞争冒险的消除

消除竞争冒险的方法也很多，如加选通脉冲、加滤波电容、加冗余项等。

这里仅介绍借助于卡诺图加冗余项（Redundant term）来消除竞争冒险的办法。

现仍以图 9.10.1 为例。在图 9.10.2 的卡诺图上有三处相邻最小项，可以再用另外三个化简圈将其包围，即可消除竞争冒险。新增加化简圈后的卡诺图如图 9.10.3（a）所示，这里增加了 $\bar{A}B$，$A\bar{C}D$ 和 $\bar{B}C$ 三个冗余项。这时其逻辑函数表达式为

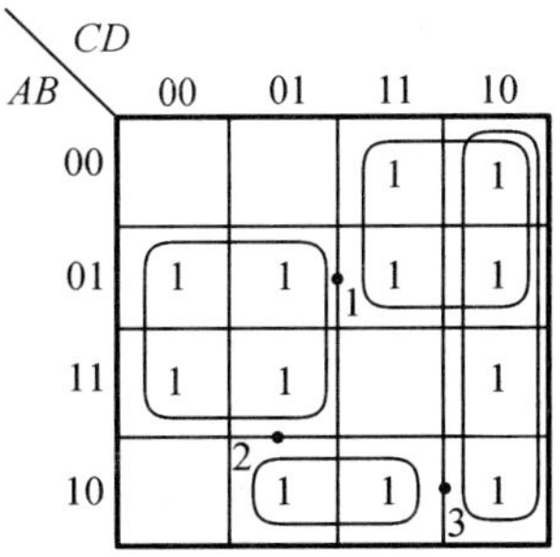

图 9.10.2　函数 Y 的卡诺图

$$Y=\bar{A}C+A\bar{B}D+B\bar{C}+C\bar{D}+\bar{A}B+A\bar{C}D+\bar{B}C$$

按照新的逻辑函数表达式可以画出图 9.10.3(b)的逻辑图。这个新电路就消除了竞争冒险。

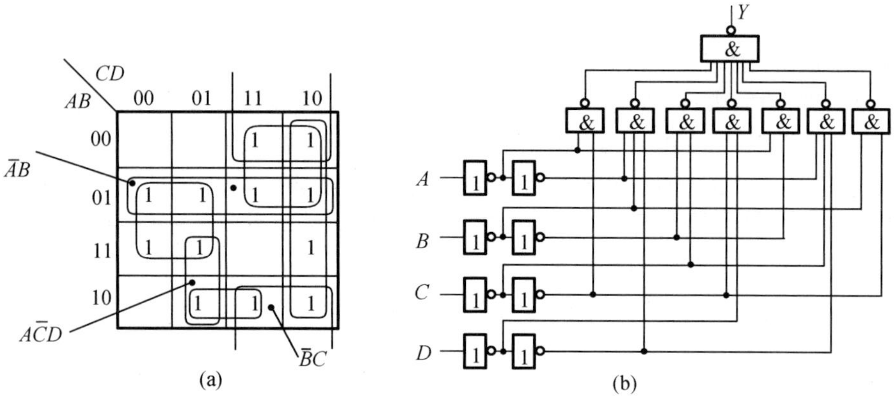

图 9.10.3　增添冗余项的卡诺图及逻辑电路图

习　　题

9.1　试证明下列等式。

(1) $A(A+B)=A$

(2) $\overline{A+B+C}=\bar{A}\bar{B}\bar{C}$

(3) $A(B+C)=AB+AC$

(4) $AB+A\bar{B}=A$

(5) $\bar{A}B+A\bar{B}=A\oplus B$

9.2　化简下列各逻辑函数表达式为最简“与或”逻辑表达式。

(1) $Y=AB+\bar{A}C+B\bar{C}$

(2) $Y=A\bar{B}\bar{C}+\bar{A}BC+AB+\bar{A}\bar{B}\bar{C}$

(3) $Y=AD+A\bar{D}+BA+ACEF+\bar{B}EF+DEFG+\bar{A}C+BD$

(4) $Y=\Sigma(8,9,10,11,12,13,14)$

(5) $Y=\Sigma(0,2,5,7,8,10,13,15)$

(6) $Y=(AB+BC+CD+AD)\oplus(\bar{A}\bar{B}+\bar{B}\bar{D}+\bar{A}\bar{C}+BD)+A\bar{B}D+\bar{A}\bar{C}D$

9.3　化简下列带约束项的函数。

(1) $Y=\Sigma(1,4,6,10,13,15)+\Sigma_{\phi}(3,8)$

(2) $Y=\Sigma(2,4,6,8,9,10,12,13,15)+\Sigma_{\phi}(1,7)$

(3) $Y=\Sigma(3,4,5,10,11,12)+\Sigma_{\phi}(0,1,2,13,14,15)$

(4) $Y=\Sigma(0,2,5,8,10,12,15)+\Sigma_{\phi}(3,6,7)$

9.4　已知 $Y=\bar{A}BD+BCD$,试用“与非”、“或非”和“与或非”逻辑实现逻辑功能。

9.5　将下列逻辑函数化简为标准“与或”逻辑表达式。

(1) $Y=AB+\bar{B}\bar{C}\bar{D}+\bar{A}\bar{B}C\bar{D}$

(2) $Y=A\oplus B\oplus C$

(3) $Y=\overline{A\oplus C}+AB\bar{C}$

(4) $Y=B(A\oplus C)$

(5) $Y=\overline{(AB+C)(A+D)+\bar{B}\bar{C}\bar{D}(A+B)}$

9.6　题图 9.1 中 G 为 TTL 与非门,在输入端加 RC 微分电路,已知 $V_{IL}=0.35$ V,$I_{IL}=1.6$ mA,$V_{ON}=0.8$ V,求 R 值。

9.7　题图 9.2 中为 TTL 门 SM7400 的级联电路,若保证电路正常工作,求负载门 G_N 的最大数。

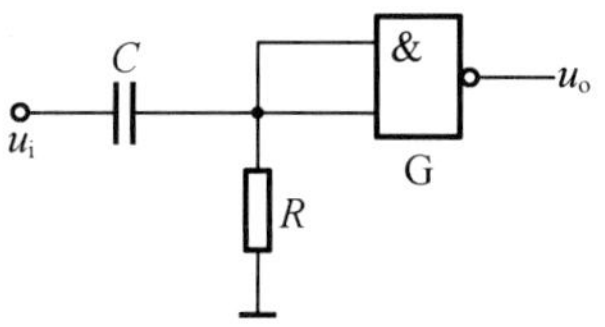

题图 9.1　门电路

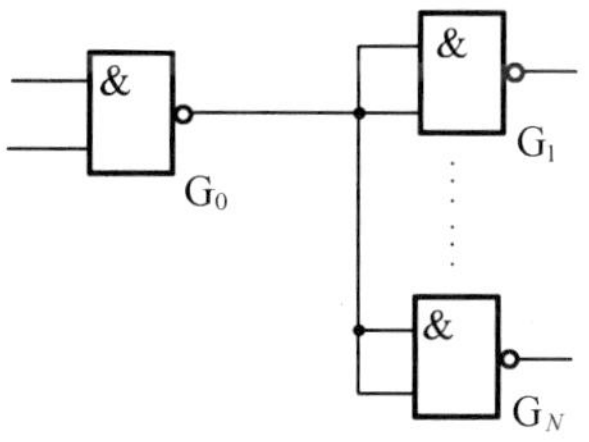

题图 9.2

9.8　在题图 9.3 中,若与非门的 u_i 为矩形波,$C=10$ μF,此电路可否正常工作,为什么?

9.9　在题图 9.4 中,其输入信号为 $f=1.25$ MHz 的方波。

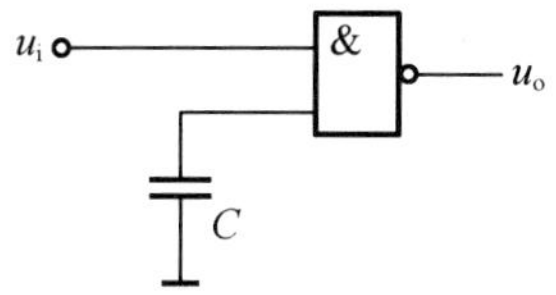

题图 9.3

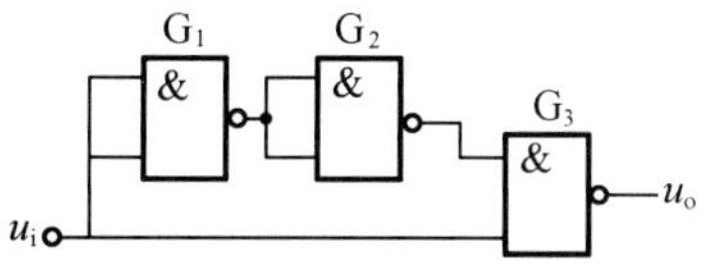

题图 9.4

(1)在不考虑 t_{pd} 时画输入、输出对应波形图。

(2)若 $t_{pd}=20$ ns,重画输入、输出对应波形图。

(3)若 $t_{pd}=20$ ns,输入信号 $f=12.5$ MHz,请分析 u_o 波形。

9.10　题图 9.5 为门电路驱动三个 LED 发光管电路,若门的 $V_{OH}=3.5$ V,$V_{OL}=0.35$ V,$I_{OH}=1$ mA,发光 LED 管的 $I_D\leqslant 20$ mA,串联电阻 $R=150$ Ω,晶体管 T 的 $V_{CES}=0.3$ V,$\beta=100$,若让电路工作正常,求电阻 R_b 值。

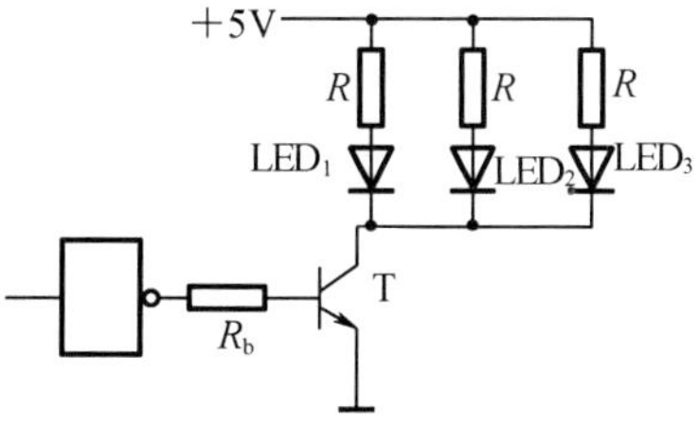

题图 9.5　LED 驱动电路

9.11　题图 9.6(a)为总线应用电路,G_{TS1},G_{TS2} 为三态门。输入端信号波形如题图 9.6(b)所示,请画总线上的波形。

9.12　题图 9.7 为某一个逻辑电路的输入、输出波形图(没考虑门电路的 t_{pd})。

(1)写出此逻辑电路的最简“与或”逻辑表达式。

(2)画出用与非门构成此逻辑电路。

(3)画出最简逻辑电路图。

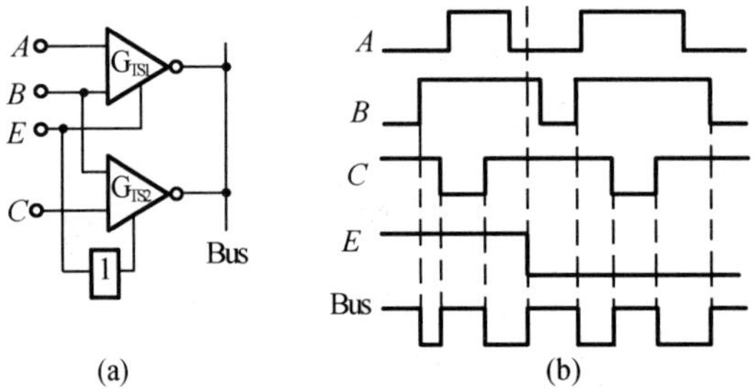

题图 9.6 三态门应用电路

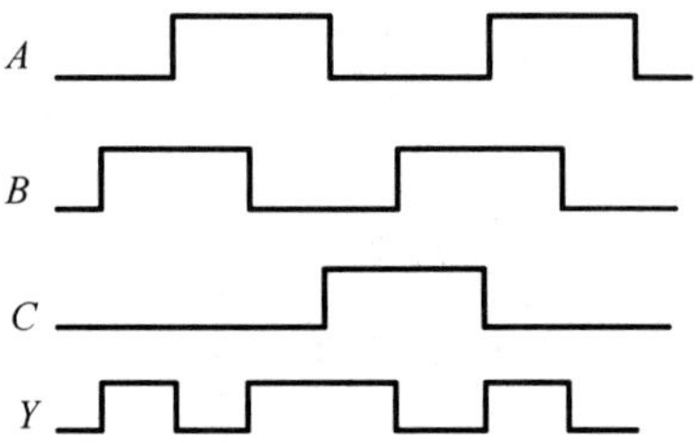

题图 9.7

9.13 CMOS 与非门 CD4001 的 $V_{DD}=5\ \text{V}$,$I_{DD}=0.25\ \mu\text{A}$。

(1)若输入信号为 $f=10\ \text{kHz}$ 的方波时,求 $C_L=100\ \text{pF}$ 和 1 nF 时各自的功耗。

(2)若输入信号为 $f=1\ \text{MHz}$ 的方波时,求 $C_L=100\ \text{pF}$ 时总功耗。

9.14 题图 9.8 电路中,CMOS 门电路的 $V_{DD}=10\ \text{V}$,若输入信号为对称三角波 $f=5\ \text{kHz}$,幅度 V_{PP}为 20 V,请画输入、输出对应波形图。

9.15 在题图 9.9 电路中,是用 CMOS G_0驱动 4 个 TTL 门。已知 G_0的 $I_{OH}=0.4\ \text{mA}$,$V_{OH}=10\ \text{V}$,$V_{OL}=0.1\ \text{V}$,TTL 门的 $I_{1L}=16\ \text{mA}$,$I_{1H}=50\ \mu\text{A}$,$V_{1L}=0.3\ \text{V}$,晶体管 T 的 $V_{ces}=0.3\ \text{V}$,$\beta=100$,试求 R 值。

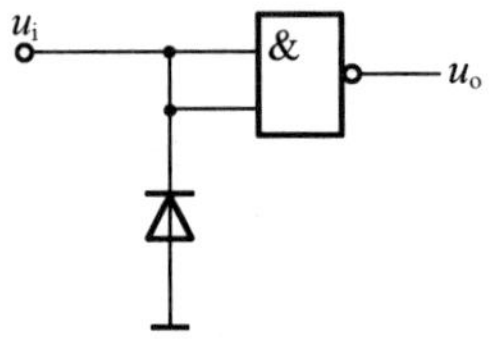

题图 9.8

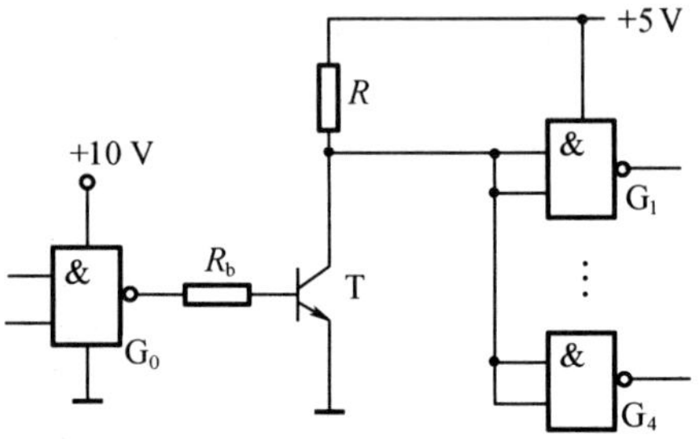

题图 9.9

9.16 请分析题图 9.10 所示逻辑电路的功能。

9.17 试用门电路设计一个上班显示电路,要求周一至周五分别显示 1 ~ 5,而周六、周日不显示。

9.18 试判断下列逻辑电路有无竞争冒险。

(1)题图 9.10。

(2)$Y=\Sigma(2,4,6,8,9,10,12,13,15)$

(3)$Y=AC+\overline{A}\overline{C}+B\overline{C}$

9.19 试判断图 9.10.3(b)电路是否仍存在竞争冒险。

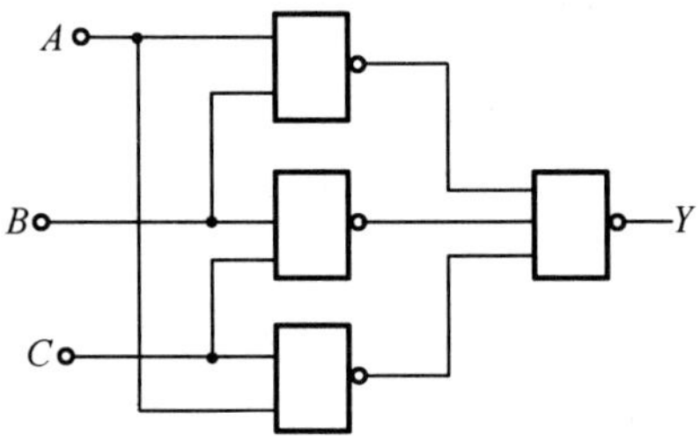

题图 9.10

部分习题参考答案

9.2　(1) $Y=AB+C$；(2) $Y=A+C+BD+\bar{B}EF$；(3) $Y=\bar{B}\bar{C}+BC+AB$；

(4) $Y=A\cdot\overline{BCD}$；(5) $Y=\bar{B}\bar{D}+BD$；(6) $Y=D$。

9.3　(1) $Y=A\oplus B\oplus D$；(2) $Y=A\bar{C}+B(A\odot D)+\bar{B}C\bar{D}$；(3) $Y=B\oplus C$；

(4) $Y=B\odot D+A\bar{C}\cdot\bar{D}$。

9.4　$Y_1=\overline{\overline{\bar{A}BD}\cdot\overline{BCD}}$；(2) $Y_2=\overline{\bar{D}+\bar{B}+\overline{A+C}}$；(3) $Y_3=\overline{\bar{D}+\bar{B}+A\bar{C}}$。

9.5　(1) $Y=AB\bar{C}\bar{D}+AB\bar{C}D+ABC\bar{D}+ABCD+A\bar{B}\bar{C}\bar{D}+\bar{A}\bar{B}\bar{C}\bar{D}+\bar{A}\bar{B}C\bar{D}$；

(2) $Y=\bar{A}B\bar{C}+A\bar{B}\bar{C}+\bar{A}\bar{B}C+ABC$；

(3) $Y=\bar{A}\bar{B}\bar{C}+\bar{A}B\bar{C}+A\bar{B}C+ABC+AB\bar{C}$；

(4) $Y=\bar{A}BC+AB\bar{C}$；

(5) $Y=A\bar{B}\bar{C}D+\bar{A}BC\bar{D}+\bar{A}B\bar{C}D+\bar{A}B\bar{C}\bar{D}$。

9.6　$R=140\ \Omega$。

9.7　$N=5$。

9.8　不能正常工作，还可能烧坏门电路。

9.9　(3) u_o 一直为低电平。

9.10　$R_b=4.7\ \mathrm{k\Omega}$。

9.12　(1) $Y=B\bar{C}+A\bar{C}+\bar{A}\bar{B}C$；(3) 解图 9.1。

9.13　(1) $P_{总}=0.025\ \mathrm{mW}$，$P_{总}=0.25\ \mathrm{mW}$；(2) $P_{总}=2.5\ \mathrm{mW}$。

9.15　$R=1\ \mathrm{k\Omega}$。

9.16　表决电路。

9.17　其译码电路如解图 9.2 所示。

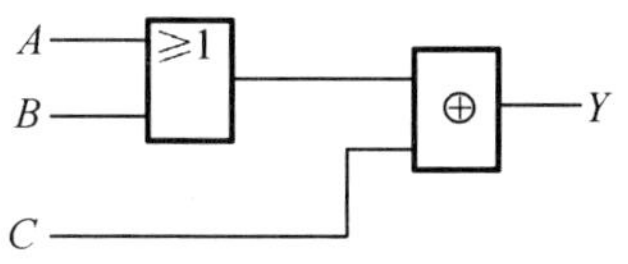

解图 9.1

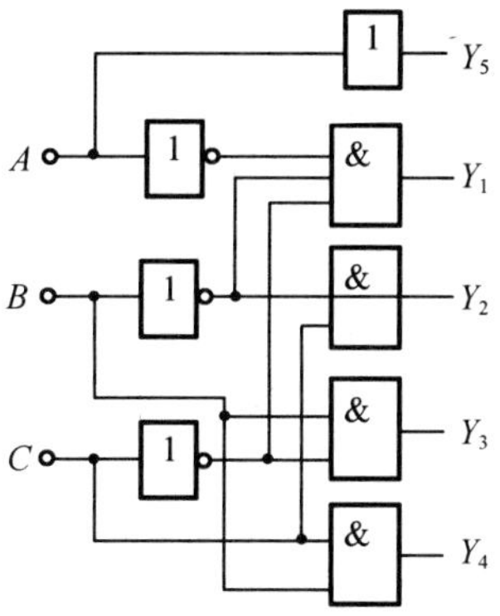

解图 9.2

9.18　(1) 无；(2) 有；(3) 有。

第 10 章　触发器与时序逻辑电路

(Flip-Flop & Sequential Logic Circuit)

凡在某一时刻的输出状态不仅决定于该时刻的输入状态,而且还与这一时刻前的电路原状态有关,这样的逻辑电路称为时序逻辑电路。这种电路一定包含有触发器等记忆电路和反馈通路。本章要在讨论触发器的基础上重点讨论几种常用的时序逻辑集成电路,如计数器、寄存器等;然后再讨论单稳态触发器电路;最后举例说明如何应用数字电路的相关知识对电子电路作综合分析。

10.1　触　发　器

触发器(Flip-Flop,简写 FF)是存放二进制数信息的基本单元,它有“0”和“1”两个稳定状态,故称双稳态触发器(Bistable trigger)或称锁存器(Latch)。它有记忆功能。触发器可分为异步或同步触发器,也可分为 D 触发器和 JK 触发器。

10.1.1　同步触发器

1. 同步 RS 触发器

图 10.1.1 为同步 RS 触发器逻辑图和电路符号,它由四个与非门构成,R 为同步复位端(Synchronous reset),S 为同步置位端(Synchronous set),Q,$\bar{Q}$ 表示触发器的状态。所谓同步,即是复位信号 R 或置位信号 S 在触发触发器时,必须与时钟信号 CP(Clock Pulse)同步。当 $S=1$,$R=0$ 时,在 CP 时钟作用下,触发器的 $Q=1$,$\bar{Q}=0$(称为“1”状态)。而当 $R=1$,$S=0$ 时,在 CP 作用下,$Q=0$,$\bar{Q}=1$(称为“0”状态)。当 $R=S=0$ 时,触发器的输出状态不变。当 $R=S=1$ 时,输出状态不定,这种情况是不允许的。表 10.1.1 为同步 RS 触发器功能表(Funtion table),又称状态表(Stale table),其中 Q_n为触发器原态,Q_{n+1}为触发器的次态。

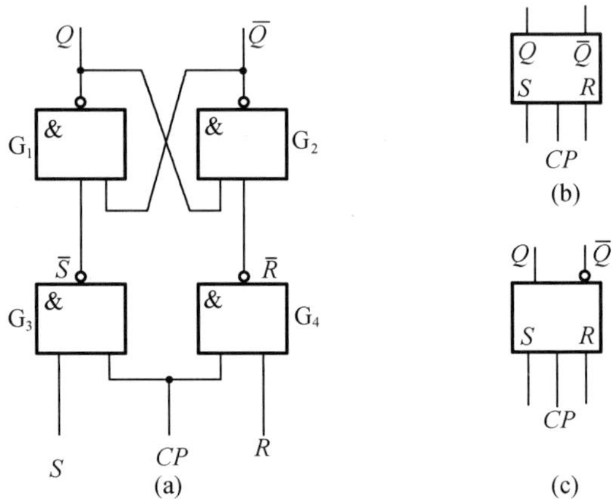

图 10.1.1　同步 RS 触发器及电路符号

由功能表可以很容易得到同步 RS 触发器的状态方程(State equation)为

$$\begin{cases} Q_{n+1} = S + \bar{R}Q_n \\ SR = 0(\text{约束条件}) \end{cases} \tag{10.1.1}$$

方程中的 $SR=0$ 表明 R,S 不能同时为 1,故称为约束条件(Constraint condition)。

表 10.1.1　同步 RS 触发器功能表

R	S	CP	Q_n	Q_{n+1}	功能
1	0	1	×	0	置"0"
0	1	1	×	1	置"1"
1	1	1	×	不定	不允许
0	0	1	×	Q_n	保持
×	×	0	×	Q_n	保持

根据 R,S 和 CP 的已知波形还可以画出输出波形图,如图 10.1.2 所示。这种波形图称为时序图(Timing diagram)。

这类触发器虽有输出状态不定的问题,但由于其结构简单,还可实现同步控制,所以早期有类似的集成电路产品,如 CD4044 等。

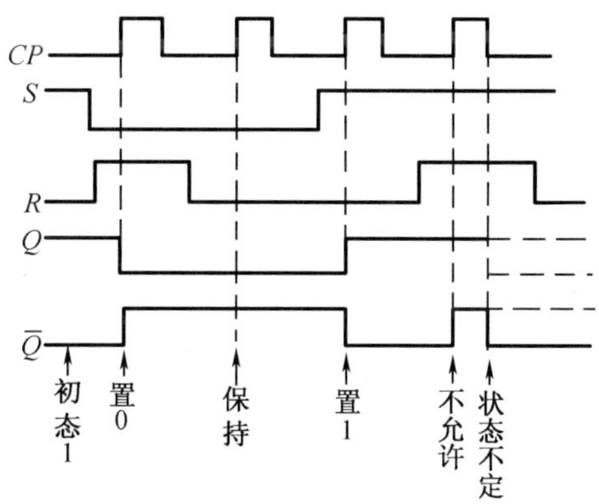

图 10.1.2　同步触发器的时序图

2. 同步 D 触发器

为了解决 RS 触发器输入同时为 1 时输出状态不定的问题,出现了图 10.1.3 所示的同步 D 触发器(D - FF),又称 D 锁存器(D - latch),它在两输入端之间加入一个反相器,使 R,S 端输入信号总不相同,这样就避免了 R,S 同时为 1 的不允许状态。触发器的状态方程为

$$Q_{n+1} = D \tag{10.1.2}$$

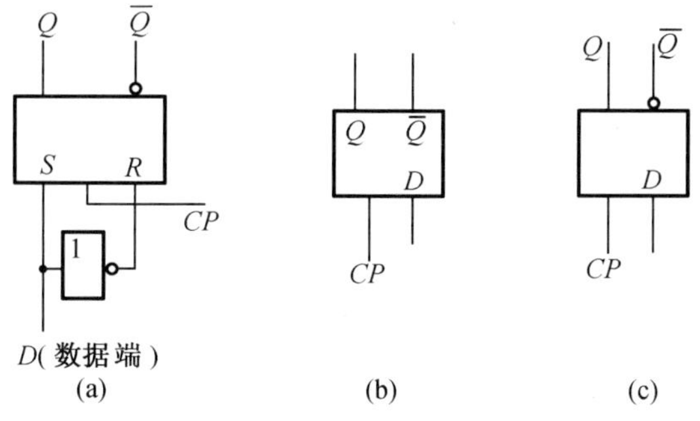

图 10.1.3　同步 D 触发器及电路符号

同步 D 触发器虽然解决了输出状态不确定的问题,但它又出现了空翻问题,图 10.1.4 给出了同步 D 触发器在 $CP=1$ 时产生空翻情况。所谓空翻就是在 CP 时钟脉冲高电平持续期间,触发器可能出现多次翻转,空翻可能会给输出造成错误。

10.1.2　边沿触发的 D 触发器

为了解决空翻问题,人们把触发器设计成用 CP 脉冲的边沿触发(Edge - trigger)。边沿

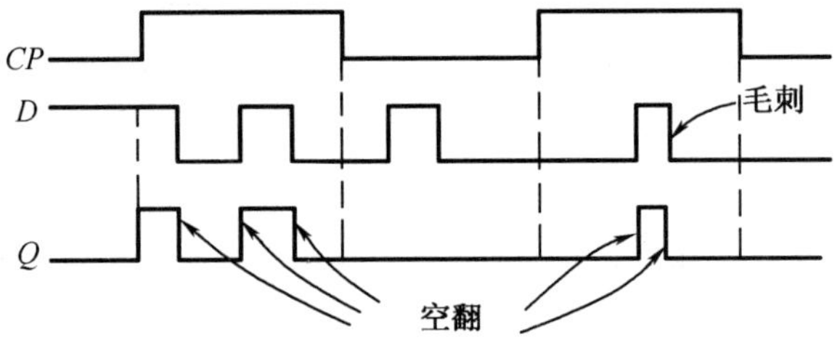

图 10.1.4 同步 D 触发器的空翻现象

触发器有多种结构,而维持－阻塞结构的触发器是较常用的一种。

图 10.1.5(a)为用 CP 脉冲的上升沿触发的 D 触发器。在电路中设置了维持、阻塞线,用维持、阻塞线去克服空翻。图中③线和②线分别为置“0”维持线和置“0”阻塞线;①线和④线为置“1”维持线和置“1”阻塞线。依图可以很容易分析其工作过程。这种触发器只接收 CP 脉冲上升沿到来时刻的 D 端信息,触发器次态 Q_{n+1} 仍由式(10.1.2)决定。CP 脉冲的上升沿过后,电路呈维持－阻塞状态,不管 D 端状态如何变化,触发器的状态都不会产生变化。

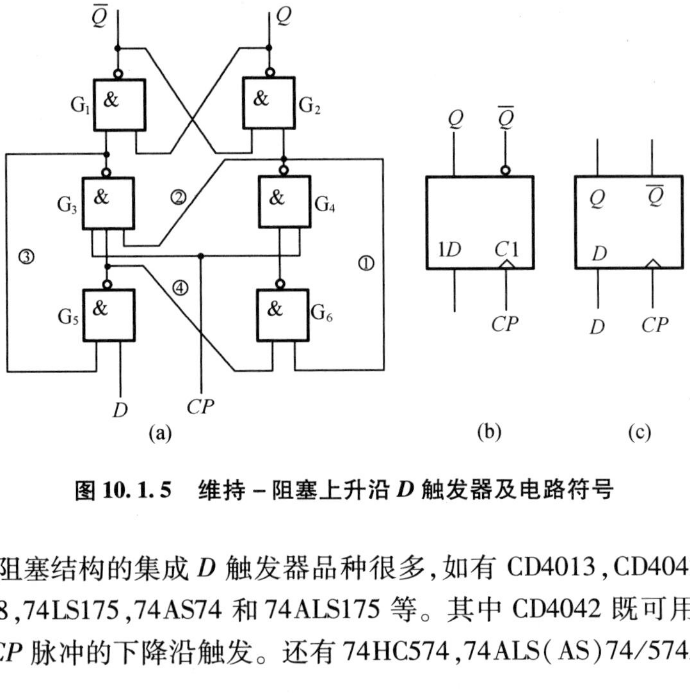

图 10.1.5 维持－阻塞上升沿 D 触发器及电路符号

利用维持－阻塞结构的集成 D 触发器品种很多,如有 CD4013,CD4042,74HC(T)137,74LS377,74LS378,74LS175,74AS74 和 74ALS175 等。其中 CD4042 既可用 CP 脉冲的上升沿触发,又可用 CP 脉冲的下降沿触发。还有 74HC574,74ALS(AS)74/574/879 等均为三态输出。

图 10.1.6 为 74AS175 上升沿触发的四 D 触发器管脚图,其中 $\overline{CR}$ 为公共异步清零端(Clear),不管其他输入端状态如何,只要 $\overline{CR}=0$,四个触发器全复零。表 10.1.2 和 10.1.3 分别给出 74AS175 的功能表和推荐的定时参数值,在使用时不要小于这些参数值,否则可能使电路工作不正常,图 10.1.7 为 74AS175 的时序波形图。

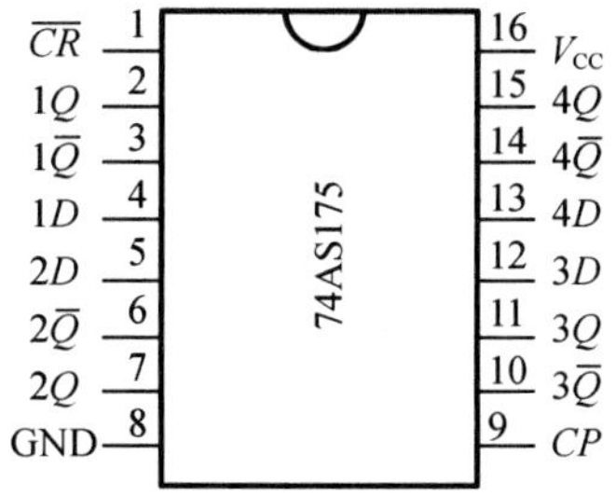

图 10.1.6　74AS175 管脚图

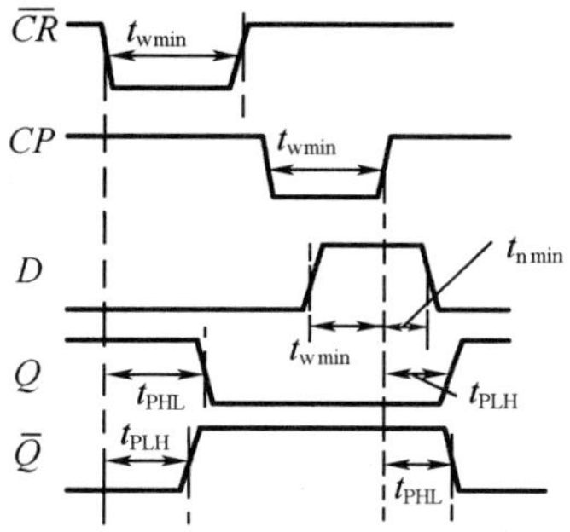

图 10.1.7　74AS175 时序波形图

表 10.1.2　74AS175 功能表

$\overline{CR}$	CP	D	Q_{n+1}	$\overline{Q}_{n+1}$	功能
0	×	×	0	1	清零
1	↑	0	0	1	工作
1	↑	1	1	0	
1	0/1	×	Q_n	$\overline{Q}_n$	保持

表 10.1.3　74AS175 推荐定时参数表

符号	时间参数名称		参数值
T_{CPmin}	最小时钟周期		10 ns
t_{wmin}	最小 $CP(\overline{CR})$ 宽度		5 ns
t_{smin}	最小建立时间	数据	4 ns
		清零	6 ns
t_{Hmin}	数据最小维持时间		1 ns

10.1.3　*JK* 触发器

JK 触发器(JK – FF)在触发器产品中是一大类,品种多,应用也非常广。*JK* 触发器是在 *CP* 脉冲的作用下,根据 *J*,*K* 端的电平情况决定输出状态。根据 *CP* 脉冲的作用方式不同,*JK* 触发器可分为脉冲触发和边沿触发两种。

1. 脉冲触发 *JK* 触发器

图 10.1.8 为脉冲触发的主从 *JK* 触发器(Master – Slave JK – FF)及电路符号。其中 $G_1 \sim G_4$组成从触发器,$G_5 \sim G_8$组成主触发器。电路采用主从触发方式使触发器在 *CP* 脉冲的作用下分两步工作。当 $CP=1$ 时,主触发器接收 *J*,*K* 端的信号,在这期间,主触发器输入端是开放状态,而从触发器则是处封锁状态。当 *CP* 脉冲在下跳沿时,主触发器被封锁,从

触发器开放,主触发器的原态送入从触发器,由 Q 和 $\overline{Q}$ 输出。触发器的触发全过程的状态方程为

$$Q_{n+1} = J\overline{Q}_n + \overline{K}Q_n \qquad (10.1.3)$$

这种结构的触发器有 SN7472,7473,74LS107,7476 等。表 10.1.4 为 74LS107 双 JK 触发器的功能表。

这种结构的触发器虽然克服空翻问题,但又出现了一次翻转问题。所谓一次翻转即是在 $CP=1$ 期间,J,K 端电平无论有几次变化,主触发器只翻转一次。假如在 $CP=1$ 期间,J,K 端有先于输入信号的干扰信号,这个干扰信号一旦让主触发器翻转了,等真正的输入信号来时就无法令主触发器再改变状态,这就可能出现错误。正因为存在这样问题,所以这类触发器产品不多,甚至新推出的触发器系列如 74AS(ALS)系列等已不再包括这类产品。

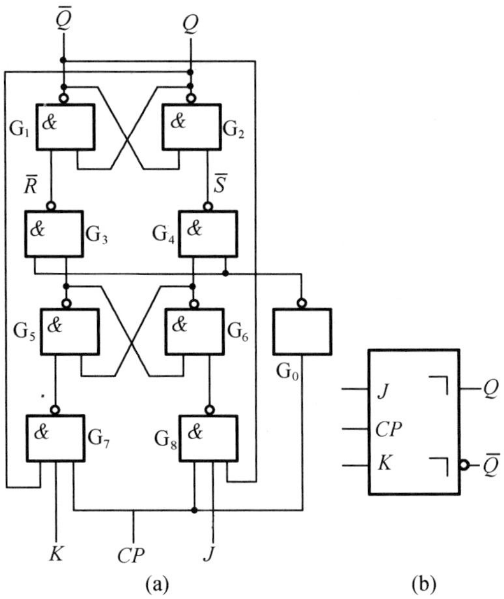

图 10.1.8 主从 JK 触发器及电路符号

表 10.1.4 74LS107 功能表

$\overline{CR}$	CP	J	K	Q_{n+1}	$\overline{Q}_{n+1}$
0	×	×	×	0	1
1	⎍	0	0	Q_n	$\overline{Q}_n$
1	⎍	1	0	1	0
1	⎍	0	1	0	1
1	⎍	1	1	翻转	

2. 边沿触发的 JK 触发器

边沿触发的 JK 触发器能克服一次翻转问题,触发器可以用 CP 脉冲的上升边沿触发,也可用下降边沿触发。

(1)上升沿触发的 JK 触发器

这类触发器在设计时让主触发器在 CP 脉冲处高电平期间失去记忆功能,即在这期间 J、K 端的电平变化时主触发器的状态不会改变。主触发器只是在 CP 上升沿到达时刻由 J、K 的电平来决定自己的状态,并将这一时刻的状态转到从触发器,由从触发器的 Q 端和 $\overline{Q}$ 端输出,故称为上升沿触发(Rise edge triggered)的 JK 触发器。

这类触发器有 7470,74109,74AS(ALS)109;CD4027,CD4096,74HC(T)109 等。

74HC109 是 CMOS 双 *JK* 上升沿触发的触发器，带异步置位、复位端，其置位、复位操作不受 *CP* 控制。表 10.1.5 为 74HC109 的功能表。图 10.1.9 为 74HC109 的电路符号（括号内的数字是第二个触发器的管脚），它表明是 *CP* 上升沿触发。

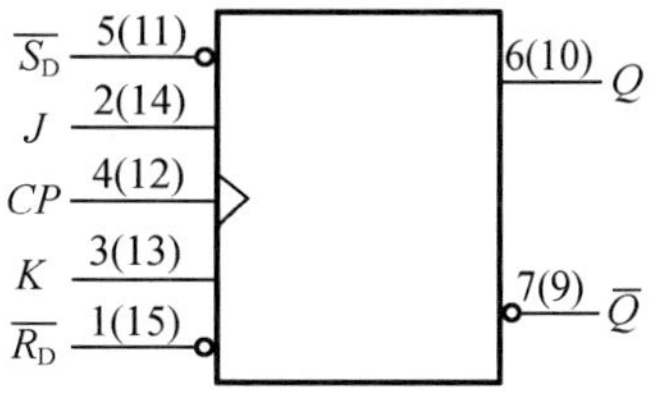

图 10.1.9　74HC109 *JK* 触发器

表 10.1.5　74HC109 功能表

$\overline{S_D}$	$\overline{R_D}$	*CP*	*J*	*K*	Q_{n+1}	$\overline{Q}_{n+1}$
1	0	×	×	×	0	1
0	1	×	×	×	1	0
0	0	×	×	×	不定	
1	1	↑	0	0	0	1
1	1	↑	1	0	翻转	
1	1	↑	0	1	Q_n	$\overline{Q}_n$
1	1	↑	1	1	1	0
1	1	0	×	×	不变	

74HC109 是高速 *JK* 触发器，其最高时钟频率 $f_{CP}=60$ MHz，比 74LS109 高一倍以上。在使用时要注意防止电磁干扰和电源电压干扰。当输出或输入连线超过 15 cm 时，要以“长线”对待，要做好匹配和驱动，以防止反射干扰。

（2）下降沿触发的 *JK* 触发器

这种触发器是利用片内门电路的传输延迟时间实现边沿触发，其输出状态仅取决于 *CP* 下降沿到来一瞬间的 *J*、*K* 端电平，故称为下降沿触发（Fall edge triggered）的 *JK* 触发器。

这类触发器的抗干扰能力较强，所以应用较广。品种也较多，有 7476，74LS76，74LS112，74LS113，74LS114。近年来推出的高速、高性能的 *JK* 触发器大多数用这种触发方式，如 74AS（ALS）113，74AS（ALS）114，74AS112，74F112，74HC（T）76，74HC（T）113，74HC（T）112，74AC（T）112 等。

74AS112 是超高速双 *JK* 触发器，图 10.1.10 为电路逻辑框图及电路符号，图 10.1.11 为其外管脚图，其中 $\overline{S_D}$，$\overline{R_D}$ 为异步置位、复位端。表 10.1.6 为其功能表。这种触发器的最高工作频率 f_{max} 可高达 200 MHz，是目前 TTL 电路中速度最快的 *JK* 触发器。在使用时要更加仔细，各种情况都要考虑周全，才能充分发挥它的超高速特性。该电路的功耗较大，为 190 mW。

表 10.1.6　74AS112 功能表

$\overline{S}_D$	$\overline{R}_D$	$\overline{CP}$	J	K	Q_{n+1}	$\overline{Q_{n+1}}$
0	1	×	×	×	1	0
1	0	×	×	×	0	1
0	0	×	×	×	不定	
1	1	↓	0	0	Q_n	$\overline{Q_n}$
			1	0	1	0
			0	1	0	1
			1	1	翻转	
1	1	1	×	×	Q_n	$\overline{Q_n}$

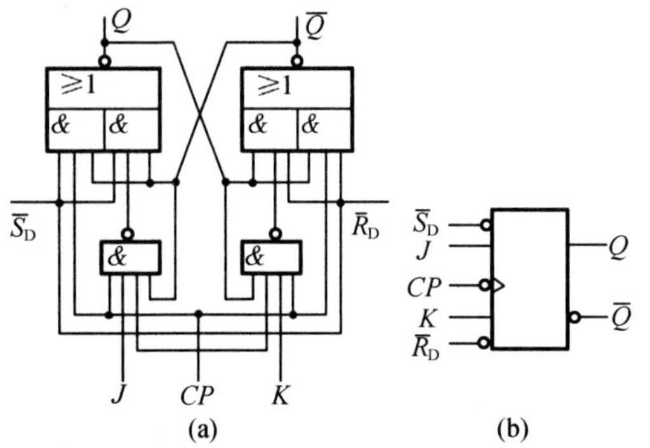

图 10.1.10　74AS112 触发器及电路符号

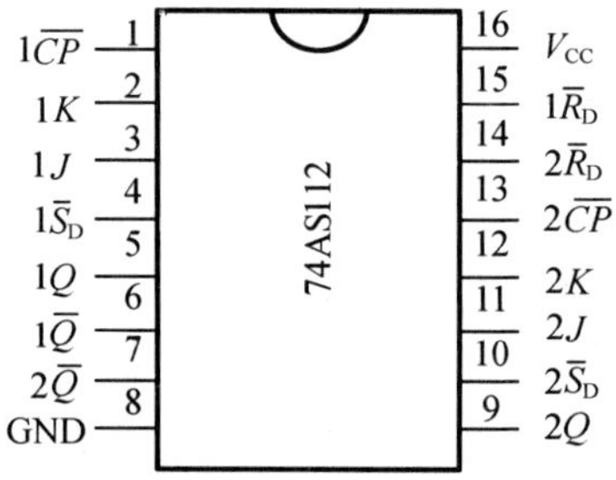

图 10.1.11　74AS112 管脚图

10.1.4　*T* 和 *T′* 触发器

1. *T* 触发器

图 10.1.12 为用 *JK* 触发器构成的 *T* 触发器和它的电路符号。它的基本功能是当 $T=1$ 时，来一个 *CP* 脉冲触发器就改变一次状态，而 $T=0$ 时，即使有 *CP* 脉冲，触发器也保持原态。

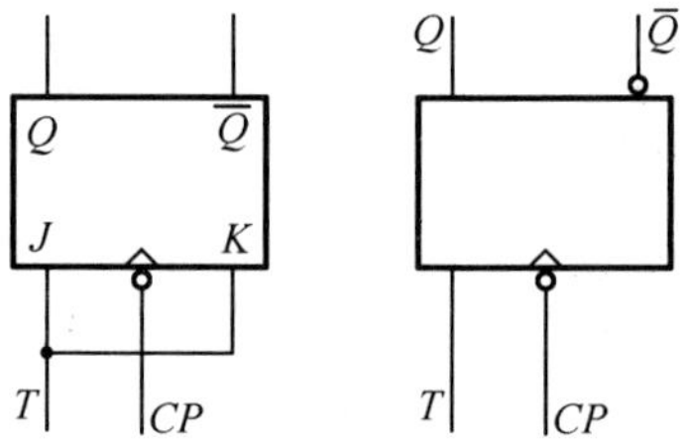

图 10.1.12　*T* 触发器和它的逻辑符号

表 10.1.7 为 *T* 触发器的功能表，其状态方程为

$$Q_{n+1} = T\overline{Q}_n + \overline{T}Q_n = T \oplus Q_n \qquad (10.1.4)$$

表 10.1.7　*T* 触发器的功能表

Q_n	T	Q_{n+1}
0	0	0
0	1	1
1	0	1
1	1	0

2. T'触发器

当 T 触发器的 T 端始终为 1 时，状态方程式(10.1.4)可写成

$$Q_{n+1} = \overline{Q}_n \quad (10.1.5)$$

式(10.1.5)所表示的触发器称为 T'触发器。T'触发器的功能是每来一个 CP 脉冲，触发器就翻转一次，故又称计数触发器。在集成触发器中没有 T 和 T'触发器产品，但可以由 JK 触发器构成 T 触发器，再将 T 触发器的 T 端接高电平构成 T'触发器，还可以将 D 触发器的 $\overline{Q}$ 与 D 端相连接起来构成 T'触发器。

10.1.5　触发器的逻辑功能表示法

根据上面的讨论可知，触发器的逻辑功能可以用多种形式表示。目前常用的有功能表、状态方程、时序图和状态转换图等。这些表示方法各有优势，它们之间是可以相互转化的。

1. 功能表

触发器的功能表又称状态表或特性表，它与以前介绍的真值表是一样的，只是应用场合不同。它以表格形式给出触发器的次态 Q_{n+1}与原态 Q_n、各输入信号(含 CP 时钟)间的对应关系，它可以将触发器的全部状态组合都列出来。这是一种基本的表示方法。

2. 状态方程

它是触发器的次态与原态、各输入信号间的逻辑表达式，故称为触发器的状态方程。可以由触发器的功能表直接列出状态方程，例如，由表 10.1.1 可列出式(10.1.1)的方程式。当有约束条件时，可列出约束方程与之联立。在使用状态方程分析逻辑电路时，有时还要列触发器输入信号表达式，这些表达式称为驱动方程(Driving equation)，例如在分析多位计数器时，就要列出每一位的驱动方程。

3. 时序图

时序图是将触发器的次态与原态、各输入信号之间的时序对应关系用波形图表示，故又称波形图(Wave form)。这种表示方法能非常明了地将各量之间的时序关系表示出来，虽然有时显得麻烦，但仍很受欢迎，特别是在较复杂时序电路中，常用这种方法。

10.1.6　触发器的应用

触发器作为基本时序逻辑单元电路，其应用是很广的，但最重要的用途还是构成各种进制的计数器。下面仅举两例：

1. 五进制加法计数器

图 10.1.13(a)为用三个 JK 触发器构成的异步五进制加法计数器，其中 FF_0的 J_0端与 FF_2 的 $\overline{Q}_2$ 相连，而 FF_2的 J_2端驱动方程为 $J_2 = Q_0Q_1$。这样在计数时，就巧妙地将三个触发器的 101，110 和 111 三种状态跳过去，返回到 000 状态，完成了 5 个 CP 脉冲一循环的操作。图 10.1.13(b)为五进制加法计数器的时序图。

2. 六进制加法计数器

图 10.1.14(a)为用三个 JK 触发器构成的六进制加法计数器，它利用对三个触发器同时复位达到六进制计数的目的。复位端的驱动方程为 $\overline{R} = \overline{Q_1 \cdot Q_2}$。其时序图如图 10.1.14

(b)所示。

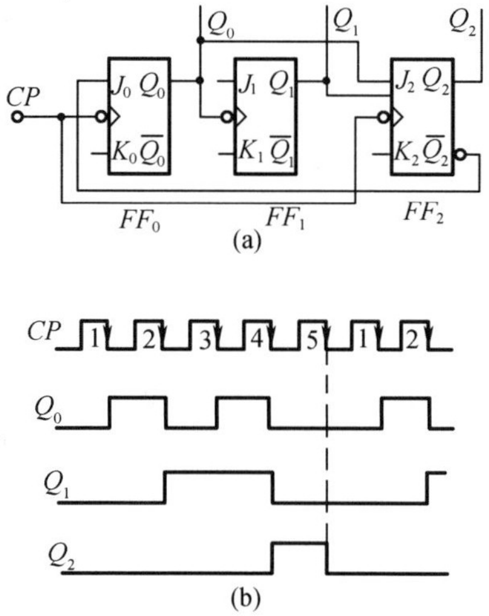

图 10.1.13 五进制加法计数器

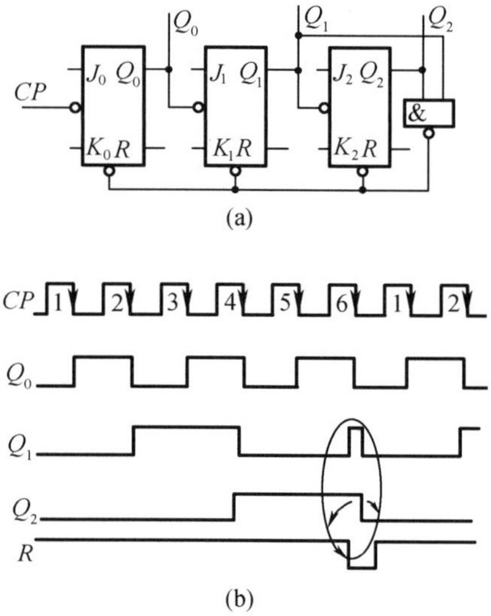

图 10.1.14 六进制加法计数器

用触发器也可以连接成其他进制的计数器。

10.2 异步计数器

在数字电路中,使用最多的时序逻辑电路当属计数器。计数器不仅可对脉冲进行计数,还可用于分频、定时及产生节拍脉冲等。构成计数器的部件主要是无空翻的同步触发器。

计数器的种类很多,按计数进位分类可分为二进制、十进制及 N 进制计数器。按计数脉冲对触发器的驱动情况分类可分为同步或异步计数器。

本节主要讨论异步计数器(Asynchronous counter)。所谓异步计数器就是计数器中各触发器动作不是由 CP 脉冲同步操作的。

10.2.1 异步二进制计数器

一个 n 级异步二进制计数器(Asychronous binary counter)实际上可以将 n 个 T 触发器串联起来,实现 2^n个计数。由于异步二进制计数器的进位是由低位向高位逐级进行的,故它又称为行波计数器(Ripple counter)。

图 10.2.1 为一个三位异步加法计数器,它是将三个由 JK 触发器构成的 T'触发器级联而成的。前一级的输出作为后一级的时钟。图 10.2.2 为其时序图。由于计数是逐级进行的,所以计数速度偏慢。在 CP_8脉冲作用下输出由 111→000 时,各级的输出延迟时间是不相等的,如图 10.2.2 中虚线所示,输出 Q_3与 CP 相比延迟了 $3t_{PHL}$的时间。这一点在设计时应予注意。

尽管这类计数器有计数速度慢的缺点,但由于它的电路结构简单,使用方便,在有些场合应用还是合适的。这种结构的集成计数器有 CD4024,74HC(T)4024(7 级),CD4040,

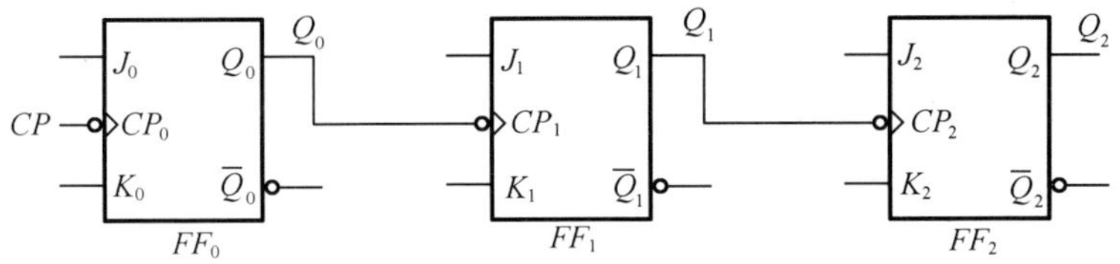

图 10.2.1　3 位二进制异步加法计数器

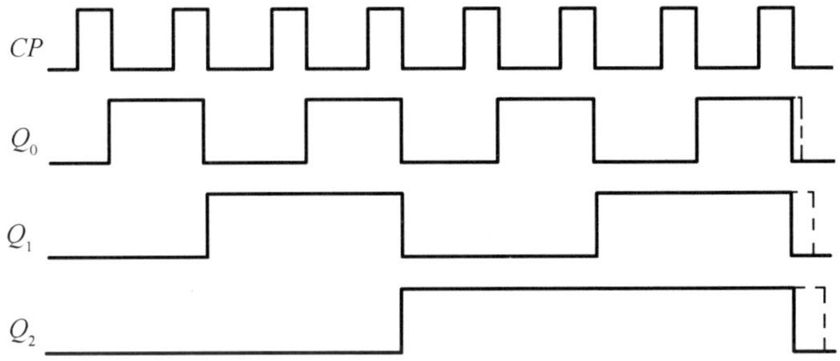

图 10.2.2　3 位二进制异步加法器波形图

74HC4040(12 级),CD4060(14 级)和 74LS393(双 9 级)等。

图 10.2.3 为四位二进制行波加法计数器 74LS93 的电路图。这是一个 ÷2 和 ÷8 结构的电路,它们串联后就为 ÷16 电路,图 10.2.4 为 16 分频的时序图。这种计数器可以构成 $N(N<16)$ 进制加法计数器。

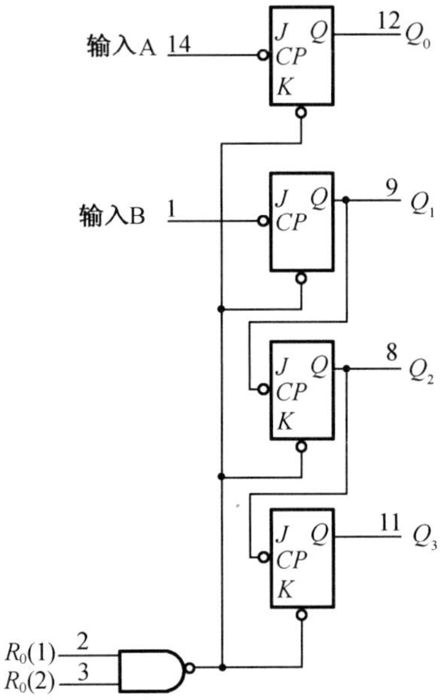

图 10.2.3　74LS93 电路图

10.2.2　异步十进制计数器

异步十进制计数器(Asychronous decimal counter)是在二进制计数器基础上,改变某些级的输入驱动方式,使二进制计数器在计数 0000 ~ 1001 后跳过 1010 ~ 1111 六个状态而重新做 0000 ~ 1001 的循环计数。现以异步十进制加法计数器 74LS90 为例进行讨论。

1. 电路分析

对图 10.2.5 为异步十进制加法计数器 74LS90 的电路图。从结构上看它与 74LS93 相似,只是对输入驱动信号做了一些限制,如 $J_1=\overline{Q}_3$,$J_3=Q_1Q_2$,$CP_2=Q_1$。这样改动后,就可以使电路做十进制加计数操作。FF_0 仍做 ÷2 操作,而 $FF_{1\sim3}$ 的结构与图 10.1.13 结构完全一致,它实现 ÷5 操作(参见图 10.1.3)。为了进一步增加功能,使用时更加方便,电路除有异步复位端 R_0 外又增加异步置 9 端 S_9。

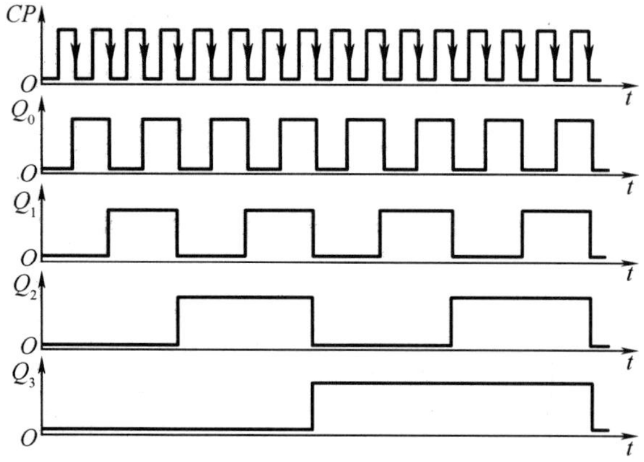

图 10.2.4　74LS93 电路的时序图

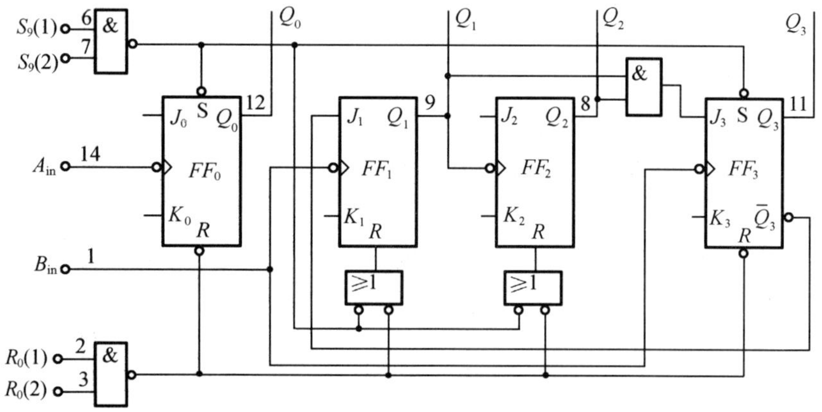

图 10.2.5　74LS90 电路图

表 10.2.1 为 74LS90 的功能表。

表 10.2.1　74LS90 功能表

CP	$R_0(1)$	$R_0(2)$	$S_9(1)$	$S_9(2)$	Q_3	Q_2	Q_1	Q_0	功能
X	1	1	0	X	0	0	0	0	清零
	1	1	X	0	0	0	0	0	
	X	X	1	1	1	0	0	1	置 9
↓	X	0	X	0	Q_{n+1}				计数
	0	X	0	X					
	0	X	X	0					
	X	0	0	X					

2. 应用

由于 74LS90 结构上的特点，所以在应用时是很方便、灵活的。它除了可单独实现二进制计数和五进制计数外，更多的是将两部分连起来，实现十进制加计数。不同连接可以得到三种不同脉冲宽度的进位输出。

(1)普通接法

图 10.2.6(a)为通用接法，将 Q_0输出送入 B_{in}端，则从 Q_3输出十进制的进位输出脉冲，其宽度 $W_1=2T_{CP}$。

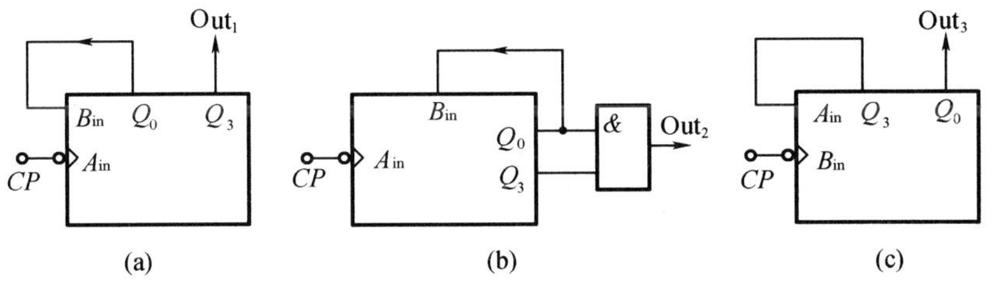

图 10.2.6　74LS90 的应用电路

(2)窄输出脉冲

若将图 10.2.6(a)的 Q_0和 Q_3相与后作为输出，如图 10.2.6(b)那样连接，其输出脉冲宽度 $W_2=T_{CP}$。

(3)方波输出

若电路如图 10.2.6(c)所示那样的连接，先作 ÷5 分频，再作 ÷2 分频，所得的输出的方波脉冲宽度为 $W_3=5T_{CP}$。

表 10.2.2 为 74LS90 做十进制加计数时的计数表。

表 10.2.2　74LS90 输出计数表

计数	Out_1，Out_2				Out_3(方波)			
	Q_3	Q_2	Q_1	Q_0	Q_3	Q_2	Q_1	Q_0
0	0	0	0	0	0	0	0	0
1	0	0	0	1	0	0	0	1
2	0	0	1	0	0	0	1	0
3	0	0	1	1	0	0	1	1
4	0	1	0	0	0	1	0	0
5	0	1	0	1	1	0	0	0
6	0	1	1	0	1	0	0	1
7	0	1	1	1	1	0	1	0
8	1	0	0	0	1	0	1	1
9	1	0	0	1	1	1	0	0

10.3 同步计数器

同步计数器(Synchronous counter)是在时钟脉冲统一作用下,各计数位同时动作。它克服了异步计数器的操作时间长的问题。

同步计数器可分为同步二进制计数器和同步十进制计数器。

10.3.1 同步二进制计数器

同步二进制计数器(Synchronous binary counter)是由多位 T 触发器构成。一般它有两种结构,一种是控制触发器 T 端的电平,在 CP 脉冲到达时,$T=1$ 的位的触发器翻转,$T=0$ 的位的触发器不翻转。另一种是控制触发器的时钟脉冲,而所有的 T 端都接高电平,每次只有时钟脉冲出现的位翻转计数。另外,置位、复位方式也有两种,一种是异步置位、复位,另一种是同步置位、复位。

图 10.3.1 为用 JK 触发器构成的四位同步二进制减法计数器。FF_0 为 T' 触发器,其余的为 T 触发器,其 T 端电平受控,最后满足同步二进制计数功能要求。$FF_0 \sim FF_3$ 是在 CP 脉冲同时作用下使 $T=1$ 的触发器翻转。图 10.3.2 为该计数器的输出时序图。

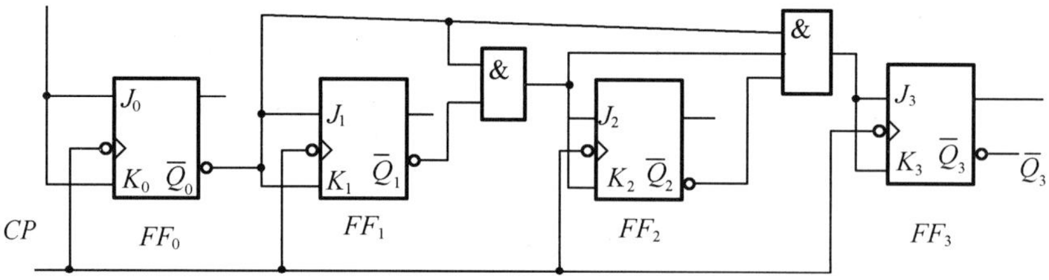

图 10.3.1 4 位二进制同步减法计数器

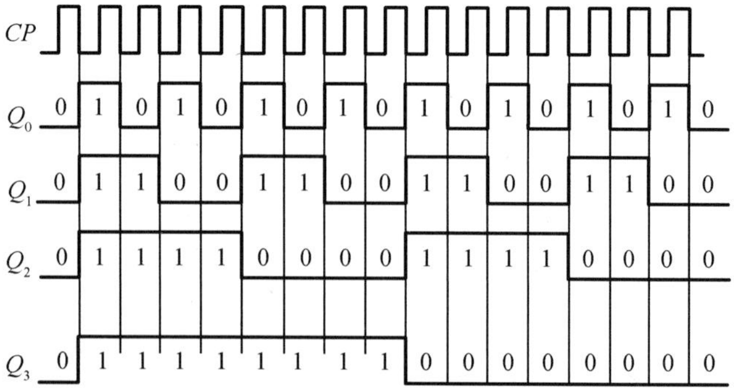

图 10.3.2 图 10.3.1 电路的时序图

集成同步二进制计数器产品也不少,有 74LS161,74AS161(四位,直接清零),74LS163,74ALS163(四位,同步清零),74AS561(三态输出)和 CD40103(8 位减法,最大计数 256)等。

1. 典型电路

74HC(T)161 的结构框图如图 10.3.3 所示。它有计数、预置数据和异步清零等功能。$\overline{LD}$为置数(Load)控制端，当$\overline{LD}=0$时，计数器禁止计数，在下一个时钟脉冲的上升沿时将$D_0\sim D_3$的数据存入寄存器。EP(Enable clock pulse)和ET(Enable terminal)为计数使能端，都为高电平有效。计数器设有最终进位输出端(Terminal Carry，简写 TC)，当$Q_1\sim Q_4$皆为 1 时，输出正极性的进位脉冲，宽度为T_{CP}。TC与EP,ET主要用于计数器多片级联。表 10.3.1 为其功能表。

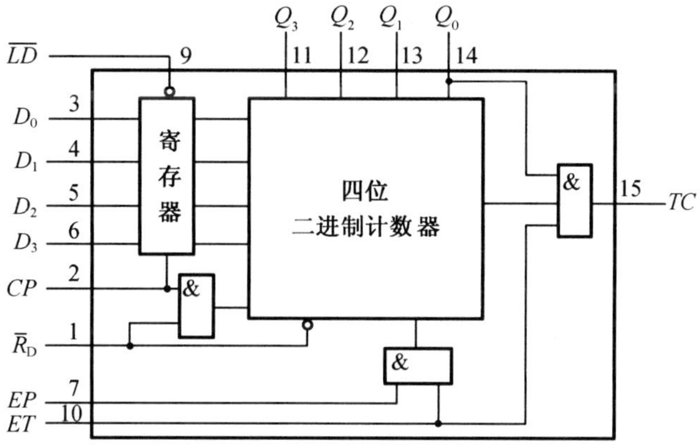

图 10.3.3　74HC(T)161 同步二进制加法计数器结构框图

表 10.3.1　74HC(T)161 功能表

输入						输出		功能
$\bar{R}_D$	CP	EP	ET	$\overline{LD}$	D_n	Q_n	TC	
0	×	×	×	×	×	0	0	复位
1	↑	×	×	0②	0	0	0	并行加载
1	↑	×	×	0②	1③	1	0①	
1	↑	1③	1③	1③	×		①	计数
1	×	0②	×	1③	×	Q_n	0①	禁止计数
1	×	×	0②	1③	×	Q_n	0①	

注：①当$ET=1$时，计数器处满计数值时，$TC=1$；

②只有$CP=1$上升沿前一个t_s时为低电平；

③只有$CP=1$时上升沿前一个t_s时为高电平。

图 10.3.4 为 74HC(T)161 的时序图，它包括异步清零、置数 1100、计数 13～2 和禁止计数。TC输出脉冲宽度等信息。

74HC(T)161 为有超前进位功能的高速计数器，为了使电路工作稳定和可靠，芯片内部的各输出端都加了缓冲隔离电路,但在使用时还是要在电源和地之间接滤波器,以消除电源干扰。对于多级级联时,要注意布线合理。

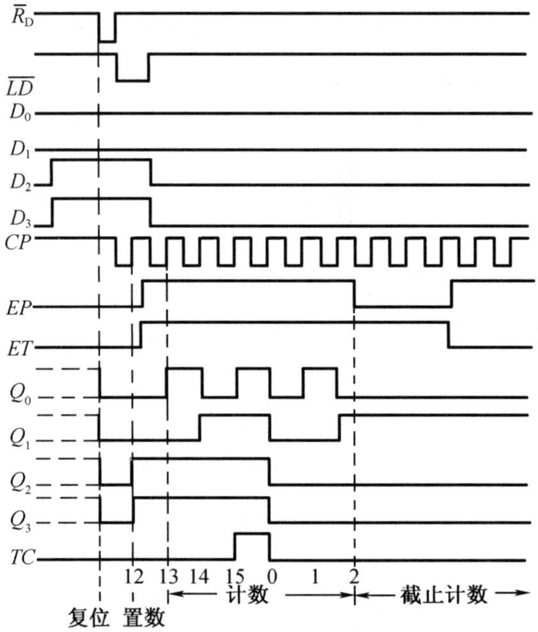

图 10.3.4 74HC(T)161 的典型时序图

2. 应用实例

四位同步二进制加法计数器可以构成 $N(N<16)$ 进制计数器,在构成 N 进制计数器时,可以用反馈复零法也可以用反馈置数法。

图 10.3.5 是 74HC(T)161 计数器采用反馈置数法构成的十进制加法计数器。计数器数据端 D_0,D_1,D_2,D_3 接地,可使计数器初态为 00H,当计数到 09H 时,$Q_0=Q_3=1$,这两个输出经与非门后形成一个低电平送入$\overline{LD}$端,当第十个 CP 来时可将计数器预置为 00H,完成了一个十进制数的计数周期。下一个 CP 来时重新计数。用反馈置数法构成十进制计数器有多种不同的连接形式,这里就不一一介绍了。

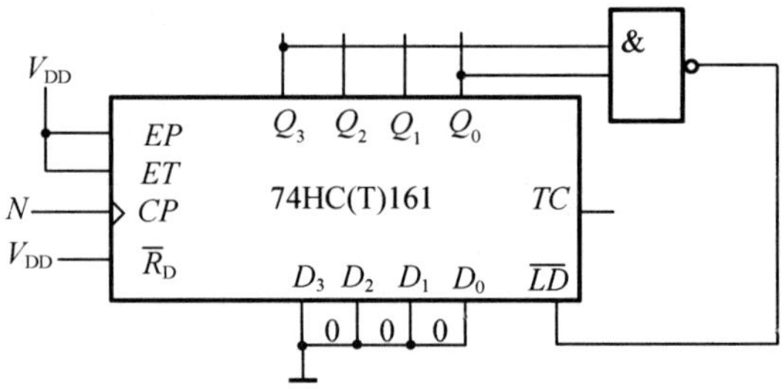

图 10.3.5 用反馈预置法构成的十进制加法计数器

为了进一步扩展二进制计数器的位数,可用多片四位同步二进制计数器级联。图 10.3.6 是用两片 74LS161 构成 2^8 分频器。在图中,两片的$\overline{LD}=1$,这表明两片计数器处计数状态,片 1 的最终进位输出 TC 接片 2 使能端,这表明片 1 计数满后由 TC 向片 2 送一个计数。8^2 分频后从片 2 的 TC 端输出为 2^8 分频的进位脉冲,若从片 2 的 Q_3输出则为 2^7 分频。

若 n 片 74LS161 级联也可以构成 $N[N<2^{(4n)}]$ 进制计数器。图 10.3.7 的电路就是用两

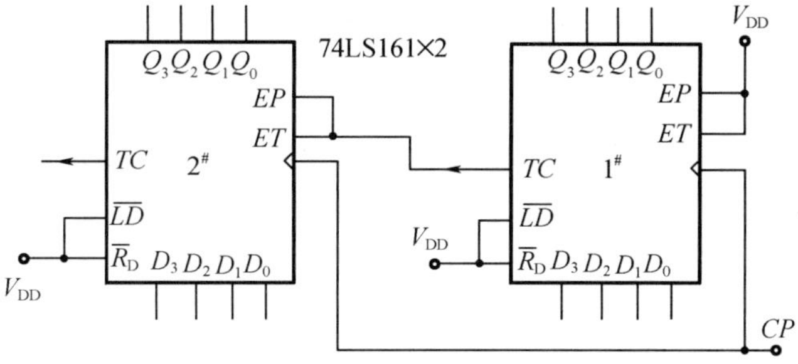

图 10.3.6　两块 74LS161 构成 2^8 分频器

片 74LS161 利用反馈复位法构成 91 进制的计数器。当计数到 91 时两片的计数输出为 5BH，即片 1 输出为 1011，片 2 输出为 0101，这五个输出信号经与非门输出的负信号去复位两片计数器，完成一次 91 进制计数。也可以用置位法构成 N 进制计数器。例如将图 10.3.7 中片 1 的 Q_0 输出线去掉，让 Q_1，Q_3 和片 2 的 Q_0，Q_2 四个端输出送入与非门，与非门输出的低电平去控制两片的 $\overline{LD}$ 端，而两片的 $D_0 \sim D_3$ 都接地，也可构成一个 91 进制加法计数器。其工作过程读者可自己分析。

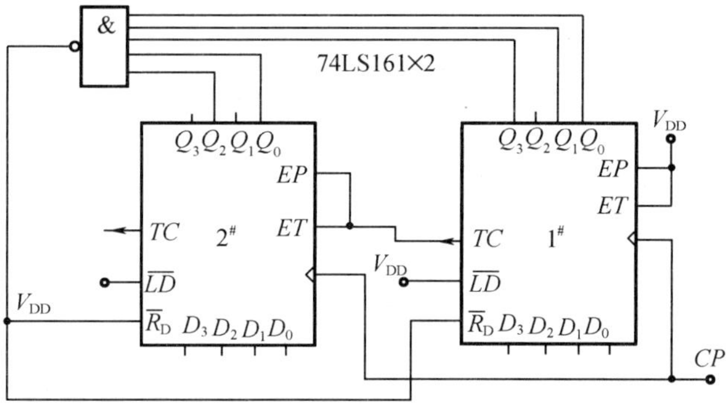

图 10.3.7　74LS161 用复位法构成的 91 进制加法计数器

10.3.2　同步十进制计数器

同步十进制计数器(Synchronous decimal counter)是应用最广泛的一种计数器，它输出 BCD 码。这类计数器的单片产品也多，如 TTL 的有 74LS160，74AS(ALS)160(异步清零)，74AS(ALS)162(同步清零)，74ALS560(三态)等。CMOS 的有 CD4518(双路)，74HC(T)162 同步清零，40102(8 位输出，异步清零，减法，最大计数 99)和 CD4059(可编程十进制减法)等。

1. 典型电路介绍

图 10.3.8 为 74LS160 计数器的引脚图。它是在 CP

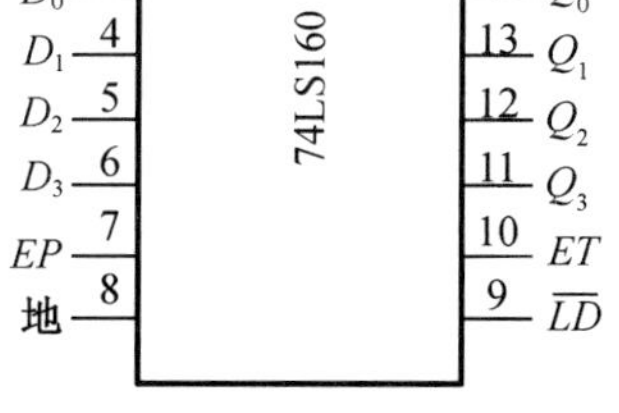

图 10.3.8　74LS160 管脚图

脉冲的上升沿时计数。它有超前进位功能，是高速同步十进制计数器，时钟频率可达 25 MHz。它有计数、预置存数、禁止和异步清零等功能。计数器四位预置存数是在$\overline{LD}$和 CP 控制下同步进行的，当$\overline{LD}=0$ 时，在 CP 的上升沿作用下，输入端（$D_0 \sim D_3$）的数据存入寄存器，这时输出端（$Q_1 \sim Q_3$）的数据与输入端数据相一致。输入使能端 EP 和 ET 只要有一个是低电平，则就强迫计数器停止计数并保持原态。这两个端口与最终进位输出端 TC 一起用于多片级联（见图 10.3.10）。表 10.3.2 为 74LS160 的功能表。图 10.3.9 为 74CS160 时序图。

表 10.3.2　74LS160 功能表

$\overline{R}_D$	$\overline{LD}$	ET	EP	CP	Q_n	Q_{n+1}	功能
0	×	×	×	×	×	0	清零
1	0	×	×	↑	D_n	D_n	加载
	1	1	1	↑	×	Q_n+1	计数
		0	×	×	×		保持
		×	0	×	×		保持

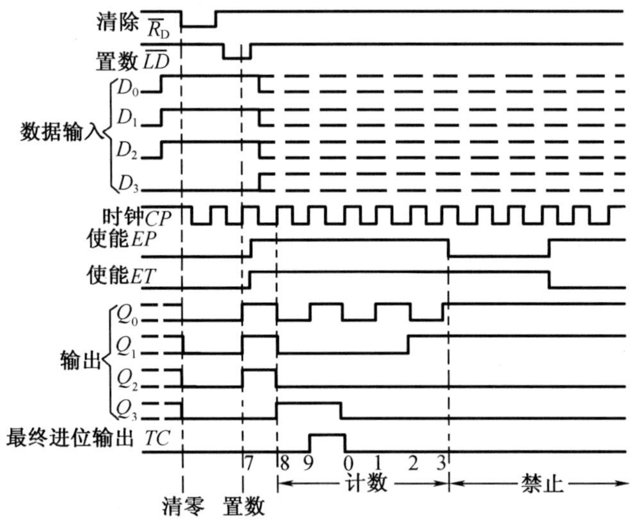

图 10.3.9　74LS160 的时序图

2. 典型应用

图 10.3.10 是用 74LS160 构成的 N 位十进制加法计数器，片数最多可达 10 片。这种级联除第一、二级间有延迟外，其他级间的进位几乎是同步的。

思考题：试分析片 2 以后各片级间进位是同步进行的原因。

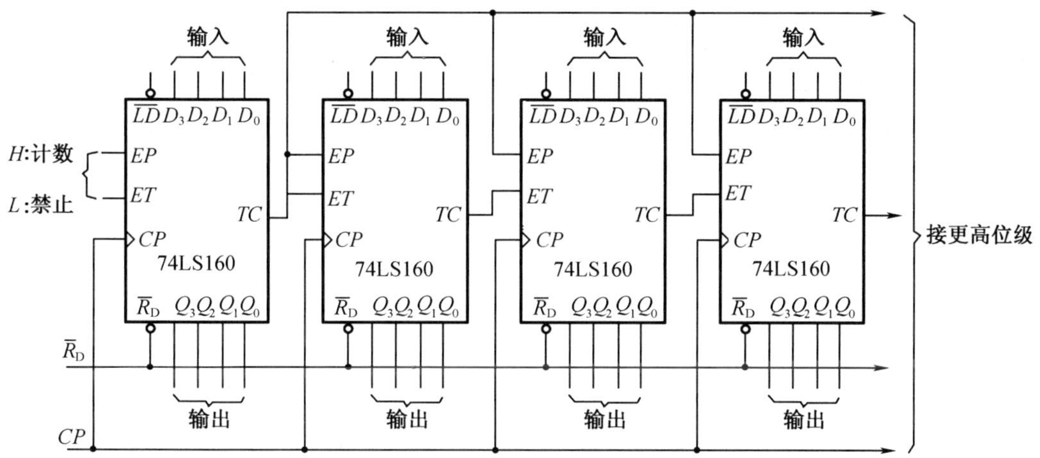

图 10.3.10　用 74LS160 构成 N 位十进制加法计数器

10.4　同步可逆计数器

同步可逆计数器的功能是既可递加计数又可递减计数,故又称加/减计数器(Up/Down Counter)。它有二进制和十进制两类。加减法计数共用一个时钟端的,称为单时钟模式;加法计数和减法计数脉冲分别由两个输入端提供的,称为双时钟模式。由于可逆计数器的功能很强,所以产品很多,应用面也很广。二进制的可逆计数器有 74LS193(双时钟可预置),74LS191(异步置数),74ALS193(异步置数,异步清零),74AS169(同步预置),74ALS569(三态),74AS869(8 位同步清零)和 74AS867(8 位);CD40193(双时钟预置)CD4516(单时钟),74HC(T)4516,74HC(T)191,74AC(T)193 等。十进制的有 74ALS190,(异步预置),74LS192(双时钟)74LS168(同步预置),74AS168(同步预置),74ALS568(三态);CD40192(双时钟),CD4510(单时钟),74HC(T)190(异步置数),74HC(T)192(异步清零,双时钟)等。

10.4.1　十进制可逆计数器

图 10.4.1 为 TTL 超高速同步十进制可逆计数器 74ALS190 引脚图,其中 $\overline{U}/D$ 为加减方式控制端,$\overline{U}/D=0$时作加法计数,$\overline{U}/D=1$ 时作减法计数。$\overline{RC}$(Ripple Carry)为行波进位输出端,当计数器的 CO/BO 输出高电平期间,在时钟的下跳沿开始输出一个行波进位负脉冲,这个负脉冲宽度与 CP 脉冲宽度一样,$\overline{RC}$端子主要是在串行级联时使用。CO/BO 为进位/借位(Carry/Borrow)输出端,每当加计数满或减计

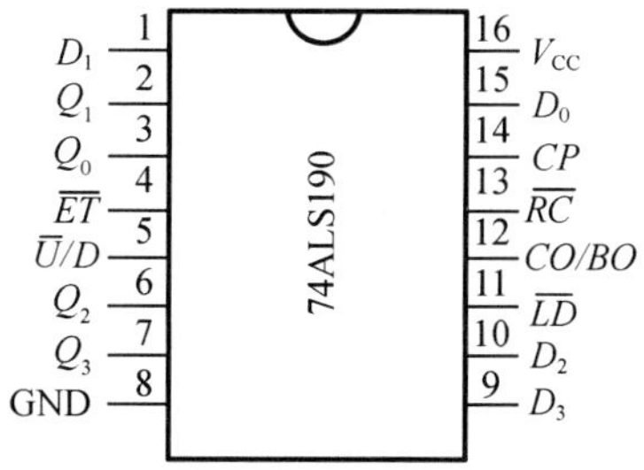

图 10.4.1　74ALS190 管脚图

数减到 0 时,在 CO/BO 端输出一个脉宽等于 CP 周期的正脉冲。这个信号主要是在高速运算时作超前进位用的。$\overline{ET}$为计数控制端,当$\overline{ET}=0$ 时允许计数,当$\overline{ET}=1$ 时,计数器进入保持状态。$\overline{LD}$为异步置数端,它是低电平强制置数。为了使电路更稳定工作,在 CP,$\overline{U}/D$ 和 $\overline{LD}$都设有缓冲级。

表 10.4.1 为 74ALS190 的功能表。图 10.4.2 是 74ALS190 的时序图。它表示出加载的 BCD 数据为 7,加载后作加计数时序 8,9(最大值)0,1,2, $\overline{ET}$的保持(禁止)功能和作减计数操作 2,1,0,9,8,7 等信息。

表 10.4.1 74ALS190 功能表

$\overline{LD}$	$\overline{ET}$	$\overline{U}/D$	CP	D_n	Q_n	功能
0	×	×	×	D_i	D_i	置数
1	0	0	↑	×		加计数
1	0	1	↑	×		减计数
1	1	×	×	×		保持

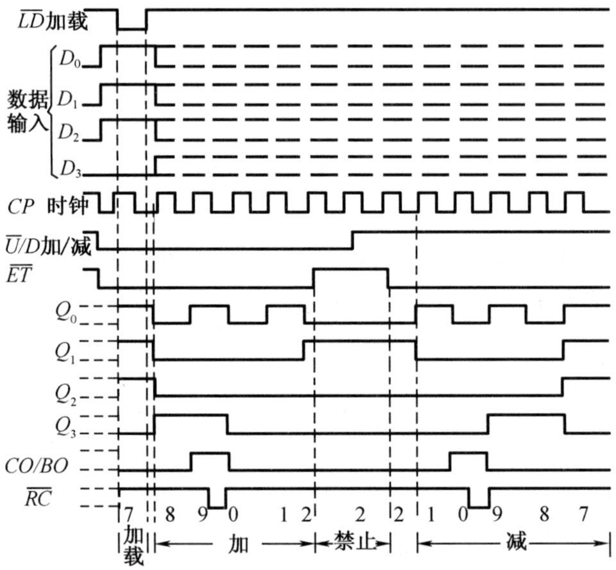

图 10.4.2 74ALS190 时序图

10.4.2 四位二进制可逆计数器

图 10.4.3 为四位二进制同步可逆计数器 74191 的管脚图。由图可见,它的管脚排列和

功能定义与 74ALS190 基本一样，这里的 M/M 与 CO/BO 含义类似，称为最大/最小输出端，而 $\overline{CP}_0$ 为串行时钟输出端，G 为使能端。

图 10.4.4 为 74191 的时序图，表 10.4.2 为 74191 的功能表。加法计数和减法计数操作都是 CP 上升沿触发。

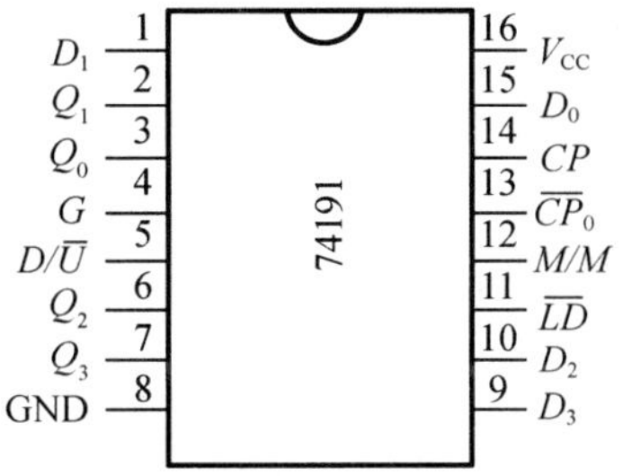

图 10.4.3　74191 管脚图

表 10.4.2　74191 功能表

$\overline{LD}$	G	$D/\overline{U}$	CP	D_n	Q_n	功能
0	×	×	×	D_i	D_i	置数
1	0	0	↑			加法
1	0	1	↑			减法
1	1	×	×			保持

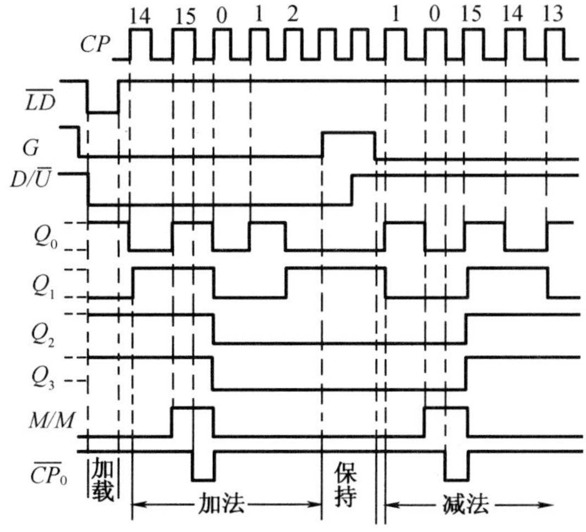

图 10.4.4　74191 时序图

10.4.3 可逆计数器的应用

1. 74191 的应用

图 10.4.5 为用 74191 构成的一个可预置的十进制减法计数器。数据输入端 $D_3D_2D_1D_0 = 1010$，用 CP_0 的负脉冲去置数，在 $\overline{CP}_0$ 和 $\overline{LD}$ 间加了二级门延时，这会使预置数更可靠。$D/\overline{U} = 1$，$G = 0$，计数器作减法操作。图 10.4.6 为十进制减法计数器的时序图。

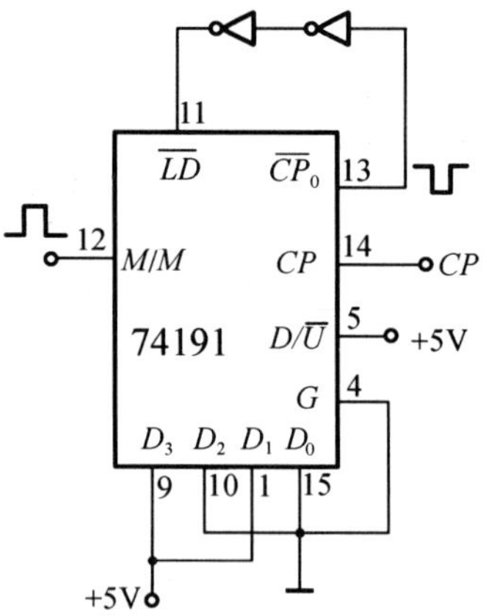

图 10.4.5 74191 的应用电路

2. 74ALS190 的应用

图 10.4.7 为用 74ALS190 构成的八进制减法计数器。它是利用 CO/BO 的借位输出预置计数器形成八个数减循环操作。这里最好在或非门的另一端接上启动电路，使刚接通电源时为高电平，以便使 $\overline{LD}$ 为低电平，将 $D_0 \sim D_3$ 的数据打入计数器（这里是 7），上电以后或非门的这个端再下降低电平，$\overline{LD}$ 端只有受 CO/BO 端电平控制。

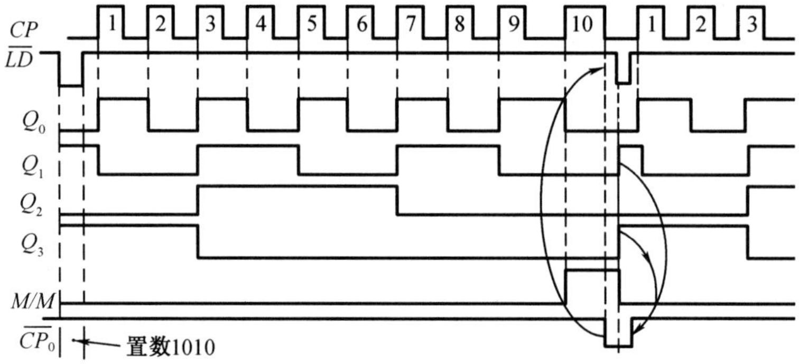

图 10.4.6 十进制减法计数时序图

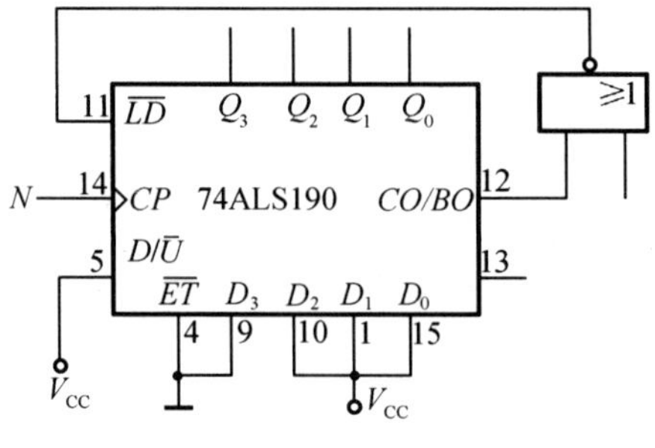

图 10.4.7 应用电路

10.5 寄　存　器

寄存器(Register)按功能分可分为数据寄存器和移位寄存器。数据寄存器主要是寄存二进制数,如一个触发器的就可以作为一位数据寄存器,一片 CD4042 就可作为四位数据寄存器用。又如单端输出的六 D 触发器 74LS378 和 8D 触发器 74SL377 等都可用作数据寄存器。真正实用的数据寄存器除了有寄存功能外还要有清零、三态输出控制及输入使能等功能。例如 CD4076 就是一个四 D 数据寄存器,这类寄存器的结构简单,功能单一,这里不多介绍了。在本节中重点讨论的是移位寄存器。

10.5.1　移位寄存器

移位寄存器(Shift register)除了具有数据寄存的功能外,还可以在移位脉冲的作用下,将寄存的数据依次左移位(Shift Left,简称 SL)或右移位(Shift Right,简称 SR)。还有一种双向移位寄存器既可左移位又可右移位。移位寄存器一个重要的应用是作串码与并码数据间的转换。当然,也可以作数据处理和运算等应用。表 10.5.1 列出了一些常用的移位寄存器。

表 10.5.1　常用的移位寄存器

	型号	功能
TTL	74LS195,74199,74F95	4 位并行存取
	74LS194,74AS(F)194	双向 4 位并行存取
	74LS323	8 位并行存放双向三态输出,同步清零
	74LS299	8 位并行存取双向三态输出,异步清零
	74ALS323,74F299	8 位双向三态输出
	74F322	8 位串入/并出三态带扩展端
CMOS	CD4035	4 位并行
	CD14194	4 位双向串入/并出
	74HC(T)164, CD4014	8 位串入/并出
	74HC(T)165, CD4015	8 位并入/串出
	74HC(T)595	8 位,带锁存,三态输出
	CD4557	6 位
	CD4006	18 位串行
	CD4517	双 64 位串行

10.5.2 移位寄存器典型电路及应用

1. 74LS194

图 10.5.1 为并行存取的 4 位双向移位寄存器 74LS194 的管脚图。它能实现寄存数据的并入/串出、串入右移、串入左移等功能，其工作方式由 S_0，S_1 译码控制。$D_0 \sim D_3$为并行数据输入端。$Q_0 \sim Q_3$为并行数据输出端。SR，SL 分别为右移、左移串行数据输入端。寄存器是在 CP 上升沿实现操作的。

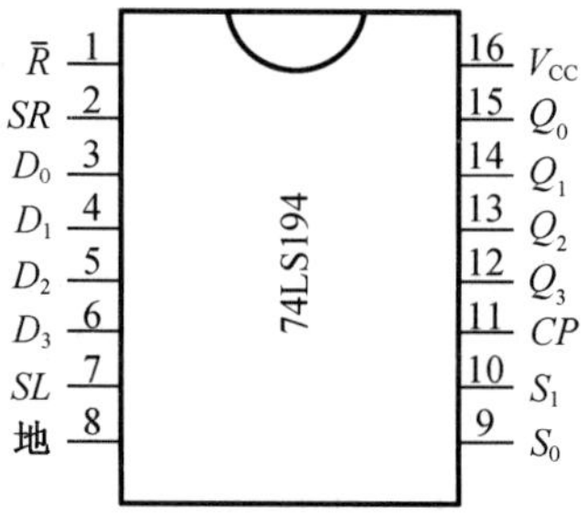

图 10.5.1 移位寄存器 74LS194 管脚图

表 10.5.2 为 74LS194 的功能表。图 10.5.2 为 74LS194 的时序图。

表 10.5.2 74LS194 功能表

$\bar{R}$	S_1	S_0	CP	SL	SR	D_0	D_1	D_2	D_3	Q_0	Q_1	Q_2	Q_3	功能
0	×	×	×	×	×	×	×	×	×	0	0	0	0	清零
1	×	×	0	×	×	×	×	×	×	Q_0	Q_1	Q_2	Q_3	静态保持
1	0	0	↑	×	×	×	×	×	×	Q_0	Q_1	Q_2	Q_3	动态保持
	0	1		×	D_R	×	×	×	×	D_R	Q_0	Q_1	Q_3	串行右移
	1	0		D_L	×	×	×	×	×	Q_1	Q_2	Q_3	D_L	串行左移
	1	1		×	×	D_0	D_1	D_2	D_3	D_0	D_1	D_2	D_3	并行同步加载

图 10.5.3 为用两片 74LS194 接成的 8 位移位寄存器。图中片 1 的 Q_3与片 2 的 SR 相

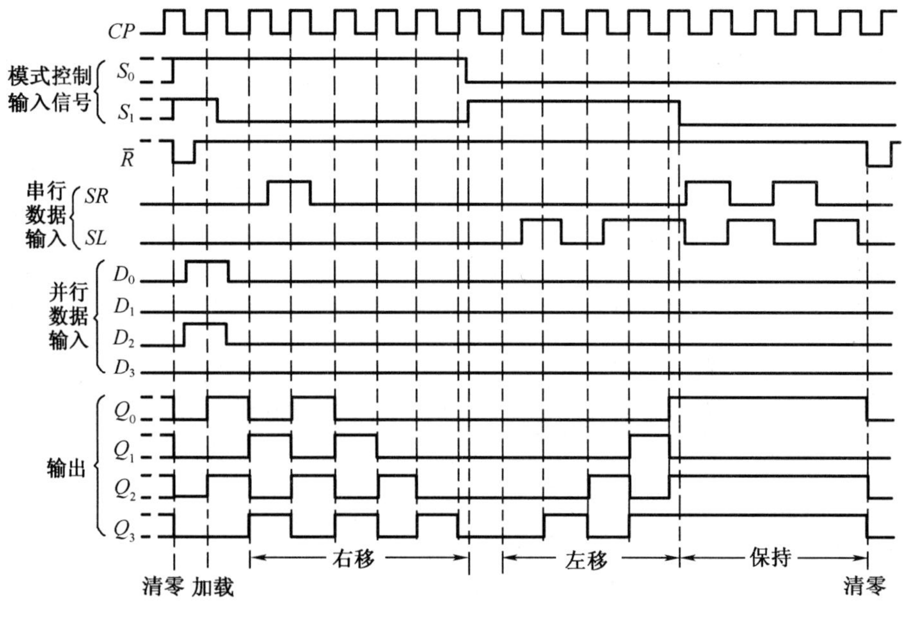

图 10.5.2 74LS194 移位寄存器的时序图

连,而片 2 的 Q_0与片 1 的 SL 相连,而两片的 S_0,S_1,CP,$\overline{R}$ 分别并联,这样就很方便地构成了一个 8 位双向移位寄存器。

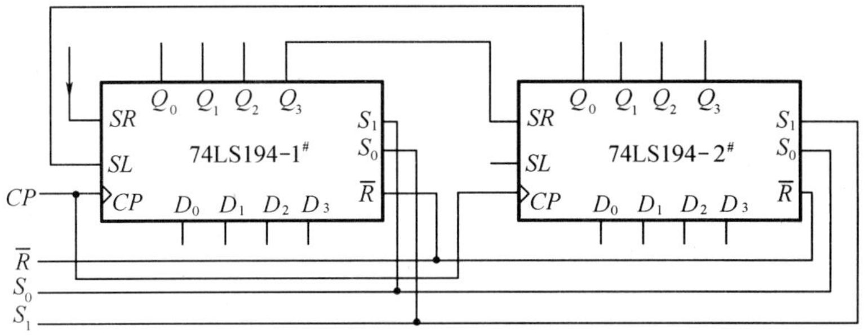

图 10.5.3　74LS194 接成的 8 位双向移位寄存器

2. 74199

74199 为 8 位并行输入输出的移位寄存器,它可实现右移、加载、保持和清零等功能。图 10.5.4 为其管脚图。J,$\overline{K}$ 并联可作为串行数据输入端。当并行输入数据时,J,K 端分开。$SH/\overline{LD}=1$ 时为右移位,当 $SH/\overline{LD}=0$ 时对寄存器加载。CPI(Clock Pulse Iihibition)为时钟禁止端,当 $CPI=0$ 时所有的功能操作被禁止。$A\sim H$ 为 8 位并行数据输入端,$Q_A\sim Q_H$ 为 8 位数据输出端。$\overline{CLR}$ 为异步清零端,低电平有效。

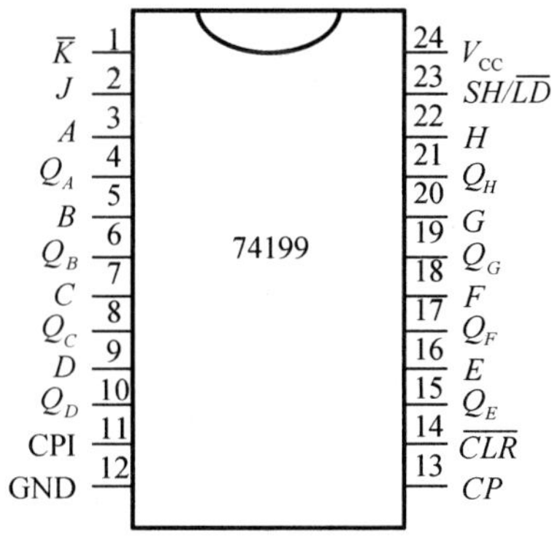

图 10.5.4　74199 的管脚图

表 10.5.3 为 74199 的功能表。

表 10.5.3　74199 功能表

J　$\overline{K}$	$\overline{CLR}$	$SH/\overline{LD}$	CP	CPI	功能
×	0	×	×	×	清零
J　$\overline{K}$ 相连	1	1	↑	1	右移位
不用	1	0	↑	1	加载
×	1		×	0	保持

移位寄存器 74199 除了作数据移位和数据码串/并行转换外,还可以构成环形计数器(Ring counter)。如将 74199 的 J,$\overline{K}$ 端和 Q_H端相连,再令 $A=B=C=D=E=F=G=1$,$H=0$,就可以构成一个 8 位环形计数器(参见图 10.8.1),它在 CP 脉冲作用下,一个负脉冲可逐级在 Q_A,Q_B,Q_C,…,Q_H,Q_A间循环移位,逐级循环输出这个负脉冲。这种环形计数器是很有

用的电路,它可作为顺序循环脉冲产生器,也可作顺序循环扫描。本章节 10.8.1 关于“键盘编码电路”的分析中会进一步叙述这种环形计数器的工作情况。

10.6　单稳态触发器

单稳态触发器(One - shot)的工作状态有两个特点:第一,它只有一个稳态;第二,在外触发脉冲作用下,单稳态触发器可以从稳态转换到暂稳态,持续一段时间后又自动回到稳态。暂稳态的持续时间取决于电路本身的结构和外接定时元件值。

单稳态电路主要用于脉冲延时和脉冲成形等方面。

10.6.1　集成单稳态触发器

集成单稳态触发器是在芯片内部集成了记忆部件、边沿触发控制和置零等电路,在使用时只要外加很少的元件就可实现单稳态操作。

在集成单稳态触发器的产品中有 TTL 和 CMOS 两类。根据工作状态不同,又可分为一次触发型单稳态和可重复触发型单稳态,但是也有的集成单稳态电路既可一次触发又可重复触发。

1. 一次触发型集成单稳态触发器

一次触发集成单稳态触发器一旦被触发就进入暂稳态,暂稳态结束前,单稳态电路不允许再次被触发,要等原暂稳态结束后,才能接收下一个触发脉冲的触发。

SN74121 是一次触发型集成单稳态触发器。它有 A_1,A_2,B 三个触发控制端,利用它们可实现上升沿触发或下降沿触发。C_{ext} 和 C_{ext}/R_{ext} 端为外接电阻、电容端。表 10.6.1 为 SN74121 的功能表。

表 10.6.1　SN74121 逻辑功能表

A_1	A_2	B	Q	$\overline{Q}$	功能
0	×	1	0	1	保持,输入无效
×	0	1	0	1	
×	×	0	0	1	
1	1	×	0	1	
1	↓	1	⊓	⊔	下降沿触发,有暂稳态
↓	1	1	⊓	⊔	
↓	↓	1	⊓	⊔	
0	×	↑	⊓	⊔	上升沿触发,有暂稳态
×	0	↑	⊓	⊔	

图 10.6.1 为 SN74121 的两种接法。根据接法不同,SN74121 可实现上升沿触发或下降

沿触发，使用起来很灵活。

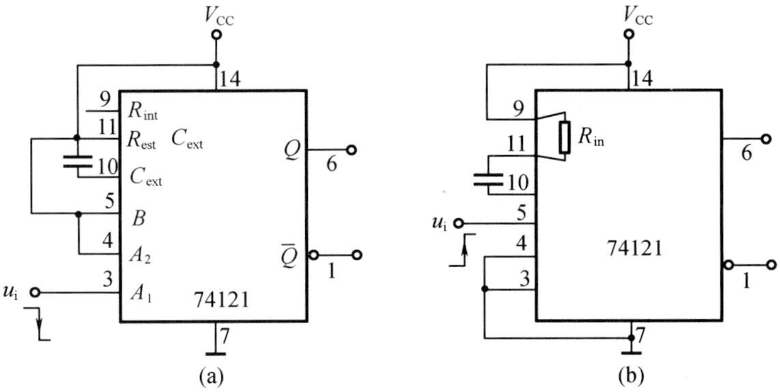

图 10.6.1　集成单稳态触发器 74121 的外部连接图

(a)使用外接电阻 R_{ext}(下降沿触发)；(b)使用内部电阻 R_{int}(上升沿触发)

SN74121 的输出脉冲宽度由 C_{ext} 和 R_{ext} 决定。对于图 10.6.1(a)经推导可得输出脉宽度 t_W 为

$$t_W = \ln 2 \times R_{ext}C_{ext} = 0.69R_{ext}C_{ext} \tag{10.6.1}$$

对于图 10.6.1(b)电路，由于使用的是内部定时电阻 $R_{in} = 2\ \text{k}\Omega$，其 t_W 仍可用式(10.6.1)计算，不过式中 R_{ext} 要用 R_{in} 代替。

SN74121 为不可重复触发的单稳态，它只有在一次触发产生的暂稳态结束后再经一段恢复时间 t_{re} 才允许再次触发。所以，触发脉冲的最小周期 T_{min} 和输出脉冲占空比 D_{max} 为

$$T_{min} = t_W + t_{re} \tag{10.6.2}$$

$$D_{max} = \frac{t_W}{T_{min}} = \frac{t_W}{t_W + t_{re}} \tag{10.6.3}$$

实验证明，D_{max} 与 R_{ext} 的大小有关。

属于一次触发的单稳态电路还有 SN74221(双单稳)、74LS221(双单稳)和 74HC(T)221 等。

2. 可重复触发的单稳态集成电路

可重复触发的单稳态触发器是在电路被触发后的暂稳态期间，若又有触发脉冲来到，则电路可以重新被触发而再次进入暂稳态。

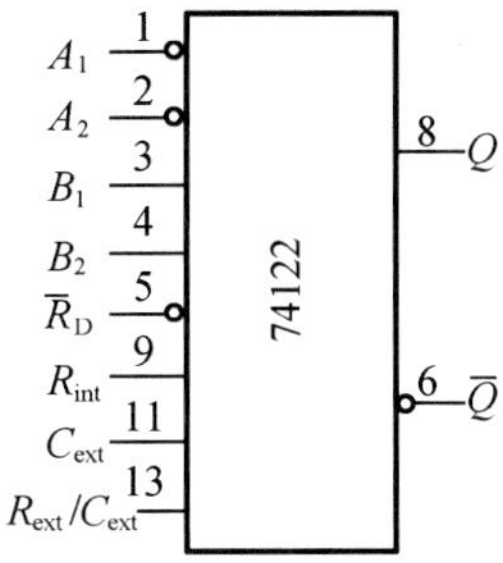

图 10.6.2　可重复触发单稳态触发器

图 10.6.2 为可重复触发的集成单稳态触发器 74122 的管脚功能。它与 74121 相比较除了内部结构不同外，74122 有 4 个触发控制端 A_1, A_2, B_1, B_2，另外还增加一个复位端 $\bar{R}_D$。

74122 与 74121 在功能上的区别有两点：第一，74122 可重复触发，这样可以得到脉宽较宽的输出脉冲；第二，74122 在输出脉冲持续期间(暂稳态期间)，一旦 $\bar{R}_D$ 为低电平，则立刻终止暂稳态而返回到稳态，这样在输出端可以得到宽度较窄的输出脉冲。

74122 在正常触发时的输出脉宽为

$$t_W = 0.32R_{ext} \cdot C_{ext}\left(1 + \frac{700}{R_{ext}}\right) \tag{10.6.4}$$

关于重复触发的工作情况可用图 10.6.3 来说明。当第一个触发暂稳态期间 t_W 结束前，又来第二个触发脉冲，这时单稳态再次被触发，重新进入暂稳态，重新形成宽度为 t_W 的矩形波输出，两次输出脉冲宽度是连续的，这样总输出脉冲宽度就为触发脉冲周期 T 与 t_W 之和。若连续重复触发脉冲为 n 个，则输出总的脉宽为

$$t_{W总} = (n-1)T + t_{W1} \tag{10.6.5}$$

可重复触发的单稳态还有 74123，74LS122，74HC(T)123，74HC423 等。

3. 集成单稳态触发器 74HC(T)4538

74HC(T)4538 的功能很强，它既可以一次触发，又可以重复触发，既可以上升沿触发，又可以下降沿触发。

图 10.6.4 为 74HC(T)4538 引脚图。它是双单稳态触发器，每个触发器有 A，$\bar{B}$ 两个输入端和一个复位端 $\bar{R}$。每个单稳态触发器的功能表如表 10.6.2 所示。当触发信号从 A 端输入时为上升沿触发，由 $\bar{B}$ 端控制是一次触发或是重复触发。反之，触发信号从 $\bar{B}$ 端输入时为下降沿触发，由 A 端控制是一次触发或是重复触发。外接电阻 R_x、电容 C_x 决定输出脉宽，t_W 可按下式计算

$$t_W = 0.7C_xR_x \tag{10.6.6}$$

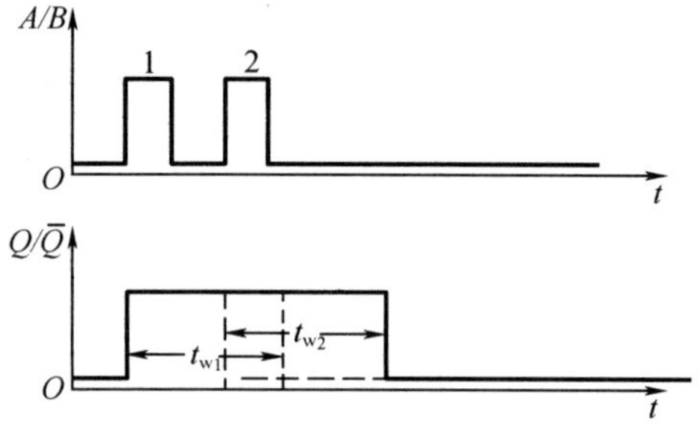

图 10.6.3 可重复触发单稳态的工作波形

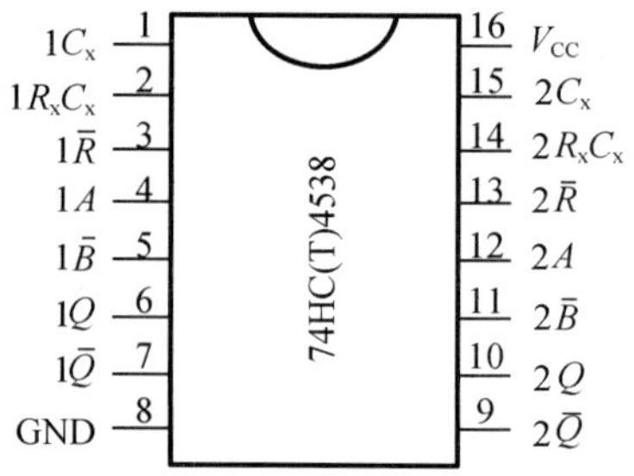

图 10.6.4 74HC(T)4538 管脚图

表 10.6.2 74HC(T)4538 功能表

$\bar{R}$	A	$\bar{B}$	Q	$\bar{Q}$	功能
0	×	×	0	1	复位
1	1	×	0	1	输入无效
1	×	0	0	1	输入无效
1	↑	1	⊓	⊔	上升沿重复触发
		接 $\bar{Q}$			上升沿一次触发
1	0	↓	⊓	⊔	下降沿重复触发
	接 Q				下降沿一次触发

无论何种单稳态触发，它外接的定时电阻和定时电容都有一个取值范围问题。对于

74HC(T)4538而言 R_x 的取值最好在 5 kΩ ~ 1 MΩ 之间，而电容 C_x 应在 1 pF ~ 10 nF 之间为宜，这时输出脉宽都可用式(10.6.6)估算。它的输入触发脉冲最小宽度为 15 ns，恢复时间 t_{re} =5 ns。

当单稳态触发器电路工作时，若出现突然断电，则可能会损坏电路。以 74HC(T)4538 为例，在 C_x 中储存的能量会通过 2 脚或 14 脚泄放。为了避免造成器件损坏，应采取预防措施。若 C_x > 0.5 μF 时，就在电阻 R_x 上并联一个电流容量大于 1 A 的二极管（如 1N5395 等），二极管正极接 2(14) 脚。也可以在电容上串联一个 51 Ω 小电阻，但后一种方法可能会使输出脉宽变窄。

10.6.2　门电路构成单稳态触发器

单稳态触发器也可以用门电路加 R，C 构成。按 R，C 接法不同，可分为积分型和微分型单稳态触发器。

1. 微分型单稳态

图 10.6.5 为用 TTL 与非门（G_1，G_2）构成的微分型单稳态电路，它是用输入触发脉冲的下跳沿触发，输出脉宽 t_W 大于触发脉冲宽度，可推导出 t_W 为

$$t_W \doteq 0.7RC \tag{10.6.7}$$

图 10.6.6 为图 10.6.5 的各点波形，由图可见，当输出脉冲结束后，电路有一个恢复时间，其值为 $t_{re}=(3\sim5)R_oC$（R_o 为 G_1 的输出电阻）。这样，电路一次触发所用的最短时间为

$$t_{min} = t_W + t_{re} \tag{10.6.8}$$

定时电阻 R 的取值要小些，否则，可能会使电路的工作不正常。

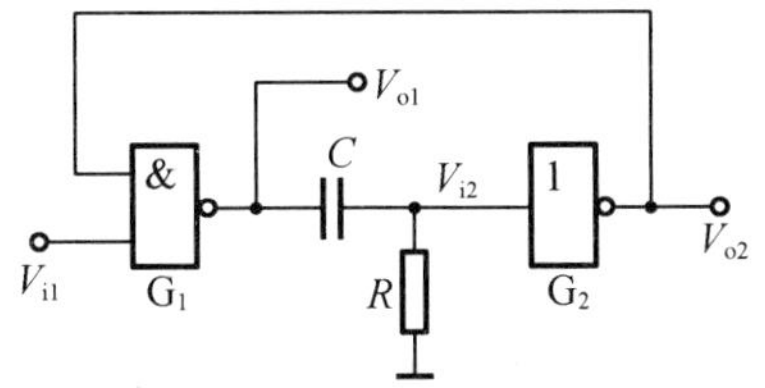

图 10.6.5　微分型单稳态触发器

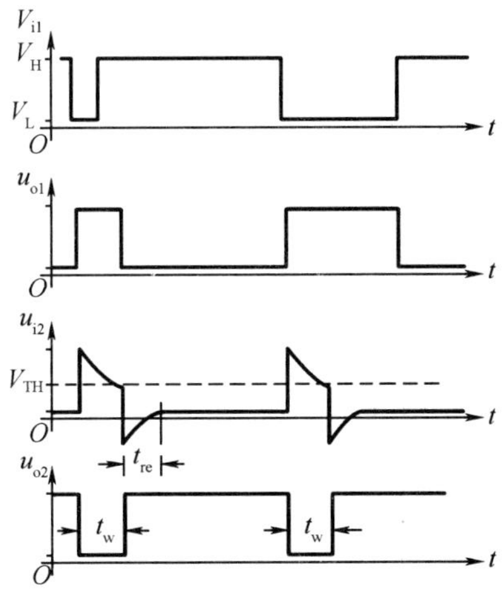

图 10.6.6　微分型单稳态各点的电压波形

图 10.6.7 是用 CMOS 门构成的微分型单稳态电路，电路的工作原理与图 10.6.5 电路相似，只不过输出脉宽 t_W 不受输入触发脉冲宽度 t_i 影响，其输出脉宽可用式(10.6.1)估算。

2. 积分型单稳态

图 10.6.8(a)为用 TTL 门构成积分型单稳态电路，图 10.6.8(b)为电路相关点波形图。它是用触发脉冲 V_{i1} 的上升沿触发，输出负脉冲，其脉冲宽度小于输入触发脉冲宽度，其宽度

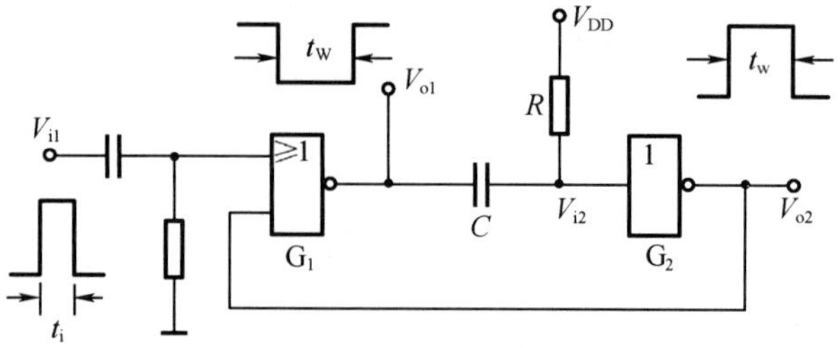

图 10.6.7 CMOS 门构成的微分型单稳态触发器

计算公式为

$$t_W = \ln \frac{V_{OH}}{V_{TH}}(R \cdot C) \doteq 0.69RC \tag{10.6.9}$$

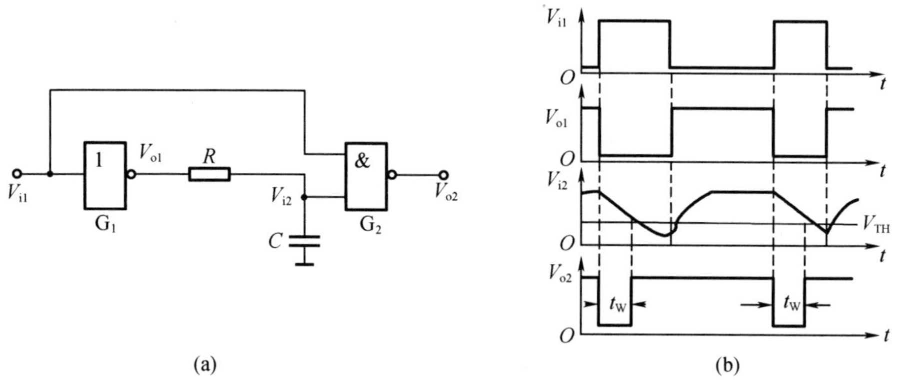

图 10.6.8 积分型单稳态触发器和各点波形

(a)积分型单稳态触发器;(b)各点波形

积分型单稳态的抗干扰能力较强,是经常应用的电路之一,但是由于没有反馈,所以输出信号的后沿较慢。

10.6.3 单稳态触发器电路使用注意事项

上面对单稳态触发器电路的讨论中,我们已经谈到了在设计和使用单稳态触发器时应注意的一些问题,下面再谈几点。

1. 定时问题

单稳态触发器是数字电路与模拟电路的组合,所以其输出脉宽会受到温度变化的影响,当温度 T 变化时,电路中管子的 V_{BE}、β 和 V_{TH} 等都变化,这样 t_W 也会变化。电源电压变化也会影响脉宽的稳定性。如 74HC121 外接的 $C_{ext}=1\ \mu F$, $R_{ext}=10\ k\Omega$, $V_{CC}=5\ V$ 时,温度在 0 ~ 50 ℃ 间变化,脉宽变化 1%。74HC(T)4538,在同样温度变化条件下,电源变化 ±5%,则输出脉宽变化 3% ~5%。另外,同型号的集成单稳态电路的技术指标的离散性也大,有的可达 10%。其中,74121,74122 的特性要好些。

2. 输出宽脉冲

由上面讨论可知,重复触发单稳态电路可获得较宽的输出脉冲。若用单次触发的触发器产生宽脉冲就要加大 C_{ext} 的电容量，当 C_{ext} 的电容量很大时就要用电解电容，电解电容漏电大，这对脉宽定时不利。另外，在电路工作时，电容两端电压极性要改变，这对电解电容的使用也十分不利。为此可用图 10.6.9 电路产生宽的输出脉冲。在此电路中，CD4060 为 14 级二分频计数器，其计数容量为 2^{14}，利用 Q_{14} 的输出正脉冲去复位 D 触发器 CD4013，Q_{14} 上升沿是在计数 8 192 时产生，所以输出脉冲宽度为

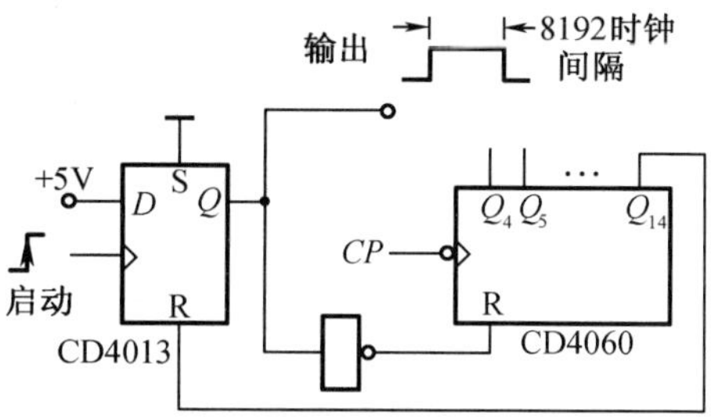

图 10.6.9　宽脉冲的数字产生电路

$$t_W = 8\ 192 T_{CP} \tag{10.6.10}$$

3. 占空比

占空比的大小与 R_{ext} 值有关，以 74121 为例，当 $R_{ext}=2\ \text{k}\Omega$ 时，则占空比 D_{max} 为 67%，而当 $R_{ext}=40\ \text{k}\Omega$ 时，则 D_{max} 可达 90%。

占空比的大小对输出脉冲宽度是有影响的。通常占空比加大时，输出脉宽变窄，如 TTL9602 单稳态触发器，当占空比小于 60% 时，输出脉宽不变化；当占空比大于 60% 时，输出脉宽最大变化可达 -5%。即使非常受欢迎的 74121，这方面的特性也不很好，在高占空比情况下工作不稳定。所以，定时电阻 R_{ext} 的取值不能太大。

4. 触发脉冲问题

单稳态触发器的触发脉冲宽度不宜太窄，如太窄会使电路工作不正常。如 74121 的最小触发脉冲宽度为 50 ns，CD4098 在电源电压为 5 V 时，最小触发脉冲宽度为 140 ns，而 $V_{DD}=15$ V 时，则最小触发脉冲宽度为 40 ns。74HC(T)221 的最小触发脉冲宽度为 12 ns。

5. 抗干扰

单稳态电路的抗干扰能力较差，特别容易受到 R_{ext}，C_{ext} 附近的寄生电容的影响和电磁感应的影响。另外某些单稳态电路很容易受到电源中干扰毛刺(glitch)的影响而产生错误的触发。

6. 输出隔离

单稳态触发器电路的输出若通过电缆驱动其他电路，则要加缓冲器隔离，否则电缆电容或反射信号可能会使单稳态触发器电路工作不稳定。

10.7　时序电路使用中存在的问题

在组合电路中，曾讨论过逻辑竞争冒险问题。在时序电路中也会有逻辑竞争冒险问题，另外，还有闭锁等其他问题，下面就有关问题进行简要的讨论。

10.7.1　直流问题

1. 锁定(闭锁)

在电子电路中很容易碰到闭锁问题。电路中某一个部件闭锁会使整个电路停止工作。要使电路重新工作的唯一办法就是关掉电源后重新启动。这个问题在时序逻辑设计和器件配置上要格外注意。还可以用人工复零或自动复零电路来解决闭锁问题。

2. 启动清零

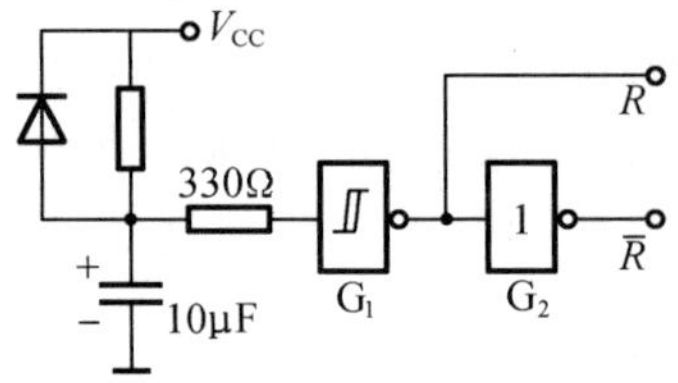

图 10. 7. 1　启动清零电路

由于不同类型的时序电路特性有差异(如上升时间、灵敏度等),所以在系统中各时序电路的启动响应次序可能会出问题。为了防止这种情况,在系统设计时,常常要加启动清零电路,如图 10. 7. 1 所示。刚上电时,$\bar{R}=0$,加电过一段时间后,电容上电压超过一定值后,可使 $\bar{R}=1$,并一直保持下去。330 Ω 电阻对 TTL 门的输入端起保护作用,若用 CMOS 电路,则要串接 3. 3 kΩ 电阻。这种结构简单的清零电路,在数字电路系统中是经常应用的。

10. 7. 2　开关问题

1. 逻辑竞争

实际上,这个问题与组合逻辑电路的竞争冒险问题类似。在时序电路中,可以用图 10. 7. 2(a)电路来说明。图中当 *JK* 触发器选下跳沿触发的电路时,则按启、停开关后在触发器的输出端可得到一个完整的负脉冲串,如图 10. 7. 2(b)所示。但是,假若选用上升沿触发的 *D* 触发器时,则在输出端得到的输出脉冲串如图 10. 7. 2(c)所示,其在最后一个输出脉冲可能是一很窄"毛刺"。这个毛刺是由于电路中的时间配合不对而产生的。在逻辑电路中产生"毛刺"问题虽有偶然性(Contingency),但一旦产生了就很麻烦,它既不易被发现,又常可能使系统在运行中随机出现错误。

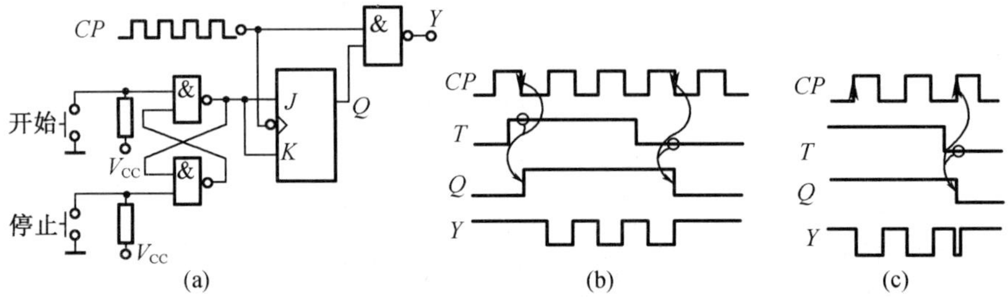

图 10. 7. 2　时序逻辑的竞争及消除

2. 亚稳态(Metastable)

对于双稳态电路,在数据建立时间内,输入数据是不能改变的,否则电路输出状态就会在阈电压附近晃动,这就是亚稳态。对于 LS 或 HC 系列的数字电路,其建立时间约为 20 ns。这个时间对快数字系统可能会出现问题,在设计时要注意避免。

3. 时钟信号的上升沿问题

对于使用上升沿速度慢的时钟去驱动串联的 CMOS 电路时,由于时钟的边沿(如上升沿)慢,再加上杂散电容 *C* 的作用,使串联 CMOS 电路动作可能出现错误。如图 10. 7. 3 中两片八位移位寄存器,第一片的阈很低,而第二片的阈值很高。由于 *CP* 时钟脉冲前沿很慢,所以两片的触发时刻相差就大,第一片先移位,第二片后移位,第一片的最后一位就很可能丢失。

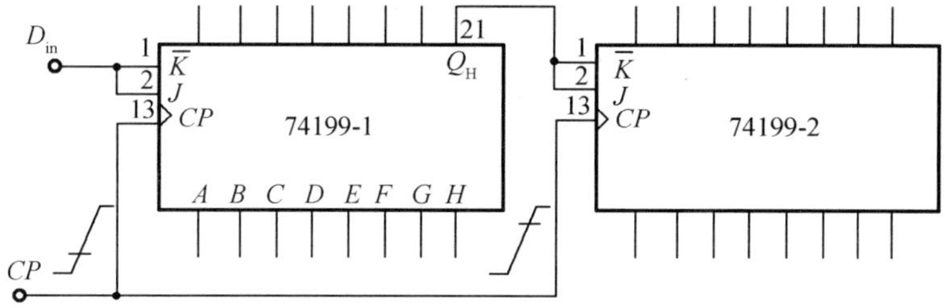

图 10.7.3　慢速上升时间产生时序错误

10.7.3　TTL 和 CMOS 数字电路自身存在的问题

1. 干扰问题

①若 TTL 电路的输入端存在干扰,则很难用接入 RC 滤波电路的办法去消除。

②TTL 电路的低电平上限只有 0.8 V,很容易受地线中的毛刺或噪声的影响,特别在快数字电路系统中影响更明显。

③TTL 的功耗大,特别是 OC 结构的 TTL 电路,其上拉电阻会使电源产生大的毛刺,对于 5 V 电源,毛刺若超过 ±5% 的容限,会造成电路工作不正常。

④TTL 电路的输入端击穿电压低,不宜直接将 +5 V 接到输入端。

⑤CMOS 电路的问题更多。它极易受到静电影响、容易产生击穿或闭锁现象,当选用超高速 CMOS 电路(如 AC/AC(T)系列)时,会出现所谓"地反弹"现象,当快速 CMOS 驱动容性负载时会产生很大的瞬时地电流,使低电平瞬时抬高 1 ~ 2 V 都是很常见的,这很可能使系统工作不正常。

2. 使用注意

①当用 LS TTL 系列电路代替同一型号的标准型 TTL 电路时,尽管它们管脚步排列相同,功能也相同,但由于技术参数差别很大,可能使系统工作不正常。

②CMOS 电路可能产生的闭锁现象会使电路处于永远导电状态,这可在很短时间内造成片芯发热,这时应立即关掉电源,重新启动。

③在同一电路中,用同一输入信号作用,可能会产生不同的输出信号,如用 $\overline{R}_D$ 信号去复位 D 触发器,这时 $\overline{Q}$ 端由低电平→高电平的转换是先于 Q 的由高电平→低电平转换的,所以不能以 $\overline{Q}$ 的输出变化来决定 $\overline{R}_D$,否则可能会出现问题。

④电路不用的输入端不能悬空浮置,特别是 CMOS 电路是绝对不允许的。一般与非门的多余输入端要通过电阻接高电平,而或非门要接地。

10.8　电子电路的综合分析

在前几章中分别介绍了集成运放、集成电源、组合逻辑及时序逻辑等单个电路的简单应用。在本节中要综合以前学习过的知识,结合几个具体的仪器仪表电路介绍如何分析由各种单元电路组成的较复杂电路,借此达到复习、巩固和提高所学知识的目的。把对电路的认识从孤立的单元电路提高到电子设备的综合电路层面上来。

对较复杂电子电路进行综合分析，首先要会读图，然后对电路做功能分析和性能指标的计算或复核，最后对电路做客观的评估，提出改进意见。

10.8.1 键盘编码电路

1. 电路组成

图 10.8.1 为一键盘编码电路。在图中 64 个键组成 8 行 8 列矩阵，8 位并行存取移位寄存器 74199 接成环形计数器作为扫描电路。两片优先编码器 74148 对 8 行 8 列数据编码，

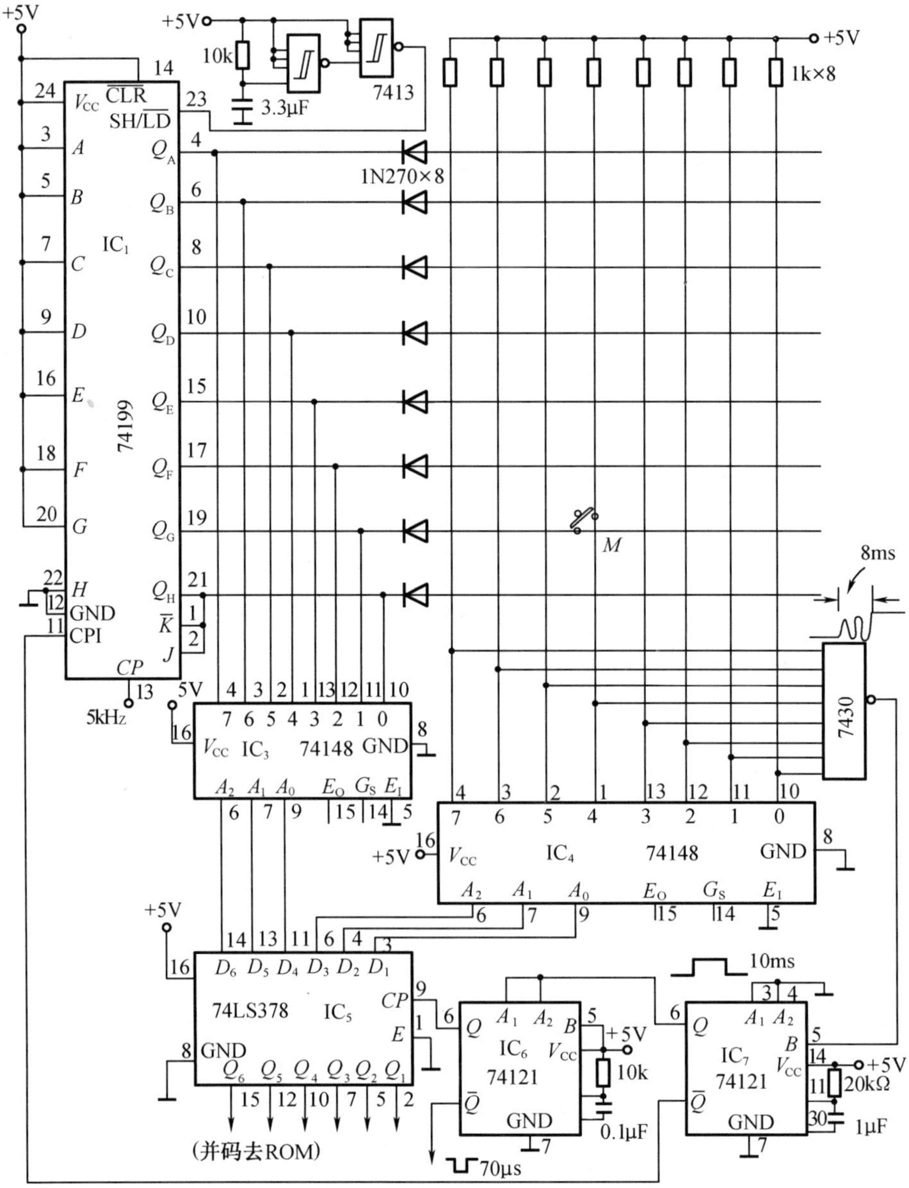

图 10.8.1 键盘编码电路图

编码器的输出经 6D 触发器 74LS378 送 ROM。两片单稳态电路 74121 为整个电路提供各种时序脉冲信号。用 1 片四输入施密特触发器 SN7413 构成上电启动电路。

2. 扫描电路

74199 的 $J,\bar{K},Q_H$相接，将 Q_H信号通过 $J\bar{K}$ 送入寄存器 A 中，H 端接地，$A \sim G$ 端接高电平，便构成了一个环形计数器电路。它在 5 kHz 时钟脉冲的作用下，分时顺序扫描键盘的 8 行，寻找被按下的键。在 CPI 脉冲作用下，可使这环形计数器受控。上电启动电路使得扫描电路在刚上电时 $SH/\overline{LD}$端为 0，让 74199 预置加载，使 $Q_A \sim Q_G$皆为 1，Q_H为 0。上电后，$SH/\overline{LD}$很快升为高电平，使扫描电路执行移位扫描功能。

3. 工作原理

当扫描操作开始以后，在第一个时钟 CP_1 时，$Q_A=0$，$Q_B \sim Q_H=1$；在 CP_2时，$Q_B=0$，$Q_C \sim Q_A=1$，…，这样就由 $Q_A \sim Q_H$各输出端顺序送出的负脉冲分时对 8 条行线扫描。

当有键按下（例如二行五列）时，这点的行与列线就短路。当 Q_G输出负脉冲时，二行的二极管导通，使第五列也为低电平，结果是 IC_3的输入 11 脚和 IC_4的输入 1 脚都为低电平，而其他输入脚皆为高电平。经编码后 IC_3的编码输出为 110，而 IC_4的编码输出为 011，这两组数据同时存入 IC_5的输入端。

在 IC_4的 1 脚为低电平时，多输入端与非门 7430 同时送出一个高电平。这个输出脉冲的上跳沿去触发 IC_7单稳态，由 IC_7 所接 R,C 值，依式（10.6.1）可算出 IC_7 的输出波形脉宽约为 10 ms。由 IC_7的 $\bar{Q}$ 端输出负脉冲信号送到 IC_1的 CPI 端，控制扫描电路停止移位操作；另一方面由 IC_7的 Q 端送出 10 ms 正脉冲，其后沿去触发 IC_6单稳态。在 IC_6的 Q 端输出一个 70 μs 的正脉冲，这个正脉冲让存放在 IC_5 的输入端数据输出到 ROM 中存储。当 IC_7的 10 ms负脉冲结束时，其输出高电平又允许扫描电路在 CP 脉冲作用下重新开始循环移位，继续对 8 条行线扫描，开始新一轮的键盘搜索。

4. 键盘工作时序安排

一般按键时，其电平改变的最大抖动时间约为 8 ms，而 IC_7的输出脉冲为 10 ms，这个时间保证抖动期已过，IC_7 从而可保证输出数据的准确性。也就是说按键后 10 ms 才送出编码数据，可以断定 IC_5送出数据是对的。而 IC_5的 CP 脉宽为 70 μs，这足以保证编码数据正确通过 IC_5。

10.8.2　天文望远镜驱动电源

在使用天文望远镜时，由于观察对象不同，需要一个可变频率（55 ~ 65 Hz）的精密交流电源去驱动天文望远镜的转速马达，从而达到精确观察的目的。

图 10.8.2 为供天文望远镜用的可变频率精密交流电源，其输出为 115 V/（55 ~ 65）Hz 交流电压，用以驱动电机（1 圈/天）。

1. 电路组成

$IC_1 \sim IC_5$为 5 片比例乘法器 74167，它与五个 BCD 开关组成预置电路，产生不同频率的序列脉冲。$IC_7 \sim IC_{10}$为 4 片计数器，组成分频电路。$IC_{11} \sim IC_{13}$运放 μA741 各组成一个巴特沃兹二阶低通滤波器。IC_{14}运放 μA741 组成反比例放大器。4 只晶体管 $T_{2\sim5}$组成功率放大电路。

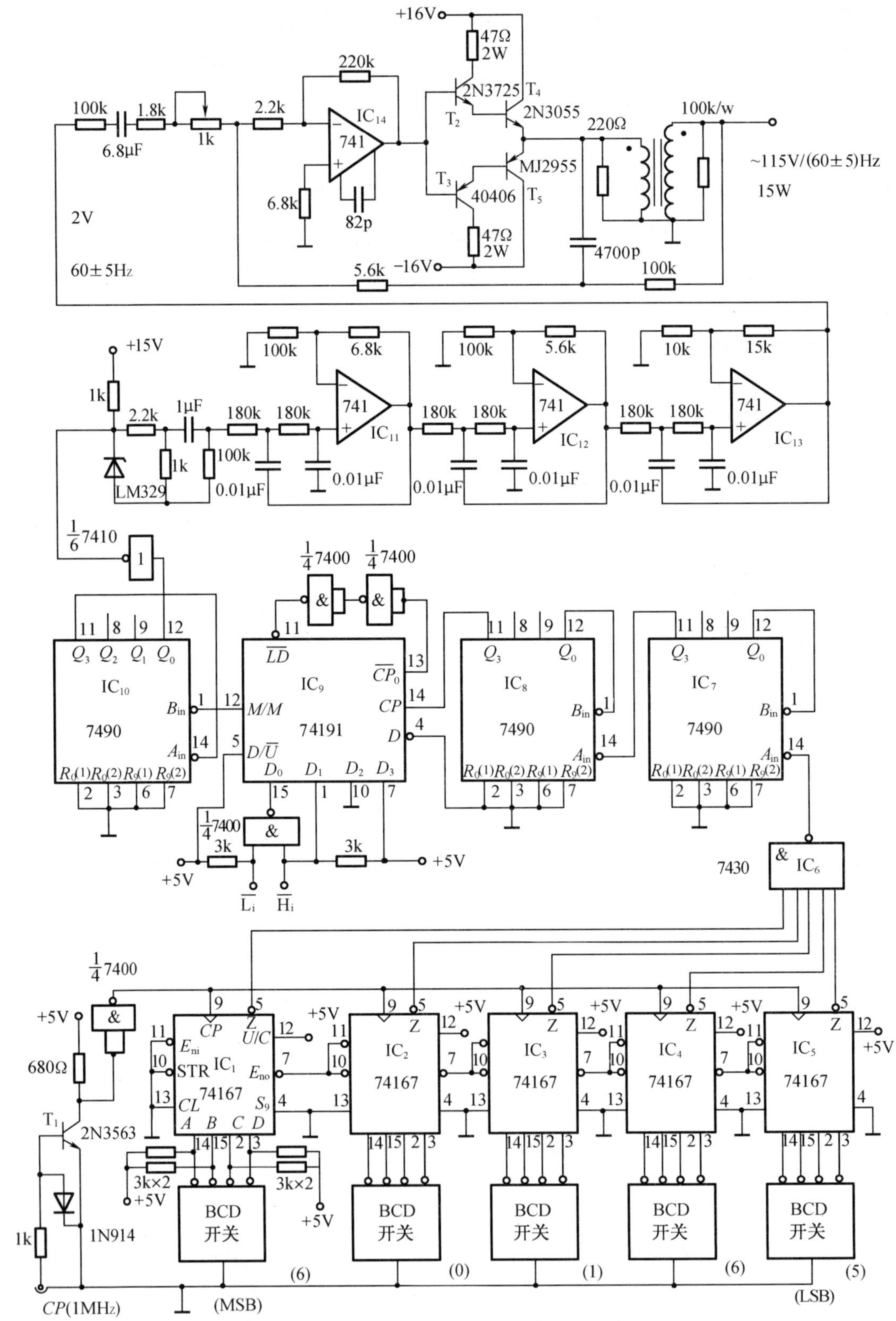

图 10.8.2　天文望远镜驱动电源

2. 单元电路说明

(1)74167

74167 为比率乘法器(Rate multiplier),它的输出平均频率为$\frac{n}{10}\cdot f$,U/C 为级联/单一选择端,当 $U/C=1$ 时表示 $IC_{1\sim5}$是级联工作状态,S_9为置 9 端,当 $S_9=0$,表示置 9($S_9=1$ 清零),E_{ni}和 E_{no}为使能输入和输出,STR 为选通,A,B,C,D 为预置速率输入端,Z 为输出。对最高位 IC_5而言,当输入预置比例 $n=6$,CP 脉冲频率 f 为 1 MHz 时,则 $Z_5=\frac{6}{10}\times1$ MHz $=600$ kHz,同理,通过预置比 n 可得 IC_4的 $Z_4=0$,$IC_3\sim IC_1$的输出分别为 $Z_3=1$ kHz,$Z_2=0.6$ kHz,$Z_1=50$ Hz,经 IC_6输出为 601.65 kHz。

(2)可变分频电路

IC_9为四位同步二进制可逆计数器 74191,它与附加元器件组成了 ÷9、÷10 和 ÷11 的可变分频电路。74191 的 $G=0$ 表示计数器处于允许计数状态($G=1$ 保持),加减选择 $D/\overline{U}=1$,表示减法;串行时钟输出$\overline{CP_0}$与$\overline{LD}$相接,以便让分频输出去控制加载数据。串联的两级门是供延迟用的,这样可保证加载可靠,M/M 为分频输出,$\overline{L}_i$ 和 $\overline{H}_i$ 为可变分频选择端。当 $\overline{L}_i=\overline{H}_i=1$ 时,$D_0=0$,其预置数为 1010(=10),这时 IC_9为 10 分频(参见节 10.4.3);当 $\overline{L}_i=0$,$\overline{H}_i=1$ 时,$D_0=1$,则预置数为 1011(=11),这时 IC_9为 11 分频;当 $\overline{L}_i=1$,$\overline{H}_i=0$ 时,$D_0=1$,$D_1=0$,其预置数为 1001(=9),这时 IC_9为 9 分频。从而实现了可变分频,输出频率变化为 ±10%。

(3)方波输出电路

IC_{10}为异步十进制计数器 SN7490,现将电路内的 ÷5 部分串接 ÷2 部分构成十分频电路(参见节 10.2.2),这样在 IC_{10}的 Q_0端会得到频率 $f\doteq60.16\pm10\%$ 的方波。

(4)二阶低通滤波器

这里用 μA741 构成三级巴特沃兹二阶低通滤波器,其通带截止频率 $f_H=90$ Hz,$IC_{11}\sim IC_{13}$串联构成 6 阶巴特沃兹低通滤波器,这可使通过信号的各高次谐波被衰减到 1.5% 以下,相当于衰减 36 dB,从而保证在 IC_{13}输出为幅度为 2 V,频率为 60 ±5 Hz 的近似标准的正弦波。

(5)放大电路

IC_{14}构成一个 $A_{uf}=-100$ 的反相放大器,输入信号是由 IC_{13}输出的正弦波信号。放大器的输出送到由 4 只晶体管组成的功放电路,经放大后的输出再经变压器变压隔离后输出 115 V 频率为 60 ±5 Hz 的交流电压。

3. 几点说明

(1)可以有多种方法产生 601.65 kHz 序列脉冲。用图示的方法比较简单,改变频率也很方便。由于使用了 74167,所以序列脉冲不是均匀分布的。

(2)此电路可以满足输出电压精确的要求。

(3)输出的交流电压值符合美国标准。

(4)构成反比例放大器的集成运放可选用技术指标更高的产品。

10.8.3　频率计数器

图 10.8.3 为用中小规模集成电路构成的频率计数器。电路由 1 MHz 晶体振荡器、七级分频器、时序控制器、七级计数器和数据寄存器及译码显示电路组成。限于篇幅,这里不作进一步讨论,读者可结合以前学习的知识,自行分析。

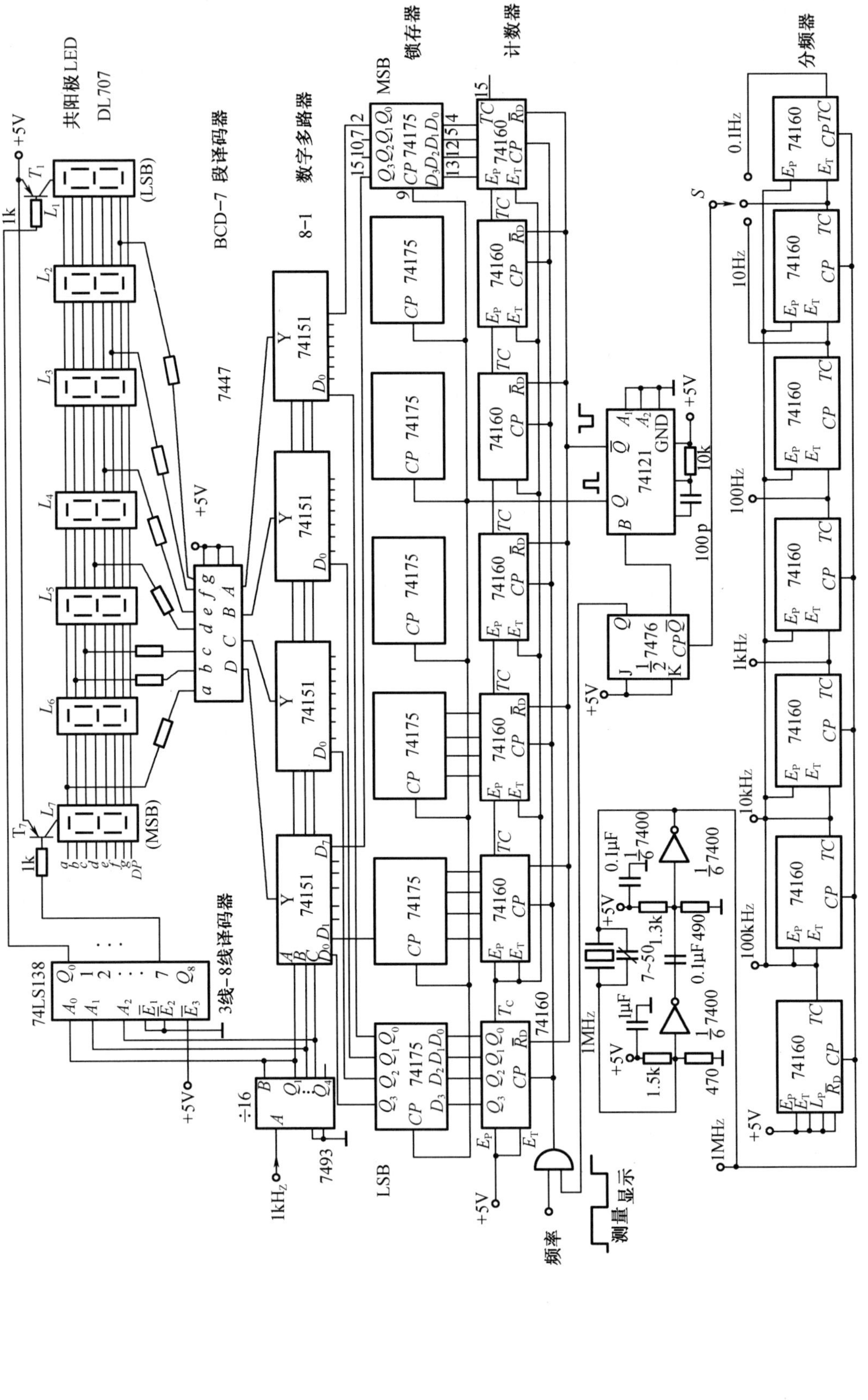

图10.8.3 中规模集成频率计数器

习　　题

10.1　在题图 10.1(a)所示的 RS 触发器中,在输入端 $\overline{R}_D$,$\overline{S}_D$ 的信号波形如图 10.1(b)所示。

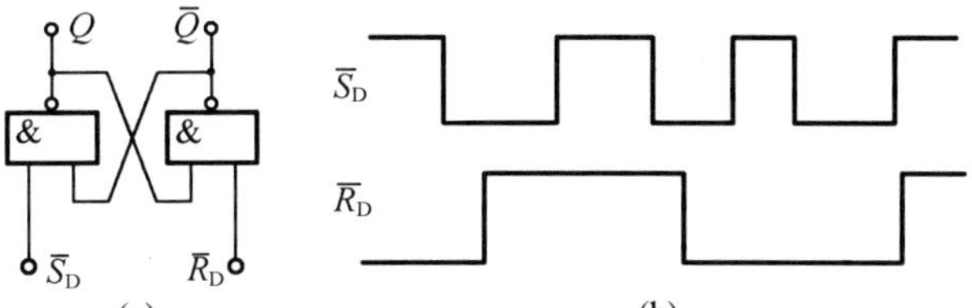

(a)　(b)

题图 10.1

(1)写电路的状态方程。

(2)画输出波形图。

10.2　题图 10.2 电路为用或非门构成的锁存器,请列功能表和写出状态方程。

10.3　题图 10.3 是用与或非门构成的同步 RS 触发器,请写出其功能表,将此电路与题 10.1 电路比较有何差异处。

10.4　题图 10.4 为用与非门电路构成的防抖动电路,它可以使 Q 或 $\overline{Q}$ 输出边沿无干扰,AN 为按钮开关。请分析电路的工作原理。

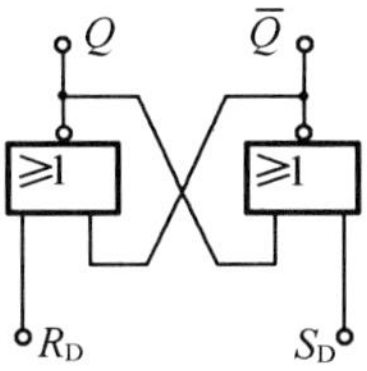

题图 10.2

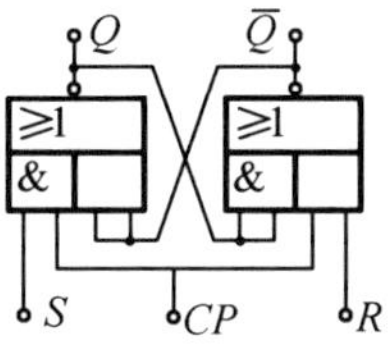

题图 10.3

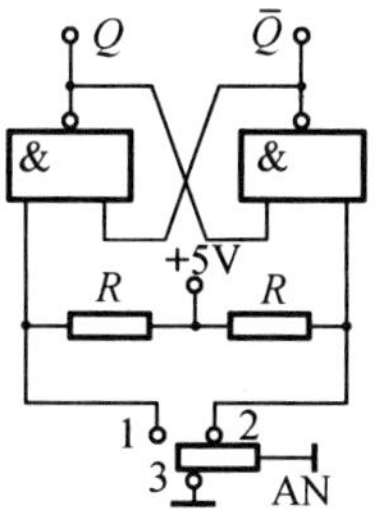

题图 10.4

10.5　题图 10.5(a)所示的触发器电路的 CP,D 信号如图 10.5(b)所示,试画 Q,$\overline{Q}$ 波

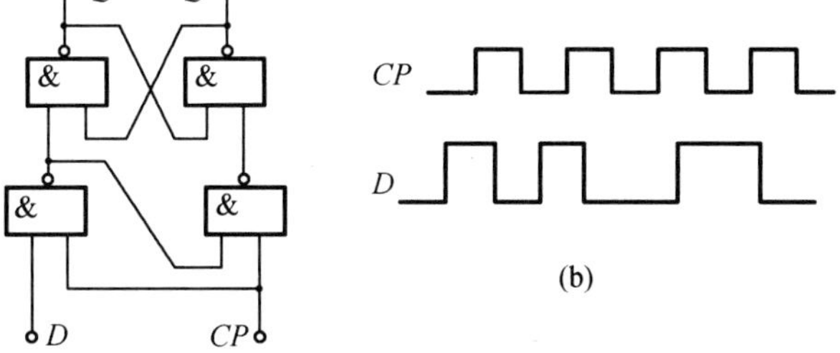

(a)　(b)

题图 10.5

形图。

10.6　若题图 10.6(a),(b),(c)中各触发器的 $Q_n = 0$,请画各自的输出波形。分析各自电路的逻辑功能。

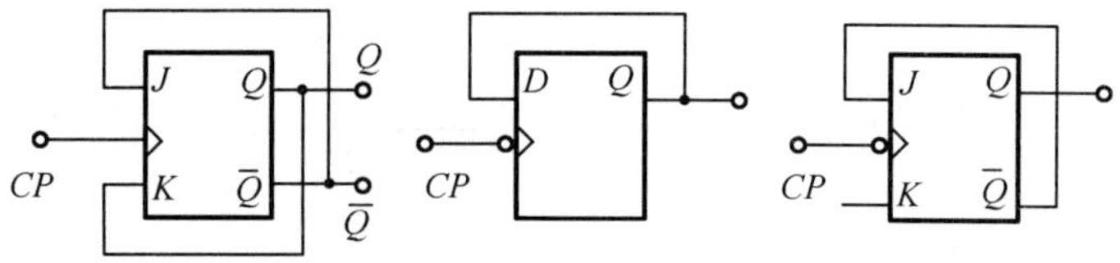

(a)　(b)　(c)

题图 10.6

10.7　两触发器的连接如题图 10.7(a)所示,设两触发器初态皆为“0”,请依题图 10.7(b)所给的波形,画 Q_1,Q_2 的波形,说明电路功能。

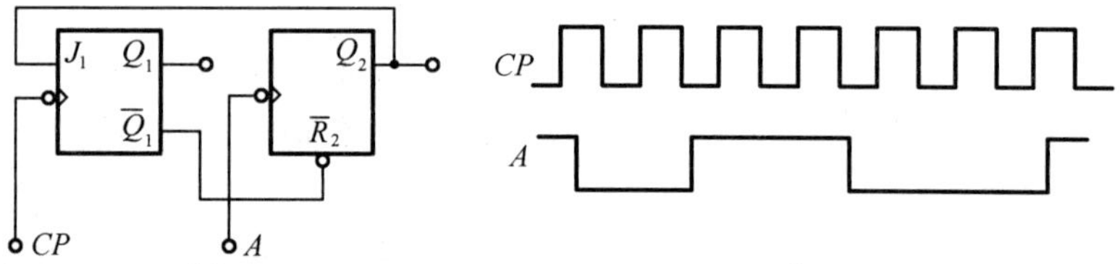

(a)　(b)

题图 10.7

10.8　试分析题图 10.8 所示电路的功能。

10.9　在题图 10.9 电路中,若 D 触发器初态为“0”,请画出 P_1,P_2 波形,并分析电路功能。

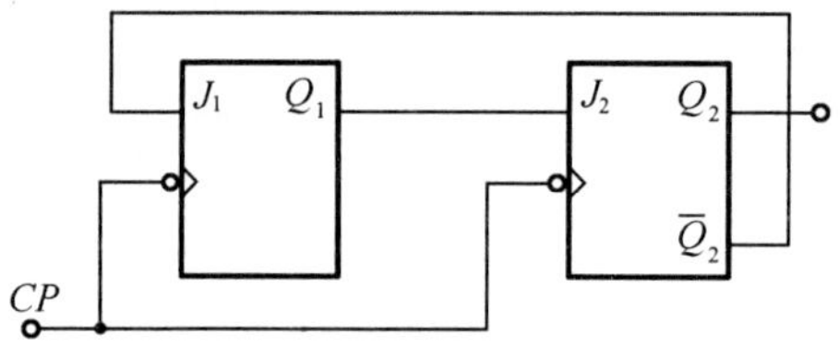

题图 10.8

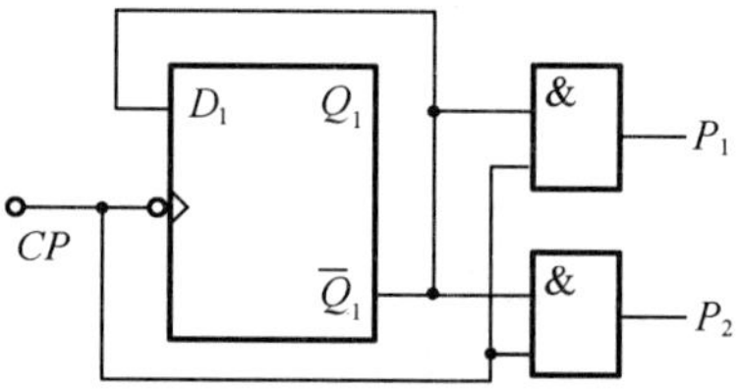

题图 10.9

10.10　试分析题图 10.10 所示电路的逻辑功能。

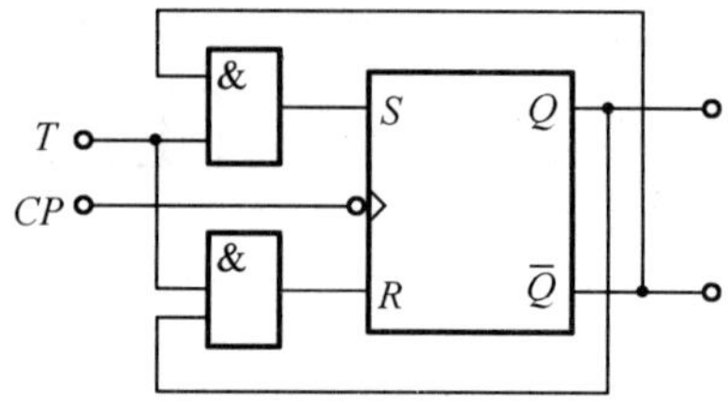

题图 10.10

10.11　题图 10.11 是用 *JK* 触发器组成的计数电路，请分析电路功能。

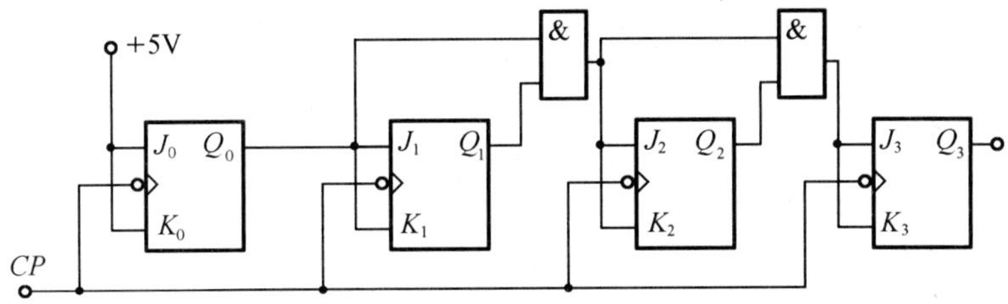

题图 10.11

10.12　题图 10.12 电路中各触发器的初态为 000。

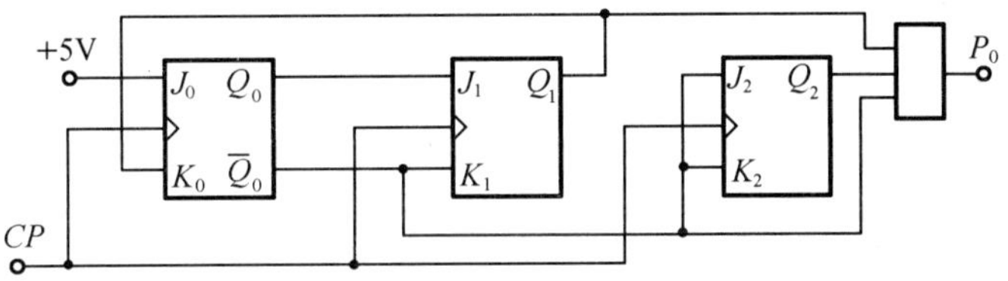

题图 10.12

(1) 分析电路功能。

(2) 电路能否自启动？

10.13　题图 10.13 是用二进制计数器 74LS93 构成的时序电路。

(1) 分析电路功能。

(2) 画 *JK* 触发器 *Q* 端输出波形。

10.14　有人用同步二进制计数器 74HC(T)161 设计了一个十进制计数器，电路如题图 10.14 所示。但电路不能工作，请找出问题，应如何改造才能正常工作？

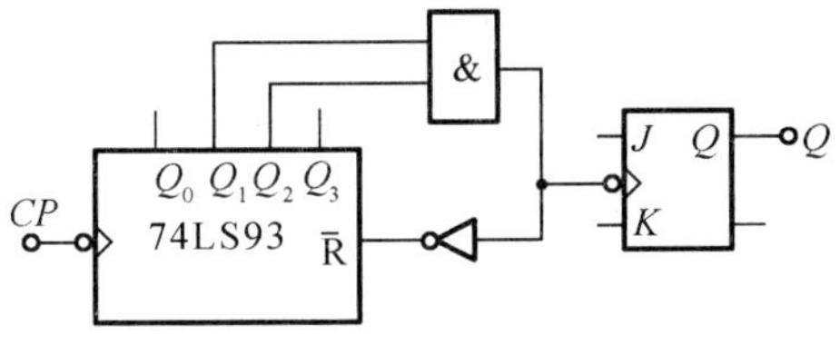

题图 10.13

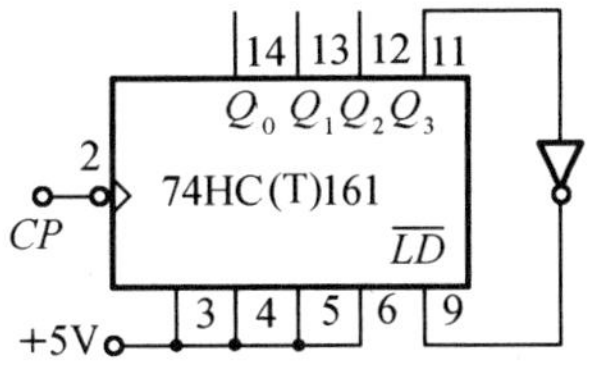

题图 10.14

10.15　请分析题图 10.15 的电路功能，与图 10.3.5 电路比较有何异同点？

10.16　题图 10.16 为用 74LS160 构成的 91 进制计数器。

(1) 分析电路工作原理

(2) 与图 10.3.7 比较有何异同点？

(3) 判断 *A* 点输出脉冲宽度。

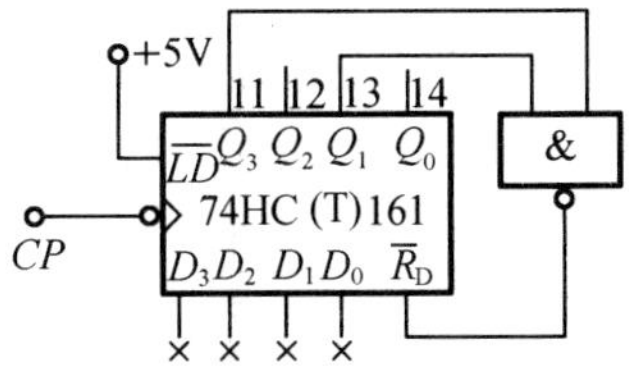

题图 10.15

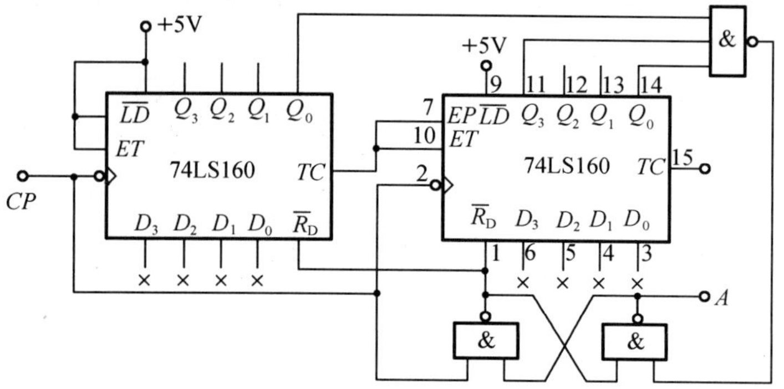

题图 10.16

10.17 题图 10.17(a)为用 4 块 D 触发器组成的时序电路，CP 和 $D_0 \sim D_3$ 波形如题图 10.7(b)所示。

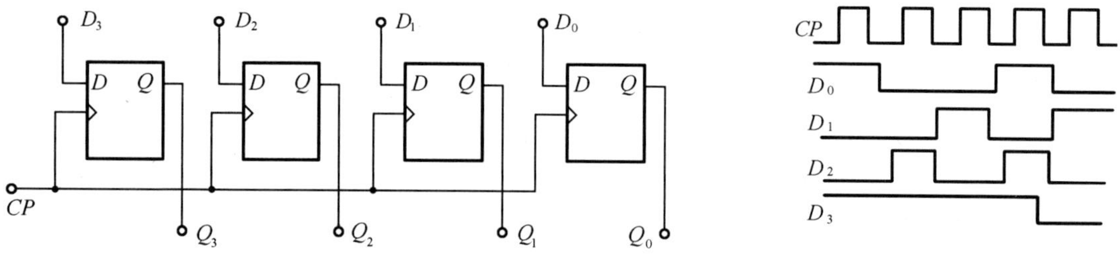

(a) (b)

题图 10.17

(1)分析电路功能。

(2)若各触发器的初态皆为“0”，依 CP 脉冲时序画 $D_n - Q_n$ 对应波形图。

10.18 在图 10.5.3 中，若令 $S_0 = 0, S_1 = \bar{R} = 1$，从 SR 端送入矩形单脉冲 D，CP 和 D 的波形如题图 10.18 所示，请计算经多少时间后此 D 脉冲在 Q_7 端出现。

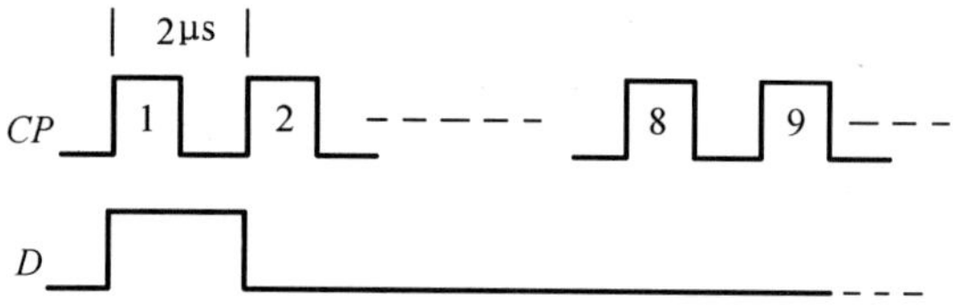

题图 10.18

10.19 在题图 10.19 的时序电路中，FF_3 初态为 1，$FF_0 \sim FF_2$ 初态为 000，请依 CP 脉冲时序画 $Q_{0\sim3}$ 的波形图。

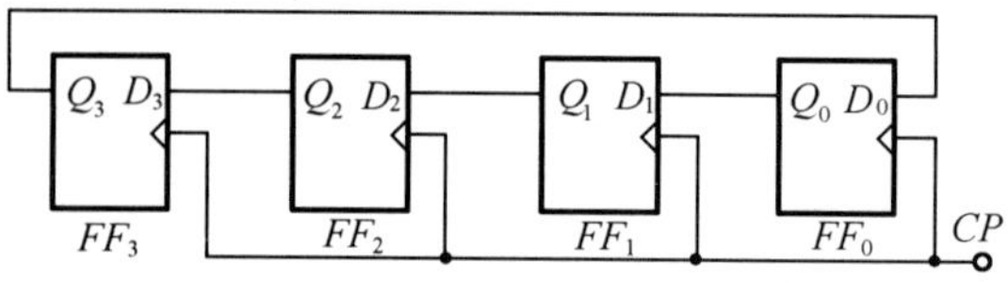

题图 10.19

10.20　将 74LS194 设置为左移状态,在 SL 端输入数据 D_n,其 D_n 及 CP 波形如题图 10.20 所示。

(1)请画输出信号波形。

(2)说明电路功能。

10.21　请用 74LS194 设计一个环形计数器。

10.22　在题图 10.21 中,若三个 D 触发器初态处 000 态。

(1)分析电路功能。

(2)画各触发器输出波形图。

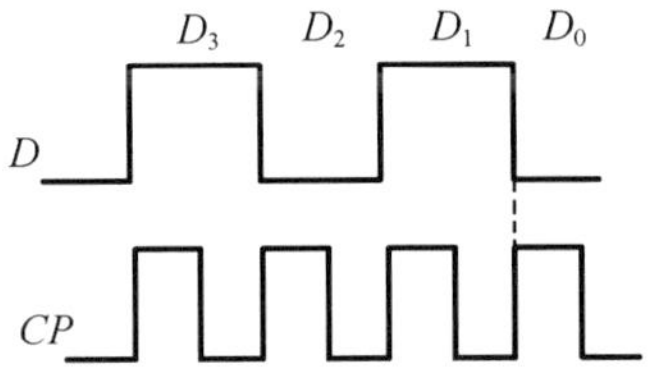

题图 10.20

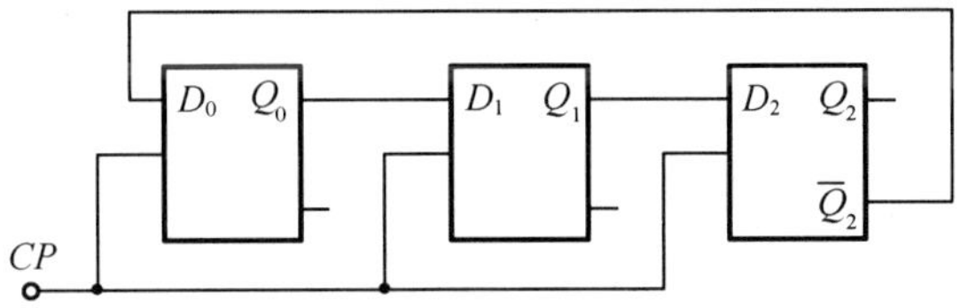

题图 10.21

10.23　在题图 10.22 电路中,若触发器的初态为 001,请依 CP 脉冲画出 Q_0,Q_1,Q_2的输出波形,判断电路的逻辑功能。

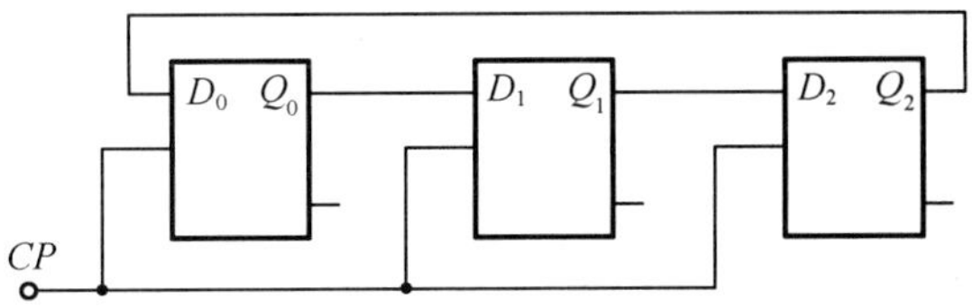

题图 10.22

10.24　请用 74LS194 构成一个八端输出的扫描电路。

10.25　请分析题图 10.23 电路的时序功能。

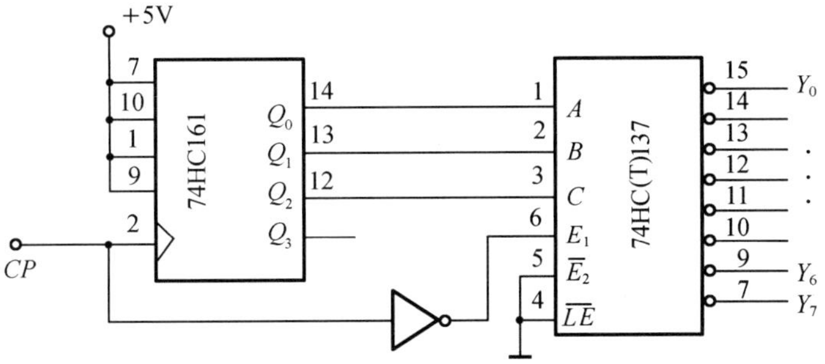

题图 10.23

部分习题参考答案

10.1 (1) $\begin{cases} Q_{n+1}=S+\bar{R}Q_n \\ RS=0 \end{cases}$

10.2 $\begin{cases} Q_{n+1}=S+\bar{R}Q_n \\ RS=0 \end{cases}$

题 10.2 功能表

RS	Q_{n+1}	功能
0 0	Q_n	保持
0 1	1	量 1
1 0	0	复 0
1 1	不定	不允许

10.6 皆为除 2 电路,(a)为 CP 上升沿翻转,(b)(c)为 CP 下降沿翻转。

10.8 同步三进制计数器。

10.9 双向时钟二分频器。

10.10 T 触发器。

10.11 同步四位二进制计数器。

10.12 (1)同步六进制计数器。

10.13 (1)六进制计数器。

10.15 用复零功能设计的十进制计数器。

10.17 并入 - 并出寄存器。

10.18 这是一个延时电路,16 μs。

10.22 扭环形计数器。

10.23 环形计数器。

10.25 分时顺序脉冲产生器。

第 11 章　数模变换器和模数变换器 (DAC and ADC)

由于数字电路的结构简单、抗干扰能力强、稳定性好，而数字信息具有保密性好、信息易储存等优点，故借助于数字电子技术实现对模拟信号的传输、处理和存储是很有意义的。

若用数字技术处理模拟信号，就必须把模拟信号变换成数字信号，这种变换就称为模数变换。实现这种变换的电路叫作模数变换器(Analog to Digital Converter 简称 ADC)。在很多情况下还要把处理后的数字信号变换成模拟信号，这种变换技术称为数模变换。实现这种变换的电路称为数模变换器(Digital to Anglog Converter 简称 DAC)。

本章先讨论这两类变换的基本原理、技术指标要求，然后重点介绍几种集成 ADC 和 DAC 产品，最后简要介绍几种产品的典型应用。

11.1　变换器的技术要求

11.1.1　DAC 的主要技术参数

为了保证变换结果的准确性，DAC 必须有足够的变换精度。变换精度通常用分辨率和变换误差来描述。对于快信号的变换，还要求 DAC 有较快的变换速度。

1. 分辨率(Resolution)

分辨率的定义是最低有效位 LSB(Least Significant Bit)变化一个字时，对应的输出模拟电压的变化量 V_{LSB} 与满刻度(Full Scale，简称 FS)输出电压 V_{FS} 之比，即

$$\text{分辨率} = \frac{V_{LSB}}{V_{FS}} = \frac{1}{2^n - 1} \tag{11.1.1}$$

其中，n 为输入数字量的位数。例如一个 12 位的 DAC 的分辨率为 $1/4\ 095 = 2.4 \times 10^{-4}$。显然 n 越大，分辨率越高。

2. 变换误差

变换误差包括失调误差、增益误差、积分非线性误差和微分非线性误差，图 11.1.1(a) ~ (d)为表示这四种误差的示意图。图中，实线为实际变换特性曲线，虚线为理想变换特性曲线。在变换误差中，非线性误差最为主要。

(1) 积分非线性误差

积分非线性误差(Integral Non Linearity，简称 INL)指的是 DAC 的实际变换特性与理想变换特性间最大偏差，如图 11.1.1(c)所示的 ΔV。一般用最低位的 V_{LSB} 的倍数来表示，通常要求 $INL < \pm\frac{1}{2}V_{LSB}$。

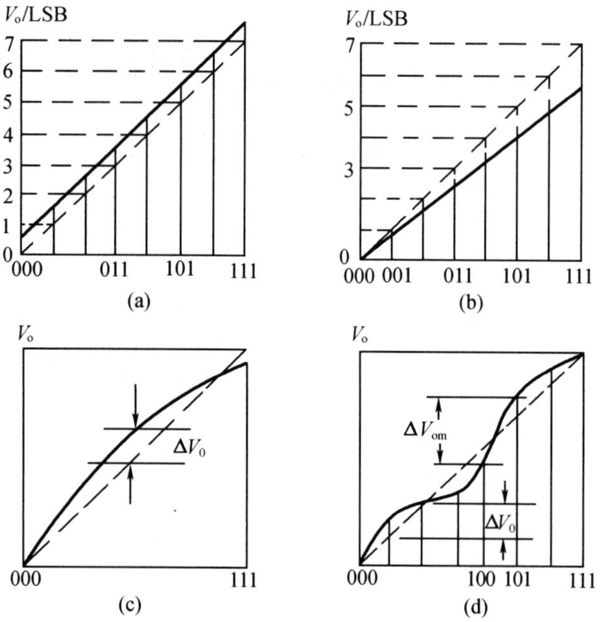

图 11.1.1 四种基本变换误差示意图

(a)失调误差;(b)增益误差;(c)积分非线性误差;(d)微分非线性误差

(2)微分非线性误差

在图 11.1.1(d)中可见,在满刻度校准的情况下,在理想的变换曲线上任何两相邻数码对应的模拟输出电压差都等于 ΔV_o。而实际变换曲线中相邻数码的模拟输出电压差却不相等,其最大者为 ΔV_{om},则微分非线性误差(Differential Non Linearity,简称 DNL)可表示为

$$DNL = \frac{\Delta V_{om} - \Delta V_o}{\Delta V_o} = \frac{\Delta V_{om} - V_{LSB}}{V_{LSB}} \tag{11.1.2}$$

这里要强调的是,*INL* 和 *DNL* 与温度变化和电源电压的稳定度有关。

3. 变换建立时间

DAC 的变换速度通常用变换建立时间表示,它也是 DAC 的一个重要参数。它是指输入数码从全 0 跳到全 1 时开始,到输出电压 V_o 的起伏偏差在 $\pm\frac{1}{2}V_{LSB}$ 之内时刻止的一段时间,用 t_{set}(Set-up time)表示,如图 11.1.2 所示。不同的 DAC 产品的 t_{set}差异很大,例如同是 8 位 DAC,AD7225 的 t_{set}为 5 μs,DAC - 08 的 t_{set}则为85 ns,而用 GaAs 制造的 TQ6112 的 t_{set}仅为 1 ns。

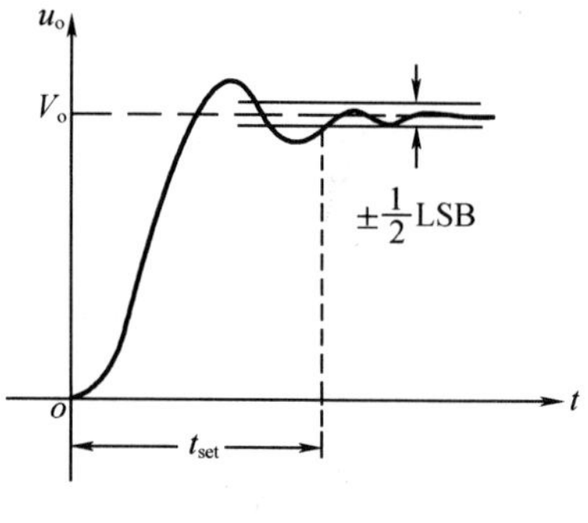

图 11.1.2 D/A 转换器的变换建立时间

当 DAC 是电流输出时,其建立时间很短。但若将输出电流转换成电压输出,则要接运算放大器。为了不使运放参数对 t_{set} 产生大的影响,通常都要选用高速宽带运放。

11.1.2　ADC 的主要技术参数

ADC 的功能是 DAC 的逆变换过程，所以它的技术参数与 DAC 类似。

1. 分辨率

ADC 的分辨率是用输出的二进制码位数 n 表示，它说明 ADC 对输入模拟信号的分辨能力。在理想情况下，若一个 8 位 ADC 的最大输入电压为 5 V，则 ADC 所能分辨的最小输入电压约为 $\frac{5\ \text{V}}{2^8}=20\ \text{mV}$，即是一个数码量化单位所对应的输入电压值。

2. 变换误差

ADC 的变换误差与 DAC 类似，只是曲线坐标对调。这里最主要的是微分非线性误差 *DNL*。在多道分析器中 *DNL* 表示道宽的不均匀性。

3. 变换时间

ADC 的变换时间指的是从变换开始到完全输出对应的数码所用的总时间。也有的用转换速率表示，量值上等于变换时间的倒数，单位为 SPS。不同类型 ADC 的变换时间相差甚远，并行比较型 ADC 的变换时间最短，逐次渐近型 ADC 的变换时间次之，双积分型 ADC 的变换时间最长。

11.2　DAC 的变换方法

DAC 的变换方法很多，现简单介绍几种主要的变换方法。

11.2.1　权电阻型 DAC

图 11.2.1 为四位权电阻型 DAC 电路的原理图。它由权电阻网络、模拟开关 S_j（由待变换的数码控制）构成。LSB（Least Significant Bit）为最低有效位，MSB（Most Significant Bit）为最高有效位。电阻网络为 R,$2R$,2^2R 和 2^3R。由图可知输出电压为

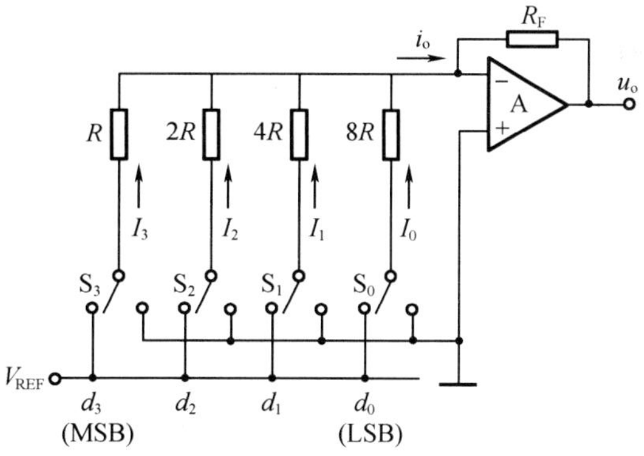

图 11.2.1　权电阻型 DAC 电路原理图

$$u_o=-i_oR_F=-\frac{V_{REF}\cdot R_F}{2^3\cdot R}(2^0d_0+2^1d_1+2^2d_2+2^3d_3)$$
$$=-\frac{V_{REF}\cdot R_F}{2^3R}\sum_{j=0}^{3}d_j\times 2^j \tag{11.2.1}$$

若待变换的数码为 n 位，则其输出电压为

$$u_o=-\frac{V_{REF}\cdot R_F}{2^{n-1}\cdot R}(2^0d_0+2^1d_1+2^2d_2+\cdots+2^{n-1}d_{n-1})$$
$$=-\frac{V_{REF}\cdot R_F}{2^{n-1}\cdot R}\cdot\sum_{j=0}^{n-1}d_j\times 2^j \tag{11.2.2}$$

上式表明,u_o与输入数码成比例,从而实现了数字模拟变换。

这种变换方法的优点是电路简单,但当 n 较大时,在电阻网络中的各个电阻的电阻值的差大。如一个 8 位 DAC,它的最大、最小电阻值相差 128 倍。这么大的阻值差,很难保证电阻阻值的高精度,其次,大阻值电阻也更难于实现集成化。所以这种方法已较少使用。

11.2.2 $R-2R$ 电阻网络 DAC

利用 $R-2R$ 电阻网络可以克服权电阻型 DAC 中电阻值跨度大的问题。这种电路又称倒 T 形(Inverted T type)电阻网络 DAC。

1. 工作原理

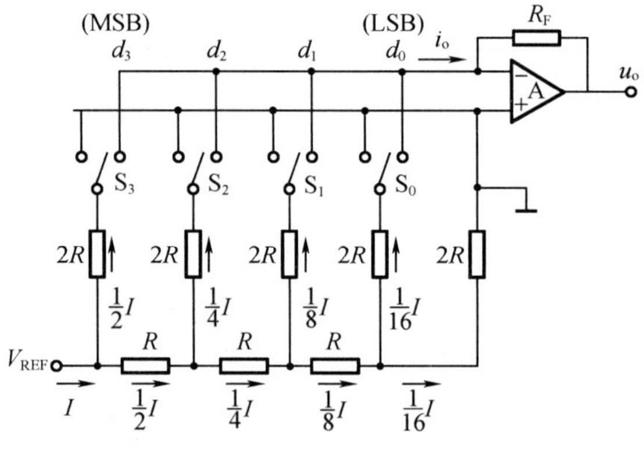

图 11.2.2 倒 T 形电阻网络 DAC 电路原理图

图 11.2.2 为四位倒 T 形电阻网络 DAC 电路的工作原理图。由图可见,运放的反相端"虚地",故可以将电阻网络画成图 11.2.3 的等效电路。在图中 AA, BB, CC, DD 向右看去的等效电阻皆为 R,令 V_{REF}提供的电流为 I,则从 MSB 位开始向右数各支路的电流分别为$\frac{1}{2}I$,$\frac{1}{4}I$,$\frac{1}{8}I$ 和$\frac{1}{16}I$,则总电流为

$$i_o = \frac{I}{2}d_3 + \frac{I}{4}d_2 + \frac{I}{8}d_1 + \frac{I}{16}d_0 = \frac{I}{2^4}(2^3d_3 + 2^2d_2 + 2d_1 + d_0) \tag{11.2.3}$$

若 DAC 为 n 位,则 i_o为

$$i_o = \frac{I}{2^n}(2^{n-1}d_{n-1} + \cdots + 2^1d_1 + 2^0d_0) = \frac{V_{REF}}{2^n \cdot R}\sum_{j=0}^{n-1} d_j \times 2^j \tag{11.2.4}$$

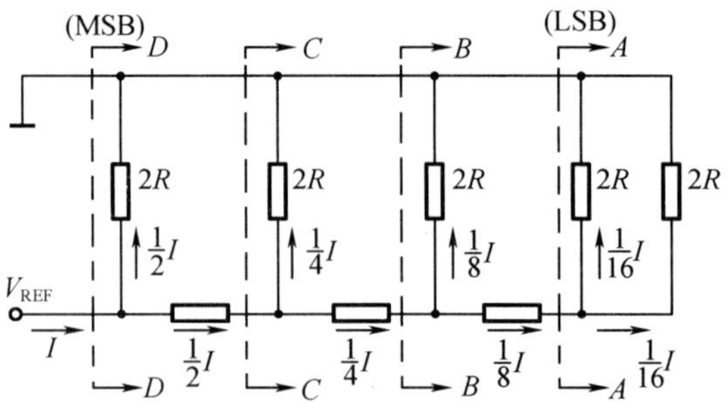

图 11.2.3 计算倒 T 形电阻网络支路电流的等效电路

设 $R_F=R$,则由式(11.2.4)可得输出电压 u_o为

$$u_o = -i_oR_F = -\frac{V_{REF}}{2^n}\sum_{j=0}^{n-1} d_j \times 2^j \tag{11.2.5}$$

上式表明，u_o与输入的数字码成比例。

倒 T 形电阻网络 DAC 的结构简单，电阻种类少而且阻值小，易于集成化，所以这种类型的单片 DAC 不少，表 11.2.1 给出了一些常用的倒 T 形电阻网络 DAC 集成电路的参数。

2. 典型器件介绍

AD 公司生产的 AD7524 是人们经常应用的倒 T 形电阻网络 DAC 器件之一。它是 CMOS 8 位 DAC。图 11.2.4 为电路结构框图。它有输入锁存功能，当片选端$\overline{CS}=0$，写信号输入端$\overline{WR}=0$时，数据 $D_7 \sim D_0$存入锁存器。电路芯片采用了高阶位分段交换的设计办法，这使其精度达$\frac{1}{2}$LSB。它采用 +5 V～ +15 V 单一电源，在 +5 V 时，其功耗仅为 5 mW。它的 $t_{set}=100$ ns，$DNL=0.2\%$ FS。

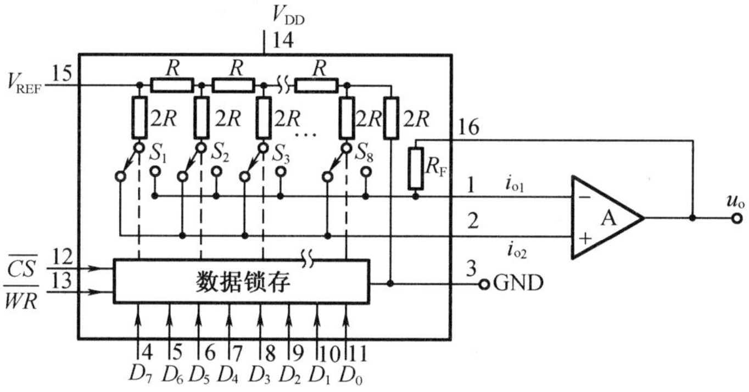

图 11.2.4 AD7524 结构框图

AD7524 有极好的乘法特性，因而广泛应用在增益控制和信号控制中。正负极性的 V_{REF}可使输出电压极性可正可负。它采用互补输出方式，允许器件在双极性方式下工作。图 11.2.5

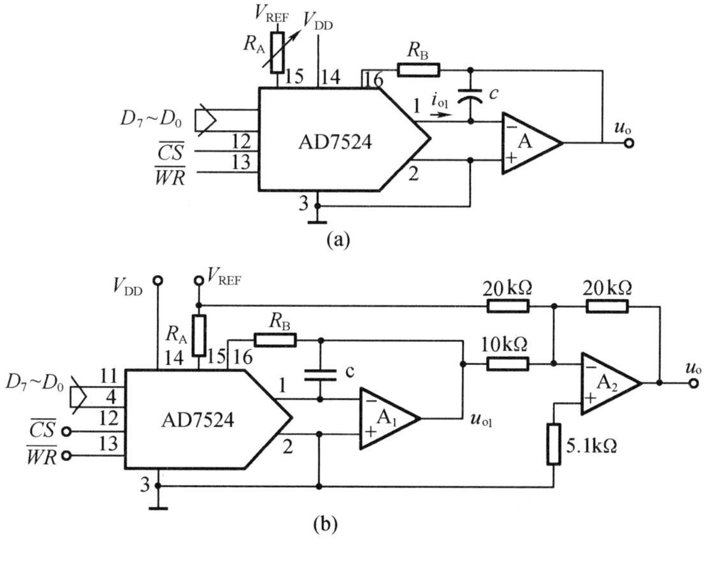

图 11.2.5 AD7524 的两种工作方式

(a)为单极性工作方式(二象限乘法电路)。图中运放 A 构成电流/电压变换器,将 i_{o1} 转换成 u_o,u_o可用式(11.2.5)求出。若 $V_{REF}=2$ V,$R_A=R_B=0$,片内的 $R_F=R$ 时,$u_o=-\frac{2}{2^8}\sum_{j=0}^{7}d_j\times 2^j$。当数字码 $d_0\sim d_7$ 全为"1"时,$u_{om}=-1.99$ V;当数字码全为"0"时,$u_o=0$ V;当数字码为 01H 时,$u_o=-7.8$ mV,这就是模拟输出的最小变化量 V_{LSB}。图 11.2.5(b)为双极性工作方式,输出电压 $u_{om}=\pm 1.99$ V。

若$|u_{om}|<1.99$ V,则可调 R_B使输出达到满量程;若$|u_{om}|>1.99$ V,可调节 R_A以降低 I_{REF},也使输出达到满量程。当运放 A 选用高速电路时,需要加电容 C,这样可以防瞬时干扰和振荡。

11.2.3 权电流型 DAC

倒 T 形 DAC 的精度和速度还不够理想。人们又研制出权电流型(Right Current output) DAC,以解决精度不高和速度不快的问题。

1. 工作原理

图 11.2.6 为四位权电流型 DAC 的工作原理图。由图可见,各支路的电流由一组多路电流源供给,它们的电流值不受开关影响,从而降低了对电流开关的要求。多路电流源由 T_R,$T_0\sim T_3$和 T_c 组成,其中 A_1和 T_R给出参考电流 I_R,其值 $I_R=\frac{V_{REF}}{R}=I$。而 T_R,T_C和 $T_3\sim T_0$ 的基极是连在一起的,只要这些晶体管的 V_{BE}相等,则它们射极电位也相等。所接的电阻网络可以使 $I_{E3}=\frac{1}{2}I$,$I_{E2}=\frac{1}{4}I$,$I_{E1}=\frac{1}{8}I$,$I_{E0}=\frac{1}{16}I$,$I_{EC}=\frac{1}{16}I$。在 $d_0\sim d_3$控制下,可以推导出 i_o和 $|u_o|$的表达式与式(11.2.4)和(11.2.5)相同,从而满足了输出电压 u_o与输入数码成正比的关系。为保证各晶体管 V_{BE}相等,按各管射极电流比设计各射结面积。

利用权电流法生产的 DAC 器件也很多,表 11.2.1 列出了一些常用的 DAC 器件。有的产品如 AD9768 等将 $R-2R$ 电阻网络改成了权电阻网络,这样可使变换速度大为加快。

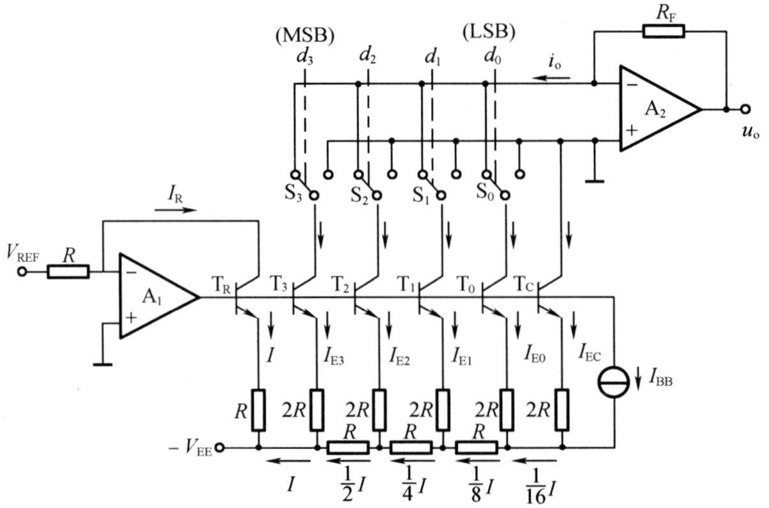

图 11.2.6 权电流型 DAC 电路

表 11.2.1　数字模拟变换器

型号	位数	输出	建立时间 /ns	电源电压 /V	V_{REF}	寄存器	串/并	线性	功耗 /mW	说　明
DAC－08	8	I	80	±4.5～±18	外	×	并	0.1%FS		权电流，通用型
AD7524	8	I	100	+5～+17	外	√	并	$\pm\frac{1}{2}$LSB	5	倒 T 型，通用低功耗
AD7520	10	V/I	5 000	±5～±15	内	√	分段并	0.05%FS	50	通用倒 T 型
TDC1318	3×8	I	5	±5	内	√	并			ECL 输入，高分辨彩色视频
HDG0807	8	V	15	+5	内	×	并			视频用
TQ6112	8	V	1	－3.5，－9	外	√				超快速 GaAs
DAC8408	4×8	I	190	+5	外	√	并		4×0.25	能回读缓存
TLC5602	8	I	30	+5	外	×	并	±0.2%FS	80	视频，LinEPIC™ 1－μmCMOS
MB88347L	8×8	V	200	+2.7～+3.6	外	√	串	1LSB	8×0.5	低功耗、低电压
MAX531	12	V	25 000	±5	内	√	串	2LSB	1	低功耗、权电流、串行输入
AD7546	16	I	1 000	±15	外	√	串	$\frac{1}{2}$LSB		温度系数 2×10^{-6}/℃ 倒 T 型
DAC1210	12	I		+5～+15	外	√	并	0.05%FS		与微机完全兼容
DAC714	16	V/I	10 000	±12，±15	内	√	串	±4LSB	600	串行输入快
DAC729	18	I/V	300/4 000	+5，+15	内	×	串	4×10^{-6}		价格高、低干扰

2. 典型器件简介

图 11.2.7 为 NS 公司生产的 8 位高速权电流型数模变换器 DAC08 的结构框图，它是 16 脚双列直插式封装。$D_0 \sim D_7$是 8 位数码输入端，I_0是求和电流输出端，COMP 端可外接补偿电容，V_{REF}端接参考电压，V_{LC}端为逻辑阈值控制端。当 $V_{LC}=0$ V，则与 TTL 电平相容。

电路中的模拟开关采用特殊结构，使其工作在非饱和状态。这样，可使开关速度加快，其 $t_{set}=80$ ns。由于采用高稳定、高精度薄膜电阻，使变换精度高，其 $DNL=0.1\%$ FS。电源电压范围 ±4.5 V～±18 V，基准输入电流 $I_R=5$ mA。可以说 DAC08 是一种性能较好的通用双极性 DAC。

图 11.2.8 为 DAC08 的应用电路。为了得到电压输出，加入了由 A 构成的电流/电压变换器，为了减小集成运放对建立时间的影响，这里 A 选用高速运放 OP676。74LS373 为 8 位数据锁存器，可以同时将数字量打入到 DAC08 中，这样可以减少因数据输入时间有差异而引起的误差，若变换精度要求不高的场合，74LS373 可以不用。本例中，$I=\frac{V_{REF}}{R_2}=1$ mA。依式(11.2.5)可求得输出电压为

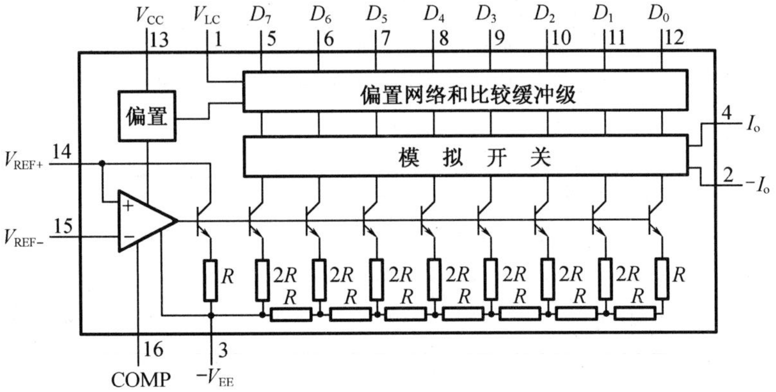

图 11.2.7 DAC08 的电路结构框图

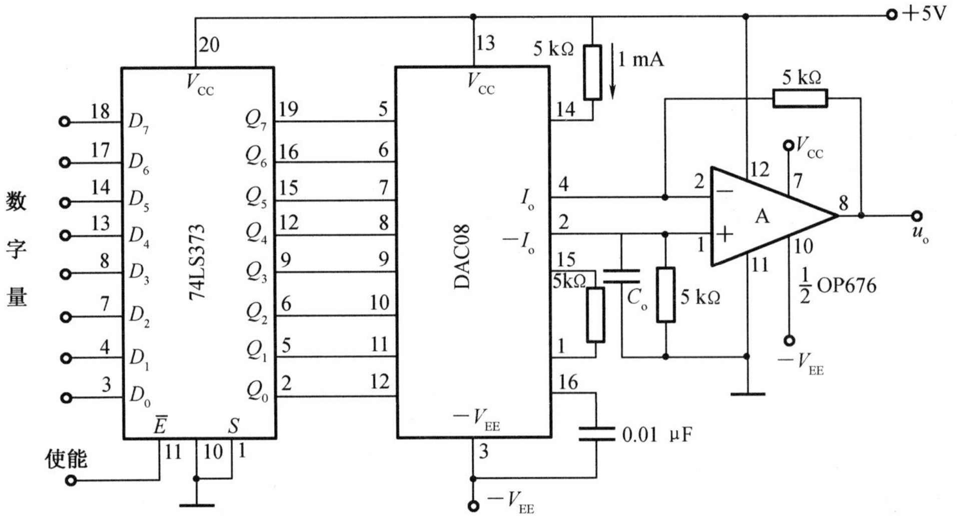

图 11.2.8 DAC08 应用电路

$$u_o = \frac{5}{2^8}\sum_{j=0}^{7} D_j \times 2^j \quad \text{V} \tag{11.2.6}$$

当输入的数字量为 00H 时，u_o = 0 V；当为 FFH 时，u_o = 4.98 V；当为 01H 时，u_o = 19.5 mV，这个 19.5 mV 就是模拟输出的最小变化量 V_{LSB}。

图中 V_{LC} 接地，输出 TTL 电平。而 COMP 端接 0.01 μF 电容，以防止高频振荡。

11.2.4 DAC 输出信号处理

1. DAC 产生电压输出的方法

上面介绍的 DAC 都是吸收型 DAC，输出的是电流，可以用下述方法将输出电流转换成输出电压。

(1) 若负载电容 C_0 较小，而且要求输出电压的幅度不大，可以用简单方法，即在输出端

接小电阻 R_L，如图 11.2.9(a)所示。当 $i_o=1$ mA，若要求 $u_o=100$ mV，则 $R_L=100\ \Omega$。若 $C_0=50$ pF，则 $\tau_L=C_0R_L=5$ ns，对于一个 $t_{set}=100$ ns 的 DAC，其总的变换时间仅为 $t_{set}=100.12$ ns。可见选择 $R_L=100\ \Omega$ 对 t_{set} 影响很小。这里在选择 R_L 时，要考虑 DAC 的输出电阻 R_o，在电路中 R_o 与外接电阻 R_L 是并联的。

(2)若负载电容 C_0 较大，而且要求输出电压幅度也较大时，可用图 11.2.9(b)电路获得输出电压。这种方式前面已介绍过。不过这时总的变换时间 t_{set} 应包括运放 A 的输出电压建立时间 t_A。计算公式为

$$t_{set}=\sqrt{t_{DAC}^2+t_A^2} \qquad (11.2.7)$$

最好要在 R_F 上跨接电容 C_1，这样可以增加电路的稳定性。

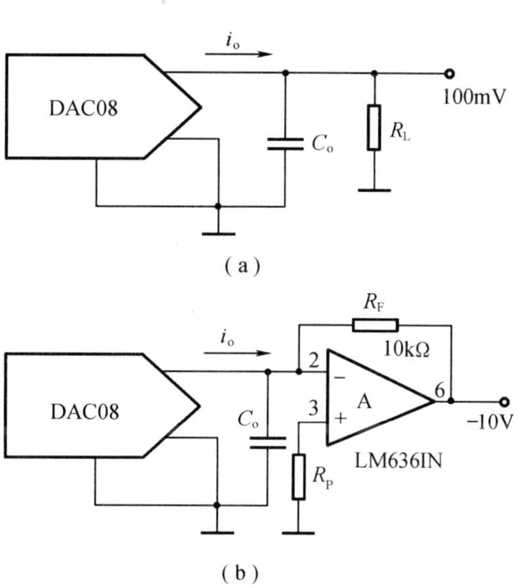

图 11.2.9　DAC 输出电流变换输出电压方式

(3)如要求正极性的输出电压，可以在图 11.2.9(a)的基础上再加接一同相比例放大器。若电路的电压增益 $A_{uf}=100$，当 DAC 的输出电压为 100 mV 时，则在运放输出端可以得到一个 10 V 的模拟电压。这里要注意的是同相比例放大器存在零点漂移问题，它可能会影响变换精度。同样，运放 A 也要选用高速宽带运放。

2. 重建滤波器

一般用数字技术处理模拟信号的处理程序是：①将原模拟信号 $x(t)$ 经 ADC 变换成数字信号后再经 DSP 处理；②将处理后的数字信号经 DAC 再变换成模拟信号。由 DAC 的工作原理可知，DAC 输出 $i(t)$ 或 $u(t)$ 都是“台阶”式的，也就是说 DAC 的输出电流或电压信号都不是平滑的模拟信号，如图 11.2.10 中的实线所示。为了获得不失真的模拟信号，就要用一级重建滤波器来平滑这些“台阶”，使输出模拟信号如图 11.2.10 中虚线所示。

重建滤波器是低通滤波器，一般它的频率设计要与原 ADC 的采样保持电路的工作频率相配合。若原输入模拟信号的基带信号的最高频率为 f_m，而采样序列脉冲的频率为 f_s，则重建滤波器的幅频特性曲线如图 11.2.11 所示，其中重建滤波器的截止频率要大于 f_m，而阻带频率则要不大于 f_s-f_m。显然，当 f_m 一定时，若采样频率高，则重建滤波器的过渡带就宽，这样，对重建滤波器的要求就可降低。

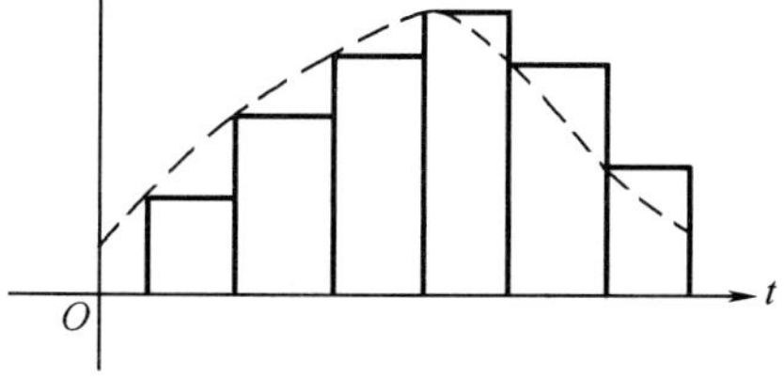

图 11.2.10　DAC 输出信号

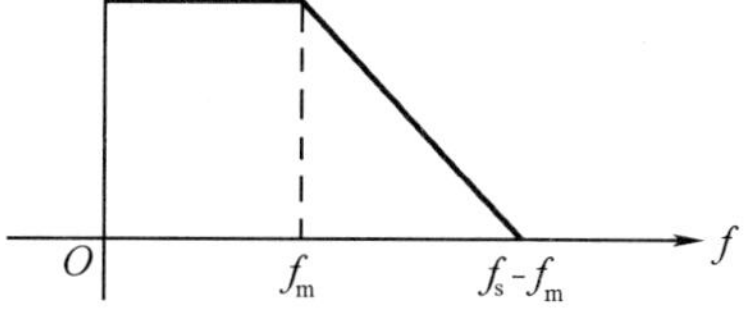

图 11.2.11　重建滤波器的幅频特性

11.2.5 DAC 的发展概况

这些年来 DAC 技术发展很快。在变换原理上，又出现了一些新方法，如权电容网络法、分段结构法等，它们各有优点。但是，对于 DAC 技术的研究，更多的是在现有的变换方法基础上，大力提高器件的性能。如变换高速度、低功耗和高精度等方面，这为实际应用提供了性能优良的 DAC 器件。现就几个较突出的方面作以简单介绍：

1. 快速变换的 DAC

近年来出现了不少变换速度很快的 DAC。建立时间在 20 ns 以内的 DAC 已很常见。如 TRW 公司生产的 TDC1018 的 $t_{set}=10$ ns，用 ECL 组成输入级的 AD9768，由于在权电流法变换中将 $R-2R$ 电阻网络改成权电阻网络，使 t_{set} 小于 5 ns，这样的性能在 8 位 DAC 中是出类拔萃的。而 TDC1318DAC，在一个封装中有三个 8 位 DAC，其 t_{set} 也只有 5 ns，它被广泛应用在高分辨率彩色视频中。更有甚者，TriQuint 公司用 GaAs 制造的 TQ6112 DAC，其 t_{set} 仅为 1 ns。

2. 低功耗 DAC

随着便携式仪表的应用日益广泛，为适应电池供电的需要，出现了很多低功耗 DAC。它们有的工作电流很低，有的工作电压很低，有的二者兼有。如用 LinCMOS 硅栅技术生产的双 8 位数模变换器 AD7528，在电源电压为 +5 V 时，功耗小于 5 mW，建立时间为 80 ns。PM 公司生产的 8 位 DAC8408，在一个封装中有 4 路 DAC。虽然其变换速度不够快，其 t_{set} 为 190 ns，但它在 +5 V 电源时，静态电源电流仅为 50 μA。MAX 公司生产的 MAX530 低功耗 12 位 DAC，在 +5 V 供电时，功耗为 1.25 mW，静态功耗仅为 0.2 mW，是便携式仪表或电池供电仪表设计者的理想选择。TI 公司生产的 8 位 DAC TLC5602A，t_{set} 为 25 ns，功耗小于 80 mW，线性好于 0.2%，是一种综合性能优良的 DAC，广泛用于数字电视、计算机视频处理和雷达信号处理等数字视频领域。为了满足电池供电的需要，又出现了低压单电源供电的 DAC，如 12 位数模转换器 AD7945，它的供电电压为 3.3 ~ 5 V，其工作电流很小，功耗很低。MAX513 为 3 通道 8 位 DAC，它可在 2.7 ~ 3.6 V 电源下工作，工作电流 1 mA，静态电流仅 1 μA。MB88347L 是低电压 8 通道 8 位 DAC，它的工作电压也为 2.7 ~ 3.6 V，但每通道的工作电流仅为 0.2 mA。

3. 高精度 DAC

为满足高精度测量和控制的需要，DAC 器件的变换精度也有很大提高。如 AD660 为 16 位 DAC，它一方面内设输入寄存器，以提高变换精度，另一方面设置了 AGND 和 DGND，在使用时设法消除接地环路产生的电位差，使接地环路的电流为零，从而提高变换精度。DAC714 是 16 位串行输入高精度 DAC，除了有输入寄存器外，还设置了增益和失调可调端，再加上高稳定的 +10 V 基准电压使其变换精度很高，其 $INL<4$ LSB，噪声小于 120 μV/Hz。AD7546 是 CMOS 单片 16 位并行输入 DAC，它采用电流模式分段补偿技术，再加上设计了去“毛刺”电路，大大提高了器件的变换精度，其 INL 可达 1 LSB。由于抑制了内调制和量化噪声，所以噪声很低。其功耗也低，在 +5 V 电源时，典型功耗为 50 mW。可以说它是精度高、线性好，可在高信噪比下工作的低功耗 DAC，被广泛应用在数字音频系统中。

4. 串行输入 DAC

随着 DAC 的功能扩展，并行输入 DAC 的端子数目有时就不够用。串行输入 DAC 的内部设有数据寄存器，只用一个端子就可将串行输入数据打入寄存器变成并码后再做数模变换。串行输入的 DAC 产品也很多，它的位数大多在 12 位以上，转换精度也比较高。它的另一个特点是与微处理或单片机接口方便，接线少，但转换时间稍长。

现以 MAX531 为例做以简单介绍。图 11.2.12 为 MAX531 通用 12 位串行输入 DAC 的内部电路结构图。它借助于片选信号 $\overline{CS}$ 和时钟 CP 将输入数据由 D_{in} 端送入片内 12 位移位寄存器。输入的串码又从 D_0 端输出，以检验输入是否正确。电路内还设置了上电复位，这一方面使用方便了，另一方面也提高了变换的准确性。V_{RIN} 为参考电压输入端，V_{ROUT} 为参考电压输出端，可输出 2.048 V 参考电压。R_F 为内部运放 A 的反馈电阻，一般与输出端相连。BIPOFF 为双极性偏置端，利用 BIPOFF 端的不同连接，在输出端可以得到不同的输出电压。如在图 11.2.13(a)中，输出电压为 0 ~ +2.048 V，当输入为 FFFH 时，$u_o = V_R \times \dfrac{2^{12}-1}{2^{12}} = 2.048\ \text{V}$，(参考电压 $V_R = 2.048$ V)。当输入为 000H 时，$u_o = 0$ V。图 11.2.13(b)的输出电压为 0 ~ 4.096 V。若将图 11.2.13(a)中 1 脚改与 9、10 脚并联时，则可以输出双极性电压，这时输入为偏移码(Offset code)。当输入为 FFFH 时，$u_o = V_R \times \dfrac{2\,047}{2\,048} = +2.048$ V，当输入为 800H 时 $u_o = 0$ V，当输入为 000H 时，$u_o = -V_R \times \dfrac{2\,047}{2\,048} = -2.048$ V。

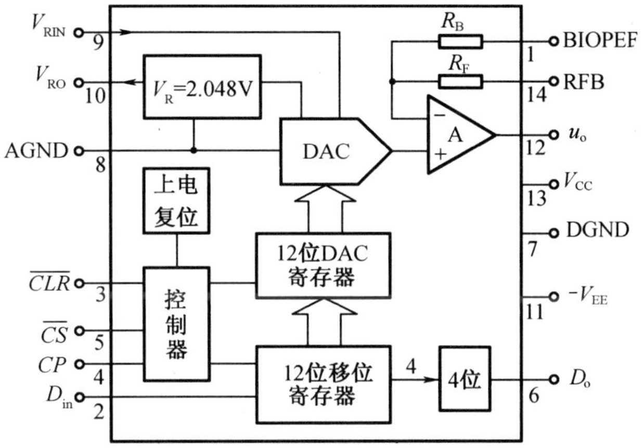

图 11.2.12　MAX531D/A 内部电路结构图

MAX531 与 CPU 的接法十分简单，图 11.2.14 为 MAX531 与 CPU 68HC11 的连接图，这里只用了三条线。其中用 CPU 的 PC_7 端口输出作为 MAX531 的片选 $\overline{CS}$，MOS1 输出的每一位数据在 CP 的上升沿打入 MAX531 的移位寄存器。

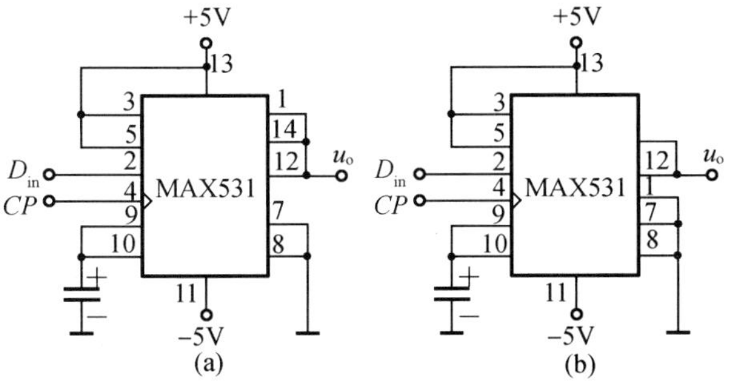

图 11.2.13　MAX531 的应用连接图

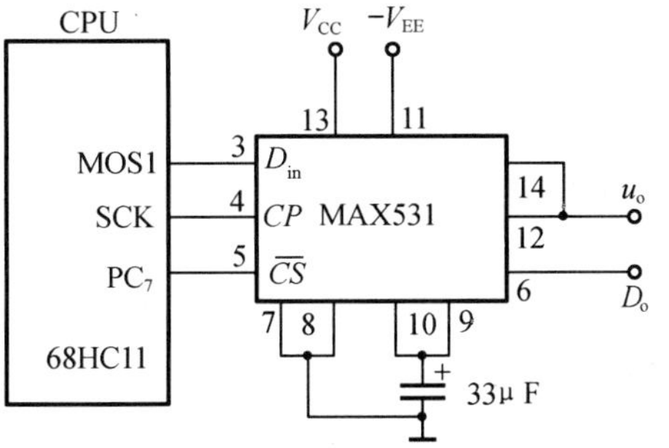

图 11.2.14　MAX531 与 CPU 的典型接法

11.3 模拟数字变换器

模拟数字变换器的功能是将模拟信号变换为数字信号。其工作原理是:在一系列特定的间断时间间隔内对模拟信号采样并保持这个采样值,在保持期间,将采样保持值量化为数字量,最后按一定的编码方式输出。

11.3.1 采样/保持

1. 采样/保持原理

图 11.3.1 为采样/保持(Sampling - Holding,简写 S/H)过程的原理图。图 11.3.1(a)为电路模型示意图,图 11.3.1(b)所示的为模拟信号 $u_i(t)$,图 11.3.1(c)所示为序列采样脉冲 $u_s(t)$,$u_s(t)$ 对 $u_i(t)$ 取样后其输出信号 $u_o(t)$ 如图 11.3.1(d)所示。

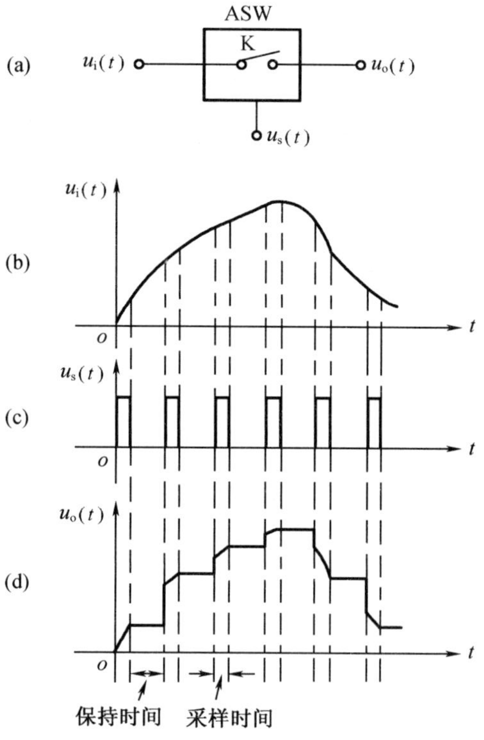

图 11.3.1 采样 - 保持原理图

2. 采样定理

所谓采样/保持,就是在序列采样脉冲 $u_s(t)$ 的持续期间将采样开关 K 接通,这个时间间隔的 $u_i(t)$ 就无变化地传送到输出端。从输入信号 $u_i(t)$ 中取出的一系列与 $u_s(t)$ 持续期间相对应的离散样本值,在 $u_s(t)$ 的脉冲空断期间保持这些样本值。这些信号的集合就是输出信号 $u_o(t)$。事实上,根据 $\delta(t)$ 的抽样性,各信号间满足下面关系

$$u_o(t) = u_s(t) \cdot u_i(t) \tag{11.3.1}$$

由第 2 章学习已知,一个周期矩形采样信号的频谱函数 $V_s(j\omega)$ 包含有很多不同频率谐波分量。根据频域卷积定理可得采样输出信号频谱函数为

$$V_o(j\omega) = \frac{1}{2\pi} V_i(j\omega) V_s(j\omega) \tag{11.3.2}$$

若输入信号是一个频宽有限的单一频率(又称基带)信号,其最高频率为 ω_m,则它的基带频谱如图 11.3.2(a)所示。采样后输出的信号 $V_o(j\omega)$ 频谱如图 11.3.2(b)所示。可见 $V_o(j\omega)$ 由于受 $V_s(j\omega)$ 的作用,它除了含有输入信号的频谱外,还有许多谐波分量频谱,这些新谐波频谱的中心频率为 ω_s 的整数倍。若 $\omega_s - \omega_m \leqslant \omega_m$,或者 $f_s \leqslant 2f_m$,则谐波频谱就会与基带频谱出现重叠,这种现象称为混叠(Aliasing)。产生混叠现象会使 $V_o(j\omega)$ 的基带频谱产生失真。要防止混叠现象产生,就必须满足

$$f_s \geqslant 2f_m \tag{11.3.3}$$

这就是著名的香农(Shannon)采样定理。采样频率 f_s 又称奈奎斯特(Nyquist)频率。

3. 抗混叠滤波器

为防止混叠现象产生，除了要满足式(11.3.3)条件外，还要在采样/保持电路前加一个抗混叠滤波器，以去除输入信号中大于 f_m 的频率成分。抗混叠滤波器是一个低通滤波器，它的通带宽度应 $\leqslant \frac{1}{2}f_s$，而且通带特性必须平坦。过渡带要尽量窄，这样才可能将大于 $\frac{1}{2}f_s$ 的频率抑制掉。由此可见对抗混叠滤波器的要求还是很苛刻的。一般都选椭圆形滤波器(又称考尔滤波器)，这种滤波器的过渡带很窄。

4. 量化(Quantization)

可以用一个最小量化单位 Δ 对每次的取样保持值进行量化，然后可以将量化值进行二进制编码，输出的数字量为 $D_{n-1}D_{n-2}\cdots D_1D_0$。显然最小的量化单位为 1 LSB。

例如将 0 ~ 1 V 的模拟信号 u_i 量化成 3 位二进制代码。因为 3 位二进制代码有 8 种组合，所以可以将 $V_{im}=1$ V 分为 8 个量化级，每级规定一个量化值，例如 0 ~ 1/15 为第 0 级，编码为 000，量化值为 $0\Delta=0$ V，1/15 ~ 3/15 V 为第 1 级，量化值为 $1\Delta=\frac{2}{15}$ V，编码为 001，以此类推，13/15 ~ 1 V 为第 7 级，量化值 $7\Delta=\frac{14}{15}$ V，编码为 111。其量化情况如图 11.3.3 所示。可以求出最小量化单位为

$$\Delta = \frac{2}{2^4-1}V_{im} = \frac{2}{15}\ \text{V} \tag{11.3.4}$$

这种量化的最大误差为 $\frac{\Delta}{2}=\frac{1}{15}$ V。

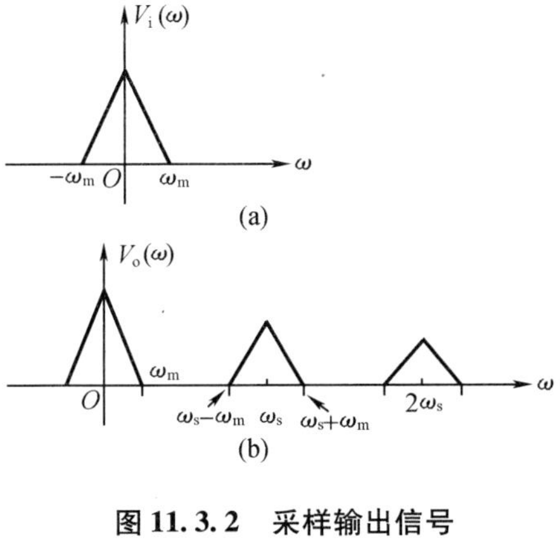

图 11.3.2　采样输出信号频谱示意图

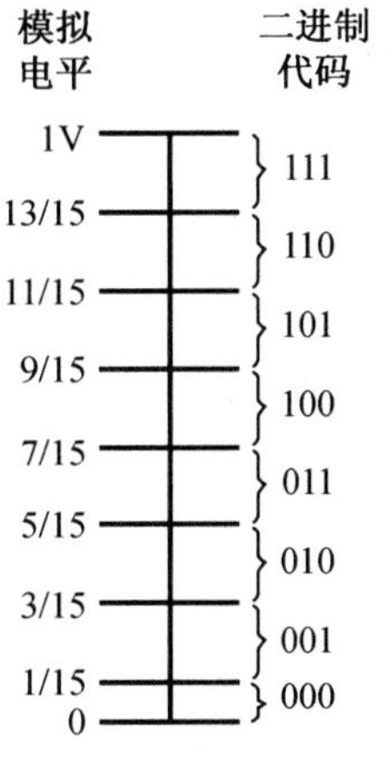

图 11.3.3　划分最小量化电平的量化示意图

5. 采样/保持电路的时间特性

采样/保持电路的输出状态改变是有一个过程的，所以要讨论采样/保持电路的时间特性。图 11.3.4 为采样/保持电路的时间特性图。$u_i(t)$ 为输入信号波形图，$u_o(t)$ 为采样/保持电路的输出波形。t_{AP} 是指采样脉冲从保持时刻开始到输出电压达到最大值的一段时间，称为孔径时间(Aperture time)。t_{AC} 是采样脉冲从取样时刻开始到电路稳定采样所需的一段延迟时间，称为获取时间(Acquistion time)。这些参数都越小越好。不难发现，当 S/H 和

ADC连接使用时,最大的采样频率为

$$f_{s\max} = \frac{1}{t_{AP} + t_S + t_C + t_{AC}} \tag{11.3.5}$$

根据采样定理,能够测量输入信号的最高频率为

$$f_{i\max} \leqslant \frac{1}{2} f_{s\max} = \frac{1}{2(t_{AP} + t_S + t_C + t_{AC})} \tag{11.3.6}$$

6. 集成采样/保持电路

常用的 S/H 集成电路有 AD582, AD585, SHC5320, HTS - 0025 等。现对 SHC5320 高速双极性 S/H 集成电路作以简单介绍。图 11.3.5 是该电路的内部结构图。A_1 为跨导型运放,可以为保持电容提供大量的电荷,使器件有很快的采样速度。100 pF 的保持电容 C_H 被集成在片内,与 A_2 构成积分型放大器。积分时间常数 $\tau = RC_H$, C_H 只有 100 pF,而 R 为开关的导通电阻,其值也很小,通常约为100 Ω,所以 τ 很小,约为 10 ns。当然,电容也可外接与 100 pF 并联。采样/保持脉冲由 14 脚 S/H 端输入;高电平为保持,低电平为采样。电路的失调电压调整端 A_{dj} 可以降低失调电压,从而可提高输出电压精确度。A_1 两个输入端允许差分输入。频率补偿端 BWDS 可接补偿电容,其值可为保持电容的 0.1 倍。运放 A_2 的同相端 REFEC 端一般接地,这样 A_2 的反相端虚地。电路的采样时间小于 1.5 μs,输出电压范围 -10 V ~ +10 V, $I_o > 10$ mA, $I_{IB} < 300$ nA,输入温漂小于 20 μV/℃, $t_{AP} < 200$ ns。可见这是一个性能良好的 S/H 器件,它广泛应用在高精度数据采集系统、自动调零电路和 DAC 的抗干扰电路中。

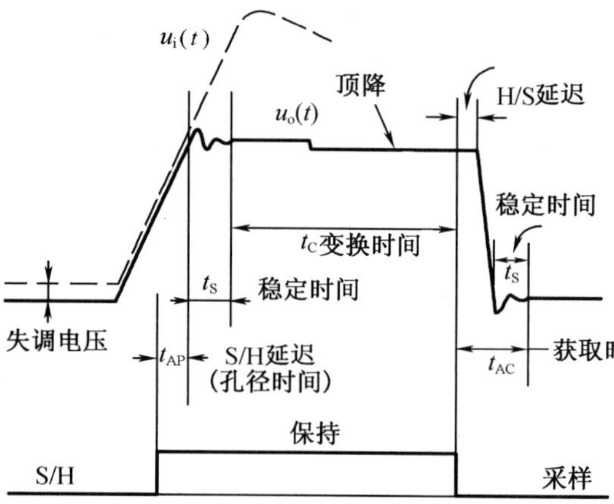

图 11.3.4 S/H 电路时间特性图

图 11.3.6 为 SHC5320 应用的基本连接图,这是同相输入模式,电压增益为 $A_{uf} = 1 + \frac{R_2}{R_1}$。若将 R_2 短路, R_1 去掉,则为单位电压增益电路。若 2 脚接地,改为由 R_1 输入,则是电压

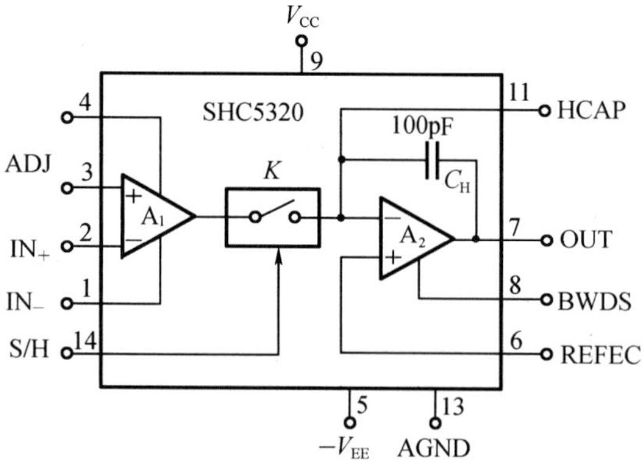

图 11.3.5 SHC5320 内部电路结构图

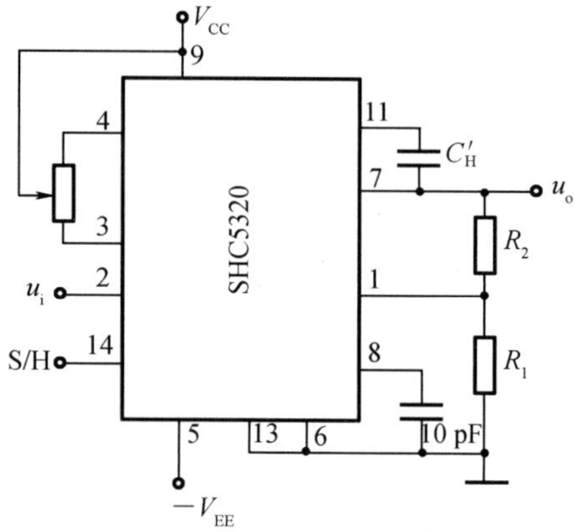

图 11.3.6 SHC5320 基本应用电路

增益为 $-\frac{R_2}{R_1}$的反相输入模式，可见其应用十分灵活。

这里要说明的是，有些 S/H 电路内部没有集成积分电容必须外接电容，也可以像图 11.3.6 那样另外再并联电容 C'_H。在选择积分电容时，要选漏电小、介质吸收系数小的电容器，如聚碳酸酯（Polycarbonate）、聚四氟乙烯（Teflon）等电容器。

11.3.2　并行比较型 ADC

图 11.3.7 为 3 位并行比较型（Parallel comparison）ADC 原理图。u_i经由 S/H 电路提供，其值在 0 ~ V_{REF}之间，输出为 3 位二进制数码 $D_2D_1D_0$。电阻分压器将 V_{REF}分成$\frac{1}{15}V_{REF}$ ~ $\frac{13}{15}V_{REF}$ 7 个量化值，量化单位 $\Delta=\frac{2}{15}V_{REF}$，将这 7 个量化值分别引到 7 个比较器的反相端。u_i同时加到 7 个比较器的同相端，与各自的量化值比较。在时钟 CP 信号的作用下，将比较器输出的数码存入寄存器，Q_1 ~ Q_7又被并行送到优先编码逻辑电路，优先编码后送出相应的 3 位二进制码 $D_2D_1D_0$。不同的 u_i会得到不同的二进制码。

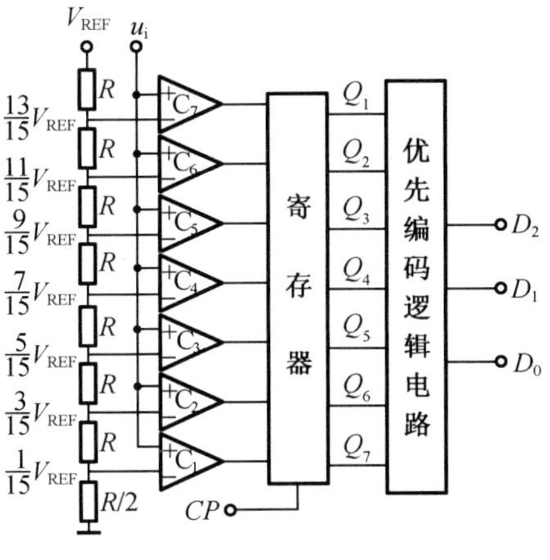

图 11.3.7　3 位并行 ADC 的原理图

并行比较型 ADC 的突出特点是快，而且变换速度与输出码位数无关，一般变换时间都小于 50 ns。所以，这种电路又称闪电（Flash）ADC。它的缺点是所用器件多，如一个 8 位 ADC，要有 255 个比较器，这使电路庞大而且会使变换精度下降。所以，这种方法虽很早就被提出，但却迟迟得不到应用。直到 20 世纪 70 年代后，由于大规模集成技术成熟了，这种变换方法才得以应用。用这种原理制造的集成 ADC 的性能好。如 8 位 ADC AD9002 的变换时间为 7 ns，SD 公司生产的 CXA1176 的变换时间仅为 3 ns。但这类产品通常都是 10 位以下的。

关于常用的并联比较型 ADC 见表 11.3.1。

表 11.3.1 模拟数字变换器

型号	位数	方法	速度/μs	电源电压/V	V_{REF}/V	输入电压范围/V	线性	功耗/mW	说明
CA3300	6	PC	0.03	+10	外	0~9.5	$\frac{1}{2}$LSB	50	
HS9583	8	PC	0.2	+5	外	0~5			快速
AD9002	8	PC	0.007	-5.2	外	-2~0			快速、低功耗溢出指示
AD770	8	PC	0.005	+5, -5.2	外	-1 ~ +1			快速溢出指示
CXA1176K	8	PC	0.003	-5.2	外	-2~0			特快
TLC5503-2	8	PC	0.04	+7	外	3~7	0.4% FS	190	
AD0820	8	SP	2.5	+5	外	0 ~ V_{REF}			锁存输出
CAV1220	12	SP	0.05	±5, ±15	内	±1		20	
ADC0801	8	SA	70	+5	外	0~5	$\frac{1}{4}$LSB	8	三态锁存输出
ADC1210	12	SA	100	+16, -20	外	±15	0.01% FS	270	可连续和控制转换方式
ADC80	12	SA	25	+5, ±12	内	0~10, ±10			有 V_{REF},时钟输出
AD578	12	SA	3	+5, ±12	内	0~20, ±10			
AD1674	12	SA	10	±15	内	0~10, ±10	0.05% FS		快速、精密
ADS1212	22	Σ-Δ	100	+5	内	0~2.5, ±2.5		1.4	可编程,串行输出
AD7703	20	Σ-Δ	60	±5V	外	0~2.5, ±2.5	0.0003% FS		低漂移,串行输出
AD7705	16	Σ-Δ		2.7~5	外	0~10 mV	0.003% FS		小信号变换
MAX1200	16	PM	1	+5	外	0~5	$\frac{1}{2}$LSB	270	补码输出,高仪噪比
AD9224	12	PM	0.025	+5		0~5		376	补码、偏移码输出

注:PC:并行比较型;SP:串并联比较型;SA:逐次渐近型;PM:流水线模式

11.3.3 逐次渐近型 ADC

1. 工作原理

图 11.3.8(a)为 4 位逐次渐近型(Successive approximation)ADC 原理图。它由采样保持、比较器、DAC、控制器和 SAR 组成。设 ADC 的 $\Delta=1$ mV,输入电压范围为 0 ~ 15 mV。现用它对 $u_i=9.2$ mV 的信号做变换。变换过程是在逻辑控制电路的指挥下完成的。

当变换开始时,内部电路复位,比较器输出为“0”。u_i经取样/保持后展宽成图 11.3.8(b)中波形①,加到比较器反相输入端。

在 CP_1作用下,只令 $SAR_3=1$。寄存器状态为 1000,DAC 输出为 8 mV,如图 11.3.8(b)波形②,比较器不动作,输出仍为“0”,这时 SAR_3保留“1”。

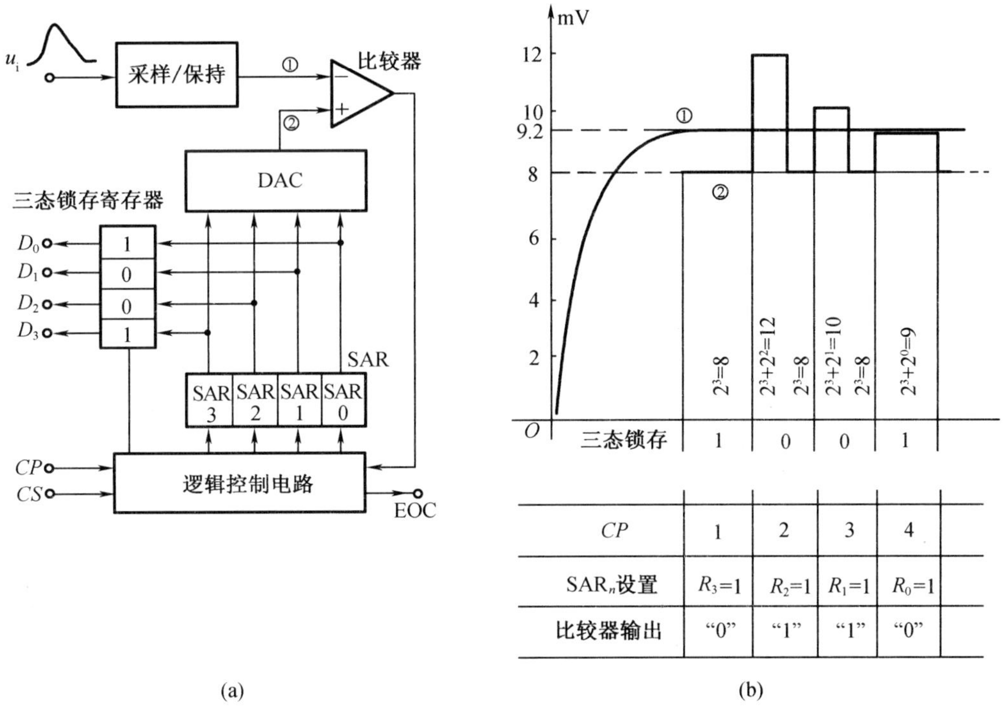

图 11.3.8 4 位逐次渐近型 ADC

在 CP_2作用下,令 $SAR_2=1$,寄存器状态为 1100,DAC 输出为 12 mV,这个值大于 u_i,比较器翻转,输出的高电平送入逻辑控制器令 $SAR_2=0$,这时寄存器仍为 1000,DAC 输出为 8 mV,比较器输出回零。

在 CP_3时,令 $SAR_1=1$,这时 SAR 为 1010,DAC 输出 10 mV,其值仍大于 u_i,比较器输出又为高电平,控制器令 SAR_1回零,寄存器中仍为 1000,比较器输出又回零。

在 CP_4时,令 $SAR_0=1$,这时 SAR 为 1001,DAC 输出为 9 mV,比较器不动作,其输出为 0,SAR_0保留 1。这时,EOC 端的输出变换结束信号,SAR 为 1001,这个数码经三态门输出。

从上面分析可知,一个 n 位 ADC 要经过 n 次比较逐渐接近 u_i的值。所以它的变换时间较长,它适用于要求变换精度高但要求变换速度不太快的场合。

逐次渐近型 ADC 是一种比较成熟、综合指标较好的 ADC。它的产品品种多,应用很广。有关常用产品情况,参见表 11.3.1。

2. 典型电路介绍

AD1674 是逐次渐近型 ADC 中比较典型的产品,它是用 Bi - MOS 工艺技术制造的 12 位 ADC,一次变换时间为 10 μs,变换精度为 0.05%FS,采样频率达 100 kHz。

图 11.3.9 为 AD1674 的内部结构图。由图可见,它由 S/H、10 V基准电压、时钟电路、DAC、SAR、比较器和三态输出缓冲器等部分组成。在片内宽频带 S/H 电路给器件的应用带来了方便。当变换启动时,变换状态标志 STS 跳到 1,表示“忙”,S/H 处于保持态,SAR 处于 800H。在时钟作用下,从高位到低位逐位变换。整个变换过程由控制单元产生的时序信号控制。当变换结束,STS 又回到零,STS 可以作为状态信号被微机查询或作为中断信号发送给 CPU。

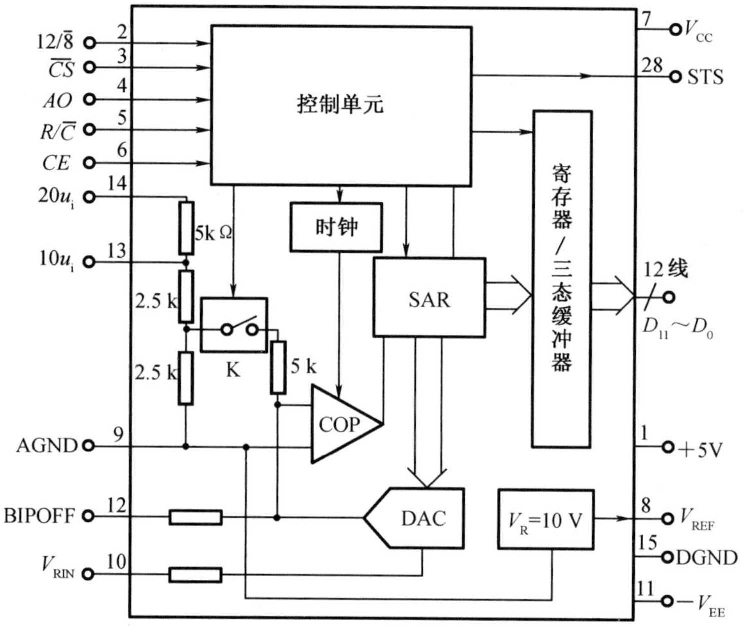

图 11.3.9 AD1674 内部结构框图

AD1674 的操作受使能端 CE、片选端$\overline{CS}$和读数/变换端 $R/\overline{C}$ 控制。有两种操作模式。当工作在全模式时,$\overline{CS}=0$,$CE=1$,当 $R/\overline{C}=0$ 时初始化 AD 变换器,$R/\overline{C}=1$ 时输出变换结果。全模式工作方式适用于用唯一地址总线或数据总线译码后去控制多个设备的系统。在全模式工作方式基础上若再考虑数据输出方式控制端 $A0$ 和数据输出格式选择端 12/$\overline{8}$ 的控制作用,则称为单一工作模式。单一工作模式适合于有足够输入口而无须扩充数据总线的系统,尤其适合于 16 位数据总线。上述五种控制信号的组合功能见表 11.3.2。

表 11.3.2　AD1674 输入逻辑信号功能表

CE	$\overline{CS}$	$R/\overline{C}$	$12/\overline{8}$	$A0$	操作类型
0	×	×	×	×	
×	1	×	×	×	
1	0	0	×	0	初始化 12 位 A/D 转换
1	0	0	×	1	初始化 8 位 A/D 转换
1	0	1	1	×	允许 12 位并行输出
1	0	1	0	0	允许高 8 位并行输出($D_4 \sim D_{11}$)
1	0	1	0	1	允许[($D_0 \sim D_3$)+($D_4 \sim D_7$)]为 0 输出

11.3.4　双积分型 ADC

双积分型(Dual - integral)ADC 是先将输入电压 u_i变成一个时间宽度,这个宽度正比于 u_i的幅度,然后在这个时间宽度内计数器链对时钟做计数,最后对计数进行编码后输出。由于在变换中有中间变量参与,故又称间接 ADC(Indirect ADC)。

1. 电路

图 11.3.10 为双积分 ADC 型的原理图。它由积分器、比较器、计数器和控制电路组成,其中输入电压 u_i和基准电压 V_{REF}的极性相反。输入信号经变换后输出 8421 码。S_0,S_1为模拟开关,它们的通断受控制电路控制。

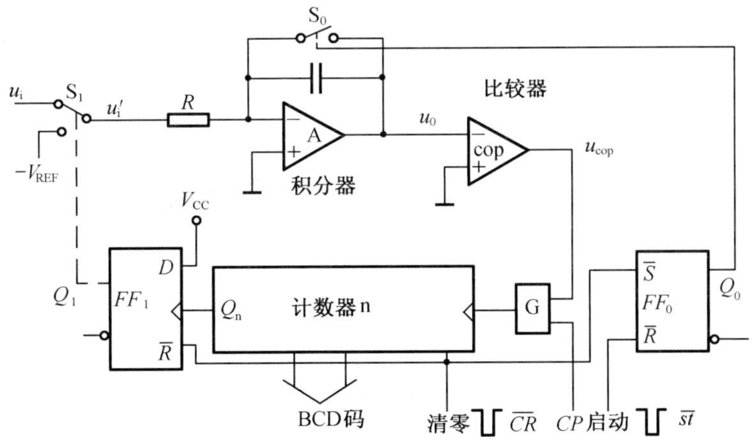

图 11.3.10　双积分型 ADC 的原理框图

2. 工作过程

在变换开始前,清零信号$\overline{CR}$令计数器 n 和 FF_1清 0,FF_0置 1。FF_1的 Q_1控制 S_1接通 u_i,FF_0的 Q_0端输出的高电平将 S_0接通,使积分电容 C 充分放电。

(1)第一次积分

当启动信号 $\overline{st}$来到时,FF_0清 0,$Q_0=0$,S_0断开,同时 u_i通过 S_1加到积分器 A 开始进行第

一次积分，输出电压 u_{o1} 为

$$u_{o1} = -\frac{1}{RC}\int_0^{T_1} u_i \mathrm{d}t \tag{11.3.7}$$

在 u_{o1} 开始变负时，比较器翻转 $u_{cop}=1$，它打开与门 G，让 CP 通过 G 进入计数器 n 进行计数，积分器输出 u_{o1} 线性下降，如图 11.3.11 中斜线①。当计数器 n 计满时的计数为 n_1，计数的时间为 $T_1 = n_1 \cdot T_{CP}$。计数器回零时，Q_n 端输出信号的上升沿使 FF_m 输出 Q_m 置 1，它使 S_1 转接到 $-V_{REF}$。第一次积分结束时，由式(11.3.7)得到积分器输出幅度的变化量 $u_{o1} = -\frac{T_1}{RC}\cdot u_i$。若 u_i 不同，则积分线的斜率也不同，当 $u_i = u_{i1}$ 时的积分输出为斜线①′。这阶段的工作波形见图 11.3.11。

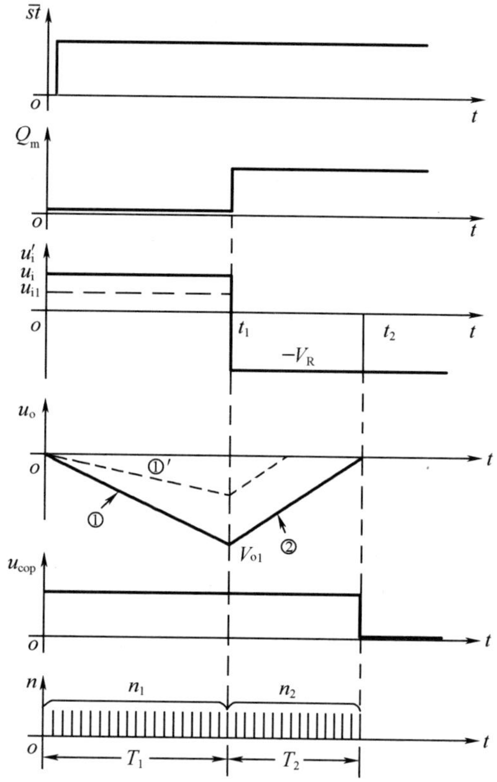

图 11.3.11 双积分型 ADC 的工作波形

(2)第二次积分

第二次积分是积分器对 $-V_{REF}$ 积分，积分输出电压 u_{o2} 为

$$u_{o2} = -\frac{1}{RC}\int_0^{T_2} V_{REF}\mathrm{d}t \tag{11.3.8}$$

在第二次积分开始时，计数器 n 重新计数。积分器输出 u_{o2} 线性上升，如图 11.3.11 中斜线②所示。当积分输出上升到 0 V 时，比较器翻转，$u_c=0$，与门 G 关闭，计数结束。第二次积分结束后，这时计数为 n_2，所用时间 $T_2 = n_2 \cdot T_{CP}$。可依式(11.3.8)求出第二次积分期间输出幅度的变化量为 $u_{o2} = \frac{V_{REF}}{RC}\cdot T_2$。

(3)结果分析

两次积分的输出电压幅度变化量的代数和应为 0，即 $u_{o1}+u_{o2}=0$，可得

$$\frac{T_1}{RC}\cdot u_i = \frac{T_2}{RC}\cdot V_{REF}$$

则

$$n_2 = \frac{n_1}{V_{REF}}\cdot u_i \tag{11.3.9}$$

由于 n_1 为定数，V_{REF} 为定值，故 n_2 与 u_i 成正比，实现了模数变换。

(4)R,C 的选择

从双积分型 ADC 的工作过程可知，要想使电路正常工作。积分电阻 R 和积分电容 C 值的选择要合适。

由图 11.3.10 可见，若 A 为理想运放，则 R 与 u_i 决定着积分电流 i_i 的值。若输入电压的幅值 V_{im} 等于满量程电压 V_{FS} 时，则积分电阻为

$$R = \frac{V_{im}}{i_i} = \frac{V_{FS}}{i_i} \tag{11.3.10}$$

由式(11.3.7)可得，积分器的最大输出电压 V_{om} 为

$$V_{om} = \frac{nT_{CP}}{RC}V_{im} = \frac{nT_{CP}}{C}i_i \tag{11.3.11}$$

则积分电容为

$$C = \frac{nT_{CP}i_i}{V_{om}} \tag{11.3.12}$$

积分电容应选择优良电容，如聚丙烯电容等。

积分器的最大输出电压 V_{om} 和参考电压分别为

$$V_{om} = V_{CC} - 1\ \text{V} \tag{11.3.13}$$

$$V_{REF} = \frac{1}{2}V_{im} \tag{11.3.14}$$

3. 双积分型 ADC 的特点

(1) 由式(11.3.9)可知，数字量 n_2 与时钟 CP、电阻 R 和电容 C 无关，只与 V_{REF} 有关，所以这种 ADC 有较高的变换精度和良好的稳定性。

(2) 由于 u_i 经过积分器积分，可以使 u_i 上的各种干扰信号减弱，所以有较强的抗干扰能力。特别是工频干扰是近似于对称的干扰，经积分后其干扰的平均值近乎为零，若取积分时间等于工频周期($T_1 = 20$ ms)的整数倍，就可以很好地抑制工频干扰。这个特性对于在工频环境中使用的 ADC 尤为重要。

(3) 计数器 n 可以是二进制，但若是十进制则更好，这样可以直接得到 8421 码，应用十分方便。

(4) 它的缺点是变换速度慢。

双积分型 ADC 的产品也不少，它们大都是十进制码输出，主要应用在信号变化速率慢、精度要求高的场合，如热电偶测量、称重测量及数字万用表等。有关产品见表 11.3.3。

11.3.5　ADC 的发展概况

由于实际应用的需要，对 ADC 的性能要求越来越高，一批高精度、高速度、高位数、低功耗的 ADC 相继出现，还出现了 ADC 和 DAC 的组合器件。这些性能优良的器件除了用上面介绍的几种变换方法进行改进外，还应用了一些新的变换方法。下面就有关情况作以简单介绍，更详细情况请参阅有关文献。

1. 分段并行比较型 ADC(Segmented parallel comparison ADC)

分段并行比较型 ADC 是在并行比较型 ADC 基础上发展起来的。它将整个变换分成两步并行比较，所以又称为分步比较 ADC(Subranging comparison ADC)。

图 11.3.12 为 12 位串并行 ADC 的原理图。高 6 位并行 ADC 输出的高 6 位数字量分两路，一路输出送寄存器，另一路送 DAC 变换为模拟电压，将它与输入电压相减后的余差进行放大，放大后的值再送低 6 位并行 ADC 中，产生低 6 位数字量，两次转换的数字量按序编码后输出。

这种变换法与全并行比较型 ADC 相比，可以使电路简化，这样，可以节省大量器件，而

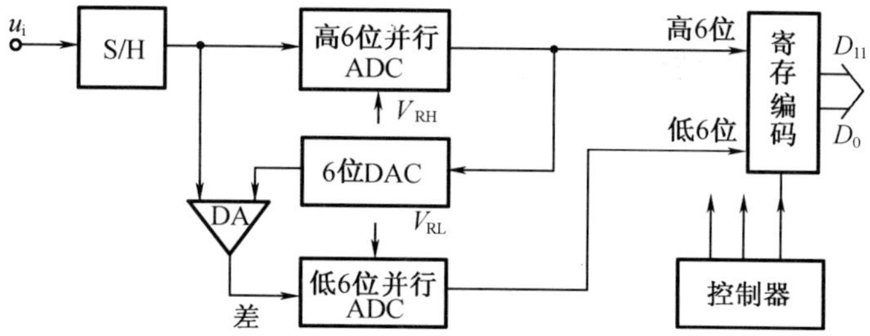

图 11.3.12 12 位分段并行 ADC 框图

变换速度虽不及全并行法，但也是比较快的，故又称半高速 ADC(Half flash ADC)。

商家利用这种方法生产出很多性价比高的产品，如 8 位 ADC0820，AD7820，AMX153 等，它们深受使用者的欢迎。有关产品参见表 11.3.1。

2. 流水线型 ADC(Pipelined ADC)

流水线型 ADC 是将变换过程分解为多级子变换。这些子变换级相串联，级间都有 S/H 作隔离。与全并行变换相比，这种 ADC 所用器件大为减少，而它在高速度、高精度和低功耗方面都具有相当优势。

图 11.3.13 为流水线型 ADC 原理图。由图 11.3.13(a)可见，整个变换过程为 L 级子变换过程的串联，子变换级的结构如图 11.3.13(b)所示。它包括一个 S/H，K 位 ADC、K 位 DAC 和减法器，必要时从第二级开始加接一个差值放大器。

由于每级中都加有 S/H 电路，这可以将上一级子变换后的余数保持住，所以这些子变换级可以同时操作，从而提高了变换速度。另外这种 ADC 总变换精度为 $K \times L$ 位。由于使用的器件少，这使芯片面积和功耗都小，但它们会随输出的位数增加而线性增加。这种 ADC 适合采用 CMOS 和 Bi - CMOS 工艺制造。

从理论上讲，流水线结构 ADC 的子变换级 L 可以很多，但当 L 级多了，存储每级变换结果的存储器也增多了，而且要有控制电路来处理各子级变换结果的拟合，所以 L 和 K 都不宜大，通常情况下，$K \leqslant 6$，$L \leqslant 4$ 为宜。

3. Σ—Δ 型 ADC(Sigma - delta ADC)

逐次渐进型和双积分型 ADC 有很高的变换精度，但它们的变换速率慢，电路也复杂，特别是对电路中模拟电路部分要求高。Σ—Δ 型 ADC 能克服这些缺点，而且还能保持变换高精度。

ADC 的变换精度与变换信号频带内的信噪比有关，要提高变换精度就必须提高信噪比。Σ—Δ 型 ADC 采用采样技术，采样频率 $f_s \gg f_N$。通过过采样可以大大降低基带内的量化噪声功率谱密度，从而可获得高的变换精度。

图 11.3.14 为 Σ—Δ 型 ADC 的结构框图。由于采用了过采样(Oversampling)技术，所以可以大大降低对抗混叠滤波器的要求，有时甚至可以使用简单的 RC 抗混叠滤波器。

图中虚框内是一个过采样 ADC，它由积分器、量化器和 DAC 组成环路，这样的结构可以实现每次变换只对两次相临采样差做变换。量化器是一个电压比较器，其输出为“0”或“1”，故这是一个 1 Bit 量化器，变换的数字量是 1 的个数。ADC 的变换量经一个数字抽取滤波器后输出数字量 D。数字抽取滤波器是一个数字低通滤波器。它的作用是滤除变换输

表 11.3.3　积分型 A/D 转换器

产品型号	显示位	最大显示值	配置显示器	转换速率/(次/s)	电源/V	基准/V	最小分辨率/μV	厂商	说明
ICL7104	16 位	65 535		4	±15,5	外 1.75	15	IL	与与 ICL8052 联网
ICL7106	$3\frac{1}{2}$位	±1 999	LCD	0.1 ~ 15	+9 V,1.8 mA	内 2.8	100	IL	双积分
NJU9201B									
ICL7107		±1 999	LED	0.1 ~ 15	±5 V,1.8 mA	内 2.8	100	IL	
NJU9202B									
ICL7116		±1 999	LCD	0.1 ~ 15	+9 V,1.8 mA	内 2.8	100	IL	
NJU9203M									
ICL7117		±1 999	LED	0.1 ~ 15	±5 V,1.8 mA	内 2.8	100	IL	
NJU9204M									
ICL7126		±1 999	LCD	0.1 ~ 4	+9 V,100 μA	内 2.8	100	IL	
ICL7137		±1 999	LED	0.1 ~ 4	±9 V,200 μA			IL	
MC14433		±1 999	LED	3 ~ 10	±5 V,≤2 mA	外 2.5	100	MOT	
AD7109	12 位	4 095		2.5 ~ 30	±5 V	内 2.8	10	AD	
ICL7135	$4\frac{1}{2}$位	±19 999	LED	0.1 ~ 7.5	±5 V,3 mA	外 1	100	IL	
ICL7129		±19 999	LCD	2	+9 V,1.4 mA	外 1	10	IL	多重积分
TSC829		±19 999	LCD		+9 V			TS	
AD7555	$5\frac{1}{2}$位	±199 999	LED	>0.57	±5 V,5 mA	外 4.0%	10	AD	
	$4\frac{1}{2}$位	±19 999		>1.6					
HI7159	$5\frac{1}{2}$位	±199 999	LCD 或 LED	15	±5 V,≤10 mA	外 1.000 0	10	AD	改进多重积分
	$4\frac{1}{2}$位	±199 999		60					
CSZ5316	16	65 535			±5	内 5		CR	电荷平衡
AD1175K	22			20	+5m ±15	内 5		AD	重积分

出信号带宽以外的量化噪声，另外它还将过采样频率降至 f_N，从而可以提高分辨率和让 Σ—Δ 型 ADC 与正常采样的 ADC 相容。

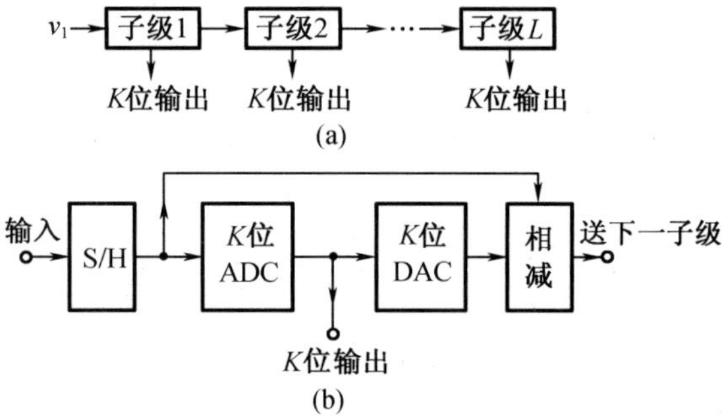

图 11.3.13 流水线结构 ADC 的原理框图

Σ—Δ 型 ADC 的采样频率高，这使器件制造有一定困难。近年来，随着电子集成技术的发展，这个问题已经得到解决，Σ—Δ 型 ADC 产品也逐渐多了。如 AD7701 是 16 位带自校准的 Σ—Δ 型 ADC，它有三种串口输出模式，可以方便地与 PC 通信。又如 ADS 1212 是 22 位宽带低功耗 ADC，其取样率可达 128 kHz，信噪比达 100 dB，输入动态范围宽，功耗低。而 LTC2408 为 8 通道 24 位 ADC，它的精度高，无延时，噪声仅为 0.3 μV，有自动关闭功能，使器件功耗降低。而 AD1879 是二通道 18 位 ADC，采样频率达 3 MHz，−3 dB 带宽 20 kHz。更值得一提的是 20 位串口输出的 ADC AD7703，它采用先进 LC^2 − MOS 工艺，使 AD7703 对噪声的抑制能力可以与双积分型 ADC 相媲美。以上是众多 Σ—Δ 型 ADC 中的几例，这足以说明这种类型 ADC 的性能是很好的。它广泛应用在音频和视频系统中。

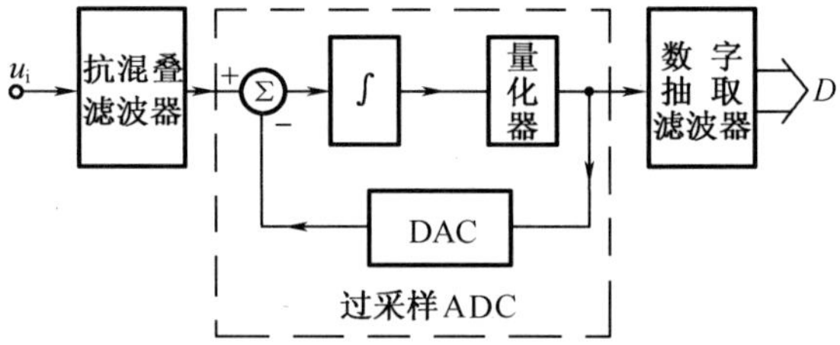

图 11.3.14 Σ—Δ 型 ADC 结构框图

4. 提高 ADC 的性能

ADC 技术是朝着高精度、高速度、高位数、低功耗和低成本方向发展的。近年来出现了一大批性能优良的 ADC，如 TLU5580 是 8 位流水线型 ADC，其供电电压为 3.5 V，又有关断等待功能，所以其功耗很低，仅为 165 mW，但变换速度却很快，其变换时间仅为 12 ns。又如 10 位串行 ADC 单片 AD7810，虽然其变换时间稍长，约为 2 μs，但功耗很低，在 1 KCPS 取样速率时的功耗只有 27 μW。

在高精度方面也很有成绩。如 Σ—Δ 型 24 位的 AD1211，它们线性好于 15×10^{-6} FS；而 LTC2408 变换器的线性则好于 4×10^{-6} FS；Σ—Δ 型 AD7703 是 20 位 ADC，它的线性好于 3×10^{-6} FS。

在低成本方面取得的成绩也很突出，例如 TLC5632C 是 3 通道 8 位视频 ADC，采用低成本的肖特基工艺，在保持高速度（转换时间为 16 ns）的同时，产品成本大为降低。

随着对 ADC 的分辨率的要求不断提高，ADC 的位数也越来越多，相继出现 12 位、16 位，甚至 24 位的 ADC。数据输出位数的增加，产生了管脚配置问题。串行码输入输出的 ADC，它一方面解决了管脚的矛盾，另一方面与微机相接口也很方便。

5. 双积分型 ADC 的新发展

20 世纪 90 年代初研制出带微处理器的单片智能型双积分变换器 HI7159。

HI7159 是 Harris 公司生产的带微处理器的 $5\frac{1}{2}$ADC。采用改进的多重积分技术和数字自校零技术，用低噪声 Bi − MOS 工艺制造的。它有良好的线性和极低的噪声，又有极高的精度(5×10^{-5} FS)和高的分辨率(10 μV)。它有 $5\frac{1}{2}$ 和 $4\frac{1}{2}$ 两种输出模式,变换速率可达 15 次/s。

HI7159 芯片内集成了微处理器,所以它可以实现多种形式的输出和多种方式的变换,使用时非常灵活和方便。

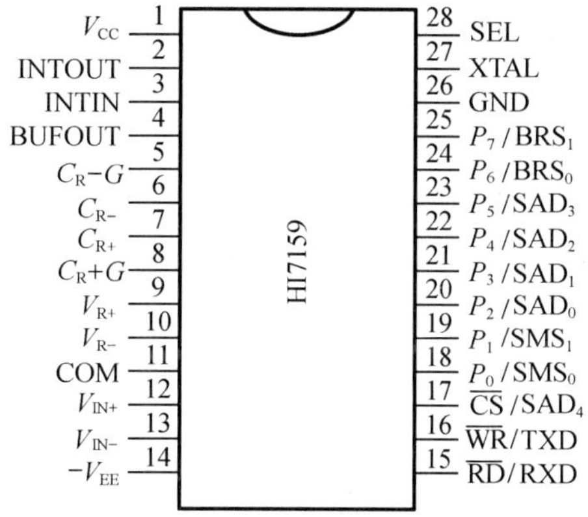

图 11.3.15　H17159 管脚图

图 11.3.15 为 HI7159 的管脚图。其内部有缓冲器、积分器、比较器、模拟开关、控制选择与寄存器、微处理器、总线接口单元、通用异步收发器和 I/O 口等部分。由图可见,有些管脚是多功能的。如 $\overline{RD}/RXD$ 为并行读/串行方式 1、2 的接收端,$\overline{WR}/TXD$ 为并行写/串行方式 1、2 的发送端和串行方式 0 的串行收发端。P_0/SMS_0、P_1/SMS_1 为并行或串行方式 0、1 的片选端及串行方式 2 的地址位(第 4 位)。P_0/SMS_0、P_1/SMS_1 分为并行 I/O 口(P_0、P_1)/串行方式选择端。P_2/SAD_0 ~ P_5/SAD_3 分别为并行 I/O 口(P_2 ~ P_5)/串行方式 2 的地址位(第 0 ~ 第 3 位)。P_6/BRS_0、P_7/BRS_1 分别为并行 I/O 口(P_6、P_7)/串行波特率选择端。

AH7159 与外部微处理器有 4 种接口方式,在 *SEL* 端(串行/并行选择)控制下,由 SMS_0 和 SMS_1 编程决定。具体编程情况见表 11.3.4。

表 11.3.4　接口方式选择

接口方式	通信内容	SEL	SMS_1	SMS_0
并行方式	并行	1	数据总线 D_1	D_0
串行方式 0	同步串行	0	0	0
串行方式 1	不寻址串行	0	1	0
串行方式 2	寻址串行	0	0	1

(1)并行方式。这种接口方式下,18 脚 ~ 25 脚作为数据总线的 D_0 ~ D_7 用,与微处理器的连接如图 11.3.16 所示。H17159 的数据端直接与微处理器的数据端一一对接,在微处理器的 $\overline{RD}$,$\overline{WR}$ 和地址译码的控制下,对 ADC 的数据进行读写。

(2)串行方式 0。这是一种高速同步串行接口方式,在这种工作方式下,微处理器的时钟可直接输入到 ADC 中,同步串行的最高速率可 10^7/s。

(3)串行方式 1。在这种方式下,ADC 可以与通用微处理器间进行串行传输数据。通信的数据字包括 1 个起始位、8 个数据位(D_0 ~ D_7)、1 个奇偶位和 1 个停止位。改变 BRS_0 和 BRS_1 可以选择不同的波特率。当 BRS_0,BRS_1 分别为 00,01,10,11 时,对应的波特率为 300,1 200,9 600 和 19 200。

(4)串行方式 2。这种方式与串行方式 1 不同的是它增加了寻址功能。20 ~ 23 脚与 17 脚一起(SAD_0 ~ SAD_4)经地址译码,生成 32 个地址。可以允许有 32 个 HI7159 共用一条总线，每个 HI7159 占用一个地址码。当处理器发出某地址码时，与之相对应的 HI7159 被选中。

HI7159 有误差转换、非补偿转换和补偿转换三种变换方式，补偿变换方式能完成自动校准。

四种接口方式的 AD 变换程序是一样的。首先由外部微处理器发出请求字或命令字，HI7159 收到后，就以状态字形式响应，在指令操作下开始变换。

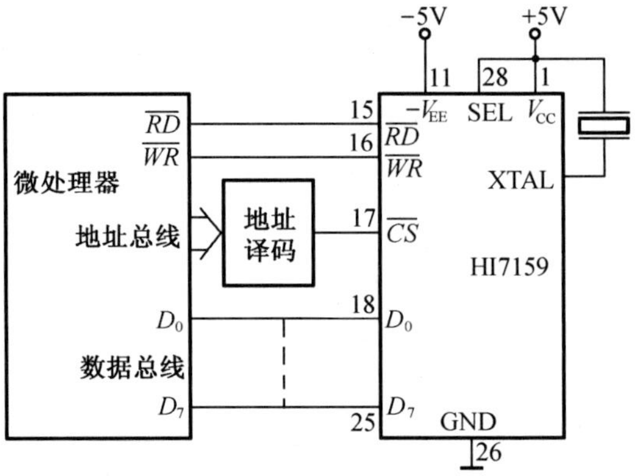

图 11.3.16 并行方式的接口连接电路

6. 电流模 ADC

近年来，由于超大规模集成技术的快速发展，可以实现将模拟电路和数字电路集成在一块芯片上，这就是混合模拟 - 数字型单片。它一出现就显示出巨大的优越性，受到人们的极度重视。

混合模拟 - 数字单片技术的应用中，大都有 ADC 或 DAC。在前面介绍的 ADC 电路中由于要用电阻、电容等元件，所以在单片中占的芯片面积大，功耗也大，而且与其他电路接口麻烦。故这样的 ADC 不适用于混合模拟 - 数字单片技术。而电流模 ADC 采用电流传输模式和开关电流技术，使电流模 ADC 电路能较好地满足要求。

目前尚无电流模 ADC 单片，它常作为超大规模混合模拟 - 数字单片中的一个单元电路。所用的变换方法大体有两种：常规奈奎斯特采样法和过采样法。

电流模 ADC 可以由标准的电流模单元模块组成，目前流行的单元模块有电流模 S/H 模块，电流模比较器模块，电流镜模块和电流乘法器、除法器模块等。这些模块与电压型单元电路相比优点很多，比如它的结构十分简单，用两只 MOSFET 就可以构成一个电流比较器。

电流模 ADC 可以有多种结构，常用的有算法（Algorithmic）ADC，流水线型 ADC 和过采样 Σ—Δ 型 ADC 等。

11.4 模拟接口电路

这里所讲的模拟接口电路（Anglog Interface Circuit，简称 AIC）是指将 ADC 和 DAC 都集成在一个芯片上，同时还集成了 S/H、滤波电路、内部时钟和电压源等，这种电路的功能十分强大。它是配合数字信号处理器（Digital Signal Processor，简称 DSP）而设计的。产品一问世就是高起点的。例如 AD7569 是一个 8 位模拟接口电路，其中 ADC 用逐次渐近法，其转换时间为 2 μs，DAC 的输出是电压建立时间为 1 μs，它在单电源 +5 V 工作时，其功耗仅为 6 μW，价格也比较适中。其与微处理器配合使用效果也很好。

后续生产的 AIC 产品的结构更臻完善，功能更加强大，如 TI 公司生产的 TLC32040/41/42 型 AIC 是用高级 Lin CMOS™硅栅工艺制造的，图 11.4.1 为其功能框图。片内包括 14 位的 ADC 和 DAC、一个开关电容型带通滤波器和一个低通滤波器，一个串行口及发送、接收放大器等。TLC32040/42 有内部主频时钟，TLC32041 的主频时钟要由外部引入，其频率都为 5.184 MHz。开关电容滤波器的时钟频率为 288 kHz，它们是通过内部计数器 A 对主频时钟分频得到的。而 ADC 和 DAC 的采样频率也是用内部计数器 B 对 288 kHz 分频得到的,最高采样频率为 19.2 kHz,最低为 7.2 kHz。上述的各种分频都是在可编程的数据字控制下实现的。

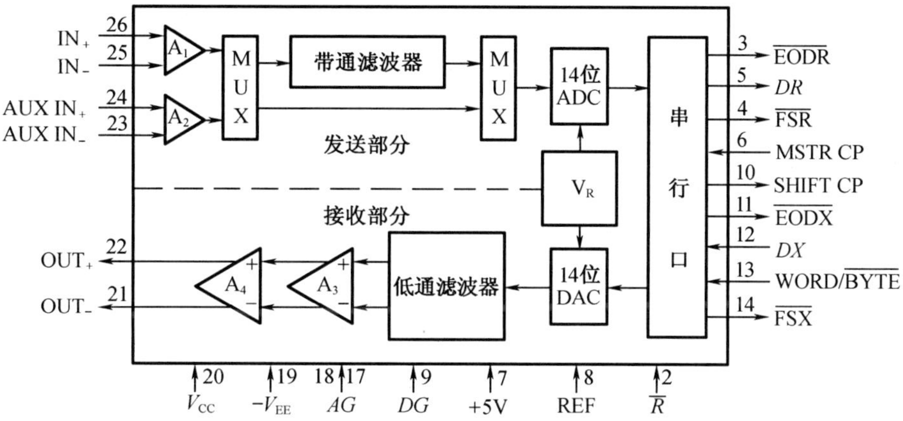

图 11.4.1　TLC32040/TLC32041/TLC32042 功能框图

AIC 的 23 ~ 26 脚为四个模拟输入端口,一般使用 IN_+ 和 IN_- 端口,需要时也可以使用 $AUXIN_+$ 和 $AUXIN_-$ 端口,这可以为 AIC 提供大的共模范围和良好的共模抑制特性。每个端口可以成对的差分应用或单端应用。四个输入端口的增益可以编程,其值为 1、2 或 4,它是利用控制寄存器字位 D_7、D_6 不同组合实现的,具体情况见表 11.4.1。

表 11.4.1　增益控制表

输入	控制寄存器位		增益	模拟输入	变换结果
	D_7	D_6			
差分结构 模拟输入 = $IN_+ - IN_-$ = $AUXIN_+ - AUXIN_-$	1	1	1	±6 V	满刻度
	0	0			
	0	1	2	±3 V	
	1	0	4	±1.5 V	
单端结构 模拟输入 = IN_+ − AGND = AUXIN − AGND	1	1	1	±3 V	半刻度
	0	0			
	0	1	2	±3 V	满刻度
	1	0	4	±1.5 V	

注:此表中,参考电压 V_{REF} = 3 V。

AIC 的模拟输出有两个端口,为 21、22 脚。两级功率放大器 A_3、A_4 将 DAC 的变换结果缓冲放大后被同相或反相输出。

AIC 的串行口可用于与数字信号处理器、微机或单片机等接口通信,图 11.4.2 为数字信号处理器 TMS32010 与 AIC 的接口电路。该电路允许发送和接收部分同步工作。AIC 的工作由两个 8 位或 1 个 16 位控制字控制,这些控制字来自数字信号处理器 TMS32010,由 DX 口送入 AIC 中。AIC 的串行口也可以直接与 TMS32020 或 TMS320C25 等 DSP 接口相连,以实现发送和接收部分同步工作。发送和接收也可以异步工作,这时 AIC 的串行口只可以与 TMS32011,TMS32020,TMS320C17 等 DSP 电路接口。可见,AIC 与 DSP 的接口十分灵活,使用很方便。

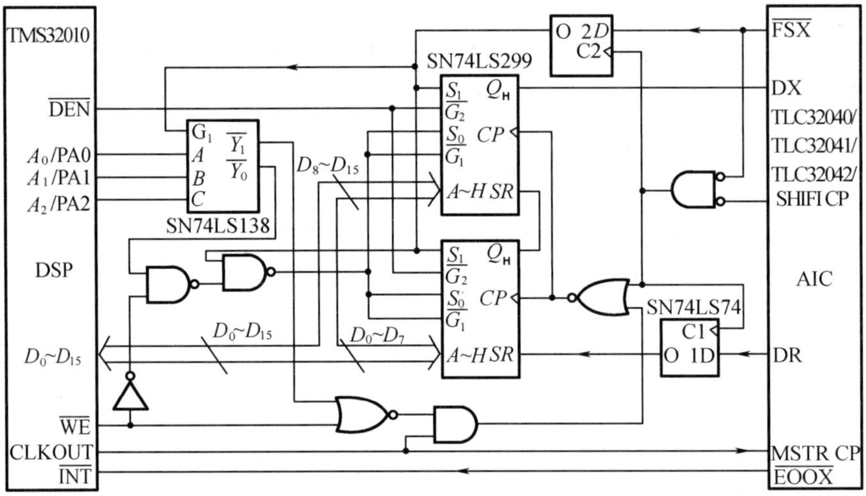

图 11.4.2　MS32010 与 TLC32040/TLC32041/TLC32042 接口

AIC 还可以应用在调制解调器、语音识别系统、工业过程控制、生物医学测量、声学信号处理、频谱分析、数据采集及仪表显示等方面。

类似的模拟接口电路还有 TLC32044 音频 AIC、TLC32046 宽带 AIC 和 TLC32071 带 8 路 MUX 的高速 AIC 等。有关 TLC 系列 AIC 的更详细情况,请参阅有关厂商的资料。

11.5　ADC 和 DAC 的应用

11.5.1　DAC 的应用

DAC 的应用很广,但应用较多的还是直接用作数字模拟变换或者实现用数字量去处理模拟信号。

1. 直接数字模拟变换

这是 DAC 应用最为普遍的情况,数字量可以来自阵列开关、计数器或寄存器等,但更多的数字量是来自微处理器、微机或 DSP,下面就以这种应用情况作以简单叙述。

DAC 芯片与微机接口可以因 DAC 的芯片结构不同而不同。

(1)对于通用的 8 位 DAC 芯片内部没有数据寄存器(如 DAC08,AD1408 等),应用时要用其他芯片作为寄存器。如图 11.2.8 中就是利用了一个 8 位寄存器 74HC573 来寄存数据。

(2)对于片内有寄存器的 8 位 DAC,它与微机等的接口十分简单。它可直接将微机等相应的接口线与 DAC 的数据线相接。图 11.5.1 为 DAC0832 与 8031 的应用接口电路。其数据输入线直接与 $PO_0 \sim PO_7$ 端口相接,用 P_{25} 与 $\overline{WR}$ 将数据写入 DAC 的输入寄存器,再用

P_{27}与$\overline{WR}$将数据送入 DAC 寄存器做数模变换。

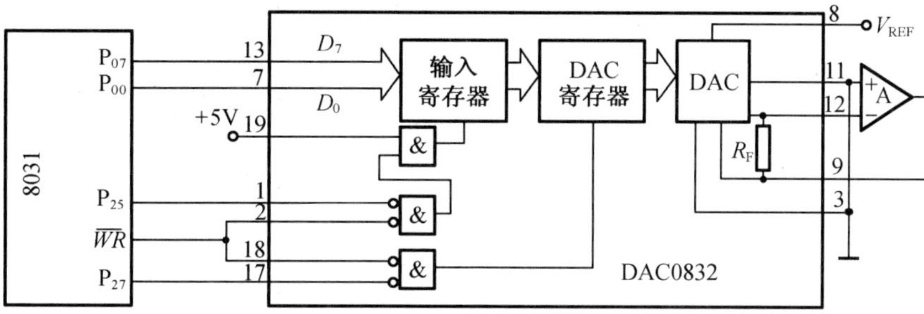

图 11.5.1　DAC0832 与 8031 接口

(3)对于多于 8 位的 DAC 与微机的应用接口

①当多于 8 位的 DAC 片内无数据寄存器时,也要外接数据寄存器。图 11.5.2 为 10 位 DAC AD7520 与 8031 的接口。与 8 位 DAC 情况不同的是,它的数据是分两次从 P_1 口输入到 DAC 中,先将 D_9D_8 高 2 位数据从 8031 送到 74LS74 中,再将低 8 位 D_0 ~ D_7 数据从 8031 送到 74LS377 中。在这个电路中由于 10 位数不是同时送到 DAC 中的,所以 DAC 输出可能会有误差,应用电路接口设计时应注意克服这个问题。

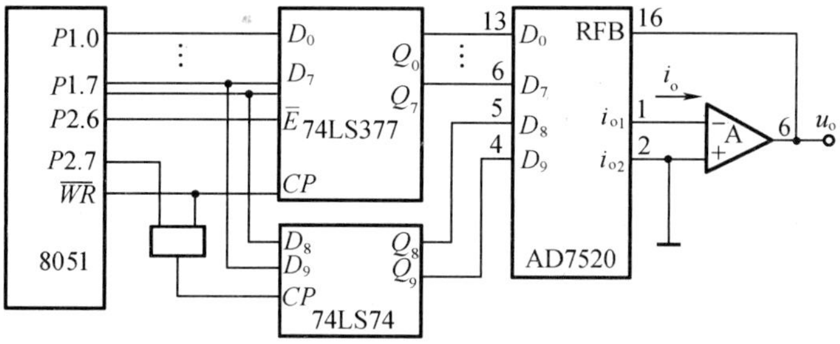

图 11.5.2　AD7520 与 8031 的接口方法

②当片内有寄存器时,其接口相对就比较容易。12 位的 DAC1210 与 PCXT 机接口如图 11.5.3 所示。整个电路的工作是在 PC 机的指挥下进行的。PC 机数据分两次传送到 DAC 中,第一次传送高 8 位数据 D_{11} ~ D_4 到 DAC 片内高 8 位数据寄存器,再传送低 4 位数据 D_3 ~ D_0 到 DAC 的片内低 4 位数据寄存器,低 4 位数据由 PC 机 D_7 ~ D_4 传送。PC 机的地址线由译码器译出 $\overline{Y}_0$, $\overline{Y}_1$,再进行组合后作为字节顺序控制信号送到字节控制端 $BY/\overline{BY}$。当 $BY/\overline{BY}=1$ 时,与$\overline{IOW}$一起可将高 8 位数据打入 DAC 片内高 8 位数据寄存器,当 $BY/\overline{BY}=0$ 时,与$\overline{IOW}$信号一起只将低 4 位数据送入片内低 4 位数据寄存器。$\overline{Y}_2$ 信号送控制端$\overline{XFER}$,以控制数据传输,当$\overline{XFER}=0$ 时,与$\overline{WR}$信号一起将片内数据寄存器中的 12 位数据送入片内 DAC 寄存器作 DA 变换。

A_2,A_3是将 DAC 的输出电流信号变成电压输出。A_1跟随器的输出作为参考电压 V_{REF}送入 DAC 中,其值为 +6 V。V_{REF}还可通过 100 Ω 电位器微调。

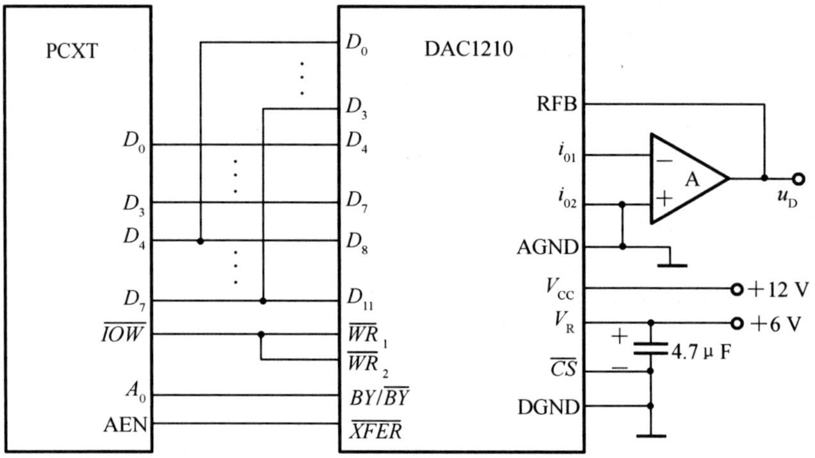

图 11.5.3　DAC1210 与 PCXT 接口

(4)对于串行输入口的 DAC 接法更简单。图 11.2.14 是 MAX531 与 CPU 接口,就是因为 MAX531 是串行输入,这里只用了 3 条线。

2. 用 DAC 构成增益可编程的放大器

在讨论 11.2.2 节时,曾得公式(11.2.5),在公式中若 V_{REF}端输入的是变量电压,则 u_o就是输入信号 u_i 与数据 D_n两个变量的乘积,故这样应用的 DAC 也称为乘法 DAC,用 MDAC 表示。

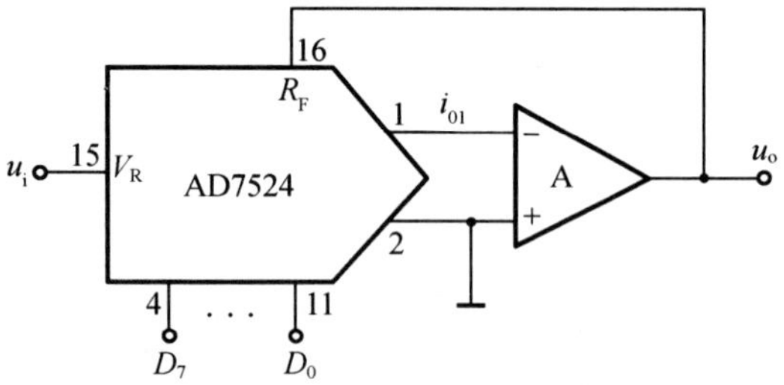

图 11.5.4　增益可编程放大器

图 11.5.4 为一用 AD7524 构成增益的可编程放大器,由图可见 AD7524 的 V_{REF}端送入 u_i,依式(11.2.5)可得

$$u_o = -\frac{u_i}{2^8}\sum_{j=0}^{7} d_j \times 2^j \tag{11.5.1}$$

u_i 是可编程放大器的输入电压,则总增益为

$$A_{uf} = \frac{\sum_{j=1}^{7} d_j \times 2^j}{256} \tag{11.5.2}$$

上式可见,电路的总增益 A_{uf}由输入的数据 D_n 编程控制,这就是增益可编程的放大器。

用 MDAC 还可以构成一阶低通滤波器、状态变量滤波器及数字电位器等。

11.5.2　ADC 的应用

与 DAC 一样,ADC 的应用也非常广泛,它既可以单独使用,将模拟信号变为数字信号,又可以与微机配用,将变换的数据送微机或 DSP 中处理。下面以 AD1674 和 ICL7135 为例简单说明 ADC 的应用。

1. AD1674 与 PC 总线接口应用

图 11.5.5 为 AD1674 通过可编程的 I/O 接口电路 8255 与 PC 总线的连接图。PC 总线上$\overline{IOR}$,$\overline{IOW}$读写线与 8255 的$\overline{RD}$,$\overline{WR}$读写线相连。地址线 A_0,A_1作为 8255 的选址用,当A_1A_0分别为 00,01,10,11 四种组合时,分别选中 8255 的 PA 口、PB 口、PC 口或控制字寄存器。A_2 ~ A_9译码后作为 8255 片选。8255 的 PA0 ~ PA7,PB0 ~ PB3 分别作为 AD1674 的低 8 位和高 4 位数据接收端口,PB7 接收 AD1674 的变换结束信号 STS,而 PC0 的输出作为 ADC 的变换和读数的控制信号送入 $R/\overline{C}$ 端,当 $R/\overline{C}=0$ 时,启动转换,$R/\overline{C}=1$ 时,读 12 位数据入 8255。读数据时,先读低 8 位数(PA 口)然后再读高 4 位(PB 口)。调节电路中的 W_2可以改变零位,W_2则是用来调节满度值的。

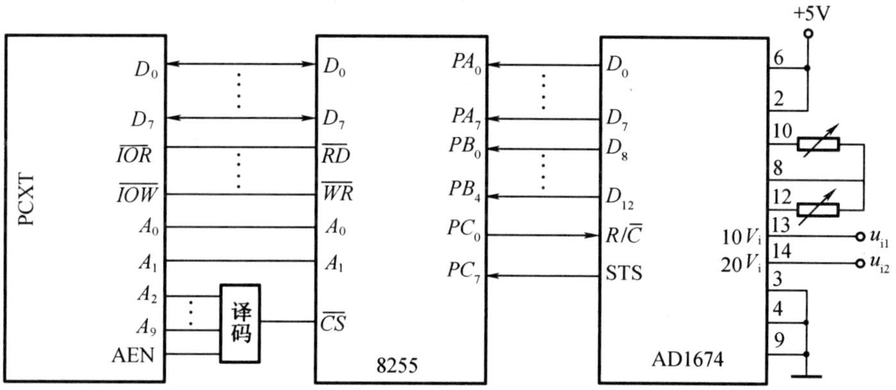

图 11.5.5　AD1674 通过 8255 与 PC 总线接口

PC 总线可以挂接多个 AD1674 变换器,构成多路 ADC 系统。AD1674 也可以用其他方法与 PC 总线接口,例如可用 74LS244 等缓冲器件代替 8255。若 AD1674 与单片机接口,则可以省去中间的接口电路 8255。

2. ICL7135 ADC 的应用

ICL7135 是双积分型通用 $4\frac{1}{2}$位 ADC,它是 28 脚双列直插式封装。它综合了高精度、多功能和低成本的特点,是较有代表性的产品。

(1)ICL7135

图 11.5.6 为其电路结构框图。它有自动调零(AZ)、自动识别极性(POL)、超量程(OR)闪烁显示和欠量程(UR)显示功能。V_{i+},V_{i-}与 COM(AGND)端的满度输入电压为 ±2 V。B_1,B_2,B_4,B_8为 BCD 码数据输出端,D_1 ~ D_5为位选通端,输出数据与位选通信号同步,它是在$\overline{ST}$选通脉冲配合下工作的。BUSY 端的输出可表示电路的工作状态(BUSY =1 为积分过程,BUSY =0 为自动调零过程)。它与 $R/\overline{H}$ 自动转换/保持信号端主要都用于与 PC 连接。

ICL7135 在一个工作周期中,除了有两次积分和自校零阶段外,还有一个零积分阶段,目的是当超量程时,能使积分器快速返零。

ICL7135 完成一次测量要 40 002 个时钟周期 T_C,第一次积分阶段的时间为 $T_1=10\,000T_C$。通常 $T_C=3.33\ \mu s$。它的精度为 ±1 LSB,即 5×10^{-5} FS,输入噪声 15 μV,自动调零误差小于 10 μV,温漂为 1 μV/℃。

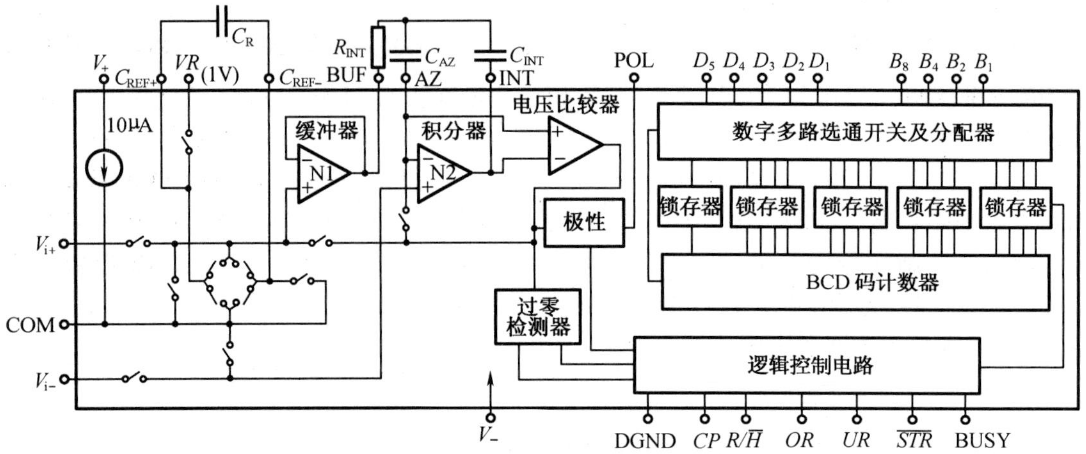

图 11.5.6 ICL7135 的电路结构框图

(2)$4\frac{1}{2}$位数字电压表

图 11.5.7 为用 ICL7135 构成的 $4\frac{1}{2}$位数字电压表电路图。电路配用了 4 只七段共阴 LED 管,第五位 LED 管的 b,c 段显示 1,g 段为极性显示,它用 POL 信号控制,当 POL = 0 时,g 段亮,显示 V_{iN}为负极性,当显示 V_{iN}为正极性时,g 段不亮。

基准电压采用高稳定度(电压温度系数为 $10\times10^{-6}/℃$)的带隙基准电压源 AD589,其稳定电压值为 1.2 V,经 10 kΩ 高精度十圈电位器 R_3分压为 1.000 0 V 送入 ADC 的 V_{REF+}中。

为了满足高精度的测量,积分电阻 R_4和积分电容 C_2的选择十分重要。R_4要根据输入满度电压 V_m和供 C_2充电的电流 I_{INT}决定。这里若 $V_m = 1.999\,9$ V,$I_{INT} = 20$ μA,则 $R_4 = \frac{V_m}{I_{INT}} = 100$ kΩ。而 C_2要根据积分输出电压 V_P(即图 11.3.11 中的 V_{o1})最大摆幅和积分时间 T_1来决定。$C_2 = \frac{10\,000}{f_c \cdot f V_{01}} \cdot I_{INT}$。若 f_c取 125 kHz,$V_P = 3.4$ V,则 $C_2 \doteq 0.47$ μF。电阻 R_4应选用高精度金膜电阻,而电容 C_2应选用漏电电阻高、tanδ 小、介电吸收系数小的聚苯乙烯或聚四氟乙烯电容。

时钟振荡器是一个由 C7555 定时器组成的典型的自激多谐振荡器,其振荡频率可由下式计算。

$$f_c = \frac{1}{(R_1 + 2R_2)C_1 \cdot \ln 2} = \frac{1.4}{(R_1 + 2R_2)C_1} \tag{11.5.3}$$

为了抑制工频干扰,第一次积分时间 T_1应为 20 ms 的整数倍。按图所给电阻、电容参数,可求得 $f_c = 125$ kHz。ICL7135 的测量速率一般应低于 8 次,而 $f_c = 125$ kHz 时,一次测量时间为 0.32 s,则每秒测量 3.1 次。

七段译码使用 CD14513 译码器。用它的七段输出去控制 5 位数码管的各段。位选通信号 $D_1 \sim D_5$通过达林顿反相驱动器阵列 5G1413 控制各数码管的共阴极,以达到选位的目的。

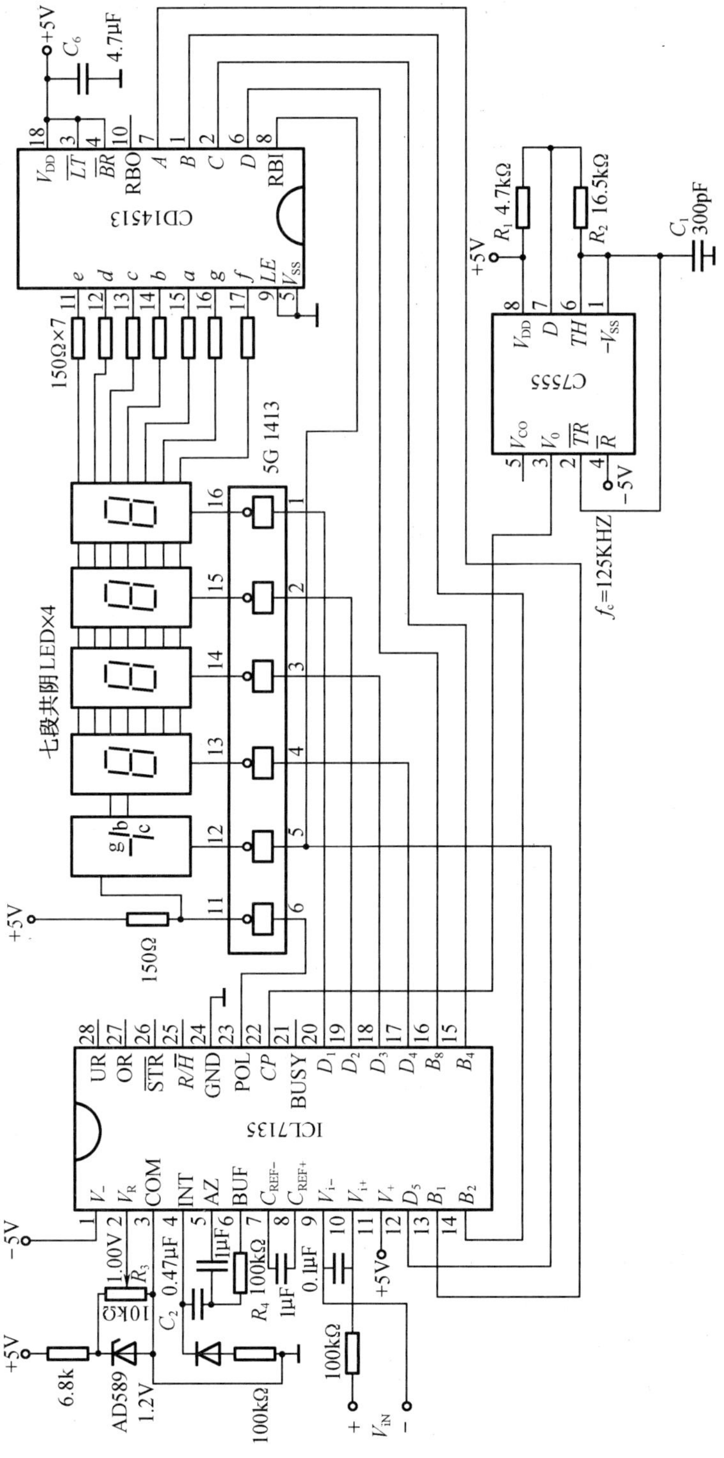

图11.5.7　ICL7135构成$4\frac{1}{2}$位数字电压表电路图

习　　题

11.1　在图 11.2.1 中，若 $R_F = 10\ k\Omega$，$R = 25\ k\Omega$，$V_{REF} = 5\ V$，试求 $d_3d_2d_1d_0 = 1001$ 时的输出电压值。

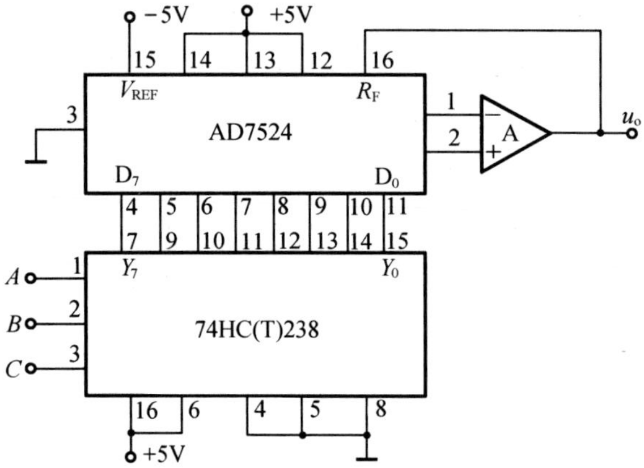

题图 11.1

11.2　在图 11.2.2 中，$S_3 = S_2 = 1$，$S_1 = S_0 = 0$，请画等效电路；若 $R_F = 2R$，$V_{REF} = 10\ V$，求 u_o值。

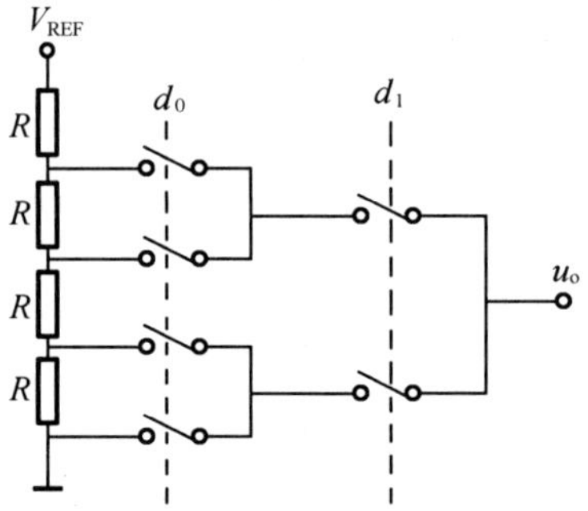

题图 11.2

11.3　在题图 11.1 中，数据输入端 CBA 为二进制编码，请画与 CBA 对应的 u_o的波形图。

11.4　图 11.2.5(b)为用 AD7524 产生双极性输出电压。

(1)请分析运放 A_2的电路功能。

(2)写出输出电压 u_o的表达式。

11.5　题图 11.2 为二位电阻分压式 DAC，试说明其工作原理，写出 u_o的数学表达式。

11.6　若将图 11.2.5(a)电路中 15 脚的 V_{REF}改为 +1 V，$R_B = 10\ k\Omega$，试分析电路的传输特性，写出传输特性的数学表达式。

11.7　试求 S/H 电路 SHC5320 的奈奎斯特频率和它所能接收的输入信号最高频率。

11.8 试分析 SHC5320 电路中 A_1,A_2的特点。

11.9 对于图 11.3.7 的闪电 ADC,若 $V_{REF}=5$ V,若 u_i分别为 +2 V 和 +4 V,求各自的输出编码。

11.10 AD1674 为 12 位逐次渐近型 ADC,已知最小变换时间为 10 μs,试求内部时钟频率和估算输入信号的最高频率。

11.11 在双积分型 ADC 中,u_i和 V_{REF}间要满足什么条件 ADC 才能正常工作?

11.12 若一个双积分型 ADC 的输出为 $3\frac{1}{2}$位,钟频为 10 kHz,请问完成一次变换用多少时间?

部分习题参考答案

11.1 $u_o=-2.25$ V

11.2 $u_o=-3.75$ V

11.4 $u_o=-\left(1-\frac{\sum_{j=0}^{7}d_j\times 2^j}{2^7}\right)V_{REF}$

11.5 $u_o=\frac{V_{REF}}{2^n}\sum_{j=0}^{n-1}d_j\times 2^j$

11.6 $A_u=-\frac{1}{2^8}\sum_{j=0}^{7}d_j\times 2^j$

11.7 $f_{i\,max}\leqslant 300$ kHz

11.10 $f_{i\,max}=50$ kHz

11.11 $V_i<|V_{REF}|$

11.12 0.4 ms

参考文献

[1] 乐正友.信号与系统[M].北京:清华大学出版社,2004.

[2] 沈元隆,周景泉.信号与系统[M].北京:人民邮电出版社,2003.

[3] 天津大学等.高等数学－无线电专业部分[M].北京:人民教育出版社,1960.

[4] 童诗白.模拟电子技术基础[M].北京:人民教育出版社,1981.

[5] 周琼鉴,孙肖子.晶体管与晶体管放大电路[M].北京:国防工业出版社,1979.

[6] 清华大学工物系.射线仪器电子学[M].北京:原子能出版社,1978.

[7] 秦世才,贾秀兰.模拟集成电子学[M].天津:天津科学技术出版社,1996.

[8] 杨振江,蔡德芬.新型集成电路使用指南与典型应用[M].西安:西安电子科技大学出版社,1998.

[9] 复旦大学工物系.半导体线路[M].上海:上海人民出版社,1983.

[10] 清华大学工物系.核电子学[M].北京:原子能出版社,1983.

[11] 王楚,余道衡.电子线路[M].北京:北京大学出版社,2003.

[12] 闫石.数字电子技术基础[M].北京:高等教育出版社,2006.

[13] Paul Horowitz, Winfield Hill. The Art of Electronics [M]. Second Edition. Harvard University, 1980.

[14] Arpad Barna. Operational Amplifiers[M]. John Wiley & Sons, Inc. 1971.

[15] Williams C W, Neiler J H. Design Considerations Maximum Bandwidth In Transistor Pulse Amplifiers[J]. IRE－Tran. SN－9, N05, 1962.

[16] Koppen. Electronic Appl[J]. Components & Material, N03, 1969, 29.

[17] Goulding F S, Walton J T, Pehl. R H. Recent Results on the Optoletronics feedback pream-plifier[J]. IEEE Trans. Nucl. Sci. NS－17, N01, 1970, 218.

[18] Salomon J E, Wilson G R. A Highly Desensilized Wideband Monlithic Amplifier[J]. IEEE J. Solid－State Circuits, SC－1, 1966, 9:19－28.

[19] Meyer R G, schenback R E, Chin R. A Wideband Ultralinear Amplifier from DC to 300 MHz[J]. IEEE J. Solid－state Circuits, SC－9, 1974, 8: 167－175.

[20] Thomas L C. The Biquad: part－1 Some Practical Desogm Consideration[J]. IEEE, CT－18, 1971, 350－357.

[21] Huelsman L P. Active & Passive Analog Filter Design[M]. McGraw-Hill. New York, 1993.

[22] Bingham J A C. Theory & Practice of Modem Design[M]. Wiley, New York, 1988.

[23] Hnatek E R. Design of Solid－State Power Supplies[M]. Van Nostrand Reinhold, 1981.

[24] Hill F J, Peterson G R. Introduction to Switching Theory & Logical Design[M]. Wiley, New York, 1981.

[25] Blakslee T R. Digital Design With Standard MSI & LSI[M]. Wiley, New York, 1979.

[26] Hnatek E R. Auser's Handbook of D/A & A/D Converters[M]. Wiley, New York, 1988.

[27] Razavi B. Principles of Data Conversion System Design [J]. IEEE Press, Piscataway, NJ, 1995.

[28] Candy J C, Temes G. C. Oversampling Delta – Sigma Data Converters[J]. IEEE Press, Piscataway, NJ, 1992.

[29] Rush C J. New Technique for Designing Fast Rise Tramsistor Pulse Amplifier[J]. Rer. Sci. Instr. ,1964,35(2):149.

[30] Sanchez – Sinencio E, Geiger R L, Nevarez – Lozano. Generation of Continuous – Time Two Integrator Loop OTA Filter Structures[J]. IEEE Trans on Circuits & System, 1968, 35(8): 936 – 946.

附录　制造厂商名录

AD:Analog Devices
AM:Advanced Micro Devices
AP:Apex
BB:Burr – Brown
CL:Comlinear
EL:Elantec
FA:Fairchild
GE:General Electric
HA:Harris
HS:Hybrid Systems
IL:GE/Intersil
KE:M. S. Kennedy Corp.
LT:Linear Technology Corp.
MA:Maxim
MO:Motorola
NS:National Semiconductor
OE:Optical Electronics lnc.
PL:Plessey
PM:Precision Monulithics
RA:Raytheon
RC:GE/RCA
SN:Signetics
TI:Texas Instruments
TP:Teledyne Philbrick
TS:Teledyne Semiconductor
VT:VTC
XR:Exar